《真空科学技术丛书》编写人员名单

主　　编　达道安

副 主 编　张伟文　邱家稳　杨乃恒

参编人员（按姓氏笔画排序）　王荣宗、王欲知、王得喜、王敬宜、达道安、刘玉魁、刘喜海、杨乃恒、杨亚天、李云奇、李得天、邱家稳、邹惠芬、张伟文、张涤新、张景钦、陆　峰、范垂祯、郑显峰、查良镇、徐成海、谈治信、崔遂先、薛大同、薛增泉、

技术编辑　谈治信

编辑助理　权素君　曹艳秋

真空科学技术丛书

真空镀膜

李云奇　编著

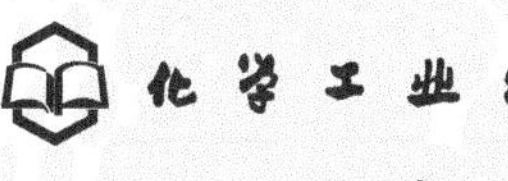

化学工业出版社

·北京·

内容简介

本书是本着突出近代真空镀膜技术进步，注重系统性、强调实用性而编著的。全书共11章，内容包涵了真空镀膜中物理基础，各种蒸发源与溅射靶的设计、特点、使用要求，各种真空镀膜方法以及薄膜的测量与监控，真空镀膜工艺对环境的要求等。本书具有权威性、实用性和通用性。

本书可作为从事真空镀膜技术的技术人员、真空专业的本科生、研究生教材使用，亦可供镀膜、表面改型等专业和真空行业技术人员参考。

图书在版编目（CIP）数据

真空镀膜/李云奇编著. —北京：化学工业出版社，2011.12（2020.9重印）
真空科学技术丛书
ISBN 978-7-122-12780-8

Ⅰ.真… Ⅱ.李… Ⅲ.真空技术-镀膜工艺 Ⅳ.TB43

中国版本图书馆CIP数据核字（2011）第228985号

责任编辑：戴燕红　　文字编辑：刘砚哲
责任校对：周梦华　　装帧设计：史利平

出版发行：化学工业出版社（北京市东城区青年湖南街13号　邮政编码100011）
印　　装：北京科印技术咨询服务有限公司数码印刷分部
787mm×1092mm　1/16　印张20¼　字数533千字　2020年9月北京第1版第3次印刷

购书咨询：010-64518888　　售后服务：010-64518899
网　　址：http://www.cip.com.cn
凡购买本书，如有缺损质量问题，本社销售中心负责调换。

定　　价：85.00元

丛书序

真空科学技术是现代科学技术中应用最为广泛的高技术之一。制备超纯材料需要超高真空技术，太阳能薄膜电池及芯片制作需要清洁真空技术，航天器空间环境地面模拟设备需要大型真空容器技术。真空科学技术已渗透到人们的教学、科研、生产过程、经济活动以及日常生活中的方方面面，人们普遍认识到了真空科学技术的重要性。

真空科学技术是一门涉及多学科、多专业的综合性应用技术，它吸收了众多科学技术领域的基础理论和最新成果，使自己不断地进步和发展。真空科学技术的应用标志着国家科学和工业现代化的水平，大力发展真空科学技术是振兴民族工业，实现国家现代化的基本出发点。

多年来，党和国家政府非常重视发展真空科学技术。大学设立了真空科学技术专业，培养高层次真空专业人才；兴办真空企业，设计、制造真空产品；成立真空科学技术研究所开发新技术，提高真空应用水平；建立了相当规模和水平的真空教学、科研和生产体系；独立自主地生产出各种真空产品，满足了各行业的需求，推动了社会主义经济的发展。

在取得丰硕的物质成果和经济效益的同时，真空科技人员积累了宝贵的理论认知和实践经验。在和真空科学技术摸、爬、滚、打的漫长岁月中，一大批人以毕生的精力，辛勤的劳动亲身经历了多少次失败的痛苦和成功的喜悦。通过深刻的思考与精心的整理换得了大量的实践经验，这些付出了昂贵代价得来的知识是书本上难以学到的。经历了半个世纪沧桑岁月，当年风华正茂的真空科技工作者均年事已高，霜染鬓须，退居二线。唯一的希望是将自己积累的知识、技能、经验、教训通过文字载体传承给新一代的后来人，使他们能够在前人搭建的较高平台上工作。基于这一考虑，在兰州物理研究所支持下，我们聚集在一起，成立了《真空科学技术丛书》编写委员会，由全国高等院校、科研院所及企业中长期从事真空科学技术研制工作的工程技术人员组成。编写一套《真空科学技术丛书》，系统的、完整的从真空科学技术的基本理论出发，重点叙述应用技术及应用的典型例证。这套丛书分专业、分学科门类编写，强调系统性、理论性和实用性，避免重复性。这套丛书的出版是我国真空科学技术工作者大力合作的成果，汇集了我国真空科学技术发展的经验，希望这套丛书对 21 世纪我国真空科学技术的进步和发展起到推动作用，为实施科教兴国战略做出贡献。

这套丛书像流水一样持续不断，是不封闭的系列丛书，只要有相关著作就可以陆续纳入这套丛书出版。《丛书》可供大专院校师生，科学研究人员，工业、企业技术人员参考。

这套丛书成立了编写委员会，设主编、副主编及参编人员、技术编辑等，由化学工业出版社出版发行。部分真空界企业提供了资助，作者、审稿者、编辑等付出了辛勤劳动，在此一并表示衷心感谢。

达道安

2012 年 03 月 22 日

前言

《真空镀膜》是在1990年作者为高等工业学校教材而主编的《真空镀膜技术与设备》的基础上，吸取了国内外真空镀膜技术新发展，并按照《真空科学技术丛书》要求突出近代技术进步、注重系统、强调实用性、突出丛书指导思想而重新编写的。其特点：一是在真空镀膜概论中，将薄膜材料，影响固体表面结构、形貌及其性能的因素，镀膜工艺特点，薄膜特征，应用，真空镀膜发展及最新进展作了论述；二是在真空镀膜技术基础中，将真空镀膜物理基础，气体分子运动论的基本定理，气体的流动与流导，气体的物理吸附和化学吸附，真空镀膜低温等离子体基础，薄膜的生长与膜结构及影响因素作了论述；三是介绍了各种蒸发源与溅射靶，包括了各种蒸发源的设计、特点、使用要求及选材用公式、图表等；四是对真空蒸发镀膜、真空溅射镀膜、真空离子镀膜、离子束沉积及离子束辅助沉积、化学气相沉积等方法，从原理到设备特点作了介绍；对薄膜的测量与监控，对薄膜形貌观察及其结构与组成的分析方法作了论述；五是真空镀膜技术中的清洁处理，重点讲述了真空镀膜设备污染物、真空镀膜材料基片的各种清洁方法、真空镀膜工艺对环境的要求，并附了真空镀膜设备通用技术条件等国家标准。本书的内容能提高读者在真空镀膜工程上解决实际问题的能力，是一本有一定深度及针对性，更有通用性的科技书籍。

本书可作为从事真空镀膜技术的技术人员、真空专业的本科生、研究生教材使用，亦可供镀膜、表面改型等专业和真空行业技术人员参考。

需要向读者说明的：(1) 该书第1章真空镀膜概论中1.4.3～1.5.1，是由崔遂先高级工程师编写完成的；(2) 原手稿第5章5.3.3大面积连续式磁控溅射镀膜设备是由谈治信高级工程师编写完成的；(3) 第11章真空镀膜技术中的清洁处理是邱家稳完成编写的。

技术编辑谈治信对书稿进行了编辑加工，2009年7月由丛书编委会达道安、杨乃恒、姜燮昌、徐成海、崔遂先、谈治信等专家进行了评审定稿。定稿后由邱家稳进行了校对。

本书在编写过程中，还得到了丛书编辑部崔遂先、曹艳秋、权素君等同志的大力支持，对他们所付出的辛勤劳动深表衷心的感谢！书中不妥和疏漏在所难免，敬请读者指出。

李云奇

目录

第10章 薄膜性能分析 279

第1章

真空镀膜概论

1.1 概述

薄膜材料，从其存在的形态上看，可分为两种类型：一类是可以独立存在的薄膜，例如塑料膜、压延铝箔膜等；另一类是只能依附于其他物体表面上而存在的薄膜。例如，涂覆在玻璃表面上的铝膜、防锈零件表面上的铬膜、镍膜等[1]。这里所叙述的真空镀膜属于后者。至于薄膜的薄厚应如何确定？虽然目前在镀膜技术中尚未严格的定义。但是，人们通常把厚度为几毫米到几微米以下的薄层称为薄膜[2]。在有关文献上，又定义“由原子、分子或离子沉积所形成的二维材料称之为薄膜”[3]。20世纪开始出现的各种薄膜制备技术，总体可分为两类：一类是在液相中进行的化学物理制备方法。例如，电镀、化学镀、热浸涂、热喷涂等；另一类是在气相中进行的化学物理制备方法，例如，常规沉积、真空沉积、等离子体沉积、离子束沉积、离子束辅助沉积、等离子体喷涂等。在这些镀膜方法中，除了常规沉积外，大都属于真空镀膜的范畴。如果从真空镀膜的目的是为了改变被镀物体（称作基体、基片、衬底）表面的物理化学性能的话，这一技术又是真空表面改性技术中的一个主要组成部分。其分类见表1-1[4]。

表1-1　真空表面处理技术的分类

表面处理目的	处理方法		粒子运动能量/eV	工作方法	
				等离子体	高真空
薄膜沉积（表面厚度增加）	PVD	真空蒸发镀膜	0.1～1	等离子熔射 辉光放电分解	电阻加热蒸发 电子束蒸发 真空电弧蒸发 真空感应蒸发 分子束外延
		真空溅射镀膜	10～100	放电方式：直流、交流、高频 电极数目：2极、3极、4极 反应溅射、磁控溅射、对向靶溅射	离子束溅射镀膜
		真空离子镀膜	数十～5000	直流二极型 多阴极型 ARE型、增强ARE LPPD型 HCD型 高频型	单一离子束镀膜 集团离子束镀膜
	CVD（化学气相沉淀）			等离子增强化学气相沉积(PECVD)	低压等离子化学气相沉积(LPCVD)

续表

表面处理目的	处理方法	粒子运动能量/eV	工作方法	
			等离子体	高真空
微细加工(表面厚度减少)	离子刻蚀	数百～数千	高频溅射刻蚀 等离子刻蚀 反应离子刻蚀	离子束刻蚀 反应离子束刻蚀 电子束刻蚀 X射线曝光
表面改性(不改变表面厚度)	离子注入	数百～数千	活性离子冲击 离子氮化	离子注入

1.2 影响固体表面结构、形貌及其性能的因素[5]

1.2.1 原子和分子构成固体物质

原子和分子构成固体物质的结构单元，其结构和性质是由原子和分子间不同致使固体表面上的原子永远处于受力状态。由于这种受力状态的不同所引起的固体表面的结构与性能和内部的结构与性能的不同，是显而易见的。但是，在固体的内部原子所受到的邻近原子间力的作用，始终是处于平衡状态。

1.2.2 多晶体物质结构

在工程中，所选用的金属或非金属材料大多数为多晶体结构。晶体的各晶面组成及原子排列，情况各有所异。对机械变形的阻力也不尽相同，而且在经过加工或抛光等工艺过程后的工件表面，由于某些部分的脱落也会引起表面凸凹不平，应力不均，因而可导致产生难以避免的残余应力。

1.2.3 材料受到的各种应力负荷

在自然界以及各种工程实用中，材料可能会遭受到各种各样的应力负荷。例如，各种机械负荷、射线、热、电等负荷，电化学负荷、管道及阀门中的流体负荷，相对运动的接触、摩擦负荷以及各种生物负荷等。这些负荷都会给表面造成一定程度损伤和引起表面结构和形貌的变化。

1.2.4 材料加工所带来的缺陷

在工程中，所应用的金属和非金属材料或零件大都是经过熔炼、锻造、轧制等冷加工工艺或经过铸造粉末冶金等工艺并进行加工后才可能达到各种零件的使用要求，显然这些加工过程给材料表面所带来的缺陷也是不可避免的。

1.2.5 基片表面涂敷硬质薄膜的必要性

除了上述各种因素对材料表面的结构、形貌及其性能有着严重影响外，随着科学实验和生产的不断发展与拓宽，在某些场合下还会对材料提出具有一定综合性能的要求，有时甚至要求将一些相互矛盾的性能加以综合而体现在材料的性能上。例如，在一些工程中，一方面要求所用材料具有高硬度，另一方面又要求具有良好的韧性。为了满足这种要求，就应该选择具有韧性好的基材并在其表面上涂上一层硬度很高的薄膜，这样问题就会迎刃而解了。

综上所述，为了解决材料表面上所出现的这些问题或赋予材料表面以一些新的与材料内部性能有所不同的功能，在基体材料表面上镀上一层或多层薄膜十分必要。

1.3 真空镀膜及其工艺特点和应赋予涂层的功能

真空镀膜是不采用溶液或电能液而制备薄膜的一种全新的干式镀膜方法。过去物体表面镀制薄膜作为物体表面改性的手段是采用湿式的电镀法或化学镀法。在电镀法中，被电解的离子镀到作为电解液中另一个电极的被镀件表面上而成膜，因此，其基体必须是良导体，所镀膜层厚度也难以控制。化学法是应用化学还原原理使镀膜材料（称膜材）溶液参加还原反应后，沉积在基体表面上而成膜。这两种方法不但膜的附着力差，膜层厚度不均、难以控制，而且还会产生大量的废液造成环境污染，从而，在薄膜制备上受到了很大的限制。

干式镀膜与湿式镀膜相比较有着突出的优点：

① 在真空条件下制备薄膜环境清洁，膜层不易受到污染，可获得致密性好、纯度高、膜层厚度均匀、易于控制的涂层；

② 膜材和基体材料有广泛的选择性，可制备各种不同的功能性涂层；

③ 膜的附着力（附着强度）好，膜层十分牢固，不易脱落；

④ 在工艺过程中不产生废液，无环境污染，可实现绿色生产。

上述两类镀膜方法的比较见表 1-2[6]。

表 1-2　各种镀膜方法比较

项　目	原　理	待镀物体	镀膜材料	镀　层	应　用	操作条件
电镀法	电解液离解	必须导电	必须导电	比较厚，厚度难控制，膜层均匀性不易控制	一般金属表面保护光亮层	有电解液污染，劳动条件差
化学镀膜	化学还原反应	形状要有一定规则	要能配成溶液，并能参加还原反应	牢固性、耐磨性、均匀性都不理想，厚度难控制	轻工、手工产品	化学药品对操作者有害
真空镀膜	在高真空条件下蒸发或溅射	任意的导电、绝缘材料	金属、介质、高熔点材料均可	牢固性、均匀性很好，厚度可控制	光学膜、电学膜、超导膜、磁性膜等	清洁、劳动强度低

固体表面上所产生的各种缺陷必将严重影响固体表面上的功能，甚至会影响整体部件的性能和寿命，例如，固体表面微缺陷的存在，将会极大降低材料的抗腐性及所能承受的各种应力，最终会导致部件的变形或损坏。为了解决这一问题，采用真空镀膜工艺，在固体的表面上涂覆一层或多层薄膜，借以达到防止或消除固体表面上的各种缺陷，保护固体表面免受外界的损伤或干扰，改变固体表面的性能，这就是真空镀膜所应达到的目的。为此，根据表面不同性能的要求，在固体表面上所制备的涂层，主要应赋予如下几种功能[5]：

① 赋予物体表面预期的组成、结构或掩盖其表面缺陷的功能；

② 赋予物体表面另一种材料，借以提高表面的抗腐蚀、耐热及可承受各种机械应力，而不致损坏或减缓其损坏程度延长其使用寿命的功能；

③ 赋予物体表面所希望达到的功能。

1.4 薄膜的特征

由于薄膜作为依附于基体表面而存在的二维材料与块状的三维材料相比较有其本身的特有性能，因此，近年来在科学研究与工程中得到了广泛的应用，薄膜的这些特有性能主要表现在如下几个方面[6]。

1.4.1 薄膜的结构特征

由于薄膜的表面积与块状材料相比较要大得多，因此，很容易受环境气氛和基体状况的影响，除分子束外延法外，采用通常的薄膜方法所制备的薄膜的有序化程度远差于块状材料，其杂质浓度和结构缺陷也高于块状材料。例如，在超高真空及800℃的条件下在单晶硅基片上覆以硅膜，具有完整的晶态结构。而基片温度降到室温时，所沉积的硅薄膜则呈现出非晶态结构。例如，钽的块状材料通常是体心立方结构，但是处于薄膜状态下的钽，则会形成四方结构，即βTa。

1.4.2 金属薄膜的电导特征

薄膜的电子性质与块状材料的电子性质相比较具有明显的差异，某些在薄膜上所显示出来的物理效应，在块状材料上是很难找到的。

对块状金属而言，电阻因温度的降低而减少。在高温时电阻随温度只是一次方的减小，但在低温下电阻则会随温度降的五次方减小。但是，对薄膜则完全不同，一方面薄膜的电阻率要比块状金属大，而另一方面在温度降低后薄膜的电阻率却没有块状金属下降的速度快。这是因为在薄膜情况下表面散射对电阻的贡献大的缘故。薄膜电导异常的另一种表现是磁场对薄膜电阻的影响。处于外磁场作用下的薄膜，电阻大于块状材料的电阻，原因在于膜中沿螺旋轨迹向前运动时，只要其螺旋线的半径大于膜的厚度，则电子在运动过程中就会在表面处产生散射，从而产生一个附加电阻，而导致膜的电阻大于块状材料的电阻。同时，也会大于薄膜在没有磁场作用下的电阻值。这种薄膜电阻对磁场的依赖关系被称为磁阻效应，从而通常把这种效应用于对磁场强度的测量上。例如：α-Si、$CuInSe_2$ 和 CaSe 薄膜太阳能电池以及 Al_2O_3、CeO、CuS、CoO_2、Co_3O_4、CuO、MgF_2、SiO、TiO_2、ZnS、ZrO 等。

1.4.3 金属薄膜电阻温度系数特征

金属膜电阻温度系数随膜厚而变化，薄的膜为负值，厚的膜为正值，更厚的膜与块状材料相似，但并不完全相同。一般情况下，薄膜厚度增加到数十纳米时，电阻温度系数从负值转为正值。

此外，蒸发速率也影响金属薄膜的电阻温度系数。低蒸发速率制备的膜层疏松，电子越过其势垒而产生电导的能力弱，再加上氧化和吸附作用，所以电阻值较高，电阻温度系数偏小，甚至为负值，随着蒸发率的增大，电阻温度系数由小变大，由负变正。这是由于低蒸发率制备的薄膜由于氧化而具备半导体性质，电阻温度系数出现负值。高蒸发率制备的薄膜趋向于金属特性，电阻温度系数为正值。

由于薄膜的结构随温度进行不可逆的变化，因此薄膜的电阻、电阻温度系数也都随蒸镀时镀层温度发生变化，越薄的膜，这种变化越剧烈。这可以认为近似岛状或管状结构膜的粒子在基板上再蒸发、再分布以及晶格散射、杂质散射、晶格缺陷散射、氧化引起的化学变化的缘故。

1.4.4 薄膜的密度特征

薄膜的密度比块状材料的密度小，膜的结构较块状材料疏松。例如在 10^{-3}Pa 压力下蒸镀的铬膜密度，大约为 $(5.7\pm1)g/cm^3$，铬的密度为 $7.2g/cm^3$。

蒸发速率对膜的密度影响极大，高蒸发率可以使薄膜的晶粒细小、致密，密度大，低蒸发速率使膜层结构疏松，密度小。

1.4.5 薄膜的时效变化特征

刚制备好的薄膜，放置一段时间后，薄膜的性质会逐渐发生变化。在室温下放置一段时间后，不仅电阻会逐渐发生变化，膜厚也随放置时间变化，这种变化和放置时间不是直线关系，而是呈曲线衰减。放置初期变化较大，后期变化减慢，最后趋于较稳定期，变化很小。虽然它不像一般金属那样，可以进行充分的退火来消除结构缺陷，但是薄膜经过热处理仍然可以改善其结构和性能。对于单一金属，热处理可以使晶格排列较整齐一些，合金材料的薄膜，经过热处理使合金各组分相互扩散，可以获得所需要的固溶体。此外，热处理还可以部分消除晶格缺陷，改善薄膜的热稳定性，消除内应力，增强薄膜与基片的附着力，消除膜层中气体分子的吸附。热处理时，能在表面生成一层氧化保护膜，保护薄膜不受到侵蚀和污染。此外，热处理还能缩短薄膜的时效期。

1.5 薄膜的应用

在真空环境中制备薄膜最早是由大发明家爱迪生提出的。他采用了阴极溅射进行表面金属化的工艺方法制备蜡膜，并于1903年申请了专利。当时由于真空技术的限制，真空镀膜发展很慢，直到第二次世界大战，德国将真空镀膜技术用于制备军用光学镜片和反光镜。此后逐渐发展成系列光学薄膜。20世纪60年代，随着高真空、超高真空技术的发展，真空镀膜进入高速发展时期，各种功能薄膜的应用已经扩展到工业生产中各个领域，归纳起来，主要有以下几个方面。

1.5.1 电子工业用薄膜

① 电子元件用薄膜　例如，Ta、Ta_2N、Ta-Al-N、Ta-Si、Cr-SiO、NiCr、Sn、Sb金属膜电阻，SiO、SiO_2、Al_2O_3、Ta_2O_5、TiO_2、Al、Zn电容以及Cr、Cu（Au）、Pb-Sn、PbIn、Au、Pt、Al、Au+Pb+In、Pb+Au+Pb、Al+Cu、ZnO、CdS电极等。

② 摄像管中的SbS_2、CdSe、Se-As-Te、ZnSe、PbO、光电导面；SnO_2、In_2O_3透明电导膜。

③ 半导体元件和半导体集成电路用薄膜　成膜材料有Ni、Ag、Au-Ge、Ti-Ag-Au、Al、Al-Si、Al-Si-Cu、Mo、$MoSi_2$、WSi_2、Ti-Pt-Au、W-Au、Mo-Au、Cr-Cu-Au半导体膜；SiO_2、Al_2O_3、Si_3N_4绝缘膜。

④ 电发光元件中的In_2O_3+SnO_3透明光导膜，ZnS、ZnS+ ZnSe、ZnS+CdS荧光体和Al电极，Y_2O_3、SiO_2、Si_3N_4、Al_2O_3绝缘膜。

⑤ 传感器件的PbO+In_2O_3、Pb、NbN、V_3Si约瑟夫逊结合膜，Fe-Ni磁泡用膜以及电传感用Se、Te、CdS、ZnS传感器膜。

⑥ 制作太阳能板的光电池、透明导电膜、电极以及防反射膜。

⑦ 液晶显示、等离子体显示和电致发光显示等三大类平板显示器件的透明导电膜，如ITO（氧化铜锡）膜及电致发光屏上多层功能膜，例如Y_3O_3、Ta_2O_5等介质膜、ZnSiMn发光膜以及铝电极膜等组成的全固态平板显示器等。

⑧ 采用ZnO、Ta_2O_5等薄膜制成的声表面波滤波器等。

⑨ 磁记录与磁头薄膜　例如，高质量录音和录像用的磁性材料薄膜、录音带和录像带、计算机数据信息存储软盘、硬盘用CoCrTa、CoCrNi薄膜、垂直记录中的FeSiAl薄膜、磁带等。

⑩ 静电复印鼓用的Se-Te、SeTeAs合金膜及非晶硅薄膜等。

1.5.2 光学工业中应用的各种光学薄膜

① 减反射膜 例如，照相机、幻灯机、投影仪、电影放映机、望远镜、瞄准镜以及各种光学仪器透镜和棱镜上所镀的单层 MgF_2 薄膜和双层或多层的由 SiO_2 FrO_2、Al_2O_3、TiO_2 等薄膜组成的宽带减反射膜。

② 反射膜 例如，大型天文望远镜用铝膜光学仪器中的反射膜、各类激光器中的高反射膜等。

③ 分光镜和滤光片 例如，彩色扩印与放大设备中所用的红、绿、蓝三种原色滤光片上镀的多层膜。

④ 照明光源中所用的反热镜与冷光镜膜。

⑤ 建筑物、汽车、飞机上用的光控制膜、低反射膜 例如，Cr、Ti 不锈钢 Ag、TiO_2-Ag-TiO_2 以及 ITO 膜等。

⑥ 激光唱片与光盘中的光存储薄膜 例如，$Fe_{81}Ge_{15}SO_2$ 磁系半导体化合物膜，TeFe-Co 非晶膜。

⑦ 集成光学元件与光波导中所用的介质膜、半导体膜。

1.5.3 机械、化工、石油等工业中应用的硬质膜、耐蚀膜和润滑膜

在工具、模具、刀具、量具上的 TiN、TiC、TiB_2（Ti、Al）N、Ti（C、N）等硬质膜以及金刚石膜 C_3N_4 膜和 C-BN 薄膜，用于化学容器表面耐化学腐蚀的非晶镍膜和非晶与微晶不锈钢膜以及用于涡轮发动机表面抗热腐蚀的 NiCrAlY 等薄膜，用于真空高温低温、辐射等特殊场合的 MoS_2、MoS_2-Au、MoS_2-Ni 等固体润滑膜和 Au、Ag、Pb 等轻金属膜等。

1.5.4 有机分子薄膜

有机分子薄膜（LB 膜）是有机物。例如，羧酸及其盐脂肪酸烷基族和染料蛋白等构成的分子薄膜，其膜厚可以为一个分子层的单分子膜或多层分子叠加的多层分子膜。多层分子膜可以是同一种材料组成的，也可以是多层材料的调制分子膜或称超分子结构薄膜。

1.5.5 民用及食品工业中的装饰膜和包装膜

这类薄膜广泛用于汽车、灯具、玩具、交通工具、家用电器用具、钟表、工艺美术品、日用小商品、民用镜中的铝膜、黄铜膜、不锈钢膜及仿金 TiN 膜和黑色 TiC 膜等以及用于香烟包装的镀铝纸，用于食品糖果、茶叶、咖啡、药品、化妆品等包装的镀铝涤纶薄膜等。

1.6 真空镀膜的发展历程及最新进展

在物体表面上涂覆一层薄膜，我国早在 2000 多年前就已经出现。它是一种把金属汞合金涂覆到青铜器上经过加热使汞蒸发后沉积在其上的一种涂层制备方法。这种方法虽然不是真空镀膜法，但是，它在薄膜制备技术上所留给人们的启示是不可磨灭的。这里所讲述是在真空气氛中制备薄膜的真空镀膜法（又称真空沉积法）。这种方法最早始于 20 世纪初大发明家爱迪生所提出的在唱片上涂覆蜡膜，就是真空镀膜最早应用的实例。但是，当时由于受到真空技术及其他相关技术发展的限制，发展比较缓慢。直到二次世界大战期间，德国为了适应当时战争的需求，在镜片和反光镜上镀制铝膜，才使真空蒸发镀膜进入到实际应用阶段。

近年来，随着高新技术的迅速发展，作为新技术革命的光导、能源、材料和信息科学等三大支柱所要求的具有特殊形态材料的薄膜，已经成为光学、微电子、传感器、信息能源利

用等一系列先进技术的基础，并已广泛渗透到当代科学技术的各个领域中，而且，开发和应用这些具有特殊用途的薄膜材料本身就是高新技术的重要组成部分。目前，在新材料开发最活跃的一些领域中，例如，新型材料的合成与制备；材料表面与界面的研究；纳米材料的开发；非晶态，准晶态材料的生成，材料各向异性的研究，亚稳材料的探索；晶体中杂质原子及微观缺陷的行为与影响；粒子束、光束与物质表面界面的相互作用；物质特异性能的挖掘等新技术，无一不与真空薄膜相关联。20 世纪 80 年代以来，以真空技术为基础利用物理化学等方面并且吸收了等离子体、电子束、分子束、离子束等系列新技术，把原始单一的真空蒸发镀膜技术发展到包括真空蒸发镀、溅射镀、离子镀、化学气相沉积、分子束外延、离子束流沉积以及薄膜厚度的测量与监控，薄膜的结构、形态、成分、特性等诸多技术在内的，被称为“薄膜科学与技术”的新学科领域。目前，随着薄膜的制备与薄膜材料的开发，我国已经具有相当规模的薄膜行业，真空镀膜发展前景十分广阔。

参 考 文 献

[1] 何炜．从纯净的空间到纳米．济南：山东教育出版社，2001.

[2] 陈国平主编．薄膜物理与技术．南京：东南大学出版社，1993.

[3] Chopra K L，Tkaur I. Thin Film Device Application. New York：Plenum Press，1983.

[4] 李云奇主编．真空镀膜技术与设备．沈阳：东北大学出版社，1989.

[5] 陈拱诗编译．金属表面涂层．北京：对外贸易教育出版社，1988.

[6] 张世伟编著．真空镀膜技术与设备．北京：化学工业出版社，2007.

[7] 李学丹编著．真空沉积技术．杭州：浙江大学出版社，1994.

[8] 陈光华编著．新型电子薄膜材料．北京：化学工业出版社，2002.

第2章 真空镀膜技术基础

2.1 真空镀膜物理基础

2.1.1 真空及真空状态的表征和测量

真空一词来源于古希腊文，意思是“虚无”。但是，物质是客观存在的，真空只能是相对于大气而存在，它是比大气压力低的空间。目前，在真空科学里所定义的真空是指“低于一个标准大气压的稀薄气体状态”。如果把真空误认为是什么物质也不存在的空间，即所谓的绝对真空，那是错误的。[1]

真空状态大体上只有两种，即宇宙空间中所存在的“自然真空”和人们用抽气手段所获得的“人为真空”。在真空镀膜设备中，从事镀膜工艺的真空室中的真空属于后者。

在稀薄气体状态下，显示出来的真空特点：一是被称为气体分子密度的单位体积内气体分子数目的减少；二是随着容器内气体分子数目的减少，分子之间、分子与容器壁之间的碰撞次数也在减少，致使气体分子热运动的平均自由程增大。稀薄气体状态下的这些特点，能够提供真空镀膜工艺中为了减少镀膜室内残余气体分子对膜材粒子及基体表面碰撞后的相互作用，以及减少氧及气体中杂质对膜层所产生的氧化与污染的良好工艺环境条件。这就是利用真空这种特定气氛进行薄膜制备的重要原因。

人们通常用真空容器中真空度的高低来表征气体分子对器壁碰撞所产生压力的大小，所谓真空度就是指低压空间中气态物质的稀薄程度。气体的压力越低真空度越高，低压力与高真空在含义上是相同的。正如机械加工零件需要测量它的尺寸一样，真空度的高低也是需要测量的，从本质上看测量稀薄气体状态的稀薄度大小的量，最好是测量气体的分子密度，但是，这一物理量在实用上并不方便。然而，通过测量压力的大小进而确定真空度的高低是比较方便的。目前，国际单位制中测量压力的单位是“牛顿/米^2”（N/m^2），并将其命名为“帕斯卡”，用 Pa 表示。在过去真空度的测量单位是毫米汞柱（mmHg），为了方便起见常用“托”（Torr）来表示，以纪念托里拆里这位著名科学家。由于在数值上 1Torr 的压力值大致上与 1mmHg 所产生的压力相等，即 1Torr＝1/760atm。因为纯水银在 0℃时的密度为 13.5951g/cm^3，所以作用在 1 平方厘米表面积上的力等于 13.5951 克力。

测量气体压力的单位，在物理学中较多。为了方便起见，现将不同压力单位换算[2]列于表 2-1 中，供读者参阅。

表 2-1 压力单位换算表

	帕 Pa	托 Torr	微米汞柱 μmHg	微 巴 μbar	毫 巴 mbar	大气压 atm	工程大气压 at	英寸汞柱 inHg	磅/英寸² lbf/in²
1Pa	1	7.50062×10^{-3}	7.50062	10	10^{-2}	9.86923×10^{-6}	1.0197×10^{5}	2.953×10^{-4}	1.450×10^{-4}
1Torr	133.322	1	10^{3}	1.33322×10^{3}	1.33322	1.31579×10^{-3}	1.3595×10^{-3}	3.937×10^{-2}	1.943×10^{-2}
1μmHg	0.133322	10^{-3}	1	1.33322	1.33322×10^{-3}	1.31579×10^{-6}	1.3595×10^{-6}	3.937×10^{-5}	1.943×10^{-5}
1μbar	10^{-1}	7.50062×10^{-4}	7.50062×10^{-1}	1	10^{-3}	9.86923×10^{-7}	1.0197×10^{-6}	2.953×10^{-5}	1.450×10^{-5}
1mbar	10^{2}	7.50062×10^{-1}	7.50062×10^{2}	10^{3}	1	9.86923×10^{-4}	1.0197×10^{-3}	2.953×10^{-2}	1.450×10^{-2}
1atm	101325	760	760×10^{3}	1013.25×10^{3}	1013.25	1	1.0333	29.921	14.696
1at	98066.3	735.56	735.56×10^{3}	980663	980663×10^{-3}	0.967839	1	28.959	14.223
1inHg	3386	25.40	25.40	3.386×10^{4}	33.86	3.342×10^{-2}	3.453×10^{-2}	1	4.912×10^{-1}
1lbf/in²	6895	51.715	51.715×10^{3}	6.895×10^{4}	69.95	6.805×10^{-2}	7.031×10^{-2}	2.086	1

2.1.2 气体的基本性质

为了深入研究在真空容器中稀薄气体状态下气体分子的有关性质及其运动规律，了解气体与蒸气的性质、气体状态与其基本参数的关系、气体内部各种动力过程的规律以及成膜过程中气体与固体在界面上的相互作用等是十分必要的。

(1) 气体与蒸气[3]

在真空镀膜技术中经常遇到的气态物质有两种：一是永久性气体；另一种是蒸气。所谓蒸气（又称可凝性气体）是相对于永久性气体而言的，气体和蒸气是通过它的临界温度来区分的。任何气体都有其特定的临界温度，通常把处于临界温度以上的不能通过等温压缩发生液化的气体称为永久气体，而把处于临界温度以下的，只靠单纯增加其压力就能使其液化的气体称为蒸气。蒸气与气体可通过室温为标准加以划分，常用物质的临界温度见表 2-2。从表中可以看出氮、氢、氖、氦、空气等物质的临界温度远低于常温，所以，在室温下这些物质均属于“气体”。而二氧化碳的临界温度与室温相接近，易于液化，可称其为蒸气。至于蒸汽和一些有机物质的蒸气及气态金属当然都是属于蒸气的范畴。

表 2-2 几种物质的临界温度

物质	临界温度/℃	物质	临界温度/℃
氦	−267.8	氩(Ar)	−122.4(15.071K)
氢	−241.0(33.23K)	氧(O_2)	−118.0(154.77K)
氖	−228.0(44.43K)	氪(Kr)	−62.5(209.38K)
氮	−147.0(126.25K)	氙(Xe)	−14.7(289.74K)
空气	−140.0	二氧化碳	+31.0
乙醚	+194.0	铁(Fe)	+3700.0
氨(NH_3)	+132.4	甲烷(CH_4)	−82.5
乙醇	+243.0	氯(Cl_2)	+144.0
水(H_2O)	+374.2	一氧化碳	−140.2
汞(Hg)	+1450.0		

（2）蒸发凝结与饱和蒸气压

置于密封容器中的固体或液体，在任何温度下都会从其表面上跑到空间去或存在于空间中的蒸气分子返回到其原有的表面上，前者称为蒸发，后者称为凝结。在单位时间内一定温度下蒸发出来的分子数与蒸气分子凝结在表面上的分子数相等使蒸发处于饱和状态，这时容器内所具有的蒸气压力称为饱和蒸气压力。这种压力决定于物质本身的性质与温度，温度越高，物质本身分子间的吸附越小就越容易蒸发，其饱和蒸气压也就越高。一定温度下物质的饱和蒸气压是恒定的。几种常用物质的饱和蒸气压见表 2-3[4]。

表 2-3 几种物质的饱和蒸气压

物质名称	在 20℃下的饱和蒸气压/Pa	物质名称	在 20℃下的饱和蒸气压/Pa
水	2.3×10^{3}	密封油脂	$10^{-1}\sim10^{-5}$
机械泵油	$1\sim10^{-3}$	普通扩散泵油	$10^{-3}\sim10^{-6}$
汞	2.4×10^{-1}	275 超高真空扩散泵硅油	6.7×10^{-8}(25℃)

（3）气体定律及理想气体状态方程

在真空容器中处于平衡状态下符合理想气体假设条件而得到的反映气体压力 p（Pa）、体积 V（m^3）、温度 T（K）和质量 m（kg）等状态参数间相互关系的一些气体定律主要有如下几种。

① 气体实验定律

a. 波义耳-马略特定律。一定质量的气体，当温度保持恒定时，气体的压力 p 和其体积 V 的乘积保持不变，即：

$$pV=c \quad p_1V_1=p_2V_2 \tag{2-1}$$

b. 盖·吕萨克定律。一定质量的气体，当压力保持恒定时，气体的体积与其绝对温度成正比，即：

$$V=cT \quad 或\ V/T=c \tag{2-2}$$

c. 查理定律。一定质量的气体，当体积保持恒定时，气体的压力与其绝对温度成正比，即：

$$p=cT \quad 或\ p/T=c \tag{2-3}$$

被称为气体三定律的上述各式中，c 为常数。在真空技术中大多数处于常温、低压下的气体或蒸气，因为与理想气体的假设条件基本相符合，故在工程计算中，可以不作任何修正。

② 道尔顿定律

除了气体三定律外，表明相互间不起化学作用的混合气体其总压力与其各组成的气体压力（p_1、p_2、…、p_n）之间的关系式，即人们所熟悉的道尔顿定律可写成：

$$p=p_1+p_2+\cdots+p_n \tag{2-4}$$

这里所说的混合气体中某一组成气体的分压力是指这种气体单独存在时所产生的压力，可见道尔顿定律所表明的是各组成的气体的压力具有可以相互独立又可以相互叠加的性质。

③ 阿伏加德罗定律

等体积内的任何种类的气体在同一温度、同一压力下具有相同的分子数。或者说在同温同压下具有相同分子数的不同种类的气体均占有相同的气体体积。人们通常把 1 摩尔（mol）任何气体的分子数目（mol^{-1}）称为阿伏加德罗常数，$N_A=6.022\times10^{23}\ mol^{-1}$。

在标准状态下，压力为 1.1325×10^5 Pa，$T_0=0$℃时 1mol 的任何气体的体积称为气体的摩尔体积，其值为：$V_0=2.2410^{-2}\ m^3/mol$。

④ 理想气体的状态方程

根据上述气体定律，所得到的反映四个气体状态参数 p、V、T、m 相互间关系的被称为理想气体状态方程，表达式为：

$$pV=\frac{m}{M}RT \tag{2-5}$$

式中，M 为气体的摩尔质量，kg/mol；m 为气体的质量，kg；R 为普适气体常数，$R=8.31\text{J}/(\text{mol}\cdot\text{K})$。

当 $m/M=1$ 时，即对于 1mol 气体体积时，则有：

$$pV=RT \text{ 或 } pV/T=R \tag{2-6}$$

对于一定质量气体 m，由一个状态 p_1V_1 经过任何一个热力学过程转变成另一个气体状态 p_2V_2 时可依式(2-5) 写成：

$$\frac{p_1V_1}{T_1}=\frac{p_2V_2}{T_2} \tag{2-7}$$

此外，可以通过理想气体状态方程计算出单位体积内的气体分子数即气体的分子密度 n (m^{-3}) 和气体的密度 ρ (kg/m^3)：

$$n=\frac{mN_A}{MV}=\frac{\rho N_A}{RT}=\frac{\rho}{kT} \tag{2-8}$$

$$\rho=\frac{m}{V}=\frac{PM}{RT} \tag{2-9}$$

式中，k 为波尔兹曼常数，$k=R/N_A=1.38\times10^{-23}\text{J/K}$。

(4) 气体分子运动论基础

① 气体分子的热运动速度

处于平衡状态下的气体分子，由于时时刻刻都处于杂乱无章、毫无规律的分子热运动中，其运动速度对每一个分子而言，都是随机的，通常用麦克斯韦-波尔兹曼的速度分布定律来描述理想气体的速度。

若设在 N 个气体分子中，它的热运动速度介于 $v\rightarrow v+\text{d}v$ 之间的分子数目为 $\text{d}N$，则有：

$$\text{d}N=N\cdot F(v)\text{d}v=4\pi N\left(\frac{m_0}{2\pi kT}\right)^{\frac{3}{2}}\text{e}\left(\frac{1}{kT}\frac{m_0v^2}{2}\right)v^2\text{d}v \tag{2-10}$$

式中，$\text{d}v$ 表示在 N 个气体分子中，分子热运动速度介于 $v\rightarrow v+\text{d}v$ 之间的分子数目；$F(v)$ 为速度 v 的连续函数，即为麦克斯韦速度分布函数。

若以 v 为横坐标，$F(v)$ 为纵坐标，可得出图 2-1 所示的速度分布曲线[6]。曲线与横坐标所包括的面积表示气体分子的总数 $F(v)\text{d}v=\frac{\text{d}N}{N}$，则为速度在 $v\rightarrow v+\text{d}v$ 之间的分子相对数目或一个分子速度在 $v\rightarrow v+\text{d}v$ 之间的概率，$F(v)$ 为速度 v 附近单位速度间隔中的分子相对数目。$m_0=M/N_A$ 为一个气体分子的质量 (kg)。

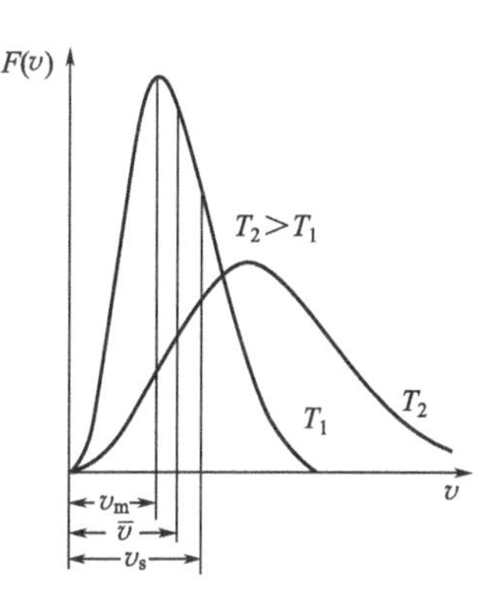

图 2-1 分子热运动速度的分布曲线

从式(2-10) 中可知，$F(v)$ 的分布形状与气体分子的质量和它的绝对温度有关。对于同一种气体来说，温度越高，则较高速度的分子越多，分布曲线也变得越加平坦，而对温度相同的不同气体，分子质量越小的气体，则分子速度较高的分子数目就越多。

利用速度分布函数所计算出来的反映分子热运动强度的三个特征速度分别如下。

a. 最可几速度 v_m。最可几速度是指气体分子所具有的各种不同热运动速度中出现机会最多的速度，也就是大多数气体分子所具有的速度，其计算式：

$$v_{\mathrm{m}}=\sqrt{\frac{2kT}{m_0}}=\sqrt{\frac{2kT}{M}}=4.078\sqrt{\frac{T}{M}} \tag{2-11}$$

b. 算术平均速度$\overline{v}$。算术平均速度是指把所有气体分子的速度相加后被分子总数除之所得到算术平均速度，其计算式：

$$\overline{v}=\frac{1}{N}\int_0^{\infty}v\mathrm{d}N=\sqrt{\frac{8kT}{\pi m_0}}=\sqrt{\frac{8RT}{\pi M}}=4.601\sqrt{\frac{T}{M}} \tag{2-12}$$

c. 均方根速度 v_{s}。均方根速度是指把所有气体分子的速度平方加起来除以分子总数以后再开方所得到的速度。

$$v_{\mathrm{s}}=\sqrt{\frac{1}{N}\int_0^{\infty}v^2\mathrm{d}N}=\sqrt{\frac{3kT}{m_0}}=\sqrt{\frac{3RT}{M}}=4.994\sqrt{\frac{T}{M}} \tag{2-13}$$

从上述三个速度公式中可以看出，分子运动的速度不仅与其热力学温度有关，而且也与分子的质量有关。即使在相同的温度下，不同种类气体的运动速度也是不同的。常见气体的平均运动速度见表 2-4[2]。

表 2-4 15℃下常见气体的平均运动速度

气体	H_2	He	H_2O	N_2	O_2	Ar	CO	CO_2	Hg
v/(×10cm/s)	16.93	12.08	5.65	4.54	4.25	3.80	4.54	3.62	1.79

② 理想气体的压力基本公式

理想气体的压力基本公式可以通过气体分子微观的热运动的强弱与宏观上气体压力的定量联系起来而得到：

$$p=\frac{1}{3}nm_0v_{\mathrm{s}}^2=\frac{1}{3}\rho v_{\mathrm{s}}^2 \tag{2-14}$$

③ 气体分子的平均自由程

气体分子的自由程是指气体中一个分子与其他分子连续二次碰撞之间所走过的路程。自由程有长有短差异很大，但是大量自由程的统计平均值却是一定的，称为气体热运动的平均自由程，以$\overline{\lambda}$(m) 表示：

$$\overline{\lambda}=\frac{1}{\sqrt{2}\pi\sigma^2 n}=3.107\times10^{-24}\frac{T}{p\sigma^2} \tag{2-15}$$

对含有 k 种成分的混合气体其自由程为：

$$\overline{\lambda}_1=\left[\sum_{j=1}^{k}\sqrt{1+\frac{m_{0l}}{m_{0j}}}\pi\left(\frac{\sigma_l+\sigma_j}{2}\right)^2 n_j\right]^{-1} \tag{2-16}$$

式中，σ 为气体分子的有效直径，m；下标 l、j 分别表示第 l、j 种气体的成分参数。

④ 气体分了对所接触的固体表面的碰撞 气体分子对它所接触的固体表面（如容器壁、基体表面等）的碰撞可以从它的入射方向和入射数量两个方面来考虑。若以立体角为 dω 与面积单元为 ds 的法线间夹角为 θ 时，则单位时间内此 dω 方向飞来后碰撞到 ds 表面上去的气体分子数为 dN 与其夹角的 cosθ 为正比。即人们所称的余弦定理，其计算式为：

$$\mathrm{d}N=\frac{n\overline{v}}{4\pi}\cos\theta\mathrm{d}\omega\mathrm{d}s \tag{2-17}$$

若把单位时间内碰撞到固体表面单位面积上去的气体分子数称为气体分子对表面的入射率，以 Γ($\mathrm{m^{-2}\cdot s^{-1}}$) 表示，其计算式为：

$$\Gamma=\frac{1}{4}n\bar{v}=\frac{p}{\sqrt{2\pi m_0\Gamma k}}=\frac{pN_A}{\sqrt{2\pi MRT}} \tag{2-18}$$

依据平衡状态的假设，气体分子飞离固体表面时的方向分布及数量均应与入射相一致。因此，仍可按式(2-18)、式(2-19) 进行计算。此外，克努森的余弦反射定律还可以说明，不论气体分子的入射方向如何，其反射都应服从式(2-18) 的余弦定律。

(5) 气体分子的热流现象

两个相通的真空容器，当温度不同时，其内部气体达到状态平衡时的参数也会产生差异。低真空状态下（黏滞流），二容器的平衡条件是压力相等，这时两容器内的气体压力、温度及分子密度之间的关系有：

$$p_1=p_2 \text{ 和} \frac{n_1}{n_2}=\frac{T_2}{T_1} \tag{2-19}$$

在高真空状态下（分子流），二容器内气体达到压力平衡的条件，则两连通处的入射率 Γ 相等，即：

$$\Gamma_1=\Gamma_2 \text{ 和} \frac{n_1}{n_2}=\sqrt{\frac{T_2}{T_1}} \text{或} \frac{p_1}{p_2}=\sqrt{\frac{T_2}{T_1}} \tag{2-20}$$

这种因温度不同而引起的两容器间气体的流动现象，其平衡时会产生压力梯度，即为气体的热流现象。这一现象对真空流量、压力测量时所带来的误差应当给予足够的注意。

2.1.3 气体的流动与流导

(1) 气体流动状态的分类及判别

在真空镀膜工艺中，获得和利用的真空环境大多数气体都是从动态的形式存在的。因此，对气体的流动状态及其气体整体的表现性质进行分析和掌握是十分必要的。

当气体在真空管道两端存在压力差时，气体就会自动地从高压端向低压端流动。由于真空镀膜设备中的抽气系统都是由被抽容器（气源）、真空构件（阀门、管道等）以及各种不同类型的真空泵所组成。因此，气体从气源经过管道、阀门等构件流向排气的出口时是一种动态系统。这种动态的气体流动形式，目前，在真空技术中大致可划分为以下的几种形式；首先是大气压力下开始抽真空时，管道中的压力和气体的流速均很高，气体本身和惯性力在流动中起主要作用，流动呈现出很不稳定的状态，流线不规则，并不时呈现出旋涡，这种流动状态称湍流。其次伴随着流动气体流动速度及其压力的降低，在低真空范围内，气体逐渐变成有规则的层流流动，具有不同流动速度的流动层，其流线平行于管道中心轴线，气体的黏滞力在流动中起主导作用，但是，这时气体的分子平均自由程$\bar{\lambda}$远小于管道的最小截面尺寸 d 时，这种流状态称黏滞流。最后，当气体流动进入很低的压力范围时，分子的平均自由程$\bar{\lambda}$远大于管道的最小尺寸 d 时，气体分子与管壁的碰撞已占据主导地位，分子靠热运动而自由地以直线形式前进，而且气体只是通过与管壁的碰撞和反射而流经管道，气体的流动是由各个分子独立运动叠加而成，这种流动称为分子流。介于黏滞流和分子流之间发生的中等真空区间内的气体流动，则称为分子-黏滞流或称中间流或过渡流。

气体在不同的流动状态下不但与它的温度压力有关而且也与气体种类及它的相关构件的几何尺寸有关，因此在管道中的气体流量及气体的导气能力（称流导）的计算时所选用的计算方法也是不同的，因此必须对各种气体流动状态进行判别。由于在真空抽气过程中湍流出现的时间只是在抽气开始时的时候，因此把它合并于黏滞层之中并加以考虑是可以的。

对气体流动状态通常采用克努森数$\left(\frac{\bar{\lambda}}{d}\right)$或管道中平均压力$\bar{p}$与其几何尺寸 d 的乘积来判断：

黏滞层 $\frac{\bar{\lambda}}{d}<\frac{1}{100}$或$\bar{p}\cdot d>1\text{Pa}\cdot\text{m}$

分子流 $\frac{\bar{\lambda}}{d}<\frac{1}{3}$或$\bar{p}\cdot d<0.03\text{Pa}\cdot\text{m}$

分子-黏滞流 $\frac{1}{100}<\frac{\bar{\lambda}}{d}<\frac{1}{3}$或$0.03\ \text{Pa}\cdot\text{m}<\bar{p}\cdot d<1\text{Pa}\cdot\text{m}$ (2-21)

(2) 真空泵的抽气速率与气体在管路中的流导[7]

各种不同类型的真空泵，在抽真空的过程中，作为它的重要技术指标之一的抽气速率（简称抽速）可用下式表达：

$$S_p=\frac{Q}{p} \tag{2-22}$$

式中，S_p 为真空泵的抽速，m^3/s 或 L/s；Q 为单位时间内流经真空泵入口处的气体量，即气体流量，$Pa\cdot m^3/s$；p 为真空泵入口处的气体压力，Pa。

然而，单独的确定真空泵的抽气速率并不一定能够满足真空系统的抽气要求，这是因为在给定的压力下，单位时间内真空泵能够从被抽容器中所抽出的气体、体积，并不是全由抽气真空泵所决定的。众所周知，组成真空系统的各元件（管道、阀门、阱等）在真空泵抽气过程中，对流动着的气体所产生的阻力可导致真空管路中气体的通过能力（称流导）的下降。

若设系统中其元件通导能力为 U（简称流导），流动气体在该元件两侧所形成的压力差从 p_1 降到 p_2，这时该元件的流导 U 可定义为：

$$U=\frac{Q}{p_1-p_2} \tag{2-23}$$

式中 Q 为单位时间内通过元件的气件流量（$Pa\cdot m^3/s$）即单位时间内流过的气体体积与其压力的乘积。而流导 U 则具有与真空泵抽速相同的单位（m^3/s）。

流导是各种真空系统元件（管道、阀门、阱、孔口等）的主要技术指标之一，它所反映的是管道允许流过的气体能力的大小，不但与元件本身的几何形状和它流经气体的流动状态有关，而且也与元件两端的压力差、气体的种类及温度有关，这一点必须引起读者的注意。有关流导具体的计算方法在有关真空技术的文献中均有十分详细的介绍，本书不予赘述。

依据组成真空系统的需要，有时将真空元件（如管道）的入口与出口分别连接在一起，称为真空元件的并联。其连接后的总流导等于各元件流导的总和，即：

$$U=U_1+U_2+\cdots+U_n \tag{2-24}$$

若将各真空元件，按首尾顺序进行串联时，则其总流导为：

$$\frac{1}{U}=\frac{1}{U_1}+\frac{1}{U_2}+\cdots+\frac{1}{U_n} \tag{2-25}$$

如果把一个被抽容器的出口和一台对它进行抽空的真空泵入口，通过总流导为 U 的真空管路连接起来的话，这时，若真空泵入口处的抽气速率为 S_p，则被抽容器在其出口处所能达到的泵的有效抽速 S_e 可通过下式（被称为真空技术基本方程）来求得：

$$S_e=\frac{S_pU}{S_p+U} \tag{2-26}$$

从式(2-26) 中不难看出，当真空泵的抽速远小于管道的流导时，则 S_p 与 U 的比值（S_p/U）即趋于零，可见，这时泵对被抽容器的有效抽速几乎与泵的抽速相同即 $S_e\approx S_p$，这时真空容器的抽速可以完全由所选用的真空泵所决定。但是，当管道的流导远小于所选真空泵的抽速时，则 U 与 S_p 的比值（U/S_p）即趋于零，可见，这时真空泵对被抽容器的有效

抽速 S_e 并不取决于真空泵的抽速而是由管路的流导 U 所决定。因此，在真空系统的设计时为了获得较大的有效抽速，选择具有较大流导的管道及元件是十分重要的。

2.1.4 气体分子与固体表面的相互作用

在真空获得与真空镀膜过程中，空间的气体分子及蒸发或溅射出来的膜材粒子（分子、原子、离子）与真空容器器壁表面及基体表面的互相碰撞所引起的气-固界面间的相互作用十分重要。因为前者为了获得真空工艺中所要求的真空度，总是希望尽快地将吸附在真空容器壁及其有关构件表面上的气体加以清除后被真空泵抽走。而后者则希望膜材蒸气粒子尽快地附着在基体的表面而生成膜层。因此，研究膜层界面间气体与固体的互相作用，借以达到获得膜层牢固的薄膜是十分重要的。

气体分子同固体表面的相互作用主要包括两个方面：一是包括膜材蒸气在内的气体与器壁和基体表面的碰撞问题；二是碰撞后这些粒子在基体表面上被吸附的问题。关于碰撞问题已经在前节进行了论述，这里仅就吸附问题，做一简要的介绍。

(1) 气体分子在固体表面上的吸附

固体表面对气体分子的吸附，可以分为物理吸附和化学吸附两种吸附形式。吸附时同时放出热量，但差别较大，其中被物理吸附的气体分子从固体表面上离开的过程称解吸；被化学吸附的气体分子离开固体表面的过程称为蒸发。现就这两种吸附过程分述如下。

① 物理吸附[8]

任何物质都是由分子、原子组成，原子中带正电的原子核和带负电的电子间的静电力及电子运动过程中某些特定的相互联系（如运动情况完全相似的电子具有互相回避的倾向），是分子力产生的原因，因而分子力永久存在于任何分子之间，即永久存在于同类或不同类元素的分子之间，永久存在于同相或不同相的分子之间。分子力的作用是使分子聚集在一起。在空间形成某种规则的分布即有序排列。分子的无规则热运动将破坏这种有序排列，使分子分散开来。分子力常用半经验公式表示[9]：

$$f=\frac{\lambda}{r^s}-\frac{\mu}{r^t}\quad (s>t) \tag{2-27}$$

式中 r 代表两分子中心间的距离；λ、μ、s、t 都是正数，需根据实验数据确定，其中 s、t 都比较大（如 $s=12$）[10]，故分子力 f 随 r 的增大急剧减小，因而分子力的“有效作用距离”很小，仅数埃（Å，$1\text{Å}=10^{-10}\text{m}$）左右。式(2-27) 中 $\frac{\lambda}{r^s}$ 是正的，代表斥力；$-\frac{\mu}{r^t}$ 是负的，代表引力。由于 $s>t$，斥力比引力衰减快，即斥力有效作用距离小，是近程力；引力有效作用距离较斥力大，是远程力。描述分子力的曲线如图 2-2(a) 所示。

在 $r=r_p\left[r_p=\left(\frac{\mu}{\lambda}\right)^{\frac{1}{t-s}}\text{，一般为 }3\sim4\text{Å}\right]$ 处，斥力、引力相互抵消，f 为 0，当 $r>r_p$ 时，$f<0$，引力起作用，使分子相互接近；当 $r<r_p$ 时，$f>0$，斥力起作用，使分子相互离开。r_p 是平衡位置，可见，任何两分子只要处于分子力有效作用距离内，如不考虑其原动能，就会在平衡位置附近远而吸引，近而排斥地来回振动。

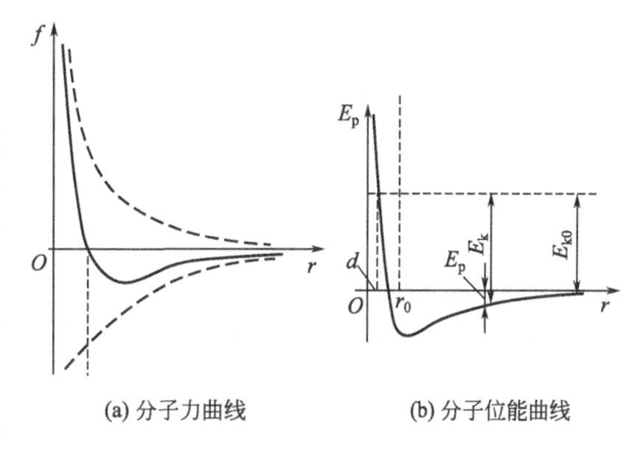

(a) 分子力曲线 (b) 分子位能曲线

图 2-2 分子及分子位能曲线

分子间的这种相互作用通常用图 2-2 (b) 的位能曲线来描述。由于分子力是保守力，当两分子间距离改变 $\mathrm{d}r$ 时，其位能增量为 $\mathrm{d}E_p=-f\mathrm{d}r$，取两分子相距极远时（$r=\infty$）位能为 0，则距 r 时的位能力：

$$\int_0^{E_p}\mathrm{d}E_p=-\int_\infty^r f\mathrm{d}r=-\int_\infty^r\left(\frac{\lambda}{r^s}-\frac{\mu}{r^t}\right)\mathrm{d}r$$

即
$$E_p=\frac{\lambda}{(s-1)r^{s-1}}-\frac{\mu}{(t-1)r^{t-1}}$$

令 $\lambda'=\frac{\lambda}{s-1}$，$\mu'=\frac{\mu}{t-1}$，$s'=s-1$，$t'=t-1$

则
$$E_p=\frac{\lambda'}{r^{s'}}-\frac{\mu'}{r^{t'}} \tag{2-28}$$

可见，表示分子位能 E_p 的式(2-28) 与表示分子力 f 的式(2-27) 类似，因而二者的曲线图像也类似。

当 $r>r_p$ 时，$f<0$，$\frac{\mathrm{d}E_p}{\mathrm{d}r}>0$，曲线是正斜率；当 $r<r_p$ 时，$f>0$，$\frac{\mathrm{d}E_p}{\mathrm{d}r}<0$，曲线是负斜率；$r=r_p$ 处，$f=0$，$\frac{\mathrm{d}E_p}{\mathrm{d}r}=0$，曲线斜率为 0，位能有极小值；因而，分子位能曲线是一条向下凹的曲线。凹下的部分常称为“势能坑”或“势谷”。分子在 r_p 位置，位能最小，最稳定，“坑”越深越稳定。若分子在 r_p 处的动能小于位能的绝对值，则在 r_p 附近做微小振动，这就是凝聚态（液态固态）时分子运动的图像。

在真空镀膜中，气相分子（金属蒸气分子，水及油蒸气分子）与固相表面（基片）若接近到分子力有效作用距离且在 r_p 处的动能小于位能绝对值时，气相分子就在距基片表面 r_p 处做微小振动，即被吸附在基片表面上，这就是物理吸附，它与液化的本质相同，故吸附的放热 q_p（即物理吸附热，用势能坑的深度表示）在数值上与液化热相近似，一般较小，约几千卡/摩尔。

② 化学吸附[8]

化学吸附是通过价键力实现的，包括离子键力、共价键力和金属键力。

价键力的作用是使原子、原子团、离子或分子在空间做周期性排列。由于固体（基体）表面的分子（原子）与内部的分子（原子）处于不同状态，故有剩余空悬键即剩余力存在。剩余键力的作用距离比分子力更近，约 1～3Å[10]，且具有方向性和饱和性，因而只有在气相分子进入剩余键力作用距离内且剩余力尚未饱和的情况下，才会被附着在固体表面上，这就是化学吸附。

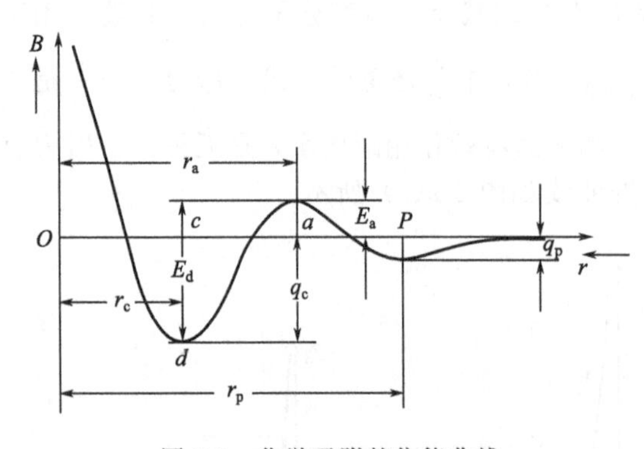

图 2-3 化学吸附的位能曲线

化学吸附的位能曲线如图 2-3 所示。在 $r>r_a$ 时，曲线是图 2-2(b) 的势能曲线，即产生化学吸附必先产生物理吸附。原因是分子力存在于任何分子之间，有效作用距离大于价势能的作用距离。在 $r_p\sim r_a$ 范围内分子势能再度减小，分子间表现为引力。$r=r_a$ 处势能最小（绝对值最大）。$r<r_a$ 时，势能又增加，分子间表现为斥力。显然两分子间距为 r_c 时最稳定，即处于更稳定的化学吸附状态。两分子（原子）间距从 r_a 减少到 r_c，势能共减少了 E_d（E_d 称为脱附热），它由 E_a 和 q_c 二者组成，化学吸附热 q_c 用“势能坑”的深度表示（与 q_c 同一基准）。图中可见，化学吸附的“势能坑”比物理吸附的深，这就是化学吸附比物理吸附稳定的机理。在真空镀膜中，创造金属蒸气和基片分子间键价力发生作用的

条件以便形成牢固的化学吸附，是增强膜基界面间附着强度的理论依据。然而，化学吸附必须在形成物理吸附的基础上，使气相分子越过能量位垒 E_a 这个“峰”才能实现，即气相分子必须具有 E_a 的位能加以激活才能实现化学吸附，故 E_a 称为“化学吸附激活能”。表 2-5 给出一些气固界面间化学吸附的激活能。

表 2-5 化学激活能[11]

物　质	E_a/(kcal/mol)	物　质	E_a/(kcal/mol)	物　质	E_a/(kcal/mol)
Ar-玻璃	2.43	O_2-W	162	Ni-W	83
DOP-玻璃	22.4	Cu-W	54	(氧化)	
C_2H_5-Pt	2.85	Cr-W	95	Fe-W	120
C_2H_4-Pt	3.4	Be-W	95	Ti-W	130
H_2-Ni	11.5	Ni-W	100		

图 2-4 是通过分子位能曲线所描述的分子能量变化（考虑分子进入分子力场的原动能）来说明气相分子越过能量位垒 E_a 的条件。图中设一分子固定不动（基片表面分子），中心在原点 O；另一分子（被蒸镀的金属原子）从极远处（位能为 0）以初动能 E_{k0} 运动。

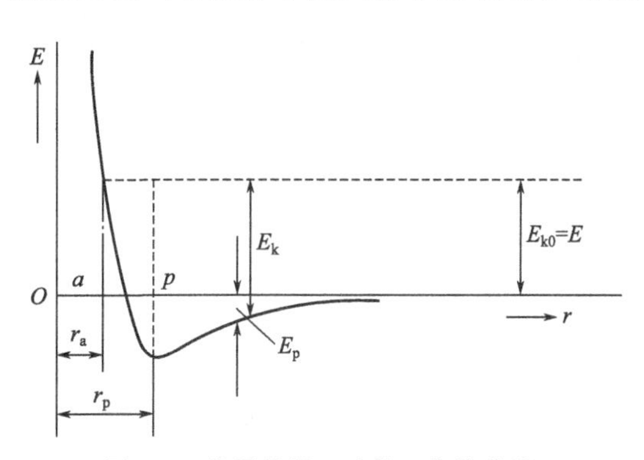

图 2-4 分子能量（动能、位能曲线）

当分子运动到分子力有效作用距离内，分子位能从 0 开始不断减小（绝对值不断变大）；当分子越过 r_p 后，位能又不断增大，继而急剧增大。由于在 $r<r_p$ 内分子斥力随 r 减小而急剧增加，使分子运动急剧减慢，到 $r=r_a$ 时，分子速度为 0，其动能 $E_k=0$，势能为 $E_p=E_{k0}=E$，原动能全部转化为势能。但分子并非在 r_a 处稳定不动，要么被强大的斥力排斥开来，要么受到固体（基片）表面原子剩余键力的作用使之进一步趋近而生成化学吸附。可见，气相分子的初动能 E_{k0} 是使其与固相表面分子接近的价键力作用的距离，从而越过位垒 E_a 的关键。最终能否形成化学吸附，还要取决于气固元素间的化学活性及化学吸附是否饱和等条件。例如，惰性气体与任何固相都不能发生化学吸附；铝能吸附 O_2、CO，却不能吸附 N_2、CO_2。表 2-6 给出了气固间能发生化学吸附的组合实例。

表 2-6 金属表面上的化学吸附[11]

气 体	快 速 吸 附	慢 吸 附	0℃以下不能吸附的金属
H_2	Ti,Zr,Nd,Ta,Mo,W,Fe,Co,Ni,Rh,Pt,Ba	Mn,Ga,Ge	K,Cu,Ag,Au,Zn,Cd,Al,In,Pd,Sn
O_2	除金以外的全部金属	—	Au
N_2	La,Ti,Zr,Nd,Ta,Mo,W	Fe,Ga,Ba	对 H_2 而言要加 Ni,Ph,Pd,Pt
CO	对 H_2 而言要加入 La,Mn(Cu,Ag,Au)	Al	K,Zn,Cd,In,Pd,Sn
CO_2	对 H_2 没有 Rh,Pd,Pt	Al	Rh,Pd,Pt,Cu,Zn,Cd
CH_4	Ti,Ta,Cr,Mo,W,Rh	Fe,Co,Ni,Pd	—
C_2H_6	对 CH_4 而言要加入 Ni,Pd	Fe,Co	—
C_2H_4	对 CH_2 而言要加入 Cu,Au	Al	对于 CO
C_2H_2	对 H_2 而言要加入 Cu,Au,K	Al	对于 CO 没有 K
NH_3	(W,Ni,Fe)	—	—
N_2S	W,Ni	—	—

(2) 吸附概率与吸附时间

同固体表面相碰撞的气体分子或失去动能放出吸附热被表面所吸附或返回到空间去，即使是表面已经吸附上的气体分子，有时也会得到所吸的激活能再返回空间去。其解吸的概率中依化学吸附与物理吸附进行分别考虑，气相分子在固体表面上的吸附概率的大小主要决定于如下几个因素：[12]

① 入射分子只有能量大于或等于化学吸附的激活能的分子才能被化学吸附；

② 入射分子只有射到固体表面的“势能坑”（图 2-3d 点）上时，才能被吸附；

③ 即使气体分子已经具有化学吸附的激活能 E_a 和入射到吸附空位上，也仍有物理吸附或化学吸附的两种可能性。

结合上述各因素，固体吸附气体概率 S 可用下式表达：

$$S=Cf(\theta)\exp\left(-\frac{E_a}{RT}\right) \tag{2-29}$$

式中 C 为凝结系数，指落到一个吸附激活 E_a 为零的势能坑上的气相分子被吸附的概率；$f(\theta)$ 为表面覆盖率（θ）的函数，表示碰撞发生的有效的吸附空位上的比率，$\exp\left(-\frac{E_a}{RT}\right)$则表示在入射的气相分子中能量达到或越过 E_a 的分子所占有的比率；R 为普适气体常数；T 为气相分子的热力学温度。

通常把气相分子在固体表面上所产生的物理吸附的概率称为冷凝系数，它介于 0.1～1 之间，对蒸发金属而言可近似取 1。产生化学吸附概率称为黏着概率，对清洁的金属表面黏着概率也可在 0.1～1 的范围取值。温度越高时则黏着概率越大。

关于被吸附的气体分子停留在固体表面上的时间，可采用平均吸附时间。即由吸附固体表面上到再从表面上解吸出来所需要时间的平均值来确定。若激活能为 E_a，则平均吸附时间 τ 可表达为：

$$\tau=\tau_0\exp\left(-\frac{E_a}{RT}\right) \tag{2-30}$$

式中，τ_0 为吸附态的分子垂直于表面上的振动周期，一般在 10^{-12}～10^{-14} 范围之内；$\exp\left(-\frac{E_a}{RT}\right)$表示在吸附分子中能量达到或超过所吸激活能 E_a 的分子所占有的比率。

在真空镀膜中，总是要求膜材粒子在基体的表面上的吸附率大，吸附时间长，因此，可得出如下结论：

① 气体分子与基体表面上的 E_a 越小越有利吸附的产生，而 E_d 值越大越有利于吸附的发生；

② 增大入射气相分子的能量，是提高吸附概率的最好方法；

③ 尽量降低已被固体表面吸附的气体分子温度可延长其吸附时间。

2.2 真空镀膜低温等离子体基础

在真空镀膜技术中，除了真空蒸镀及低压化学气相沉积（LPCVD）外，大多数都是在低压、低温的等离子体中进行的。这是因为在低压下气体放电所发生的等离子体，不但可以使气体和膜材粒子电离产生高能电子、高能离子、高能中性原子，而且还可以在成膜过程中对基体进行轰击和清洗，从而较大地改善了膜层的组织结构，促进了成膜过程中的化学反应，促成了化合物薄膜的生成。特别是近年来，随着各种提高膜材粒子离化率和控制带电粒子能量的离子增强型镀膜技术的开发、掌握和利用等离子体在真空镀膜过程中的作用，进一步提高膜层的质量更是十分重要。

2.2.1 等离子体及其分类与获得

所谓离子体，简言之就是被电离了的气体，当气体粒子从外界获得大约 1～30eV 的能量时，就可以分成带负电的电子和带正电的离子，即粒子被电离，而且在这些气体粒子中只要有千分之一以上的粒子被电离，气体的行为就会被自由离子和电子的静电库仑相互作用力所支配，其中，中性粒子的作用就退居到次要的地位。这时整个气体就可以受外界电磁场的控制，成为一种具有高电导率的导电流体，而且从整体上它是由数目相等的电子和正离子构成的一个电的中性集合体，故称其为等离子体。

等离子体状态可通过电子的平均能量（kT_e）和电子密度（n_e）来表征。图 2-5[13] 给出了自然等离子体和人为等离子体存在的状态。对于在薄膜制备工艺中采用的通过辉光放电而获得的等离子体，其平均电子能量大多在 1～10eV，电子密度大多在 $10^{10}cm^{-3}$ 范围之内。

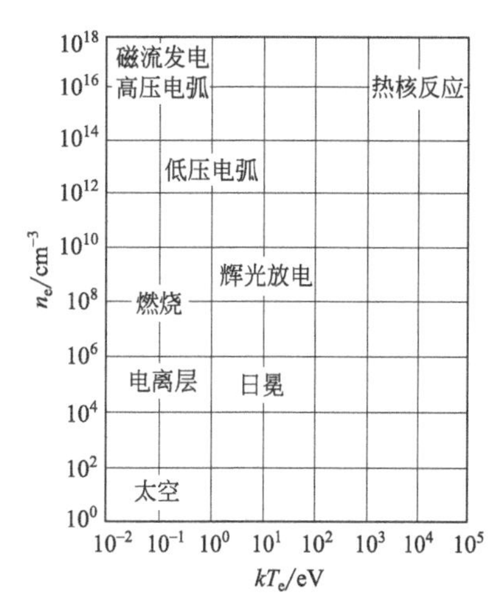

图 2-5 等离子体存在的状态

等离子体可按其电离程度分为完全电离状态的气体和部分电离状态的气体以及弱电离状态的气体。如果按物质处于不同温度范围所发现的状态来分类，又有固态、液态、气态和以薄膜形态出现的凝聚态等四类，当然，作为物质存在的第五态，即等离子态也就是其中的一种。

目前，应用于真空镀膜工艺中的等离子体是按等离子体中电子和正粒子的能量不同而划分为热等离子体与低温等离子体两种类型：热等离子体中重粒子温度 T_i 与电子温度相等（$T_i \approx T_e$）大都在 10^4K 范围之内。由于 T_i 与 T_e 几乎相等，故称平衡态等离子体。当物质处于这种高温状态下，几乎所有的气体物质都会分解为原子或离解成带电粒子，存在着大量的离子自由基和活性分子；而低温等离子体则是在等离子体中其重粒子温度远低电子温度 T_e（$T_i \ll T_e$）时的一种被离化的气体状态。这时的重粒子温度 T_i 基本上接近于常温。但是，电子却具有高达 10^3～10^4K 的高温，故称非平衡态等离子体。

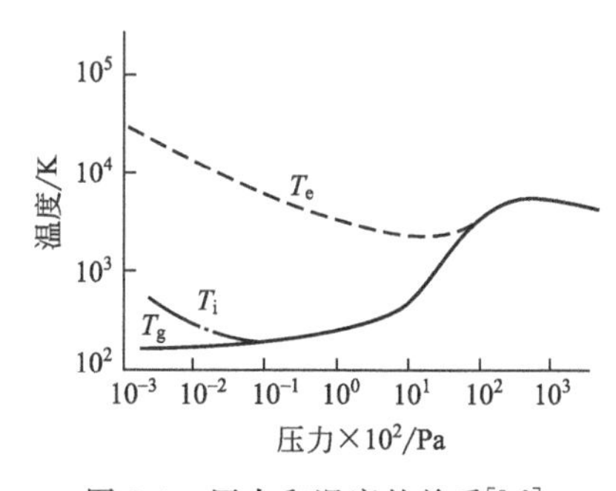

图 2-6 压力和温度的关系[8,9]

非平衡态等离子体可随真空室内压力的降低，促使其电子温度与其他粒子温度差进一步增大。等离子体温度中的气体温度 T_g 与重粒子温度 T_i、电子温度 T_e 与气体压力 p 之间的关系如图 2-6 所示。

低温等离子体可以通过气体放电、光照（包括激光）、离子束等方法获得。由于气体放电法获得低温等离子体装置简单，易于实现，因此已成为真空镀膜工艺中一种最常用的方法，其放电的形式可分为直流放电、交流放电、工频放电（50Hz）、中频放电、高频放电、微波放电等多种。有关这些放电的发生过程，将在下面详述。

2.2.2 低气压下气体的放电

2.2.2.1 等离子体带电粒子的运动形式

在带电离子空间粒子的运动，主要有热运动、迁移运动和扩散运动等三种形式。

(1) 气体粒子的热运动

处于平衡状态下的气体放电，可把带电粒子看成是中性粒子，呈现规律的热运动状态，遵循气体分子运动方程。其等离子体系中的粒子运动速度分布符合麦克斯韦分布，即：

$$\mathrm{d}N=4\pi N\left(\frac{m}{2\pi kt}\right)^{\frac{1}{2}}v^2\exp\left(-\frac{1}{2}\frac{mv^2}{kT}\right)\mathrm{d}v \tag{2-31}$$

式中 N——速度为 v 的粒子数；

m——粒子质量；

k——波尔兹曼常数；

T——绝对温度。

服从上述分布的粒子，其平均动能 $\overline{E}$ 与绝对温度 T 之间的关系为：

$$\overline{E}=\frac{1}{2}mv^2=\frac{3}{2}kT \tag{2-32}$$

$$v=\sqrt{\frac{3kT}{m}} \tag{2-33}$$

由于电子质量很小，$m_e=9.107\times10^{-28}$g，所以，电子的热运动速度很大，等于离子或分子速度的$\sqrt{\frac{M}{m}}$倍，M 为离子或分子的质量。由此可见，存在于等离子体中的粒子，特别是电子具有较大的能量，将这些能量转化为气体原子或分子的热能、光能或内能加以利用就是低温等离子体在真空镀膜工艺中得到广泛应用的原因。

离子在气体运动中的平均自由程 $\overline{\lambda}_i$ 近似等于原子的平均的自由程 $\overline{\lambda}$ 即：

$$\overline{\lambda}_i\approx\overline{\lambda}=\frac{1}{\sqrt{2}\pi\sigma^2 n} \tag{2-34}$$

电子平均自由程 $\overline{\lambda}_e$ 为：

$$\overline{\lambda}_e=\frac{1}{\pi\sigma^2 n}=\sqrt{2\lambda_i} \tag{2-35}$$

(2) 带电粒子在电场作用下的迁移运动

电场作用下的带电粒子，可以看成是在热运动基础上又叠加一个方向性运动。如果称这种方向性运动为迁移，则其迁移速度 u 远小于热运动速度 v。经过多次碰撞后的带电粒子，飞向与它的电极性相反的电极上时，就是气体的通导电流，它的迁移速度 u 为：

$$u=\frac{1}{2}\frac{eE}{m_e}\cdot\frac{\overline{\lambda}_e}{v_e} \tag{2-36}$$

式中，$\frac{eE}{m_e}$为电子的电场中的瞬时加速度。其迁移速度的平均值 $\overline{u}$ 为：

$$\overline{u}=\frac{3}{\pi}\frac{e\overline{\lambda}_e}{m_e v_e}E \tag{2-37}$$

迁移速度的均方根值 u_s 为：

$$u_s=\frac{3}{2\pi}\frac{e\overline{\lambda}_e}{m_e v_e}E \tag{2-38}$$

电子的迁移率 K_e 为：

$$K_e=\frac{u}{E}=\frac{2}{\pi}\frac{e\overline{\lambda}_e}{m_e v_e} \tag{2-39}$$

离子的迁移率 K_i 为：

$$K_i = \frac{2}{\pi} \frac{e\bar{\lambda}_i}{m_i v_i} \tag{2-40}$$

(3) 沿带电粒子浓度递减方向的扩散运动[10]

由于带电粒子在气体中分布不均而引起沿其浓度递减方向运动的带电粒子数，多于往相反方向运动的粒子数。通常把这种定向性的运动，称为带电粒子沿浓度递减方向的扩散。

如果把这种气体因电场强度及温度而引起的扩散看成与气体的热扩散相似的话，那么，在等离子体中，由于电场强度较小，电场所引起的扩散速度也远小于热扩散速度，而在阳极附近，由于电场强度很大，所以，这时电场所引起的扩散远比热扩散大。若电子为扩散系数为 D_e，离子扩散系数为 D_i，则有：

$$D_e = \frac{1}{3} v_e \bar{\lambda}_e \tag{2-41}$$

$$D_i = \frac{1}{3} v_i \bar{\lambda}_i \tag{2-42}$$

式中，v_e 为电子平均速度；v_i 为离子平均速度；$\bar{\lambda}_e$为电子平均自由程；$\bar{\sigma}_i$ 为离子平均自由程。

由于 $v_e \gg v_i$，所以 $D_e \gg D_i$。

若将式(2-39) 与式(2-41) 结合起来，被称为爱因斯坦关系式，即：

$$\frac{K_e}{D_e} = \frac{3e}{m_e v_e^2} \tag{2-43}$$

如果把$\frac{1}{2}mv^2$近似作为平均动能$\frac{1}{2}m_e v_e^2$ 来处理，而$\frac{1}{2}mv^2 = \frac{3}{2}kT$，即可得出爱因斯坦关系式为：

$$\frac{K_e}{D_e} \approx \frac{e}{kT} \tag{2-44}$$

该式表明在低压等离子体中，电子的迁移与扩散系数之比只与绝对温度有关。若带有两种电荷的粒子同时进行扩散时，称为双极性扩散，其扩散系数 D_a，称为双极性扩散系数，它的表达式为：

$$D_a = \frac{D_e K_i + D_i K_e}{K_i + K_e} \tag{2-45}$$

通常 $K_e \gg K_i$，故

$$D_a \approx D_e \frac{K_i}{K_e} + D_i \tag{2-46}$$

若将式(2-41)、式(2-42) 代入式(2-45) 则有：

$$D_a = \frac{K_i k}{l}(T_i - T_e) \tag{2-47}$$

当低气压时 $T_e \gg T_i$，故

$$D_a = \frac{k}{l}(K_i T_e) \tag{2-48}$$

当高气压时 $T_e \approx T_i$，故

$$D_a = 2D_i \tag{2-49}$$

可见对极性扩散系数 D_a 将随气体压力的升高而降低。若电极间的电场 E 很强气压又很低时（即 E/p 很大时）则带电粒子的定向运动大大地超过了气体无规则的热运动。但是，当电极间电场 E 很弱时，气压又较高时（即 E/p 很小时）这时热运动可完全超过气体的定向运动。

2.2.2.2 气体放电过程中粒子间的碰撞及其能量的转换

等离子体带电粒子中的电子、离子和中性气体中的原子和分子是并存的，它们在电场作用下，所进行的热运动、迁移和扩散，必将引起这些粒子间频繁的碰撞。这种碰撞如果按其粒子内能是否发生变化进行分类的话，可分为两类：一类是粒子碰撞时，不论是哪些粒子，内能均未发生变化。这种碰撞称为弹性碰撞；另一类则是碰撞后内能发生变化，被称为非弹性碰撞。现就这两种碰撞的基本规律简述如下。

(1) 粒子间在等离子体中所发生的弹性碰撞有两种情况。一是离子与气体原子所进行的弹性碰撞。这时，离子可把它的动能的一半传递给中性原子，即离子的平均动能 $E_k=0.5mv^2$；另一种是电子与气体原子进行碰撞时，因电子质量很小，与中性粒子（离子或分子）质量相差很大，故电子传递给中性原子的能量也较小，其平均能量损失只有 2.7×10^{-4}eV 左右。故碰撞后的电子仍然可以保持很高的能量，可达几个电子伏。而分子的能量则接近于室温时的 0.04eV。不过，应当指明的是电子虽然仍与气体原子在弹性碰撞后能量损失较少，但是，由于电子经过一次碰撞后的运动方向有所改变，当电子经由阴极的运动过程中由于碰撞所走过的曲折路径是很大的（甚至可比极间距大百倍），如果电子在 1eV 能量加速下，气体压力为 1mmHg 的气体中，每秒与气体分子、原子的碰撞可达 10^9 次。可见，电子与原子虽然每一次弹性碰撞时所交换的能量很小，但是，由于碰撞频率很大，所以，电子在每秒钟内传递给气体原子的能量是不可低估的。

(2) 非弹性碰撞

当粒子间发生非弹性碰撞时，根据其碰撞粒子内能的变化特点，可分为第一类非弹性碰撞与第二类非弹性碰撞两种情况。

① 第一类非弹性碰撞，是属于入射粒子的动能变成目标粒子（被碰撞粒子）的内能，使目标粒子的内能增加的一种碰撞过程。这时，碰撞系统的总能量减少，离子最多把其能量的一半传递给中性原子。如果是电子与气体原子发生第一类非弹性碰撞，这时，则电子几乎会把它的所有能量都传递给中性原子。

② 第二类非弹性碰撞，则是指入射粒子将其内能放出后使目标粒子的动能或内能增加，致使系统的总动能有所增加的一种碰撞过程。表 2-7 给出了带电粒子在与中性粒子发生上述两种碰撞时所损失的一般规律。综上所述，在真空镀膜的离子气相沉积中，离子每碰撞一次其能量就会损失其中一半。但是，电子在弹性碰撞时能量几乎传递给中性粒子，可见在低温等离子体中电子通过第一类非弹性碰撞后能起到的能量传递作用是非常重要的。图 2-7 给出电子碰撞中的能量转换过程的示意。

表 2-7 碰撞过程中带电粒子能量的损失分数

入射粒子能量损失分数	电　子	离　子
弹性碰撞	$10^{-4}\sim10^{-6}$	1.2
非弹性碰撞	1	1.2

2.2.2.3 气体的激发和电离

(1) 气体的激发和电离过程

电子在外加电场作用下所获得的能量 E，其大小与电子在该加速电场中所经过的电位差 U 成正比，即 $E\propto U$，其单位为电子伏特。但是，电子不是具有任何能量就可以使气体被激发或电离的。只有当电子的能量大于气体的激发电位或电离电位时，电子才能使原子激发或电离。

当中性原子通过电子对它的碰撞吸收到能量后，处于原子核外较低能级的电子就会跃迁

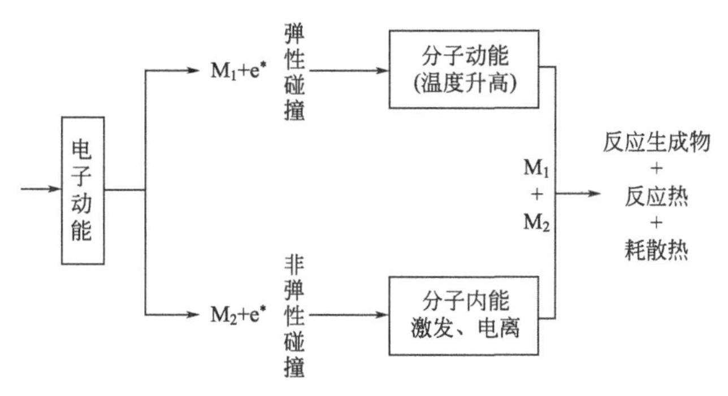

图 2-7 电子碰撞与能量转换

注：e* 为发生碰撞后的电子。

到较高能级的这一过程，被称为原子的激发过程。设 A^* 为常态原子 A 的激发态，E^* 为激发能，其激发过程可表示如下：

$$A+e+E^* \longrightarrow A^*+e+e$$

若入射电子在加速电场作用下所获得的能量能够促使气体原子激发，这时该电子在电场中所经过的电位差 U_r 称为激发电位，单位为伏特。

受激后的原子很不稳定，通常在 $10^{-7}\sim10^{-8}$s 内就会放出所获得的能量而回到正常状态。所放出的能量以光量子的形式辐射出去，所看到的气体发光称为激发发光。原子的这种激发状态称为谐振激发，其激发电位，则称为谐振激发电位。

受激原子如果不能以辐射光量子形式自发回到正常的状态，而是停留较长时间（可达 $10^{-2}\sim10^{-4}$s）。通常把这种激发状态称为亚稳态，其激发原子称亚稳原子，相应的激发电位 U_m 称为亚稳激发电位。

在真空镀膜的离子气相沉积工艺中，由于高能亚稳态的中性粒子的存在，不但可以提高沉积原子的能量，而且还可以产生累积的电荷，提高其电离概率。

当常态原子 A 的最外层电子吸收入射电子足够能量后，其原子核外处于较低能级的电子，就会脱离原子的约束变成自由电子，而原子就会变成正离子 A^+，这就是原子的电离。在电离过程中所吸收的能量，称为电离能，可用电离电位 U_i 表示。其电子所引起的电离过程，则为：

$$A+e+E_i \longrightarrow A^+ +e+e$$

一个原子被电离后失去一个电子称为一次电离，失去两个电子称二次电离，失去三个电子称三次电离，如果电子是逐个被电离出去时，则称为逐次电离。

各种不同元素的亚稳激发电位 U_m、谐振激发电位 U_r 和一次电离电位 U_i 见表 2-8[2]。

表 2-8 各种元素的 U_m、U_r 和 U_i

周 期	元 素	原子序数	亚稳激发电位 U_m/V	谐振激发电位 U_r/V	一次电离电位 U_i/V
Ⅰ	H	1		10.198	13.595
	H	2	19.8	21.21	24.580
Ⅱ	Li	3		1.85	5.390
	Be	4		5.28	9.320
	B	5		4.96	8.296
	C	6	1.26	7.48	11.264
	N	7	2.38	10.3	14.54
	O	8	1.97	9.15	13.614
	F	9		12.7	17.418
	Ne	10	16.62	16.85	21.559

续表

周　期	元　　素	原子序数	亚稳激发电位 U_m/V	谐振激发电位 U_r/V	一次电离电位 U_i/V
Ⅲ	Na	11		2.1	5.138
	Mg	12	2.709	2.712	7.644
	Al	13		3.14	5.984
	Si	14	0.78	4.93	8.149
	P	15	0.91	6.95	10.55
	S	16		6.52	10.357
	Cl	17		8.92	13.01
	Ar	18	11.55	11.61	15.755
Ⅳ	K	19		1.61	4.339
	Ca	20	1.880	1.886	6.111
	Sc	21	1.43	1.98	6.56
	Ti	22	0.81	1.97	6.83
	V	23	0.26	2.03	6.74
	Cr	24	0.94	2.89	6.764
	Mn	25	2.11	2.28	7.432
	Fe	26	0.85	2.40	7.90
	Co	27	0.43	2.92	7.86
	Ni	28	0.42	3.31	7.633
	Cu	29	1.38	3.78	7.724
	Zn	30	4.00	4.03	9.391
Ⅳ	Ga	31			3.07
	Ge	32	0.88	0.88	4.85
	As	33	1.31	1.31	6.28
	Se	34			6.10
	Br	35			7.86
	Kr	36	9.91	9.01	10.02
Ⅴ	Rb	37		1.56	4.176
	Sr	38	1.775	1.798	5.692
	Y	39		1.305	6.38
	Zr	40	0.52	1.83	6.835
	Nb	41		2.97	6.88
	Mo	42	1.34	3.18	7.131
	Tc	43			7.23
	Ru	44	0.81	3.16	7.36
	Rn	45	0.41	3.36	7.46
	Pd	46	0.81	4.48	8.33
	Ag	47		3.57	7.574
	Cd	48	3.73	3.80	8.991
	In	49		3.02	5.785
	Sn	50	1.07	4.33	7.332
	Sb	51	1.05	5.35	8.64
	Ta	52	1.31	5.49	9.01
	I	53			10.44
	Xe	54	8.32	8.45	12.127

续表

周期	元素	原子序数	亚稳激发电位 U_m/V	谐振激发电位 U_r/V	一次电离电位 U_i/V
Ⅵ	Cs	55		1.39	3.893
	Ba	56	1.13	1.57	5.810
	La	57	0.37	1.84	5.61
	Ce	58			(6.91)
	Pr	59			(5.76)
	Nd	60			(6.31)
	Pm	61			
	Sm	62			5.6
	Eu	63			5.67
	Gd	64			6.16
	Tb	65			(6.74)
	Dy	66			(6.82)
	Ho	67			
	Er	68			
	Tu	69			
	Yb	70			6.2
	Lu	71			6.15
	Hf	72		2.19	5.5
	Ta	73			7.7
	W	74	0.37	2.3	7.98
	Re	75		2.35	7.87
	Os	76			8.7
	Ir	77			9.2
	Pt	78	0.102	3.74	8.96
	Au	79	1.14	4.63	9.223
	Hg	80	4.667	4.86	10.434
	Tl	81		3.28	6.103
	Pb	82	2.66	4.38	7.415
	Bi	83	1.42	4.04	7.287
	Po	84			8.2±0.4
	At	85			9.2±0.4
	Ru	86	6.71	8.41	10.745
Ⅶ	Fr	87			3.98±0.10
	Ra	88			5.277
	Ac	89			6.89±0.6
	Th	90			
	Pa	91			
	U	92			4

(2) 气体激发和电离的几种类型

① 电子碰撞引起的原子和分子的激发和电离

在等离子体中，由于电子的碰撞而引起的原子和分子的激发、解离和电离，是等离子体反应过程中的最重要的过程，其基本反应主要包括：

a. 激发反应，即 $A+e \longrightarrow A^* + e$ 或 $AB+e \longrightarrow AB^+ + e$

b. 解离反应，即 $AB+e \longrightarrow A+B+e$

c. 直接电离，即 $A+e \longrightarrow A^+ + 2e$ 或 $AB+e \longrightarrow AB^+ + 2e$

d. 累积电离，即 $A^* + e \longrightarrow A^+ + 2e$ 或 $AB^* + e \longrightarrow AB^+ + 2e$

e. 解离电离，即 $AB + e \longrightarrow A^+ + B + 2e$

② 离子与中性粒子碰撞引起的激发与电离

这一过程主要有两种。一是热电离。即当气体处于高温时中性粒子的动能增加，使中性粒子在碰撞过程中得到电离。把这种因粒子的热运动所发生的碰撞而导致的中性分子的电离过程，称为热电离。可以视其为这种电离过程存在于气体温度达到数千度以上时的电弧或燃烧焰中的一种基本上处于热平衡状态下的电离过程。另一种则是动能小、内能高的亚稳态的激发粒子同比其能量具有更低的电离能的中性粒子的碰撞，而引起的电离过程，这种被称为潘宁电离。其表示式为：

$$A + B^* = A^+ + e + B$$

B^* 表示激发原子或分子，它的激发能和 A 的电离能之差就是电子的动能。此外，若 A 为分子时还会发生分子的解离电离。

③ 激发后粒子相互间碰撞引起的电离

若在等离子体中已经被激发的两个激发粒子相互间发生碰撞时，它们的激发能之和如果大于其中一方的电离能时，则可能发生如下的电离过程：

$$A^* + B^* \longrightarrow A^+ + e + B$$

这个过程有时也可能成为电子温度较低的余辉等离子体中发生的重要的电离过程。

④ 由光子引起的光致电离或光致激发

当光子和原子碰撞时，若原子吸收的能量大于 eU_i 或 eU_r 时，就易产生光致电离或光致激发。若产生光致电离的极限波长为 λ_0 则 $\lambda_0 \leqslant 123000\text{Å}$，一般可见光波长较大不易引起气体的电离。但是，波长较短的紫外光、X 射线、γ 射线和激光都会引起光电电离，其过程可按下式表示：

$$A + k_r \longrightarrow A^* + k_r + e$$

式中，k_r 为光的能量。

(3) 电子在碰撞中所产生的激发与电离效果

为了表征电子在气体碰撞中所产生的激发与电离的效果，可通过电子与气体原子的碰撞总次数与其电子对原子的激发或电离的有效截面积的一些概念加以解决。这是因为尽管电子在电场中运动时其电子动能已经达到或大于原子的激发或电离电位。但是，并不一定每次碰撞后都能百分之百使被撞原子完全发生电离或激发。因此，将可形成电离或激发的碰撞所占有的比例，用电离概率 U_i 和激发概率 U_r 这一概念加以表示，就可以反映出电子在原子碰撞过程中所产生的电离或激发的实际情况。

若将电子在电场中运动距离为 1cm 时，与气体发生碰撞的总次数用 θ_e 表示。则 θ_e 与电子运动的平均自由程 $\bar{\lambda}_e$ 成反比关系，即：

$$\theta_e = \frac{1}{\bar{\lambda}_e} \tag{2-50}$$

这里 θ_e 称为碰撞的总有效面积。如果将电子在气压为 133.33Pa 温度为 0℃时的气体中，每经过 1cm 路程所产生的离子数，称为电离的有效截面积，以 θ_{ei} 表示。θ_i 也称微分电离数，以 S_e 表示。而将被激发的原子数定义为激发有效截面积，以 θ_{er} 表示，则 θ_{ei} 与 θ_{er} 可分别用其离化率或激发率来给出：

$$\theta_{ei} = \theta_e f_i \tag{2-51}$$

几种气体的微分电离数 S_e 与电子在场中的能量关系如图 2-8 所示。图中表明，各种气体的微分电离数 S_e 与电子能量都存在一个曲线的密值范围，而且这些密值大都出现在 50～

100eV 的范围之间，当电子能量增加时，气体的电离程度就反而会下降，这是由于当入射电子与气体原子接近时，必须首先使原子反应成偶极子，然后才能进一步交换能量，使原子的最外层电子脱离原子核心约束，而产生电离时需要一定交换时间。因此，当电子能量很高时运动速度很快，电子与原子间的相互作用时间很短，来不及能量交换而使 S_e 有所下降。此外，在曲线上升部分所表示出来的近似直线关系以其比值 α 表示，并称为电离系数，则有：

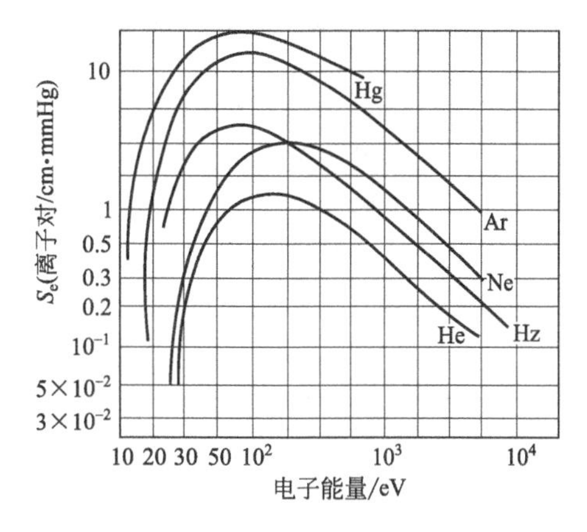

图 2-8　电离系数与电子能量关系曲线

$$\alpha=\frac{1}{\lambda e}\frac{n_i}{n} \tag{2-52}$$

式中，α 表示能量为 E 的电子在气体压力为 133.33Pa 、0℃时，每厘米路程上所产生的离子数 n_i。

在真空镀膜的离子气相沉积中，为了提高膜材原子的离子化率不一定采用过高的加速减压的方法来解决。这一点可从图 2-8 中曲线的最大峰值部分中看出，把电子加速电压一般取值确定在几十伏之间就可以得到较大的电离概率。

(4) 带电粒子的复合

在气体放电等离子体中所产生的带电粒子，随着时间的增加而慢慢消失的过程，称为消电离或称为带电粒子的复合。其复合方式主要用以下三个方面来表示。

① 带电粒子在空间的复合

在空间凡是两种不同符号的带电粒子发生相互作用时都会复合为中性原子。若是正、负离子间的复合，即称为离子复合；若是电子与正离子的复合，即称为电子复合。根据能量守恒定律，复合时必将放出一定的能量。电子复合时放出的能量等于电子的动能加上电离能。该能量当有第三物体存在时，也可以转给第三者，这就是所谓的三体碰撞。这个能量也可以光子的形式放出，即产生复合发光，一般前者的复合概率大于后者。

在形成负离子的气体中，也能产生离子复合，所放出的能量等于电离能和电子组合能之差。放出的能量可以使其中一个原子激发，也可以增大两个原子的速度或者产生复合发光。

由于两粒子在复合时需要一定的作用时间，而离子的运动速度远小于电子，因此，离子复合的概率要比电子复合概率大得多。

② 带电粒子在器壁表面上的复合

在这种复合中，由于电子的运动速度远大于离子，会率先跑到器壁表面上而产生负的表面电荷，然后，再吸引正离子跑到器壁上进行复合。因复合时正负粒子的相对速度比较小，而且，器壁的电子处于静止状态，复合时放出的能量可直接传递给器壁，因此，产生这种复合的概率是较大的。

③ 带电粒子在电极上的复合

这种带电粒子的复合可分为两种：一种是在两电极上无电压存在时，这时带电粒子在电极上复合过程完全与器壁上的复合情况相同；另一种是若在两极存在电压时，则电子会跑到阳极，正离子会跑到阴极。正离子还可以与逸出的电子复合成中性原子；也可能发生正离子进入阴极后与阴极中的电子相复合而成为中性原子。

在上述两种复合过程中，不但与气体的压力有关，而且也与电极表面与极间距有关。即气压高时以空间复合为主，气压低时以表面复合或电极复合为主。若电极表面很大，且极间距又较小时，则可以以电极复合为主。反之，则以表面复合为主。

2.2.3 低气压下气体放电的类型

在真空镀膜离子气相沉积过程中所选用的低气压气体放电，主要有两种类型：即低气压下的辉光放电和弧光放电。在气体放电的发展过程中弧光放电是由辉光放电过渡而形成的。辉光放电等离子体的主要特征是电子温度与离子温度没有达到热平衡，即在前面所论述的非平衡态等离子体，具有电流密度与极间电压降均是恒定的特点。而弧光放电则具有较高的电流密度和较低的电子温度，而且，放电的不同特点见表 2-9。

表 2-9 弧光放电辉光放电特性对比

放电特性	辉光放电	弧光放电
电压	数百伏	数十伏
电流密度	数毫安每平方厘米	数百安每平方厘米
发光强度	弱	强
阴极发射电子的机理	二次电子发射	热电子或场致发射
阴极发射电子的部位	整个阴极表面	局部弧斑
能量损耗部位	主要在阴极	阳极、阴极、正柱区

2.2.4 低气压下冷阴极气体辉光放电

2.2.4.1 低气压下冷阴极气体辉光放电区域分布

在低压下冷阴极气体放电的实验装置如图 2-9 所示。它是将阴、阳两个电极密封在圆形玻璃容器的两端。两极间由一个电动势为 E 的直流电源提供电压为 U、电流为 I、可变限流电阻为 R 所组成的直流二极型气体放电装置。电路中各参数之间应满足下式关系：

$$U=E-IR \tag{2-53}$$

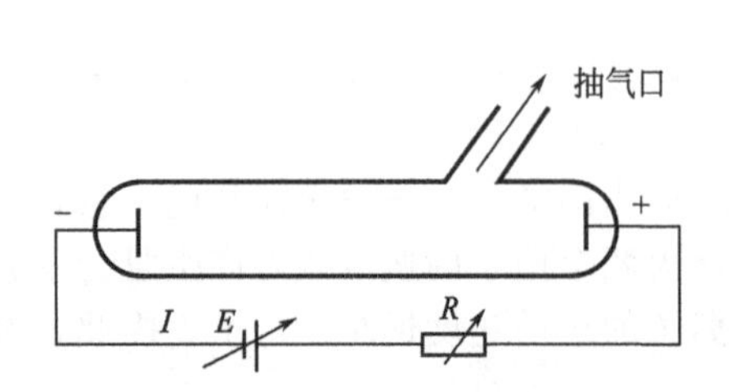

图 2-9 冷阴极气体低压下冷阴极放电实验装置

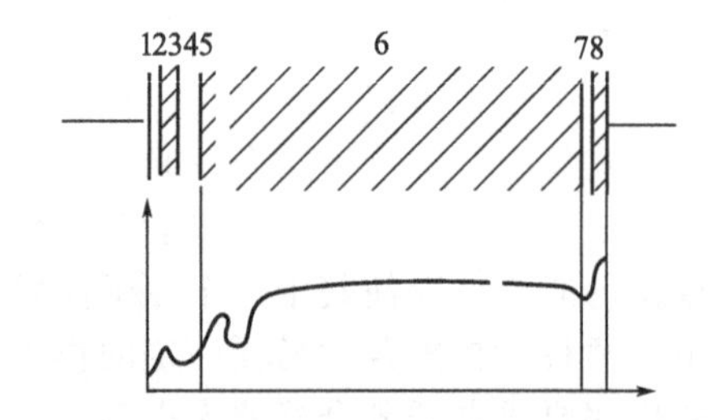

图 2-10 冷阴极放电区域与光强度的分布

1—阿斯顿暗区；2—阴极辉光；3—阴极暗区；4—负辉光；5—法拉第暗区；6—正柱区；7—阳极暗区；8—阳极辉光

在实验过程中，容器内充入 Ar 气，其压力应维持在几帕到几十帕之间。实验时，通过逐渐提高两极间的电压（可达几百伏）即可得到低压冷阴极的辉光放电。其辉光放电的区域分布如图 2-10 所示。

通过观察和测量可知，辉光放电中的光强度沿着管子中心轴线上的分布是不均匀的。这些不均匀的发光区分为暗区、阴极辉光、阴极暗区、负辉区、法拉第暗区、正柱区、阳极暗区和阳极辉光等 8 个部分。在法拉第暗区与阳极暗区中间所存在的很长一段发光很强的正柱区，就是气体在放电中的等离子区。等离子区的长短与气体放电中的压力有着极大的关系。当气体压力高时，正柱区几乎可以占据放电管的整个长度。这时，正柱区与阴极间的负辉区、法拉第暗区等都很薄。当气体压力较低时，则负辉区及法拉第暗区就会伸长，等离子体将逐渐缩短。有关这些区域在放电过程中所出现的各种不同的电学性质，将在下节中叙述。

2.2.4.2 低气压下冷阴极放电的伏安特性

利用图 2-10 所示的实验装置所测得的放电电压与放电电流之间的关系曲线如图 2-11 所示。通常称为气体放电的伏安特性曲线。依据伏安特性曲线形状的不同，其放电的特性也有所不同。现分述如下。

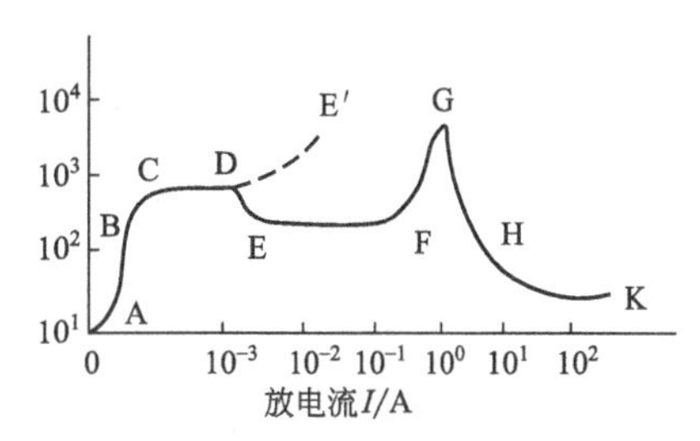

图 2-11 冷阴极气体放电的伏安特性曲线
ABCD 段—非自持暗放电；CD—自持暗放电；DE—电压下降特性；EF—正常辉光放电；FG—异常辉光放电；GH—电压下降特性；HK—弧光放电

(1) 非自持暗放电的 ABC 段

在非自持暗放电中，可分为 OA、AB、BC 三段。从理论上而言，这是由于气体由中性原子或分子所组成，因此，应当属于不导电阶段。但是，由于自然界存在着自辐射所引起的电子发射和残余电离，因此，在电极空间中仍具有微量的带电粒子。随着电离的同时，正、负带电粒子的不断运动所发生的碰撞，既可产生粒子间的电离，又可同时产生粒子间的复合。当电离与复合相互处于平衡状态时，即可在气体中建立起平衡的带电粒子的浓度。若极间电压为零，极间无电场，带电粒子只有热运动而无迁移运动时，则电流为零，但是一旦两极间加上电压则带电粒子即会因迁移运动而产生电流。而且，电压越高，则电场越强，迁移速度就越快，带电粒子在空间停留的时间也就越短，复合越小，电流越大。因此，在 OA 段呈现上升的特性。如电压再增大带电粒子来不及复合，完全飞向电极。这时电流即达到饱和而出现 AB 段的上升特性；B 点以后随着电压的增大，带电粒子在电场中获得的能量将进一步增加，当它们和气体原子碰撞后，又可以使气体原子电离出新生的带电粒子，新生带电粒子又在电场中获得能量并与原子碰撞而产生电离，这样就引起了带电粒子在飞向阳极的过程中产生雪崩式的增加即出现了繁流放电。

如果考虑电子的电离作用，依繁流理论，则到达阳极的电子数为 N_a，其表达式为：

$$N_a = N_0 e^{ad} \tag{2-54}$$

式中，N_a 为阴极表面发出的电子数；a 为电子向阳极方向飞行 1cm 所产生的电离次数；d 为极间距离，cm。

如果正离子轰击阴极所引起的电子发射，也可产生叠流的话，这时最后达到阳极的电子数将增加到 $N_{a'}$，即：

$$N_{a'} = \frac{N_0 e^{ad}}{1 - V(e^{ad} - 1)} \tag{2-55}$$

式中，V 为平均一个正离子轰击阴极所发射出来的电子数，称为二次电子发射系数。

由于 a 与电子能量有关，电压越高电场越强，a 值越大。故在 BC 段上的电流随着电压的升高而增加。这里所以把 OABC 段称为非自持的暗放电，是因为只要将原始的电离源除去，则放电将立刻停止；又因为它的放电电流很小，被激发的原子甚少，无明显的发光。故又称其为暗放电。

(2) 具有暗放电特性的 CD 段

当电压增大到 CD 段达到一定值之后，致使 $V(e^{ad} - 1) = 1$，由式(2-54) 可知电流可达到无穷大。但是，在实际上由于空间电荷效应以及阴极溅射过程的变化，电压从 D 点开始变化。如果把气体放电中的微观过程联系起来，即假定自阴极表面逸出来的一个电子，由于繁流作用使放电到达阳极的电子数为 e^{ad} 个，在气体中产生的正离子数为 $(e^{ad} - 1)$，这些正离子再次轰击所产生的 $V(e^{ad} - 1)$ 个电子，并且正好为一个电子，即 $V(e^{ad} - 1) = 1$。这时，如除去外界的电离源时，其电流仍存在，可继续维持放电，故称其为自持放电。但是，发光仍较弱，仍属于暗放电。

(3) 电压下降特性的DE段

随着电流的增加，空间电荷增多，在D点的空间电荷密度开始影响极间电位的分布。但是，由于电子迁移速度大于离子的迁移。因此，结果是在飞向阳极的电子中，一些较慢的电子被拉回到电位最高处附近，在此处形成了电子密度和正离子密度相等的等离子区。因为等离子区的电导高，相当于将阳极位置移向等离子区。故称等离子区为虚阳极。并且，虚阳极可随着电流的进一步增加逐渐地向阴极移动。这样一来，对电离更加有利，致使维持自持放电的电压可以下降，呈现出下降的伏安特性。在某些情况下，当放电发展到C点时，若空间电荷密度较大，可影响电场的分布。此时CD段可能不会出现，放电可直接由C点转入到DE段。如极间距离较短，也有可能由于空间电荷的出现而迫使电场分布发生改变，对电离不利。这时伏安特性可呈现出图2-11中所示的DE′段，即出现虚线所示的上升状态。

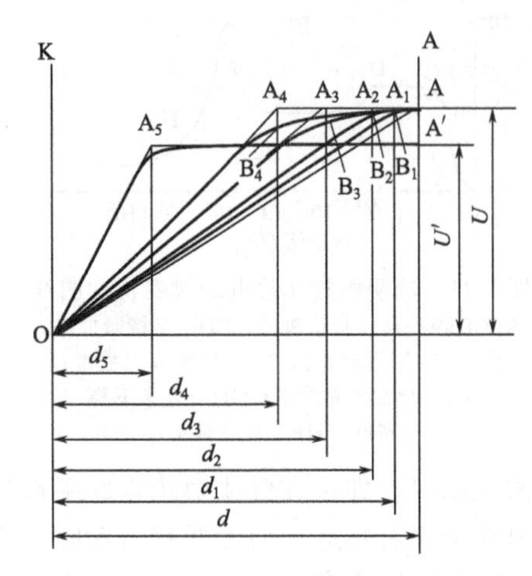

图2-12 着火时空间电荷增长及电场畸变

CD段伏安特性曲线下降的原因，还可以通过罗果夫斯基在理论上所解释的气体放电时，空间电荷的增长及电场的畸变过程。

若两个平行板阳极为A、阴极为K之间的距离为d，极间电压为U，阴极K受外界电流作用，在单位时间内，从其单位面积上所逸出的电子数为n_0。将n_0视为第一周期从阴极K逸出的电子数。在第二周期从阴极逸出的电子数为$n_0+\gamma n_0(e^{\alpha d}-1)$。依此类推，第$i$周期从阴极逸出的电子数，即为$n_i=n_{i-1}(e^{\alpha d}-1)+n_0$。可见前后两个周期电子数之比就可写成$n_i/n_{i-1}=\gamma(e^{\alpha d}-1)$，可称为电离增长率。

图2-12给出了放电空间中，电流放电着火前后的分布情况。图中OA直线表示放电在着火前的电压分布，但是，当点燃电压引起着火时，由于放电电流的激增所引起电场的畸变，故其极间电位的分布就再不能用OA直线来表示。随着放电的发展，其电位分布将按曲线OBA、OB_2A、OB_3A进行变化，如果，引用等效阴极的概念，则可以将这些曲线用相应的折线OA_1A、OA_2A、OA_3A取代，其等效阴极的距离则分别为d_1、d_2、d_3、d_4。依此推理，即可得到在两极间着火后最终呈现出一个稳定的放电状态。这时的等效极间距即为d_5。等效电压的分布即为$OA_5A'_i$，等效电压为U'。这就是著名的罗果夫斯基的放电理论。它充分地说明了气体放电伏安特性在DE段所呈现的电位下降的原因。

(4) 正常辉光放电的EF段

当放电电流达到$10^{-4}\sim10^{-1}$A、电压降到$10^1\sim10^2$V范围内时，来自于被激发原子的自发跃迁辐射和正负带电粒子的复合，使放电气体产生明显的发光。由于各处的激发与复合情况各有不同，导致各处的发光亮度和颜色也不尽相同。几种不同气体和蒸气的辉光放电颜色见表2-10。

表2-10 一些气体的蒸气辉光放电的颜色[15]

气体和蒸气	负辉光颜色	正柱颜色	气体和蒸气	负辉光颜色	正柱颜色
空气	蓝	红	氖	橙红	红
氮	蓝	金黄	汞蒸气	黄白	黄
氢	淡蓝	粉红	钠蒸气	黄绿	黄

由于带电粒子的产生、运动和复合的结果，电极间各处的电荷密度、场强及电位也均不相同。从电位的分布情况看，可分为阴极区Ⅰ、等离子区Ⅱ及阳极区Ⅲ等三部分。其中阴极区位降极大，它是维持自持辉光放电对其提供高能电子的必要条件。等离体区的位降很小，场强很弱只起导电作用。阳极区的位降也很小，可以为正、为负或为零，取决于从等离子体中过来的热运动的电子数及外加电路所需电子数的比值。两极间的总电压是阴极位降、等离子体位降及阳极位降的总和。

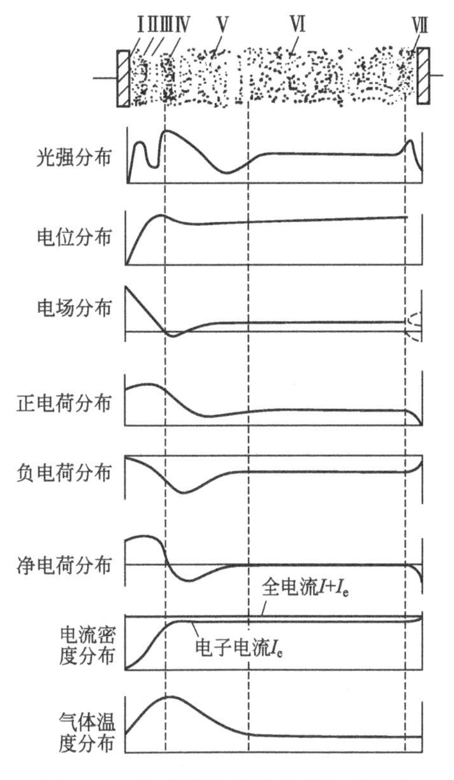

图 2-13　辉光放电外貌及其参量分布

如果极间距离较短，将两极间的电压近似认为与阴极的位降相等也是可以的。辉光放电的外貌与各参量的分布，如图 2-13 所示。这里所指的外貌是两极间的光强，参量是指电场强度 E、空间电荷密度 ρ、电流密度 J 和电位 U。实验测得的阴极位降区中的电场分布，经理论分析计算，可得到阴极位降和阴极电流密度的关系式 $U_K=f(J_K)$，其曲线如图 2-14 所示。如果把曲线最低点 H 处的 U_K 用 U_{KH} 表示，J_K 用 J_{KH} 表示，则有：

$$U_{KH}=3\frac{B}{A}\ln\left(1+\frac{1}{\gamma}\right)(\text{V}) \qquad (2\text{-}56)$$

$$J_{KH}=5.92\times10^{-14}\frac{AB^2(K_J p)(1+\gamma)p^2}{\ln\left(1+\frac{1}{\gamma}\right)}\ (\text{A/cm}^2) \qquad (2\text{-}57)$$

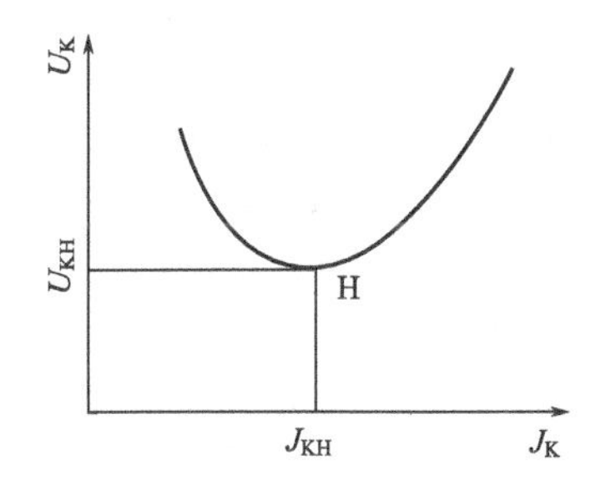

图 2-14　辉光放电的 $U_K=f(J_K)$ 曲线

式中，A、B 为取决于气体种类的常数，单位分别为 1/(cm·Pa) 和 V/(cm·Pa)；K_J 为单位电场强度下正离子沿电场方向的运动速度，cm/(V·s)；p 为气体压力，Pa；γ 为二次电子发射系数。阴极位降区域的宽度 d_K 为

$$d_K=0.82\frac{\ln\left(1+\frac{1}{\gamma}\right)}{A}\ (\text{cm}) \qquad (2\text{-}58)$$

几种阴极材料和气体的 U_{KH}、J_{KH} 与 pd_K 值见表 2-11～表 2-13 所示。

表 2-11　某些阴极材料和气体组合的 U_{KH} 值　　单位：V

阴极 \ 气体	空气	Ar	He	H_2	Hg	Ne	N_2
Al	229	100	140	170	245	120	180
Ag	280	130	162	216	318	150	233
Au	285	130	165	247		158	233
C				240	475		
Cu	370	130	177	214	447	220	208
Fe	269	165	150	250	298	150	215
Mo					353	115	
Ni	226	131	158	211	275	140	197
Pt	227	131	165	276	340	152	216
W					305	125	

表 2-12 某些阴极材料和气体组合的 J_{KH} 值 单位：V

阴极 \ 气体	空气	Ar	He	H_2	Hg	Ne	N_2
Al	187			50.9	2.3		
Au	322			62.2			
Cu	136			36.2	8.48		
Fe		90.4	1.2	3.1		3.4	226
Ni		4.6	1.1	4.8	4.5	3.4	226
Pt	311	84.6	2.8	50.9		10.2	215

表 2-13 某些阴极材料和气体组合的 pd_k 值 单位：Pa・cm

阴极 \ 气体	空气	Ar	He	H_2	Hg	Ne	N_2
Al	33.3	39.6	176	95.8	43.9	85.1	41.2
C				120	91.8		
Cu	30.6			106	79.8		
Fe	69.2	43.9	173	120	45.2	95.8	55.9
Ni				120	53.2	95.8	
Pt				133			

通过辉光放电理论的上述阐述，可以解释正常辉光放电所呈现的平坦特性。H 点为维持放电所需阴极电位降 U_K 最小值，或者说在此点放电最为有利，即放电时只要保持该点电位，就能维持稳定的放电电流密度，这时，电流的增加只需要增加阴极的发射面积即可。从实验中可观察到阴极表面的发光层面积随电流成正比增加，即 $U_K=U_{KH}$。就是说两极间的电压是不变的。

(5) 异常辉光放电的 FG 段

当电流增大进入称之为异常辉光放电的 F 点时，由于整个阴极表面均会发射电子。再继续增大电流时，J_K 也必然有所增加。从图 2-12 中，可知 U_K 也必然增大。因此，其伏安特性呈现出上升的状态。由理论分析可知，由于随着 U_K 的增大，阴极位降区的宽度 d_K 将会减小。此时，轰击阴极表面的正离子数量及其动能都将得到增加。因此，必将引起激烈的阴极溅射。而且，它所提供的放电面积较大，是一种分布均匀的等离子体，十分有利于实现大面积均匀的溅射。这就是真空镀膜溅射沉积工艺为什么要求选择在此段中进行的原因。

异常辉光放电中的伏安特性及阴极位降区宽度与放电电流密度之间存在如下关系：

$$U_K=E+\frac{FJ_K}{p} \tag{2-59}$$

$$d_K=\frac{G}{p}+\frac{H}{J_K} \tag{2-60}$$

式中，E、F、G、H 为常数，见表 2-14；p 单位为 1.33Pa。

表 2-14 某些气体的 E、F、G、H 常数值

气体	E	$F(\times10^2)$	G	H
空气	255	23	6.5	0.42
Ar	240	29.4	5.4	0.32
CO	255	41.5	10	0.42
H_2	144	57.3	26.6	0.43
N_2	230	23	68	0.40
O_2	290	17.6	57	0.49

(6) 具有下降特性的 GH 段

呈现下降特性的 GH 段，称为过渡区，即气体从辉光放电向弧光放电的过渡。这时由于正离子轰击阴极的结果，致使阴极随电流的增加其温度不断升高，从而导致了冷阴极电子发射向热电子发射的过渡。同时，由于阴极位降的不断降低致使极间电压也随着降低。

(7) 没有下降特性的 HK 段

这段特性通常称为热阴极自持弧光放电，简称弧光放电。这时阴极位降 U_K 及阴极位降区宽度 d_K 均达到较小值，其 U_K 值完全可以与气体电离电位相比较。d_K 可以和该气压下气体的原子或与分子的平均自由程 $\bar{\lambda}$ 相比较。由于电流温度或电子发射的不均匀，致使阴极上的热电子发射集中在被称为阴极弧光辉点的一些小点上。这些直径为 10mm 小的、孤立存在的电弧斑点所形成的等离子区和阴极区的情况虽然基本上与辉光放电相同，但是，由于放电电流与辉光放电电流相比较要大得多，因此，可显示出很强的发光密度。弧光放电过程中阴极斑点会产生大量的焦耳热。引起阴极表面上局部温度激增。它不但可以提高阴极发射热电子的动能，而且还会使阴极物质自身产生热蒸发，这就为真空镀膜工艺中提供了一个理想的蒸发源。有关真空电弧蒸发源的实用例证，将在下述的有关章节中介绍。

2.2.4.3 气体放电的点燃电压

(1) 气体放电点燃电压与阴极材料、气体种类及压力的关系

作为非自持放电转为自持放电转折点 C（或 D）的电压，在气体放电中有着十分重要的作用。通常把图 2-14 中的 U_K 电压称为点燃电压或着火电压。也就是气体被击穿开始大量分解成可以导电的离子和电子，从而形成等离子体的电压。因此 U_K 又被称为击穿电压或起辉电压。

为了实现气体的放电击穿，必须满足一定的条件。对于两个平板电极组成的放电系统，可通过理论推导得出点燃电压与阴极材料、气体种类、气体压力与电极间距的关系式：

$$U_K = \frac{B(pd)}{\ln A(pd)/\ln(1+1/B)} \tag{2-61}$$

式中，A、B 为常数，$A=1/\lambda_{ei}$，$B=U_i/\lambda_{ei}$；U_i 为气体的电离电位；λ_{ei} 为气体压力为 133Pa 时的电子平均自由程。几种不同气体的 A、B 实验数据，见表 2-15。

表 2-15 几种气体的实验数据

气体	A	B	适用 E/p 值
	$(cm \cdot 133Pa)^{-1}$	$V/(cm \cdot 133Pa)$	$V/(cm \cdot 133Pa)$
N_2	12	342	100～600
H_2	5	130	150～600
空气	15	365	100～800
CO_2	20	466	500～1000
Ar	12	180	100～600
He	3	34(25)	20～150(3～10)
Hg	20	370	200～600

γ 为二次性电子发射系数，γ 与 E/p 的关系如图 2-15 所示。

式(2-61) 表明，点燃电压 U_K 在阴极材料和气体种类决定的条件下，是 pd 乘积的函数[16]。不同气体的 $U_K=f(pd)$ 曲线如图 2-16 所示。此曲线的就是著名的帕邢曲线[16]，其曲线的最低值在左半部。随 pd 的减小而 U_K 值上升很快，而曲线右半部则随 pd 的增加

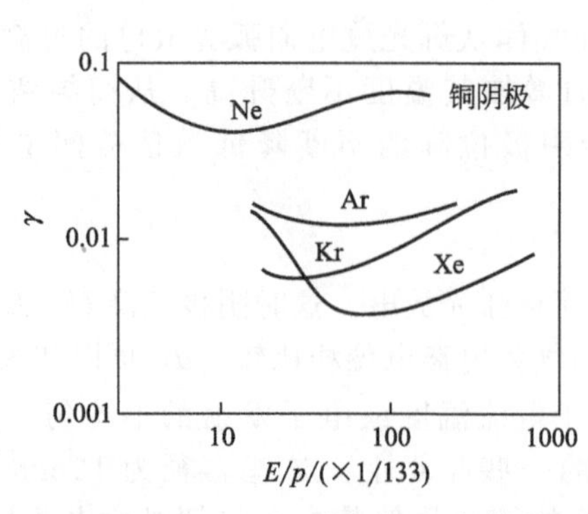

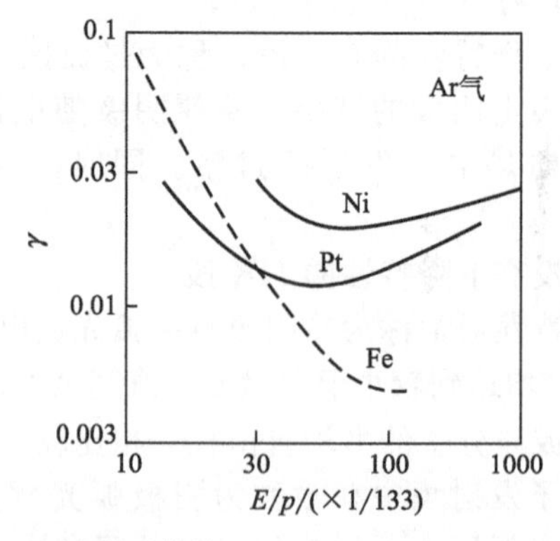

图 2-15 气体的 γ 与 E/p 的关系曲线

而缓慢地上升。曲线最低点 U_K 值表明，击穿电压已满足了 $\gamma(e^{\alpha d}-1)=1$ 的自持放电条件。

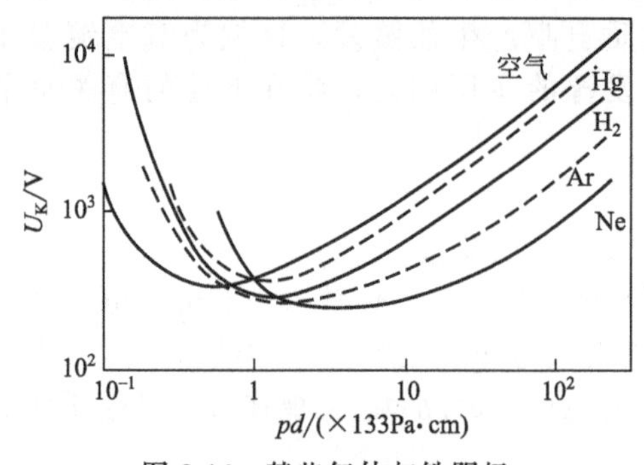

图 2-16 某些气体与铁阴极（Hg 为汞阴极）的帕邢曲线

也就是说，假如 γ 为常数，这时从阴极逸出来一个电子在飞向阳极时应产生一定的电离次数，而电离次数等于碰撞次数乘以电离概率。但是，电子系数是随着电子在一个自由程中，从电场中所获得的能量增大而增大。当 pd 过小时，则电子从阴极飞到阳极过程中的碰撞次数太小。因此，要想达到一定的电离次数必须增大电压，从而，增加电离的概率。与此相反，若 pd 值过大，电子在一个自由程中所获得的能量又太小，致使电子与原子或分子之间碰撞太多在弹性碰撞的范围内，因此，为了通过增大电压来增加电离数就是必然的选择，这就是帕邢曲线呈现凹曲线形态的原因。

不同气体，不同阴极材料的 U_{Kmin} 值和 pd 值，见表 2-16[17]。

表 2-16 某些阴极材料和气体组合的 U_{Kmin} 和 $(pd)_{min}$ 值

气体	阴极	U_{Kmin}/V	$(pd)_{min}$/(Pa·cm)	气体	阴极	U_{Kmin}/V	$(pd)_{min}$/(Pa·cm)
He	Fe	150	333	Hg	W	425	239
Ne	Fe	244	400	Hg	Fe	520	266
Ar	Fe	265	200	Hg	Hg	330	
N_2	Fe	275	100	Na	Fe	335	5.3
H_2	Pt	295	166	空气	Fe	330	658
O_2	Fe	450	93				

对于非平行平板电极，即非均匀电场中的 U_K 与 pd 的关系，是单一的函数关系，即 $U_K=f(p)$ 和 $U_K=f(d)$，其形状与帕邢曲线相类似。

(2) 影响点燃电压的因素

当点燃电压起决定性作用的 pd 值不变时，下述几个因素对 U_K 的影响也是值得注意的。

① 由于不同种类气体的 A、B、γ 值的不同而引起 U_K 的变化。

② 放电气体中，掺入少量杂质对点燃电压的影响 若杂质气体的电离电位小于放电气体的亚稳激发电位时，可使 U_K 降低。而且，随掺入气体的含量不同而不同。若杂质气体的电离电位大于放电气体的亚稳激发电位时，则混合后气体的点燃电压不会降低。如果掺入负电位气体，则放电体原子将接收电子形成负离子。因此，可使混合的气体的点燃电压升高。

③ 空间电荷的影响　如果点燃电压的放电电流过大，空间电荷将引起电场畸变，致使电场不均。这相当于等效极间距离缩小，即 pd 值变小。从而，引起了 U_K 值的变化。

④ 电极材料及其表面状态对 U_K 值的影响　不同的电极材料或其表面状态被正离子轰击时，具有不同的二次电子发射值，即因 γ 值有所变化而引起 U_K 的变化。

⑤ 电场分布状态的影响　两极间电场分布的均匀性，特别是阴极近旁的电场强度及其均匀性对 U_K 值的影响都较大。例如，圆柱形电极系统，电场所呈现的对数分布电场就是一例。

⑥ 引入外界加入的电离源对点燃电压的影响　在放电过程中，如引入外界的电离源则会降低点燃电压。目前，在许多镀膜设备中所引入的电子发射极，离子束增强极以及电磁场等装置，就是具体的实例。

2.2.4.4　*辉光放电等离子体的鞘层及其在镀膜过程中的作用*

辉光放电等离子体鞘层，是来源于不同的气体粒子具有极不相同的热运动平均速度而形成的。对于电子而言，由式(2-12) 中，可求得具有 2eV 能量 Ar 电子温度值为 23000K，其运动的平均速度可达 $\bar{v}=9.5\times10^5$m/s，而 Ar 离子或原子，其温度远低于电子温度。但是，它的质量又远大于 Ar 的电子质量。其运动速度充其量只有 3×10^2m/s。这种电子与离子的存在的极大速度差，所引起的一个直接后果，就是被称之为等离子体鞘层的形成。即相对于等离子体而言，任何位于等离子体中或其附近的物体（如靶材、基体或容器壁等）都将自动处于一个负电位的状态，并且在其表面上出现正电荷的积累。这是因为处于等离子体中或其附近的这些物体都受到等离子体中各种粒子的轰击。假如，在初始时物体表面不存在净电荷的积累，则依式(2-18) 可知，轰击物体表面质量极小的电子数目将远大于离子的数目。因此，在碰撞表面上很快就会形成一个剩余的负电荷而呈现出负电位。该负电位的建立必将在排斥电子的同时而吸引正离子。从而，使表面电子数目减小和离子数目增加，直到两种数目相等处于平衡状态时为止。与此同时，该表面对于离子和电子的吸引与排斥作用还会在表面外形成一个充斥了正离子的等离子体鞘层。图2-17是物体表面等离子体鞘层及其电位分布的示意图，图中 ΔU_p 即为鞘层的电位。如使物体表面接地，即当表面为零电位时，则等离子体自身的电位 $U_p=\Delta U_p$。因此，在成膜过程中，对电位设置的基体来说，相对于等离子体，也是处于一定的负电位之中。

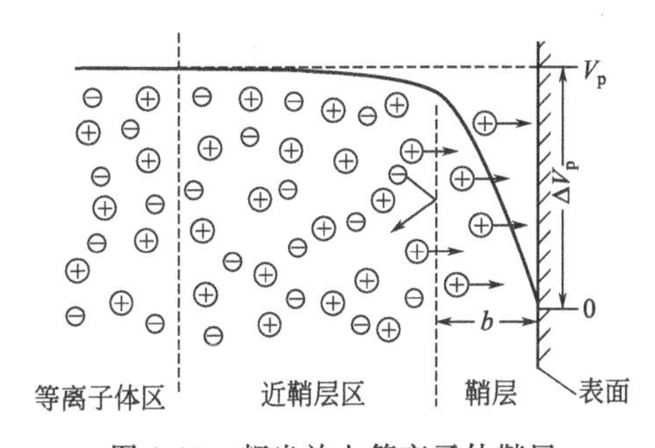

图 2-17　辉光放电等离子体鞘层及相应的电位分布[7]

若设等离子体中电子的速度服从麦克斯韦-波尔兹曼分布定律的话，则可求出上述等离子鞘层电位为：

$$\Delta U_p=\frac{KT_e}{e}\ln\left(\frac{M_i}{2.3M_e}\right)^{\frac{1}{2}} \tag{2-62}$$

式中，T_e 为电子温度；K 为波尔兹曼常数；M_i 为离子质量；e 为电子带电量；M_e 为电子质量。

从式(2-62) 中可以看出，鞘层电位正比于电子温度，而且和离子与电子的质量比(M_i/M_e) 有关。在 Ar 等离子体和电子平均能量为 2eV 的情况下，鞘层电位的数值大约为 10V。由于鞘层电位的存在，致使跨越鞘层到达基体表面上的离子都会受到来自于鞘层电位的加速作用，而获得一定的能量后轰击基体的表面。这种离子的轰击效应在成膜过程中对膜质量的提高是十分重要的。而电子由于受到鞘层负电位的排斥，只有能量较高的电子才能达到物体表面而起到轰击作用。等离子体鞘层的厚度与等离子体中的电子的密度以及电子温度有关，其典型的宽度值大约为 100mm 左右。

2.2.5 低气压非自持热阴极弧光放电

除了低气压冷阴极辉光放电可以过渡到自持热阴极弧光放电外，在弧光放电中，还有另外两种弧光放电，即非自持热阴极弧光放电和自持冷阴极弧光放电。非自持热阴极弧光放电与前节所叙述的自持热阴极弧光放电的区别，在于自持热阴极弧光放电中，电子的发射是依靠放电中对阴极轰击的正离子的能量所进行的；而非自持热阴极弧光放电中的电子能量，则是来源于外界电场所给予的电流，使阴极加热后发射电子来维持放电的。至于自持冷阴极弧光放电中的电子，则是来源于场致电子发射。现就非自持热阴极弧光放电的伏安特性与其点燃电压介绍如下。

（1）低气压非自持热阴极弧光放电的伏安特性

在这种阴极是由外界通电加热的两极放电系统中，不论是否有电压存在，电子总是能从阴极表面发射出来。但是，发射出来的电子能否到达阳极，则取决于有无电压、电压的高低及极间气压的大小。这是因为开始从阴极发射出来的电子，可以在空间形成负的空间电荷来排斥阴极发射出来的后续电子，而使后续电子大部分返回阴极。但是，只要在极向加入一电压，该电压所产生的电场就可以抵消电子空间电荷的影响，而使阳极电流增加。电压越高，电流增加越大。这就是在真空条件下两极间发生的放电过程。若在两极间通入气体，则放电过程与真空下的放电就有所不同。一是当阳极电压低于所充气体的电离电位时，这时电子从阴极飞向阳极时必然要产生对气体的碰撞。因此，电子的运动形式是折线的。而真空条件下就可以避免这种碰撞按直线运行。二是当阳极电压高于所充气体的电离电位时，从阴极发射出来的电子，可以在电场中取得能量。获得能量后的电子与气体原子碰撞时，即可发生原子的电离，所产生的正离子与电子相比，速度较慢，可以在空间形成一个正的空间电荷。从而，助长了电子向阳极方向的流通。而且，电流越大则气体原子的电离就越多。这就是阳极电压基本上可以不再增加，也可以增大其电流的原因。

图 2-18 给出了氧化物阴极加热电流为 0.43A，极间距离为 0.5cm 的热阴极二极管放电的伏安特性曲线[17]。图中表明，这种非自持的热阴极弧光放电，受放电过程的气体压力的影响很大。气体压力越大，则放电时所需的电压就越低。

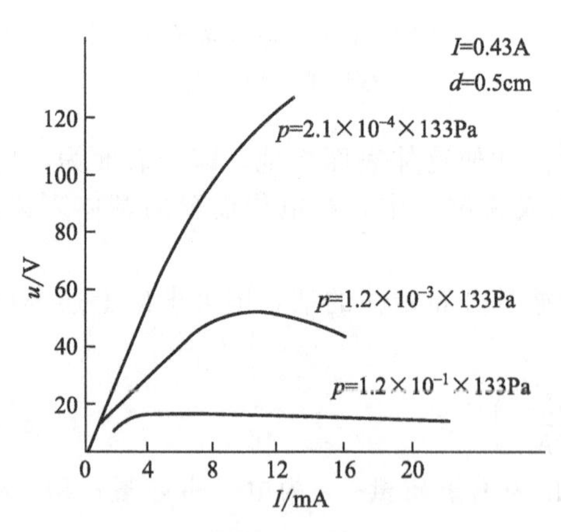

图 2-18 热阴极二极管的伏安特性

非自持热阴极弧光放电与辉光放电及自持热阴极弧光放电相类似。两电极之间大致可分为阴极区、等离子区和阳极区，其极间电压主要取决于阴极位降区。

（2）低气压非自持热阴极弧光放电的点燃电压

从图 2-18 中可以看出，在非自持热阴极弧光放电时，随着电流的增加，电压出现了最大值。该最大值电压就是这种非自持阴极弧光放电的点燃电压，它在含义上与前节中所叙述的冷阴极放电有所不同，它只是表示两极间，在此电压下所产生的电离是明显的，而且与气体的压力、极间距离及气体种类有关。此外还与阴极的加热温度有关。温度越高，发射的电子越多，产生的电离也就越多。因此，点燃电压可以降低。

图 2-19 与图 2-20 分别给出了热阴极点燃电压与气体压力 p 与极间距离 d 的关系曲线[18]

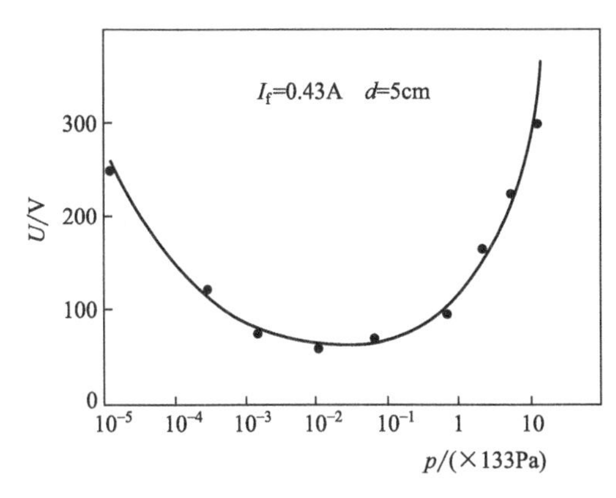

图 2-19 热阴极着火电压和气压的关系曲线

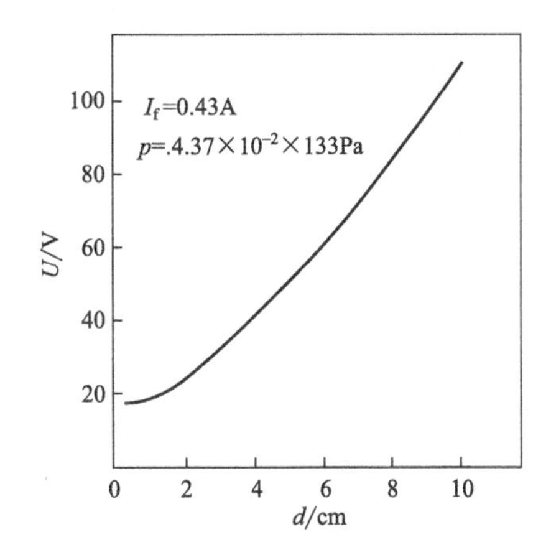

图 2-20 热阴极着火电压和极间距离的关系曲线

从图中可以看出，热阴极弧光放电的伏安特性曲线，基本上与前述的帕邢曲线相类似，也是一种下凹状态的图形。而且，也出现了点燃电压的最小值。

2. 2. 6 低气压自持冷阴极弧光放电

(1) 自持冷阴极弧光放电的原理

自持冷阴极弧光放电的电子发射与非自持热阴极弧光放电的不同点在于冷阴极弧光放电过程中电量的迁移是借助于场电子发射和正离子流电流这两种机制同时存在且相互制约而实现的。虽然，在放电过程中阴极的整体处于低温状态。但是，由于阴极弧斑在阴极表面上所引起的局部高温，极易促使阴极材料在其表面上的蒸发。而且，由于这些蒸发了的蒸气分子所产生的正离子在阴极表面附近很小的距离内产生极强的电场，在这样电场的作用下，电子是以“场电子发射”的形式逸出到真空中去，它所发射的电流密度 J_e 可用下式表达：

$$J_e = BE^2 \exp(-C/B)\ (\mathrm{A/cm^2}) \tag{2-63}$$

式中，E 为阴极电场强度；B、C 为与阴极材料有关的系数。

这里，所提到的阴极弧斑也称阴极弧光辉点。它是存在于极小空间的高电流密度、高速度变化的一种小亮点，可按 J. E. Daolder 所指出的解释，通过图 2-21 加以说明。

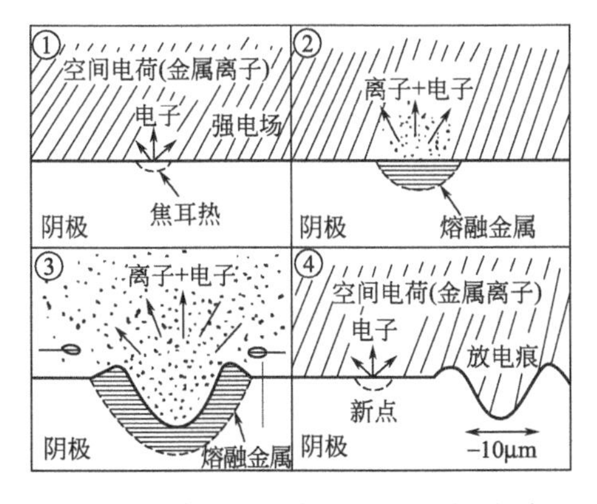

图 2-21 真空弧光放电的阴极弧光辉点

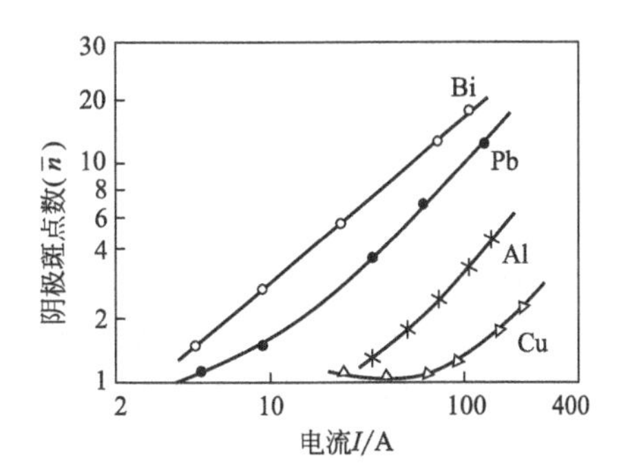

图 2-22 阴极辉点数是金属材料电弧电流的函数

图中①为被吸到阴极表面上的金属离子形成了空间电离层，从而产生强电场，使阴极表面上功函数小的点（晶界或微裂缝）开始发射电子。②是个别发射电子密度较高的点，产生高密度电流。它所产生的焦耳热使点的温度上升而进一步发射热电子。这种反馈作用，使电流在局部集中。③是由于电流局部集中后产生的焦耳热，可产生爆发性的等离子体，从而发射出电子和离子。同时，还可以放出熔融的金属阴极材料的粒子。④最后发射的离子中的一部分，被吸回阴极并再次形成空间电荷层产生强电场，又使新的功函数小的点开始发射电子。由于这个过程的反复进行，致使弧光辉点在阴极表面上作激烈的无规则的运动。弧光辉点过后，在阴极表面上留下了分散的放电痕。研究结果表明：阴极辉点的数量通常与电流成正比。如图 2-22 所示，因此，可以认为每一个辉点的电流为常数，并随阴极材料的不同而不同。见表 2-17。

表 2-17 不同阴极材料阴极辉点平均电流密度

阴极材料	阴极辉点电流/A	阴极材料	阴极辉点电流/A
铋	3～5	铜	75
镉	8	银	60～100
锌	20	铁	60～100
铝	30	钼	150
铬	50	碳	200
钛	70	钨	300

上述的阴极辉点极小，有关资料测定为 1～100mm，辉点内电流可达 10^5～10^7 A/cm^2。这些辉点犹如很小的发射点，点的延续时间很短，仅为几至几十微秒。这一瞬间过后，电流又分布到阴极表面的其他辉点上，又建立起足够的发射条件，致使辉点附近的阴极材料大量蒸发并形成定向的运动，其能量可达 10～100eV，足以在基体上形成附着力很强的膜层，从而在真空镀膜离子沉积过程中得到了广泛的应用。

(2) 冷阴极弧光放电电弧的引燃方式

① 接触式电弧引燃法 接触式电弧引燃法是靠与阴极等电位的金属触头与阴极接触短路，在接触面分开时产生电弧的方法引燃的。由于触头表面上在微观上是不平整的。因此，实际上只是在突起部分首先产生微电弧，而且，可以阴极前的大量金属蒸气来维持场致发射的继续进行。

② 高压击穿引燃法 这种方法是采用辅助阴极在阳极上施加一个较高的直流电压或高频电压去击穿辅助阳极和阴极间的间隙而引燃弧光的一种方法。

③ 高气压点燃辉光后转为弧光放电的方法 这种方法多用于在阳极前的气压满足帕邢曲线点燃条件时，首先产生辉光放电后，再转为弧光放电的一种点燃方法。目前，在离子气相沉积设备中采用的措施有两种：一种是喷气引弧法，即向阴极表面喷射气体，形成涡流，造成局部高气压而引弧；另一种则是把冷阴极作成空腔形状，使空腔内的气压高于真空容器内的气压，为空腔内产生冷阴极弧创造条件而点燃弧光的一种方法。

2.2.7 磁控辉光放电[17]

所谓磁控辉光放电，实际上就是在前述的二极辉光放电，在其放电阴极上设置一个沿阴极表面方向与电场方向成正交的横向磁场，从而极大地增加了电子在正交电磁场中的运动轨迹的一种方法。现就电子在真空与气体两种不同环境中所产生的运动轨迹作一简述。

(1) 真空条件下电子在正交电磁场中的运动

设永磁体 N 与 S 两磁极间距离的中点和靶心间的距离为半径，把其圆周展开为一直线，并假定从靶面逸出来的电子的初速度为 v_0，v_0 的三轴方向上的速度分别为 v_{0x}、v_{0y}、v_{0z}，可通过理论推导得出的电子在正交电磁场中的运动方程为：

$$x=ut+\frac{v_{0y}}{\omega}(1-\cos\omega t)-\frac{u-v_{0x}}{\omega}\sin\omega t$$

$$y=\frac{v_{0y}}{\omega}\sin\omega t-\frac{u-v_{0x}}{\omega}(1-\cos\omega t)$$

$$z=v_{0z}t \tag{2-64}$$

式中：$u=E/B$，$\omega=eB/m$，e 和 m 为电子的电荷量和质量。为简化，设 $v_0=0$，则上式简化为：

$$x=ut-\frac{u}{\omega}\sin\omega t$$

$$y=\frac{u}{\omega}(1-\cos\omega t) \tag{2-65}$$

它的轨迹为旋轮线，如图 2-23 所示，其旋转半径 $r=\frac{mE}{eB^2}$，旋轮线的弧长为 $L=\frac{8mE}{eB^2}$。但是，实际上靶面逸出来的初速度有各种数值，而且具有各个不同的方向，因此，它们的运动轨迹是比较复杂的。但是，大致上认为它是按旋轮线的形状运动是可以的。

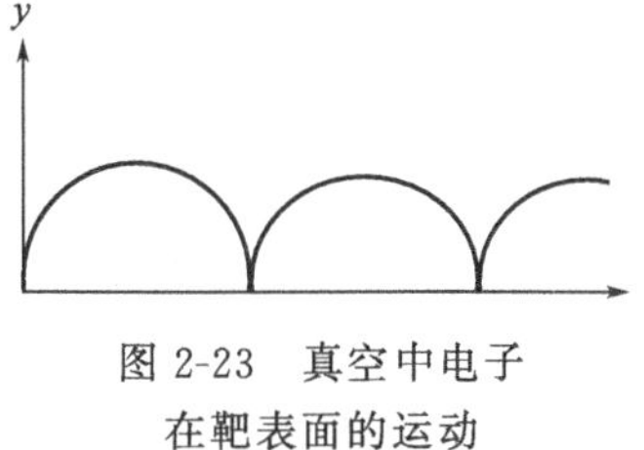

图 2-23 真空中电子在靶表面的运动

(2) 气体中电子在正交电磁场中的运动

在气体中，从靶表面发射的电子，一方面在正交电场和磁场作用下应按旋轮线运动。但另一方面又不断和气体原子碰撞。而电子在气体中运动，其自由程具有一定的分布规律。从靶面逸出的电子，其中未遭碰撞的电子与真空中运动类似，最后回到靶，其中部分电子又可能再次逸出，重新参加靶前的电子运动。从靶逸出的电子，其中有的与气体原子相碰撞。碰撞后，电子的动能和运动方向均有所改变，并且，将继续受正交电磁场的作用；一方面按旋轮线趋势运动，但另一方面又向阳极方向进行迁移，最后飞到阴极上。因此，若与不设置磁场的情况相比较，有磁场时电子从靶表面上到达阳极所走过的路程要比无磁场时大得多。

(3) 磁控辉光放电的点燃电压

由于具有正交电磁场的磁控辉光放电与无磁场的两平行平板电极间放电有所不同，因而，其放电特性也不符合帕邢定律。例如，用在选用 Ta 阴极与氟气组合的磁控辉光放电中，其点燃电压与气压的关系曲线如图 2-24 所示。图中 (a) 为有磁场的 U_K-p 曲线，(b) 为无磁场的辉光放电的 U_K-p 曲线从两条曲线的比较中可以明显看出，有正交电磁场的磁控放电曲线 (a)，不但放电电压较低而且在放电过程中的电压随着压力的降低，其变化并不明显。这正是因为正交电磁场极大地增长了电子在正交电磁场中的运动路程，提高了电子与气体原子的碰撞概率，从而，提高了电离效率而导致点燃电压下降的结果。

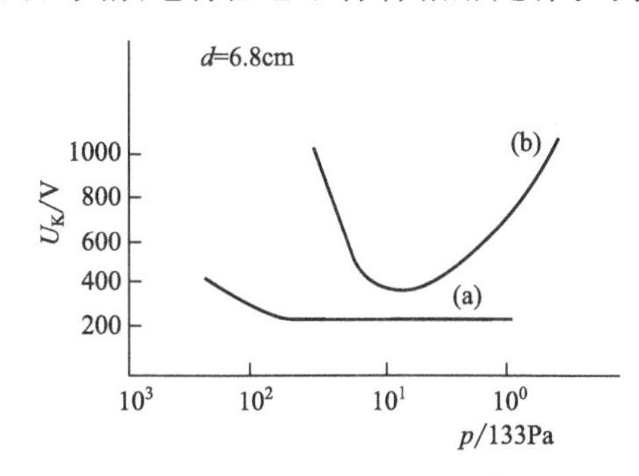

图 2-24 U_K-p 曲线的对比[19]

(4) 磁控辉光放电的伏安特性

实验测得的磁控辉光放电的伏安特性曲线如图 2-25(a) 所示。它与图 2-25(b) 所示的异常辉光放电伏安特性曲线相比较基本相似。因此，可以认为磁控辉光放电是一种特殊形式的异常辉光放电。极间也可以分成三个区域。所不同的是在曲线外貌上，由于极间表面磁场分布的不均匀，致使放电位集中在表面的某些局部上。另外，在放电的微观过程中，由于电子运动路程的增加，引起粒子间碰撞次数的增加而增加了电离的几率。因此，反映在宏观的伏安特性曲线上，虽与异常辉光放电相类似，但是，特性曲线的纵坐标有较大下降。

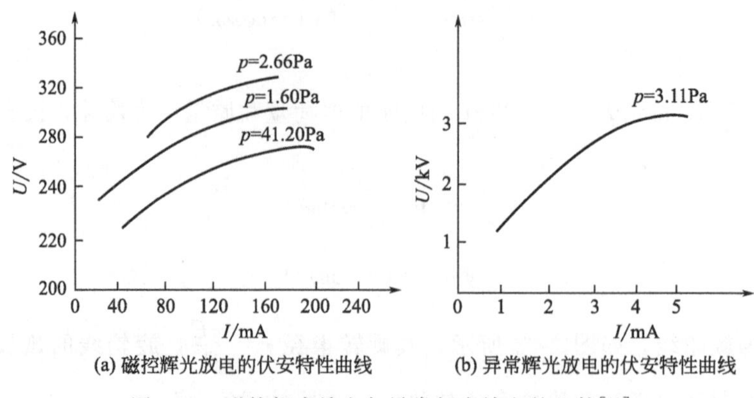

图 2-25 磁控辉光放电与异常辉光放电的比较[19]

2.2.8 空心冷阴极辉光放电

空心阴极放电（Hollow Cathode Discharge）简称 HCD 放电。其放电的阴极结构主件是一个空心状的阴极，并有空心热阴极与空心冷阴极之分。二者可分别引发出空心热阴极放电和空心冷阴极放电。空心热阴极实际上属于前面所叙述的自持热阴极弧光放电的范畴。区别只是前述的弧光放电是由辉光放电过渡而来的，而空心热阴极放电则是由空心冷阴极过渡而来的。有关空心热阴极的放电过程及其作为蒸发源的应用实例及其放电电极系统等问题，将在蒸发源一章中简述。现仅就空心冷阴极的辉光放电作简要介绍。

（1）空心冷阴极辉光放电的特点

在通常的冷阴极辉光放电中，阴极暗区位降较大，其暗区中的电子状态，如同垂直于阴极表面上的一维电子束，如果将阴极制成圆筒形或两平板形，即成为空心阴极。这时从两个阴极上发射出来的电子束可彼此组合，使负辉区合并在一起，从而不但可使发光变得更加均匀和明亮，而且还可以使阴极电位减小，放电电流增加。人们把这种现象称为阴极效应。但阴极发热并不严重，这就是空心冷阴极在放电过程中的一些特点。

（2）空心冷阴极辉光放电的物理特征

空心冷阴放电是一种特殊形式的辉光放电。它既不同正常辉光放电，也不同于异常辉光放电，其主要物理特征如下。

① 电子在阴极中振荡，其原因是当两平行平板电极置于真空容器中只要满足气体点燃条件，两极间即会产生辉光放电，并在两个阴极附近均会形成阴极暗区。如图 2-26 所示，若设两阴极间距为 $d_{K_1\text{-}K_2}$，辉光放电的阴极宽度为 d_K，则当 $d_{K_1\text{-}K_2}>2d_K$ 时，两阴极前均存在暗区和负辉区，这时正柱区是公用的；当 $d_{K_1\text{-}K_2}<2d_K$ 时，两个负辉区即合二为一。这时从阴极 K 发射出来的电子在 K_1 的阴极位降区得到加速。但是，当它进入到 K_2 的阴极位降区时，又会被减速。如这些电子没有产生电离和激发，必将在 K_1 与 K_2 两个电极间进行来回振荡。从而，增加了电子与气体原子（分子）间的碰撞概率，而会引起更多的激发或电离。这就是极间电流密度和负辉光强度增加的原因。

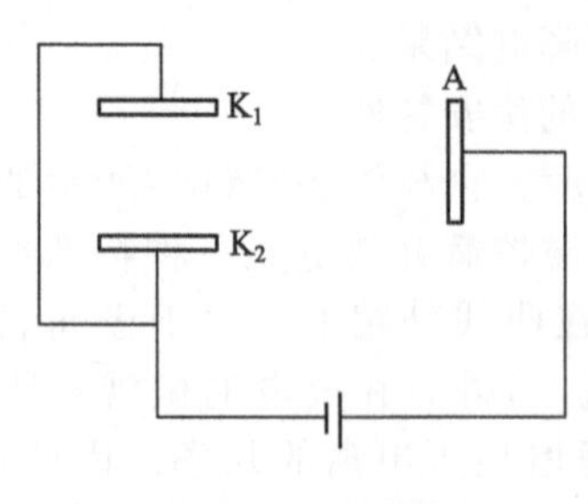

图 2-26 空心阴极辉光放电示意图

② 阴极位降低、电流密度高 由于阴极区中所产生的正离子、激发了的原子及光子均不易损失在器壁或其他空间。因此，空心阴极中电子、正离子密度大，电流密度大，有效电离效果好。即使是阴极位降下降而放电电流仍然会增加。这就是虽然在空心阴极放电中阴极位降比正常辉光放电低

100V 左右，但是放电电流却可以高出 100～1000 倍[20]的原因。

③ 阴极温度低、溅射速率小　虽然由于阴极内等离子密度高、溅射阴极材料较严重，但是，因其结构特点，可以使溅射出来一部分阴极材料，重返到阴极上去。因此，溅射率还是较低的。正因为如此，在空心阴极放电中，就具备阴极本身被溅射的速度低，其阴极的电位也较低的两大特点。

④ 电子能量范围宽　在空心阴极放电中，由于既有快速电子（20eV）、中速电子（2～6eV），也有慢速电子（1eV），因此，电子的能量范围较宽。

2.2.9 高频放电

放电电源的频率在兆以上的气体放电形式，称为高频放电，又称射频放电。常用的频率为 13.56MHz。

高频放电分为高气压高频放电和低气压高频放电两种。现仅就在真空镀膜中常用的低压高频放电作一介绍。

(1) 低压高频放电的发生及其放电特征和形式

将置于真空容器中的两个电极，通以 50Hz 的低频高电流以后，即可在两极间产生交替的辉光放电，如图 2-27 所示。其放电特性在每半周内完全与直流辉光放电相同。如在两极加上高频电时，则很难分辨出两极发光现象的交替变化。当然，这是由于人们的视觉剩留效应所造成的，而且，高频放电时各部分的发光强度也不随时间而变化。各区域分别具有一定的发光颜色，其等离子体光柱处于容器的中部，两边为负辉区和阴极暗区。而且，两极间的放电是对称的，如图 2-28 所示。这是因为高频放电时外加电压周期小于电离和复合所需的时间，当电极间电场方向改变时，空间电荷来不及重新分布，等离子体区也来不及复合所导致的。高频放电的另一个特性是阴极上的过程并不起主要作用。两个电极可以任意放置，在容器的内部其电极也只是起产生电场的作用，不像直流放电那样起着发射电子或接受电子的作用，如图 2-29 所示。外部电极由感应线圈所取代，如图 2-30 所示，也可称为无极环形放电。

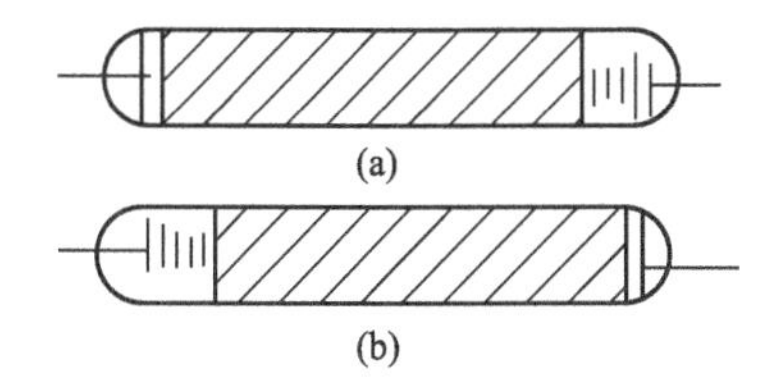

图 2-27　低频交流放电发光强度的交替分布

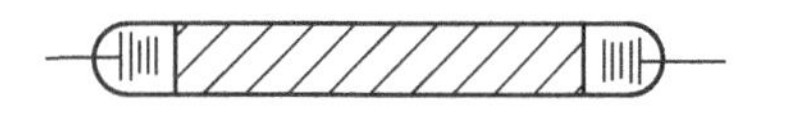

图 2-28　高频放电发光强度的对称分布

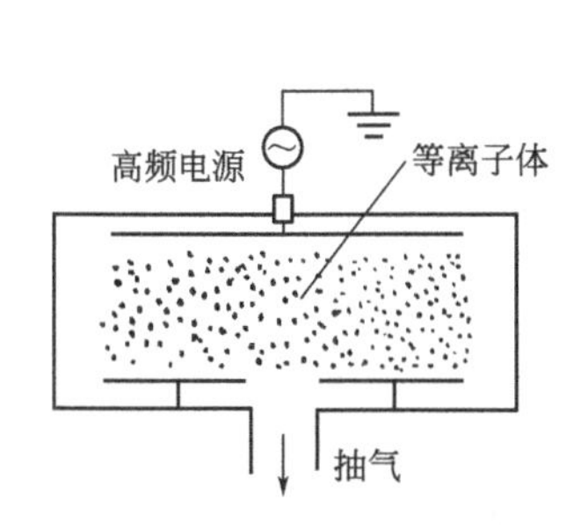

图 2-29　平板型高频放电装置

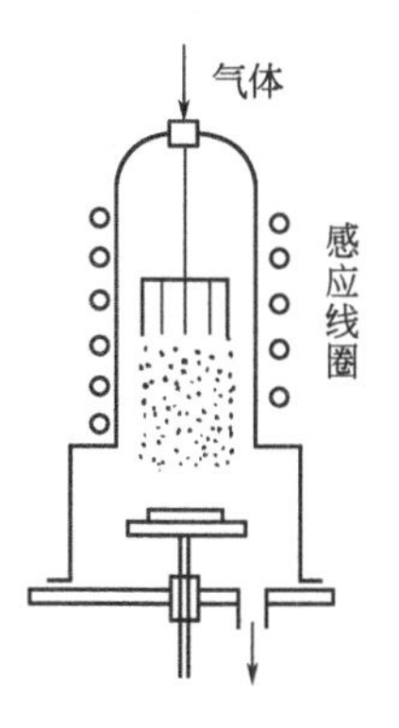

图 2-30　无极型高频放电装置

由此可见，在低压高频放电中，可分为两种形式：一种是利用高频电场；另一种是利用设置在真空容器外侧周围的螺旋线圈中通过的高频电流所产生的磁场，该磁场在气体中产生的围绕磁场涡旋电场来维持放电的进行。

(2) 着火电场强度

在高频电场中，由于电子不是单纯地由一个电极飞向另一个电极，而是经过电子的多次往返振荡。电子运动的路程很长，极大增强了它与气体原子（分子）的碰撞概率，而引起激烈的电离和放电过程。因此，着火电压往往是用着火电场强度 E_k 来表示。基本与直流放电相类似。带电离子的消失是由正负带电粒子在空间及容器壁上的复合所致。而带电粒子的产生则是由电子电离气体原子或分子所致。

在某一电场下当产生的带电粒子正好与复合（消失）的粒子相等时，则该电场强度即被称之高频放电的着火电压强度。显然着火电压强度与气体压力、电源频率与气体种类有关。氩气在不同频率下其高频着火强度 E_k 与气体压力 p 间的关系如图 2-32 所示，它与帕邢曲线的形状基本相似，即都有一个最低的场强（或电压）。而且，曲线最低点都呈现出左侧陡峭右侧平缓的形状。图 2-31 给出了气体在不同频率下，高频着火电场强度与气体压力的关系，它与图 2-32 的形状也是比较相似的。

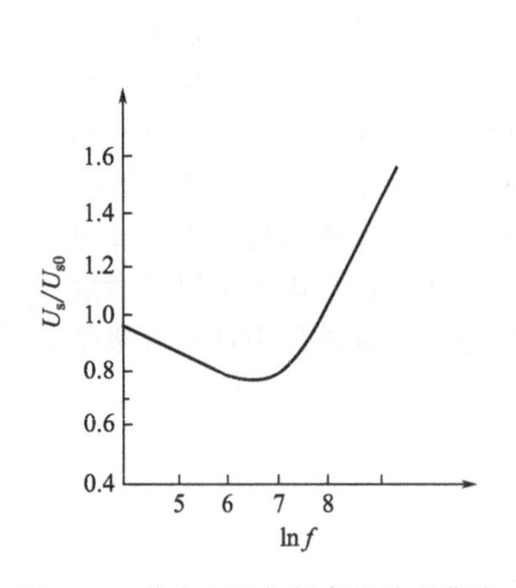

图 2-31 着火电压与频率的关系曲线

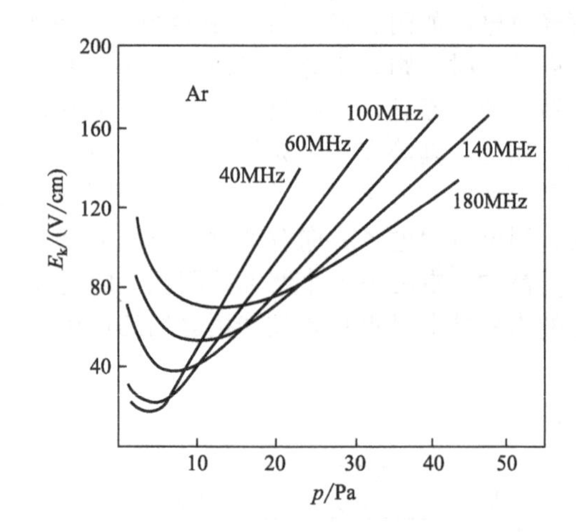

图 2-32 高频放电着火电场强度与气压的关系曲线

2.2.10 等离子体宏观中性特征及其中性空间强度的判别

(1) 等离子体宏观中性特征

等离子体的基本特征是带电的正负粒子密度相等，在宏观上呈现中性。等离子体中的带电粒子密度，从其绝对数目来看是很大的，约为 $10^{10}\sim10^{15}/cm^3$。但是，与等离子体中的中性粒子相比较，相对数目则很小。人们通常把中性粒子的电离数与粒子的总数之比称为电离度。若电离度小于 10^{-4}时，称为弱电离度；大于 10^{-4}时，称为强电离度。通过气体放电所产生的等离子体均处于弱电离度的范围。

(2) 等离子体中性空间强度的判别

等离子体在宏观中呈现中性只是一个相对的概念。因为带电粒子的热运动，可能在某瞬时在某处出现电子或正离子的过多，而另一处出现电子或正离子的过少。但是，由于等离子体对其电中性的破坏十分敏感，一旦出现电荷分离它就会产生一个巨大的电场，促使其电中性的恢复。例如，等离子体内带电 $10^{14}/cm^3$，半径为 1cm 球内有万分之一个电子跑出小球外，由于球内偏离了中性出现的正电荷过剩，可使球产生一个 6.7×10^3V/cm 的电场强度，该电场将很快使等离子体恢复其中性。因此，为了判别等离子体宏观中性的空间线度，选用“德拜（Debye）长度”这一概念是十分必要的。

德拜长度又称德拜半径、德拜距离或德拜屏蔽长度，它可通过设在等离子体中的两个相隔一定距离的导体球通电后形成的屏蔽层来求得，如图 2-33 所示。与电极正极相接的球带正电，另一个球带负电，在等离子体中两球附近的区域中电的中性受到破坏，带电球将等离子体中的异号电荷分别吸引到它的周围以后，即可把金属球屏蔽起来形成一定厚度屏蔽层。由于带电金属球的存在，对于球体屏蔽层以外的等离子体并不发生影响。不过，这种带电粒子的热运动可使包围层内的电子飞出，而层外的电子也可以飞入到层内。从而可建立起一个动态的平衡。

为了确定该包围层（即屏蔽层）的厚度，可通过计算带电金属球在等离子体中的电位分布来求得。设金属球的半径充分小，把它近似看成一个点电荷，这时，即可根据理论分析求得其电位分布为：

$$V=\frac{Q}{4\pi\varepsilon_0 r}e^{-r/\lambda_0} \tag{2-66}$$

式中，Q 为金属球的带电量；ε_0 为真空介电常数；r 为两金属球间的距离；λ_0 为某一待定数。

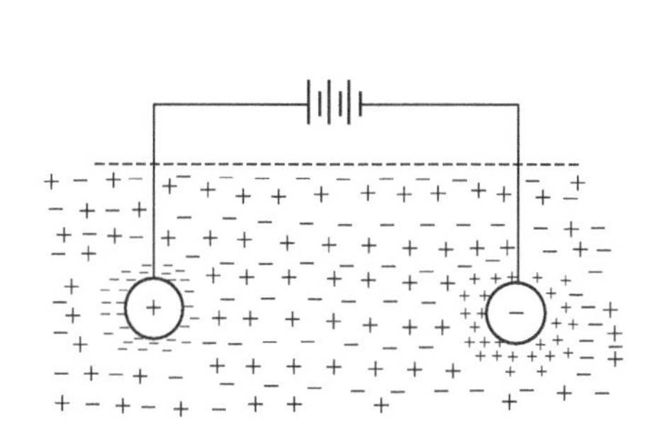
图 2-33 两金属小球在等离子体中的空间电荷

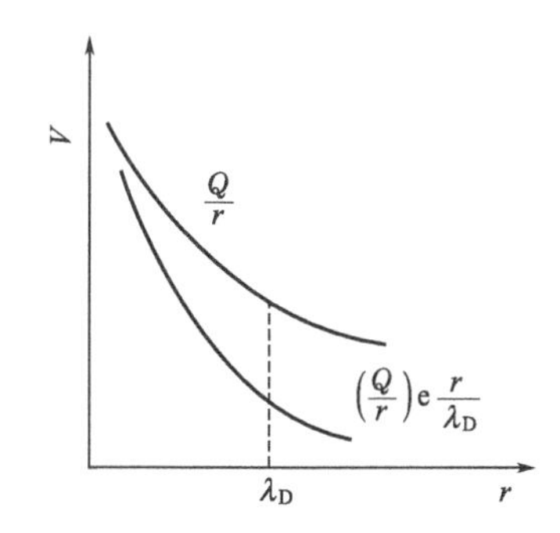

图 2-34 金属小球在空间和等离子体中的电位分布

对于点电荷而言，其电位分布为 $V=\frac{Q}{4\pi\varepsilon_0 r}$ 与式(2-66) 相对比，显然等离子体中的电位分布将随两球间的距离而迅速下降，如图 2-34 所示。在 $r>\lambda_D$ 区域后，带电金属球所产生的电位已经很小，它对等离子体的影响可以忽略。这时的 λ_D 就被称为德拜长度。它决定于等离子体中的电子温度 T_e 和电子密度 n。其表达式为：[13]

$$\lambda_D=\left(\frac{\varepsilon_0 kT_e}{n_e e^2}\right)^{\frac{1}{2}} \tag{2-67}$$

或

$$\lambda_D=6.9\left(\frac{T_e}{n_e}\right)^{\frac{1}{2}} \tag{2-67}$$

式中，k 为波尔兹曼常数；e 为电子电荷量；T_e 为电子的热力温度；n_e 为电子的密度 $(1/cm^3)$；ε_0 为真空介电常数。

对于低气压等离子体，$T_e=23200K$（相当于 2eV），$n_e=10^9/cm^2$，所求得的 $\lambda_D=0.33mm$。由此可见，低气压放电等离子体中，德拜长度是很小的。因此在宏观上它所显示的中性，与上述的理论分析是相一致的。

(3) 等离子体振荡及等离子体中的鞘层

在等离子体中，由于带电粒子的热运动等因素所发生的局部电荷分离，可破坏其中性；又因电子和正离子之间的静电吸引力，使等离子体具有强烈恢复宏观电中性的趋势；此外离子的质量远大于电子的质量。所以，可以近似认为正离子是静止的。当电子相对于离子作往回运动时，在电场作用下不断地被加速，由于惯性作用，会使它越过平衡位置，又造成相反方向的电荷分离。从而，又产生相反方向的电场，使电子再次向平衡位置上运动，由于惯性再次越过平衡位置。这个过程的不断重复，就形成了等离子体内部电子的导体振动。现就电子的这一振荡频率，探讨如下。

若设电子相对于正离子发生位移 x 时，所产生的电场 $E=n_e x/\varepsilon_0$，（n_e 为等离子体中的电子密度）。电子受的力为 $F=-eE=-\frac{n_e^2}{\varepsilon_0}x$，负号表示作用方向与位移 x 方向相反。从中可知，此作用力的大小与移位 x 成正比，而方向总是指向平衡位置，这种力称恢复力。在恢复力作用下，物体将作简谐振动。以弹簧振子为例，恢复力 $F=-kx$；位移 $x=A\cos\omega t$。其中 A 为振幅；ω 为振幅频率；$\omega=k/m^{\frac{1}{2}}$，其中 m 为质量，k 为弹簧倔强系数。两者相比可知，等离子体在恢复力 $F=-\frac{H_e^2}{\varepsilon_0}x$ 的作用下，也将出现类似的运动，称它为等离子体振荡。若将 m 换成电子密度 m_e，k 换成$\frac{n_e^2}{\varepsilon_0}$，即可得到等离子体的振荡频率 f 为：

$$f=\frac{\omega}{2\pi}=\frac{1}{2\pi}\left(\frac{n_e^2}{\varepsilon_0 m_e}\right)^{\frac{1}{2}} \tag{2-69}$$

将常数代入，即得：

$$f=9000\sqrt{n_e}\ (1/\mathrm{s}) \tag{2-70}$$

式中，m_e 为电子质量，n_e 与式(2-66) 相同。如电子密度在 $10^8\sim10^{14}\mathrm{cm}^{-3}$ 范围内，则相应的等离子体频率为 90MHz～90GHz 之间。

有关等离子体在放电时所存在的鞘层，已经结合辉光放电过程中的讨论作了论述，这里不再重述。

2.3 薄膜的生长与膜结构[21]

2.3.1 膜的生长过程及影响膜生长的因素

2.3.1.1 薄膜的生长过程及生长方式

由于薄膜的生长过程受各种影响的因素较大，为此，薄膜生成方式比较复杂。近年来随着表面分析技术对膜生长过程的实验观察与研究，普遍认为膜的生长方式可分为图 2-35 所给出的三种类型，即核生长型、层生长型及层核生长型。

（1）核生长型

大部分薄膜的生长方式属于核生长型，其成膜过程可分为四个阶段。

① 成核阶段

到达基片表面上的原子（或分子）首先凝聚成核，即膜的形成始于核。而且，在连续而来的原子或分子，则会不断地集聚在核的附近，并以三维的方向不断生长，最终形成薄膜。其成核过程，如图 2-36 所示。如果入射原子到达基体表面后，在法线分方向上仍有相当大的动能时，则会在基体表面上作短暂的停留（约 10^{-12}s）后就会被反射回去，如图 2-36(1) 所示。如果入射的原子动能不太大时，这时到达基体表面后，可失去法向方向上的分速度而被吸附基体表面上，如图 2-36(2) 所示。由于吸附原子仍会保留着平行于基体表面上的动能，因此，可沿表面进行移动，并且可与其他原子一同生成原子对或原子团，如图 2-36(3)(4)

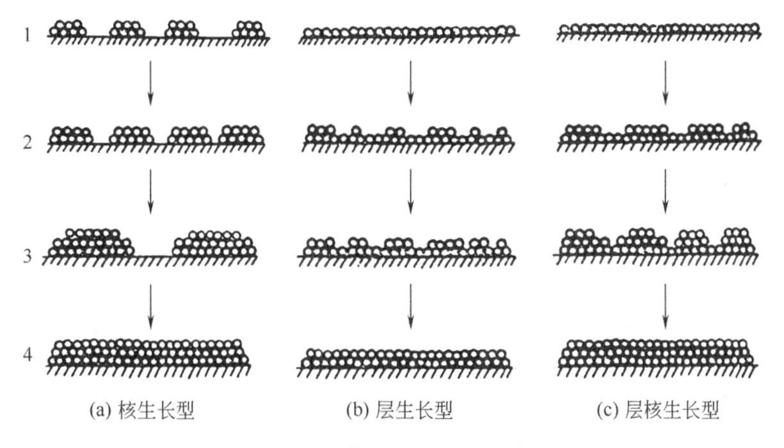

图 2-35 薄膜生长过程分类

所示。这些原子对或原子团，即可在表面上易于捕获原子的捕获中心处（如原子尺寸的凹陷、弯角、台阶等）形成图 2-36(5) 所示的核，该核将与接连不断飞来的后续原子或其临近的核进行合并，当其大小超过某一临界值时就会形成一个如图 2-36(6) 所示的，通常认为可达到 50 个原子左右的稳定核，这种核生长型的薄膜形成过程如图 2-37 所示。图中（a）只是成核阶段的一种表示，实际上由于临界核的尺寸很小，为此很难被普通的高倍电子显微镜观察到。

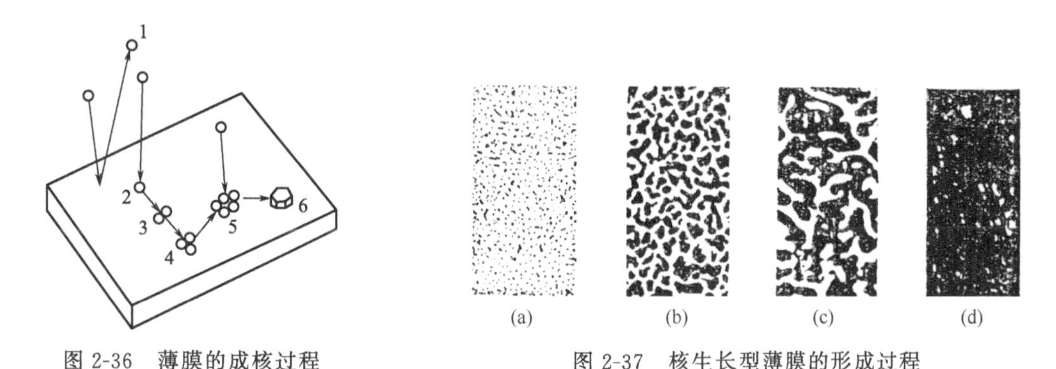

图 2-36 薄膜的成核过程

图 2-37 核生长型薄膜的形成过程

② 小岛阶段

随着沉积过程的继续，基体表面上核的密度将会快速达到饱和。此后的核尺寸将不断增大，从而形成了可用透射电流观察到的如图 2-36(6) 所示的孤立小岛状结构。其岛的密度可达 $10^8 \sim 10^{12}/cm^2$。岛的形状取决于膜与基体间的结合能和沉积条件，平行于基体的二维方向岛的尺寸大于垂直基体方向的尺寸。小岛最初的生成阶段，主要取决于到达基体表面上原子或分子的扩散，直到它们与另一小岛状相结合为止。两个小岛间的凝结过程与两个小液滴的结合极为相似，其凝结的驱动力是小岛合并时总的表面能的降低。所形成的较大的岛，总是力图保持尽可能小的表面积，使表面能小于凝聚前两个小岛的表面能的总和。因而，会释放出能量可使相接触的两个小岛瞬时“熔化”。在聚结完成之后，随着温度的下降所形成的较大的岛将重新结晶。

在小岛聚结过程中，小岛间通过扩散而形成质量传输。一般聚结过程的时间较短，小于十几分之几秒，假若半径为 nm 的小岛（约为 10^3 个原子）在 0.1s 内，通过约 10^{14} 个$/cm^2$ 的凝聚量，每个小岛接触并合并到另一个较大的岛中，其质量传输即可达到约 10^{18} 个原子$/(cm^2 \cdot s)$。

③ 网络阶段

随着小岛的聚结，岛面积的逐渐扩大，相聚小岛间相互接触和结合，致使小岛间形成了一种断断续续的网状结构。在这种网结构中包括了许多的空洞和狭窄而空白的沟道。在这些沟道与空洞的位置上可能形成新的核，即发生二次成核过程。这些二次核也将随着沉积过程的继续而增大，并形成新的小岛。当它们与网状结构的边缘相互接触时，就会合并进去使沟道逐渐被填充。在这新出现的位置上又可能出现三次成核过程等等。这种具有许多沟道和空洞的膜层，称为网络状薄膜。

④ 连续薄膜

当沉积过程继续进行时，飞向基体表面的膜材原子，除了直接与网状部分结合外，还将不断填充网络中的剩余空洞和沟道，直到生成连续的膜。在核生长型的薄膜沉积中，连续膜形成需要一定的厚度。例如，在玻璃基片上沉积金膜时，平均膜厚达到 30～100nm 时所形成的膜才是连续的。实验表明，即使是具有一定厚度的连续膜，在大多数情况下，膜中也还存在着包含数量较少开放的或封闭的空洞，而且在薄膜中的晶粒内，也仍会残存着各种缺陷。这一点将在下节中予以讨论。

(2) 层生长型

层生长型的特点是原子首先在基体表面上，以单原子层的形式均匀地覆盖上一层膜层，如图 2-35(b) 所示。然后，再在三维方向上生成第二层、第三层到几层薄膜。其生长方式大多呈现二维形式。

层生长型薄膜的形成过程，是通过原子到达基体表面上以后，先形成二维的核再长大成二维的小岛；然后，一方面通过二维小岛间的相互聚结；另一方面使后续到达小岛表面上的膜材原子，在小岛的表面快速扩散至边缘，并为边缘所捕获，而进入小岛。从而，扩大了小岛的面积。但不会使小岛厚度增大。如此直到小岛间连网成片。因此，只是在基片表面上完成了膜材原子的第一个原子层的覆盖，然后，再在其上面接着生成第二层的二维核、二维小岛和第二个单原子层，在完成第 n 层以后，才能开始在第 $n+1$ 层上继续其单层的沉积。

(3) 层核生长型

在基体和膜材原子相互作用十分强劲的情况下，易于出现层核生长型的膜层，如图 2-35(c) 所示。其成膜过程首先是在基体表面上生长 1～2 层的单原子层。由于这种二维结构强烈地受到基片晶格的影响，致使晶格常数有较大的畸变。然后，再在这一原子层上吸附入射的原子，并以核生长的方式生成小岛。最终形成薄膜。在半导体表面上所形成的金膜，常常是这种类型的膜层。

从上述膜的生成过程中，可以明显看出，建立在成核基础上而生成薄膜的过程中，必须探讨有关成核过程中的理论问题。有关这方面的理论，近几十年来进展较快，出现了多方面的理论解释。这些成膜方面的理论问题，又属于薄膜物理学中应当详细讨论的内容。因此，仅简略介绍给读者，读者可参考有关文献进行理解。

2.3.1.2 影响薄膜生长的因素

影响薄膜生长的因素，除了基体材料和薄膜材料本身的性质和它们之间相互的结合能外，还与基体的表面状态、基片温度、入射粒子的状态及静电效应等许多因素有关。

(1) 基片表面状态对膜生长过程的影响

基片表面状态对膜生长的影响，主要包括基片表面的缺陷、表面的粗糙度及表面的污染等几个方面。若基片表面存在晶格缺陷、点阵台阶或原子阶梯，入射的原子会优先在这些地方成核，成核密度也大于无缺陷的地方。但是，并非在所有情况下完全如此。更多的情况的成核过程是随机的。在膜的三维生长中，当晶核密度达到饱和以后，随着膜的继续生长，晶核密度会减小，基片表面越光滑，晶核密度减小的速度越快。至于表面上的污染物相当于改变基片的表面性质。所有这些因素对膜生长过程中的影响都是必须考虑的问题。

(2) 基片温度对膜生长过程的影响

基片温度对膜的成核及生长过程影响较大。基片温度越高，成核的速度就越小。而在热平衡状态下，基片表面上的吸附的粒子，其迁移率越高，晶核的凝聚也越快。因此，晶核密度将随膜厚度的减小而迅速增加。从而，可导致膜的连续性变坏，使膜的生长受到很大的影响。

(3) 入射粒子的状态对膜生长的影响

入射粒子的状态可从入射粒子动能及入射粒子的方向两个方面来考虑。由于通过增加粒子的入射动能来增加粒子在基片表面上的迁移率可促进晶核的聚结。所以，在同样膜厚的条件下，溅射膜的晶核密度小于蒸镀膜的晶核密度。当然，由于溅射膜在成膜中入射的粒子动能高于蒸镀膜。因此，可导致基片表面上的缺陷增加。当入射粒子的方向与基片表面不相垂直时，不但会增大粒子在基片表面上迁移速度分量，从而导致晶粒的聚结效应增加，而且随着晶粒的增大在倾斜入射时，核之间的扩散效应也将更加显著。同时，这两种因素还将导致在生成连续膜过程中必须增大膜的厚度。因此，随着入射粒子倾斜角的增大，在连续成膜过程中所需的膜厚也必须增大。

(4) 静电效应对膜生长的影响

如果在镀膜过程中加入一个与基片表面相平行的直流电场，则晶核可在静电场的作用下变得平坦，致使晶核面积增大，使连续所需的膜厚有所减小。特别是在溅射镀膜过程中，带电的入射粒子使部分晶核带上电荷。由于两个带电晶核间的静电力的作用，因而必将促进晶核的聚结，降低晶核的密度。

2.3.2 薄膜的结构及其结构缺陷

2.3.2.1 薄膜的结构[7]

薄膜的晶粒组织结构，对它的特性及其应用均有较大的影响，而影响组织结构的因素较多。例如，成膜工艺的不同、沉积中的各种参数的不同，都会对膜晶粒组织的结构引起较大的变化。为了更直观了解这种影响，可采用薄膜的晶粒组织模型，即 Thornton 模型。

如图 2-38 所示，模型是从溅射镀膜工艺中得出的。图中 T_s 为基片温度，T_m 为以绝对温度所表示的膜材的熔点温度。p_{Ar}为溅射气体 Ar 的工作压力。图中表明了基片温度和溅射气体压力对金属膜的结构的影响。当沉积温度较低、气体压力较高时，因入射的粒子能量很低，薄膜的微观形态如图 2-38(a) 形态 1 所示。膜靶材入射的粒子在这种温度低、原子表面扩散能力有限的条件下，沉积到基片表面上去的原子在基片上失去了它的扩散能力。同时，因薄膜所需的临界核心的尺寸很小，致使在薄膜表面上沉积的粒子会不断地形成新的核心。因此，沉积的膜层组织则会呈现出一种具有数十纳米直径的细纤维状的结晶组织。其纤维内部的缺陷密度很高，甚至可能出现非晶态结构，其纤维间的结构十分疏松，存在着许多纳米尺寸的孔洞，膜的强度也很低，膜的硬度出现金属膜高、陶瓷膜低的情况。随着膜厚度的增加，细纤维组织也将进一步发展为锥状形态。其间会夹有很大尺寸的孔洞，而在膜的表面上将会出现与之相应的拱形形貌。

图 2-38(a) 中所给出的介于形态 1 与形态 2 之间的形态 T 型膜是一个过渡型的结构组织。这时沉积温度仍很低，在沉积过程中的临界核心尺寸仍很小。但与形态 1 相比较，原子已具备了一定的表面扩散能力。虽然，这时膜的组织仍然保持着细纤维状的特征，纤维内部缺陷密度较高。但是，纤维的边界明显较为致密。纤维间的孔洞以及薄膜拱形的表面形貌特征也逐渐消失。而且，膜的强度较形态 1 也有明显的提高。从图 2-38(b) 中可以看出，形态 1 组织向形态 T 组织转变的温度与溅射的气体压力有关。溅射压力越低，入射粒子的能

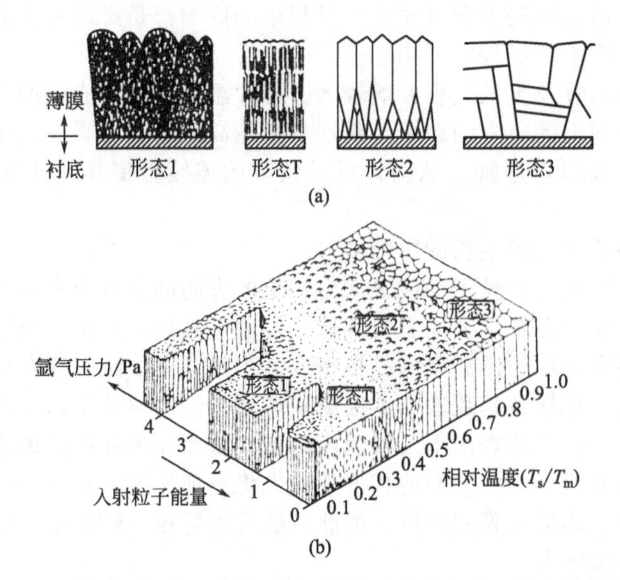

图 2-38 薄膜组织的四种典型断面结构及基片相对温度和溅射气压

(a) 薄膜组织的四种典型结构；(b) 基体相对温度 T_s/T_m 和溅射气压对薄膜组织的影响

量就越高。这时发生转变的温度就会向低温方向移动。这就表明了入射粒子能量的提高，具有抑制形态 1 型组织的出现，促进 T 型组织出现的作用。这是因为随着溅射粒子能量的提高，改善了膜表面原子的扩散能力，使得纤维边界的组织出现了明显的致密化倾向。

如图 2-38(b) 所示，相对温度 T_s/T_m 达到 0.3～0.5 温度区间时，形态 2 的组织是原子表面扩散进行较充分时所形成的薄膜组织。此时原子在薄膜内部的扩散虽然并不充分。但是，原子的表面扩散力已经很高，已经可以进行相当距离的扩散。在这种情况下，形成的组织为各个晶粒分别外延而形成的均匀的柱状晶组织。而且，柱状晶体的直径将随沉积温度的增加而增加，晶体内部缺陷密度较低，晶体的边界致密性较好，从而使薄膜具有很高的强度。同时，各晶粒的表面开始呈现出晶体学平面所特有的形貌。

当基片的温度进一步升高达到 $T_s/T_m>0.5$ 时，使得原子的扩散开始发挥重要作用。此时，在沉积进行的同时，薄膜内将发生再结晶过程，晶粒开始长大，直至超过薄膜的厚度，薄膜的组织变为经过充分再结晶的粗大的等轴晶体组织。晶粒内部缺陷很低，这就是图 2-38(b) 中所示的形态 3 型的薄膜组织。

在形成形态 2 型和形态 3 型组织的情况下，基片的温度已经较高。因而，溅射气压或入射的粒子能量，对膜组织的影响已经是微乎其微了。

蒸镀法所制备的薄膜与溅射沉积薄膜的结构组织相似，也可相应地划分上述四种不同的形态。但是，由于蒸镀时入射粒子的能量较小，一般认为不易形成形态 T 型的薄膜组织。人们通常把温度较低时生长的形态 1 型和形态 T 型的生长称为低温抑制型生长。而把温度较高时生长的形态 2 与型态 3 型的生长，称为高温热激活型生长。有关这两种薄膜生长的薄膜微观组织、表面形貌以及膜生长过程中的动力等理论，可参阅本章给出的参考文献 [21]，这里不予介绍。

有关真空蒸镀所生成的薄膜组织结构，如图 2-39 所示。它称之为 M-D（Movchan Demchishin）模型。该模型与 Thornton 相比较，M-D 模型中没有过渡区 T。实际上，过渡区 T 对于纯金属或合金膜并不突出。但，对于采用蒸镀工艺制备的难熔化合物膜和复杂的合金膜以及对在沉积过程中存在惰性气体或活性气体的各种镀膜方式而言，过渡区的存在都比较明显。M-D 模型与 Thornton 模型相同的都具有锥状晶的 1 区、纤维状晶的 2 区和等轴晶的 3

区。而且，1 区与 2 区之间有个转变温度 T_1，2 区与 3 区之间有个转变温度 T_2。T_1 对纯金属材料为 $0.3T_m$，对氧化物为 $0.22\sim0.26T_m$；T_2 对纯金属材料和氧化物材料均为 $0.45\sim0.50T_m$。在惰性气体下，依 Thornton 模型，随着 p_{Ar}的增高转变温度 T_1 值也将增大。

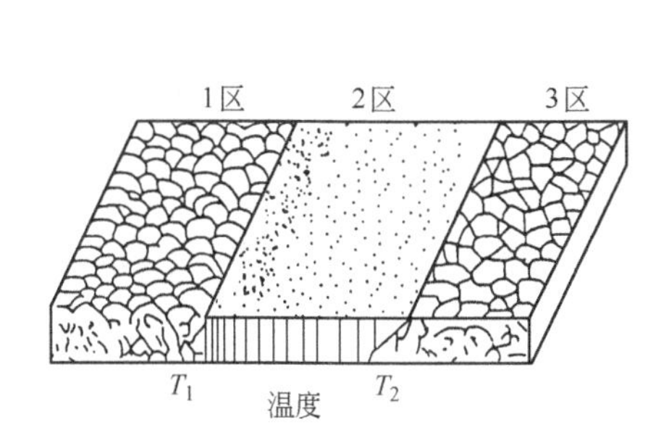

图 2-39 不同基体温度下的膜层结构

（T_m 为镀层材料的熔点，K）

1 区—金属温度<$0.3T_m$，氧化物温度<$0.26T_m$；2 区—金属温度<$0.3\sim0.45T_m$，氧化物温度<$0.2\sim0.45T_m$；3 区—金属温度>$0.45T_m$，氧化物温度>$0.45T_m$

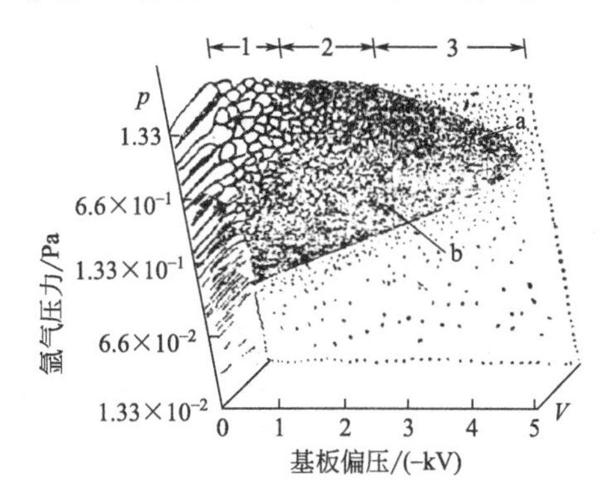

图 2-40 离子镀铝 V-p 组织模型

a—不同气压消除锥状晶所需基板偏压连线；

b—不同气压消除柱状晶所需基板偏压连线

在离子镀膜工艺中，基片温度沉积速度、工作气体压力以及加在基片上的负偏压是影响膜层晶粒组织的四大重要因素。图 2-40 所给出的是离子镀铝膜，被称为 V-p 模型的氩气压力和基片负偏压与膜层组织的关系图示。图中 1 区为粗大的锥状晶区、2 区为柱状晶区、3 区为致密的等轴晶区。靠近气压轴的曲线为在不同氩气压力下消除锥状晶组织所需的基片负偏压的连线。远离气压轴的曲线为不同氩气压下消除柱状晶组织所需的基片偏压的连线，图中表明在 p_{Ar}一定的条件下，随着基片负偏压的提高，到达基片上的离子和中性粒子的能量增大，它们在基片上的迁移变得容易。因为有利于膜层组织的细化，即随负偏压的提高，膜层由粗大的锥状晶变为细的柱状晶。从而，进一步变为致密的等轴晶。

此外，不同 p_{Ar}下，消除锥状晶和柱状晶所需的基片偏压也不同。由图中的两条转变曲线看，在 $p_{Ar}=0.67$Pa 的条件下，消除锥状晶所需的负偏压值最大。在 $p_{Ar}>0.67$Pa 时，虽然随着 p_{Ar}的增加，金属原子在向基片飞行过程中碰撞次数将增加。它们凝聚成较大的原子团，到达基片之后容易生成粗大的锥状晶；但是，在相同的基片偏压下，离子密度（包括高能中性原子的密度）也将增大。因而，轰击基片的离子能量密度也随着增加。而且，后者影响更大些。随着 p_{Ar} 的增加，消除锥状晶和柱状晶所需的基片偏压逐渐减小。在 $p_{Ar}<0.67$Pa 时，随着 p_{Ar}的降低，长成锥状晶和柱状晶的趋势已经减弱。消除锥状晶和柱状晶所需的负偏压也随之减小。

对于其他材料的离子镀，上述 V-p 模型仍将适用，只不过曲线的位置有所移动。

应该指出，上述各种晶粒组织的结构模型是不同作者在实验基础上的总结。实际上，在不同沉积条件下薄膜的晶粒组织，从一种结构到另一种结构并不存在一个突变的界限，而是逐渐地演变。当然，也不是所有的膜都可能出现上述膜型中的全部区域，例如，在溅射工艺中的纯金属膜过渡区 T 就很不明显。但在较高气压下沉积复杂的合金膜和化合物膜时，则 T 区就较为明显，对于高熔点材料制备的薄膜区域 3 也不多见。

2.3.2.2 薄膜的结构缺陷[21]

薄膜与块状晶体材料一样，晶格中存在的各种缺陷都是不可避的。但是，由于薄膜及块状晶体材料在制备中都具有其特殊性。因而，膜中的缺陷形成与分布均具有其特殊的性质。

而且，其缺陷的数量远大于块状材料。这些缺陷概括起来主要表现在如下几个方面。

(1) 薄膜中的错位缺陷

错位是晶体薄膜中普遍存在的一种线性缺陷，其错位密度往往可达到 $10^{10}\sim10^{11}\,\mathrm{cm}^{-2}$。膜中产生如此数量巨大的错位，甚至已达到块状材料发生强塑性变形时的错位量级，其原因主要有如下几点。

① 由于成膜时的最初阶段，基片上的晶核与孤立的小岛形状和结晶取向是随机的。因此，到聚结阶段时，当两小岛相遇时，如果它们之间的位向只要产生轻微的差别，就会在结合部位出现位错，如图 2-41 所示。从图中可看出相对一倾角的两个小岛（晶粒），当它逐渐长大相互接触时，在它们中间所形成一列刃型位错是十分明显的。

② 在膜生长过程中的小岛聚合阶段，若两个以上的小岛同时相遇，为了减小界面上的变形就会形成空洞。而膜的应力必将促使它在空洞边缘处产生位错。

③ 在低温和高速沉积制备的薄膜中，大量的过饱和空位可以聚集成空位片，所引起空位片的倒塌足以形成一个位错环。

④ 基片与薄膜间的晶格常数不同，不仅可以引起界面处晶格发生畸变。而且，还会导致小岛之间的畸变。这样在两个小岛合并时也将产生位错。若薄膜晶格常数为 a_f、基片的晶格常数为 a_s，晶格常数的失配度为 m，则：

$$m=(a_f-a_s)/a_f \tag{2-71}$$

当 m 较小时在紧靠基片的薄膜层中产生晶格畸变，如图 2-42(a) 所示。但是，当失配度 m 大于 12%时，膜与基片之间的失配将由膜中产生的位错来调节，如图 2-42(b) 所示。

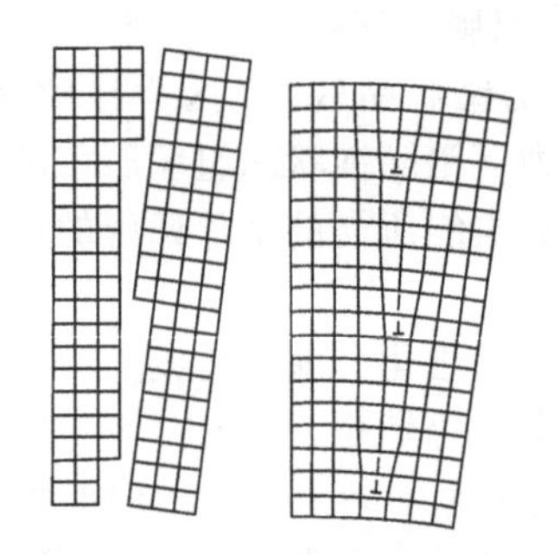

图 2-41 刃型位错形成的倾侧晶界

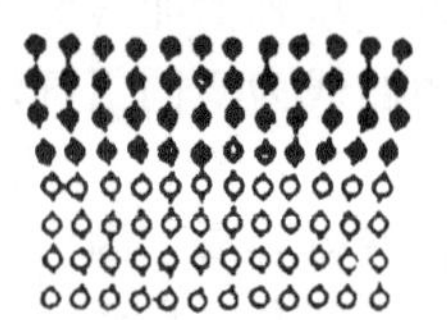

(a) 晶格常数的失配度较小时造成的薄膜晶格畸变

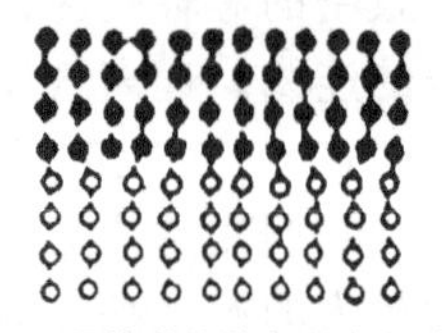

(b) 晶格常数的失配度大于12%时薄膜中形成位错

图 2-42 薄膜与基片之间的失配

(2) 薄膜中的晶界与层错

在薄膜中各晶粒之间，由于各晶轴在空间的方位，即晶粒的相对取向不同，因而出现了接触界面。这种被称为晶界的接触界面。由于把结构相同但是位向不同的两个晶粒分隔开来，必将产生一定的缺陷。

层错则是指在薄膜的生长过程中，由于晶格的正常堆垛次序中加入了一层额外的晶面，由于这种被称为插入型层错破坏了晶体的完整性，从而会引起晶体能量的升高。但是，这种插入型层错所引起的层错能与正常堆垛次序所引起的晶界能相比较是很小的。

(3) 薄膜中的点缺陷

在沉积速率高、基片温度低的沉积工艺中，由于基片表面上的原子来不及完整排列时，这样易被后续的原子层所覆盖，结果会造成薄膜中产生高浓度的空位缺陷。有时空位浓度会高达 0.1%。这种缺陷可通过电子显微镜观察到膜中的空位环，堆垛层错四面体和小三角缺陷。这些都可能是由于空位片倒塌而形成的。例如，研究发现的在岩盐基片上外延生长的 65nm 厚度的 Ag 膜，就测量到尺寸为 10～30nm 的位错环，密度可达 10^{14} 个/cm^2。假如，每个位错环都是一个倒塌的空位盘，可以算出在倒塌前薄膜中的空位浓度，至少为

1.5×10^{-5}。

2.4 薄膜的性质及其影响因素

2.4.1 薄膜的力学性质及其影响因素

沉积到基片表面上的薄膜与基片相互间作用，所表现出来的力，基本上有两种：即膜的应力和膜的覆盖力。当然，在薄膜的力学性质中，也包括膜的硬度、强度、弹性、耐磨性等方面。

薄膜的动力学性质，不但与膜的成分、结构有关，而且，也与膜的制备方法和基片的表面状态等因素有关。现仅就这些内容分述如下。

2.4.1.1 *薄膜的应力*

(1) 薄膜应力及其产生原因

薄膜的应力是指膜层单位截面上所承受的基片的约束力。它不仅对膜的力学、电学、光学、磁学等方面性能有着重要的影响。而且，对薄膜制品的稳定性和可靠性也起着决定性的作用。探讨薄膜应力的产生原因，研究获得低应力薄膜的各种方法是十分重要的。膜的应力，按其产生的原因可分为热应力和本征应力两类：前者是由于金属蒸气在高温下与基片强制结合时，如果膜材与基片材料的热膨胀系数不同，必将导致膜与基片间因不能自由伸缩而产生相互约束的热应力；而后者则是因为随着膜层的生长和膜结构的变化而产生的一种内应力。

若薄膜具有沿着膜表面收缩的趋势时，则基体对薄膜将产生一个拉应力。而沿着膜表面具有扩张的趋势时，则基体对膜将产生一个压应力。而且，通常把拉应力取为正值，把压应力取为负值。

由于热应力是基于基体材料与膜材二者组合时的热膨胀系数而产生的，因此，可采用下式将热应力 S_T 写成：

$$S_T = \int_{T_d}^{T_m} E_f(\alpha_f - \alpha_s)d_T \tag{2-72}$$

式中，T_d、T_m 分别为沉积和测量时基片的温度；α_f 和 α_s 分别为薄膜和基片热膨胀系数；E_f 为薄膜的杨氏系数。若 a_f、a_s 均不随温度而变化，则式(2-72) 可写成：

$$S_T = E_f(\alpha_f - \alpha_s)\Delta T = E_T(\alpha_f - \alpha_s)(T_m - T_d) \tag{2-73}$$

某些常用的基片材料与金属材料的热膨胀系数见表 2-18。

表 2-18 某些常用基片材料与金属材料的热膨胀系数 α 值 单位：10^{-6}/℃

材料	钠钙玻璃	碱硼硅玻璃(康宁 7340)	铝硼酸玻璃(康宁 7659)	国产微晶玻璃	96%(Al_2O_3)
α 值	9.2	3.25	4.5	9.98	6.4

材料	96%(Al_2O_3)	98%(BeC)	96%(SlO₂)	合成蓝宝石(11C 轴)	合成蓝宝石(⊥C 轴)	Al	Cu
α 值	6.0	6.1	0.8	6.66	5.0	20	14

材料	Au	Ni	Ni-Cr	Ni-Pa	Ta
α 值	14.2	13	13	12	6.5

本征应力是指随着膜层的生长和膜结构的变化而产生的应力。这种应力也可分为两种：即淀积过程中所产生的淀积内应力和镀膜完成后膜层暴露在大气下而产生的附加内应力。前者是由于成膜过程中，晶核在相互合并时膜内所形成的结构缺陷和热效应而引起的。当气相

原子入射到基片上以后，在成膜的冷凝过程中放出大量的热量。这一热量相当于对基片进行一次淬火。因而，导致了应力的产生。同时，还由于蒸气在基片淀积初期形成晶核，晶粒的表面张力使相邻晶粒聚结成大晶粒。这种聚结作用，会使表面能量减小，表面积减小，晶粒收缩而基片又会阻止它聚结和收缩。从而，使膜产生凝积内应力；后者是由于膜制成后暴露于大气或是将大气引入镀膜室，膜产生氧化作用产生的。

（2）获得低应力薄膜的方法

① 正确选择基片温度，减小热应力

淀积时基片温度从减小热应力看，应选择小些。但是，从减小内应力来说，又应选择高些。由于低熔点金属，在成膜时结构整齐、内应力较小，这时热应力起主要作用。例如，制备铟、锡、铅等超导膜时，基片在液氦温度下热应力可为零。因此，对低熔点金属，应选择较低的基片温度。对其他各类金属，基片温度应选择高些，借以达到减小内应力的目的。

此外，合理选择膜材与基材，使这两种材料的热膨胀系数相接近，也是降低膜内热应力的一种方法。

② 正确选择残余气体压力

在膜淀积时，由于残余气体压力过高，蒸气分子与残余气体分子间的碰撞概率就会增大，这不但会影响淀积速率。而且，还会因碰撞所产生的散射现象导致膜结构产生无规则的排列，而使膜层产生多孔，易促成膜的氧化，甚至在膜层内生成气泡。故镀膜室内的残余气体压力不宜过高。一般选择在 10^{-3}～10^{-4}Pa 范围内为宜。

③ 淀积速率的选择

淀积速率取决于蒸发源的温度、形状、尺寸、蒸距及蒸发量的大小等因素。淀积速率的选择，应考虑膜的性能要求和应力情况，又应考虑工艺上的要求。对导电的金属膜淀积速率可选择大些。这样的膜，晶粒尺寸小、结构致密、氧化弱、表面光亮平滑、导电性能良好。对电阻膜，为了增加膜在沉积过程中的稳定性，对膜进行适当的氧化是必要的。因此，淀积速率可放慢些。因为大多数介质膜都是氧化物或其他化合物膜。在氧化时会发生分裂，或与加热器发生化学反应。二者均与蒸发源温度有关。而且，介质膜的热传导差，蒸发时受热不均，故应采用较慢的淀积速率。

④ 膜厚与蒸气入射角的选择

膜的厚度与平均残余应力的关系如图 2-43 所示，膜厚超过 100nm 时应力即不再发生变化。但是由于膜-基界面上因应力而产生的剪切力与膜厚度成正比关系，因此膜厚度太大时剪切力可能大于附着力而导致膜的脱落。

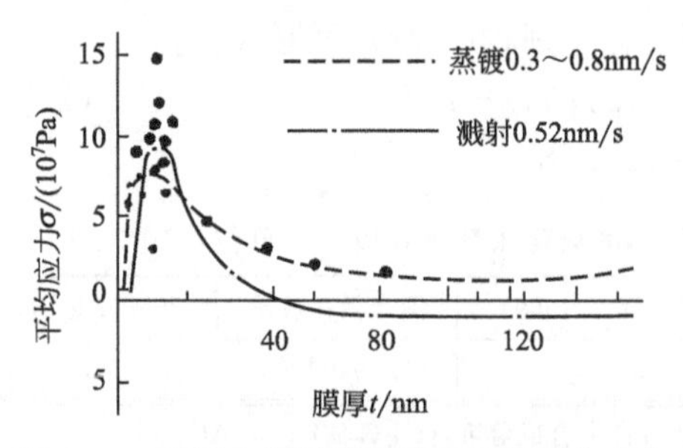

图 2-43 蒸镀和溅射银膜时的平均残余应力

关于蒸气入射角的选择问题也十分重要。对蒸距较小的设备，入射角度的大小更应严格控制，不宜过大。为了减小入射角，宁可少淀积一些基片也是必要的。入射角一般应不超过 15°。当然，也可以通过基片架的合理设计来解决这一问题。

⑤ 适当控制和消除附加内应力

附加内应力多为压应力，可按淀积时产生的膜的应力性质进行适当的控制和调整。例如，膜有较大的拉应力时，即可使附加应力大些，从而达到各种应力间相互补偿作用。

此外，膜淀积后可在真空室内进行适当的保温，使膜内部结构稳定，表面形成一层极薄的钝化膜。使新淀积的膜尽量不暴露或少暴露于大气中，也很重要。特别是基片温度比室温高得多时，更应注意这个问题。

在上述的全部应力中，不论是拉应力，还是压应力，都会在膜基界面上产生剪切应力。

当剪应力大到能克服膜基界面间的附着力时，薄膜就会产生开裂、翘曲或脱落。因此，合理地分配膜材与基片降低膜的热应力，正确制定沉积的工艺有关参数及过程，尽量减小表征应力或者使拉应力与压应力相互间进行一些补偿都是提高膜附着力的重要问题，应给予充分的注意。

2.4.1.2 薄膜的附着力

薄膜的附着力是指在膜与基片界面上使膜与基片分离开来所需的垂直于界面的拉力或平行于界面上的剪切力。它是反映膜与基片间的相互作用，评价膜层在基片表面上附着是否牢固的重要特性之一。其附着机理，除了前面所叙述的范氏力、静电力及化学键力等因素外，还与成膜过程中，在膜基界面上因沉积原子的能量较高或较高的基片温度等原因，致使膜层与基体界面间形成了所谓的“伪扩散层”（即中间界面层）从而使附着力大大增强。这就是离子镀涂层远比蒸镀或溅射镀附着力高的原因所在。

在真空镀膜工艺中，影响膜基界面上附着力的因素较多，为了得到附着力牢固的膜层，除了考虑创造成膜过程中的吸附条件和消除膜的应力这两个内在因素外，还应当对影响附着力的外因方面采取措施。其主要途径有如下一些。

（1）对基片的性质、表面状态应严格要求

由于基片的种类较多，所用材料广泛，用途要求也各不相同。因此，对基片的表面的粗糙度、平整度、化学稳定性、热稳定性、抗热冲击性、导热性、机械强度等诸多性能上都应严格要求。基片表面状态对附着力的影响很大，保持基片表面具有良好的“活性”，镀膜前对基片表面进行严格的镀前处理，沉积过程中对基片表面，通过辉光放电进行不间断的清洗都是十分必要的。理论和实验表明[22]，基片上所吸附的水分子数与水蒸气的分压力成正比。水分子在基片表面上可形成物理吸附，甚至可形成化学吸附，生成复杂的水合物结构，水分子还可以深入基片表面内 30μm。经仔细处理过的软玻璃表面，对水分子的吸附如图 2-44 所示。从图中可以看出：当相对湿度为 50%时，即可形成单分子层吸附；湿度增大，吸附层迅速增加；当相对湿度为 90%时，可吸附 20 层水分子；若相对湿度为 97%时，吸附层可达到 90 个单分子层。玻璃基片表面吸附的水分子层，用常规的清洗方法（重铬酸钾-浓硫酸洗液，乙醚洗液等）是很难除去的。即使设法除掉，如果镀膜机周围环境湿度大，真空室内的水蒸气及真空室内壁和其中的各部件中解吸出的水蒸气是不易被抽走的（抽空中容易凝结），仍有可能使基片表面上吸附水分层。这时，蒸镀所得到的膜，并没有直接与基片表面发生吸附，而是吸附在水分子层上，其附着力受到很大的影响。在此情况下得到的膜在电子显微镜下观察，其横断面会发现膜基之间有一明显的界线。

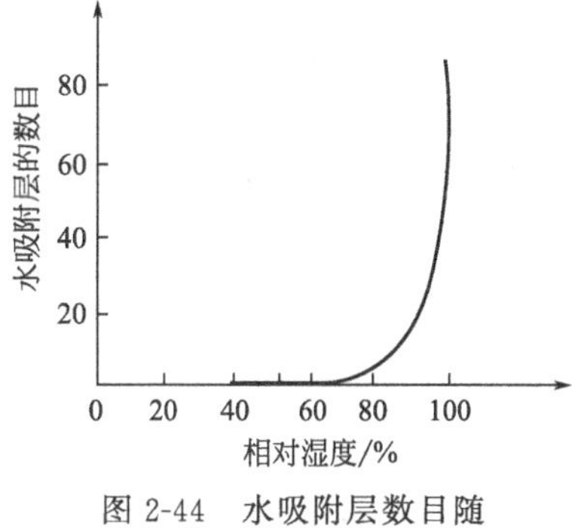

图 2-44 水吸附层数目随着相对湿度的变化

油污染可使膜附着力降低的原因也是如此。灰尘使膜产生气孔，既影响膜的特性，又影响膜基间的附着力。

清除镀膜室内的灰尘，建立清洁环境好的工作间，保持镀膜场地高度的清洁，是镀膜工艺的起码要求。对空气湿度大的环境，除了镀膜前，应对基片、真空室内壁及室内有关部件进行认真的清洗外，还应进行烘烤去气。在防油方面也应避免把油带入真空室内，注意油扩散泵的返油，对加热功率高的扩散泵应采取机械挡板或冷凝挡板等构件加以解决。

（2）成膜过程中对基片加热

在成膜过程中，对基片加热后基片温度升高，不但可使晶粒尺寸增大，晶粒生长过程加快，减小膜在凝结过程中的缺陷，再结晶作用增强，使膜的形成更加完善，而且还可以促进基片表面吸附的气体和杂质脱附，从而有利于提高膜的附着力。但是，基片温度也不宜过高，过高的基片温度无疑会增加膜的热应力，使附着性能变坏，而且晶粒随温度的提高增大后，也影响其性能。因此，基片加热温度也应适当，通常不宜超过400℃。

(3) 控制蒸发源的温度与蒸气压

当蒸发源加热到膜材的蒸发温度（即蒸气压为1Pa时的温度）时，金属的某些原子逸出固相后，以一定的运动速度飞出。蒸发源温度增高，不仅逸出金属的原子迁移，而且逸出的原子动能也大。因此，会在基片上生成类同的膜层。但温度过高会使蒸气压迅速增大，沉积速率加快。这样对膜的性能又会产生不利的影响。因此，根据不同性质的膜，选择和控制好相应的蒸发温度，也是提高膜附着力的一个有利措施。

(4) 在基片上镀底膜

在基片上事先镀底膜是增加膜附着力又一有效的工艺措施。例如，在混合集成电路和固态电路中，沉积用于制作电路的Ag膜时，事先在基片上沉积一层与基片附着性能好的Cr或钛的金属膜（即打底膜），然后，再在基片被事先打好的底膜上镀制一层Au膜。由于Au膜与Cr、Ti等金属膜能形成良好的金属键。因此，可极大增强Au的附着力。目前，最常用的镀膜材料，主要有Cr、Ni、Ti、Ta、Mo等多种材料。

(5) 成膜后进行热处理

对成膜后的膜层进行必要的退火处理或把镀制好的镀件放置到400℃高温下进行烘烤5h以上，进行高温固膜，也是增强膜附着力的方法之一。通常退火温度稍小于膜的沉积温度。

2.4.1.3 薄膜的硬度

薄膜的硬度与膜的成分、结构及其沉积工艺等多种因素有关。由于膜的厚度很小，采用通常测量硬度的压陷方法显然是不合适的。因此，多采用小截荷的压陷硬度仪，并通过专用的显微硬度计来检测。测量时使用的压头材料为金刚石的微型维氏压头或努氏压头。维氏压头的压痕深度约为其对角线长度的五分之一；努氏压头的压痕深度约为其长度对角线的三十分之一。若在同一试样上，分别用维氏头和努氏压头在相对的外加载荷下进行硬度测量时，则努氏压头压痕长对角线是维氏压头的2.8倍，深度是维氏压头的45%。因此，用努氏压头测量薄膜的硬度具有更高的精度。

2.4.2 薄膜的电学性质

薄膜在电学方面与块状材料相比较，除了在第1章中所阐述的电导问题以外，金属膜中的电迁移也是薄膜不同于块状材料的一种极为特殊的现象。薄膜中的质量迁移并不是由于质量上的输送而产生的，而是由于薄膜中的原子与流经膜中的电流相互间的作用而引起的。实验表明，在直流电流密度为$10^5 \sim 10^6 A/cm^2$下，铝膜中所发生的铝原子向阳极（电子流的方向）运动，如图2-45所示。将在阴极附近留下一定数量的空位，随着导电时间的推移，在阳极附近出现由铝原子堆积形成的小丘和晶须，在阴极附近由于空位的凝聚而出现空洞。当阴极附近的空洞愈来愈大，最后会导致用作导电带的铝薄膜断开（开路）。阳级附近的晶须不断长大，会长到100μm长，以致在集成电路中有可能跨越原先的隔离区，与邻近的导电带短路。在薄膜器件和多层布线中，有时阳极附近长大的铝膜小丘，甚至会把它上面的一层绝缘膜（例如SiO_2膜）顶穿，造成上下层之间短路或隔离作用的丧失，导致器件失效。近年来电迁移已被确认为集成电路失效的主要原因。

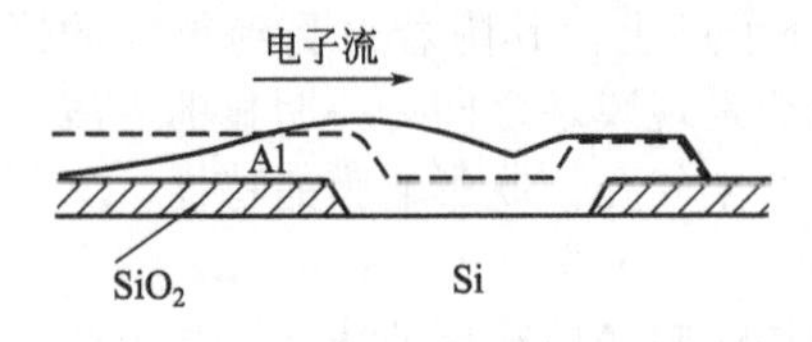

图2-45 铝膜中电迁移

对于一个截面积为2μm×0.1μm的导电薄膜带，流过的电流只需要2mA，就能达到$10^6 A/cm^2$的电流密度，导致在薄膜中产生电迁移；但薄膜因其表面积大，散热容易，即使通过再大一些的电流密度也不会使薄膜的温升超过 200℃。而在一般块状材料中，$10^4 A/cm^2$ 的电流密度产生的焦耳热就足以使材料熔化。

为了提高金属薄膜抵抗其电迁移的能力，一是选用抗电迁移能力强的金属，避免设计过高的电流密度或采用少掺杂的方法来改善材料的迁移能力；二是改进薄膜的制备工艺，注意控制成膜时的基片温度、沉积速率以及薄膜热处理时的温度等参数，都可以在一定程度上防止或减小它的迁移能力。

2.4.3 薄膜的光学性质及其影响膜折射率的因素[22]

薄膜的光学性质主要包括光的反射和光的透射性质。通常用反射系数和透射系数来表征。如图 2-46 所示，在入射介质（折射率为 n_0）之间镀一层厚度为 d_1、折射率为 n_1 的薄膜。设一束单色平面光由介质 n_0 以入射角为 φ_0 射到膜表面。入射光首先在界面Ⅰ反射 r_1^+，剩余部分进入膜层内 t_1^-，然后，在界面Ⅰ和Ⅱ之间相继反射。每次反射都有一部分透过相应的界面。对各部分求和就可得到用折射率表示的反射率公式为：

$$R=\frac{(n_0-n_s)^2\cos^2\delta+[(n_0n_s/n_1)-n_1]^2\sin^2\delta}{(n_0+n_s)^2\cos^2\delta+[(n_0n_s/n_1)-n_1]^2\sin^2\delta} \tag{2-74}$$

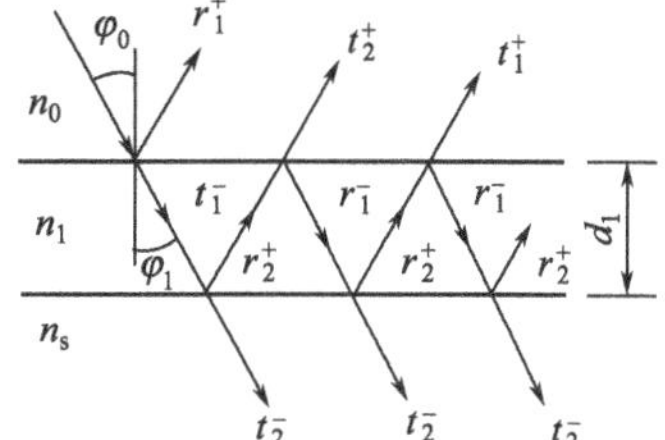

图 2-46 单层薄膜的多次反射

式中 δ 称为薄膜位相厚度，其值为

$$\delta=\frac{2\pi}{\lambda}n_1d_1\cos\varphi_1 \tag{2-75}$$

式中，φ_1 为界面Ⅰ处的折射角；λ 为入射光波长；n_1d_1 称为薄膜的光学厚度。

当光束垂直入射（即 $\varphi_0=0$）且膜的光学厚度 $n_1d_1=\lambda/4$ 时，$\delta=\frac{\pi}{2}\cos\varphi_1$，对于 $\delta=\frac{\pi}{2}$ 的整数倍的特殊点处，由于 $\varphi_1=\varphi_0=0$，所以 $n_1d_1=\frac{\pi}{4}$ 的整数倍，且 R 值出现极值，分别记为 $R_{\pi/2}$ 和 R_π。其中 R_π 相当于在未镀膜的基片界面上的反射率。

当 $n_1=n_0$ 或 $n_1=n_s$，即膜层与其邻侧介质的折射率相同时，$R_{\pi/2}=R_\pi$。

当 $n_1=\sqrt{n_0n_s}$ 时，$R_{\pi/2}=0$，因为 $\sqrt{n_0n_s}$ 必须处于 n_0 和 n_s 之间，即 $n_0\leqslant n_1\leqslant n_s$，导致 $0\leqslant R_{\pi/2}\leqslant R_\pi$。这说明，当薄膜折射率小于基片折射率时，能使镀膜后的总反射率降低。满足这种条件的薄膜，称为增透膜。

当 $n_1\geqslant n_s$ 时，可得到 $R_{\pi/2}\geqslant R_\pi$。即，当薄膜折射率大于基片折射率时，能使镀膜后的总反射率增加。满足这种条件的薄膜称为增反膜。

薄膜对光能还有吸收损耗和散射损耗。根据能量守恒定律，有

反射能量+透射能量+损耗能量=1

所以，为提高薄膜的光学性能，应尽力降低其能量损耗，是十分必要的。

材料种类，晶格结构及晶粒尺寸大小，对薄膜折射率的影响较大，由于这些因素均与成膜过程中的基片温度有关。因此，对基片温度的控制十分重要。此外，薄膜的组分、制备方法及工艺对薄膜的折射率也有一定的影响。

2.4.4 薄膜的磁学性质[21]

磁性薄膜的重要性质是它在薄膜的不同方向上，其磁性能有着各种不同的差异即所谓的磁各向异性。如果将具有最大矫顽力 H_e、最大剩余磁化强度 M_r 的方向，称为薄膜易磁化方向，将 H_e、M_r 最小方向，称为难磁化方向，则对于磁性晶体材料而言，由于晶体结构

在各方向上排列的不同，从而决定了磁性晶体具有磁晶的各向异性。也就是说，在晶体内部存在着易于磁化轴（易轴）和难于磁化的轴（难轴），虽然从概念上看薄膜的易难磁化方向与磁晶的易难轴二者虽有相似之处。但是，作为磁性薄膜，除了具有磁晶的各向异性外，还会因其形状的特殊性和制备薄膜的加工条件的不同以及应力状态不同等因素的存在，都会造成各自的磁各向异性。因此，对磁性薄膜而言，其易磁化的方向并不一定就是晶体的易轴方向。例如，钴膜以其晶体结构来说，易轴方向在（0001）方向上，通常垂直于薄膜表面。但是，当钴膜较薄时，则在薄膜表面方向上磁性能就远高于其他方向。这时，膜的易磁化方向就在膜面上，而且，处于平面内的这个磁化轴可以处于平面内的任意方位角上。若外加一个小磁场，还可以使面平化强度矢量反转，如 FeNi 很强的磁各向异性主要来源于膜的特殊几何形状。若外加一个磁场还可以使铁磁薄膜的磁化强度 M 的方位角发生或快或慢的改变，这又是磁性薄膜的一个重要参量。研究表明，M 在易磁化轴方向的反转时间约为 1ns。因此，采用这种铁磁薄膜制成快速存储器元件，如磁膜存储器是很方便的。

有关引起磁膜各向异性的各种因素，如磁性薄膜的形状各向异性、结晶磁各向异性、磁感生磁各向异性、应力感生磁各向异性、斜入射引起的磁各向异性、多晶薄膜的垂直磁各向异性以及薄膜的磁畴和磁阻等相关问题，可参阅参考文献［21］，这里不作详述。

参 考 文 献

[1] 李云奇等编著．真空世界．上海：上海科学技术出版社，1985.

[2] 王祺祯等编著．表面沉积技术．北京：机械工业出版社，1989.

[3] B. H. KoponeB. Ochobbl Bakyymhou TexBИKИ. Гобнергоизяот，1959.

[4] 陈宝清主编．离子镀及溅射技术．北京：国防工业出版社，1990.

[5] 张世伟．真空，1995（3）：35-42.

[6] 达道安主编．真空设计手册．第 3 版．北京：国防工业出版社，2004.

[7] 唐伟忠著．薄膜材料制备原理技术及应用．北京：冶金工业出版社，1998.

[8] 李云奇等．真空，1986（2）：46-49.

[9] 李椿等编著．热学．北京：人民出版社，1978.

[10] 张树林主编．真空技术物理基础．沈阳：东北工学院出版社，1988.

[11] 麻田立男著．薄膜制成的基础．日刊工业新闻社，1997.

[12] 胡汉泉．真空物理与技术及其在电子器件中的应用．北京：国防工业出版社，1960.

[13] 沼光清．プづスマッ成膜基础．东京：［出版者不详］，1986.

[14] 张以忱编著．电子枪与离子束技术．北京：冶金工业出版社，2004.

[15] 何伟等．从纯净的空间到纳米．济南：山东教育出版社，2004.

[16] A Von Engel. lonvzedGAses. Oxford University Press，1965.

[17] 李学丹等编著．真空沉积技术．杭州：浙江大学出版社，1994.

[18] 万英杰等．真空，1985（4）：17-20.

[19] 李学丹等．真空，1985（5）：22.

[20] 江剑平．阳极电子学与气体放电原理．北京：国防工业出版社，1980.

[21] 陈国平著．薄膜物理与技术．南京：东南大学出版社，1983.

[22] 李云奇主编．真空镀膜技术与设备．沈阳：东北大学出版社，1989.

[23] 张世伟编著．真空镀膜技术与设备．北京：化学工业出版社，2007.

第3章 蒸发源与溅射靶

3.1 蒸发源

3.1.1 蒸发源及其设计与使用中应考虑的问题

在真空蒸发镀与真空离子镀的过程中，将膜材置于1000～2000℃高温下，使其蒸发汽化的装置，称为蒸发源。蒸发源种类较多，蒸发源汽化膜材的原理也各不相同。但是，就其应用特点而言，在设计或应用时，主要应考虑如下几方面问题：

① 蒸发源应满足膜材蒸发时具有较大的蒸发速率，并且，能存储足够数量的膜材；

② 蒸发源应具有较好和较长的使用寿命；

③ 蒸发源的使用范围，应当广泛，既可蒸发金属或合金（如Al、Ti、Fe、Co、Cr）也可蒸发化合物（如SiO、SiO_2、ZnS等）；

④ 蒸发源在结构上应力求简单、易于制作、使用维护方便、运转费用低廉。

基于这些要求，对目前最常选用的各种蒸发源，分别予以阐述。

3.1.2 电阻加热式蒸发源

（1）电阻加热式蒸发源的特点、使用要求及选材

电阻加热式蒸发源结构简单、使用方便、易于制作，是应用最为广泛的一种蒸发源。人们通常称为发热体或蒸发舟。

加热所用电阻材料的要求是：使用温度高、电阻率适宜、高温下蒸气压低，不与膜材发生化学反应，不产生放气和污染等。所选用的电阻加热材料主要来源于难熔金属，如W、Mo、Ta等材料或选用高纯、高强度石墨或氮化硼合成导电陶瓷等材料。有时，也可选用Fe、Ni、Ni-Cr合金及Pt等作为蒸发源材料。

各种电阻加热式蒸发源的常用材料（如Ti、Mo、C、Ta、W等）的熔点和蒸气压与温度的关系曲线如图3-1所示。其中钨在加热到蒸发温度时，会因加热结晶而变脆。钼则会因纯度不同而有所不同，有的会变脆，有的则不会变脆。钨和水汽起反应，会形成挥发性氧化物WO_3。因此，钨在残余水汽中加热时，加热材料会不断受到损耗。残余气体压力低时，虽然材料损耗并不多。但是，它对于膜的污染是较严重的。

采用丝状源应注意热丝对膜材的浸湿性。例如，热丝温升太快，膜材不易立刻全部熔化

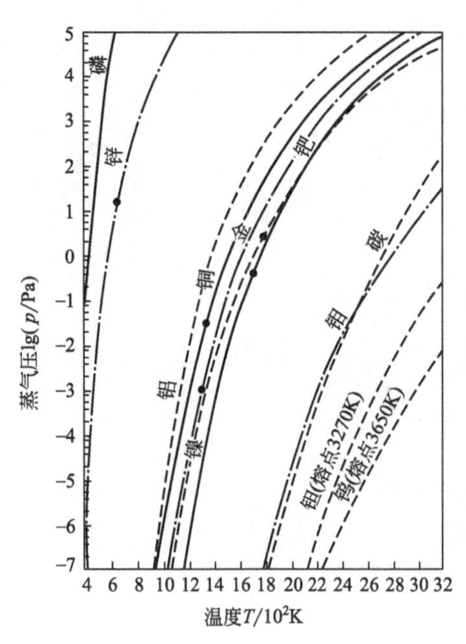

图 3-1 金属蒸气压与温度的关系曲线

致使膜材与热丝浸湿不充分。从而，会使没有熔化的膜材从金属丝筐中脱落下来。同时，温升太快也会造成膜材中的气体迅速释放出来，产生气泡或发生飞溅，结果会使形成的小熔滴粘在基片上。因此，丝状源的使用应注意温度的控制。

金属线筐、锥形线圈或螺旋形线圈的主要缺点是支撑膜材量太小，而且这种源会随着膜材蒸发后，膜材量的减少而使热丝温度上升，从而引起蒸发速率的上升。这对要求严格控制蒸发速率的制膜工艺而言，也是一个应予注意的问题。

(2) 工作原理和结构形状及使用特点

电阻加热式蒸发源，实际上就是电阻加热器。它是利用对发热体或蒸发舟直接通电，使电流通过后产生大量焦耳热而获得高温来熔融金属膜材，使其蒸发的一种蒸发源。

电阻加热式蒸发源的结构形状较多。主要有三种类型，即丝状源、箔状源与蒸发用坩埚加热源。丝状源与箔状源的结构形状、应用及使用特点，见表 3-1、表 3-2[1]。

表 3-1 热源用箔发热体

简略图	形状	备注
(a) (b) 箔 (c)	平板状	(a)用于金属及介电体的蒸发。近来在表面涂敷氧化铝层，成为多次用发热体 (b)高温下不变形 (c)为使粉末状物质不飞散的坑型
(d)	舟形	(d)适用于大量金属及介电体材料的蒸发，但不适于加 Sn 之类的熔后即润湿发热体的金属蒸发，其原因是熔化的金属容易形成导体短路环
箔 棒 (e) (f) W棒 (g)	圆柱形	(e、f)发热体内部几乎是黑体，适于 SiO_2 之类的低热导体及少吸收红外线的物质 (g)具有良好的方向性及蒸气散射性
(h)	发热体与坩埚相结合	(h)用粉末状金属蒸发
(i) (j)	弧形	(i)适于水平蒸发； (j)能保存热量，热效率高，容易得到高温

表 3-2 丝状热源用发热体

简略图	典型应用举例	备注
(a)U形发热体	复型阴影溅射处理用Pt、Pd合金的蒸发等	为使液态蒸发物形成小滴,称为点滴
(b)正弦波形发热体	平面镀用铝的蒸发	只用于湿润金属的蒸发,如果设计不好,蒸发材料熔化后部分产生合金反应
(c)多股线螺旋形发热体	直热蒸发铝线时最常用的形状	多股线发热体能从广阔表面蒸发,在每卷之间的间隙处,蒸发材料形成小滴。在蒸发物熔化时为使均匀分布,发热体可做成线状
(d)圆锥波形发热体	颗粒或压成细粉的金属蒸发较容易。容易升华的金属(如Cr)及高熔点发热体可用难润湿金属(如Ag、Cu)	润湿发热体表面的金属(如Ti)蒸发时可减少蒸发物的量
(e)直线性W发热体	润湿发热体表面或与发热体金属形成合金(如Al、Pt、Ni、Cr等的金属,可有效地用做蒸发膜)	Ta箔不溶于W棒,接触电阻小

铝蒸发用坩埚加热源如图 3-2 所示。由于在真空蒸发中以铝作为膜材进行蒸镀的工艺较多。而且，铝的化学性能十分活泼，熔融后的铝流动性极好，在高温下它易于腐蚀多种金属或化合物。因此，采用特制的高寿命、石墨坩埚或氮化硼合成导电陶瓷坩埚是电阻加热式蒸发源的一种新进展。如日本真空株式社（ULVAC）制造的 EW 系列高真空镀铝设备中，所采用的耐高温熔铝浸蚀的高寿命石墨坩埚内外壁上涂覆树脂，或将其浸入到液态树脂中。然后，加热使树脂固化，再经高温碳化处理，使树脂分解碳化的工艺方法，成功地制成了在 1400℃和 10^{-3}Pa 下进行高温熔铝的特殊石墨坩埚，其平均使用寿命为10～15 次[2]。

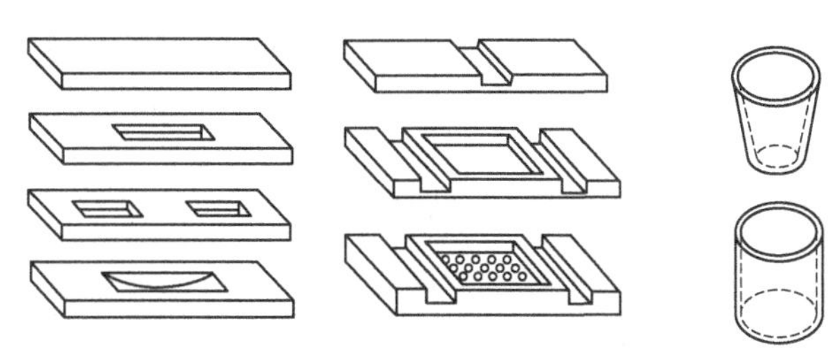

图 3-2 氮化硼合成导电陶瓷蒸发器（舟）

氮化硼合成导电陶瓷是由耐腐蚀、耐热性能优良的氮化物、硼化物等材料通过热压、涂覆制成的一种具有导电性的陶瓷材料。这种氮化硼合成导电陶瓷一般由下列三种材料组成：

① 氮化硼，10%～20%，(按质量比，以下同)，粒度 20～50μm。

② 耐火材料，20%～80%，有氮化铝、氮化硅、硼化铝等，粒度 20～50μm。

③ 导电材料，20%～80%，有石墨、碳化硼、碳化钛、碳化锆、碳化铬、碳化硅、硼化钛、硼化锆、硼化铬、硼化铍、硼化镁和硼化钙等，常用二硼化钛或二硼化锆，粒度≤50μm。

制作方法是将上述三种材料按质量比混合均匀，用氮化硼或石墨作模具，在压力为10～40MPa 和温度为 1500～1900℃的条件下热压成形。

氮化硼合成导电陶瓷与石墨等特性比较见表 3-3。用氮化硼合成导电陶瓷制成的蒸发器的形式如图 3-2 所示。

表 3-3 氮化硼合成导电陶瓷与石墨等特性的比较

特性	氮化硼合成导电陶瓷	钨、钼、锆等耐熔金属	石墨	氧化铝陶瓷
耐热性	好	最好	最好	好
对熔融金属的耐蚀性	最好	差	好	好
对熔融金属的相湿性	好	好	好	好
热冲击性	最好	最好	最好	差
电力消耗	小	小	小	大
蒸发膜层纯度	最好	差	差	好
维修	最好	差	差	差

氮化硼合成电导陶瓷材料的最大缺点是成本太高，这就是近年来人们又把注意力集中到提高石墨坩埚的寿命、研制高寿命的石墨发热体上来的原因。

(3) 电阻加热式蒸发源的热计算

电阻加热式蒸发源所需热量，除了膜材加热蒸发时所需热量外，还必须考虑在加热过程中所发生的热传导和热辐射所损失的热量。若蒸发源所需的总热量为 Q，则有：

$$Q=Q_1+Q_2+Q_3 \tag{3-1}$$

式中，Q_1 为膜材蒸发时所需热量；Q_2 为蒸发源因热传导而损失的热量；Q_3 为蒸发源因热辐射而损失的热量。

① 膜材蒸发时所需热量

如果把相对分子质量为 μ、重量为 W 的物质，从室温 T_0 加热到蒸发温度 T，其蒸发所需的热量为 Q_1，则有：

$$Q_1=\frac{W}{\mu}\left[\int_{T_0}^{T_{sm}} c_s \mathrm{d}T+\int_{T_{sm}}^{T} c_l \mathrm{d}T+q_{sm}+q_v\right] \tag{3-2}$$

式中，c_s 和 c_l 分别为固态和液态膜材的摩尔比热容；q_{sm} 和 q_v 分别为膜材的摩尔熔解热和摩尔蒸发热；T_{sm} 为膜材熔化温度。直接由固态升华为气态的膜材，其 $q_{sm}+q_v$ 值可以不考虑。

常用金属材料在 1Pa 气压下所需蒸发热见表 3-4。

表 3-4 常用金属所需蒸发热（在 P=1Pa 下）

金属	Q/(kJ/g)	金属	Q/(kJ/g)
Al	12.98	Cr	8.37
Ag	2.85	Zr	7.53
Au	2.01	Ta	4.60
Ba	1.34	Ti	10.47
Zn	2.09	Pb	1.00
Cd	10.47	Ni	7.95
Fe	79.53	Pt	3.14
Cu	5.86	Pd	4.02

② 热传导损失的热量

蒸发源装夹在水冷电极上，这样电极的高温面温度，可以认为是蒸发源温度，记为 T_1，其低温面温度为冷却水温度，为 T_2。若设电极材料的热导率为 λ，导热面积为 A，导热长度为 L，则热传导损失的热量为：

$$Q_2=\frac{2\lambda A}{L}(T_1-T_2) \tag{3-3}$$

③ 热辐射损失的热量

如果蒸发源的温度为 T_1，辐射系数为 ε_1，辐射面积为 A，镀膜室等部件的温度为 T_2，辐射系数为 ε_2，则蒸发源热辐射损失热量为

$$Q_3=\sigma A(\varepsilon_1 T_1^4-\varepsilon_2 T_2^4) \tag{3-4}$$

式中，$\sigma=5.67\times10^{-12}\,W/(cm^2\cdot K^4)$，为斯蒂芬-波尔兹曼常数。

蒸发源所需的总热量即为蒸发源所需的总功率。

一些常用的蒸发源材料的物理性质，见表 3-5。

表 3-5 一些纯金属的物理性质

金属	温度/K	线膨胀系数/($10^{-6}K^{-1}$)	电阻率/($10^{-8}\Omega\cdot m$)	热导率/[W/(m·K)]	比热容/[W/(kg·K)]	辐射系数 ε
Al	400	23.9	3.64	239	941	0.039～0.057 (227～580℃)
	500	24.3	4.78	239	987	
	600	25.3	5.99	239	1033	
	700	—	7.30	239	1079	
Cu	400	17.1	—	395	391	0.052 (100℃)
	500	17.2	—	395	403	
	800	18.3	—	—	428	
	1300	20.3	—	—	475	
Ni	400	13.3	10.3	83.2	479	0.045～0.087 (20～371℃)
	500	13.9	15.8	73.5	529	
	600	14.4	23.0	63.8	580	
	700	14.8	30.6	59.6	521	
	800	15.2	34.2	62.2	538	
	1200	16.3	45.5	—	596	
Pr	400	9.1	13.6	72.2	134	
	800	9.6	27.9	—	147	
	1300	10.2	431	—	160	
	1800	—	55.4	—	176	
W	400	4.5	7.2	160	139	—
	800	4.6	18	122	143	—
	1300	4.6	33	105	151	0.158
	2300	5.4	65	122	—	0.295
	3300	6.6	100	151	—	—
Mo	400	5.2	7.6	139	260	—
	800	5.7	17.6	122	286	—
	1300	—	31	105	311	—
	1800	—	46	84	340	0.189
	2800	—	77	—	—	—
Ta	400	6.5	17.2	54.2	143	—
	800	6.5	17.2	54.2	143	—
	1800	—	71	—	168	0.215
	2800	—	102	—	—	0.288

3.1.3 电子束加热式蒸发源

利用电子束对膜材加热使其汽化蒸发的设置，称为电子束加热式蒸发源。这种蒸发源有效地克服了电阻加热式蒸发源存在的加热元件、坩埚及其支撑部件的污染、加热温度的限制很难使用于高纯度、难熔金属膜材的蒸发。因而，目前电子束加热式蒸发源作为高速沉积、高纯度物质的蒸发源，已经得到了极为广泛的应用。

3.1.3.1 *电子束加热原理及特点*

电子束加热原理是基于电子在电场作用下，所获得的动能可以转化为轰击热而实现对膜材加热汽化而制成的加热设置。从物理学中可知，电子在电位差为 U 的电场中，获得的动能为 $\frac{1}{2}m_e u_e^2=eU$，通常用电子伏（eV）表示。1eV＝1.602×10^{-19}J。如果电子束的电子流率为 n_e，则电子束的热效应 Q_e 为：

$$Q_e=n_e eUt=IUt \tag{3-5}$$

式中，I 为电子束的电流，A；t 为束流的作用时间，s；U 为电位差，V。当电位差 U（或称加速电压）很高时，式(3-5) 所表达的热能就可以使膜材汽化蒸发。从而，为蒸发镀膜工艺提供了一个良好的蒸发源。这种来源于电子束的能量，不但密度大（可达 10^4～10^9 W/cm^2），可将膜材表面加热到 3000～6000℃，为蒸发难熔金属和非金属材料（如W、Mo、Ge、SiO_2、Al_2O_3 等）提供了良好的热源，而且，由于膜材放置在水冷铜坩埚中，因此，既可避免因坩埚材料的蒸发而影响膜的纯度，也可消除坩埚与膜材之间的反应。

电子束加热源的缺点是热源装置结构比较复杂，加速电压较高，因电压过高可产生X射线对人体有害，而且在电子轰击时，多数化合物易于分解，因此不适宜蒸镀化合物。

3.1.3.2 *磁偏转式电子束蒸发源*

通常被人们称为电子枪的电子束热源，根据枪的结构不同，其类型较多。如熔滴式电子束源、环形电子束源、直形电子束源、磁偏转电子束源等等。但是，用于真空镀膜工艺中的电子束源大多是磁偏转式电子束源。而且，由于这种热源的电子束运转轨迹呈“e”形状。因此，把它称为“e”形枪。

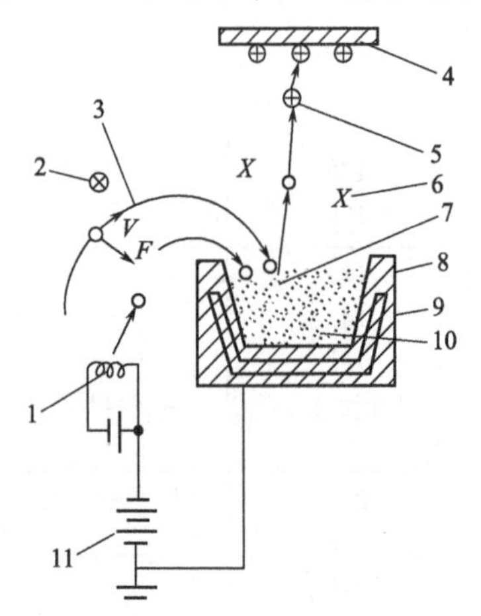

图 3-3 电子束加热及其蒸发过程
1—阴极灯丝；2—横向磁场；3—电子束；4—基片；5—膜材粒子；6—X射线；7—熔化膜材；8—水冷坩埚；9—冷却水；10—固态膜材；11—电子加速电源

(1) e型枪的结构及其工作原理

电子束加热式蒸发源的电子束加热及其蒸镀过程如图3-3所示。电加热灯丝1发射出来的电子束3受到约为10kV的偏置电压的加速，并经过横向磁场2的作用偏转270°后，达到坩埚表面被蒸镀的膜材上，使固态膜材10熔化成液态后，蒸发到基片4上生成薄膜。由于采用这种磁场偏转方法，可以避免因灯丝材料蒸发而污染膜的纯度。因此，膜的质量可以得到较好的保证。

e型电子束蒸发源的结构如图3-4所示，它是由电子发射体组件、电子加速电源、磁偏转磁体与极靴、水冷坩埚等所构成。图中（a）为单坩埚式，图（b）为多坩埚式。多坩埚式电子束蒸发源，可以同时或分别蒸发和沉积多种不同的物质。

由于电子束轰击膜材时将激发出许多有害的散射电子，

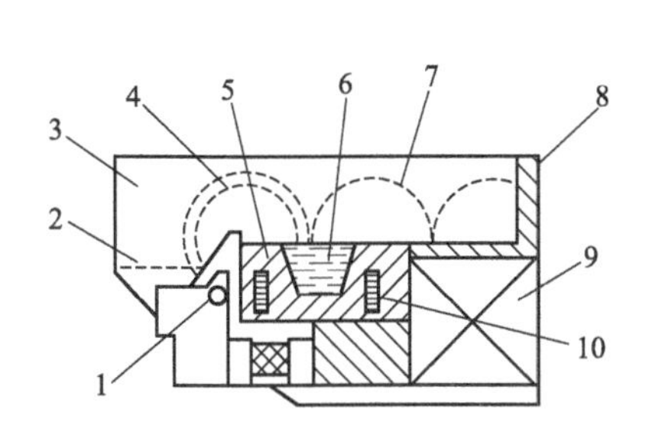

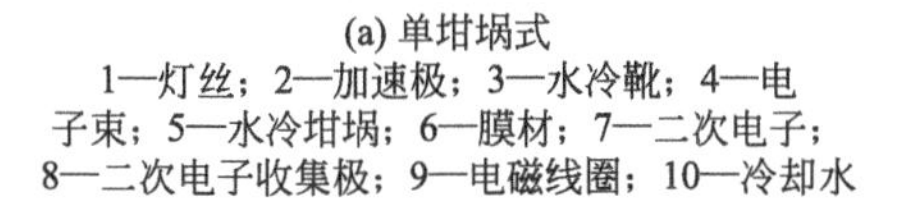
(a) 单坩埚式
1—灯丝；2—加速极；3—水冷靴；4—电子束；5—水冷坩埚；6—膜材；7—二次电子；8—二次电子收集极；9—电磁线圈；10—冷却水

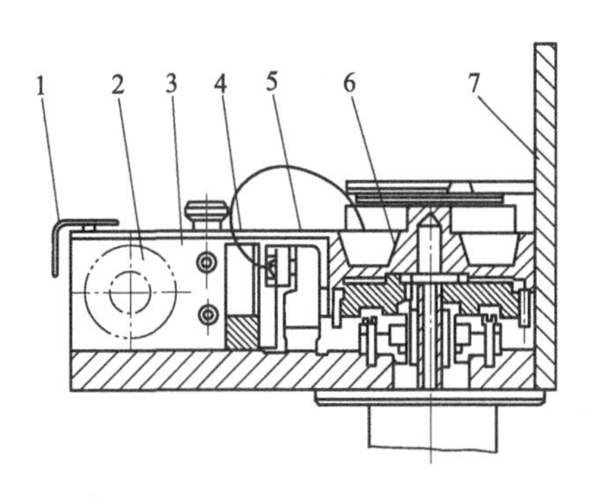

(b) 多坩埚式
1—离子收集极；2—电磁线圈；3—极靴；4—阳极；5—发射体；6—水冷坩埚；7—散射电子收集极

图 3-4 电子束蒸发源结构

诸如，反射电子、背散射电子和二次电子等，因此图 3-5 中的电子收集极 6，就是为了保护基片和膜层，把这些有害电子吸收掉而设置的。同时，由于入射电子与膜材蒸气中性原子碰撞而电离出来的正离子，在偏转磁场的作用下会沿着与入射电子相反的方向运动，因此，这时可利用图 3-5 中 5 所设置的离子收集极捕获，从而减少正离子对膜层的污染。

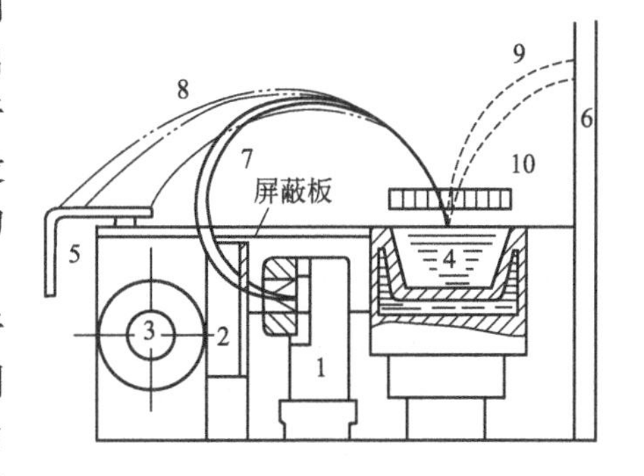

图 3-5 e 型枪的工作原理
1—发射体组件；2—阳极；3—电磁线圈；4—水冷坩埚；5—离子收集极；6—电子收集极；7—电子束轨迹；8—正离子轨迹；9—散射电子轨迹；10—等离子体

设置离子收集极的目的，还在于可以利用其离子流参数来控制 e 型枪的阴极灯丝加热电流。从而控制 e 型枪源的蒸发速率。这是因为在膜材蒸发期间，由于坩埚上方所形成的等离子区的正离子密度与膜材的蒸发速率成正比关系之故。

(2) e 型枪的设计与使用

① e 型枪热阴极的参数计算

a. 灯丝参数计算

Ⅰ. 灯丝电流发射密度

若 e 型枪最大输出功率为 P，在加速电压 U 已知的条件下，电子束的束流即灯丝工作电流 $I=P/U$。由于灯丝位于空间电荷限制区，因此，灯丝工作电流 I 并不等于阴极（灯丝）的零场发射电流。通常阴极工作电流密度的最大值要比阴极零场发射电流密度小得多。对于钡、钨阴极灯丝的工作电流密度 j 往往可取其零场发射电流密度 j_0 的一半左右，即：

$$j=j_0/2 \tag{3-6}$$

而 j_0 可由下式计算：

$$j_0=AT_K^2\exp\left(-\frac{\phi}{kT_K}\right) \quad [\mathrm{A/cm^2}]$$

式中 T_K 为阴极热力学温度；k 为波尔兹曼常数；ϕ 为阴极逸出功，其值见表 3-6；A 为发射系数，其理论值可用下式计算：

$$A=\frac{4\pi em_e k^2}{h^3}=120.4 \quad [\mathrm{A/(cm^2 \cdot K^2)}] \tag{3-7}$$

式中，h 为普朗克常数。理论值 A 对所有金属，都是 120.4A/(cm^2 · K^2)。实际上 A 值与材料有关，例如，金属较精确的实验值为 75A/(cm^2 · K^2)。

表中数据对应于饱和蒸气压为 1.33×10^{-3}Pa 的蒸发温度。

从表 3-6 可以看出，所有材料的逸出功均在 2～6eV 范围内。几种难熔金属的基本参数见表 3-7。

表 3-6 某些金属材料的逸出功 ϕ[3] 单位：eV

材料	Cs	Cu	Ag	Au	Be	Mg	Ca	Sr	Ba	Hg
ϕ	2.14	4.65	4.26	5.1	4.98	3.66	2.87	2.59	2.7	4.49
材料	Y	Ce	Pr	B	Al	Ga	In	Ti	Zr	Hf
ϕ	3.1	2.9	2.7	4.45	4.28	4.2	4.12	4.33	4.05	3.9
材料	Th	C	Si	Ge	V	Nb	Ta	Cr	Mo	W
ϕ	3.4	5.0	4.85	5.0	4.3	4.3	4.25	4.5	4.6	4.55
材料	Re	Fe	Ni	Ru	Rh	Pd	Os	Ir	Pt	La
ϕ	4.96	4.5	5.15	4.71	4.98	5.12	4.8	5.27	5.65	3.5

表 3-7 几种难熔金属的基本参数

金属	熔点/K	逸出功 ϕ/eV	发射系数 A /[A/(cm² · K²)]	j=1A/cm² 时	
				温度/K	蒸发率/[μg/(cm² · s)]
W	3650	4.52	75	2630	0.012
Mo	2890	4.24	51	2460	4
Ta	3300	4.19	55	2500	0.014
Nb	2770	4.01	30	2420	0.1
Re	3453	4.74	52	2780	0.5

Ⅱ. 灯丝的加热功率

由于受灯丝两端支撑所引起的冷端效应的影响，导致灯丝发射面上各部位温度并不均匀。因此，在计算灯丝加热功率时，通常是先求出理想灯丝（即不考虑冷端效应）的加热功率。然后，再将由冷端效应引起的加热电压修正量 ΔU_f 和发射电流修正量 ΔU_1 考虑进去。

理想灯丝加热电流 I_k 应满足下式

$$I_k=I_1 d_k^{2/3} \tag{3-8}$$

式中，d_k 为灯丝直径；I_1 为单位阴极灯丝加热电流。I_1 与灯丝温度 T_k 的关系曲线见图 3-6。

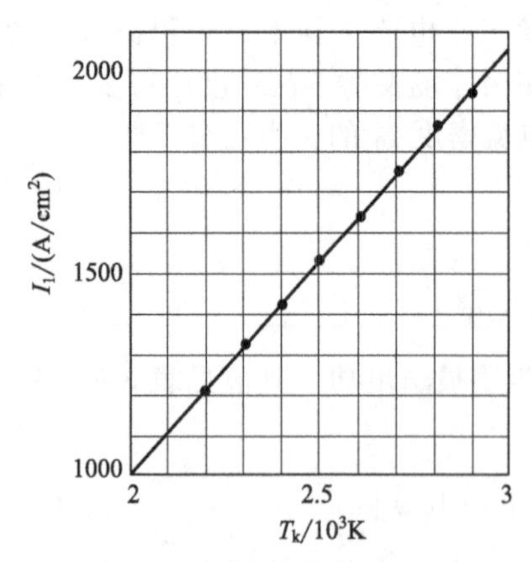

图 3-6 单位阴极灯丝加热电流 I_1 与阴极温度 T_k 的关系

理想灯丝加热电压 U_k 可按下式计算：

$$U_k=U_1 L d_k^{1/2} \tag{3-9}$$

式中，L 为理想灯丝的展开长度；d_k 为灯丝直径；U_1 为单位阴极灯丝加热电压。U_1 与灯丝温度 T_k 的关系曲线见图 3-7 所示。

实际灯丝加热电压 U_k' 应为

$$U_k'=U_k+2(\Delta U_f+\Delta U_1) \tag{3-10}$$

式中，ΔU_f 为冷端效应的电压修正量；ΔU_1 为端效应的发射电流修正量；系数 2 为两个冷端之故。ΔU_f 和 ΔU_1 可由图 3-8 查得。

由于灯丝电阻值很小（约 $10^{-2}\Omega$），而外接引线的电压降及其接触电阻的电压损耗相当可观。因此，在设计灯丝电源时，一般都选比计算值大一倍的输出电压值。

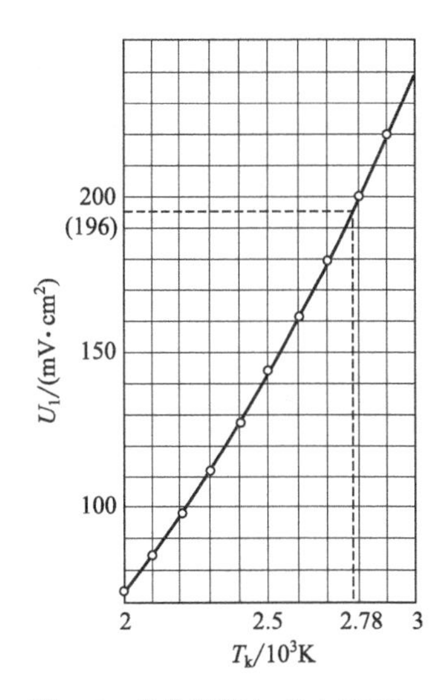

图 3-7 单位阴极加热电压 U_1 与阴极温度 T_k 的关系

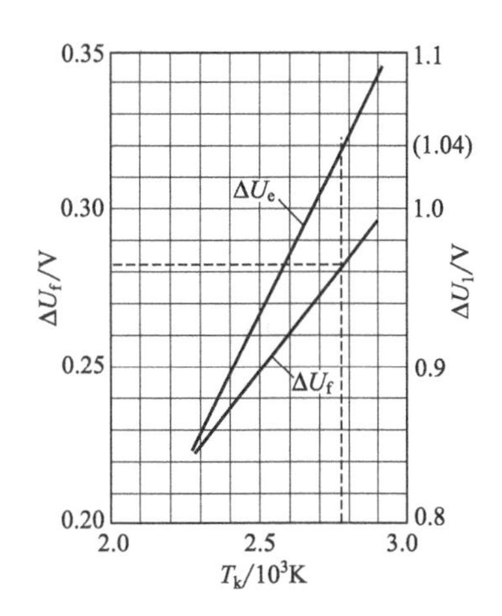

图 3-8 ΔU_f、ΔU_1 与阴极温度 T_k 的关系

Ⅲ. 灯丝寿命的估算

灯丝寿命与许多因素有关。一般认为灯丝因其材料蒸发损耗，使直径减小 10%时，即为其寿命已完结。这时灯丝寿命 τ 可按下式计算：

$$\tau=4.36\times10^{-5}\rho d_k/G_{mk} \tag{3-11}$$

灯丝寿命与其工作温度关系极大，因此，在满足工作要求的条件下，应当尽力降低工作温度，以便增加灯丝寿命。由于灯丝直径测量困难。因此，规定灯丝零场发射电流密度 j_0 下降到初始值的 70%时，作为计算灯丝寿命标准更为方便。如表 3-8 所示钨灯丝寿命 τ 与工作温度 T_k 的关系。

表 3-8 钨灯丝寿命 τ 与工作温度 T_k 的关系

T_k/K	2000	2100	2200	2300	2400	2500	2600	2700	2800	2900	3100
τ/h	1.16×10^8	1.31×10^7	1.65×10^6	2.64×10^5	4.73×10^4	1.02×10^4	2347	651	185	60	21

b. 偏转磁场及灯丝位置的确定

由灯丝发射出来的电子在加速电场 U 和偏转磁场 B 的作用下，偏转 270°射入坩埚中，在 e 型枪中电子束运动轨迹只有较短的路程处于近似的均匀磁场（即灯丝至窗口部分）之中，而其他较长的路程处于非均匀磁场（即窗口坩埚部分）区域。为了获得较小的束斑尺寸，应当合理设计偏转磁场。该磁场的设计与加速电压 U、灯丝位置及坩埚位置相关联。

Ⅰ. 偏转磁场的磁感应强度 B 和安匝数的计算

如果偏转磁场是均匀的，则电子运动轨迹是半径为 R 的圆弧，其磁场的磁感应强度 B 可由下式计算：

$$B=3.37\times10^{-4}\sqrt{U}/R \quad (\text{T}) \tag{3-12}$$

式中，加速电压 U 的单位为 V；电子轨迹半径 R 单位为 cm。

在 e 型枪中，灯丝、阳极及屏蔽极窗口，均浸没在偏转磁场的极靴之间。因此，这部分的磁场可近似认为是均匀磁场，直接用式(3-12) 计算是相当精确的，其误差小于 20%[1]。

为了计算 B 值，首先，要确定一个合适 R 值。该 R 值即为阳极至屏蔽极窗口这部分圆周的半径，也就是说，由灯丝发射的热电子在阳极处已加速到 v_0 速度。在均匀磁场中从阳极至屏蔽极窗口做匀速圆周运动。出窗口后，在非均匀磁场中，电子偏转运动至坩埚。然后调节加速电压 U 或调节偏转磁场 B 值，可以改变电子轨迹半径 R 值，即调节电子束入射坩埚的位置。

如果忽略极靴及真空中的磁损耗，偏转磁场的励磁线圈采用螺线管状结构，则其磁感强度 B 和线圈的总安匝数 IN 满足下式：

$$IN=\frac{10^3 BL}{4\pi} \tag{3-13}$$

式中，L 为极靴间距；I 为电流；N 为线圈匝数。考虑到磁阻和漏磁损失，励磁线圈的实际安匝数应是计算值的 1.5 倍。

Ⅱ. 灯丝的位置

灯丝位置的确定可参照图 3-9，即其横向坐标（灯丝至坩埚的横向距离）在尽可能缩小 e 型枪外形尺寸的前提下，根据坩埚尺寸、发射体结构及发射体与坩埚外壁的耐电压绝缘性能要求选定。此坐标值为定值，没有多少调整的余地，而灯丝纵向坐标（即灯丝与极靴上表面平面间的距离）随电子束偏转角度的不同而不同。此时，灯丝位置的选取既要考虑电子轨迹的高度 h 又要兼顾坩埚的位置 l。

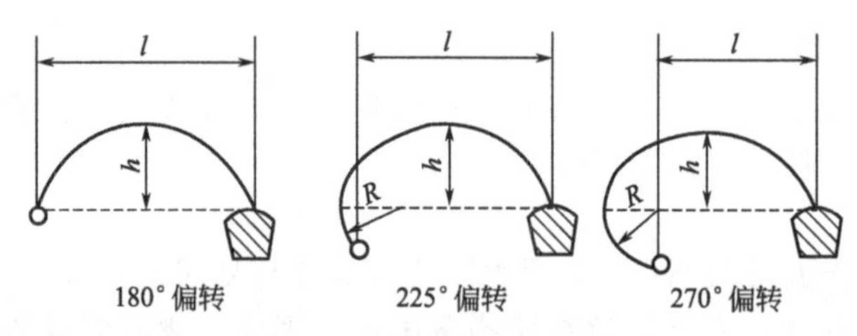

图 3-9 电子束的偏转角

180°偏转的灯丝可直接入射在基片上。因此，杂散电子容易混入膜中。同时，在蒸发时灯丝也会被电离的金属蒸气的正离子轰击和来自坩埚内溅射出来的蒸发物所污染。因此，会造成灯丝短路或损坏，使灯丝使用寿命降低。225°和 270°偏转时，可使灯丝得到屏蔽，杂散电子混入到基片上去的数量大大减少，灯丝也不易受正离子轰击，因此，设计时采用这两种结构比较好。

270°偏转的灯丝纵向坐标为 R，225°偏转的灯丝纵向坐标为 $0.707R$。其 R 值可由式(3-12) 计算。

在极靴上端面以上的空间，偏转磁场感应强度 B 随高度而衰减（每增高 1cm，B 值约降低 20%～30%）。在此非均匀磁场中，电子轨迹也遵守式(3-12) 所描述的规律。这里，由于磁场 B 是变化值，故其电子偏转半径 R 也是变化值。设极靴宽度为 L，经验表明，电子轨迹最高点与极靴上端面的距离 h，在设计时选取 $h=L/3$ 左右为宜。

② 膜材蒸发时所需热量

如前所述，任何材料蒸发时所需的热量都是由下述几部分组成的，即材料加热到熔化温度所需的热量 Q_1；材料熔化过程中所需的熔解热 Q_2；材料汽化过程中所需的汽化热 Q_3；坩埚热传导损失的热量 Q_4 及热辐射损失的热量 Q_5。若膜材在蒸发时所需的总热量为 Q，则有：

$$Q=Q_1+Q_2+Q_3+Q_4+Q_5 \tag{3-14}$$

若 e 型枪的电子束的束流为 I，加速电压为 U，束流的作用时间（即对膜材的加热时间）为 t，则有：

$$Q=IUt \tag{3-15}$$

③ 电子枪水冷系统的供水

电子枪水冷系统主要是冷却坩埚、散射电子吸收板及磁极等部分。如果枪和高压电极也采用水冷，这时要把两个水冷回路分开。铜坩埚的水冷，在电子枪功率（即 IU）小于 5kW 时，每分钟水流量大约为 5～6L。外接水冷管内径为 ϕ5～6mm；电子枪功率每提高 1kW，冷却水流量增加 0.8～1L/min；当枪的输出功率为 10kW 时，水流量应达到 10～12L/min，外接水冷管内径相应增加到 ϕ8～9mm。

高压电极的水冷系统应考虑水的电阻大小问题。要求冷却水管有足够的长度，以保证出水口电位大大降低并趋于零电位。同时，冷却水管与地电位绝缘，且外壁应保持干燥。对冷却水的质量也应有所要求，表 3-9 给出了各种水质的电阻率值。一般来说，选用优质自来水，即可满足电子枪的冷却要求。

表 3-9　各种水的电阻率　Ω·cm

水　质	电 阻 率/(Ω·cm)	水　质	电 阻 率/(Ω·cm)
海水	$10 \sim 10^2$	蒸馏水	10^6
劣质自来水	10^3	超净水	$10^7 \sim 10^8$
优质自来水	$10^4 \sim 10^5$		

④ e 型枪用水冷铜坩埚的选用[4]

在电子束蒸发源中，通常选用水冷铜坩埚式或热坩埚式两种类型，如图 3-10 所示。水冷铜坩埚，导热性好，坩埚内壁与膜材界面上有较大的温差，可在 3000～4000K 的高温度下使用，并且，还可以用来蒸发高活性材料（如 Ti）。由于铜坩埚与膜材之间的界面温度梯度很大，常称之为温度跳跃，熔化的蒸发膜材与坩埚壁接触的区域，是热量传递给坩埚的关键所在。浸润性坩埚材料表面状况，特别是铜表面所形成的氧化层等因素，又是决定温度跳跃高低的重要因素，即决定了坩埚的热传导的性能。铜坩埚被广为利用的另一个原因，是可使用同一个坩埚对各种材料进行蒸发。它的不足之处是在某些应用中，由于存在高的热损失，使其使用受到一定的限制。当高的功率损失不能不考虑时，或者在给定的功率水平下蒸发速率需要增大时，就必须选用能够起隔热作用的热坩埚，也就是在水冷铜套内放置能够起到隔热作用的坩埚内衬。通过衬壁的热损失，取决于内衬材料的热传导性能。采用内衬，不但可使整个熔池的温度分布趋于均匀，而且也可加大熔池的深度。不过，选材时应注意它对膜材的化学敏感性问题。由于工作时反复加热与冷却，可导致坩埚内应力增大。因此，所选用的坩埚内衬材料还必须具有高的抗热冲击能力。

尺寸较小的坩埚内衬，通常选用石墨、钛、二硼化物或氮化硼。它们的使用寿命可达 100h 左右。坩埚容量取决于蒸发工艺参数及所要求的蒸发气流密度分布。蒸发工艺参数是

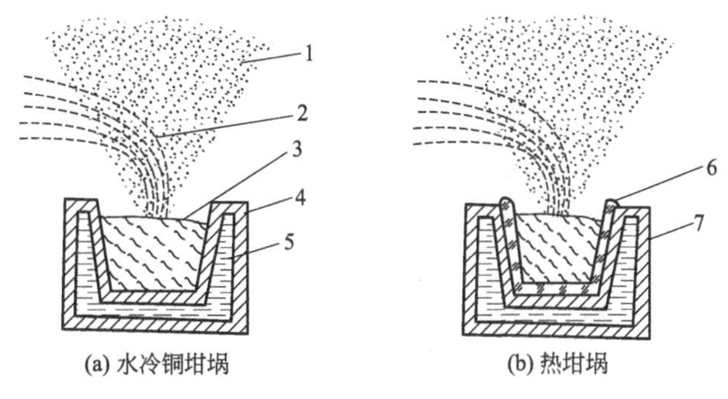

图 3-10　电子束蒸发源用坩埚的型式

1—蒸气流；2—电子束；3—膜材；4—铜坩埚；5—冷却水；6—坩埚内衬；7—水冷坩埚套

指膜材的类型和质量、蒸发速率以及有关能量利用的要求等。在蒸发源功率已定的情况下，坩埚尺寸的推荐值，可依照下列条件来考虑：要满足在整个蒸发过程中，坩埚边缘物料都能保持熔化状态，而功率密度不要超过开始出现飞溅的极限值。对于功率范围在 5～15kW 和 15～600kW 的蒸发源来说，通常使用的坩埚直径分别是 15～75mm 和 50～1000mm。

小面积蒸发源中所选用的坩埚型式如图 3-11 所示。主要采用旋转对称坩埚；而直线式和大面积蒸发源，为了与基片装置的形状和尺寸匹配，所使用的坩埚大多为长方形结构。

要求在镀膜期间用一个蒸发源来蒸发几种材料时，通常选用多坩埚装置，各个坩埚按转动或移动的方式顺序移到蒸发位置如图 3-11(e)、(f) 所示。另一种可能的方法是用电子束对好几个坩埚依次或同时进行蒸发。这时可使用束的程序偏转（束位移）装置。

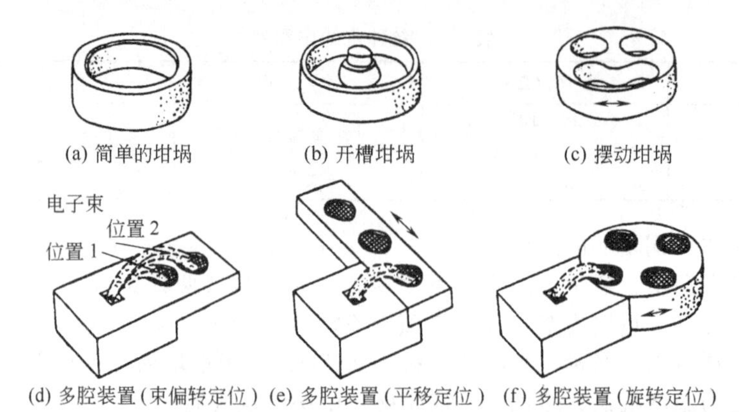

图 3-11 几种有特点的小面积蒸发坩埚

为了完全杜绝坩埚材料对蒸发膜材的沾污或为了蒸发特殊的物料，可采用无坩埚蒸发。最简单的方法是对大金属锭上的小熔池进行蒸发。棒或板相对于电子束作适当的运动以适于升华材料的蒸发。特别是当电子束蒸发源配置有附加扫描时更应如此。蒸发物料的机械移动和束扫描配合起来完全可以避免在升华材料上形成凹坑。这对送进的熔滴材料进行无坩埚蒸发也是可行的。但是，为了保证其稳定性，选用非常低的速率蒸发是必要的。

⑤ 向坩埚内连续送入膜材的装置

向坩埚内连续送入膜材，主要是用于要求蒸发稳定、能持续较长时间的蒸镀，在一个蒸镀周期内需要很大的蒸发速率的场合。这时，可选用连续送料装置来满足这种要求。但应当注意的是连续送料时，单位时间送进坩埚的材料数量要与蒸发速率相等。连续送料要求使用性能良好的机构，以保证在长时间运转时蒸发参数不变。由于材料不同，所送物料可以选用各种不同的形状，例如，丝状、棒状或颗粒状。几种连续送料的原理结构如图3-12所示。

向坩埚内送丝状材料，最常用的方式是向坩埚内送丝见图 3-12(a)。这时应精心选择丝的直径和送进速率，才能精确决定单位时间内送进的材料量。

另外，一种特殊的环形坩埚用于蒸发棒状的膜材，如图 3-12(b) 所示。棒材本身就是坩埚底，而用于水冷的铜环则形成坩埚壁。熔池也在环形坩埚中心形成。

当块状膜材采用团块、小丸和颗粒时，振动送材器可作为这类膜材的送料办法。如图 3-12(c) 所示。

根据膜材特性采用其他特殊送料方法，例如，对低熔点膜材锡和锌采用的液体方法。膜材可首先在预熔坩埚中熔化。然后，再送到蒸发坩埚内，用电子束进行蒸发。

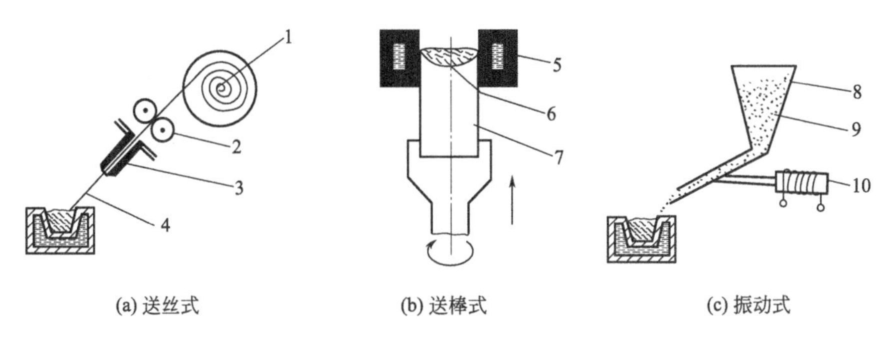

图 3-12 向坩埚内连续送入膜材的原理

1—膜材绕丝辊；2—送丝齿轮；3—导向管；4—丝状膜材；5—水冷环形坩埚壁；6—熔池；7—棒状膜材；8—膜材存储仓；9—粒状膜材；10—振动送料器

⑥ e 型枪的电源

e 型枪的电源电路如图 3-13 所示。主要由阴极灯丝热电子发射电源、加速热电子的直流高压电源和偏转电子的直流励磁电源组成。

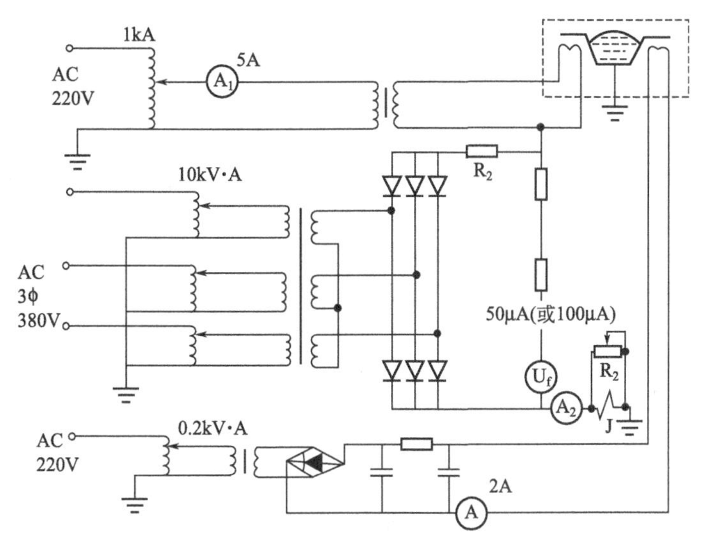

图 3-13 e 型枪的电源电路

灯丝电源的设计一般可根据灯丝直径和长度来决定其功率。目前，多采用交流 220V 的降压变压器。降压变压器最大次级输出为 20V 或 60V。

电子加速高压电源是采用三相交流 380V 供电，经三相调压和三相整流后输出直流电压。在额定电压输入时其直流输出最大功率为 10kV · A。图中继电器 J 是作为过流保护之用。当电流超过额定值时，继电器动作切断高压电源输入电压。

电子束偏转直流励磁电源采用调压、降压变压、桥式整流、阻容滤波后供给励磁线圈，其最大输出功率为直流 20kV · A。

⑦ e 型枪工作时杂散电子的产生与消除

由于电子束打在膜材上所激发出来的二次电子以及灯丝照射基片表面所产生的二次电子的数量相当可观（对铝而言从蒸发源铝表面反射的二次电子量可达 15%），这些电子飞到基片并积聚在基片的表面上，因静电的斥力作用必将导致膜层的不均，甚至形成裂纹。因此，在枪的结构上采用如图 3-14 所示的二次电子吸收极，其效果显著。至于消除灯丝直接照射基片表面上所产生的一次电子，只要选用电子束偏角大于 180°的电子束发

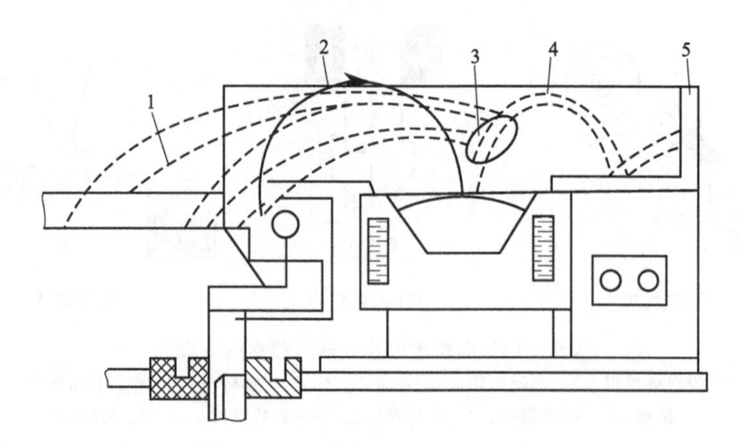

图 3-14 正负带电粒子的偏转方向和二次电子吸收原理

1—正离子流；2—电子束流；3—等离子区域；
4—二次电子；5—二次电子吸收极

射器即可避免。

杂散的离子流是高能量的电子束轰击蒸发材料时所产生的金属蒸气被电离的结果，如图3-14 所示。这一密度较高的等离子区中的正离子将被具有负高压的灯丝和灯丝引线所吸引而引起溅射。这种溅射不但会引起灯丝的污染，而且会造成高压短路。因此，在设计电子枪的偏转角度时，也应采用 240°～270°的结构。同时，在结构上采用高压电极金属屏蔽罩并使其接地，借以防止高压放电和避免灯丝的损伤。

⑧ 电子枪在蒸发镀与离子镀设备中的使用问题

由于枪的工作室压力与镀膜室压力相吻合，因此枪可直接放置在镀膜室中，但是，在离子镀膜设备中，由于离子镀的工作压力高于枪室所要求的工作压力，因此，必须设置单独的枪室，使电子束经过压差孔后，再打到置于坩埚内的膜材表面上。

如图 3-15 所示，若镀膜室的工作压力为 p_p，电子枪室的工作压力为 p_g，压差孔的流导为 U_k，则依流量恒等原理，可知：

$$(p_p - p_g)U_k + Q = p_g S_g$$

式中，Q 为电子枪室的放气量，其值甚小，可忽略不计，故：

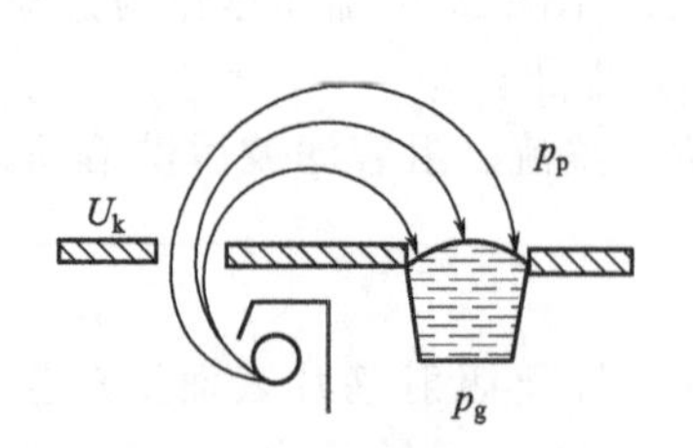

图 3-15 压差孔的流导

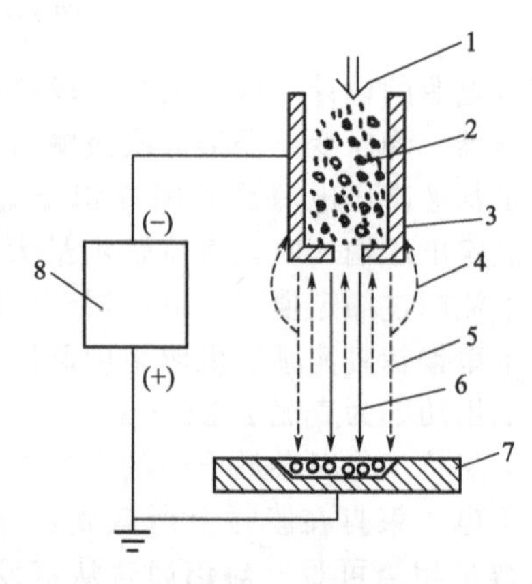

图 3-16 中空热阴极等离子电子束的发生原理

1—惰性气体（氩气）；2—等离子体；3—空心阴极（钽管）；4—正离子；5—来自阴极表面的电子；6—等离子的发射；7—阴极；8—弧电流

$$U_k=\frac{p_g S_g}{p_p-p_g} \tag{3-16}$$

若压差孔直径为 d，按薄壁小孔的流导计算式可求得：

$$d=\sqrt{\frac{U_k}{qL}} \tag{3-17}$$

式中，q 为气体流量；L 为小孔的厚度。

⑨ 电子枪坩埚的处理问题

e型电子枪通常采用水冷铜坩埚，清洁处理比较简单。若是新坩埚，表面会有氧化层存在。在使用之前，须用细砂纸打磨干净，或用稀酸擦洗。然后，用丙酮无水乙醇擦净。

若坩埚附加衬托，其衬托材料一般用较薄的钨、钼、钽片经过冲压成型。为保证衬托冷却，应使衬托与坩埚凹槽接触良好。若衬托变形或局部发生烧损时应及时更换。

当采用石墨做坩埚内衬时，所选石墨要纯，结构要细密均匀，无裂纹及砂眼。加工石墨衬托时不得使用冷却液或润滑剂。刀夹具也应处理干净。加工后，应把零件放入 NaOH 溶液中煮沸，水冲洗净。再浸放在稀硝酸溶液中数分钟，然后蒸馏水冲洗及煮沸。经过 150～200℃烘干。最后，在高真空中通电加热除气，冷却后方可使用。

3.1.4 空心热阴极等离子体电子束蒸发源

空心热阴极等离子体电子束蒸发源，简称 HCD 枪（Hollow Cathod Discharge）。它是建立在热空心阴极弧光放电基础上而制成的一种电子束热源。

(1) HCD 枪的工作原理及特点

HCD 枪的工作原理如图 3-16 所示。它是采用中空形金属钽管为阴极，放置膜材的水冷铜坩埚为阳极，而制成的一种电子束蒸发源。当两极之间加上一定幅度的电压后，将钽管内通入少量氩气，这时通过引弧电源点燃氩气，即可产生气体放电。放电后钽管中的氩离子对阴极钽管内壁进行轰击，使钽管内壁温度急剧上升可达到 2000K 以上。从而，使钽管能够发射出大量的热电子。这时因坩埚阳极的作用，即可将钽管中大量的电子拉出并轰击到放置在坩埚内的膜材表面上。导致膜材汽化蒸发。从而，使处于坩埚上方的基片沉积上薄膜。这种蒸发源的特点是：

① 空心阴极放电可形成密度很高的电离等离子体，且通过阴极流动的气体可大部分被电离；

② 阴极工作温度可达 3200K，外部等离子体纯度高，蒸发原子通过等离子电子束区时，可被等离子激发电离，其离化率可达 20%；

③ 阴极不易损坏，寿命较长；

④ 可在气体辉光放电区工作，稳定工作压力为 $1\sim10^{-2}$ Pa；

⑤ 若将基片上加上数十伏乃至数百伏的负偏压，通过离子在成膜过程中对基片的轰击作用，可获得附着力好的薄膜，例如，通入反应气体还可以制备化合物薄膜（例如 TiN、TiO_2 等）；

⑥ 蒸发源在大电流低电压下工作，使用安全，易于自动控制。

(2) HCD 枪的结构及其结构上的改进

最初设计的 HCD 枪的典型结构见图 3-17 所示。它是由带水冷接头的钽管空心阴极、聚焦磁场线圈、辅助阳极、偏转磁场线圈等所组成。

这种枪的水冷坩埚和聚焦线圈的放置与 e 型枪不同，它不是放到枪体上，而是放置在与枪中心线成一定角度和一定距离的真空壳体上。为了使枪与真空壳体之间具有较大的距离，

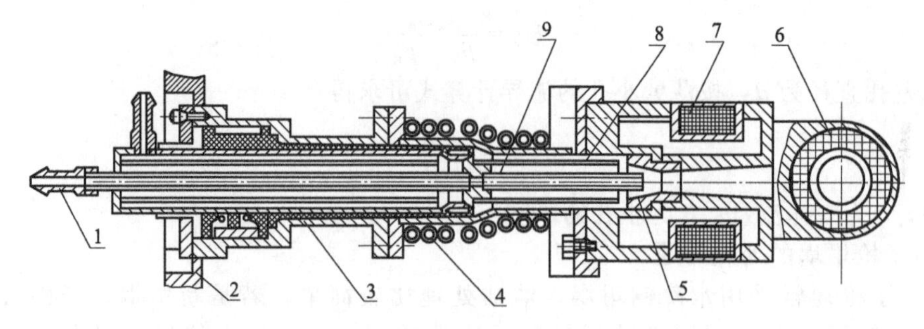

图 3-17 KLD-500 型空心阴极电子枪的结构

1—水冷电极；2—密封法兰组；3—绝缘套；4—冷却水管；5—阳极口；6—偏传线圈；7—聚焦线圈；8—阴极罩；9—空心阴极

消除金属溅射和蒸气对空心阴极的污染，防止许多电接头和冷却管对室壁的起弧，目前多采用水平放置的方法。由于这种原始型枪的结构很复杂，绝缘与密封部位较多，易产生故障。因此，出现了结构比较简单的裸枪。裸枪可直接放入到直空镀膜室内。其缺点是钽管对基片造成直接热辐射，并且点燃空心阴极枪的真空度较低，易造成初始薄膜的污染，影响膜层的质量。目前，研制出的一种改进型电子枪如图3-18所示。由于枪上装有一个 LaB_6 制成的主阴极盘，它是由钽管加热，在远低于钽的熔点时，就具有很强的发射电子的能力。因此，可以保护钽管免受过热损伤。并且，可使放电电流提高到 250A 左右[5]。

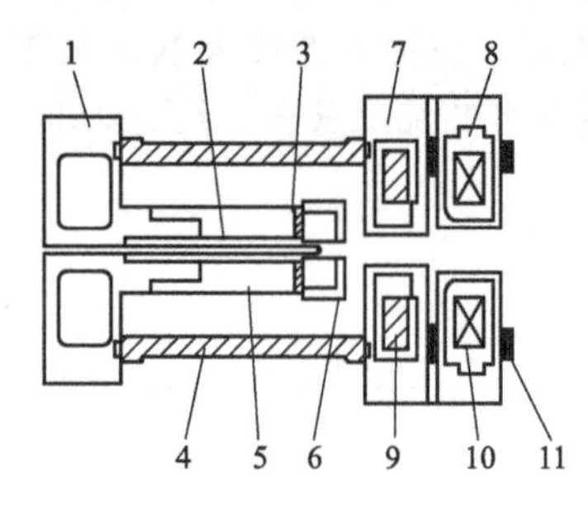

图 3-18 HCD 枪结构示意

1—阴极支座；2—阴极钽管；3—LaB_6 阴极盘；4—玻璃管；5—钢管；6—钨帽；7—第一辅助阳区；8—环形永磁铁；9—第二辅助阳区；10—磁场线圈；11—陶瓷环

(3) HCD 枪钽管的设计与计算

① 空心阴极材料的选择

空心阴极作为电子发射体应具有耐高温、逸出功小、在发射温度下蒸发速率小等特点。几种高熔点金属中，钽是一种较为理想的发射体。因此，阴极多采用钽管，其基本性质见表 3-10。

表 3-10 钽的基本性质

逸出功/eV	熔 点/℃	饱和蒸气压/Pa	沸 点/℃	相对分子质量	使用温度/℃	黑度	密度/(g/cm³)
4.13	2996	6.67×10^{-6}	4100	180.95	2000	0.2～0.3	16.6

② 钽管的热发射电流密度

钽管材料的热发射电流密度，同样可采用式(3-23) 计算。不同温度下钽管的电流密度，见表 3-11 所示。

表 3-11 不同温度下钽材料所发射的电流密度

钽材料温度/K	2500	2600	2700	2800	2900	3000
热电子发射密度/(A/cm²)	2.38	5.4	11.25	22.47	43.27	79.67

③ 钽管发射体尺寸的确定

a. 内径的选择

空心阴极的内径，可按如下经验公式确定：

$$d=(1.5\sim3.5)\sqrt{I} \tag{3-18}$$

式中，I 为束电流，kA；d 为钽管内径，cm；系数 1.5～3.5 随功率的增加而取上限，对于千安培以下的空心阴极，系数可取 1～1.5 之间。

b. 钽管壁厚

钽管的壁厚，应按其断面上所允许通过的电流密度 J 来确定。J 值一般不应大于 10A/mm^2。当管所发射的束电流已知时，则：

$$S=\frac{I}{J} \tag{3-19}$$

钽管的结构见图 3-19。S 与 δ 的关系可按下式确定：

$$S=\pi\left(\frac{D^2}{4}-\frac{d^2}{4}\right)=\pi(d+\delta)\delta$$

$$\delta=\frac{\pi d\pm\sqrt{(\pi d)^2-4\pi S}}{2\pi} \tag{3-20}$$

式中，S 为钽管端面面积；I 为电子束电流；δ 为钽管的壁厚。

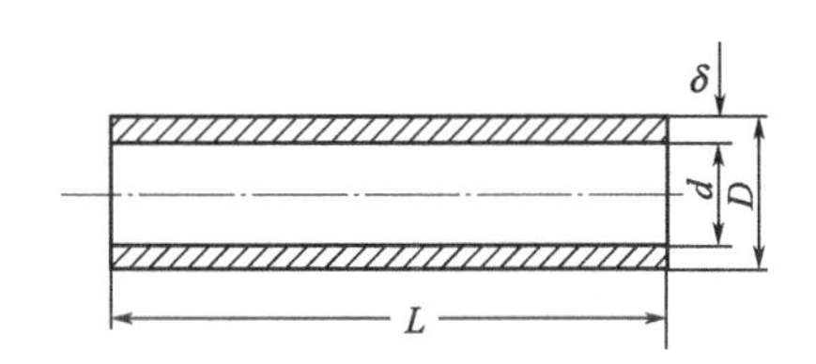

图 3-19 钽管的几何尺寸

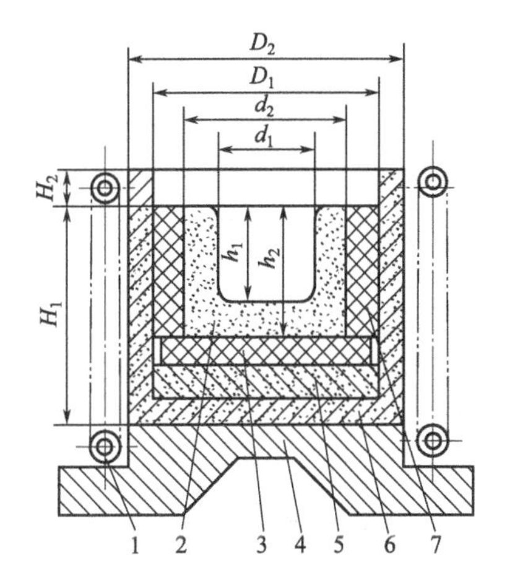

图 3-20 感应加热式蒸发源的结构
1—感应线圈；2—内坩埚；3—热绝缘层；4—底座；5—调整垫；6—外坩埚；7—热绝缘筒

为了简化计算，也可按下述近似计算式求得 δ 值，即：

$$\delta=\frac{I}{d\pi J} \tag{3-21}$$

式中，I 为电子束电流；d 为钽管内径；J 为钽管断面所允许通过的电流密度。

如计算得出的 δ 值为小数值时，可按钽管的标准尺寸取整。

c. 钽管长度

由于钽管要通入工作气体氩，并在管中形成压力差，以使 pd 值在帕邢定律范围内有较大变化。从帕邢曲线可知，对不同的 pd 值有不同的放电电压。当 d 一定时，p 值将沿钽管轴向逐渐变小。即在轴向的氩气密度 n 随压力 p 的减小而减小，$n=p/kT$。而对于 $(pd)_{\min}$ 值，维持辉光放电的电压也将是最小值。故钽管长度的大小，既要考虑氩气的流阻情况，也要考虑放电的最小电压值。目前通常取 $L\geqslant6d$。

d. 工作气体氩气的充气量计算

工作气体氩的充气量 Q 可按下式给出的范围来确定：

$$Q=(0.7 \sim 4)10^5 d^2 \quad (\mathrm{Pa \cdot cm^3/s}) \tag{3-22}$$

式中，d 为钽管的内径，其单位为 cm。

3.1.5 感应加热式蒸发源

感应加热式蒸发源是利用高频电磁场感应，加热膜材使其汽化蒸发的一种装置。

（1）感应加热式蒸发源的工作原理及特点

感应加热式蒸发源的工作原理，是将有膜材的坩埚置放在不与螺旋线圈相接触的线圈中，在线圈中通过高频电流，膜材在高频电磁场感应下产生强大的涡流，致使膜材升温，直至蒸发。膜材体积越小，感应频率越高。例如，对每块仅有几毫克重的材料，则应采用几兆赫频率的感应电源。感应线圈常用铜管制成并通以冷却水。其线圈功率均可单独调节。

感应加热式蒸发源具有如下特点。

① 蒸发速率大。在沉积铝膜厚度为 40nm 时，镀膜机卷绕速度可达 270m/min，比电阻加热式蒸发源的高 10 倍左右。

② 蒸发源温度均匀稳定，不易产生液滴飞溅现象。可避免液滴沉积在薄膜上产生针孔缺陷，提高膜层质量。

③ 蒸发源一次装料，无需送丝机构，温度控制比较容易，操作简单。

④ 对膜材纯度要求略宽些。例如一般真空感应加热式蒸发源用 99.9%纯度的铝即可。而电阻加热式蒸发源要求铝的纯度为 99.99%。因此，膜材的生产成本亦可降低。

（2）感应加热式蒸发源的结构及设计

感应加热式蒸发源的结构如图 3-20 所示。主要由感应线圈、内坩埚、外坩埚、热绝缘层及底座等构成。

① 坩埚设计

a. 坩埚几何尺寸的确定

由于感应加热式蒸发源主要用于蒸镀金属铝膜。因此，以蒸镀铝为例进行介绍。

熔铝体积可按下式计算：

$$V_{\mathrm{Al}}=Km_{\mathrm{Al}}/\rho_{\mathrm{Al}} \tag{3-23}$$

式中，V_{Al} 为坩埚内的熔铝体积，$\mathrm{cm^3}$；m_{Al} 为铝的质量，g；ρ_{Al} 为铝的密度，$\mathrm{g/cm^3}$。

例如，1200℃时 $\rho_{\mathrm{Al}}=2.38\ \mathrm{g/cm^3}$；$K$ 为考虑电磁搅拌作用时避免铝液从坩埚内溅出的容积系数，可取1.2～1.3。

熔铝在蒸发温度 T_{Al} 下的质量蒸发速率 q_{emAl} 为：

$$q_{\mathrm{emAl}}=4.37\times10^{-4} p_{\mathrm{Al}}(M_{\mathrm{Al}}/T_{\mathrm{Al}})^{1/2} \quad [\mathrm{g/(m^2 \cdot s)}] \tag{3-24}$$

式中，p_{Al}为对应 T_{Al}温度时铝的蒸气压力，Pa；T_{Al}为铝蒸发温度，K；M_{Al}为铝的摩尔质量，g。

坩埚的蒸发面积可按下式计算：

$$A=\frac{m_{\mathrm{Al}}}{\tau q_{\mathrm{emAl}}} \quad (\mathrm{cm^2}) \tag{3-25}$$

式中，τ 为蒸发周期，s，即装料量 m_{Al}的蒸发时间；其余参量的物理意义与式(3-23)相同。

坩埚直径 d_1 及深度 h_1 分别为

$$d_1=2(A/\pi)^{1/2} \quad (\mathrm{cm}) \tag{3-26}$$

$$h_1=V_{\mathrm{Al}}/A \quad (\mathrm{cm}) \tag{3-27}$$

求得直径 d_1 值后，可参考表 3-12 取值[1]最终确定图 3-20 蒸发源结构尺寸。

表 3-12 坩埚参考尺寸

型号	石墨坩埚/mm				氧化铝(富铝红柱石)坩埚/mm			
	d_1	h_1	d_2	h_2	D_1	H_1	D_2	H_2
80	80	80	100	90	120	105	136	15
90	90	85	110	95	130	110	146	15
100	100	90	120	100	140	115	156	15
110	110	107.5	135	120	155	135	171	15

b. 坩埚材料的选择

内坩埚材料为石墨。铝的电阻率较小，在高频电源作用下，其集肤深度仅为 1～2mm。因此，除了靠铝本身产生涡流热来熔化铝材外，还要借助于内坩埚的传导热量对铝材进行加热。所以，选择石墨材料作为发热体坩埚，可以满足这一要求。

外坩埚的作用是保温。因此，要求它具有良好的保温性能。目前多选用各种氧化物材料制成外坩埚。

热绝缘层和热绝缘筒的作用是隔热。因此，多选用热性能良好的碳毡材料。

② 电源及其频率的选择

选择感应加热式蒸发源的电源，应考虑它的加热功率、功率因数、透入深度、电动力以及电效率等因素。对于真空蒸发镀膜设备应重点考核其电效率及电源的经济性。

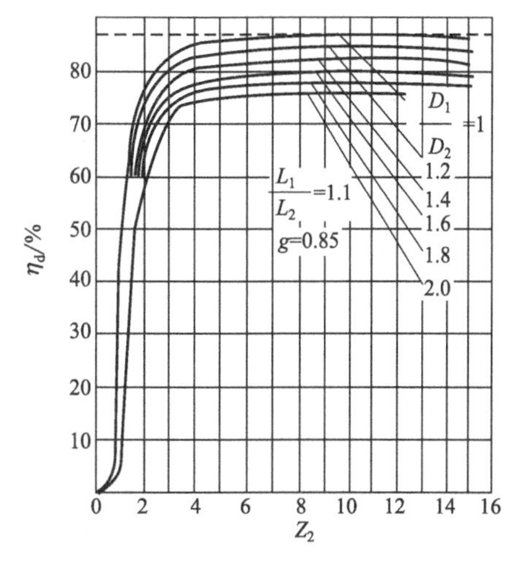

图 3-21 感应器的电效率对频率间隙的关系曲线

图 3-21 是感应器电效率对频率及间隙的关系曲线。图中 D_1 为感应器内径，D_2 为膜材钢圆柱体外径，Z_2 为反映频率的参数（$Z_2=\sqrt{2}R_2/h_2$ 其中 h_2 为熔化料中的透入度，$R_2=D_2/2$）。这些曲线是取电阻率 $\rho_1=2\times10^{-8}\Omega\cdot\text{cm}$，$\rho_2=10^{-4}\Omega\cdot\text{cm}$，及真空磁导率 $\mu=1$ 计算得到的。

图中 g 为线圈匝间绝缘填充系数，L_1/L_2 为感应线圈与钢圆柱的长度比值。熔化料中的透入深度为：

$$h_2=5030\left(\frac{\rho_2}{\mu_r f}\right)^{1/2} \tag{3-28}$$

式中，μ_r 为炉料的相对磁导率；f 为电源频率，Hz。某些材料的相对磁导率见表 3-13。

由此图可见，当 Z_2 足够大（如 $Z_2>6$）时，电效率出现极限的恒定值。据此可以断定有个最佳频率 f。在此频率下，电效率高且透入深度大。

$$\frac{3\times10^8\rho_{Al}}{\mu_{rAl}d_2^2}\leqslant f\leqslant\frac{6\times10^8\rho_{Al}}{\mu_{rAl}d_2^2} \tag{3-29}$$

式中，ρ_{Al}为铝的电阻率，$\Omega\cdot\text{cm}$；μ_{rAl} 为铝的相对磁导率；d_2 为被加热铝块的直径，cm。

在高频电源选用上，有高频机组和可控硅变频器两种，前者一次投资高，但性能较好。

表 3-13 某些材料的相对磁导率 μ_r 值[7,8]

材料	μ_r	材料	μ_r	材料	μ_r
钛	0.99983	钴	250	金	1
银	0.99998	镍	600	镁	1
铅	0.999983	锰锌铁氧体	1500	锌	1
铜	0.999991	软钢(0.2C)	2000	镉	1
水	0.999991	铁(0.2 杂质)	5000	锡	1
空气	1.0000004	硅钢(4Si)	7000	不锈钢	1000
铝	1.00002	78 坡莫合金	100000	蒙耐合金(CuNi)	1
钯	1.0008	纯铁(0.05 杂质)	200000	海波尼克(FeNi)	80000
真空	1	导磁合金(5Mo79Ni)	1000000	(FeNiCuMn)	80000

3.1.6 激光加热式蒸发源

利用高功率的激光束作为热源对膜材进行加热的装置称为激光加热式蒸发源。由于这种蒸发源可以避免坩埚污染、膜材蒸发速率高、蒸发过程易于控制，特别是高能量的激光束可以在较短的时间内将膜材局部加热到极高的温度使其蒸发，这样就可以保持其原有的元素成分的比例等特点。因此，非常适用于蒸发那些成分比例较复杂的合金或化合物材料。例如，高温超导材料中的 $YBa_2Cu_2O_7$ 以及铁电陶瓷、铁氧体薄膜等材料。

激光加热式蒸发源中经常采用的是连续输出的 CO_2 激光器，它的工作波长为 10.6μm。在这一波长下，许多介质材料和半导体材料都有较高的吸收率。激光束加热采用的另一种激光器是波长位于紫外波段的脉冲激光器。如波长为 248nm，脉冲宽度为 20ns 的 KrF 准分子激光等。由于在蒸发过程中，高能激光光子可在瞬间将能量直接传递给膜材原子。因而，这种方法产生的粒子能量，通常均高于普通的蒸发方法。

图 3-22 是激光束加热蒸发镀膜装置。激光束穿过透镜在可转动的反射镜上被反射到坩埚上，在反射镜表面激光束照射不到的部分用挡板遮挡，使之不受蒸发物的沾染。因而，增加了反射镜的使用寿命。通常，将蒸发材料制成粉末状，以增加对激光的吸收。

在激光加热方法中，需要采用特殊的窗口材料将激光束引入到真空镀膜室中。并应使用透镜式凹平镜将激光束聚焦至膜材上。而且，应当针对不同波长的激光束，选用具有不同光

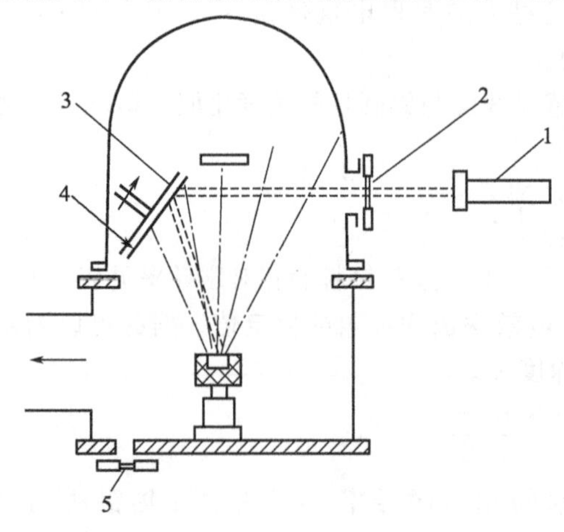

图 3-22 激光束加热蒸发装置
1—激光器；2—透镜；3—旋转反射镜；4—带孔挡板；5—光学监控窗

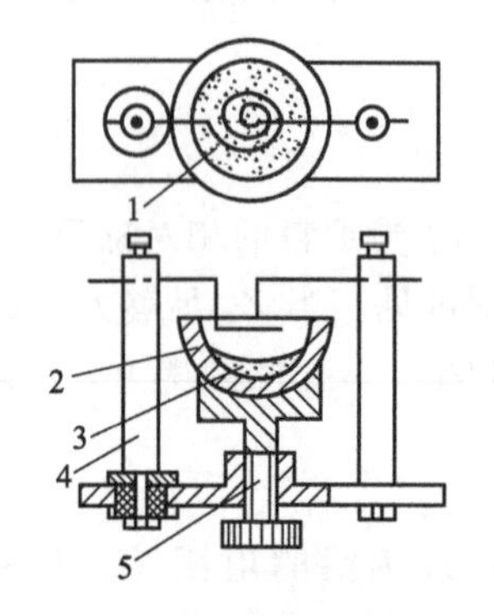

图 3-23 辐射加热式蒸发源
1—钨条螺旋；2—坩埚；3—膜材；4—支撑杆；5—坩埚支撑座

谱透过特性的窗口和透镜材料。

激光蒸发源的缺点是容易产生微小的膜材颗粒的飞溅，对膜的均匀造成一定程度的影响。这一点在使用时应给予一定的注意。

3.1.7 辐射加热式蒸发源

辐射加热式蒸发源多用于红外辐射吸收率高的材料蒸镀上。而对红外辐射的反射率高的材料（如金属）或对红外辐射的吸收率低的材料（如石英）都不易采用辐射加热的方法进行蒸镀。典型的辐射加热蒸发源如图 3-23 所示。裸钨丝多采用螺旋状结构，它所发出的热量约有一半会从蒸发的膜材上反射回来。因此，在加热器上装上辐射热屏蔽以提高其加热效率是必要的。但是，应在其中央部位上开出小孔，以便于蒸气的逸出。它的不足之处，是蒸气必须通过加热器，而加热器的温度高于蒸发膜材表面的温度，会造成某些化合物的分解。

3.1.8 蒸发源材料[9]

蒸发源用材料较多，其中所用的金属材料及其性质见表 3-14。各种金属与蒸发源材料的分配见表 3-15。真空镀膜用的各种坩埚材料见表 3-16。适合于各种元素的蒸发源材料见表 3-17。

表 3-14 蒸发源所用金属材料的性质

材料	温度/℃	27	1027	1527	1727	2027	2327	2527
W 熔点 3380℃， 密度 19.3 g/cm^3	电阻率/(μΩ·cm)	5.66	33.66	50	56.7	66.9	77.4	84.7
	蒸气压/Pa	—	—	—	1.3×10^{-9}	6.3×10^{-7}	7.6×10^{-5}	1.0×10^{-3}
	蒸发速率/(g·cm^2/s)	—	—	—	1.75×10^{-13}	7.82×10^{-11}	8.79×10^{-9}	1.12×10^{-7}
	光谱辐射率	0.470	0.450	0.439	0.435	0.429	0.423	0.419
Ta 熔点 2980℃， 密度 16.6g/cm^3	电阻率/(μΩ·cm)	15.5 (20°)	54.8	72.5	78.9	88.3①	97.4	102.9
	蒸气压/Pa	—	—	—	1.3×10^{-8}	8×10^{-8}	5×10^{-4}	7×10^{-3}
	蒸发速率/(g·cm^2/s)	—	—	—	1.63×10^{-12}	9.78×10^{-11} (1927°)	5.54×10^{-8}	6.61×10^{-7}
	光谱辐射率	0.493 (20°)	0.462	0.432	0.421	0.409	0.400	0.394
Mo 熔点 2630℃， 密度 10.2 g/cm^3	电阻率/(μΩ·cm)	5.6 (25°)	35.2 (1127°)	47.0	53.1	59.2 (1927°)	72	78
	蒸气压/Pa	—	2.1×10^{-13}	1.1×10^{-6}	5×10^{-3}	5×10^{-3}	1.9×10^{-1}	1.3
	蒸发速率/(g·cm^2/s)	—	2.5×10^{-17}	1.1×10^{-10}	5.0×10^{-5}	5.0×10^{-7}	1.6×10^{-5}	10.4×10^{-4}
	光谱辐射率	0.419 (30°)	—	0.367 (1330°)	0.353 (1730°)	—	—	—

① 由内插法求得。

表 3-15 各种金属与蒸发器材料的匹配

蒸发器材料 蒸发金属	W	Ta	Mo	蒸发器温度/℃
Al	1	1	1	1200～1250
Sb	2,4	2	2	700～750
As	4			550～600
Ba	1	1	1	650～700
Bi	2	2	2	700～750
Cd	3,4			约 300
Cr	3,4			1400～1450

续表

蒸发器材料 / 蒸发金属	W	Ta	Mo	蒸发器温度/℃
Co	4			1500～1600
Cu	2	2	2	1300～1350
Au	2	2	2	1450～1500
Fe	4			1500～1600
Pb	2	2	2	约750
Mg	2	2	2	约450
Mn	2,3	2,3	2,3	约1000
Ni	4			1550～1600
Se	4	4	1,2	250～300
Si	4[BeO]			1350～1400
Ag	2	1,2	1,2	1050～1100
Sn	2,3	2,3	2,3	1200～1250
Ti	1	1	1	1600～1650
Zn	2	1	2	350～400

注：表中各数字意义如下，1—丝、螺旋线圈；2—加热皿；3—加热筐；4—陶瓷坩埚和W线圈。

表 3-16 坩埚材料

项目	半融氧化镁 MgO	半融氧化铝 Al_2O_3	半融氧化铍 BeO	氮化硼 BN	石墨 C
密度/(g/cm^3)	3.6	4.0	3.0	2.2	约1.8(商品)
气孔率/%	3～7	3～7	3～7	—	8～15
熔点/℃	2800	2030	2550	3000(分解)	>3500(升华)
最高使用温度/℃	1250	1400	1800	1600①	2500
热导率/[J/(cm·s·℃)]	0.06 (1200～1400℃)	0.05 (1400℃)	0.15 (1800℃)	(⊥)0.27 (∥)0.13 (1000℃)	1.17～1.38
线膨胀系数/K^{-1}	14.0×10^{-6}	9.3×10^{-6} (25～1000℃)	9.5×10^{-6} (约1400℃)	(⊥)7.5×10^{-6} (∥)0.77×10^{-6} (25℃～1000℃)	$(2.0\sim2.5)\times10^{-5}$
电阻率/(Ω·cm)	10^8(1000℃)	2×10^6(1000℃)	10(1000℃)	3×10^4(1000℃)	1×10^{-3}

① 表示1Pa解离压力下的温度，烧结BN含有B_2O_3黏结剂，因其蒸气压力高，温度也更高些。

表 3-17 适合于各种元素的蒸发源材料

元素 符号	元素 名称	蒸发温度/℃ 熔点	蒸发温度/℃ (p=1Pa)	蒸发源材料(按适合程度排列) 金属丝,薄片	蒸发源材料(按适合程度排列) 坩埚	备注
Ag	银	961	1030	Ta,Mo,W	Mo,C	与W不发生浸润
Al	铝	659	1220	W	BN,TiC/C,TiB_2-BN	可与所有RM制成合金,难以蒸发。W:使用粗线可以急速蒸发少量铝,更粗线可以使用多次。对所有坩埚材料均浸润,容易流出坩埚外面。C:能很快形成黄色Al_4C_3晶体。高温下能与Ti、Zr、Ta等反应。制作这些物质的碳化层,则寿命增长。BN:应使用CVD法制作成型体(PBN),寿命长。TiB_2-BN:HAD组合陶瓷(联合碳化物公司制品),可机械加工,寿命长。SiO_2:不能使用
As	砷	820	280		Al_2O_3,SiO_2	有毒,因热胀系数小,所以应在300℃以上
Au	金	1063	1400	W,Mo	Mo,C	浸润W、Mo。Ta:形成合金,所以不适合作蒸发源

续表

元素		蒸发温度/℃		蒸发源材料(按适合程度排列)		备注
符号	名称	熔点	(p=1Pa)	金属丝,薄片	坩埚	
B	硼	<2300	2300		C	石墨蒸气能大量混入
Ba	钡	710	610	W,Mo,Ta,Ni,Fe	C	不能形成合金,浸润RM,在高温下与大多数氧化物起反应
Be	铍	1283	1230	W,Mo,Ta	C,ThO_2	浸润RM,有毒,应特别注意BeO杂质
Bi	铋	271	670	W,Mo,Ta,Ni	Al_2O_3等陶瓷,C,金属	蒸气有毒
C	碳		约2600			石墨本身在高温下升华(电弧、电子束、激光等加热)
Ca	钙	850	600	W	Al_2O_3	在He气氛中预熔解去气
Cd	镉	321	265	铬镍合金Nb,Ta,Fe	Al_2O_3,SiO_2	不浸润铬镍合金,He中预熔解去气,SiO_2:不发生反应,但不适合作蒸发源
Ce	铈	795	1700			用液氮冷却的铜坩埚进行EBV
Co	钴	1495	1520	W	Al_2O_3,BeO	与W、Ta、Mo、Pt等形成合金。镀钴的钨线质量在钨线的30%以下
Cr	铬	约1900	1400	W	C	镀铬的钨线;Cr棒在高温下升华,在H_2或He气氛中熔着在钨线上
Cs	铯	28	153		陶瓷,C	
Cu	铜	1084	1260	Mo,Ta,Nb,W	Mo,C,Al_2O_3	不能直接浸润Mo、W、Ta
Fe	铁	1536	1480	W	BeO,Al_2O_3,ZrO_2	与所有RM形成合金,蒸发物质小于W线30%以下,能低速升华,适合EBV
Ga	镓	30	1130		BeO,Al_2O_3,SiO_2	左边氧化物可耐温1000℃
Ge	锗	940	1400	W,Mo,Ta	C,Al_2O_3	对钨的溶解度小,浸润RM,不浸润C
In	铟	156	950	W,Mo	Mo,C	
K	钾	64	208		玻璃	
La	镧	920	1730			用液氮冷却的铜坩埚进行EBV
Li	锂	179	540		软钢	
Mg	镁	650	440	W,Ta,Mo,Ni,Fe	Fe,Cm,Al_2O_3	在He中预溶解去气,SiO_2:不能使用
Mn	锰	1244	940	W,Mo,Ta	Al_2O_3,C	浸润RM
Na	钠	97.7	290		玻璃	
Nd	钕	1024	1300			参见La
Ni	镍	1450	1530	W	Al_2O_3,BeO	与W、Mo、Ta等形成合金。宜采用EBV
Pb	铅	327	715	Fe,Ni,铬镍合金,Mo	Fe,Al_2O_3	不浸润RM
Pb	钯	1550	1460	W(镀Al_2O_3)	Al_2O_3	与RM形成合金。可低速升华
Pt	铂	1773	2090	W	ThO_2,ZrO_2	与Ta、Mo、Nb形成合金。与W形成部分合金。适合采用EBN
Rb		39	173		陶瓷,玻璃	
Rh	铑	1966	2040	W	ThO_2,ZrO_2	镀Rh的钨线。适合采用EBV
Sb	锑	630	530	铬镍合金Ta,Ni	Al_2O_3,BN,金属	$a_v<1$,$T>$熔点。有毒。浸润铬镍合金

续表

元素		蒸发温度/℃		蒸发源材料(按适合程度排列)		备注
符号	名称	熔点	(p=1Pa)	金属丝,薄片	坩埚	
Se	硒	217	240	Mo、Fe 铬镍合金,304 不锈钢	金属,Al_2O_3	浸润左边材料。污染真空。有毒
Si	硅	1410	1350		BeO,ZrO_2,ThO_2,C	浸润氧化物坩埚,SiO 蒸发污染膜层。C:形成 SiC 适合 EBV
Sn	锡	232	1250	铬镍合金,Mo、Ta	Al_2O_3,C	浸润 Mo,且侵蚀
Sr	锶	770	540	W,Ta,Mo	Mo,Ta,C	浸润所有 RM,但不能形成合金
Te	碲	450	375	W,Ta,Mo	Mo,Ta,C Al_2O_3	浸润所有 RM,但不能形成合金。污染真空。有毒
Th	钍	1900	2400	W		浸润 W。适用于 EBV
Ti	钛	1727	1740	W,Ta	C,ThO_2	与 W 反应。不与 Ta 反应,在熔化中有时 Ta 线会断裂
Tl	铊	304	610	Ni,Fe,Nb Ta,W	Al_2O_3	浸润左边所有金属,但不能形成合金。稍浸润 W、Ta,不浸润 Mo
U	铀	1132	1930	W		
V	钒	1890	1850	W,Mo	Mo	浸润 Mo,但不能形成合金。在 W 中的溶解度很小。与 Ta 形成合金
Y	钇	1477	1632	W		
Zn	锌	420	345	W,Ta,Mo	Al_2O_3,Fe,C,Mo	浸润 RM,但不形成合金。SiO_2:不发生反应,但不适合作蒸发源
Zr	锆	1852	2400	W		浸润 W,溶解度很小

注:RM—高熔点金属;EBV—电子束蒸镀

3.1.9 蒸发源的发射特性及膜层的厚度分布

薄膜的厚度及其在基片表面上分布的均匀性与蒸发源的蒸发特性、蒸发量、基片和蒸发源的几何形状及其相对位置等一系列因素有关。为了从理论上计算并找出薄膜厚度的分布规律，先对其蒸发过程作如下的假定：①蒸发是在较低的气压下进行的，蒸发源附近的蒸气分子与气体分子之间的碰撞可以忽略；②膜材蒸发过程中蒸发强度较低，可忽略蒸发源附近蒸气分子之间的碰撞效应；③到达基片的蒸发分子在第一次碰撞后，即被基片所凝结。

若蒸镀过程的压力低于 10^{-2}Pa 时，这些假定与实际情况非常接近。现就几种常用蒸发源的膜厚分布及其蒸发的特况简述如下。

(1) 点蒸发源

① 点蒸发源及其膜层的平均厚度

通常把能够向各个方向蒸发等量膜材的微小球状蒸发源，称为点蒸发源。简称点源，如图 3-24 所示。若一个微小的球状点源 dA，以每秒 m 克的蒸发速率均等的向各个方向蒸发时，则在单位时间内在任何方向上通过立体角 $d\omega$ 的蒸发膜材质量 dm 为：

$$dm=\frac{m}{4\pi}d\omega \tag{3-30}$$

如蒸发膜材到达与蒸发方向成 θ 角的小面积为 dA_2 上时，因立体角 $d\omega=dA_2\cos\theta/r^2$，所以单位时间内蒸发膜材到达 dA_2 上的质量 dm_2 为：

$$dm_2=\frac{m}{4\pi}\frac{\cos\theta}{r^2}dA_2 \tag{3-31}$$

若膜材的密度为 ρ，单位时间内沉积在 dA_2 上的膜层厚度为 t，即 $dm_2=\rho t\,dA_2$，则可得到单位时间内沉积在 dA_2 上的膜材平均厚度为：

$$t=\frac{m}{4\pi\rho}\cdot\frac{\cos\theta}{r^2} \tag{3-32}$$

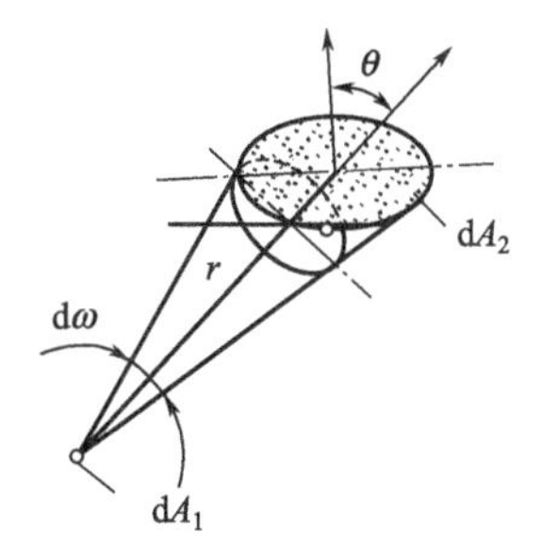

图 3-24 点蒸发源的发射

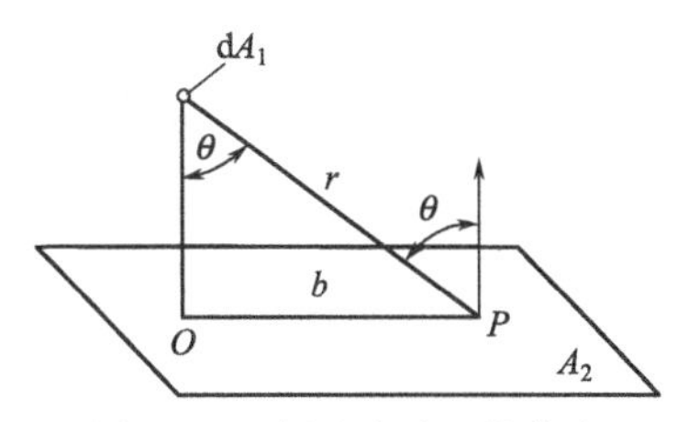

图 3-25 点源对平面的蒸发

② 点蒸发源及其在平面上分布的变化率

点源对平面的蒸发如图 3-25 所示。假如点源 dA_1 到平面上点 P 的距离为 r，到平面上的垂直距离为 h，垂足 O 点到 P 点的距离为 b，r 与 h 之间的夹角为 θ。由于 $\cos\theta=h/r$，$r^2=h^2+b^2$。因此，将其代入式(3-32)，即可得到 P 点处的膜厚为：

$$t=\frac{mh}{4\pi\rho(h^2+b^2)^{3/2}} \tag{3-33}$$

对于垂足 O 点上的膜厚，因 $b=0$，故膜厚 t_0 为：

$$t_0=\frac{m}{4\pi\rho h^2} \tag{3-34}$$

因此，平面上垂足点 O 到距离为 b 的任意点 P 的膜厚与 O 点上的膜厚度比值为：

$$\frac{t}{t_0}=\frac{1}{\left[1+\left(\frac{b}{h}\right)^2\right]^{3/2}} \tag{3-35}$$

这就是点源对平面蒸发的膜厚在平面上的变化率。

(2) 小平面蒸发源

① 小平面蒸发源及其膜层的平均厚度

在微小平面一个面上蒸镀膜材的蒸发源，称为小平面源。如图 3-26 所示，微小平面 dA_1 以每秒 m 的蒸发速率从小平面的一个面上蒸发膜材时，与该小平面法线成 φ 角度方向的立体角为 $d\omega_1$。这时膜材的蒸发质量 dm，依余弦定律可知：

$$dm=\frac{m}{\pi}\frac{\cos\phi\cos\theta}{r^2}dA_2 \tag{3-36}$$

若膜材密度为 ρ，单位时间内沉积在 dA_2 平面上的膜材平均厚度 t，则为：

$$t=\frac{m}{\pi}\frac{\cos\phi\cos\theta}{r^2}dA_2 \tag{3-37}$$

② 小平面源对平行平面的蒸发及其膜层厚度在平面上的变化率

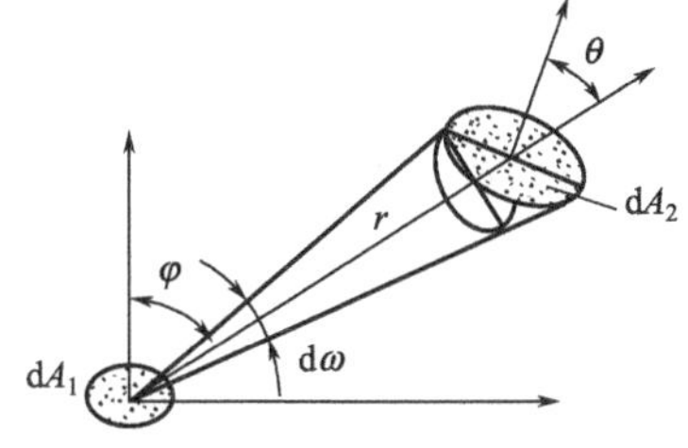

图 3-26 小平面蒸发源的发射

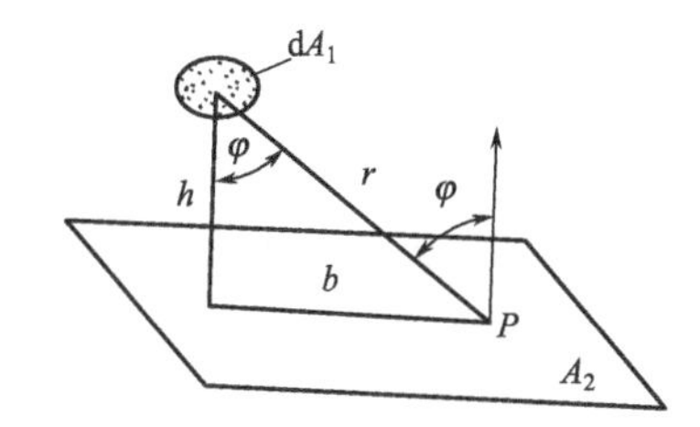

图 3-27 小平面源对平行平面的蒸发

小平面源对平行平面的蒸发，如图 3-27 所示。

小平面源 dA_2 与平面 A_2 平行，其平行距离为 h；A_2 平面上 P 点与小平面源的距离为 r，而与垂足 O 的距离为 b。由图可见，$r^2=h^2+b^2$，$\cos\theta=h/r$，参照式(3-37) 可得 P 点的膜厚为：

$$t=\frac{m}{\pi\rho}\frac{h^2}{(h^2+b^2)^2} \tag{3-38}$$

若 $b=0$，即为垂足 O 为点的膜厚 t_0。故有

$$t_0=\frac{m}{\pi\rho}\frac{1}{h^2} \tag{3-39}$$

比较上述二式，可得小平面源对平行平面蒸发的膜厚变化率公式如下：

$$\frac{t}{t_0}=\frac{1}{\left[1+\left(\frac{b}{h}\right)^2\right]^2} \tag{3-40}$$

利用式(3-35) 和式(3-40) 可绘制如图 3-28 所示的点源和小平面源相对膜厚分布曲线。由图可见，当 b/h 较小（即蒸距大而基片小）时，有利于提高膜厚的均匀度；点源比小平面源的膜厚均匀；两种源的相对膜厚分布相似。

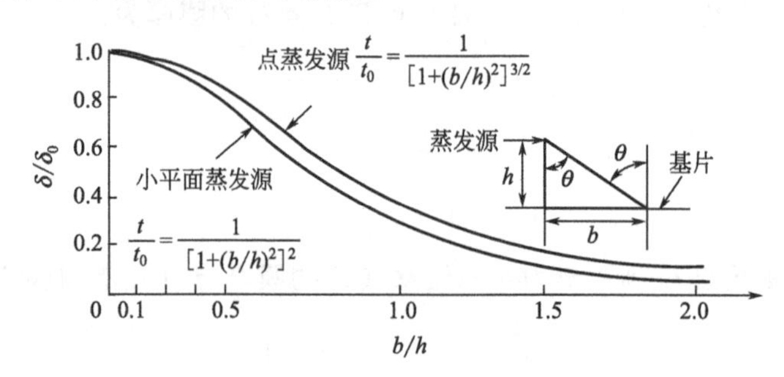

图 3-28 平面基片上相对膜厚的分布

比较式(3-34) 和式(3-39) 可知，在相同的膜材和蒸距的条件下，小平面源的最大膜厚可为点源的四倍。

(3) 环形蒸发源

环形蒸发源可视为由均匀分布在同一圆周上的一系列微小蒸发源组成。由于微小蒸发源的不同，可组成环形线源、环形平面源、环形锥面源及环形柱面源等不同形式的蒸发源。

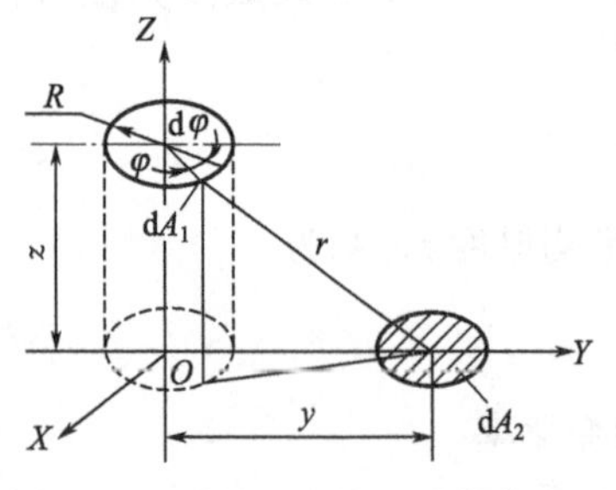

图 3-29 平面基片的环形线蒸发源

① 环形线蒸发源

均匀分布在同一圆周上的一系列点源就组成一个环形蒸发源。若环形源平面与基片平面平行，由图 3-29 所示的几何关系和点源的有关公式，通过积分即可得到环形线蒸发源的膜厚。现推导如下。

由图可知：

$$r^2=R^2+y^2+z^2+2Ry\cos\phi$$

设环形线源单位时间蒸发 m 克质量，则微元源单位时间蒸发的膜材质量为 $dm_1=\frac{m}{2\pi}d\varphi$。此微元源的蒸发角是 2π（点源是 4π），参考式(3-33)，则微元源在 P 点的膜厚为：

$$dt=\frac{mz}{4\pi^2\rho}\cdot\frac{d\varphi}{(R^2+y^2+z^2+2Ry\cos\phi)^{3/2}}$$

积分即可得到环形线源在 P 点膜厚：

$$t = \int \mathrm{d}t = \frac{mz}{4\pi^2\rho}\int_0^{2\pi} \frac{\mathrm{d}\varphi}{(R^2 + y^2 + z^2 + 2Ry\cos\varphi)^{3/2}} \tag{3-41}$$

利用数值积分法可得到环形线源在平行基片上蒸发镀膜膜厚为：

$$t = \frac{mz}{4\pi^2\rho}\sum_{i=1}^{i=n} \frac{\Delta\varphi}{[R^2 + y^2 + z^2 + 2Ry\cos\varphi(i\Delta\varphi)]^{3/2}} \tag{3-42}$$

式中 $\Delta\varphi=2\pi/n$，$n\geqslant24$ 为宜，利用计算机可以计算不同 R、Z、y 参量的膜厚 t 值。

若 $y=0$，即图 3-29 中原点 O 处的膜厚，记为 t_0，由式(3-41) 可知：

$$t_0=\frac{mz}{4\pi^2\rho}\cdot\frac{2\pi}{(R^2+z^2)^{3/2}} \tag{3-43}$$

比较式(3-42)、式(3-43)，即得环形线蒸发源对平行基片的膜厚变化率 t/t_0。

设环形线源 $R=z=1$，不同 y 值条件下膜厚分布如图 3-30 所示。由图可见，当 $y>R$ 时，膜厚下降很快；而当 $y>2R$ 时，膜厚变化率趋于恒定。

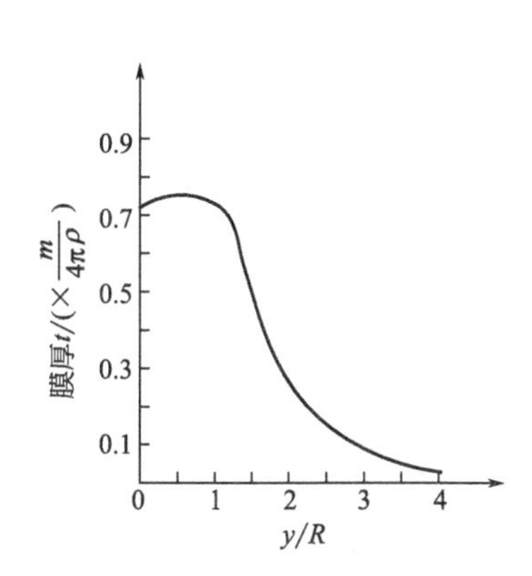

图 3-30 平行于基片的环形线源的膜厚

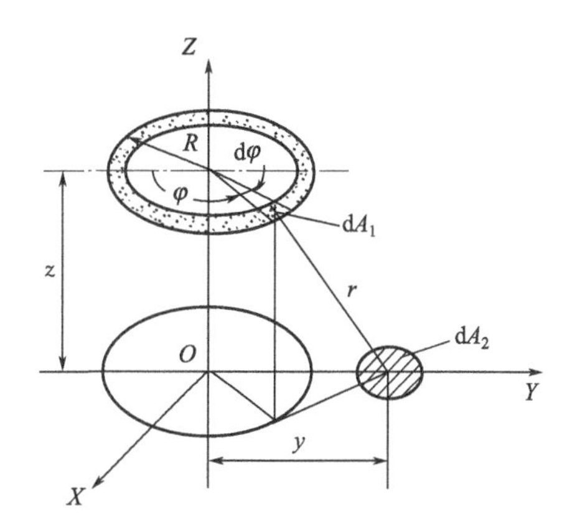

图 3-31 平行于基片的环形平面颊蒸发源

② 环形平面蒸发源

环形平面蒸发源可视为均匀分布在同一圆周上的一系列的平面蒸发源。如图 3-31 所示，平行于基片的环形平面蒸发源的膜厚分布可积分小平面源膜厚公式(3-38) 而得到。设环形平面源单位时间蒸发 m 克膜材，则微元平面源单位时间蒸发膜材为 $\mathrm{d}m_{A_1}=\frac{m}{2\pi}\mathrm{d}\varphi$。由式(3-38) 可知微元平面源 $\mathrm{d}A_1$ 在 $\mathrm{d}A_2$ 平面上的膜厚为：

$$\mathrm{d}t=\frac{mz^2}{2\pi^2\rho}\cdot\frac{\mathrm{d}\varphi}{(R^2+y^2+z^2+2Ry\cos\phi)^2}$$

因此，环形平面源在 $\mathrm{d}A_2$ 平面上的膜厚为：

$$\mathrm{d}t = \frac{mz^2}{2\pi^2\rho}\int_0^{2\pi} \frac{\mathrm{d}\varphi}{(R^2 + y^2 + z^2 + 2Ry\cos\phi)^2}$$

积分上式可得：

$$t=\frac{mz^2}{\pi\rho}\frac{R^2+y^2+z^2}{(R^2+y^2+z^2+2Ry)^{3/2}(R^2+y^2+z^2-2Ry)^{3/2}} \tag{3-44}$$

在原点 O 处的膜厚为：

$$t_0=\frac{mz^2}{\pi\rho}\frac{1}{(R^2+z^2)^2} \tag{3-45}$$

比较二式，即环形平面蒸发源在平行基片上的膜厚变化率为：

$$\frac{t}{t_0}=\frac{mz^2}{\pi\rho}\frac{(R^2+y^2+z^2)(R^2+z^2)}{(R^2+y^2+z^2+2Ry)^{3/2}(R^2+y^2+z^2-2Ry)^{3/2}} \tag{3-46}$$

设环形平面源半径为 R，各种不同的 z 值条件下的膜厚分曲线及其膜厚变化率曲线如图 3-32 所示。

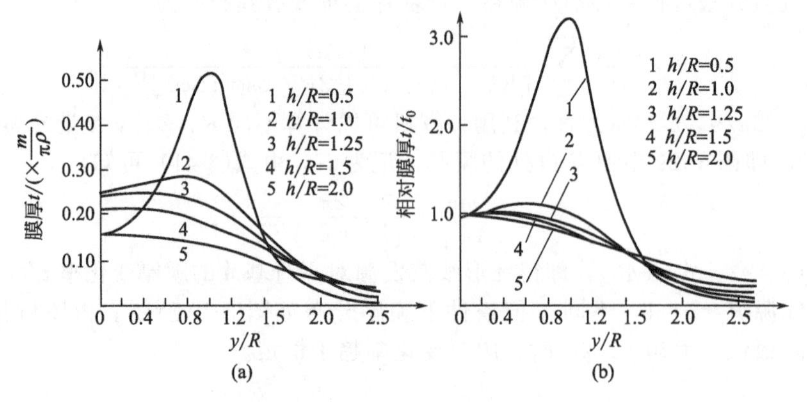

图 3-32 平行于基片环形平面源的膜厚

③ 环形柱面蒸发源

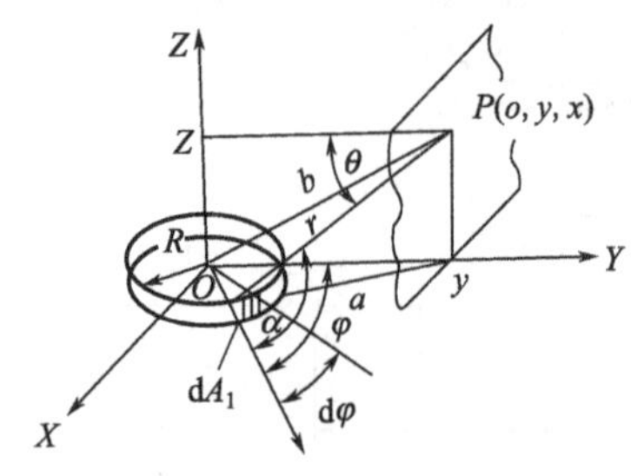

图 3-33 环形柱面蒸发源

环形柱面蒸发源如图 3-33 所示。这里讨论环形柱面源在 ZOY 平面上 P 点的膜厚。由图可知：微元源至 P 点的距离为 r，r 与 A_2 平面上 P 点的法线夹角为 θ，r 与微元源 dA_1 的法线夹角 α，且有：

$$r^2=R^2+y^2+z^2+2Ry\cos\varphi$$

$$\cos\theta=\frac{y-R\cos\varphi}{r}$$

$$\cos\alpha=\frac{R+y\cos\varphi}{r}$$

由小平面源的膜厚公式，微元源在 P 点的膜厚为：

$$dt=\frac{dm_{A_1}}{\pi\rho}\frac{\cos\alpha\cos\theta}{r^2}=\frac{dm_{A_1}}{\pi\rho}\frac{1}{r^4}[Ry\sin^2\varphi+(y^2-R^2)\cos\varphi]$$

设环形柱面源的蒸发速率为 m，则微元源 dA_1 的蒸发源 $dm_{A_1}=\frac{m}{2\pi}d\varphi$。将 dm_1 代入上式，并在对 P 点蒸发的有效角度（$-\varphi\sim\varphi$）内积分 dt，则得环形柱面源在 P 点膜厚 t：

$$t=\int_{-\varphi}^{\varphi}dt=\frac{m}{\pi^2\rho}\left\{Ry\int_{-\varphi}^{0}\frac{\sin^2\varphi}{r^4}d\varphi+(y^2-R^2)\int\frac{\cos\varphi}{r^4}d\varphi\right\}$$

$$=\frac{-m}{\pi^2\rho}\left\{\left[\frac{-\varphi}{2}-\frac{1}{4}\sin(-2\varphi)\right]+\right.$$

$$\left.\frac{2(y^2-R^2)}{2Ry}\left[\frac{(c^2+d^2)\tan\left(\frac{-\varphi}{2}\right)}{2c^2d^2\left(d^2+c^2\tan^2\left(\frac{-\varphi}{2}\right)\right)}+\frac{c^2-d^2}{2c^3d^3}\arctan\left(\frac{c}{d}\tan\left(\frac{-\varphi}{2}\right)\right)\right]\right\} \quad (3\text{-}47)$$

式中，R 为环形柱面半径；y 为 P 点与环形柱面源圆心的水平距离；z 为 P 点与环形柱面的垂直距离。

$$\varphi=\arccos(R/y)$$

$$c^2=a^2+1$$

$$a^2=\frac{R^2+y^2+z^2}{2Ry}$$

在已知 R、y、z、m 各参数的条件下，可用上述公式求得 P 点膜厚 t 值。

由于平面源的单向蒸发，在 $y/R=2\sim6$ 的范围内有效蒸发角 $\varphi=60°\sim80°$。将不同的 φ 值代入上述各式，即可得到不同蒸距的 P 点膜厚值。若 $z=0$，可计算出在环形柱面源对称平面上的膜厚 t_0。t/t_0，即为不同 z 值的膜厚变化率。因此，对于已知环形柱面源（R 和 m 已知），通过变化 y 和 z 值，可以优化膜厚均匀度。

(4) 矩形平面蒸发源

如图 3-34 所示的矩形平面蒸发源，可视为由若干个微元源 dA_1 组成。积分 dA_1 的膜厚就可得到矩形平面蒸发源的平行基片上的膜厚。

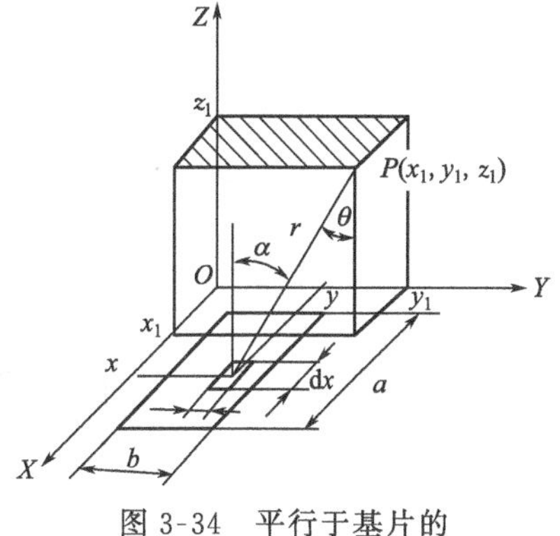

图 3-34 平行于基片的矩形平面蒸发源

由图可见

$$r^2=(x-x_1)^2+(y-y_1)^2+z_1^2$$

$$\cos\theta=\frac{z_1}{r}$$

$$\cos\alpha=\cos\theta=\frac{z_1}{r}$$

若矩形平面源的蒸发速率为 m，则微元源的蒸发速率为 $dm=\frac{m}{ab}dxdy$。由于微元源在 P 点的膜厚可用式(3-52) 计算，即：

$$dt=\frac{dm}{\pi\rho}\frac{z_1^2}{r^4}=\frac{mz_1^2}{\pi\rho ab}\frac{dxdy}{[(x-x_1)^2+(y-y_1)^2+z_1^2]^2}$$

因此，积分上式可得矩形平面源的膜厚：

$$t=\int dt=\frac{dm}{\pi\rho}\frac{z_1^2}{r^4}\int_b dy\int_a\frac{dx}{[(x-x_1)^2+(y-y_1)^2+z_1^2]^2} \tag{3-48}$$

设矩形平面源中心的坐标为 $(x_0,\ y_0)$，则积分限分别为 $(x_0,\ -\frac{a}{2})$、$(x_0,\ +\frac{a}{2})$ 和 $(y_0,\ -\frac{b}{2})$、$(y_0,\ +\frac{b}{2})$，所以改写上式为：

$$t=\frac{dmz_1^2}{\pi\rho ab}\int_{y_0-\frac{a}{2}}^{y_0+\frac{a}{2}}dy\int_{x_0-\frac{a}{2}}^{x_0+\frac{a}{2}}\frac{dx}{[(x-x_1)^2+(y-y_1)^2+z_1^2]^2} \tag{3-49}$$

采用数值积分和分步积分法，由上式可以计算空间任一点的膜厚。在蒸距（即 z_1）一定的条件下，比较各点的膜厚就可以得到该平面上的膜厚均匀度。因此其计算结果可以作为优化镀膜设备结构的设计依据。

(5) 基片与蒸发源的相对位置

① 点源与基片的相对位置

为了获得均匀膜厚，由式(3-32) 可见，点源必须设置在由基片所围成的球体中心，如图 3-35 所示。其各基片的膜厚相等，即

$$t=\frac{m}{4\pi\rho}\frac{1}{R^2} \tag{3-50}$$

式中，m 为点源的膜材蒸发质量；ρ 为膜材密度；R 为球面工件架半径。

② 小平面源与基片的相对位置

由式(3-37) 可以看出，欲得均匀膜厚，需 $\theta=\varphi$，因此基片应设置在球面上，如图 3-36 所示，其膜厚分布公式见式(3-50)。

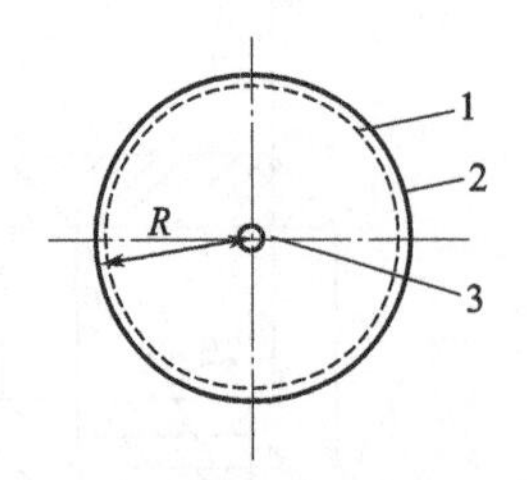

图 3-35 点蒸发源的等膜厚球面

1—基片；2—球面工件架；3—点蒸发源

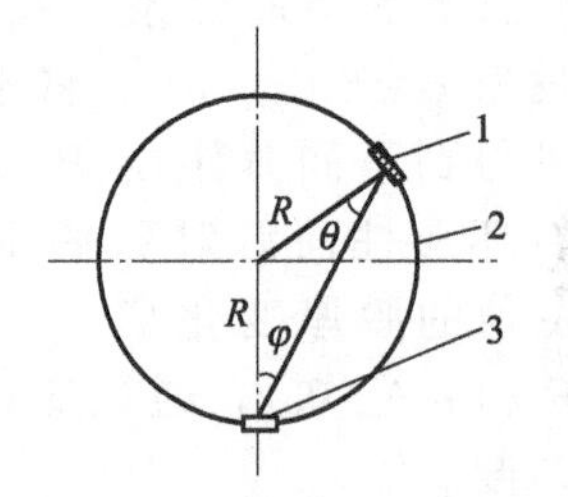

图 3-36 小平面源的等膜厚面

1—基片；2—球面工件架；3—小平面源

③ 小基片与蒸发源的相对位置

在小平面源的真空蒸发源镀膜装置中，如果基片的面积较小，为了获得均匀的膜厚，应当注意基片与蒸发源的相对位置。

圆形平面源可以视为由若干个环形平面源组成的，因此圆形平面在平行基片上的膜等于各个环形源的膜厚之和。设圆形平面源的半径为 R，蒸距为 L，基片上距平面源中垂线的距度为 y，各点的膜厚分布如图 3-37 所示。

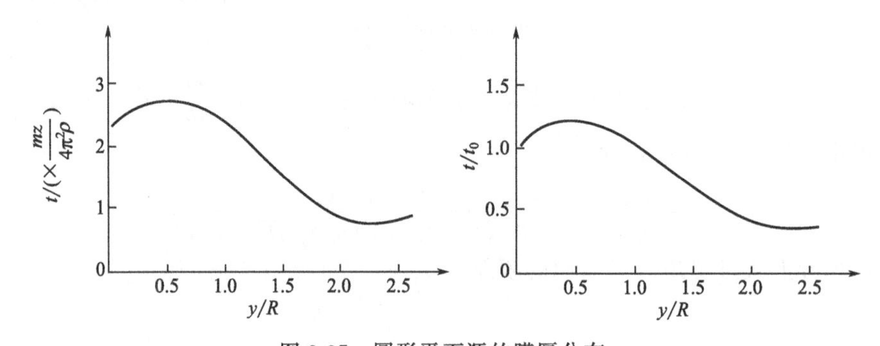

图 3-37 圆形平面源的膜厚分布

由图可见，若想获得比较均匀的膜厚，小基片与圆形平面源的相对位置应符合下列条件：

a. 蒸发源置于基片的中心线上；

b. 若蒸距 L，蒸发源半径为 R，则 $L \geqslant 2R$；

c. 若基片直径为 D，则 $D \leqslant 2R$。

3.2 溅射靶

3.2.1 溅射靶的结构及其设计要求

利用气体放电过程等离子体中所产生的正离子，轰击带有负电位的膜材表面，使其溅射出来的粒子（原子）沉积到基体成膜的装置，称为溅射靶，简称靶。

溅射靶在结构上主要由靶材、支撑靶材的靶体以及屏蔽罩等部件所组成。常用靶的典型结构如图 3-38 所示。图中（a）为磁控溅射镀膜中最为常用的矩形溅射靶；（b）为射频溅射中所用的射频溅射靶。用于各种不同溅射方式中各种靶结构，详见第 5 章中叙述。

溅射靶在结构设计上的要求是：

① 溅射靶应具有高的溅射率和好的冷却效果并且易于获得大面积厚度均匀膜层；

② 靶表面的刻蚀区应均匀并应具有高的靶材利用率；

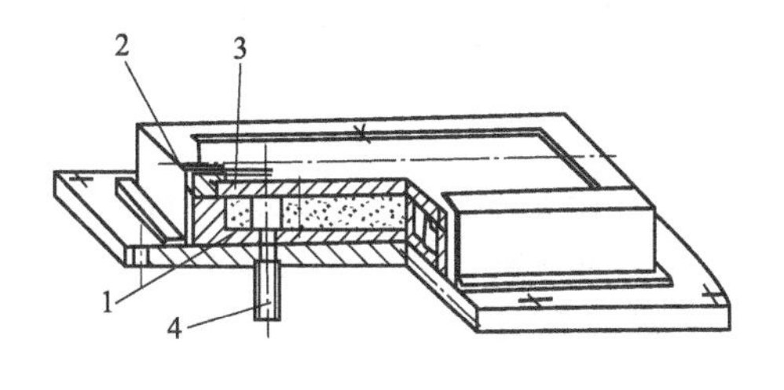

(a) 磁控溅射靶结构
1—阴极体；2—屏蔽罩；3—靶材；4—冷却水

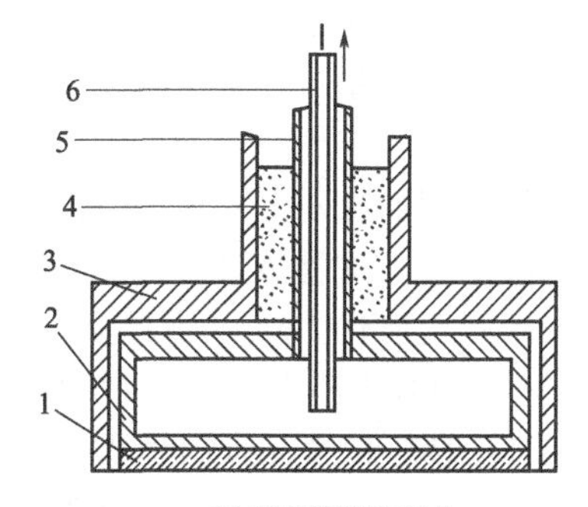

(b) 射频溅射靶结构
1—靶材；2—射频电极；3—屏蔽罩；4—绝缘子；5—水套；6—进水管

图 3-38 溅射镀膜工艺中的典型靶结构

③ 靶材与背板的连接紧密，更换靶材时应拆卸方便；

④ 防止溅射非靶材零件，消除非靶材粒子对膜层的污染。

3.2.2 溅射靶材[10]

(1) 靶材的选用原则及其分类

随着溅射镀膜特别是磁控溅射镀膜技术的日益发展，目前，几乎可以说，对任何材料都可以通过离子轰击靶材制备薄膜，由于靶材被溅射的过程中将其涂覆到某种基片上，对溅射膜的质量有着重要的影响，因此，对靶材的要求也更加严格。在靶材选用上，除了应按膜本身的用途进行选择外，还应考虑如下几个问题：

① 靶材成膜后应具有良好的机械强度和化学稳定性；

② 靶材与基体结合必须牢固，否则应采取与基体具有较好结合力的膜材，先溅射一层底膜再进行所需膜层的制备；

③ 作为反应溅射成膜的膜材必须易与反应气体生成化合物膜；

④ 在满足膜性能要求的前提下，靶材与基体的热膨胀系数的差值越小越好，借以减小溅射膜热应力的影响；

⑤ 根据膜的用途与性能要求，所选用的靶材必须满足纯度、杂质含量、组分均匀性、机械加工精度等技术要求。

按靶材的应用领域，材质及靶材形状的不同所给出的分类见表 3-18。

表 3-18 靶材的分类

分类方法	应用实例
应用领域	半导体膜、介质膜、显示膜、光学膜、装饰膜
材质	金属靶材(Al、Sn、Zn、Ti、Ni、Cr、Zr、Ir、Ag、Au、Pt、Hf、Nb、Cu、W、Mo、To等)
	合金靶材(金铟、不锈钢、铜锡、镍铬、钛铝、钛锆、钛金、金银、金镍、金钯、钨钼等)
	磁性靶材(纯铁、坡莫合金等)
	氧化物靶材(氧化铟锡、陶瓷等)
靶材形状	板状、管状、线状、棒状

(2) 几种常用靶材的制备[11~15]

① 铬靶

铬作为溅射膜材不但易与基材结合有很高的附着力，而且铬与氧化物生成 CrO_3 膜时，其机械性能、耐酸性能、热稳定性能都较好。此外，铬在不完全氧化状态下还可生成弱吸收膜。将纯度98%以上的铬制成矩形靶材或圆筒形铬靶材已有报道。此外，采用烧结法制成铬矩形靶的技术也已成熟。

② ITO靶

制备ITO膜所用的靶材，过去通常采用In-Sn合金材料来制靶。然后，在镀膜过程中通氧后而生成ITO膜。这种方法由于反应气体控制较难，制膜重复性较差。因而，近几年已经被ITO烧结靶所取代。ITO靶材典型的工艺过程是按质量配比，通过球磨法将其充分混合后，再加入专用有机粉合剂将其混合成所要求的形状，并通过加压压实后，再将板块在空气中以100℃/h的升温速度升温到1600℃后保温1h，再以冷却速度为100℃/h降到常温而制成。制靶时靶平面要求磨光，以免在溅射过程中出现热点。

③ 金及金合金靶

金，光泽迷人，具有良好的耐蚀性，是理想的装饰品表面涂覆材料。过去采用的湿镀法膜附着力小、强度低、耐磨性差，还有废液污染问题。因此，必然被干式镀所取代。采用溅射技术镀金或金合金的靶材成分见表3-19所示。其靶型有平面靶、局部复合靶、管状靶、局部复合管状靶等。其制备方法主要是通过配料后的真空熔炼、酸洗、冷轧、退火、精轧、剪切、表面清洗、冷轧复合式包合等一系列工艺过程而制取的。这种技术在国内已通过鉴定，使用效果良好。

表3-19 几种金及金合金靶材

靶名称	金含量	添加含量	杂质	靶名称	金含量	添加含量	杂质
金靶	99.995%		＜0.005%	金钯合金靶	金的余量	Pd(1%～25%)	＜0.05%
金镍合金靶	金的余量	Ni(1%～20%)	＜0.05%	金银合金靶	金的余量	Ag(1%～20%)	＜0.05%
金铟合金靶	金的余量	In(1%～5%)	＜0.05%				

④ 磁性材靶

磁性材料靶主要是用于镀制薄膜磁头、薄膜磁盘等磁性薄膜器件上。由于采用直流磁控溅射法对磁性材料进行磁控溅射较为困难。因此，这种靶在制备上采取了所谓具有“间隙靶型”的CT靶。其原理是在靶材表面上切出许多间隙使磁系统可在磁材料靶表面上产生漏泄磁场。从而，使靶材表面上能够形成正交磁场而达到磁控溅射成膜的目的。据称这种靶材的厚度可达到20mm。

(3) 靶材与阴极背板的连接

靶材与阴极背板的连接是制靶技术中的重要一环，方法较多，简介如下。

① 导电胶粘接法

这种方法多用于靶功率密度小于$8W/cm^2$或贵重金属与背板的结合上，黏结剂中多掺入银粉以利于靶的导电性能。

② 真空钎焊法

采用真空钎焊技术将靶材焊接到水冷背板上，最大优点是冷却效果好，可提高阴极的热负荷能力从而可以把靶的功率密度提高到$30～50\ W/cm^2$。

目前最常采用的钎焊工艺是铟基合金的真空热压钎焊技术。常用的低熔点焊料见表3-20。

③ 机械固定法

早期采用的机械固定法是用压框通过螺钉将靶材固定到背板上。这种方法最大缺点是靶材与背板不易贴紧从而影响靶材的冷却效果。如不采用背板使冷却水直接冷却靶材又易在“O”型密封圈处产生腐蚀，有使冷却水渗入到真空室中的危险。

表 3-20 几种常用的低熔点焊料

成分(质量分数)/%				温度/℃	
In	Sn	Pb	Bi	液　态	固　态
100	0	0	0	157	157
21	12	18	49	138	—
		22	56	104	95
48			117	117	
25	37.5	37.5		138	—
	42		58	138	—
42	58			145	117
12	70	18		174	150
70		30		174	100
	50	50		214	183
	40	60		238	183

此外，采用垂直安装并进行双面溅射的，被称为背环式矩形磁控溅射靶，在靶材安装上利用导磁极靴，采用卡钳结构，将水冷板和靶材压紧。必要时还可以在靶材与水冷板中间夹一薄层的低熔点导热材料。这种结构不但简单可靠便于加工和更换靶材，而且靶材种类也不受限制。同时，还可以采用拼接靶材的方法来提高靶材和利用率。

④ 公差配合法

这种方法是在水冷套与靶材之间采用间隙配合的原理而进行的。当靶面被溅射时因靶材温度升高受热膨胀后与背板产生过盈配合而被固定在背板上。当靶不工作时，由于常温下的间隙配合使靶材的更换变得十分容易。这种方法已成功地应用在S枪磁控溅射靶上。

⑤ 镶嵌复合法

矩形磁控靶镶嵌法是将阴极背板按设计要求铣槽，通过对靶材表面处理后，将靶材置于被铣槽中。在常温下用轧机进行固相轧制，从而制成镶嵌式复合靶。这种复合制靶工艺，不但能使靶材牢固地固定在背板上，而且当靶材受到离子轰击时也不会产生变形与脱落。对圆柱形靶而言，可采用全包覆的办法，把靶材接头处镶嵌在预先铣好的阴极背管槽中，使靶材紧贴于阴极背管上。这两种方法不但连接牢固而且极大地提高靶材的利用率。

参 考 文 献

[1] 麻田立男．薄膜作の四基础．日本日刊工业新闻社，1984.

[2] 李云奇．真空镀膜技术与设备．沈阳：东北大学出版社，1989.

[3] 江剑平．阴极电子学与气体放电原理．北京：国防工业出版社，1980.

[4] [美] 苏达尚编．表面改性技术工程师指南．范玉殿等译．北京：清华大学出版社，1992.

[5] 徐成海主编．真空工程技术．北京：化学工业出版社，2006.

[6] ULVAC. 半连续卷取式真空蒸着装置．“EW—シリス”．

[7] Bernharel Keiser. Principles of Electromegnetic Compatibility. 世界图书出版公司．

[8] 关奎之．真空，1993 (5).

[9] 达道安主编．真空设计手册．第3版．北京：国防工业出版社，2004.

[10] 李云奇等．真空，2000 (1)：37-39.

[11] 夏慧等//TFC'99全国薄膜学术讨论文集．1999.10. (239)

[12] 姜燮昌编译．ITO膜的溅射沉积技术 [C]. 沈阳，1998.2.

[13] 姚春升等//TEC'95全国薄膜学术讨论文集．1995，10 (3).

[14] 刘革等．真空，1996 (4)：44.

[15] 安庆山等．真空，1983 (4)：58.

[16] 王治德．真空，1999 (2)：27.

第4章

真空蒸发镀膜

4.1 真空蒸发镀膜技术

真空蒸发镀膜是真空镀膜技术中开发时间最早，应用领域最广的一种薄膜沉积方法。自1857年法拉第首次使金属在真空中蒸发成膜后，到目前已经走过了一个半世纪的历史进程。近年来随着长寿命电阻蒸发源、电子束蒸发源、激光束蒸发源等在真空蒸发膜技术中的应用，使这一技术的发展更趋完善。目前，这一技术仍然在真空镀膜技术中占有相当重要的地位。

4.1.1 真空蒸发镀膜原理及蒸镀条件[1]

真空蒸发镀膜的原理如图4-1所示。它是将膜材置于真空镀膜室内，通过蒸发源使其加热蒸发。当蒸发分子的平均自由程大于蒸发源与基片间的线尺寸后，蒸发的粒子从蒸发源表面上逸出，在飞向基片表面过程中很少受到其他粒子（主要是残余气体分子）的碰撞阻碍，可直接到达基片表面上凝结而生成薄膜。

从这一原理中不难看出，真空蒸发镀膜的工艺过程是由膜材在蒸发源表面上的蒸发、蒸发后的粒子（主要是原子）在气相中的迁移、到达基片表面上通过吸附作用在基片表面上凝结生成薄膜等三个过程所组成。这种工艺过程创造一个良好成膜条件是十分必要的。现就这三个过程分述如下。

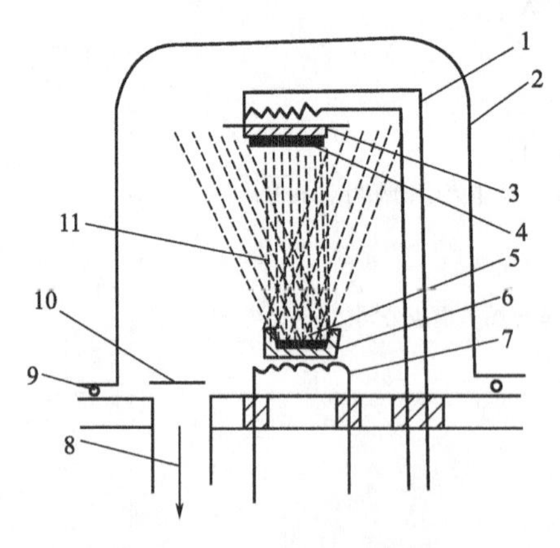

图4-1　真空蒸发镀膜原理

1—基片加热电源；2—真空室；3—基片架；4—基片；5—膜材；6—蒸发盘；7—加热电源；8—排气口；9—真空密封；10—挡板；11—蒸气流

（1）膜材的蒸发过程

① 膜材的蒸发温度与蒸气压

膜材在蒸发源中的加热蒸发，可使膜材粒子以原子（或分子）的形态进入到气相空间中。由于金属或非金属材料，在真空中，蒸发要比在大气压下蒸发容易得多，所需的蒸发温度有所降低，因此可缩短它的熔化过程，提高膜材的蒸发效率。如铝在大气压下的蒸发温度为2400℃。但是，在1.3×10^{-2}Pa的真空条件下，它的蒸发温度就会下降到847℃。由于一般材料均具有这种在真空气氛中易于蒸发的特性，因此在真空气氛下为膜材的蒸发创造了一个极为有利的条件。表 4-1 给出了在蒸气压为 1.3Pa 时常用材料的熔化温度及其蒸发温度。

表 4-1 常用材料的熔化温度及其在 p_v=1Pa 时的蒸发温度

材料	熔化温度/℃	蒸发温度/℃	材料	熔化温度/℃	蒸发温度/℃
铝	660	1272	锡	232	1189
铁	1535	1477	银	961	1027
金	1063	1397	铬	1900	1397
铟	157	952	锌	420	408
镉	321	217	镍	1452	1527
硅	1410	1343	钯	1550	1462
钛	1667	1737	Al_2O_3	2050	1781
钨	3373	3227	SiO_3	1610	1725
铜	1084	1257			

从表中可以看出，某些材料如铁、镉、锌、铬、硅等，可从固态直接升华到气态，而大多数金属及电介质则是先达到熔点，然后从液相中蒸发。一般来说，金属及其他热稳化合物在真空中，只要加热到能使其饱和蒸气压达到 1Pa 以上时，均能迅速蒸发。而且，除了锑以分子形式蒸发外，其他金属均以单原子进入气相。

在温度一定时，真空镀膜中膜材的蒸气在固体或液体的平衡过程中所表现出来的压力称为该温度下的饱和蒸气压。通常真空室中其他部位的温度远低于蒸发源的温度。因此，蒸发的膜材原子或分子极易于凝结。这时若蒸发速率大于凝结速率，即可建立起动态平衡的饱和蒸气压。反之，若蒸发速率小于凝结速率时，则动态平衡的蒸气压力小于饱和蒸气压力。

若饱和蒸气压为 p_v，依克劳修斯-克拉珀龙方程可导出：

$$\frac{dp_v}{dT}=\frac{\Delta H_v}{T(V_g-V_L)} \tag{4-1}$$

式中，H_v 为摩尔汽化热；V_g 为气相摩尔体积；V_L 为液相摩尔体积；T 为热力学温度。

因为 $V_g \gg V_L$，而且在压力很低时，蒸气符合理想气体定律，令 $V_g-V_t \approx V_g=RT/p$，这时式(4-1) 即可写成：

$$\frac{dp_v}{p_v}=\frac{\Delta H_v dT}{RT^2} \tag{4-2}$$

由于汽化热 ΔH_v 是温度的慢变函数，故可近似将其看成常数。于是积分后即得：

$$\ln p_v=C-\frac{\Delta H_v}{RT} \tag{4-3}$$

式中，C 为积分常数，因此可得：

$$\ln p_v=A-\frac{B}{T} \tag{4-4}$$

式中，$A=\frac{C}{2.3}$、$B=\frac{\Delta H_v}{2.3R}$，$A$ 与 B 值可由实验确定。且 ΔH_v=19.1213 (J/mL)。

可见，式(4-4) 表明了蒸发膜材的蒸气压与温度的关系，即蒸气压随温度的升高而迅速增大。在真空蒸发镀膜工艺中，通常蒸气压为 1Pa 左右。因此，可以大致上确定膜材的加热温度。若蒸发温度高于熔点金属，则为熔化以后的蒸发，低于熔点的金属为升华状态的蒸发。

常用金属元素蒸气压与温度的关系，如图 4-2 所示。

从图 4-2 中可以看出，各种元素的蒸气压随温度的增高而迅速增高。膜材的汽化过程与温度有密切关系，几种常用金属的汽化热与温度的关系式见表 4-2。

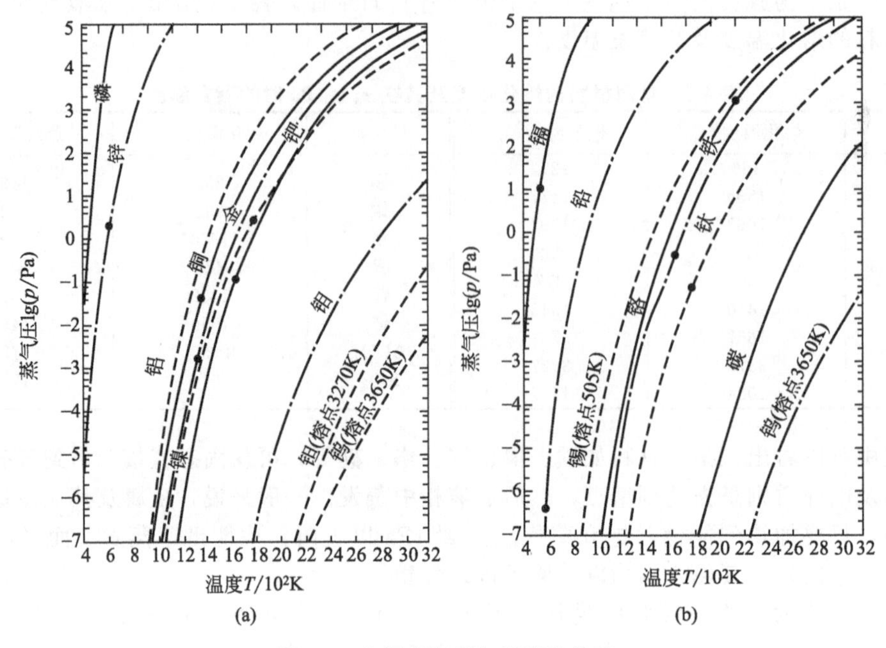

图 4-2 金属蒸气压与温度的关系

表 4-2 几种常用金属汽化热与温度的关系式

材　　料	汽化热(kJ/mol)与温度(K)的关系	备　　注
Al	$(67.580-0.20T-1.61\times10^{-3}T^2)\times4.186$	
Cr	$(89.400+0.20T-1.48\times10^{-2}T^2)\times4.186$	Cr 从固态直接转变到气态
Cu	$(80.070-2.53T)\times4.186$	
Au	$(88.280-2.00T)\times4.186$	
Ni	$(95.820-2.84T)\times4.186$	
W	$(202.900-0.68T-0.33\times10^{-3}T^2)\times4.186$	

从表中所给出的各方程可知，汽化热随温度增高而逐渐减小。汽化热的作用，一是克服固体或液体中原子间的吸引力，使某些原子或分子有足够大的能量去克服这种束缚力而逸出到气相；二是给逸出的粒子动能。这种动能较小，平均每个原子为 $3/2kT$。对于常用温度下每个原子的 $3/2kT$，大约为 0.2eV。只占总气体热很小的一部分。因此，汽化热主要还是用来克服膜材中原子间的吸引力所需的能量上。这就是蒸发镀粒子到达基片上能量较低，膜附着力小于溅射镀和离子镀的原因之一。

② 膜材的蒸发速率

以蒸气形式在单位时间内（s）从单位膜材表面（cm^2）上所蒸发出来的分子数，可用下式表达：

$$N=2.64\times10^{24}p\left(\frac{1}{T\mu}\right)^{1/2} \tag{4-5}$$

式中，p 为膜材的温度为 T 时的饱和蒸气压力，Pa；T 为绝对温度，K；μ 为膜材的分子量。

如果把蒸发出来的膜材用质量单位克表示，则其表达式为：

$$G_m=4.37\times10^{-2}\left(\frac{\mu}{T}\right)^{1/2}p\quad[\mathrm{g/(m^2\cdot s)}] \tag{4-6}$$

在真空中单位面积的蒸发速率，可用式(4-5)、式(4-6) 来表示。

应当指出，膜材的蒸发速率除了与其自身的分子量、绝对温度和膜材在温度 T 下的饱和蒸气压有关外，还与它的表面清洁程度有关。蒸发材料上出现污物，蒸发速率将降低。特别是氧化物，它可以在被蒸镀金属上生成不易渗透的膜皮而影响蒸发。如果氧化物较蒸镀材料易于蒸发（如 SiO_2 对 Si）或氧化物加热时分解，或蒸发材料能穿过氧化物而迅速扩散，则氧化物膜所受到的影响将会得到降低。

(2) 膜材蒸发粒子在气相中的迁逸过程[2]

膜材粒子进入到气相进行自由运动的特点与真空室内的真空度有着密切的关系。如前所述，常温下空气分子的平均自由程 $\bar{\lambda}$ 可由下式表示：

$$\bar{\lambda}=\frac{6.52\times10^{-1}}{p}(\text{cm}) \tag{4-7}$$

若 $p=1.3\times10^{-1}$ Pa，$\bar{\lambda}=5$cm；在 $p=1.3\times10^{-4}$ Pa 时，$\bar{\lambda}\approx5000$cm。这样 1.3×10^{-1} Pa 时，虽然每立方厘米还有 3.2×10^{10} 个分子，但分子在两次碰撞之间，有约 5cm 长的自由途径。在通常的蒸发压力下，平均自由程较蒸发源到基片的距离大得多，大部分膜料分子将不会与真空室内剩余气体分子相碰撞，而是直接飞到基片上去，只有少数粒子在迁移途中发生碰撞而改变运动的方向。

若设蒸发出的分子数为 z_0，在迁移途中发生碰撞的分子数为 z_1，蒸发度距离为 l，则发生碰撞的分子数占总蒸发分子数的比率可由下式求出：

$$\frac{z_1}{z_0}=1-e^{-\frac{l}{\lambda}} \tag{4-8}$$

$$z_1=z_0(1-e^{-\frac{l}{\lambda}}) \tag{4-9}$$

图 4-3 是在途中发生碰撞的分子百分数（%）与实际路程对平均自由程之比的曲线。当平均自由程等于蒸发源到基片的距离时，有 63% 的分子发生碰撞；当平均自由程 10 倍于蒸发源到基片的距离时，只有 9% 的分子发生碰撞。可见平均自由程必须较蒸发源到基片的距离大得多，才能保证分子在迁移过程中避免发生碰撞。

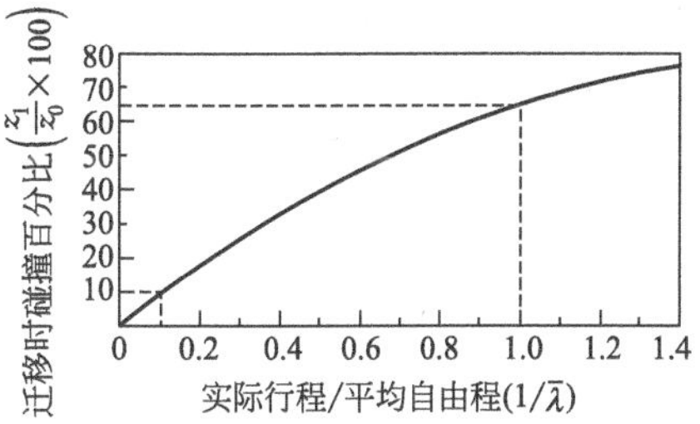

图 4-3 分子在迁移途中发生碰撞的百分比与实际路程对平均自由程之比的关系曲线

目前，常用的真空蒸发镀膜机蒸距均不大于 50cm。因此，在真空蒸发镀膜设备中，镀膜室所选用的真空度一般应高于 10^{-2} Pa 为宜。

在真空镀膜过程中对真空度的要求并非是越高越好。因为在真空室内真空度超越 10^{-6} Pa 时，必须经过对真空系统的烘烤去气才能达到。由于烘烤去气会造成基片的污染。因此，在不经过烘烤去气即可得到 10^{-5} Pa 的高真空下去制膜，其膜的质量不一定比超高真空下所制备的膜的质量差，这一点是值得注意的。

由于残余气体在蒸镀过程中对膜的影响很大，因此分析真空室内残余气体的来源，借以消除残余气体对膜质量的影响是重要的。

真空室中残余气体分子的来源，主要是真空系统表面上的解吸放气以及蒸发源释气和高真空泵油的返流以及系统的漏气等原因所造成的。若系统结构设计良好，则真空油的返流及系统的漏气并不会造成严重的影响，表 4-3 给出了真空室壁上单分子层所吸附的分子数 N_s 与气相中分子数 N 的比值。一般情况下，在常用的真空系统中，当压力在 10^{-4} Pa 时，容器表面上所吸附的单层分子数，远远超过了气相中的分子数。因此，除了蒸发源在蒸发过程中所释放的气体外，在密封良好的和清洁的真空系统中，在气压处于 10^{-4} Pa 时，从器壁表面上被解吸出来的气体分子就是真空系统内的主要气体来源。这些气体分子解吸后引起真空室压力的增高，在系统内温度较低时，可以利用膜材蒸发后所产生的吸气作用加以降低。但是，如果系统内部温度高时，解吸速率也会大大提高，其吸气效果并不明显。

表 4-3 单分子层内所吸附的分子数与气相分子数之比

气压/Pa	$N_s/N=n_sA/nV$	气压/Pa	$N_s/N=n_sA/nV$
10^3	$2.0\times10^{-5}A/V$	1	$1.5A/V$
10^2	$1.5\times10^{-2}A/V$	10^{-4}	$1.5\times10^4A/V$

注：A—真空系统内的表面积，cm^2；V—真空系统的容积，cm^3；n_s—真空室壁单位面积上所吸附单一分子层上的分子数，个/cm^2；n—气相中单位体积内所具有的分子数，个/cm^3。

表中表明：①低真空时 $N=nV$ 起作用；

②高真空时 $N_s=n_sA$ 起作用。

残余气体对真空系统的所有表面，包括正在生长着的膜的表面随时都会受到它的轰击。而且，对于室温时，处于 10^{-4}Pa 压力下的空气，在数量上足以形成单一分子层的分子数所需的时间只有 2.2s。其入射的黏着分子数（黏着系数）介于 0～1 之间，其取值应根据基片表面温度和性质以及气体的性质而定。可见，在薄膜制备过程中，如果要求获得高纯度的膜层，必须使膜材原子到达基片上去的速率大于残余气体到达基片上去的速率，只有这样才能制备出纯度较好的膜层。这一点对于活性金属更为重要。因为这些金属的清洁表面其黏着系数均接近于 1。

据有关资料介绍，膜材在 10^{-2}～10^{-4}Pa 下蒸发时，蒸气分子与残余气体的分子到达基片上去的数量大致相等，这必将给薄膜质量带来不良的影响。因此需要合理设计镀膜设备的抽气系统，保证膜材蒸气分子到达基片表面的速率高于残余气体分子到达基片表面的速率，借以提高膜的纯度，减少残余气体分子对膜的轰击和污染。

此外，在 10^{-4}Pa 时真空室内残余气体的组分，水蒸气约占 90%以上。因此在该压力下进行蒸镀，实际上相当于在水蒸气中制膜。为了减少水分，提高真空室温度，使水解吸，也是提高膜层质量的一种可行办法。

关于蒸发源在高温下的放气，也应注意。可先用挡板挡住基片。然后，对膜材加热，进行一段时间的去气。此时，在真空系统抽气和被蒸发出来的膜材所产生的吸气作用下，可使真空室内的真空度提高。然后，再把挡板打开进行镀膜，这对减少真空室内的活性气体，提高膜的质量也是一种有效的措施。

为了尽量减少残余气体及水汽的影响，提高膜层的纯度，一般采用下列措施。

① 烘烤。使真空室内壁、内部夹具、基片等器件上吸附的气体解吸出来，由真空泵排除。这对镀制要求较高的膜层是极为重要的。

② 对蒸发材料加热除气。即在镀膜开始前，让蒸镀材料先自由蒸发一段时间（此时用挡板挡住基片，防止镀在基片上）。然后，打开挡板开始蒸镀薄膜。由于室内活性气体减少，所以提高了膜层质量。

③ 把真空度提高到 1.3×10^{-4}Pa 以上，使膜材分子到达基片的概率高于残余气体分子到达基片上的概率。也是真空蒸发镀膜要求在高真空条件进行的又一原因。

（3）蒸发粒子到达基片表面上的成膜过程[3]

膜材蒸发后，向基片迁移和淀积过程中与残余气体分子向基片上的不断碰撞是同时发生的。这些残余的气体分子，碰撞基片表面后部分被反射到气态空间，部分被淀积膜层埋葬吸附。后者对膜的生成是十分不利的。

残余气体分子对基片的碰撞概率 N，可按余弦定律求得：

$$N_g=2.64\times10^{24}p_g\left(\frac{1}{T_g\mu_g}\right)^{1/2} \tag{4-10}$$

式中，p_g、T_g、μ_g 分别为残余气体的压力、绝对温度（K）和分子量。

如将膜材经过加热蒸发后，蒸发粒子在单位时间内凝结在基片单位面积上的分子数称为膜材的凝结速率，以 N_d 表示。凝结速率与蒸发源的蒸发特性、源与基片的几何形状及源与基片间的距离（蒸距）有关。这里仅分别写出它与前节中所详述的点源和小平面源的凝结速率 N_{dpoi} 与 N_{dpl} 的表达式：

$$N_{dpoi}=\frac{N_e A\cos\theta}{4\pi r^2}\alpha \tag{4-11}$$

$$N_{dpl}=\frac{N_e A\cos\theta\cos\varphi}{\pi r^2}\alpha \tag{4-12}$$

式中，A 为蒸发源的蒸发面积；r 为膜材发射到基片上去的距离；θ 为蒸气入射方向与基片表面法线间的夹角；φ 为蒸气发射方向与蒸发源表面法线间的夹角；N_e 为膜材的蒸发速率；α 为黏着系数（凝结系数），其值介于 0 和 1 之间，它与基片的性质、表面温度及蒸气的性质有关，对活性金属表面清洁的基片而言，α 近似为 1。

从式(4-10)、式(4-12) 可以求得对小面源气体分子碰撞概率与蒸汽分子凝结速率之间的比值关系，即：

$$\frac{N_g}{N_d}=\frac{p_g}{p}\sqrt{\left(\frac{T\mu}{T_g\mu_g}\right)\frac{\pi r^2}{\alpha_1\alpha_2\cos\theta\cos\varphi A}} \tag{4-13}$$

在给定的蒸发源与基片形状的情况下，如果气体和蒸发温度确定后，上式可简化如下；

$$\frac{N_g}{N_d}=\frac{p_g}{p}K \tag{4-14}$$

式中，K 为常数；$\frac{p_g}{p}$ 比值，即可以表明残余气体对膜层污染程度。可见 $\frac{N_g}{N_d}$ 与残余气体的压力 p_g 成正比，与室内压力 p 成反比。因此在真空室内真空度一定的条件下，适当提高膜材的蒸发速率就可以减少残余气体对膜材的污染。因此，在真空蒸发镀膜工艺中只要提高室内的真空度和膜材的蒸发速率，依据实际用途的需要选定合适镀膜参数可以获得质量良好的涂层。

4.1.2 薄膜材料

真空蒸发镀膜中采用的被镀材料称为薄膜材料，简称膜材或镀材。在溅射镀膜中称为靶材。如果从所用薄膜材料的种类来看，主要有如下几种薄膜材料。

(1) 纯金属材料

对于纯金属材料，由于它的蒸发（升华）是单一的，因此，淀积到基体上的薄膜材料与从蒸发源上蒸发出来的膜材完全相同。只要避免它在加热蒸发过程中杂质的混入，就可以得到组分单一的纯金属膜层。因此它的蒸发速率与单一金属的饱和蒸气压力的关系，除了可以通过式(4-4) 和式(4-6) 进行计算外，还可以采用下述的经验公式求出其饱和蒸气压 p 为[3]：

$$p=K_1 e^{-K_2/T} \tag{4-15}$$

式中，K_1 与 K_2 取决于材料的常数。

图 4-4 为某些金属的蒸发速率与温度的关系曲线。

各金属膜材的蒸发特性，可参阅本章给出的参考文献 [3]。现仅就常用的某些金属的蒸发特性进行一些讨论。

① 铝

铝薄膜可用作导体、电容器电极、反射器以及装饰品等应用。

铝在 660℃时熔化，在 1100℃以上时开始迅速地蒸发。在蒸发温度时，铝为一种高度流

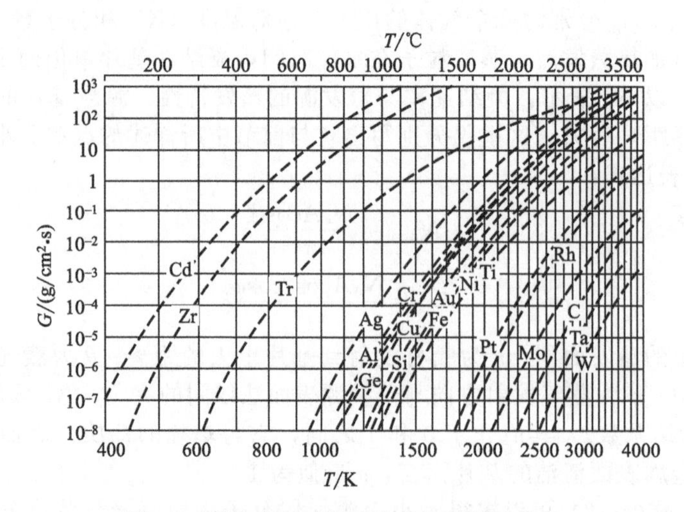

图 4-4 某些金属的蒸发速率与温度的关系

动的液体。它对于难熔材料极易相湿及在表面上流动。同时，可渗入到难熔材料的微孔中。铝在高温时与陶瓷材料也能产生化学反应。并能与难熔金属形成低熔点合金。

实验证明，铝被汽化时，不是铝与坩埚材料起化学反应，就是坩埚材料被蒸发。熔化的铝在真空中的化学活泼性比在较高压力下更甚。因此，对蒸发铝的蒸发源必须进行认真地选择。目前多采用钨丝或钽丝加热式蒸发源。蒸发大量的铝时，可采用连续式送丝或感应加热式蒸发源。

② 铬

铬在 1900℃时熔化。但在 1397℃下蒸气压即可达到 1Pa。因此，不用熔化即可蒸发。由于铬的附着力强，所以这种材料可做为附着力较差的蒸发金属材料的“附着剂”。

此外，铬对于玻璃或陶瓷等基本附着力比其他普通金属蒸发材料都好（除钛以外），铬的附着力和钛相似。当在铬膜-玻璃界面上作破坏性实验时，由于铬膜附着力强，因此被破坏的往往是基片。

铬的形状多为片状或颗粒状，可用蒸发舟或篮式蒸发器进行蒸发。蒸发源的加热丝多选用钨，另一种方法是将铬事先电镀在钨螺旋丝上，这一方法可提高热接触，扩大蒸发面积，但是钨丝在电镀之前应进行彻底去气。近年来发展了利用粉末冶金的方法在溅射镀膜中采用铬靶制备铬膜。

③ 铜

铜的熔点为 1080℃，它在 1Pa 下的蒸发温度为 1257℃。铜由于电导率高，可焊性极好，故常用作导体。蒸发铜膜的最小实用膜电阻为 0.01Ω。铜易氧化，往往在其上再蒸发一层较贵重的金属来保护它。

对铜进行蒸发，建议采用电阻加热蒸发源为钨螺旋丝或钨、钽、铜舟。电子束加热虽能使用。但是，由于铜的导热性很好。因此，很难维持蒸发温度的恒定。

铜对陶瓷或玻璃的附着力较差，连接的引线在操作时会在铜和基片的界面处失效。因此，应采用铬或钛作为“附着剂”，事先打底膜后再行镀制。

④ 金

金的熔点是 1063℃，在 1Pa 下的蒸发温度为 1397℃。由于金是贵重金属，它主要用于保护下面的蒸发膜做为顶层被使用。也可用在导体及电容器的电极上。

蒸发金多采用钨和铜的螺旋丝或篮式电阻加热器，金能润湿钨、铜和钽。但它对钽的腐蚀比前两者为强。金也可用电子轰击法蒸发，但是和铜一样，其蒸发温度难以保持。

金对于玻璃和陶瓷基片的附着力很差。因此，在这两种材料上镀金膜时，也应用铬或钛打底膜，以提高其附着力。

⑤ 镍

镍熔点为1452℃。它在1527℃下的蒸气压力为1Pa。镍常和铬合金化形成镍铬合金，附着力较差的金属可用镍铬合金来增强其附着力，或作薄膜电阻材料。这种合金熔点比较低，由于它是丝状的，所以处理方便。

镍的蒸发建议采用较粗的钨螺旋丝电阻加热源。在1500℃以上，镍会和处在任何浓度下的钨形成部分液相。因此，它会迅速腐蚀钨丝。为限制腐蚀，镍的质量不应超过钨丝的30%。氧化铍和氧化铝坩埚用作蒸发源是合适的。镍也可以采用电子轰击法蒸发。

⑥ 钯

熔点为1550℃，在1Pa下蒸发温度为1462℃。钯常用于保护层，以防止端接和导体的氧化。钯的蒸发建议采用钨螺旋电阻加热源。钯能与钨合金化，使钨丝腐蚀。也可使用氧化铍和氧化铝坩埚，用电子轰击法加热。

钯对玻璃和陶瓷基片的附着力与金基本相似。常需用钛或铬作底层。

⑦ 钛

钛熔点为1667℃，在1Pa下其蒸发温度为1737℃。

钛通常用于提高附着力较差的蒸发材料的底膜材料，有时，也用作电阻或电容器薄膜。

钛的蒸发建议采用钨螺旋丝篮式电阻加热源。但在蒸发的钛中会发现微量钨。如果能在两端防止过热，不使之烧掉，使用钽丝也是满意的。此外，也可用石墨蒸发源或电子轰击对钛进行蒸镀。

钛对于玻璃和陶瓷基片的附着力与铬相同。钛是良好的吸气剂，能吸收大量的残余气体。如淀积的是纯膜，应采用挡板。

⑧ 钨、钽和钼

钨熔点为3377℃，1Pa下蒸发温度为3227℃；钽熔点为2997℃，1Pa下的蒸发温度为3057℃；钼熔点为2617℃，1Pa下的蒸发温度为2307℃。这些材料都是难熔金属，蒸发时必须采用电子束蒸发源。它们都会形成氧化物，氧化物比金属本身易挥发。因此，如真空系统有氧化条件就会造成连续蒸发氧化物的现象。

钽特别能够从残余气体中吸收氧。钽对玻璃或陶瓷基片附着良好，和铬相仿。

⑨ 锌

锌的熔点为420℃，1Pa时的蒸发温度为408℃。蒸发锌膜主要用于金属化电容器纸或类似的介质。它在较高的压力下（如10Pa时）也能淀积出满意的锌膜。因此可以不用高真空设备。对钟罩式的设备可缩短其工作周期。在真空室内压力为10Pa时蒸发的锌膜，其颗粒比在较高的真空下的蒸发要少。

蒸发银常用来预先敏化介质材料表面，平均膜厚不到0.1mm就可以了。这时的银原子是充当锌原子的核中心，使锌膜的生长、薄膜结构和电特性都受影响。

如果银为选择性淀积，锌膜只在包含银核的地区生长。这一现象可用作掩膜技术。但锌的蒸镀速率不能超过某一临界值，否则在整个表面上将形成永久的锌层。

大多数普通的舟式坩埚蒸发源都可用来得到高的射束密度。锌可在较低的蒸发温度下从固态蒸发，基本上不使容器受到腐蚀或蒸发。如果锌不熔融，甚至可用不锈钢坩埚。

⑩ 镉

镉的熔点为321℃，1Pa时的蒸发温度为217℃，镉的蒸发工艺与应用基本与锌相类似。

(2) 金属合金

蒸发合金时会出现分馏（成分的部分分离）。其合金中各成分的蒸发速率可按下式求得：

$$G_A = 0.058 p'_A \sqrt{\frac{M_A}{T}} [g/(cm^2 \cdot s)] \qquad (4\text{-}16)$$

式中，p'_A为 A 成分形成的合金蒸气压的部分；M_A 为 A 成分的分子量。

这里，p'_A是未知数，往往是估计的，利用拉乌尔定律所估计的 p'_A值为：

$$p'_A = X_A p_A \qquad (4\text{-}17)$$

式中 X_A 为 A 成分的摩尔分数；p'_A为 A 物质的纯蒸气压。

从式(4-16) 中可得：

$$G_A = 0.058 X_A p_A \sqrt{\frac{M_A}{T}} \quad [g/(cm^2 \cdot s)] \qquad (4\text{-}18)$$

由于拉乌尔定律对合金往往不完全适用，因此可引入系数 S_A 来修正，即；

$$G_A = 0.058 S_A X_A p_A \sqrt{\frac{M_A}{T}} \quad [g/(cm^2 \cdot s)] \qquad (4\text{-}19)$$

式中的修正数 S_A 可由实验测定。

由于活泼性系数一般为未知，所以通常还是用式(4-18) 来估计合金的分馏量。例如，处在 1527℃下的镍铬合金（镍 80%；铬 20%）在 $p_{Cr}=10Pa$ 时，则铬的摩尔分数为：

$$X_{Cr} = \frac{W_{Cr}/M_{Cr}}{(W_{Cr}/M_{Cr})+(1+W_{Cr})/W_{Ni}} = \frac{W_{Cr}/M_{Cr}}{W_{Cr}+(1-W_{Cr})(M_{Cr}/M_{Ni})}$$

式中，W_{Cr}为铬以重量计算的部分，故

$$X_{Cr} = \frac{0.2}{0.2+(1-0.2)(52/58.5)} = 0.22$$

所以

$$X_{Ni} = 1 - X_{Cr} = 0.78$$

$$\frac{G_{Cr}}{G_{Ni}} = \left(\frac{0.22}{0.78}\right)\left(\frac{10^{-1}}{10^{-2}}\right)\sqrt{\frac{52}{58.7}} = 2.8$$

这说明合金中的铬初始蒸发率约为镍的 2.8 倍。当铬蒸发完了时 G_{Cr}/G_{Ni}最终会小于 1，因为装料蒸发到最后，必须蒸发掉 4 倍铬的镍。由于镍铬的这种分馏，使靠近基片的膜是富铬的，因而膜的附着性良好。

蒸发合金膜的成分可用下述方法加以控制。

① 瞬时蒸发　将细小的合金颗粒送到非常炽热的表面上，使颗粒立刻蒸发掉。因细小的金属含气量大，气体的迅速释放会使真空室压力提高。因而，会造成未熔化的粒子离开蒸发源撞击在基片上。

② 多源蒸发　合金可用几个源蒸发，每一个源装载要形成合金的一种成分。为使薄膜均匀分布，基片常常是转动的。

③ 合金升华　在固体中，较易挥发的成分只是通过扩散而保存在合金表面。在许多情况下，蒸发速率要比扩散速率高得多，而蒸发最后要达到稳定状态。这种工艺曾用来形成具有块状合金结构的蒸发镍铬膜上。

(3) 绝缘体和介质

大多数绝缘体和介质蒸发时会发生分解，或与加热器材料发生化学变化。由于两者都和蒸发源温度有关。因此，淀积膜的成分随蒸发源温度而变化。

大多数薄膜绝缘体和介质都是氧化物。在任何给定温度上，都存在一个分解压力。

几种氧化物在 1Pa 蒸气压下的温度及在该温度下的分解压力见表 4-4。注意 Al_2O_3 在蒸发温度上不分解，而氧化镍在真空中，在 1596℃下会大量分解。可以提高氧压防止分解。但氧压提高亦将对薄膜产生不良的影响。

表 4-4 金属氧化物的分解压力

金属氧化物	氧化物在 p_r 为 1Pa 下的温度/K	分解压力，氧压/Pa
$Al_2O_3 \rightarrow 2Al+1.5O_2$	1781	1.5×10^{-16}
$CuO \rightarrow Cu+0.5O_2$	—	在 1027℃下为 13
$M_0O_3 \rightarrow M_0+1.5O_2$	730	1.1×10^{-12}
$NiO \rightarrow Ni+0.5O_2$	1596	39
$WO_3 \rightarrow W+1.5O_2$	1122	3.3×10^{-8}
$Fe_3O_4 \rightarrow 3Fe+0.5O_2$	1300	在 1127℃下为 8.7×10^{-7}
$3FeO_4 \rightarrow 2F_{e2}O_3+0.5O_2$	—	在 1127℃下为 7×10^{-6}

低氧金属氧化物也会和加热器发生还原反应。在蒸发温度上，和碳坩埚接触的金属氧化物，可能不是被碳还原为低氧化物或自由金属（亦会产生 CO 气体），而是发生化学反应生成碳化物。钨、钽和钼也会使金属氧化物还原，生成加热器材料的挥发性氧化物，如 WO_3 在 2000℃以上时 Al_2O_3 会被钨还原。当存在一种以上的金属氧化物时，存在的自由金属都会和高氧化物反应形成低氧化物。例如，高温度时 TiO 为金属钛所还原。

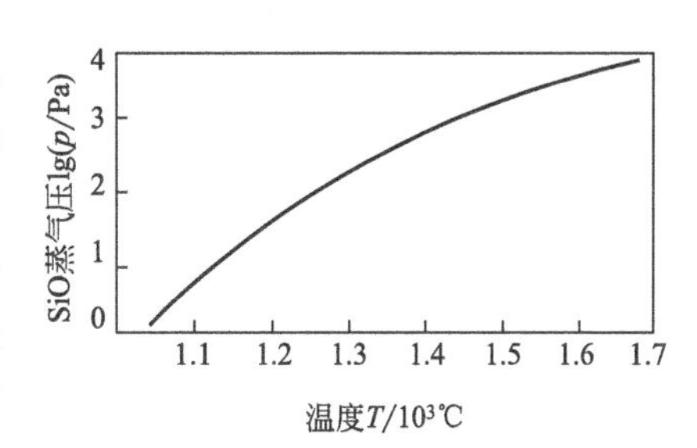

图 4-5 SiO 蒸气压与温度的关系曲线

为了补偿蒸发源上所发生的分解，可以利用基片上的化学反应来解决。这样就可以制备具有重现性能的蒸发介质。蒸发金属氧化物所得的薄膜，常包含有混合的氧化物和自由金属。蒸发时在系统中保持氧化气体的分压力，薄膜在生长时可以氧化。甚至在低至 10^{-4}Pa 压力下，也有足够的分子在碰撞表面，在约 2.2s 内形成单分子层。因此薄膜会重新氧化，甚至比蒸发材料更易氧化。氧化量决定于氧化气体分子到达速率和蒸发物原子的比率以及薄膜和氧化气体的亲和力。

最早研究的蒸发介质是一氧化硅（SiO），它的蒸气压较高，在较低温度下（1050～1400℃）就可以得到实用的蒸发速率。如图 4-5 所示。由于一氧化硅升华和加热器的接触将大大减少。所以，淀积物很少受加热器材料的沾污。SiO 形成的均匀的无定形膜与多数金属和介质具有良好的附着力。

某些常用材料的蒸发技术数据见表 4-5。

表 4-5 某些常用材料的蒸发技术数据

名　称	符号	熔点/℃	密度/(g/cm³)	温度/℃			蒸发技术			
				10^{-6}Pa	10^{-4}Pa	10^{-2}Pa	电子束	坩埚	线圈	舟
碳化铝	Al_4C_3	1400	236	—	—	约 800	良好	—	—	—
氟化铝	AlF_2	1257	3.07	410	490	700	不好			
氧化铝	Al_2O_3	2045	3.97	—	—	1550		—	—	W
锑	Sb	630	6.68	279	345	425	不好			Mo、Ta Al_2O_3 涂层
碲化锑	Sb_2Te_3	619	6.5			600	—		—	—
三硫化二锑	Sb_2S_3	550	464	—	—	约 200	好	Al_2O_3	—	Mo、Ta
砷	As	814	5.73	107	150	210	不好	Al_2O_3、BeO	—	C
三硫化二砷	As_2S_3	300	3.45	—	—	约 400	良好		—	
钡	Ba	710	3.78	545	627	735	良好			
氯化钡	B_3Cl_2	902	3.86	—	—	约 650	—	—	—	Ta、Mo

续表

名　　称	符号	熔点/℃	密度/(g/cm³)	温度/℃			蒸发技术			
				10^{-6}Pa	10^{-4}Pa	10^{-2}Pa	电子束	坩埚	线圈	舟
氧化钡	BaO	1923	5.72 7.32	—	—	约 1300	不好	Al_2O_3	—	Pt
氧化铍	BeO	530	3.01	—	—	约 1900	好	—	—	—
铋	Bi	271	980	330	410	520		Al_2O_3 活性炭	W	W、Mo、Ta、Al_2O_3
氧化铋	Bi_2O_3	820	8.9	—	—	约 1400	不好	—	—	Pt
硫化铋	Bi_2S_3	585	7.85	—	—	约 600	—	—	—	W、Mo
碳化硼	B_4C	2350	250	2500		2050		—	—	—
氮化硼	BN	2300	220	升华	升华	约 1600	不好	—	—	—
氧化硼	B_2O_3	460	1.82	—	—	约 1400	好	—	—	—
三硫化二硼	B_2S_3	310	1.55	—	—	—	—	石墨	—	—
硫化镉	CdS	1750	482	升华	升华	550	良好	石英 Al_2O_3	—	Mo、W、Ta
碲化镉	CdTe	1098	6.20	—		450	—		W	W、Mo、Ta
钙	Ca	842	1.55	272 升华	357 升华	459	不好	石英 Al_2O_3	W	W
硫化钙	CaS		218	—	—	1400	—	—	—	Mo
碳	C		18～23	1657 升华	1867 升华	2137	好	—	—	—
铈	Ce	795	8.23	970	1150	1380	好	Al_2O_3、BeO	W	W、Ta
氧化铈	Ce_2O_3	1692	6.87	—	—	—	良好	—	—	W
碳化铬	Cr_3C_2	1890	6.68	—	—	2000	良好	—	—	W
氧化铬	Cr_2O_3	2435	5.21	—	—	约 200	好	—	—	Mo
钴	Co	1495	8.9	850	990	1200		Al_2O_3、BaO	—	W
氧化钴	CoO	1935	5.68		—	—	—	—	—	—
硫化铜	CuS	1113	6.75	升华	升华	约 500	—	—	—	W、Mo、Ta
镓	Ga	30	5.9	619	742	907	好	Al_2O_3、BaO	—	—
锑化镓	GaSb	710	5.6	—	—	—	良好	—	—	W、Ta
砷化镓	GaAs	1238	5.3	—	—	—	好	C	—	W、Ta
氮化镓	GaN		5.1	—		约 200	—	石英 Al_2O_3	—	—
锗	Ge	937	5.35	812	950	1167		石英 Al_2O_3	—	W、C、Ta
氮化锗	Ge_3N_2	—	5.2	升华	升华	约 650	—	—	—	—
氧化锗	GeO_2	1086	6.24	—	—	约 625	好	石英 Al_2O_3	—	Ta、Mo
碲化锗	GeTe	725	6.2	—	—	881	—	石英 Al_2O_3	—	W、
铟	In	157	7.3	487	597	742		Al_2O_3	—	W
氧化铟	In_2O	—	6.99	升华	升华	650	—	—	—	—
二氧化铟	In_2O_2	1565	7.18	升华	升华	约 600	好	Al_2O_3	—	W、Pt
铁	Fe	1535	7.86	858	998	1480		Al_2O_3、BeO	W	W
氧化铁	FeO	1425	5.7	—	—	—	不好	—	—	—

续表

名　　称	符号	熔点/℃	密度/(g/cm³)	温度/℃			蒸发技术			
				10^{-6}Pa	10^{-4}Pa	10^{-2}Pa	电子束	坩埚	线圈	舟
三氧化二铁	Fe_2O_3	1565	5.24	—	—	—	好	—	—	W
硫化铁	FeS	1195	4.84	—	—	—	—	Al_2O_3	—	—
铅	Pb	328	11.34	342	427	495		Al_2O_3 石英	W	W、Mo、
镁	Mg	651	1.74	195 升华	247 升华	327	好	Al_2O_3	W	W、Mo、Ta、Cb
铝酸盐	$MgAl_2O_4$	2135	3.61	—	—	1400	好	—	—	—
氟化镁	MgF_2	1266	29.32	—	—	925		Al_2O_3	—	Mo、Ta
碘化镁	MgI_2	7700	424	—	—	200	—	—	—	Pt
硫化钼	MoS_2	1185	4.8	—	—	约 50	—	—	—	—
三氧化钼	MoO_3	795	4.7	—	—	约 900	—	Al_2O_3、B_N	—	Mo、Pt
镍、铬合金	Ni/Cr	1395	85	847	987	1217		Al_2O_3 活性炭	W	Al_2O_3
氧化镍	NiO	1990	7.45	—	—	约 1470	—	SeO Al_2O_3	—	—
铌	Nb	2468	8.55	1728	1977	2287		—	—	W
坡莫合金	Ni/Fe	1395	8.7	947	1047	1307		—	—	W
磷	P	41.4	1.82	327	361	402	—	Al_2O_3	—	—
铂	Pt	1769	2145	1292	1492	1742		C、ThO_2	Pt	
钾	K	64	0.86	23	60	125	—	石英	—	Mo
氯化钾	KCl	776	1.98	—	—	510	—	—	—	Ta
铑	Rh	1966	12.41	1277	1472	1707	好	ThO_2	W	W
氧化钐	Sm_2O_3	2350	7.43	—	—	—	好	ThO_2	—	Ir
硅	Si	1410	2.42	992	1147	1337		BeO、Ta	—	W、Ta
碳化硅	SiC	2700	3.22	—	—	1000	—	—	—	—
二氧化硅	SiO_2	1610 1710	2.2 2.7	—	—	约 1025		Al_2O_3	—	—
一氧化硅	SiO	1702	2.1	升华	升华	850		Ta	W	Ta
银	Ag	961	10.49	847	958	1105		Al_2O_3、Mo	W	Ta、Mo
溴化银	AgBr	432	6.47	—	—	约 380	—	石英	—	Ta
氯化银	AgCl	455	5.56	—	—	约 170	—	石英	—	Ma、Pt
氯化钠	NaCl	801	2.16	—	—	530	不好	石英	—	Ta、W、Mo
氟化钠	NaF	988	2.79	945	1080	1200	不好	BeO	—	Mo、Ta、W
锡	Sn	232	7.75	682	807	997		Al_2O_3	W	Mo
氧化锡	SnO_2	1127	6.97	—	—	约 350		Al_2O_3	W	W
硼化钛	TiB_2	2980	4.50	—	—	—	不好	—	—	—
碳化钛	TiC	3140	4.93	—	—	约 2300	—	—	—	—
氢氧化钠	NaOH	318	2.13		—	约 470	—	—	—	Pt
尖晶石	MgO_3 $5Al_2O_3$	—	8.0	—	—	—	好	—	—	—

续表

名　　称	符号	熔点/℃	密度/(g/cm³)	温度/℃			蒸发技术			
				10^{-6}Pa	10^{-4}Pa	10^{-2}Pa	电子束	坩埚	线圈	舟
锶	Sr	769	2.6	239	309	403	好		W	W、Ta、Mo
氟化锶	SrF_2	1450	4.24	—	—	约 1000	—	Al_2O_3	—	—
氧化锶	SrO	2460	4.70	—	—	1500	—	Al_2O_3	—	Mo
硫化锶	SrS	2000	3.70	—	—	—	—	—	—	Mo
硫	S	115	2.0	13	19	57	—	石英	—	W
聚四氟乙烯	PTFE	330	2.9	—	—	—		—	—	W
二氧化钛	TiO_2	1640	4.29	—	—	—		—	—	W、Mo
一氧化钛	TiO	1750	4.93	—	—	—	好		—	W、Mo
氮化钛	TiN	2930	5.43	—	—	—	好	—	—	Mo
三氧化二钛	Ti_2O_3	2130	4.6	—	—	—	好	—	—	W
硅化钛	$TiSi_3$	—	—	—	—	—	—	—	—	—
碳化钨	W_2C	2860	17.15	1480	720	2120	好	—	—	C
钒	V	1890	5.96	1162	1330	1547		—	—	Mo
氧化锌	ZnO	1975	5.61	—	—	约 1800	良好	—	—	—
硫化锌	ZnS	1830	4.09	—	—	约 800	好	石英	—	Ta、Mo
硼化锆	ZrB_2	3040	6.08	—	—	—	好	—	—	—
氮化锆	ZrN	2980	7.09	—	—	—	—	—	—	—
氧化锆	ZrO_2	2700	5.49	—	—	约 2200	好	—	—	W

4.1.3 合金膜的蒸镀[4]

如前所述，为了保证合金膜在制备上使合金膜层的成分与蒸镀前合金膜材的成分相一致，故可采用快速蒸镀法（闪蒸镀）和双蒸发源或多蒸发源蒸镀法对合金膜材进行蒸镀。快速蒸镀法是把合金制成粉末或细小的颗粒状，然后，放入到可以保持高温的蒸发源中，使细小的颗粒通过加料器或滑槽所产生的振动将其一个一个地送入到蒸发源中。其进料方式如图 4-6 所示。

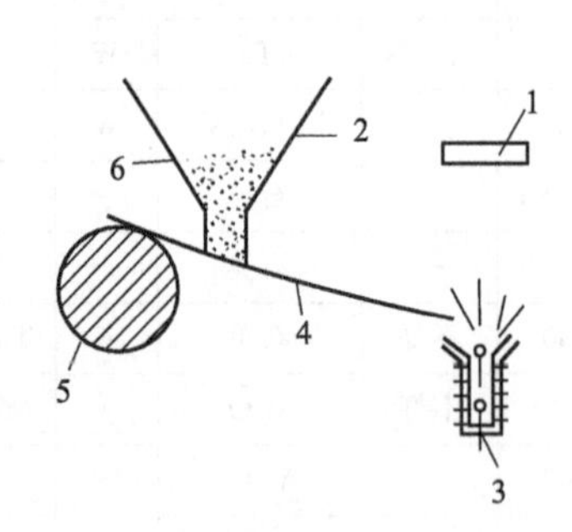

图 4-6　快速蒸镀法的一个实际装置

1—基片；2—加料片；3—蒸发源；4—滑槽；5—振动轮；6—薄膜材料

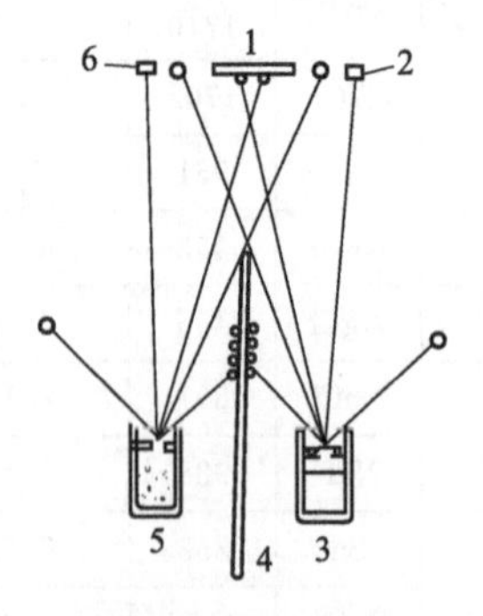

图 4-7　双蒸发源蒸镀法的一个具体装置

1—基片；2,6—石英膜厚计；3,5—蒸发源；4—阀板

为了保证细小颗粒的完全蒸发，选用较慢的蒸发速率和较均匀的送料速度是十分必要的。

双蒸发源蒸镀或多蒸发源蒸镀法适用于制备多种元素组成的合金膜，原则上可以将几种元素分别装入各自的蒸发源中，同时加热并分别控制蒸发源的温度。也就是独立控制其蒸发速率，以便保证不改变沉积的合金膜的组分。因此，使各源之间通过隔板防止各蒸发源中的膜材相互混入是非常重要的。图 4-7 给出的具有两个蒸发源对合金膜材进行蒸发的示意图。

4.1.4 化合物膜的蒸镀

化合物薄膜蒸镀方法，除了前面已经介绍的电阻加热法外，还有反应蒸镀法、三温度蒸镀法以及分子束外延蒸镀法等。有关分子束外延法，将进行专门的讨论。现就反应蒸镀法和三温度蒸镀法作一简单的介绍。

(1) 反应蒸镀法

将活性气体引入到真空镀膜室通过活性气体的原子（分子）与蒸发源中蒸发出来的原子发生化学反应，生成化合物涂层的方法，称为反应蒸镀法。反应既可在气态空间中，也可在基片表面上进行，也可以两者兼有。其中以在基片上进行反应为主。反应的进行通常与反应气体的分压、蒸发温度、蒸发速率以及基片温度等因素有关，所获得的涂层可以是金属合金，也可以是化合物。目前，这种方法已经广泛应用在制备绝缘化合物膜层上。

例如，在蒸镀 Ti 时，加入 C_2H_2 气体即可制备出 TiC 硬质膜，即：

$$2Ti + C_2H_2 \longrightarrow 2TiC + H_2$$

若蒸镀时加入 N_2 气体，则可生成 TiN 硬质膜层。即：

$$2Ti + N_2 \longrightarrow 2TiN$$

另一个典型的例子，就是制备 SiO_2 薄膜。其装置如图 4-8 所示。它是在通常的真空蒸镀设备中引入 O_2。O_2 的引入方法较多，一般多采用通过泄漏阀引入空气的方法。但是需要准确地确定 SiO_2 的组成时，就应当采用从氧气瓶中引入 O_2 或者选用图 4-8 中所示的在坩埚内装入 Na_2O 的粉末进行加热、分解产生的 O_2 碰撞到基片上。这种方法与双蒸发源法的不同点，在于活性气体分子与在这种情况下反应生成物的气体分子，都能自由在蒸镀空间飞来飞去。从蒸发源出来的分子，就通过这些分子几乎是直接地到达基片上。

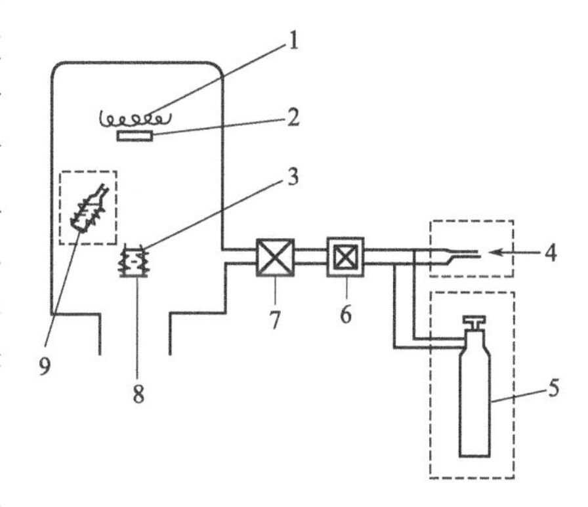

图 4-8 用 SiO-O_2/空气系来制造 SiO_2 镀膜装置

1—加热器；2—基片；3—加热器；4—空气导入孔；5—氧气瓶；6—可调泄漏阀；7—断流阀；8—SiO；9—Na_2O

反应蒸镀法所用真空设备的抽气系统，大多使用油扩散泵。由于所制成镀膜的组成和晶体结构，随着气氛气体的压力、从蒸发源出来的分子在蒸镀速度和基片温度这三个量而改变。所以，必须采取措施使得这些量可以调节。表 4-6 举了几种采用反应蒸镀法制作的镀膜的工艺条件，供读者参考[4]。

(2) 三温度法

三温度法从原理上讲，它就是双蒸发源蒸镀法。但是，Ⅲ～Ⅴ族化合物的性质与合金不同，而且又以制作单晶镀膜为目的。因此，在技术上就与双蒸发源的蒸镀法存在差异。在一般情况下，构成合金的两种金属的蒸气压差别不大。例如，在 1000K 时，Co、Fe、Ni 的蒸气压约为 10^{-10}Pa，Cr 为 10^{-9}Pa，Au、Pd 为 10^{-8}Pa，Al、Be、Cu、Sn 为 10^{-6}Pa，Ag 为 10^{-4}Pa。

与此相反，在Ⅲ～Ⅴ族的化合物中，Ⅴ族元素的蒸气压比Ⅲ族元素大得多。在表 4-7 中列出了 700K 时，这两族元素蒸气压的数值。由于Ⅲ族元素的低温蒸气压值不能测量。所以，它是从高温时的蒸气压值估算出来的。

表 4-6 用反应蒸镀法制作几种化合物镀膜的最佳条件

化合物镀膜	蒸发材料	气氛气体	固体材料的蒸发速度/(Å/s)	气氛气体的压力/Pa	基片温度/℃
Al_2O_3	Al	O_2	4～5	10^{-2}～10^{-3}	400～500
Cr_2O_3	Cr	O_2	约 2	2×10^{-3}	300～400
SiO_2	Si	O_2 或空气	约 2	约 10^{-2}	100～300
Ta_2O_5	Ta	O_2	约 2	10^{-1}～10^{-2}	约 700
AlN	Al	NH_3	约 2	约 10^{-2}	300(多晶) 800～1400(单晶)
ZrN	Zr	N_2			
TiN	Ti	N_2 NH_3	约 3 约 3	4×10^{-2} 4×10^{-2}	室温 室温
SiC	Si	C_2H_2		3×10^{-4}	约 900
TiC	Ti	C_2H_4			约 300

从表 4-7 就可知，例如：Ga 和 As 的蒸气压之差异就达四个数量级，Ⅲ～Ⅴ族半导体化合物薄膜，通常使用单晶的形式。但一般说来，制作单晶薄膜时，基片也是单晶，基片温度必须保持在摄氏数百度。于是，Ⅴ族元素的蒸气压就比Ⅲ族高得多，Ⅴ族元素即使单独存在也几乎不会凝结在基片上。不过，如果存在Ⅲ族元素，并在适当的压力和温度下，Ⅴ族元素的蒸气与Ⅲ～Ⅴ族化合物的固体保持平衡而共存。为了制作良好的单晶薄膜，基片温度要严加限制。因而与制作合金的情况不同。在制作化合物半导体，特别是Ⅲ～Ⅴ族化合物的单晶镀膜时，必须控制基片的温度和两个蒸发源的温度，一共三个温度。这就是所谓三温度法名称的由来。它实际上就是在Ⅴ族元素的气氛中蒸镀Ⅲ族元素。从这个意义讲，也相似于反应蒸镀法。图 4-9 示出了采用三温度法制作 GaAs 单晶镀膜所使用的一种装置。图中，As 的分子之所以是四个原子画在一起，是因为从固态的 As 蒸发时将形成 As_4 状态。蒸镀条件的一个实例是：Ga 的蒸发源温度为 910℃，As 的蒸发源温度为 295℃，在使用 GaAs 或 Ge 等基片时，基片的温度是 425～450℃。

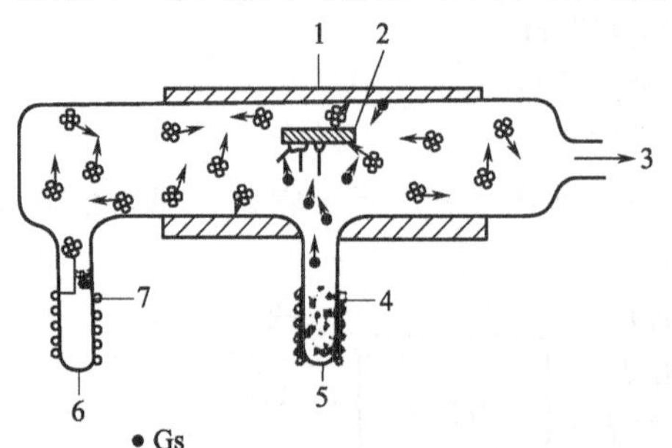

图 4-9 用三温度法制作 GaSa 单晶镀膜原理[2]
1—加热炉；2—基片（Ga、As、Ge 等 425～450℃）；3—高真空泵；4—加热器；5—蒸发源 Ga（约 910℃）；6—蒸发源 As（约 295℃）；7—加热器

表 4-7 Ⅲ族和Ⅴ族元素的蒸气压[2]

类	元素	在 700K 时的蒸气压/Pa	在 1300K 时的蒸气压/Pa	达到 10^{-1}Pa 时的温度/K
Ⅲ	B	$<10^{-20}$	约 10^{-6}	2140
	Al	$<10^{-12}$	约 10^{-2}	1355
	Ga	约 10^{-6}	约 10	1280
	In	约 10^{-9}	约 10	1220
	Tl	约 10^{-3}	约 10^{-1}	803
Ⅴ	P	约 10		458
	As	约 10^{-2}		510
	Sb	约 10^{-2}	约 10^{-1}	748
	Bi	约 10^{-4}	约 10^{-2}	860

4.1.5 影响真空蒸镀性能的因素

(1) 蒸发速率对蒸镀涂层的性能影响

蒸发速率的大小对沉积膜层的影响较大。由于低的沉积速率形成的涂层结构松散易产生大颗粒沉积，为保证涂层结构的致密性，选择较高的蒸发速率是十分安全的。当真空室内残余气体的压力一定时，则轰击基片的轰击速率即为定值。因此，选择较高沉积速率后的沉积的膜内所含的残余气体会得到减小，从而减小了残余气体分子与蒸镀膜材粒子的化学反应。故，沉积薄膜的纯度即可提高。应当注意的是，沉积速率如果过大可能增加膜的内应力，致使膜层内缺陷增大，严重时也可导致膜层的破裂。特别是，在反应蒸镀的工艺中，为了使反应气体与蒸膜材料粒子能够进行充分的反应，可选择较低的沉积速率。当然，对不同的材料蒸镀应当选用不同的蒸发速率。作为沉积速率低会影响膜的性能的实际例子，是反射膜的沉积。如膜厚为 600×10^{-8}cm，蒸镀时间为 3s 时，其反射率为 93%。但是，如果在同样的膜厚条件下将蒸速率放慢，采用 10min 的时间来完成膜的沉积。这时膜的厚度虽然相同。但是，反射率已下降到 68%。

(2) 基片温度对蒸发涂层的影响

基片温度对蒸发涂层的影响很大。高的基片温度吸附在基片表面上的残余气体分子易于排除。特别是水蒸气分子的排除更为重要。而且，在较高的温度下不但易于促进物理吸附向化学吸附的转变，从而增加粒子之间的结合力。而且还可以减少蒸气分子的再结晶温度与基片温度两者之间的差异，从而减少或消除膜基界面上的内应力。此外，由于基片温度与膜的结晶状态有关，在基片温度低或不加热的条件下，往往容易形成非晶态或微晶态涂层。相反在温度较高时，则易于生成晶态涂层。提高基片温度也有利于涂层的力学性能的提高。当然，基片温度也不能过高，以防止蒸发涂层的再蒸发。

(3) 真空室内残余气体压力对膜层性能的影响

真空室内残余气体的压力对膜性能的影响较大。压力过高残余气体分子不但易与蒸发粒子碰撞使其入射到基片上的动能减小影响膜的附着力。而且，过高的残余气体压力还会严重影响膜的纯度，使涂层的性能降低。

(4) 蒸发温度对蒸镀涂层的影响

蒸发温度对膜性能的影响是通过蒸发速率随温度变化而表现出来的。从图 4-4 中可以明显看出，当蒸发温度高时，汽化热将减小。如果膜材在蒸发温度以上进行蒸发时，即使是温度稍有微小的变化，也可以引起膜材蒸发速率的急剧变化。因此，在薄膜的沉积过程中采取精确的控制蒸发温度，避免在蒸发源加热时产生大的温度梯度，对于易于升华的膜材选用膜材本身为加热器，进行蒸镀等措施也是非常重要的。

(5) 基体与镀膜室的清洁状态对涂层性能的影响

基体与镀膜室的清洁程度对涂层的性能影响是不可忽略的。它不但会严重影响沉积膜的纯度，而且也会减小膜的附着力。因此，对基体的净化，对真空镀膜室及其室内的有关构件（如基片架）进行清洁处理和表面去气均是真空镀膜工艺过程中不可缺少的过程。

4.2 分子束外延技术

4.2.1 分子束外延生长的基本原理与过程

分子束外延（Molecule Beam Epitaxy）技术，简称 MBE 法。实际上是在真空镀膜技术基础上，随着半导体工业的发展于 20 世纪 60 年代末期出现的一种制备单晶膜的成膜技术[3]。

外延英语是“epitaxy”，词意是指“向上排列”。因此把外延生长理解为，在合适的基体（衬底）上，沿着基体的晶向向上排列生长晶体的意思是可以的。为了制备出单晶膜，通常是通过在单晶基体上制备薄膜的方法来实现。这就是分子束外延生长薄膜的基本原理。

分子束外延生长过程是在压力低于 10^{-8}Pa 的超高真空气氛中，将所要制备的结晶膜材放入到置于超高真空室中的分子束喷射炉内，进行加热使结晶膜材形成分子束后从炉中喷出，入射到温度保持在几百度以上的高温单晶基体上，并沿着基体晶向的方向，在其上面向上排列生长出单晶薄膜的一种成膜技术。如果设置多个喷射炉，就可以制备出多元半导体晶体，并且可同时进行掺杂。而且在这一过程中，还可以通过四极质谱仪对分子束的强度、相对比例进行监控。同时，将得到的信息反馈到各个喷射炉上，借以精确地控制结晶的生长。如果在设备上再配置高能电子衍射仪及相分析仪器，进行膜层在沉积过程中结晶过程生长研究也比较方便。

4.2.2 分子束外延生长的条件、制备方法与特点[5]

利用分子束外延法制备外延膜所应具备的条件，主要包括三个方面，即较高的基片温度、较低的沉积速率和选用高度完整的单晶表面作为薄膜非自发形核的基体。

目前，可以满足上述条件的制备方法可分为液相、气相和分子束外延等三种方法。液相外法（LPE 法）是基体与含有用于沉积组分的过饱和液体，通过二者之间的接触来获得薄膜的外延生长法。气相外延（VPE 法）则是采用将在第 8 章中所要叙述的化学气相沉积法（CVD 法）来获得外延生长的制膜方法。分子束外延与液相、气相等外延法相比较具有如下特点：

① 分子束外延生长是在超高真空气氛下进行的，残余气体对膜的污染少，可保持极清洁的表面；

② 生长温度低，如生长 GaAs 只有 500～600℃，Si 只有 500℃；

③ 生长速率慢（1～10μm/h），可生长超薄（几个微米）而平整的膜，膜层厚度、组分和杂质浓度均可进行精确地控制；

④ 可获得大面积的表面和界面有原子级平整度的外延生长膜；

⑤ 在同一系统中，可原位观察单晶薄膜的生长过程，可以进行生长机制的研究。

4.2.3 分子束外延生长参数选择

分子束外延生长单晶薄膜的参数较多，主要包括基体晶片上的方位排列、基片温度、膜生长温度、分子束强度比以及是否掺杂等参数。表 4-8 给出了多种利用分子束外延法生长单晶膜时的有关参数，可供参考[6]。

4.2.4 影响分子束外延的因素

(1) 外延温度

为了引起外延，基片的温度应达到某一温度值，即有必要加热到外延温度以上。当温度低于外延温度时，则不能引起外延。而且外延温度还与其他条件有关，不同条件下的外延温度是不同的。

(2) 基片结晶的劈开

在过去的常规研究方面，基片结晶是在大气下劈开（机械折断产生结晶面）而后放入真空装置中来制取外延单晶膜。目前已经研究了晶面一旦劈开就立刻进行制膜的方法。由于这两种方法不同，其外延温度也有所不同。基片结晶在真空下劈开而引起的外延临界温度的不同值，见表 4-9。

表 4-8 利用分子束外延法生长单晶薄膜的有关参数

物质	衬底	衬底温度/℃	生长速率/(μm/h)	分子束源	分子束强度比	备注(掺杂)
GaAs	GaAs(100) GaAs(111) GaAs(111) GaF_2(111)	427～650 485～500 520 537	0.1～2 约 0.3 0.1～1 约 0.05	Ga,As GaAs	As_2/Ga≈10	Si,Ge Sn Mg,Mn Be
GaP	GaP(111) GaP(100) GaF_2(111)	550 550～600 430～550	0.6 0.1～0.2 0.05～0.2	Ga,P Ga,P GaP	P/Ga≈100 P/Ga≈100 P_2/Ga≈10	
AlA_3	CaF_2(111) Al_2O_3(0001) Si(111)	650～750	约 4	Al,As	Al 1200℃ As 400℃	
AlSb	CaF_2(111) Al_2O_3(0001) Si(111)	550～750	约 4	Al,Ab	Sb/Al≈4	
AlP	CaF_2(111) Al_2O_3(0001) Si(111)	650～750	约 4	Al,P	Al 1200℃ P 400℃	
InP	InP(100) GaAs(100)	300 240～260	4 0.3～0.6	In,InP In,P	P_2/In≈10 P/In>100	Sn
$GaAs_{1-a}P$	GaAs(111) GaP(111) GaP(100)	550 550 540～600	0.6 0.6 0.1～0.2	Ga,As,P Ga,As,P	(As+P)/Ga≈100 (As+P)/Ga≈100	
$Al_2G_{1-a}As$	GaAs(100)	500～650	0.1～1	Ga,Al,GaAs 或 Ga,Al,As	As_2/(Ga+Al) 10～20	Si,Sn Mg,Mn Be
$InGa_{1-a}As$	GaAs(100)	600～635	约 1	Ga,In,As	As/(Ga+In)≈10	
ZnTe	Ge(111) CdS(0001) CdSe(0001) GaAs(100) GaAs(110)	360～400 350 325～375	0.5～0.7 1 1～2	Zn,Te	Zn/Te=2 Zn/Te=1	In
ZnSe	CdS(0001) CdSe(0001) GaAs(100) GaAs(110)	450 325～375	1 1～2	Zn,Se	Zn/Se=1	
CdTe	NaCl(001) CdTe(0001) CdSe(0001)	350 300	1	Cd,Te	Cd/Te=1	
CdSe	CdTe(0001) CdSe(0001)	300	1	Cd,Se	Cd/Se=1	
$ZnSe_{1-a}Te_a$	GaAs(100) (110)	325～375	1～2	Zn,Se,Te		
$Pb_{1-a}Sn_aTe$	PbTe(100)	425	3	Pb,Sn,Te		Bi

表 4-9 基片结晶在真空中劈开而引起的外延临界温度值 T_e 的变化

蒸镀金属	空气下的 T_e 值/℃	真空下的 T_e 值/℃	方位关系
Ni	370	100	[100]金属//[100]NaCl
Cu	300	50	
Ag	150	0	
Au	400	280	
Al		100	[111]Al//[001]NaCl [110]Al//[110]NaCl

(3) 压力的影响

在 10^{-3}Pa 真空度下，劈开的表面，在 1s 内即可被残余气体的单原子层所覆盖。若在 10^{-5}～10^{-7}Pa 真空条件下劈开而立即进行蒸镀，则外延温度应当更进一步地降低。但实验表明，并非如此。如 Ni 和 Al 在高真空下进行外延蒸镀与在超高真空下进行外延蒸镀，其结果并没有多少差别。然而，Cu、Ag、Au 在超高真空下，使（001）面同基片相平行，则很难生成单晶膜。这说明对 Cu、Ag、Au 进行外延蒸镀时，基片表面还需要进行适当的“污染”。

(4) 残余气体的影响

如下所述，某些金属进行外延蒸镀时，需要进行适当的“污染”。现分述如下。

① 在 10^{-8}Pa 的真空条件下，把 NaCl 劈开时，如果导入水蒸气到 8×10^{-3}Pa 进行 Au 的蒸镀外延。这时在 361℃下，可得到（001）方位的单结晶。

② 对于在 10^{-8}Pa 下劈开的 NaCl，导入 N_2、O_2 和水蒸气其压力达到 10^{-8}Pa 时，进行 Au 的蒸镀外延。这时导入水蒸气的效果比导入 N_2 和 O_2 更好。

由此可见，在 NaCl 上面进行结晶外延的过程，水蒸气的确起着十分重要的作用。

(5) 蒸发速度的影响

如果降低蒸发速度，外延温度 T_e 也降低，如图 4-10 所示。在 NaCl 上面蒸镀外延 Au 时，NaCl 上面的平行方位的蒸镀速度降低，就可以在较低的基片温度下进行晶体外延。

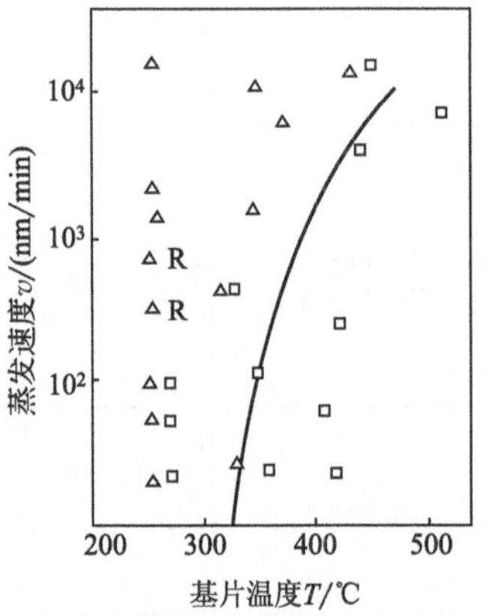

图 4-10 金属蒸镀膜的外延温度和蒸发速度的关系
□—平行方位；△—[111] 方位；R—任意方位

(6) 基片表面的缺陷——电子束照射的影响

正如水蒸气吸附对于晶体外延起重要作用一样，基片表面上的杂质和缺陷对于外延生长也起着非常重要的作用。电子束的照射效果更为明显。由于电子束轰击到表面上形成缺陷，对于蒸镀外延膜的成核阶段起着十分重要的作用。如在 NaCl 上面，在 150℃温度下，蒸镀 Au 时就不能引起晶体外延。但是，若采用数十电子伏的离子束照射，则由成长初期开始，粒子就可以进行（001）方位上的分配，即引起了晶体的外延。因此，电子束照射对引起外延生长，其作用是明显的。

(7) 电场的影响

有关报道指出，在蒸镀过程中，如果对基片表面施加水平或垂直的电场，可促进粒子的聚变，使晶体的外延程度更好。这可以认为在蒸发的原子当中存在着离子的静电引力所带来的效果。

(8) 膜厚的影响

膜的厚度对外延生长是有影响的，一般来说，膜超过一定厚度，则结晶生长的规则性就会逐渐减弱，最终会变成不规则分布而不生成单晶膜。

4.2.5 分子束外延装置

目前，通常采用的分子束外延装置类似于蒸发镀中的三温度装置，可以把它看成是三温度法的进一步发展。其不同点在于它不是以蒸发源的温度为标准。它是在超高真空条件下，通过直接监控分子束强度和分子束种类来控制膜的生长条件。其设备的组成主要包括如图4-11所示的几个部分。

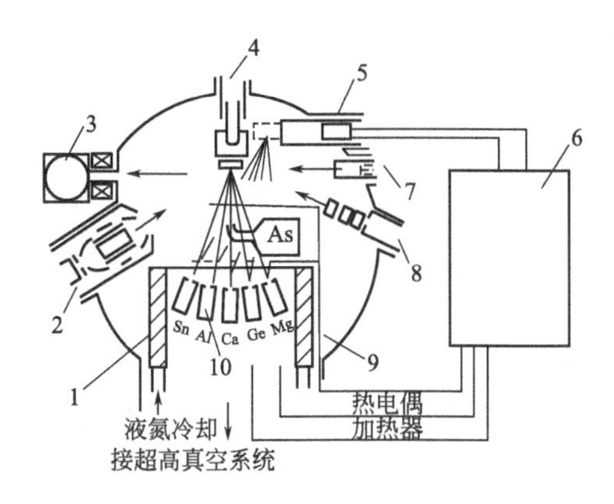

图 4-11 用电子计算机控制的分子束外延装置

1—蒸发室；2—俄歇电子谱仪；3—RHEED电子室；4—基片架与加热器；5—四极质谱仪；6—电子计算机；7—电子枪；8—离子溅射枪；9—快门；10—喷射炉

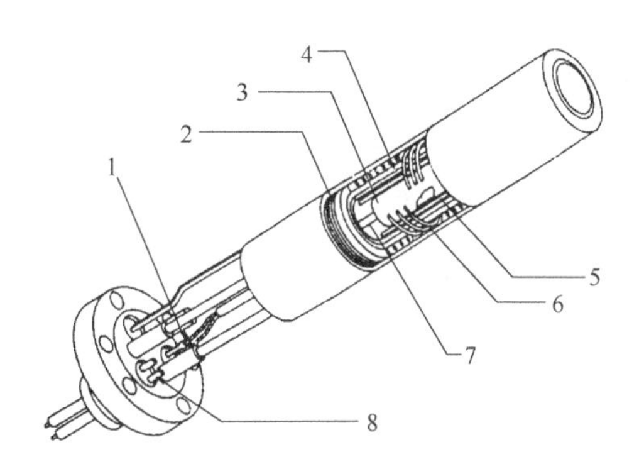

图 4-12 分子束炉结构

1—热电偶输入；2—多层热屏蔽；3—坩埚；4—箔状薄片管；5—片状加热器；6—冷却管；7—热电炉；8—电输入

(1) 分子束炉

分子束炉是分子束外延装置中用以产生分子束流的重要组件。也称为喷射炉。由于它是克努森（Knudsen）于1909年提出来的一种真空蒸发技术，因此又称克努森炉。符合克努森炉源定义的是一种要求束流在一等温容器中的小孔定向喷出。而且，要求等温容器的蒸发面积比小孔面积要大得多。这样，才会在容器内形成一个平衡的压力。但是，在分子束外延技术中，符合这一定义要求的炉源，由于它的喷射速度太低，达不到外延工艺的要求。因此，并没有多大实用价值。目前，用于分子束外延技术中的喷射炉大多采用敞口的柱形坩埚。为了获得较大面积的均匀性，多采用尖底锥形坩埚，其喷射炉的结构如图4-12所示[7]。这种分子束炉主要由坩埚、加热器、热屏蔽、热电偶及馈电、热偶引出法兰等构件所组成。其坩埚材料多选用热解氮化硼（PBN），纯度较高、杂质应小于10×10^{-6}，在1400℃以下不应分解，热导性与绝缘性均较良好。电子炉中的加热体及热屏蔽体用材料多选用钽。这是因为钽在超高真空系统中作为高温材料，即使多次加热也不发脆，而且易于去气，便于焊接且电阻率适中。作为测量及控制炉温的热电偶，则置于一个能够重复、可靠测量的地方。由于钨铼热电偶在高温下既稳定又不易于与环境气氛发生反应。因此，多选用钨铼热电偶材料。

对分子束外延而言，各分子束流强度的稳定性非常重要。在外延过程中，束流的稳定性依靠炉温的稳定性来实现。由热电偶产生的反映炉温的热电势是通过束源法兰上的陶瓷封接电极引到真空室外。因此，如何防止和避免室外的电动势的引入，即成为束流稳定性的关键问题。故，选用与热电偶有相同热电势的材料作为束源法兰热偶引出电极，使用补偿导线连接电极与控温器等措施也是十分有效的办法。

(2) 快门

快门是为了满足快速切断或开启分子束源，借以达到准确地控制膜层厚度与掺杂成分的目的而设置的。其启动方式有电动或气动两种，在其运动方式上快门可采用线性、旋转或翻转三种运动形式。为了获得高纯的外延材料及复杂的超薄多层结构，快门应具有较快的反应速度，在接到计算机指令后于几百毫秒内完成其启闭动作。而且，其开启和关闭的重复性和可靠性必须得到保证。

（3）四极质谱仪

四极质谱仪主要是用来分析不同分子束流的密度、探测各种组分的比例和监视真空中残余气体的组分而设置的。在采用计算机控制的装置上，可以接收脉冲信号对薄膜生长进行膜层厚度和组分比例的监控。

（4）电子衍射仪

在薄膜生长过程中，需原位观察其表面平整度和成长层的表面晶体结构。由于衍射仪采用长聚焦电子透镜，样品室有很大工作空间，便于材料生长，故一般使用高能电子衍射仪或低能电子衍射仪，但后者作原位观察较困难，而且不能给出表面形貌的信息。国外还有使用中能电子衍射仪的。

（5）俄歇电子谱仪

这是外延生长前对基片清洁处理检查的基本手段，可以确定表面污染的化学组分。配合使用氩离子枪，对表面作剥离清洁处理。实践证明：对于器件性能的提高有相当关键的作用。在生长之后，利用俄歇谱仪和氢离子枪，还可以对生长层进行化学组分随生长深度变化的测量。

（6）多自由度样品操作架

这是一种可夹持基片或样品作多自由度的动作装置。该操作架可以适应对准各个分析仪器的焦点和从样品储存机构或样品传输机构上取下或装上样品的需要。在工作时，能对样品或基片加热。有些设备上还要求对样品降温，冷却到低温，以便对一些物理量进行测量。

（7）分子束炉的液氮屏蔽

为了保持真空室的清洁，不受分子束炉未按喷射路径散射的蒸气分子污染，为此对分子束炉要进行热辐射屏蔽隔离。多在分子束炉的外部，装置液氮屏蔽，以保证达到上述要求。同时，也可以把真空室中可凝性气体分子吸附到屏蔽筒上，进一步提高真空室的清洁度。

（8）超高真空系统[8]

为了避免碳原子的污染，尽量减小吸附气体分子对表面的影响，适应装置中某些分析仪器（如俄歇电子谱仪、二次离子谱仪等）对超高真空工作条件的要求，为此在分子束外延设备上选用无油超高真空系统十分必要，其极限真空度通常应高于 10^{-8}Pa。

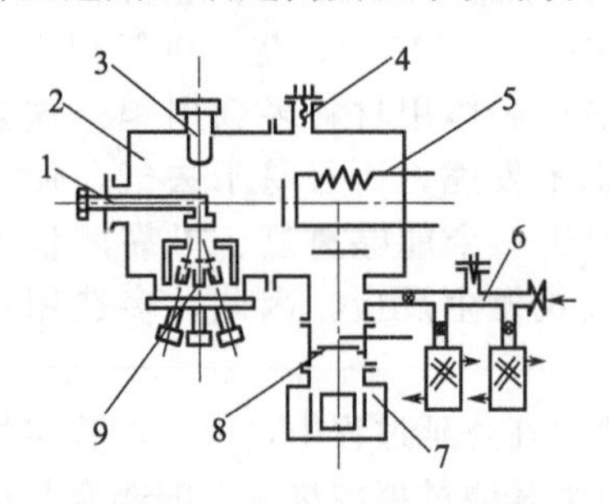

图 4-13 快速换片型分子束外延结构
1—样品架；2—真空室；3—四极质谱计；4—B-A 规；5—钛升华泵；6—前级真空排气系统；7—离子泵；8—ϕ200mm 氟橡胶插板阀；9—分子束炉

图 4-13 是具有独立束源的快速换片型分子束外延装置。它的真空系统是由钛升华泵、前级真空系统和三级溅射离子泵以及设置在离子泵与钛升华泵中间的氟橡胶隔板阀等构件所组成。排气过程首先由两个分了筛吸附泵对设备的整机进行从大气压下开始抽空到 10^{-2}Pa 后，再启动三级溅射离子泵。同时，也兼顾对高能电子衍射仪所带有的电子枪进行抽空。然后，再开启针对抽除系统中的氩气等惰性气体作为辅助泵而选用的三级溅射离子泵。设置在离子泵上部的钛升华泵，则是作为主泵对系统进行最后阶段的抽气。直至使真空室内达到其真空度为 10^{-8}Pa，就可以满足分子束外延设备全部工作过程对真空度的要求。

除了上述分子束外延设备所不可缺少的几个部分之外，还可以根据分子束外延技术的需要选用，例如，对实用的半导体材料的外延，就必须满足它的稳定性要好、效率要高等方面的要求。这就应当选用如图 4-14 所示的带有真空锁装置的、可实现样品连续传送的多室式分子束外延装置。这样就可以在不破坏真空工作状态下，从真空室中送入或取出试样。从而，达到既缩短工作周期，提高工作效率又可以满足上述要求的目的。

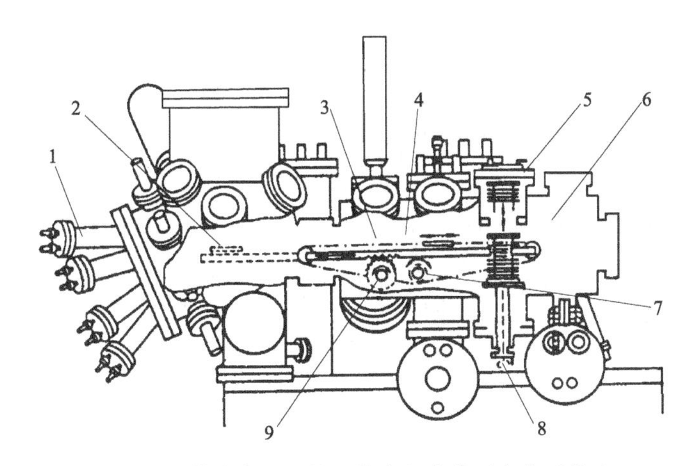

图 4-14 带有真空锁装置的多室式分子束外延装置
1—分子束炉；2—基片；3—基片传送带；4—齿条；5—升降机构；
6—真空室；7—张紧轮；8—手柄；9—传动齿轮

4.3 真空蒸发镀膜设备

真空蒸发镀膜设备，又称真空蒸发镀膜机。其种类较多，型式各异。如果按其作业方式进行分类，则有间歇式（周期式）、半连续式或连续式等三种类型；按其结构形式，有卧式和立式之分。选用时，可根据镀膜材料及相关的涂层工艺要求，配用相应类型和种类的镀膜机。

4.3.1 真空蒸发镀膜机的类型及其结构

4.3.1.1 间歇式真空蒸发镀膜机

（1）间歇卧式真空蒸发镀膜机的整体结构

真空蒸发镀膜机，根据所镀膜材要求的不同，在其整体结构上也有所不同。如蒸发源的类型、工件架的结构及其运动方式，真空泵的种类及其组成系统的布局等等。但是，就蒸发镀膜机的整体组成部分而言，基本上是相同的。现以可蒸镀多种膜的间歇式真空蒸发镀机为例，对其整体结构和组成作一简单的介绍。如图 4-15 所示，该机是用于蒸镀铝镜或建筑用幕墙玻璃的高真空卧式蒸发镀膜机。它的整体结构是由箱式真空镀膜室、多点平面组合式蒸发源、小车推进式工件架、高真空抽气系统、水冷系统、电气系统等几大部件组成。图4-16 给出了该机的抽气系统示意图。由于该机除了它的多点平面组合式蒸发源在其源的布置与其膜厚的分布均匀性等问题上需要作一详尽的介绍外，其他部分大都属于普通的真空设备上的一些设计问题。因此，在这里不作介绍。

（2）多点平面组合式电阻加热式蒸发源的膜厚分布

将被镀的原片玻璃放置在多点平面组合式蒸发源的两侧，称为蒸距的源到玻璃间的垂直距离，通常选用一百毫米到几百毫米之间。这种蒸发源之所以称为多点平面组合式，是因为诸多点源的蒸发电阻均被支撑在由一个平面组成的支架上。基于点源具有在单位时间内，从点源微小球形蒸发表面上蒸发出来的膜材质量，在各个方面方向上均相等的发射特性，因此，在箱式镀膜室内把这些点源组合成一个能向各个方向同时蒸发的大平面源，使该蒸发源对玻璃表面进行蒸发。这种蒸发源存在的问题是点源对平面的蒸发、沉积到平面上去的膜层厚度是不均匀的。这一点可以从式(3-38) 中加以验证。

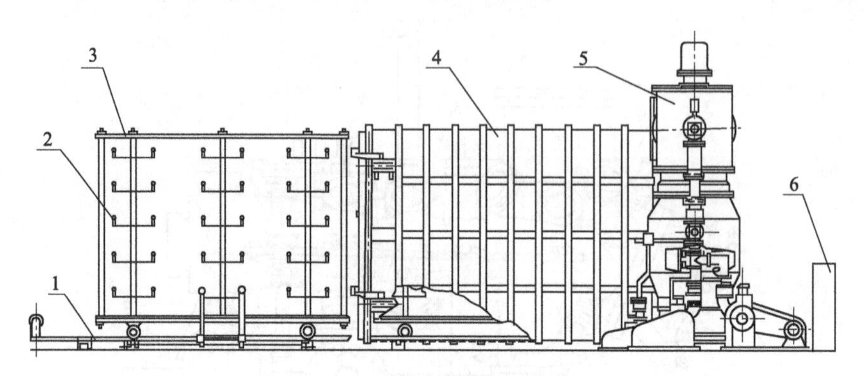

图 4-15 高真空蒸发镀膜机结构简图

1—地面车；2—多点平面组合式蒸发源；3—工件车；4—镀膜室；5—抽气系统；6—电气系统

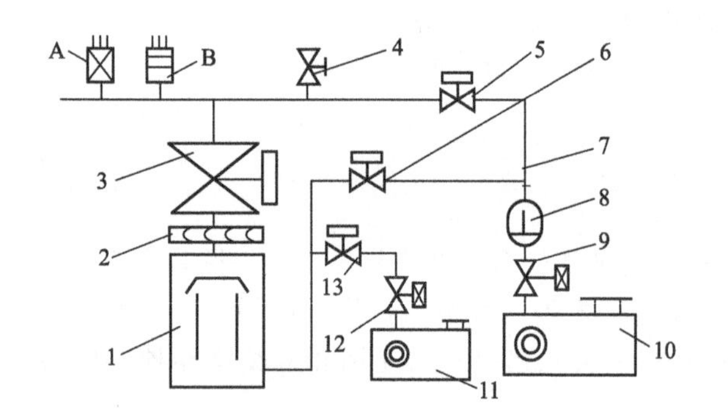

图 4-16 高真空蒸发源镀膜机的抽气系统

1—高真空扩散泵；2—水冷挡板；3—高真空主阀；4—放气阀；5—预抽阀；6—出口阀；7—软连接；8—罗茨泵；9、12—压差阀；10、11—前级泵；13—预抽阀；A—热偶规；B—电离规

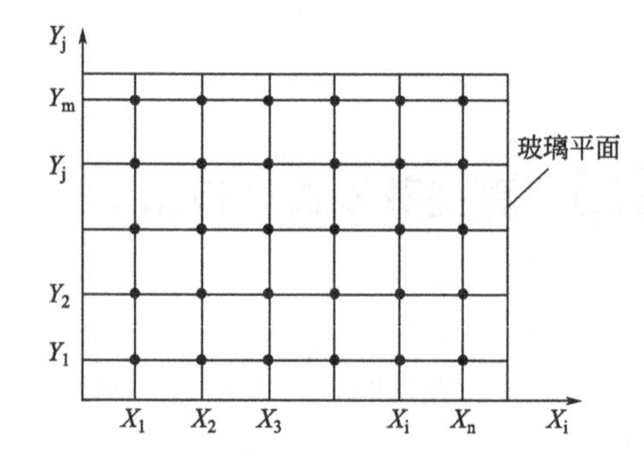

图 4-17 多点组合式蒸发源的排列（$N=n\times m$）

为了在玻璃面上获得均匀的膜层厚度，蒸发源是将多个点状源，通过膜厚的均匀分布计算，合理地配置在支撑多个点源的平面框架上。

表 4-10 是按图 4-17 的排列方法计算出来的多点平面组合式蒸发源在不同蒸距下膜层厚度的分布情况。图中被镀玻璃的尺寸宽为 1.5m，长为 2m。点源总数 $N=30$，点源横排列 $n=6$，点源纵向排列 $m=5$。

表 4-10 中，$K=\frac{t_T}{t_{op}}$是表征点蒸发源在蒸距 h 相对应的 O 点上膜层厚度 t_{op} 与多点蒸发源蒸发的玻璃表面任意点 $T(x,y)$ 上的膜层厚度 t_T 的变化程度的比值，K 值为：

$$K=\frac{t_T}{t_{op}}=h^3\left\{\sum_{i=1}^{n}\sum_{j=1}^{m}\left[(x-x_i)^2+(y-y_j)^2+h^2\right]^{-3/2}\right\} \tag{4-20}$$

式中，x、y 是点源的玻璃平面上的投影坐标。

表 4-10 多点平面组合式蒸发源在不同蒸距下膜厚分布的变化

蒸距 h/mm	K_{max}	K_{min}	$K_{平均}$	$\frac{K_{max}-K_{min}}{K_{平均}}$
100	1.115 082	0.199 560	0.465 924	1.964 96
200	1.748 57	1.046 822	1.342 313	0.522 970
220	1.946 15	1.250 181	1.557 794	0.446 766
250	2.282	1.568	1.900	0.375 789
300	2.929 919	1.903 254	2.514 643	0.408 275
350	3.683 708	2.274 111	3.170 44	0.444 606
400	4.526 5	2.678 5	3.885 8	0.475 578

可见，当膜材选定后，在点源蒸发速率及点源总数和点源的纵横坐标尺寸一定时，沉积到原片玻璃上的膜层厚度，是随着蒸距 h 的变化而变化的。点源对平面的蒸发，欲得到十分均匀的膜层厚度，几乎是不可能的。这就是采用多点组合式蒸发源制备幕墙玻璃的一大弱点。

4.3.1.2 间歇立式真空蒸发镀膜机

在间歇式真空镀膜机中，真空室内成膜过程的工作情况是间歇的。图 4-18 是我国某厂生产的间歇式 CWD-500 型无油超高真空镀膜机的镀膜室结构简图。该室主要由钟罩、球面行星转动基片架、基片烘烤装置、磁偏转电子蒸发源、蒸发挡板及底板和加热装置等构件所组成。

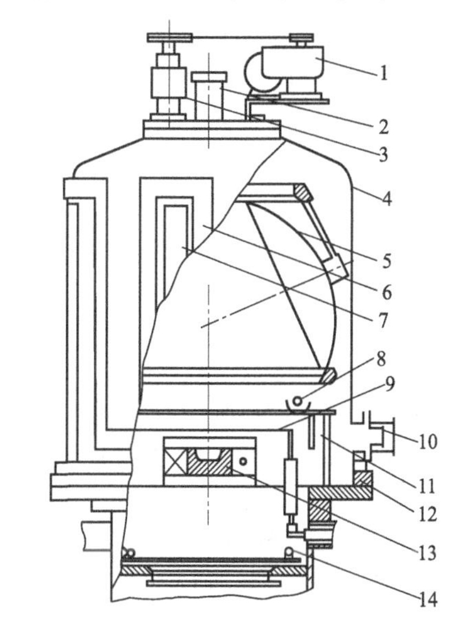

图 4-18 CWD-500 型镀膜设备的镀膜室结构
1—减速器；2—晶体室；3—密封接头；4—金属钟罩；5—球面行星转动工作架；6—水冷套；7—板状加热器；8—红外灯；9—挡板；10—观察孔；11—潜望镜；12—密封阀；13—e 型枪；14—底板加热红外灯

真空室的直径为 500mm，由不锈钢焊接而成。钟罩壁上焊有方形冷却水管，并装有六只对基片进行烘烤加温的板状加热器（每只为 650W）。烘烤温度可在 0～230℃ 范围内进行调节。

该温度可由放置在基片附近空间的热电偶进行测量。

蒸发源是磁偏转式电子枪，放置在坩埚蒸发平面上部 250mm 处，其蒸发速率为 1.5μm/min。枪体通过托板固定在底板正中，且把坩埚蒸发平面与基片架置于同一球体的内表面上，以保证膜层厚度的均匀性。

蒸发挡板是保证膜质量的又一措施，它位于枪的上部，左右两块对称放置。挡板主传动轴由不锈钢波纹管密封，使挡板与外界隔绝。操作室外的手柄，通过凸轮、滑块机构传动，使挡板产生分开或合并的交替动作。

为了使真空镀膜室在重复镀膜过程中快速地恢复真空度，该机在钟罩底板下面机组抽气口四周放置三只碘钨灯。它可以在镀膜室曝露大气时与钟罩加热板同时加热，使主阀门上部管道及钟罩加热到 100～150℃，以减少内壁吸附的气体，特别是水蒸气。至于设备的有关构件及真空、水冷等系统，因各种镀膜设备均有许多相似的地方。因此，将在本书有关章节中详述。

4.3.1.3 半连续卷绕式真空蒸发镀膜机[9]

(1) 半连续卷绕式真空蒸发镀膜机的适用范围及结构特点

目前，国内外生产的半连续卷绕式真空蒸发镀膜机（简称卷绕镀膜机），主要用于对传统的柔性长幅带材（如低张塑料薄膜等）在其表面上涂覆一层金属薄膜，使其表面金属化的过程。其产品主要用于装饰、彩印等方面；在功能性薄膜领域中，主要用于激光仿伪膜，高速公路反光标志膜。其涂层多为纯铝膜。带材多选用 PET、Bopp 涂漆纸等。

在电容器制造材料中，由于薄电容器很容易达到小体积、高容量的要求，因此，是目前卷绕镀膜技术的首要选用者，应用较广、要求涂层质量严格。带材厚度只有 1.2～9μm，国内多采用 2～4μm 的 Bopp 薄膜。其中由于电学性能的影响，Bopp 薄膜的应用量大约可占 90%以上。膜材多由纯铝、锌铝合金或银铝锌复合涂层。如选用感应加热式蒸发源，还能在带材上蒸镀 ZnS、MgF 及 SiO_2 等化合物材料，以生产透明高阻隔及一些有着特定物理光谱的功能性材料。

基于卷绕镀膜机的主要技术特点是高真空条件下、带材的柔性卷绕及其连续性的生产工艺过程，因此，镀膜机在结构上必须具备卷绕传动机构，带材的收卷和放卷及放卷和收卷过程中的真空蒸镀机构。为了适应工作的周期性和连续性，在结构上它还必须通过大的坩埚或送丝机构储存足够多的膜材。而且在卷绕系统中为保证涂层的均匀性，一定要做到卷绕系统线速度的恒定。为保证带材的平整度和收卷不跑偏，还应使卷绕系统的基材张力维持恒定以及保证基材展平的装置。在镀膜部分中设置挡板和水冷装置，在连续输送膜材的机构中，送丝速度必须实现恒定并且可以调速。所有这些结构上的特点，就是构成现代新式高真空卷绕镀膜机完整机型的具体体现。

(2) 半连续卷绕式蒸发镀膜机的机型及设备系列化的进程

半连续卷绕式镀膜机的机型从所选用的蒸发源类别上可分为电阻式、感应式和电子束加热式等类型；从其镀膜室的结构上可分为单室式、双室式或多室式。但主要是以双室式为主。在用途上过去多为一机两用，既镀纸张又镀塑膜。但是，由于镀膜的工艺要求各不相同。因此，近年来国内外各厂家大都生产单一式的专用设备。这对提高产品的质量和产量以及可满足用户的实际需要上是很必要的。而且，在国内外的各厂家大都将这些专用设备的机型，按幅宽室型形成系列产品。如国内上海曙光机械制造厂、成都国投南光有限公司生产的Ⅱ型系列的产品、法国 L·H 公司生产的电阻加热式的系列产品、日本 ULVAC 生产的以感应加热式蒸发源为系列的产品、意大利伽利略公司生产的 CAL 型系列产品等，这些产品所镀制的基体幅宽最大可达 2m 以上，卷绕速度通常每分钟可达几百米，最大速度可达 900m/min。而且，在蒸镀每一卷膜料的生产周期中，纯镀膜的时间可达 60%～70%，辅助时间只用 40%～30%。年工作生产时间可达 3500～6000h。其膜厚的偏差只有 20%～50%，针孔率平均只有 0.25～1 个/m^2。收卷边缘的不齐度小于 1mm，跑偏甚小，其膜的方块电阻为 1～100Ω/□。

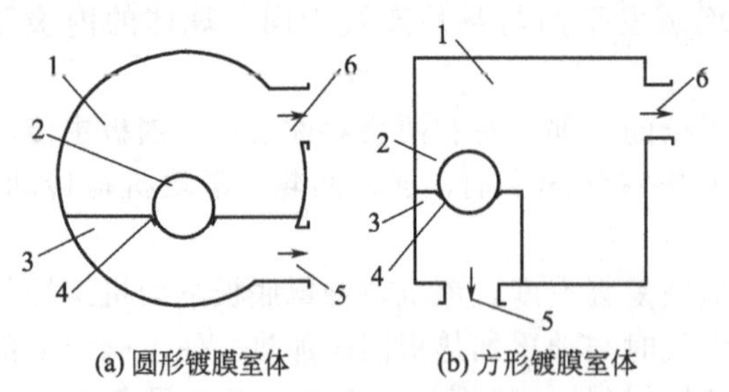

图 4-19 双室卷绕镀膜机真空室体的形状
1—卷绕室；2—镀膜辊；3—镀膜室；4—狭缝；5—镀膜室抽气系统；6—卷绕室抽气系统

(3) 半连续卷绕式蒸发镀膜机的整体组成及真空室体的形状

双室半连续卷绕镀膜机的整体结构是由被两块隔板分离开来的卷绕室、蒸镀室、卷绕系统、蒸发源及其加热冷却系统、屏蔽带传动系统（或油屏蔽系统）、真空系统、电气控制系统等部分组成。其中真空室体的形状过去多采用圆形，但是由于方形室体以其外形美观和室内便于布置等为特点，目前已被采用。两种不同形状真空室如图 4-19 所示。

(4) 半连续卷绕式镀膜机的卷绕系统及其控制方法

卷绕系统是卷绕镀膜机的关键组成部分。它是传送长幅带材、通过镀膜辊进行蒸镀、保证在成膜过程中膜层厚度均匀的重要结构。为此，要求卷绕机构的卷绕速度恒定可调，带材张力恒定可调，是其两个最基本的条件。图 4-20～图 4-23 分别给出了几种常用卷绕机构的示意图。

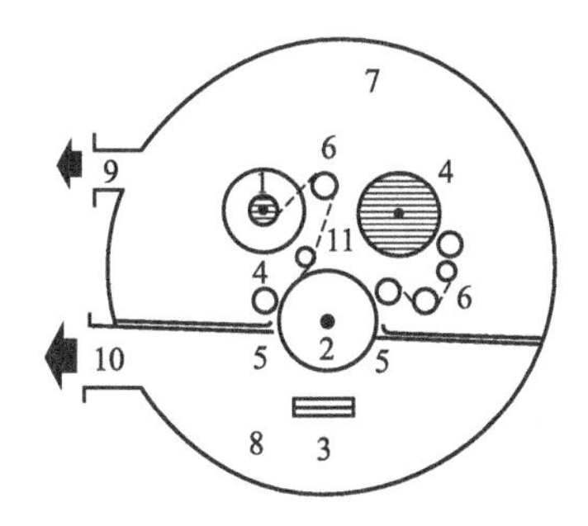

图 4-20 装有电阻加热式蒸发源的卷绕机构
1—放卷辊；2—镀膜辊；3—电阻加热式蒸发源；4—收卷辊；5—狭缝；6—张力、拉伸及转向辊；7—卷绕室；8—蒸镀室；9—卷绕室抽气口；10—蒸镀室抽气口；11—带材

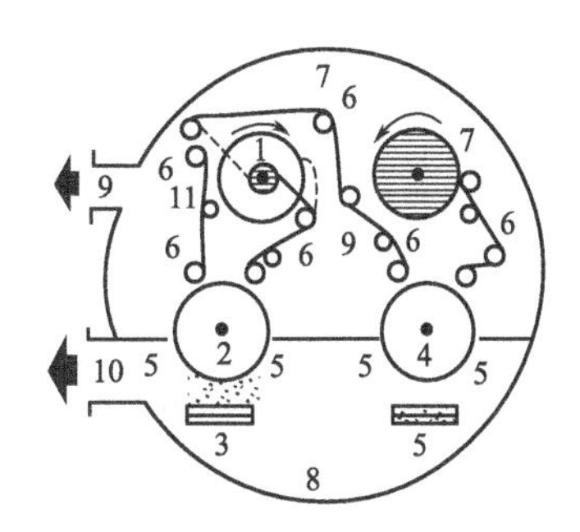

图 4-21 装有双电阻加热式蒸发源的卷绕机构
1—放卷辊；2—第一镀膜辊；3—第一电阻源；4—收卷辊；5—狭缝；6—张力、拉伸及转向辊；7—卷绕室；8—蒸镀室；9—卷绕室抽气口；10—蒸镀室抽气口；11—带材

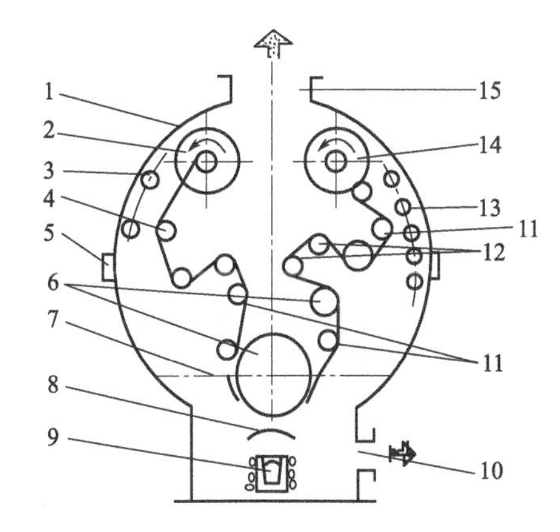

图 4-22 装有感应加热式蒸发源的卷绕机构
1—室体；2—收卷辊；3—照明灯 4—导向辊；5—观察窗；6—水冷辊；7—隔板；8—挡板；9—反应加热式蒸发源；10—镀膜室抽气口；11—橡胶辊；12—铜辊；13—烘烤装置；14—放卷辊；15—卷绕抽气口

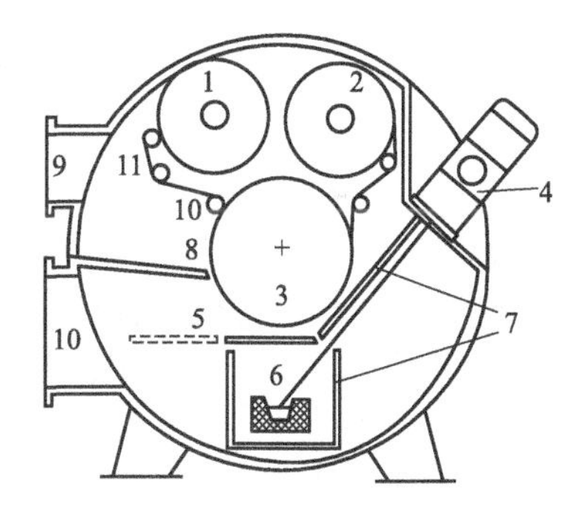

图 4-23 装有电子枪加热式蒸发源的卷绕机构
1—放卷辊；2—收卷辊；3—镀膜辊；4—电子束枪；5—挡板；6—坩埚；7—冷却遮蔽板；8—狭缝；9—卷绕室抽气口；10—蒸镀室抽气口；11—带材

(5) 半连续卷绕式镀膜机卷绕系统的恒速、恒张力控制

目前半连续卷绕式镀膜机中卷绕的恒速恒张力控制系统主要有如下几种。

① 双电机驱动的带材卷绕系统

双电机驱动的带材卷绕系统，主要由蒸镀辊的主驱动电机、收卷电机和放卷可控摩擦盘组成，如图 4-24 所示。它可分为直流电机系统［图 4-24(a)］和交流电机系统［图 4-24(b)］两种类型。

蒸镀辊主驱动电机给定速度，收卷电机则根据驱动电机给定的速度，随着收卷卷径的增

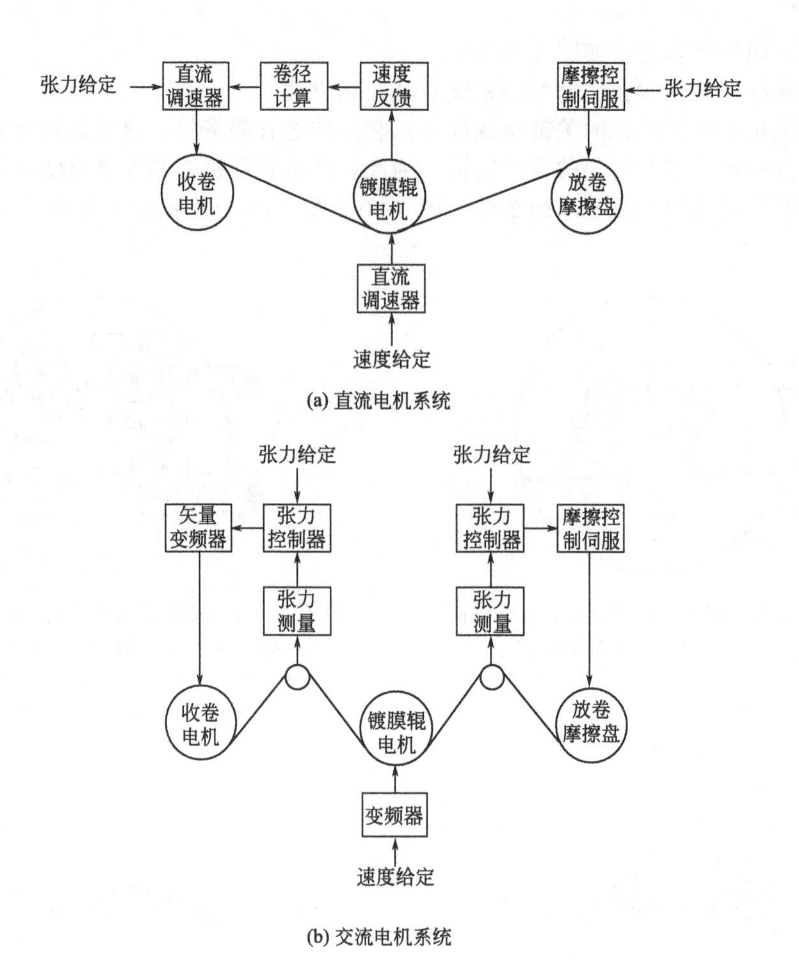

(a) 直流电机系统

(b) 交流电机系统

图 4-24 交、直流双电机驱动的镀膜卷绕系统

大而递减。并且，它还可以随着收卷侧的带材的张力的变化而调整扭矩。放卷电机为拖动形式，可控摩擦盘手动或随着卷侧带材的张力变化而自动调整它的摩擦阻力。这种系统的主要缺点是放卷侧的张力不能小于系统固有阻力，系统固有阻力包括放卷侧的摩擦力及放卷机构（含卷材）因放卷卷径的递减角加速度所需的力。根据实测，带材卷径大小在 $\phi650\times1300$mm 的机型上，正常使用卷绕速度为 7m/s 时，系统固有阻力在 20kg 左右。因此，对于一些所需张力值小于系统固有的阻力的带材，这种双电机带材卷绕系统是不宜采用的。例如，用于制备电容器的塑膜就不宜采用。但是，由于传统的包装带材因为它结构简单、易于操作又能满足要求。因此，可采用这种系统。

② 三电机驱动的带材卷绕系统

三电机驱动带材卷绕系统主要由主驱动电机、收卷电机和放卷电机组成。如图 4-25 所示。它也分为直流电机系统［如图 4-25(a) 所示］和交流电机系统［如图 4-25(b) 所示］。主驱动电机给定速度，收卷电机根据主驱动电机给定的速度，随收卷卷径的增大而递减调速；收卷电机也可随收卷侧基材的张力变化而调整扭矩。放卷电机根据主驱动电机给定的速度，随放卷卷径的减小而递增调速；放卷电机也可随放卷侧带材的张力变化和放卷卷径变化而调整扭矩或速度。

直流三电机驱动带材卷绕系统的电机多采用直流伺服电机。驱动带材卷绕系统，多采用交流变频调带电机。

图中编码器在普通镀膜中可不用。在高精度卷绕镀膜时，编码器的精度要大于 1024 线。

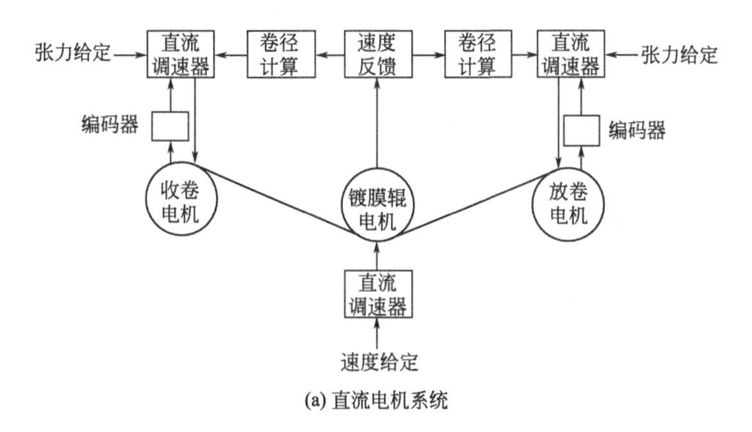

(a) 直流电机系统

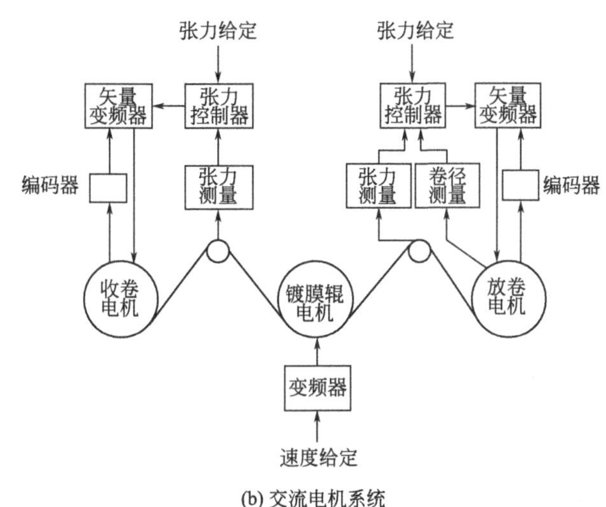

(b) 交流电机系统

图 4-25 交、直流三电机驱动的镀膜卷绕系统

双电机驱动带材卷绕系统和三电机驱动带材卷绕系统中的张力控制器可用内置张力控制模块的矢量变频器代替。但是，张力控制精度只适于系统要求较低的场合。在高精度卷绕镀膜中最好采用专业的张力控制器。

由于三电机驱动带材卷绕系统克服了双电机系统的缺点。但三个以下的电机驱动的带材卷绕系统存在着收卷侧响应速度慢的缺点，经常发生基材的镀膜辊（冷辊）上贴合不好的情况。导致镀膜辊对基材的冷却效果不佳，收卷侧带材倒卷入镀膜辊等现象。虽然有许多方法可以克服这种现象，但重复性较差。因此，要引入全自动控制。另外，在薄膜电容器用的真空卷绕镀膜设备中，其厚度为 1.2～9μm 的带材，对卷绕系统的控制灵敏度也提出了更高的要求。

③ 四电机驱动带材卷绕系统

如图 4-26 所示。这种系统主要是由主驱动电机、二次张力电机、收卷电机和放卷电机所组成。

主驱动电机给定速度，速度张力控制器运算后由高速器控制收卷电机随收卷卷径的增大而递减调速，以恒定收侧张力；同时速度张力控制器运算后由调带器控制二次电机给予收卷侧一个较小的叠加张力，以改善收卷侧的系统响应速度。同样，速度张力控制器运算后由调带器控制放卷电机随放卷卷径的减小而递减加调速，以恒定放侧张力。其主控系统如图4-27所示。

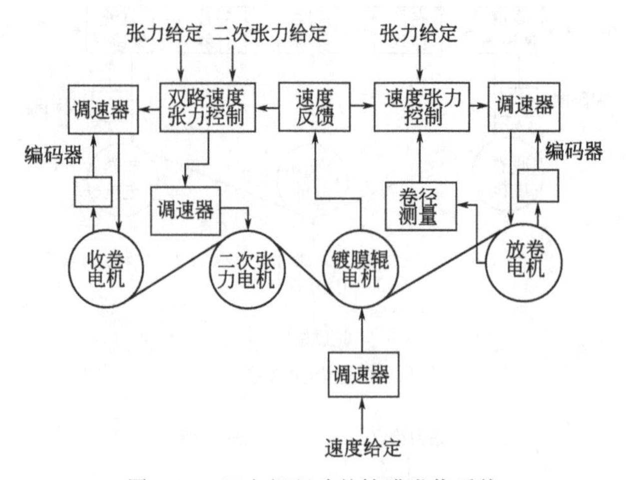

图 4-26 四电机驱动的镀膜卷绕系统

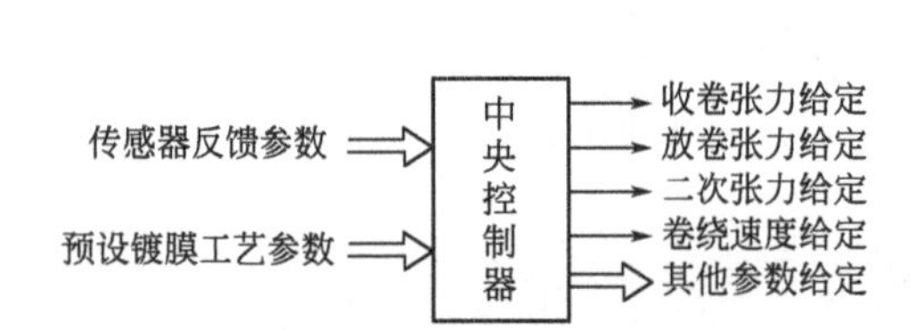

图 4-27 四电机驱动的卷绕镀膜主控系统

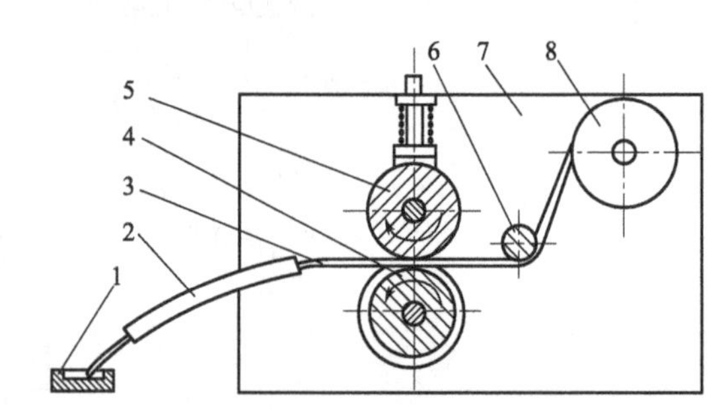

图 4-28 送丝机构的结构

1—坩埚；2—导管；3—膜材丝；4—主动辊轮；5—压轮；6—导向辊；7—支架；8—绕丝轮

以上就是真空卷绕镀膜设备中几种常用的带材卷绕系统。

目前，由于交流电机控制技术已接近或达到了直流电机的控制精度水平。所以交流电机驱动的带材卷绕系统已经得到了一定程度的应用。

(6) 半连续卷绕镀膜机的蒸发系统与蒸发源的排列及其膜厚分布[11]

半连续卷绕镀膜机蒸发系统包括蒸发源（电阻源、电子束源或感应源）、膜材送丝机构（或坩埚）及其加热膜材的电源和加热电极的冷却等部分。各种不同类型的蒸发源已作了介绍，这里仅就送丝机构及其蒸发源的排列和膜层厚度的分布作一介绍。

① 丝状膜材的输送机构

在蒸镀过程中，为了连续地补充膜材的装置称为送丝机构，其结构如图 4-28 所示。丝状膜材在主动辊轮和压轮的夹持下，由于主动辊轮的拖动而使膜材丝不断地输送至坩埚中。主动辊轮的传动机构由电动机和减速装置组成。调节电动机的转带可以保证送丝速度与基体走速相匹配，以便获得所需要的膜厚。送丝速度 U 可用下式确定：

$$U=\frac{4q_{em}}{\pi d^2\rho} \quad (cm/min) \tag{4-21}$$

式中，q_{em} 为膜材进给量，g/min；ρ 为膜材密度，g/cm^3；d 为膜材丝直径，cm。

这种送丝机构的最大缺点是卡丝，即丝材卡死而无法输送。其故障常发生在主动辊轮与压轮之间的挤压部位和导管内。前者是因为膜材丝挤入凸凹啮合的二轮侧隙之中。后者是因为导管出口处温度偏高导致丝料变软而弯曲变形。因此，使用时应事先检查好，以避免在设备运行中发生故障。

② 蒸发源的排列及其膜层厚度的分布

确定蒸发源的合理数目及其最佳的排列位置和蒸距，在基体宽度方向上可以获得均匀的膜厚分布。

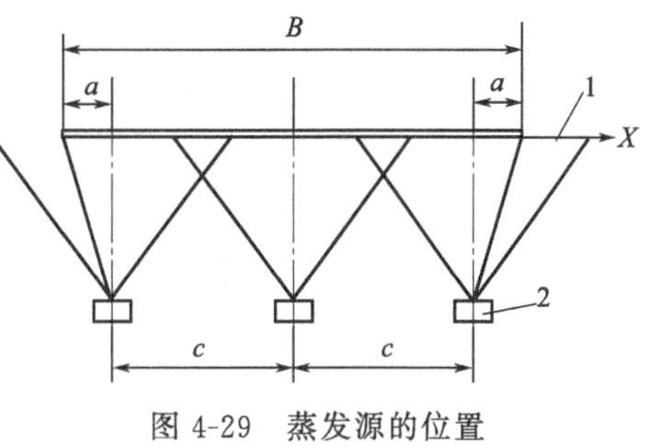

图 4-29 蒸发源的位置

1—基体；2—蒸发源

平面电阻源或感应蒸发源可视为小平面源，其对于平行平面的基体蒸发如图 4-29 所示。设基体宽度为 B，蒸发源的数目为 N，蒸发距为 H，最边缘的蒸发源中心法线至基体边缘的距离为 a，则蒸发源之间的间距 C，其公式应为：

$$C=\frac{B-2a}{N-1} \tag{4-22}$$

在基体上距边缘 X 处的膜厚 t_x 由式 $t=\frac{m}{\pi\rho}\cdot\frac{h^2}{(h^2+b^2)^2}$ 可得：

$$t_x=\frac{mH^2}{\pi\rho}\sum_{i=1}^{N}\frac{1}{\{H^2+[a+(i-1)\frac{B-2a}{N-1}-x]^2\}^2} \tag{4-23}$$

在距边缘 a（即第一个蒸发源中心法线）处的膜厚 t_a 为：

$$t_a=\frac{mH^2}{\pi\rho}\sum_{i=1}^{N}\frac{1}{\{H^2+[(i-1)\frac{B-2a}{N-1}]^2\}^2} \tag{4-24}$$

比较二式，即相对膜厚为：

$$\frac{t_x}{t_a}=\sum_{i=1}^{N}\left\{\frac{H^2+\left[(i-1)\frac{B-2a}{N-1}\right]^2}{H^2+\left[a+(i-1)\frac{B-2a}{N-1}-x\right]^2}\right\}^2 \tag{4-25}$$

式中，i 为第 i 个蒸发源，以此式可以优化出基体宽度 B 和蒸距 H 时所需要的蒸发源数量 N、间距 C 及边缘 a 的最佳组合。

(7) 半连续卷绕式蒸发镀膜机中的真空系统[10]

半连续卷绕式镀膜机由于被卷绕的带材放气量大，因此，采用大抽速的真空系统对卷绕室进行抽气是这种设备的一大特点。如前所述高真空卷绕镀膜中应按功能区将其真空室体分隔开，对放气量大的带材卷绕系统放在一个真空室（上室）内。将放气量相对小的镀膜室和送料系统放在另一个真空室（下室）内。

原则上，上室真空系统的工作真空度要比下室真空系统的工作真空度低一个数量级。对于真空卷绕蒸发镀铝设备来说，下室工作真空度达到 6.7×10^{-2} Pa 就可以满足材料的最佳蒸发要求，此时上室真空度相应为 $\leqslant10^{-1}$ Pa。

上室真空度低于 10^{-1} Pa 时，由于上下室之间存在带材通过的狭缝，狭缝太大，下室工作真空度会由于真空梯度的原因受到上室真空度的影响，较难维持在 6.7×10^{-2} Pa。若上室真空度也达到 10^{-2} Pa，会加大上室真空系统的设计制造成本。所以在许可范围内上下之间存在的狭缝越小越好。

通常选用油增压泵作为上室真空系统的主泵，而用油扩散泵作下室真空系统的主泵。两套真空系统的前级泵可以共用。其典型的真空系统如图 4-30 所示。图中符号及有关真空系统的设计问题可参阅本章参考文献［15］，这里不予介绍。

由于卷绕镀膜机中被镀的带材含水量很大，为了在蒸镀过程中尽快排除水蒸气，经常采

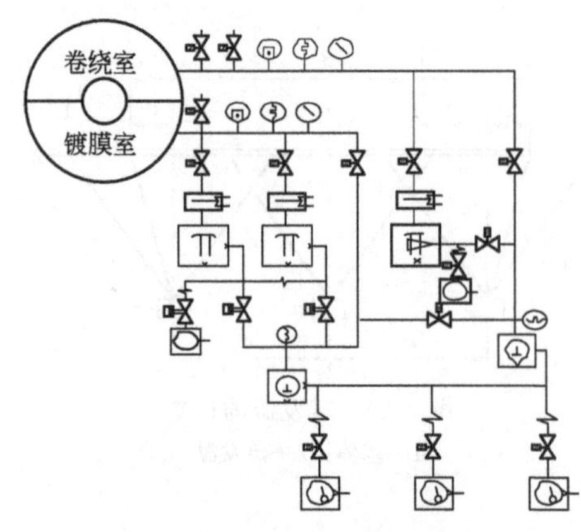

图 4-30 典型双室真空抽气系统

用水气捕集盘管及其所配备的具有大抽速功能的深冷捕集泵以协助真空系统对水蒸气的排除，也是一项重要的措施。现以国外所采用的 plycold 系统的深冷泵为例简单计算如下。

若上室每秒卷过的带材中含水量为 m_1：

$$m_1 = l_1 b\omega c \quad \text{(g)}$$

下室每秒卷过的带材中含水量为 m_2，则：

$$m_2 = l_2 b\omega c \quad \text{(g)}$$

式中，b 为基材幅宽，m；l_1 为单位时间暴露在上室内的基材长；l_2 为单位时间暴露在下室内的基材长（l_1、l_2 应取设计最大卷绕速度）；c 为基材含水量；ω 为基材单位质量，g/m^2。

根据理想气体状态方程 $pV = mRT/M$，20℃时上室每秒汽化水的体积为 V_1 则：

$$V_1 = m_1 RT/(Mp_1) = 13.534 l_1 b\omega c/p_1 \quad \text{(L)}$$

式中，R 为摩尔气体常数，$R=8.31441$J/(mol·K)；T 为气体热力学温度，$T=293$K；M 为气体摩尔质量，$M=18.02$kg/mol；p_1 为上室工作真空度，Pa。

20℃时下室每秒汽化水的体积为 V_2

$$V_2 = m_2 RT/(Mp_2) = 13.534 l_2 b\omega c/p_2 \quad \text{(L)}$$

上下室深冷捕集泵的捕水抽速（L/s）应分别大于 V_1、V_2。

（8）卷绕速度、送铝丝速度和铝膜沉积厚度的关系[12]

在蒸发卷绕镀膜机中，铝是最常用的蒸发材料。目前，国内生产的卷绕镀膜机，有的配有利用电阻法来测量铝膜厚度的装置。其测厚装置原理如图 4-31 所示。

对一定材料制成的横截面均匀的导体，其电阻值 R 可通过下式计算：

$$R = \rho\frac{L}{S} = \rho\frac{L}{Bt} \tag{4-26}$$

若 $L=B$，得

$$R = \frac{\rho}{R} \text{或} t = \frac{\rho}{R} \tag{4-27}$$

式中，ρ 为导体的材料及温度决定的电阻率；L、B、t、S 分别是导体的长度（两个电极 C、D 之间的距离）、宽度、厚度和横截面积，$S=Bt$。由于正方形平板状电阻件沿着其边的方向的电阻值与正方形的大小无关。通常把这个电阻值叫做方块电阻，记为 Ω/□。方块电阻是经常使用的，它随膜厚的增加而急剧减小。由于在镀层薄膜的内部含有密度比块状材料大的缺陷和杂质。所以，其电性质与块状材料并不一样。测量不同薄膜厚度时的电阻值，得到某种材料薄膜的膜厚-电阻值的关系曲线。

当按图 4-31 测定 R 后，根据式(4-27)，可计算出金属薄膜的厚度 t，或由膜厚-电阻值关系曲线查出膜厚值。该值是蒸发材料在被镀材料幅宽方向的膜层厚度的平均值，可视为除被镀材料的幅宽中心，两侧边缘外之外的坩埚所对应的膜厚。

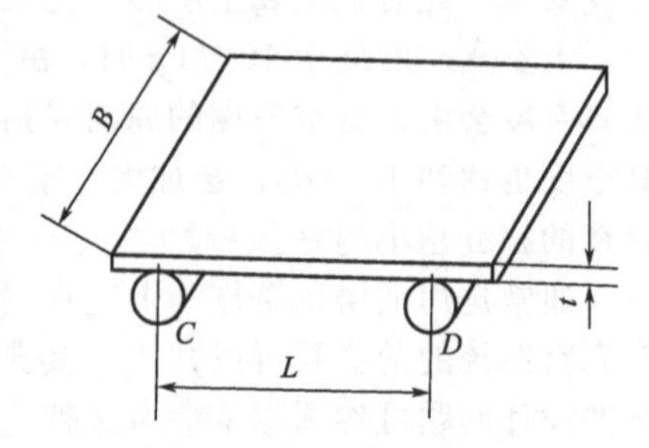

图 4-31 电阻法测厚装置原理图

设单个坩埚正对其上方的冷却辊筒上的膜厚 t'。对多个坩埚来说，由于相邻坩埚所蒸发的材料的交叉沉积，对辊筒上各处的膜厚有增大作用。因此，实际膜厚 t 比 t' 要大。令 $f = \frac{t}{t'}$，并定义 f 为增厚系数。

此外，设卷绕速度为 ω，送铝丝速度 v，被镀材料暴露在蒸发区的金属蒸气中的长度（弧长）为 a，则被镀材料经过蒸发区的时间为$\frac{a}{\omega}$，在这段时间内生成的膜厚为 t_a，因此：

$$t_a = t\frac{a}{\omega} = \frac{af}{\omega}t'$$

因为

$$t' = \frac{m}{\pi\rho h^2} \tag{4-28}$$

而 $$m = \frac{\pi}{4}d^2\rho U，则\ t' = \frac{Ud^2}{4h^2}，所以\ t_a = \frac{afd^2}{4h^2}\frac{U}{\omega} = k\frac{U}{\omega} \tag{4-29}$$

式中 $k=\frac{afd^2}{4h^2}$；m 为蒸发材料的蒸发速度，g/s；ρ、d 为蒸发材料的密度（g/cm²）和直径（cm）；h 为坩埚上平面的冷却辊筒间的距离，cm。

当铝丝直径 d、弧长 a、蒸发距离 h 和坩埚位置一定时，则 k 就是一个常数。由式(4-29) 可知，膜厚 t_a 与成送铝丝速度成正比，与卷绕速度成反比，它与坩埚的温度没有直接的数量关系，只要坩埚能使铝丝及时地完全蒸发即可。当设定式(4-29) 中的任意两个参数时，如膜厚 t_a 和卷绕速度 ω，则第 3 个参数送铝丝速度 v 就能确定。这在电气自动控制上是容易实现的。可由膜厚-电阻值关系曲线得到电阻值与送铝丝速度、卷绕速度的关系。

(9) 电容器用塑膜非金属化表面在蒸镀过程中的屏蔽机构及其改进

为了满足生产不同规格电容器塑膜的要求，在带材表面上保留不同数目和宽度的非金属化狭带（称屏蔽带）是加工电容器用金属化薄膜的一项重要工艺指标和特征。屏蔽带是通过适当的屏蔽系统在蒸镀时阻止其金属化而获得的。过去传统的机构是采用带状旋转的带屏蔽来实现的。这种机构在蒸镀带材规格变更时必须重新调整每一条带的宽度和各个带之间的距离，操作繁琐，效率很低。而且，也难于保证屏蔽宽度的精度。这对于蒸镀超薄、超窄的电容器膜来说就更显得困难。因此，目前已逐渐被油屏蔽的方法所取代。所谓油屏蔽就是将一种特制的植物油，按着不同的蒸镀规格将其安装在卷绕系统在成膜前一侧的喷油管中，在真空条件下加热使其形成蒸气而喷射到带材上，在被镀的带材表面上事先形成一个纳米级的油膜。从而，对带材在这一细小的狭缝上形成了屏蔽作用。这种屏蔽方法与带屏蔽相比较，不但减少了非镀膜的辅助时间，提高了屏蔽精度。而且，屏蔽效果甚至可达到微米宽度。这就为加工超薄、超窄的电容器薄膜的生产提供了可能的条件。

(10) 卷绕式蒸发镀膜机的开启机构

半连续卷绕式真空蒸发镀膜机的开启机构如图 4-32 及图 4-33 所示。两种机构，前者卷绕机构及其传动系统安装在开启机构的密封大板上。因此，设计时应当注意其运动的稳定性。必须使运动部分的重心位于小车车轮的中间，并且小车的行走速度应小于 2m/min。后者除了卷绕机构密封大板和动力柜设置在右侧小车上之外，还将其真空室的左侧也设置真空密封法兰。并且将电阻加热式蒸发源放到右侧的小车上，蒸发后使小车退出室外。从而，为更换和清扫电阻蒸发源创造方便的条件。目前，这种开启方式已得到了较多的应用。

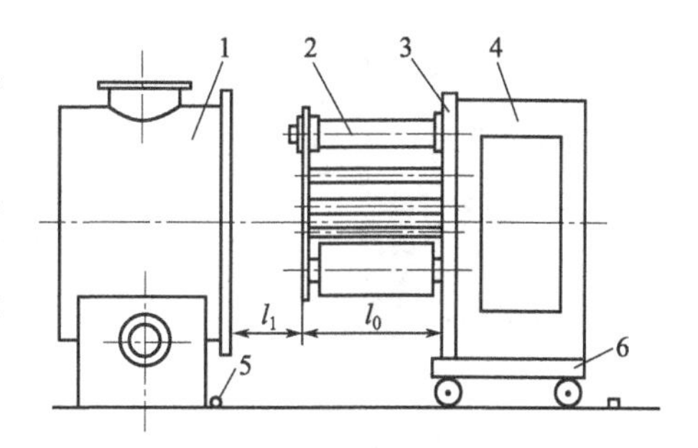

图 4-32 开启机构

1—真空室体；2—卷绕机构；3—密封大板；4—动力柜；5—行程开关；6—小车

4.3.1.4 连续卷绕式真空蒸发镀膜机

连续卷绕式真空蒸发镀膜机目前多用于带钢的镀膜上，可称其为连续式带钢蒸发镀膜机。这

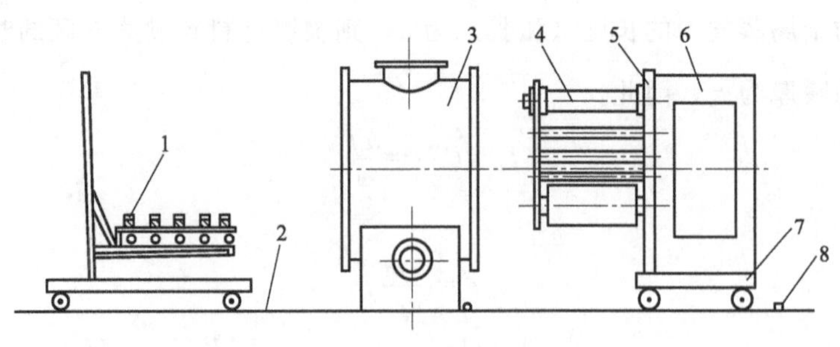

图 4-33 开启机构

1—蒸发源机构；2—轨道；3—真空室体；4—卷绕机构；5—密封大板；6—动力柜；7—小车；8—行程开关

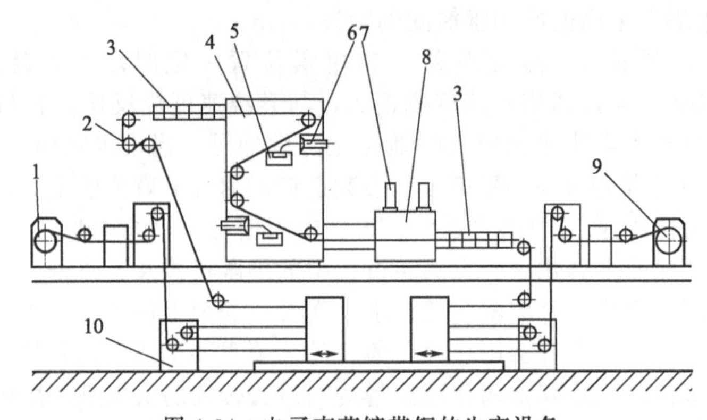

图 4-34 电子束蒸镀带钢的生产设备

1—收卷辊；2—转向辊；3—真空锁系统；4—蒸气镀室；5—大坩埚；6—膜材蒸发电子枪；7—预热电子枪；8—预热室；9—放卷辊；10—存储台

种设备大体上有两种机型，即卷绕式和空对空式。前者基本上与半连续卷绕镀膜机相似，这里不再介绍，后者则是指在连续的带钢镀膜过程中，带钢穿越整个真空容器可连续实现从大气入真空室，经过热蒸镀工艺后，再从真空室中被拉出，即所谓的“空对空式”。这种“空对空式”的连续带钢镀膜设备的整体结构如图 4-34 所示[14]。该设备是由卷绕辊、转向辊、真空锁系统、蒸镀室、膜材蒸发电子枪、带钢预热电子枪、预热室、放卷辊以及真空系统、水冷系统、电气系统等部分组成。现就其中的几个主要部构件介绍如下。

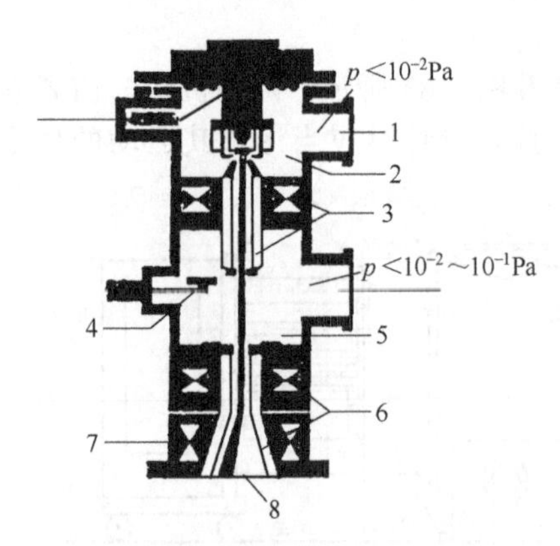

图 4-35 电子枪构造

1—抽真空接口；2—阴极室；3—束流磁镜；4—阀门；5—中间室；6—束流磁镜；7—磁偏转系统；8—偏转电子束

1. 高功率电子枪

由于带钢镀膜所需功率较大，第 3 章所介绍的 e 型电子枪很少采用。目前大都选用图 4-35 给出的直枪聚焦式电子束枪，它的工作原理与 e 型电子枪基本相类似。使用电子枪作为钢带真空镀膜的加热源的特点是：

① 阴极发射出来的电子束能量密度高，可达 10^6～10^{19} W/cm^2，被加热的膜材表面温度可达 3000～6000℃，甚至高于电弧。

② 可通过电子计算机控制其功率密度、电子束扫描频率及图形。扫描频率横向约为 0.8Hz，纵向频率约为 50Hz。因此，可使膜材从点加热转变为面加热。

③ 电子束只对膜材表面加热，故不会产生其他材料的蒸发。可免受其他材料对膜层的污染。

④ 电子束的能量转化率高，可达 95%。

⑤ 电子枪应处于高真空条件下工作。由于这种电子枪具有上述一系列特点。因此，近年来高功率电子枪的制造发展较快。而且，已经形成了系列产品，读者可参阅本章中参考文献［45］去了解。

2. 高真空连续镀膜室

高真空连续镀膜室是连续卷绕式真空蒸发镀膜机的核心部分。它直接影响钢带镀膜的质量和生产力。它是由电子枪加热、熔化膜材的大坩埚和膜材的连续给料等三大部分所组成。

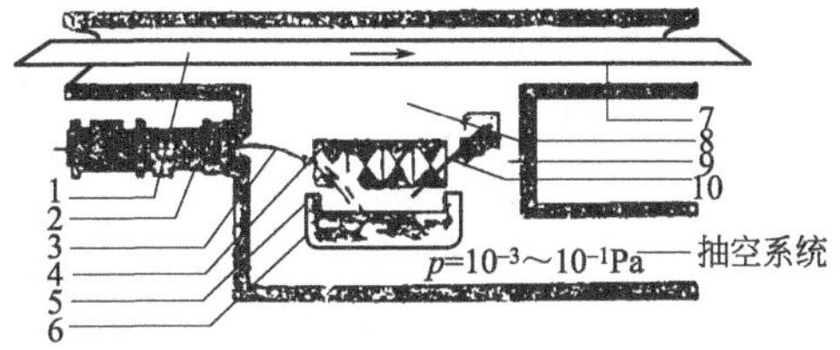

图 4-36 电子枪加热蒸发镀膜原理

1—钢带；2—电子枪；3—电子束；4—磁偏转装置；5—坩埚；6—镀膜材料；7—镀膜室；8—金属蒸发；9—凝在壁上的残料；10—给料机构

① 电子枪加热部分

电子束作为熔化膜材的方法较多，但是，在带钢镀铝膜工艺中采用直枪聚焦式电子枪具有较强的优越性。其结构如图 4-36 所示，该枪的功率选择在一定条件下取决于膜材的熔点和热导率。金属 Al、Cu、Ag 尽管熔点并不高，但热传导性能好，易于产生热传导损失。故功率不应选得太低。而金属 Ti、Zr 等熔点虽然很高，但热传导较小，功率也不可选得太高。如法国 EBA-300 的连续生产线，每个镀膜室中的电子枪只有一支 400kW。EBA635/800 型的钢带宽度为 800mm，带走速度为 200m/min，则使用的枪为 600kW。

② 大坩埚

置于真空室内的大坩埚液面距钢带离距离为 150～200mm，用于钢带镀膜的坩埚主要采用水冷铜坩埚，对低熔点的材料可以用粉未冶金陶瓷坩埚；有的还用优质的石墨坩埚。后两种坩埚传热率低，同样功率、镀膜材料汽化速率高。当电子束在坩埚料面上来回扫描时，往往出现两端低温区的“边沿效应”。克服的方法：一是电子束扫描范围大出两端边各 20cm；二是电子束在两端多停留些时间。

③ 膜材连续给料装置

置于坩埚中的膜材要在不破坏真空条件下连续稳定的给料，可将膜材预先制成丝状、带状和条状，坩埚下面设有限量传感器，通过计算机进行自动调解控制。图 4-37 是电子束加热汽化丝状镀膜材料连续给料的示意图。其中给料装置 4 的原理与半连续镀膜机中基本相同就不再重叙。

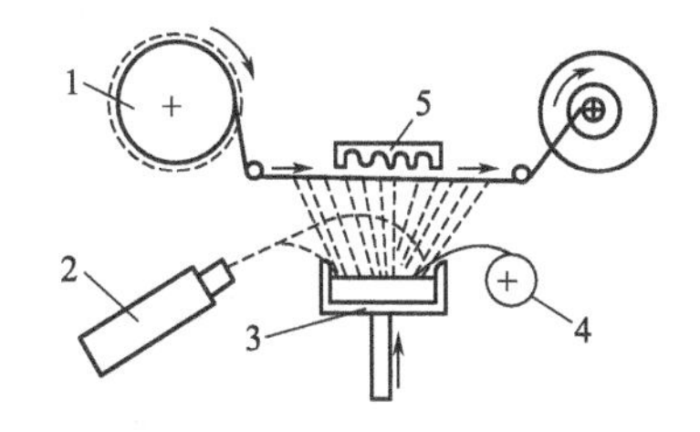

图 4-37 丝状料供给

1—钢带导轮；2—电子枪；3—汽化坩埚；4—丝状料给料装置；5—加热器

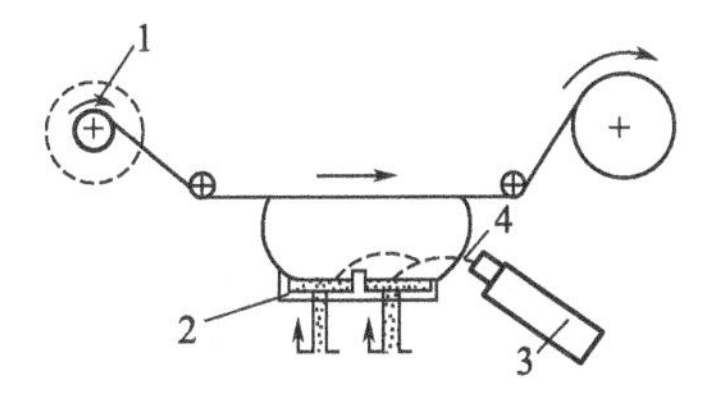

图 4-38 合金镀膜

1—钢带；2—坩埚（二个）；3—电子枪；4—电子束

如果对多元材料进行混合镀膜时（如镀二元合金材料时），则应采用图 4-38 所示的合金蒸镀装置。它是在同一真空镀膜室中放置两个盛装不同金属的坩埚，同时加热气体，其汽化

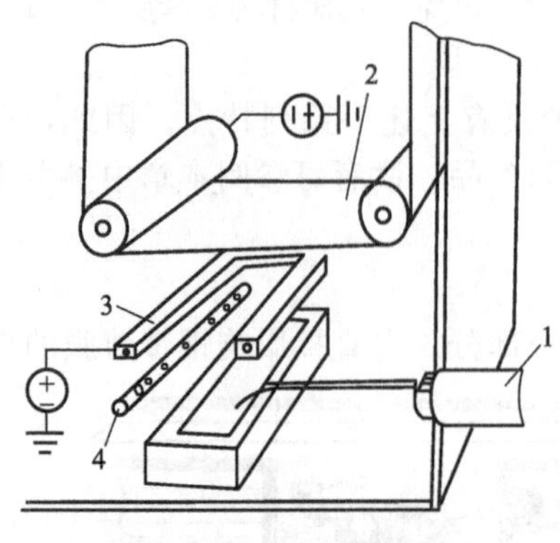

图 4-39 离子辅助法
1—电子枪；2—钢带；3—阳极；4—活性气体发生器（Reactive gas distributor）

后的原子或分子进行混合后，同时蒸镀在钢带表面上。这时一支电子枪的电子束可同时跨越扫描两个坩埚，可同时加热两种金属。

为了改进真空带钢镀膜的质量，还可以采用图 4-39 所示的离子辅助法进行蒸镀。

据国外资料报道，如果在坩埚上面附加一个电极，还可以使材料熔化蒸发的蒸气进一步离子化。电离的目的是提高汽化物的能量。资料介绍这种方法用于蒸镀活性镀膜材料，特别是要求镀层致密的高质量镀膜。这种离子辅助法可以以每秒 0.5～10μm 的速度蒸镀 TiN。如果用这种方法镀铬（Cr），则镀出的铬层表面特别光滑，质量很高。

3. 真空锁气装置及其真空系统的选配

实现带钢“空对空”连续真空蒸镀薄膜工艺的另一个关键装置，是位于镀膜室两侧的两个锁气装置。压差锁气的原理是通过压力梯度的配置与动密封的巧妙结合而实现的。实践表明，这种真空锁气装置可以保证取少量的空气进入真空室。因而，减小了因各级内的真空度的不同所引起的串气，最终保证了真空镀膜室可以在较高的真空度下进行蒸镀。据有关资料介绍，其密封结构主要有三种形式：一种是适用于带钢厚度为 0.5mm 以下薄带钢的滑动式结构；另一种是辊式结构适用于带钢厚度在 0.5～1mm 间的带材；第三种是适用于带钢厚度在 1mm 以上宽度极窄长度很长的矩形孔洞式结构。目前，适用较多的是辊式结构，而且大都采用 3～4 级的加载弹性密封辊。这时的真空机组和真空度，抽气速率取决于密封孔隙面积和真空容积，相邻两级真空度差以及钢带行走引起的气流量。在 EBA-300 钢带镀膜机中，第一级粗真空压差室每分钟空气进行量为 2.5m³/min 左右。图 4-40 是带有真空降压锁气室的钢带连续卷绕式真空蒸发镀膜机的整体结构示意图，图中“1”室为充满微小正压的热氮气，以防止空气串入影响带钢的涂层质量。

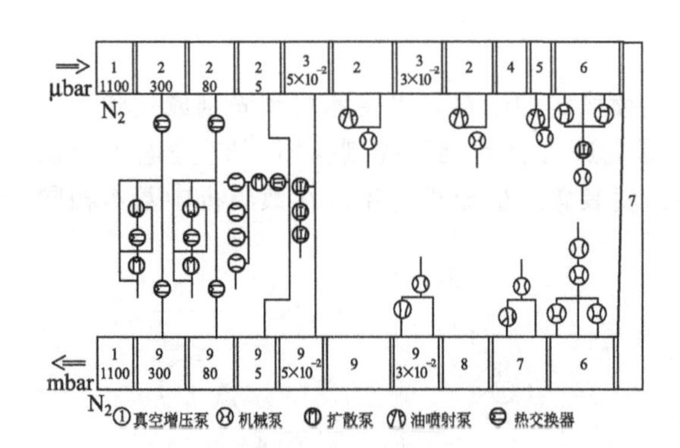

图 4-40 真空设备和压差锁气系统
1—充氮室；2—真空降压锁气室；3—预热室；4—预处理室；5—预热室；6—镀膜室；7—快速加热；8—冷却室；9—后处理升压室

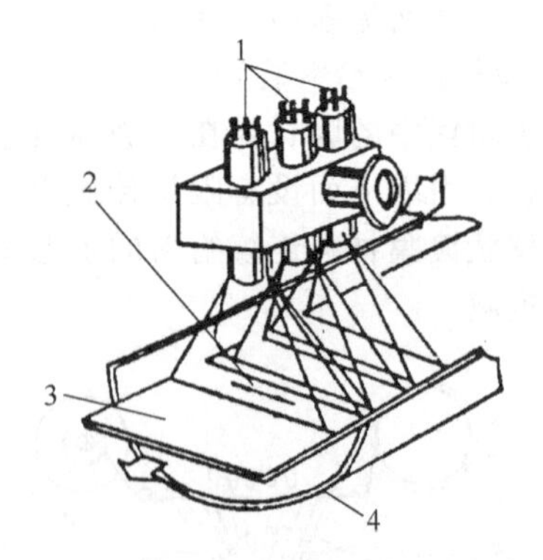

图 4-41 电子枪预热钢带
1—串级电子枪；2—电子束扫描示意；3—预热钢带；4—真空预热室

有关锁气装置真空系统的选配，可依据带钢板与真空器之间所呈现的断面是细长的矩形断面积所形成的具有一定长度的管道，进行管道通导能力的计算。由于这种真空系统与常规真空系统的设计基本相同，不再进行介绍。

4. 带钢的电子束预热装置

钢带在清洁预处理之后，在镀膜之前必须要经过预热。其目的，一是进一步利用高温清洁钢带表面；二是利用 200～700℃的高温激活钢带表面；三是加热钢带减少应力，提高镀膜附着力。国外主要使用单个或多个电子枪，特点是升温快，几秒钟之内钢带表面可达 250～300℃。电子计算机控制电子枪扫描，钢带横向温度很均匀。一般温度误差不超过 2%，图 4-41 是电子枪预热带钢的示意图。

4.3.2 真空蒸发镀膜机中的主要构件

(1) 工件架

设置在真空镀膜室中的用以支撑和保证涂层均匀分布在基体表面上的工件架（即基片架），是真空镀膜机中必不可缺的重要构件。为了在基体表面上获得均匀的涂层，通常要求工件架按一定的规律运动，并且运动速度的均匀平稳。由于被镀件（包括镀膜室内的其他构件）要进行轰击、清洗、进行烘烤除气。因此，要求工件架耐烘烤不变形，而且能尽量承载多的工件。目前，在真空镀膜设备中，较为常用的工件架，主要有如下几种，分别作以下介绍。

① 球面行星传动工件架

球面行星传动工件架是真空镀膜机广为利用的一种工件支撑设置，其结构如图 4-42 所示。图中球面夹具是 120°均匀分布的三个半球状体，上面的孔可根据被镀基体的需要灵活地选配。其工作原理如图 4-43 所示，三个半球面体均布地配置在一个球面上。蒸发源依据第 3 章所述的发射特性，既可置放于球心位置（对点源），也可置于球面上。对小平面源它的优点是：

a. 基片架的有效面积较大，承载的基片数多，工件效率较高；

b. 膜层均匀，从理论分析中可知，球面上任意一点 P 的膜厚只与球面半径 R 有关，再加上公转和自转，可得到厚度均匀的薄膜；

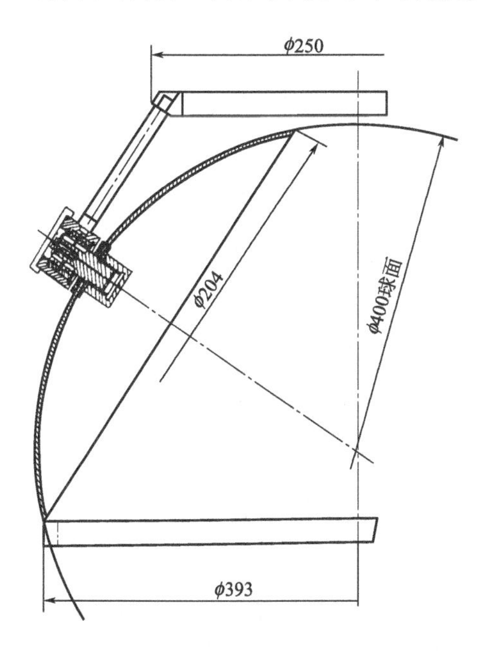

图 4-42 球面行星传动工件架的结构

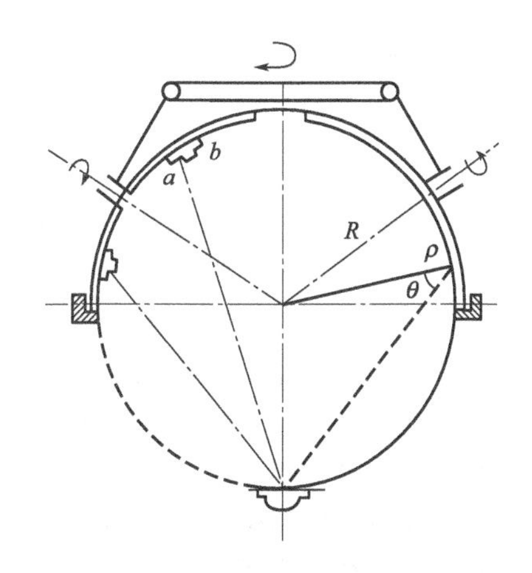

图 4-43 球面行星传动工件架的工作原理

c. 由于基片架的转动，本基片台附近如图中 a、b 各点，都有相同的机会接受来自蒸发源材料蒸气分子。因此，没有台阶效应的影响。

工件架的转速应选择得当。旋转速度太快时，蒸镀效果不好；转速太慢、工件架尚未旋转一周、蒸发材料就蒸发完毕，就不能保证膜的均匀性了。因此一般要根据每次蒸镀时所需要的最短时间，旋转工件架的线速度及其运动过程的稳定性等方面，进行综合考虑来确定工件架的最大转速。一般转速不应大于 40r/min。

② 摩擦传动工件架

图 4-44 表示一种最简单的摩擦式传动工件架。其工作原理是：摩擦轮 6 与 3 相互压紧后，在接触处产生压紧力 Q，当主动轮 6 逆时针回转摩擦力即带动从动轮 3 作顺时针回转，此时驱动从动轮所需的工作圆周力 p 应小于两摩擦轮接触处所产生的最大摩擦力 fQ，即 $P \leqslant fQ$；f 为摩擦系数，其值与摩擦轮材料、图 4-43 球面行星传动工件架的工作原理状态及工作情况有关。为了使工作可靠，常取 $fQ=KP$（K 为可靠性系数），在一般动力传动中，取 $K=1.25 \sim 1.67$；在仪表中取 $K=3$。

摩擦轮传动可用于两平行轴之间的传动、两相交轴或相错轴之间的传动。传递的功率范围可以从很小到二、三百千瓦，但在实用中一般不超过 20kW。传动比可达 7～10；圆周速度可由很低到 25m/s。这种结构的特点是加工容易，可实现无级高速，但运转时容易丢转是其主要的缺点。

③ 齿轮传动工件架

齿轮传动工件架应用范围最广，可用在各种形式的镀膜机上。其传动方式应根据工艺要求灵活选定。图 4-45 为最简单的一种，小齿轮为主动轮，可实现工件架转带恒定。图 4-46 为常用的行星转动，公转由一根中心主轴的转动来实现，这根驱动主轴横穿底板伸出真空室外，由置于大气中的轴承座支承。真空室中的全部传动构件，实际上都支承在主轴、在真空侧的轴端上。主轴由大气中的调速马达通过减带箱驱动。其转速根据工艺需要可自由调节。

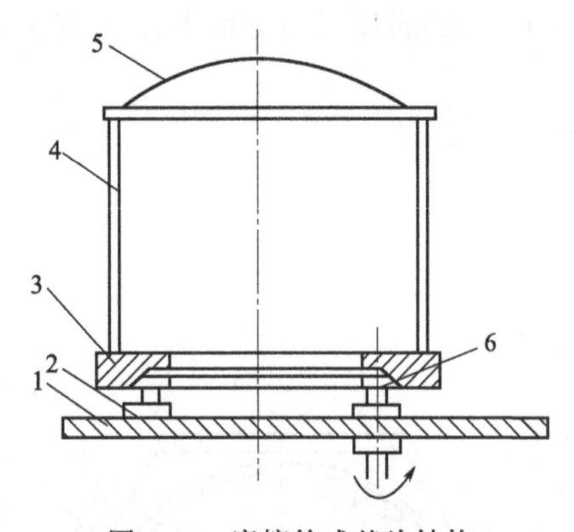

图 4-44 摩擦轮式基片结构

1—底板；2—对承轮；3—大摩擦轮；4—旋转对架；5—工件架；6—主动摩擦轮

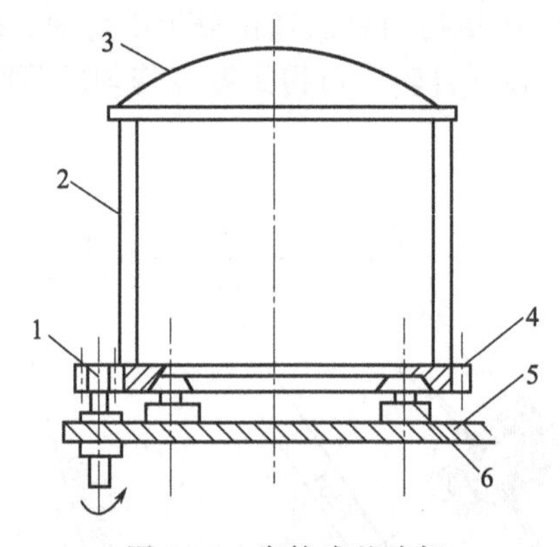

图 4-45 齿轮式基片架

1—主动小齿轮；2—旋转支架；3—工件架；4—大齿轮；5—底板；6—支承轮

在主轴通过底板处设有真空动密封，与一般情况不同的是该动密封是从真空室内侧安装的。这样设计的目的是将主轴的支承全部分隔在大气一侧，既减少了真空室中的放气源，又使真空室内结构紧凑。另外，还可使主轴的轴承按常规在大气中使用来选择润滑油脂及进行维护，而无需考虑真空要求。

主轴在真空一侧的轴端上安装一个由两张不锈钢板焊成的大转盘，两张圆板之间用筋板焊接。采用这种结构主要是为减轻重量与保证足够的刚性。在两张圆形板上还开了许多减重孔，也有利于真空排气。

上述大转盘是所有自转轴的支撑体。在转盘的外圆周上均布焊接着八只不锈钢管，管内用八对轴承支承着八根自转轴。为了保证八根自转轴的相互平行与对称，整个转盘构件的选材与焊接均应考虑镗床加工的工艺要求。

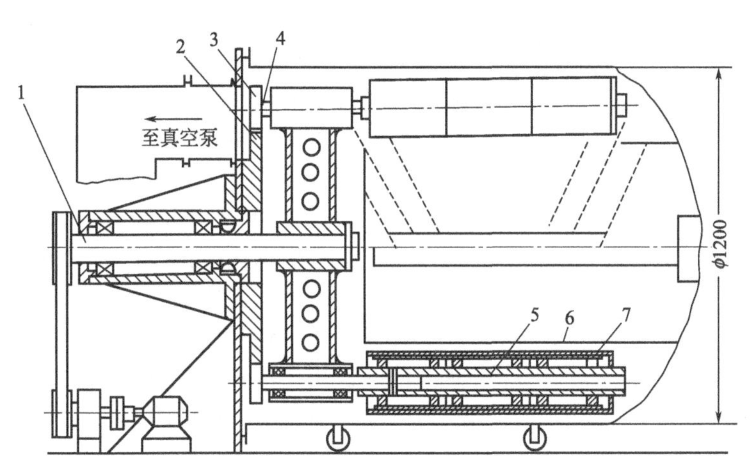

图 4-46 DZ-1200X 行星式硒鼓镀膜机结构

1—主轴；2—大齿轮；3—小齿轮；4—自转轴；5—鼓基轴；6—挡板；7—鼓基

每根自转轴的左端都装有小齿轮。该小齿轮与固定在底板上的中心大齿轮啮合。于是随着主轴的转动，每根自转轴除了随转盘一起做公转外，还自转，即形成行星式运动。每根自转轴的右端即可依被镀工件的几何形状，采取措施装加工件。

(2) 真空镀膜机的烘烤与测温装置

基片温度在成膜过程中对膜的影响，除了在前面有关章节中所作的介绍外，还应当注意两点。一是基片温度不宜太高。否则，蒸镀材料的蒸气分子就容易在基体上运动或再蒸发。因而，基片温度致使凝结分子的临界蒸气压也要高，导致薄膜形成大颗粒结晶。这对吸附在基片表面的剩余气分子将被解吸出来。从而，增加了基体与淀积分子之间的结合力。而且，高温还会促使物理吸附向化学吸附转化、增加分子之间的相互作用。这就增加膜的附着力，使膜的结构致密，机械强度提高创造了条件。二是高的基片温度，不但可以减少蒸气分子再结晶温度与基体温度之间的差别。而且，可以减少或消除膜层之间的内应力。

综合上述利弊，在镀膜机的设计中，应根据不同的膜层，不同材料的基片而选择不同的烘烤温度。如在蒸镀金属膜时，一般采用冷基体，这样可以减少大颗粒的形成，以防引起光散射和氧化反应带来的光吸收。温度低时也可提高膜层的反射率。例如，温度为 30℃时蒸镀铝膜的反射率达 90%，而在 150℃时则只有 80%左右。

基片的烘烤温度，一般在 100～400℃，特殊情况下也可达 400～600℃。烘烤温度应可调控。

目前国产的镀膜机大部分带有烘烤罩，利用辐射加热来进行对基片的烘烤。其加热器的形式主要有如下几种。

① 红外碘钨灯加热器　这种加热器表面积小，表面光滑，没有打火问题，对缩短抽气时间有利。

② 镍铬丝电阻加热器　这种加热器，烘烤的功率一般根据蒸镀面积大小及所需的温度来确定。这种加热器的特点是成本低、结构简单。实际上就是一个电炉，电阻丝也易买到。但是，它的装置与加工较麻烦，搞不好容易打火烧伤工件。

③ 高压离子轰击加热　上述两种烘烤方法可以有效地解吸气体。但是，一些污染物，尤其是手印，用加热法是不能完全除去的，甚至会将其烧结在基体上面。有些烃类化合物，用烘烤也不能完全清除污染。因此，采用高压负离子轰击的方法是很有效的。

高压离子轰击加热是在装有离子轰击电极的镀膜室内进行的。装好工件后，将室内抽到 1Pa 压力以下，对高压轰击电极通以直流负压，将两极间的工件接镀膜机外壳并接电源正

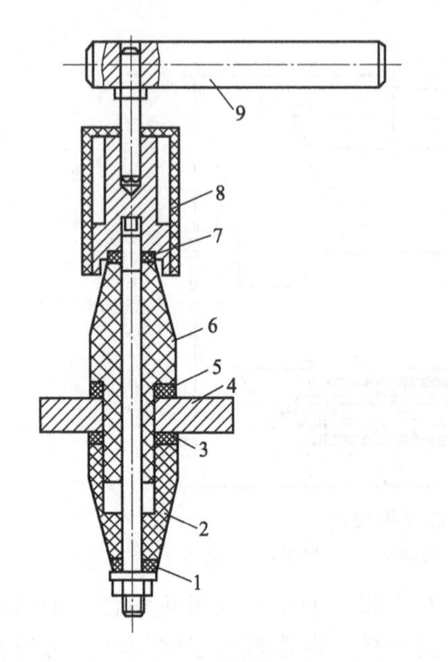

图 4-47 GDM-450B 镀膜机离子轰击电极
1—聚四氯乙烯垫圈；2—高频陶瓷绝缘子；3—密封圈；4—底板；5—密封圈；6—高频陶瓷绝缘子；7—密封圈；8—护罩（聚乙烯）；9—高压杆

极，升高直流电压（最高可达 3000V），则室内产生辉光放电，两极间的空间碰撞电离和冷阴极发射，形成大量正离子和电子。正离子飞向负极（离子轰击电极）而形成电流；电子则在飞向阳极途中碰到工件表面。由于工件为绝缘体（如玻璃），飞向工件的电子立刻在工件表面附着一层电子，使工件表面带负电性。于是就吸引周围空间的一部分正离子轰击工件表面，把工件表面的污物轰击出来，正离子则在电子结合，又复合成中性气体分子。这样便达到了使工件表面清洁的作用。轰击的时间按工件面积大小而定。一般为 10～30min。典型的离子轰击电极如图 4-47 所示。

烘烤加热源的加热功率，主要根据被加热物达到最高的温度时吸收的热量来计算。其公式为：

$$W=\frac{4.186Q\times10^{3}}{860\eta}=4.868\frac{Q}{\eta} \tag{4-30}$$

$$Q=Gc_{\mathrm{m}}\Delta t/\tau \tag{4-31}$$

式中，W 为待求的加热器功率，kW；Q 为被加热物达到最高温度吸收的热量，kJ；η 为热效率，常取 $\eta=70\%$左右；G 为被加热物的重量，包据被镀件重量和镀膜室内其他吸热物，如隔热屏等重量，kg；c_{m} 为被加热物的比热容，kJ/(kg·K)；Δt 为温升总梯度（初始到终温差），K；τ 为由初始温度到最终温度所需时间，通常取 0.5h。

为了测量和控制烘烤温度，在真空镀膜机上还必须装有测温和控温装置。测温的方式较多，概括起来可分为接触式和非接触式两种，而每一种型式又有不同的测温方法。这里仅举两个例子加以说明。

非接触式测温一般采用热电偶作为测温元件。热电偶热端靠近基片的上端或下端。由于工件架旋转，热电偶与工件不能接触，故所测得的温度不是基片表面温度的实际值，而是一个比较值。热电偶的导线引到镀膜室外，与温度控制器相连，对温度进行监控。

接触式测温以大型硒镀鼓膜机为例。其接触式动态测温系统可分为两部分：一是安装在基鼓轴上的接触测温装置，如图 4-48 所示；另一个将测得的温度信号导出真空室的滑环电刷装置，如图 4-49 所示。由于每根鼓基轴都在不停转动，所以选两根对称位置的轴来测温即可。在该轴上对应每个鼓基都安装一个测温装置，同一轴上几个测温装置可共用一套滑环电刷。

接触式测温元件应与被测物体接触良好。如图 4-48 所示，整个测温装置用螺钉固定在鼓基轴上与鼓基成相对静止状态。活动套管 4 可在固套管 5 中，上下滑动，管 4 的顶端装有测温元件（热电阻片）。装于固定套管内的弹簧则使管 4 向上弹起，顶牢鼓基内表面，使热电阻片与鼓基内壁的温度与其外表面的温度十分接近。在实际工艺操作中，还可采用校准手段，即将所测得温度乘以固定系数，便可如实反映鼓基表面温度。从图中还可看到，在活动套管 4 的中间被杆 3 穿越其中，并可在孔中滑动。杆 3 与管 4 上孔的滑动接触处加工成一定斜度，于是，在杆 3 的拉出与伸入时，活动套管 4 即被升起与压下，即起到了控制管 4 升降的作用。当装鼓基时可推入杆 3，使管 4 下降，测温元件即与管内壁脱离。鼓基的装入、拉出均不会碰伤热电阻片。待鼓基装稳后再拉出杆 3，使管 4 升起，在弱簧压力下，热电阻片又与鼓基内壁很好接触，即可测温。

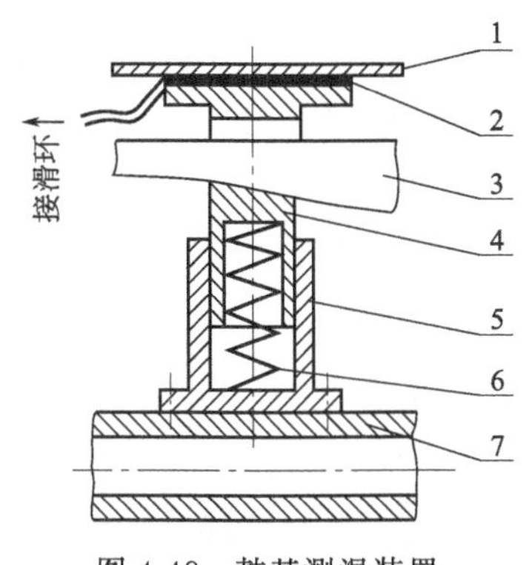

图 4-48 鼓基测温装置

1—鼓基；2—热电阻片；3—拉杆；4—活动套管；5—固定套管；6—弹簧；7—鼓基轴

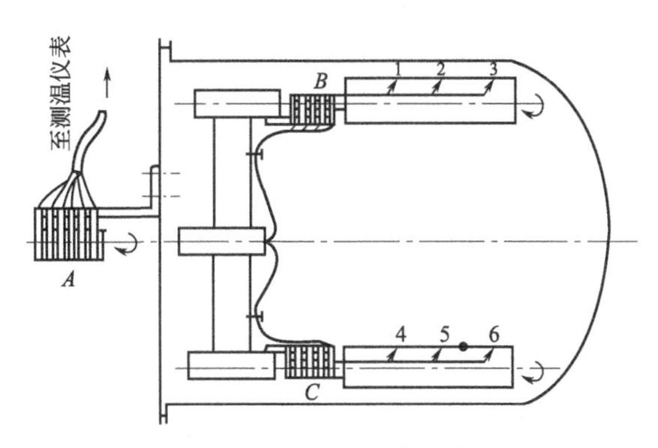

图 4-49 鼓基动态测温信号传递路线

A、B、C—滑环电刷装置

1～6—鼓基内壁测温点

测温信号的传递方式表示在图 4-49 中，有两套电刷滑环装置：一套装于鼓基轴与中夹转盘之间，将电信号传递到固定的转盘上的导线上；另一套电刷滑环则装在主轴外伸端与外支架之间，将转盘上导线传来的信号传递到静止的支架上，再导入测温仪表，即可显示读数。转盘上的测温导线须经主轴中心孔引出，其间通过一个密封接头由真空导入大气。在信号传递过程中，由于滑环电刷的适当选材与良好接触，因而可使测温元件至测温仪表间的整个传递线路的电阻值小，以符合测温仪表外电阻的要求。

(3) 真空镀膜机的挡板机构

当蒸发源和磁控靶温度升高时都要放气。为了消除放气时对基片和膜层的污染，获得较为纯净的膜，因此必须进行预蒸发和预溅射。这时可通过挡板机构先将基片遮住。经过几分钟后，再将挡板移开，开始镀膜的工艺过程。

此外，在多功能镀膜机中，一个镀膜室内装上几种源，当一些源工作，另一些源处于非工作状态时，这些非工作状态的源也可能被污染。因此，也应设置挡板，将非工作状态的源遮挡住。

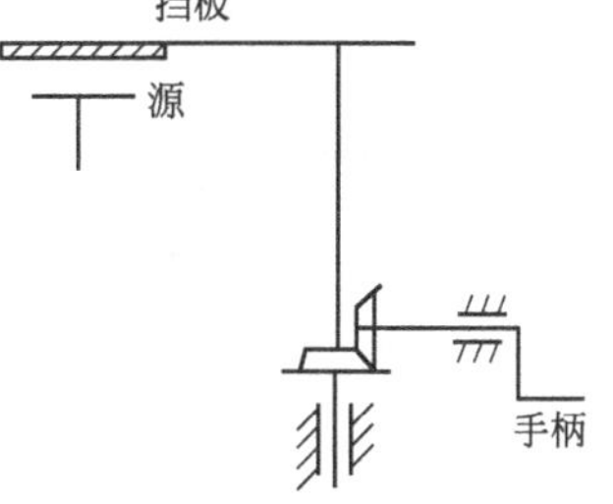

图 4-50 悬臂式挡板机构

从上述挡板的作用可以看到，挡板应该按一定的规律运动。其结构及运动形式与镀膜机的总体结构及布置有关。常见的有摆杆机构、照相机快门式活动机构、旋转机构、多叶式机构、悬臂式机构等五种。图 4-50 是作为一个例子，供设计时参考的悬壁式挡板机构示意图。由于该机构运动方式比较简单，其导入镀膜室的运动传递多通过外部设置的手轮来实现。因此，其动密封结构也较简单，可采用常规转轴密封结构。

挡板材料一般选用 1Cr18Ni9Ti 制作，并要求定期清洗。

(4) 真空镀膜机中的真空动密封组件

为实现真空镀膜机中真空室工件架、挡板等构件的运动传递，在运动输入过程中保证真空动密封连接部位的气密性是十分重要的。常规的固体接触式橡胶密封圈的可动连接标准结构，如 O 型和 JO 型等虽然已经标准化，经常被选用，但是，由于这种结构摩擦功耗大，使用寿命短，易于损坏，特别是磨损后对真空室产生的污染难于避免。因此，近年来已经逐渐地被液环接触式的真空磁性液体（又称磁流体）所取代。这是因为选用磁流动密封组件作为接触式真空动密封连接时，不但磨损功耗小、漏气率极低，可将真空室的压力维持在 10^{-7} Pa 以下，而且，它的使用寿命长，启动和关闭动作灵敏，便于维护。因此，目前已经成为真空密封连接结构的一项最佳选择。

图 4-51 所示是国内株洲维格磁流体有限公司已经系列化生产的两种常用磁流体真空动密封组件的结构示意图，图中（a）是磁流体位于两个支撑轴承一侧且具有轴承润滑的结构。这种结构因转轴径向跳动较大，故密封间隙不能做得太小。图中（b）振动较小，而且轴向尺寸短，易于保证同心，但存在真空侧轴承污染真空室的问题，多用于转速不高，真空度要求较低的设备上。

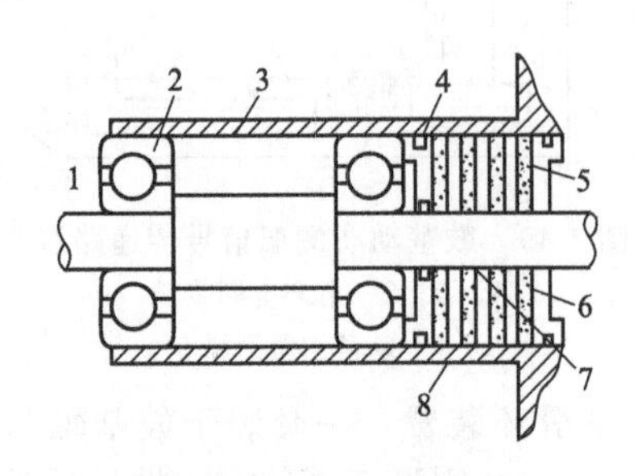

(a) 磁流体位于两个支撑轴承一侧的磁流体真空动密封组件

1—轴；2—轴承；3—箱体；4—密封圈；5—挡盖；6—极靴；7—磁性流体；8—磁铁

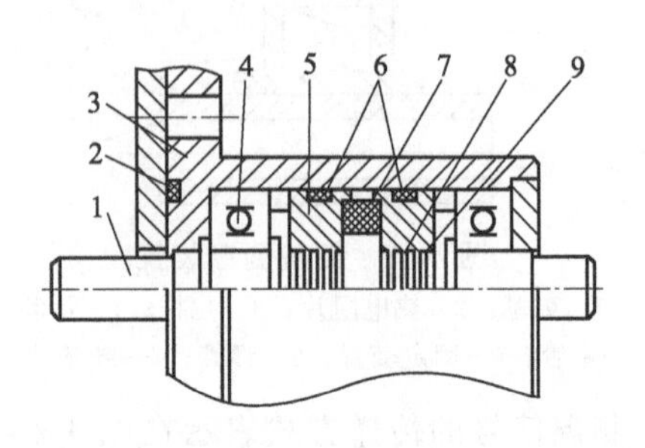

(b) 磁流体位于两个支撑轴承中间的磁流体真空动密封组件

1—轴；2—密封圈；3—箱体；4—密封圈；5—永久磁铁；6—环形空隙；7—磁流体；8—轴承；9—极靴

图 4-51 真空转轴密封装置的常用形式

此外，有关真空镀膜内电极的引入以及观察真空室内工作情况的观察窗等构件，由于在本章参考文献［17］中均有较详细的介绍。因此，此处不再重述。

4.4 真空蒸发涂层的制备实例

4.4.1 真空蒸镀铝涂层

在纯金属涂层的制备上，大都采用真空蒸镀法。而纯金属中铝涂层，由于它用途广泛，如制镜工业中的以铝代银，集成电路中的铝刻蚀导线；聚酯薄膜表面镀铝制作电容器；涤纶聚酯薄膜镀铝制作、防止紫外线照射的食品软包装袋；涤纶聚酯薄膜镀钴后再镀铝制作磁带等。因此，近年来真空镀铝工业在国内外不但发展迅速，而且，正向着溅射法、离子镀法等镀膜技术领域发展。

真空蒸镀铝薄膜既可选用间歇式真空蒸发镀膜，也可选用半连续式真空镀膜机。其蒸发源可为电阻源，电子束源，也可以选用感应加热式蒸发源，可依据蒸镀膜材的具体要求而定。

真空蒸发镀铝涂层的工艺参数，主要包括蒸镀室的压力、沉积速率、基片温度、蒸距等。如果从膜片基体上分布的均匀性上考虑，还应当注意蒸发源对基片的相对位置及工件架的运动状态等方面的因素。例如，选用电子束蒸发源进行铝涂层制备时，其典型的主要工艺参数可选用[16]：镀膜室工作压力为 2.6×10^{-4} Pa、蒸发速率为 2～2.5nm/s、基片温度 20℃、蒸距为 450mm、电子束枪电压为 9kV，电流为 0.2A。

图 4-52 给出了铝涂层膜厚及粒度的形貌图像，图中（a）、（b）为蒸镀法所得到的膜厚与粒径的图像；(c)、(d) 为溅射法所得到的膜厚与粒径的图像。图中表明：电子束蒸镀法所得到的膜厚分散度较大，即均匀性较差。这也是近年来真空镀铝膜有向着溅射法和离子镀

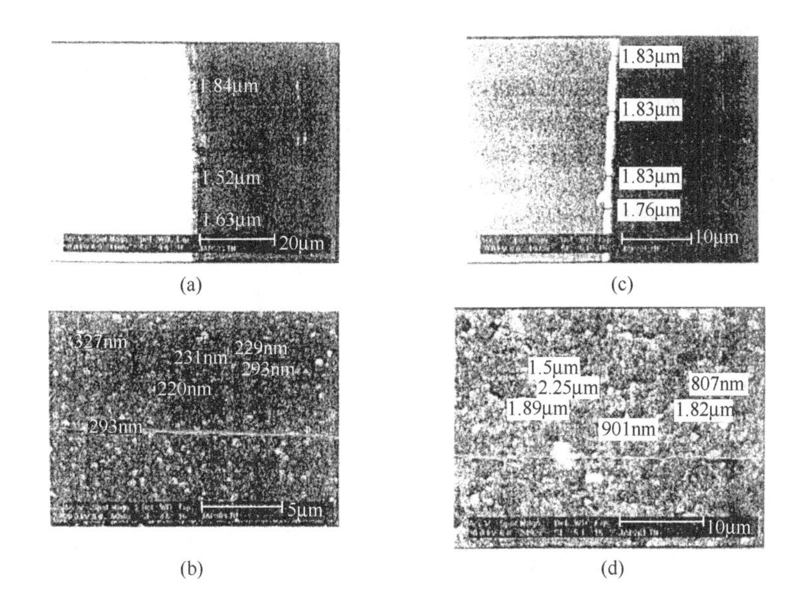

(a) (c)

(b) (d)

图 4-52 Al 膜的膜厚及表面形貌

法发展制备铝膜的趋势原因之一。

4.4.2 真空蒸镀 Cd (Se, S) 涂层[17]

由于电子和光电子器件中备受关注的Ⅱ-Ⅵ族三元化合物半导体材料，可通过控制化合物中不同的化学组分得到连续变化的禁带宽度（E_g）和晶格常数（a_0），其中 Cd（Se，S）的禁带宽度可以从 1.7eV 变化到 8.5eV（CdS）。因此，这种半导体材料在光电学、光伏和光电化学器件得到人们的关注。作为可见光区的一种敏感光电材料 Cd（Se、S）薄膜涂层，由于它在 Cd（Se_{1-x}、S）体系中具有随着 x 的变化，其晶格结构和导电类型都不会发生变化的特点，因此，采用设备简单、易于操作、成本低廉的真空蒸镀法，通过有效地控制工艺条件就可以在玻璃基片上制备出结构均匀、性能稳定的 Cd（Se，S）涂层。

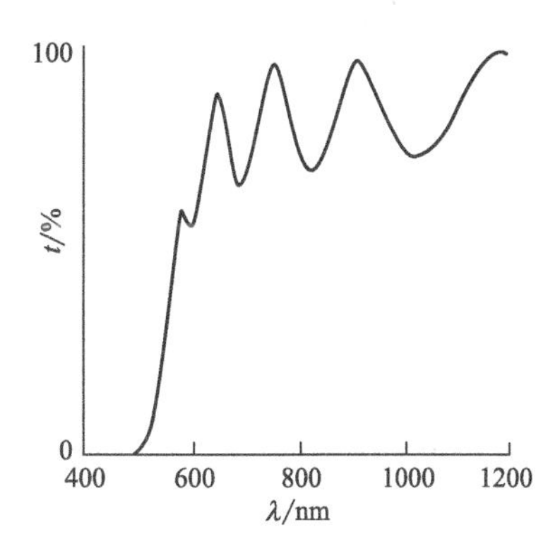

图 4-53 Se∶CdS=0.1 时 Cd（Se，S）涂层的透过率

基片温度 t=120℃ 膜层 d=187.9nm

（1）Cd（Se，S）涂层的蒸镀工艺及其性能测试

膜材采用高纯 CdS 和 Se 粉末，将清洗烘干的玻璃基片置入真空蒸镀室内，并抽至 3×10^{-3}Pa 高真空后进行蒸镀。选用不同的 Se 和 CdS 的比值（如选用 Se∶CdS 分别为 0、0.05、0.1），控制蒸发时间、蒸发电流及基片温度，就可以制备出均匀透明的 Cd（Se，S）涂层。将 Cd（Se，S）涂层通过 X 射线测射仪作膜结构的物相测试，用冷热探针和四探针电阻率测试仪对薄膜进行电学特性的测试，再用分光光度计对膜进行光学性能的测试，就可以得到影响 Cd（Se，S）涂层各种性能测试的结果。

测试结果表明，涂层为 n 型高阻涂层，试样呈现透明的橘黄色，其可见光范围如图4-53所示，具有较高的透过率。

（2）Se 与 CdS 比值不同时对 Cd（Se，S）涂层透过率的影响如图 4-54 所示，分别选用 Se∶CdS 比值为 0、0.05、0.1 的三组涂层，对其所测得的透过率是随着比值的增加，膜的透过率有着明显的变化。而且，在长波方向上有所增高，薄膜的吸收限向长波方向移动。

(3) Se 与 CdS 比值不同时对 Cd (Se, S) 涂层的 XRD 图像的影响

不同 Se 与 CdS 比值下，对 Cd (Se, S) 涂层的 XRD 谱图的影响如图 4-55 所示。图中表明随着 Se 掺入量的增加，其图谱衍射率的强度有所升高，并有沿着 [002] 晶向择优取向的趋势。

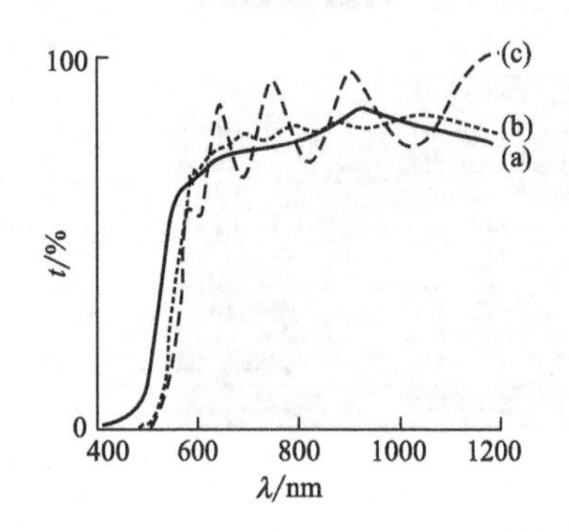

图 4-54 不同 Se∶CdS 比值 Cd (Se, S) 薄膜的透过率

(a) Se∶CdS=0 膜厚 d=178.5nm

(b) Se∶CdS=0.05 膜厚 d=195.4nm

(c) Se∶CdS=0.1 膜厚 d=187.9nm

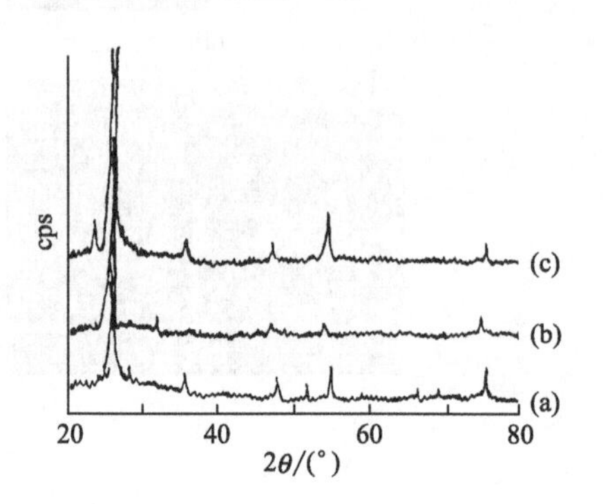

图 4-55 不同 Se∶CdS 比值 Cd (Se, S) 薄膜的 XRD 图

(a) Se∶CdS=0；(b) Se∶CdS=0.05

(c) Se∶CdS=0.1

(4) 基片温度对 Cd (Se, S) 涂层的 XRD 谱图的影响

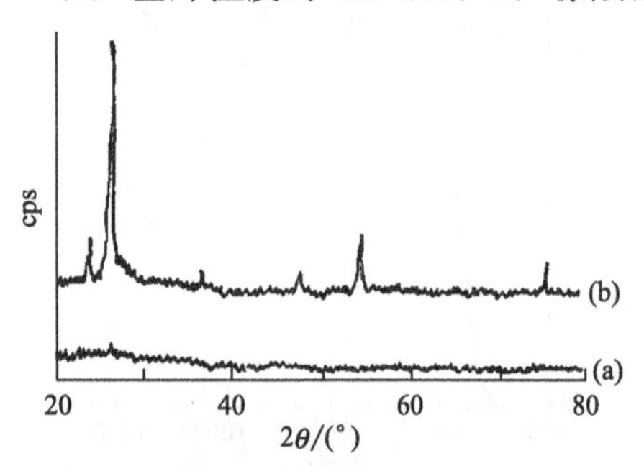

图 4-56 不同基片温度 Cd (Se, S) 薄膜的 XRD 谱图

(a) 基片温度：20℃ (b) 基片温度：120℃

在 Se∶CdS 比值为 0.1，基片温度分别为 20℃和 120℃进行蒸镀时，其涂层的 XRD 谱图如图 4-56 所示。图中表明基片温度升高后可改善涂层的微结构。涂层的衍射率值，不但有着明显的升高、结晶度得到改善，而且其结构也由无定形态向铅锌矿结构转变。而且有沿 [002] 晶向的择优取向。

基片温度对 Cd (Se, S) 涂层透过率的影响如图 4-57 所示。在 Se∶CdS=0.1，基片温度分别 20℃和 120℃时所测得的 XRD 谱图中可以看出，基片加热后涂层的透过率变化较大；在可见光的范围内有着明显的降低，而在长波的范围则有明显的提高。

(5) 热处理对 Cd (Se, S) 涂层的影响

Cd (Se, S) 涂层选用热处理时间为 10min；温度分别为 100℃、200℃和 300℃，对 Cd (Se, S) 涂层进行热处理后则发现采用基片温度为 120℃时的试样，热处理后 Cd (Se, S) 涂层的衍射峰和透过率均没有多大变化，而采用基片温度为 20℃的试样，经过热处理后，则涂层的结构晶度和透过率均可得到改善。

图 4-58 是 Se∶CdS=0.1，基片温度为 20℃时制备的试样，经过热处前后涂层的 XRD 谱图。图中表明热处理后的涂层的衍射峰有所升高，结晶度有所改善。图 4-59 是涂层厚度为 190.8nm 的热处理前后的 Cd (Se, S) 涂层的透过率图谱，可见热处理后涂层 Cd (Se, S) 的透过率有所变化。

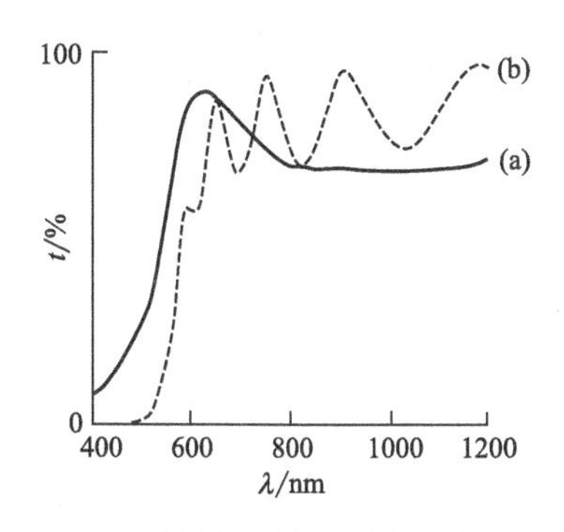

图 4-57 不同基片温度下的薄膜透过率

(a) 基片温度为 20℃，膜厚为 189.6nm

(b) 基片温度为 120℃，膜厚为 187.9nm

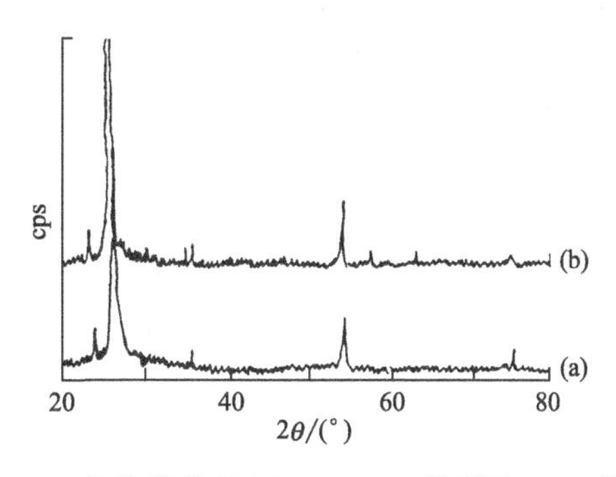

图 4-58 热处理前后 Cd (Se, S) 涂层的 XRD 谱图

(a) 热处理前 (b) 热处理后

4.4.3 真空蒸镀 ZrO_2 涂层[18]

制备涂 ZrO_2 层时通过添加立方体 CaF_2 和 Y_2O_3 所起的稳定作用，可使 ZrO_2（YSZ）涂层具有高度的化学稳定性、高阻性以及与单晶硅之间较小的晶格失配比，从而不但可以为 SOI 器件制作提供理想的材料，同时 YSZ 作为扩散阻挡层，可以在硅处延生长出性能良好的高 T_c 超导膜。而且，由于 YSZ 的电化学性能，使得制作比体材性能更好的薄膜型氧传感器和燃料电池也成为可能。因此，研究和开发 YSZ 薄膜的意义是很大的。目前，据有关文献报道[20]，采用平均粒度小于 1μm，经过其沉淀法制取含 3% Y_2O_3（摩尔分数）的 ZrO_2 粉（纯度为 99.9%）为膜材，再在 4MPa 压力的空气下对膜材进行烧结成形。为了提高蒸发膜材的密度减少膜材中的气体含量，便于实现真空蒸镀，因而采用烧结工艺是以 100℃/h 的升温速度，在达到 1500℃后保温 2h 的条件下进行的。

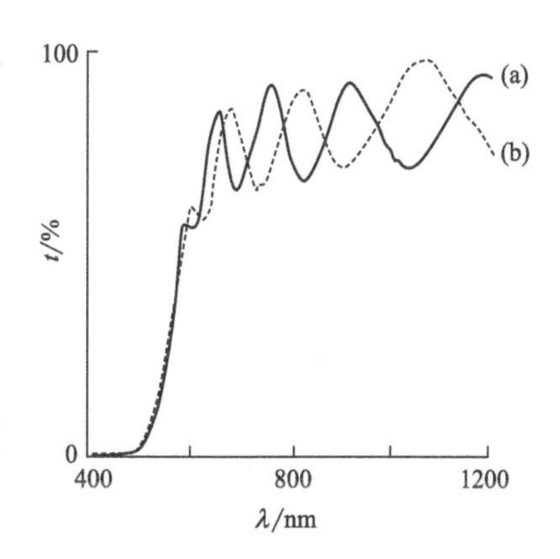

图 4-59 热处理后薄膜的透过率

薄膜的制备装置，采用电子束加热式蒸发源，制备参数选用的压力为 10^{-3} Pa，基片温度为 350℃。蒸镀前为了减少膜材飞溅，提高膜的质量，先用电子束轰击膜材。经过一段时间后，再打开设置在蒸发源上方的挡板，进行蒸镀。

根据上述 ZrO_2 制备工艺所获得的 ZrO_2 涂层，其膜的 X 射线衍射图如图 4-60 所示。与图 4-61 所给出的原料 X 射线衍射图相比较，可以看出在蒸发源料中所含的立方、四方和单斜三种结构，在成膜后的衍射图中所显示的薄膜晶体结构有着十分明显的不同。即 ZrO_2 薄膜中只具有单一的立方结构。

图 4-62 是薄膜的 X 光电子衍射图谱。从图中可以看出 ZrO_2 薄膜包括 Zr、O、Y 等三种元素。而且，Zr 呈现+4 价、O 呈现−2 价、Y 呈现+3 价。如果与图 4-60 相联系，可以确认所制备的薄膜是含 Y_2O_3 的 ZrO_2 薄膜。其膜的结构为单一的立方结构，即为 YSZ 薄膜。而且从 X 光电子能谱图中半定量分析中发现薄膜为缺氧膜。其膜中的 Y 原子百分比含量，明显地高于膜材中的 Y 原子的百分含量。这大概是由于电子束在加热蒸发 ZrO_2 的过程中，使 ZrO_2 发生了离解，即：

$$2ZrO_2 \longrightarrow 2ZrO + O_2$$

在蒸气中存在 ZrO 和 O_2 两种蒸气种类。当 ZrO 沉积在基体上后，只有一部分能够与

O_2 重新化合生成 ZrO_2。因而造成薄膜缺氧。Y 原子的百分含量增加与 Y_2O_3 和 ZrO_2 的熔点、饱和蒸气压有关。Y_2O_3 容易蒸发，蒸气中 Y 原子所占的比例便高于原料中 Y 原子的比例，使得沉积膜中 Y 原子的含量高于蒸发原料。

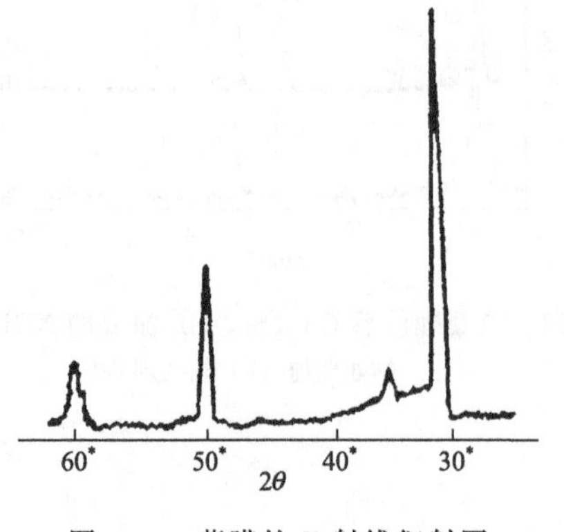

图 4-60　薄膜的 X 射线衍射图

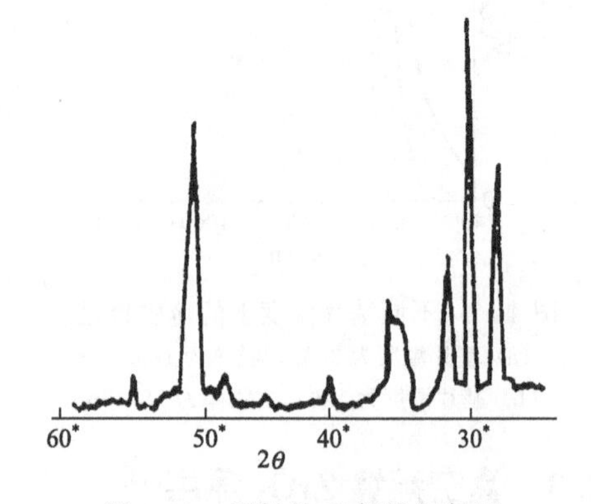

图 4-61　原料的 X 射线衍射图

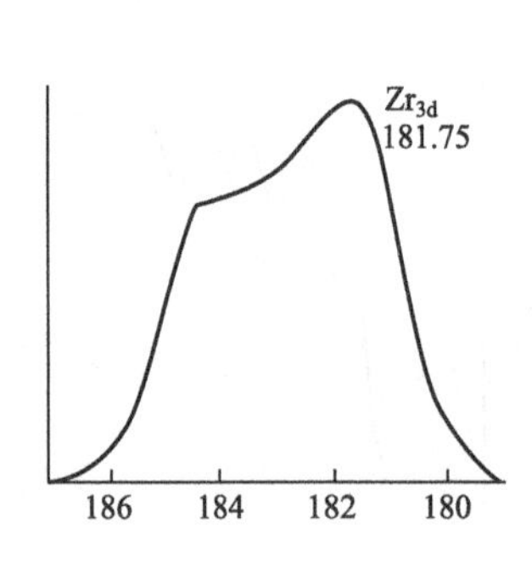

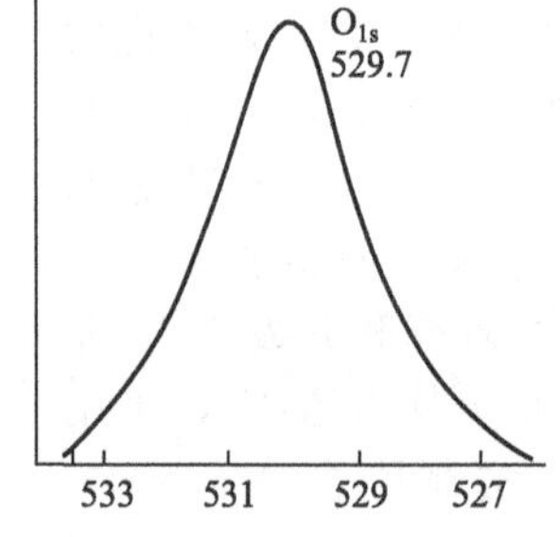

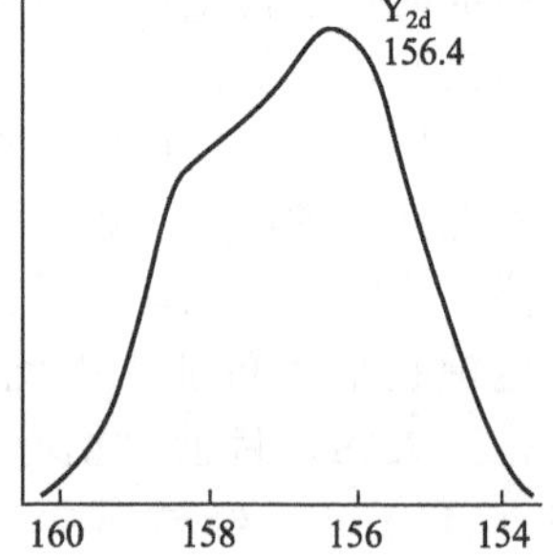

图 4-62　薄膜的 X 光电子能谱图

4.4.4　分子束外延生长金单晶涂层[19]

具有真空性能好、化学性能稳定、耐电子束轰击而且其晶面距只有零点几纳米膜厚（如 $t_{100}=0.204$nm 或 $t_{220}=0.144$nm 等）的金单晶涂层，除了可供电子衍射实验用以验证电子的波动性外，还可广泛地用于高分辨透射电子显微镜的晶格分辨率（或称之为线分辨率）鉴定样品上。

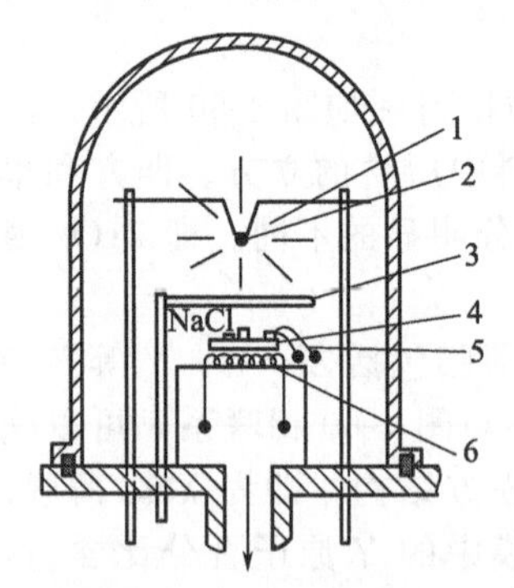

图 4-63　真空蒸镀金单晶涂层装置

1—钨发热体；2—金蒸发源；3—挡板；4—Mo 片；5—热电偶；6—Mo 加热器

选用真空蒸发法制备金单晶膜简单易行。其制备方法实质上就是直接生长的异质外延，也就是金属蒸气沉积，并外延生长。在特别制备的卤化碱单晶基体上的一种方法。由于这种金涂层的品质主要与基体的材料、制备和其加热状况、金蒸气的沉积速率以及真空蒸镀室内的压力等因素有关。因此，只有严格地控制这些因素之间的关系，才能制备出优质的单晶金膜。因此在外延生长工艺中严格选择基体材料和适度的选用晶格的匹配率（最好小于 15%）；对基体材料通过适当的加热使其具有较好的金原子分散性，以促使金原子能在其表面上迁移，并固定在合适的成核和生长位置上，避免金容易从基体上剥离开来等都是十分重要的。

采用图 4-63 所示的真空蒸发镀膜装置，外延生长金单晶薄膜的制备过程是在 V 形钨丝制作的蒸发源上熔化成金的小滴（即点蒸发源），采用迷宫式 Mo 加热器，上面分别放有 Mo 片和 NaCl 单晶基片材料，并将康铜-铜热电偶焊接在 Mo 片上，用来测量基片温度。蒸距为 8cm，蒸镀前进行真空除气。蒸镀时室内压力 3×10^{-3}Pa。基片温度为 300～400℃时沉积速率为 0.001～0.01nm/s。由于膜的显微结构与基片温度有较大关系。而基片温度不但随其解理条件而异（如在空气中解理时基片温度应选为 300～400℃之间），而且，也与最大沉积速率有关。基片温度低时，应减小沉积速率，以便于使沉积上的原子有足够的迁移时间。否则，会因沉积时接踵而来的原子阻碍而难于生成单晶体。至于单晶膜的厚度，可依据金蒸发源的加热温度和沉积时间来确定或通过精确到十万分之一克的微量天平称量 Si 片上所蒸镀的金膜重量后，从中推算出它的膜厚。

采用图 4-63 装置所制取的金单晶薄膜，可通过扫描电子显微镜和透射电子显微镜的观察，其成膜过程在不同膜厚（5nm、10nm、15nm、25nm）时的照片如图 4-64 所示。从图中可以看出：膜在生长初期呈现小岛状结构并且逐渐扩大，它们之间的沟道也在逐渐变小。而且沟道内出现了连接小路而呈现出网状结构。当膜达到 25nm 时，小岛进一步扩大、沟道逐渐填满和变窄沟道内有交错的连接路。

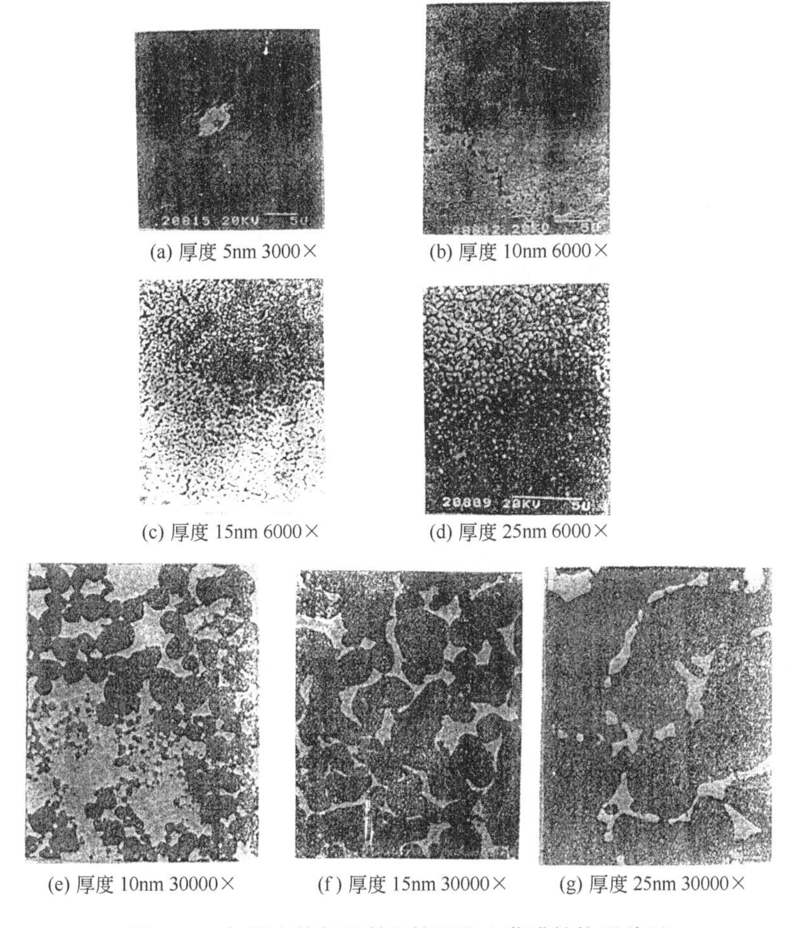

(a) 厚度 5nm 3000× (b) 厚度 10nm 6000×

(c) 厚度 15nm 6000× (d) 厚度 25nm 6000×

(e) 厚度 10nm 30000× (f) 厚度 15nm 30000× (g) 厚度 25nm 30000×

图 4-64 扫描电镜与透射电镜下的金薄膜结构形貌图

图 4-64(a)～(f) 是选用扫描电子显微镜所得到的照片，(g) 是选用透射电子显微镜下的照片。从图中可看出，膜在生长初期呈小岛状结构，随着膜厚的增加而逐渐地扩大，它们之间的沟道逐渐变窄。而且，在沟道内出现了连接小路，呈现出网状结构，当膜厚大约达到

25nm 时，小岛进一步扩大成片，沟道逐渐填满并变窄，沟道内有交错的连接路。

图 4-65 是金膜在透射电子显微镜下的电子衍射照片。观察表明：当金膜厚度较大时（如 15nm 时），膜除了显示出单晶的衍射斑点花样外，还夹杂有多晶衍射环和小的孪晶衍射。当厚度减小（如 5nm 时）所得到的是纯金单晶组织结构的电子衍射斑点花样。而且，通过单晶衍射花样所作的测量和计算中表明：照片是电子束从晶带轴［111］方向入射时所产生的面心立方晶体的标准衍射斑点花样。透射点周围六个等 r 值的点，属于［220］晶面族不同位相组。由此可见，当具有 5nm 或小于 5nm 厚度的外延金膜可能就是单晶体的组织结构，而且具有较好的重复性。

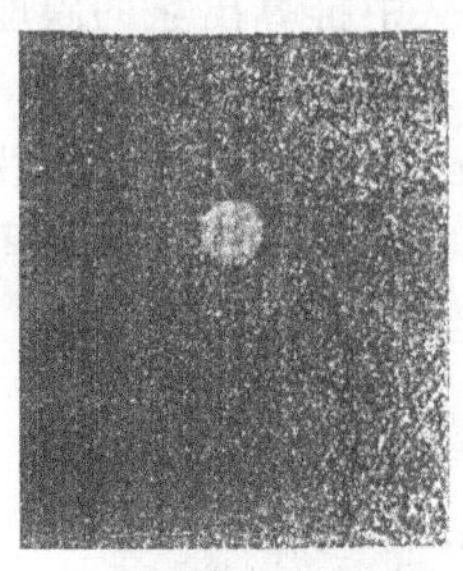
(a) 厚度 15nm

(b) 厚度 5nm

图 4-65 不同膜厚下金薄膜的电子衍射图片

参 考 文 献

[1] 张世伟编著．真空镀膜技术与设备．北京：化学工业出版社，2007.

[2] 黄锡森编著．金属真空表面强化的原理与应用．上海：交通大学出版社，1989.

[3] 李学丹等编著．真空沉积技术．杭州：浙江大学出版社，1994.

[4] 金原粲著．薄膜の基本技术．东京：日本东京大学出版社，1984.

[5] 唐伟忠著．薄膜材料制备原理、技术及应用．北京：冶金工业出版社，1998.

[6] 権田俊一．分子线エピタキシ一入门．ォム社，1997.

[7] 周钧铭．真空科学与技术，1991 (5)：229-281.

[8] 张景钦等．真空，1983 (2)：34-39.

[9] 蒋砚沅．真空，1996 (2)：8-15.

[10] 梁勇．真空，2005 (3)：6-10.

[11] 李云奇主编．真空镀膜技术与设备．沈阳：东北大学出版社，1989.

[12] 夏正勋．真空与低温，2001，7 (3)：130-135.

[13] T. S. Sudorshan 著．表面改性技术工程师指南．范玉殿译．北京：清华大学出版社，1992.

[14] 蒋砚沅．真空，1993 (4)：22-29.

[15] 达道安主编．真空设计手册．第 3 版．北京：国防工业出版社，2004.

[16] 陈荣发等．真空，2003 (2)：15-11.

[17] 李蓉萍等．真空科学技术，2004 (3)：219-221.

[18] 娄朝刚等．真空，1992 (6)：50-52.

[19] 邵健中等．真空，1983 (5)：35-40.

第5章

真空溅射镀膜

5.1 真空溅射镀膜的复兴与发展

所谓溅射就是用荷能粒子（通常用惰性气体的正离子）去轰击固体（以下称靶材）表面，从而引起靶材表面上的原子（或分子）从其中逸出的一种现象。这一现象是格洛夫(Grove)于1842年在实验研究阴极腐蚀问题时，阴极材料被迁移到真空管壁上而发现的。利用这种溅射方法在基体上沉积薄膜是1877年问世的。但是，利用这种方法沉积薄膜的初期存在着溅射速率低，成膜速度慢，并且必须在装置上设置高压和通入惰性气体等一系列问题。因此，发展缓慢险些被淘汰。只是在化学活性强的贵金属、难熔金属、介质以及化合物等材料上得到了少量的应用。直到20世纪70年代，由于磁控溅射技术的出现，才使溅射镀膜得到了迅速的发展，开始走入了复兴的道路。这是因为磁控溅射法可以通过正交电磁场对电子的约束，增加了电子与气体分子的碰撞概率，这样不但降低了加在阴极上的电压，而且提高了正离子对靶阴极的溅射速率，减少了电子轰击基体的概率，从而降低了它的温度，即具备了“高速、低温”的两大特点。到了80年代，虽然它的出现仅仅十几年间，它就从实验室中脱颖而出，真正地进入了工业化大生产的领域。而且，随着科学技术的进一步发展，近几年来在溅射镀膜领域中又推出了离子束增强溅射，采用宽束强流离子源结合磁场调制，并与常规的二极溅射相结合组成了一种新的溅射模式。而且，又将中频交流电源引入到磁控溅射的靶源中。这种被称为孪生靶溅射的中频交流磁控溅射技术，不但消除了阳极的“消失”效应。而且，也解决了阴极的“中毒”问题，从而极大地提高了磁控溅射的稳定性。为化合物薄膜制备的工业化大生产提供了坚实的基础。近年来溅射镀膜的复兴与发展已经作为人们炙手可热的一种新兴的薄膜制备技术而活跃在真空镀膜的技术领域中。

5.2 真空溅射镀膜技术

5.2.1 真空溅射镀膜的机理分析及其溅射过程

(1) 溅射的机理分析[1]

关于溅射的机理分析，主要有两种学说，即Hippel假设和Htark Langmuir Henscnk假设。前者认为离子碰撞一个特定的位置所引起的局部加热而使粒子产生热蒸发，甚至认为当靶材的平均温度即使很低也会产生溅射蒸发，并由此推测出溅射粒子的分布遵循余弦定律的结论，这种蒸发论与当时所得到的实验虽然基本上相符合，即溅射粒子为余弦分布，而且与入射的粒子方向无关。但是，随着对溅射特性的深入研究，发现溅射并不是由于热蒸发的能量转换而引起的，而是一个动量的转换结果。因此，后者才提出并通过数学的表达式进行了解释，这种解释可以认为与实际相接近。即溅射的机理是动量从碰撞的粒子（正离子）传递给晶体点阵粒子的过程。在最简单的情况下动量是从入射离子连续传递给发射的粒子。这样就可以把入射粒子与靶材表面原子之间的溅射现象看作是一个纯力学的弹性碰撞的问题了。如果把这种碰撞认为是对心碰撞，并假设入射的粒子与靶材内的晶格点阵粒子质量分别为 m_1 与 m_2，它们碰撞前后的速度分别为 v_1、v_2 与 V_1、V_2，而且设碰撞前靶材晶格点阵的粒子是静止的，即 $v_2=0$，这时碰撞过程入射的离子传递动能给靶材晶格点阵的粒子的动能，即可通过下式来表达，即：[1]

$$E_2=4\frac{m_1m_2}{(m_1+m_2)^2}E_1 \tag{5-1}$$

式中，E_1 为入射离子碰撞前的能量；E_2 为碰撞后靶材晶格点阵粒子获得的能量。

当 $m_1\approx m_2$ 时，则 $E_1\approx E_2$，即表示入射离子的能量几乎全部传递给晶格点阵的粒子；若 $m_1\ll m_2$ 时，则 $E_2\approx 4\frac{m_1}{m_2}E_1$，则表明晶格点阵粒子通过碰撞后只能得到很少的部分能量。这就是为什么要选择质量大的入射离子作为溅射轰击的粒子的原因。

应当指出的是，上述这种形式的动能传递，只占全部溅射量的百分之几，是一个很小的部分；而大部分的入射粒子都将注入到靶材表面的深处。

因此，入射离子的动能传递是接连不断地从一个原子传递给另一个原子的过程。实际上当入射原子最初撞击到靶材表面上的原子时，由于动量的传递使靶面上的原子只能向靶的内部推进。因此，靶面上的原子只有经过如图 5-1 所示的一系列碰撞过程之后，才有可能获得指向靶表面方向的动量。而且，还必须具备可以克服靶表面上的势垒能量后靶原子才能逸出靶面。实验和蒙托卡诺法的计算均表明溅射原子的绝大多数是来源于厚度约为零点几纳米表层上。这就是溅射现象的机理解释。并且，证明溅射机理只能是动量的传递关系。这就是碰撞论与蒸发论的不同点所在。

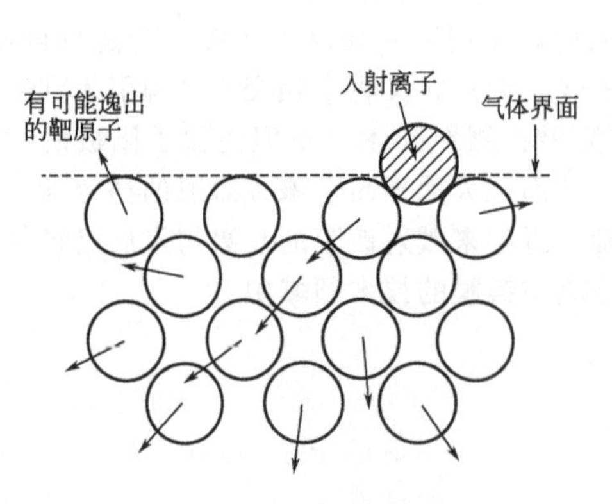

图 5-1 固体中级联碰撞

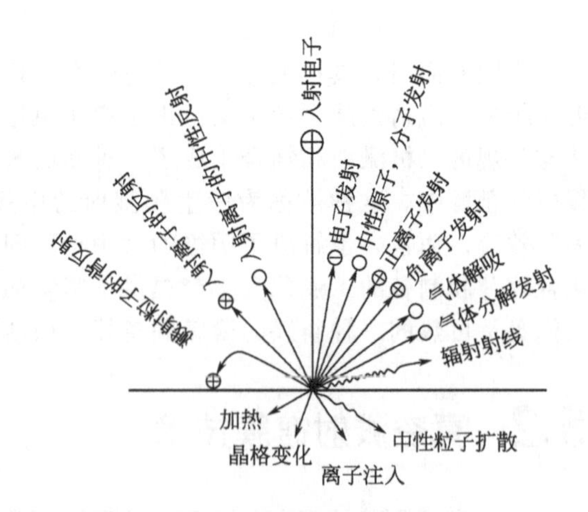

图 5-2 正离子轰击所引起的各种效应

(2) 离子轰击所引起的各种效应

由前所述，在气体放电过程中，由于轰击阴极的正离子必将通过阴极靶层而获得很大的能量。这种具有很大能量的正离子去轰击阴极靶表时，必将发生一系列的物理过程而引起各种较为复杂的效应，如图 5-2 所示，其中溅射效应仅是离子轰击靶材表面时所发生的物理过程之一，这里应当指出的是除了靶材中性原子或分子最终会沉积到基体上而生成薄膜外，其他的各效应对膜的生长也将产生很大影响。而且，在大多数的低压等离子体放电中，由于基体的自生负偏压的形成也会使基体相对于周围环境处于负电位的状态。因此，图 5-2 中所示的各种效应也会发生在基体上。

由于离子轰击靶材表面所产生的各种效应与靶材的材料、入射离子的种类及其能量有关。为此，为了了解实际溅射中各种效应的大致情况，用 10～100eV 能量的氩正离子对 Ti、Co、Nb、Tn 等金属表面进行轰击，平均每个入射离子所产生的各种效应及其发生的概率，见表 5-1。

表 5-1 离子轰击固体表面所产生的各种效应及其发生概率

效　　应	名　　称	符　　号	数　　值
靶材溅射	溅射率	η	0.1～1.0
离子溅射	一次离子反射系数	ρ	10^{-4}～10^{-2}
离子散射	被中和的一次离反射系数	ρ_m	10^{-3}～10^{-2}
离子注入	离子注入系数	ρ_i	$1-(\rho+\rho_m)$
	离子注入深度	d	1～10nm
二次电子发射	二次电子发射系数	r	0.1～1
二次离子发射	二次离子发射系数	k	10^{-6}～10^{-4}

在图 5-1 中，所给出的正离子轰击靶材表面所产生各种效应中，对于溅射过程而言，比较重要的效应是物理的溅射和二次电子的发射。前者要在下面重点讨论的问题，后者则是二次电子在电场作用下获得能量进而参与气体分子的碰撞，并维持气体辉光放电过程的关键。

(3) 溅射量与溅射产额

溅射效应可用正离子轰击靶材表面从其上溅射出来的粒子数量，即溅射量来表示。若设溅射量为 S，入射到靶材表面上的离子数为 Q，则溅射量可用下式表示：

$$S=\zeta Q \text{ 或 } \zeta=\frac{S}{Q} \tag{5-2}$$

式中，ζ 为溅射产额（或溅射率），其含义为一个正离子入射到靶材表面上所能溅射出来的靶材原子数目，也就是被溅射出来的靶材总原子数与入射到靶材表面上的正离子数的比值。可见，通过溅射产额的大小来说明溅射效率的高低是比较确切的。ζ 值越大溅射效率越高。

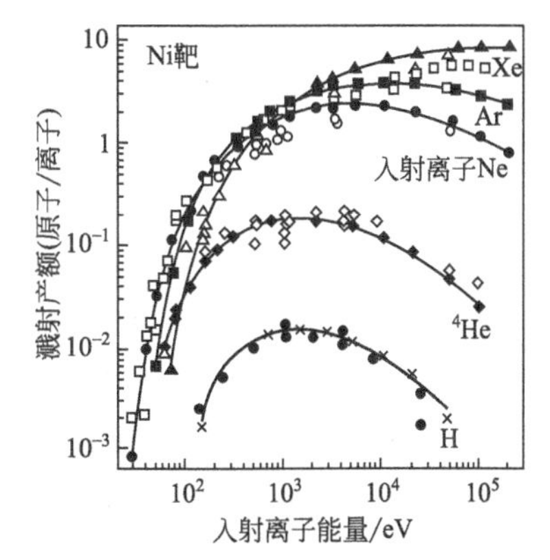

图 5-3 Ni 的溅射产额与入射离子种类和能量之间的关系

溅射产额是表明溅射特性的一个重要的参数。它既可以通过能量的转换关系式或应用输运理论来求得，也可以在实际的溅射过程中来求得。读者可参阅本章参考文献［3］、［4］，这里不予赘述。

(4) 影响溅射产额的因素

① 入射离子的能量大小对溅射产额的影响[5]

入射离子能量的大小对溅射产额的影响较大，如图 5-3 所示。图中给出了镍靶在通入不同溅射气体进入溅射所产生的入射气体能量与溅射产额的关系。图中表明：当入射的离子能量小于或等于某一能量值时，溅射产额 $\zeta=0$。这个能量值，即为溅射的能量阈值。不同靶材的溅射阈值各不相同，见表 5-2。其阈值的大致范围大约在 10～30eV 左右，是靶材升华热的 2～4 倍。而且，从图中还可以看出随着入射离子能量的增加溅射产额先是增大，而后在离子能量达到 10keV 左右时则趋于平缓。当离子能量继续增加时，溅射产额反而下降。当入射离子的能量达到 100keV 左右时，入射离子将进入被轰击的物质内部，即发生了离子注入理象。因此，溅射产额也就很小了。

由上叙述，由于溅射靶材只有当入射的离子能量超过它的溅射阈值以后溅射现象才会发生，虽然每种物质的溅射阈值与入射离子的种类关系不大，但与被溅射物质的升华热确有一定比例关系。

表 5-2 元素的溅射阈值与入射离子种类的关系及元素的升华热[1]

金属元素	不同离子入射时的溅射阈值/eV					元素的升华热/eV
	Ne	Ar	Kr	Xe	Hg	
Be	12	15	15	15		
Al	13	13	15	18	18	
Ti	22	20	17	18	25	4.40
V	21	23	25	28	25	5.28
Cr	22	22	18	20	23	4.03
Fe	22	20	25	23	25	4.12
Co	20	25	22	22		4.40
Ni	23	21	25	20		4.41
Cu	17	17	16	15	20	3.53
Ge	23	25	22	18	25	4.07
Zr	23	22	18	25	30	6.14
Nb	27	25	26	32		7.71
Mo	24	24	28	27	32	6.15
Rh	25	24	25	25		5.98
Pd	20	20	20	15	20	4.08
Ag	12	15	15	17		3.35
Ta	25	26	30	30	30	8.02
W	35	33	30	30	30	8.80
Re	35	35	25	30	35	
Pt	27	25	22	22	25	5.6
Au	20	20	20	18		3.90
Th	20	24	25	25		7.07
U	20	23	25	22	27	9.57
Ir		8				5.22

图 5-3 中还表明，当入射离子能量一定时，如选用不同惰性气体对镍靶分别进行溅射，它的溅射产额也各不相同，H 对镍的溅射产额最小，Xe 的溅射产额最大，但是由于 Ar 既是惰性气体，同时溅射产额也只稍低于 Xe，因此，制取容易、价格较低廉的 Ar 就成为溅射镀膜中作为溅射气体的首选。表 5-3 给出了不同能量的 Ne^{+} 和 Ar^{+} 对某些靶材的溅射产额。

表 5-4 给出了 Ar^{+} 对某些化合物靶材的溅射产额。

② 靶材种类对溅射产额的影响

靶材种类对溅射产额的影响较大。图 5-4 给出了 Ar^{+} 离子在加速电压为 400V 的条件下，对几种常用靶材轰击时所产生的溅射产额与不同靶材原子序数的关系图线。图中表明：随着靶材原子序数的增大，溅射产额出现周期性的变化。这就充分说明了溅射产额与原子的 $3d$、$4d$、$5d$ 壳层原子充满的程度有关。

③ 入射离子种类不同对溅射率的影响

在 45kV 加速电压下，几种入射离子对 Ag 靶进行轰击时所得到的溅射产额随靶材原子序数的变化关系，如图 5-5 所示。图中表明：随着轰击离子原子序数的增加，溅射产额不但有所增大，而且呈现出周期性的变化。原子量越大，溅射产额越高。对于电子壳层填满的元素，即惰性气体 Ne、Ar、Ke、Xe 等会出现峰值。处于元素周期表每一列中间部位的元素，则溅射产额最小。例如 Al、Ti、Zr 等。

表 5-3 不同能量的 Ne^+ 和 Ar^+ 对某些靶材的溅射率[1]

靶材	Ne^+				Ar^+			
	100eV	200eV	300eV	600eV	100eV	200eV	300eV	600eV
Be	0.012	0.10	0.26	0.56	0.074	0.13	0.29	0.80
Al	0.031	0.24	0.43	0.83	0.11	0.35	0.65	1.24
Si	0.034	0.13	0.25	0.54	0.07	0.18	0.31	0.53
Tl	0.03	0.22	0.30	0.45	0.081	0.22	0.33	0.58
V	0.06	0.17	0.36	0.55	0.11	0.31	0.41	0.70
Cr	0.18	0.49	0.73	1.05	0.30	0.67	0.87	1.30
Fe	1.18	0.38	0.62	0.97	0.20	0.53	0.76	1.26
Co	0.084	0.41	0.64	0.99	0.15	0.57	0.81	1.36
Ni	0.22	0.46	0.65	1.34	0.28	0.66	0.95	1.52
Cu	0.26	0.84	1.20	2.00	0.48	1.10	1.59	2.30
Ge	0.12	0.32	0.48	0.82	0.22	0.50	0.74	1.22
Zr	0.054	0.17	0.27	0.42	0.12	0.28	0.41	0.75
Nb	0.051	0.16	0.23	0.42	0.068	0.25	0.40	0.65
Mo	0.10	0.24	0.34	0.54	0.13	0.40	0.58	0.93
Ru	0.078	0.26	0.38	0.67	0.14	0.41	0.68	1.30
Rh	0.081	0.36	0.52	0.77	0.19	0.55	0.86	1.46
Pd	0.14	0.59	0.82	1.32	0.42	1.00	1.41	2.39
Ag	0.27	1.00	1.30	1.98	0.63	1.58	2.20	3.40
Hf	0.057	0.15	0.22	0.39	0.16	0.35	0.48	0.83
Ta	0.056	0.13	0.18	0.30	0.10	0.28	0.41	0.62
W	0.038	0.13	0.18	0.32	0.068	0.29	0.40	0.62
Re	0.04	0.15	0.24	0.42	0.10	0.37	0.56	0.91
Os	0.032	0.16	0.24	0.41	0.057	0.36	0.56	0.95
Ir	0.069	0.21	0.30	0.46	0.12	0.43	0.70	1.17
Pt	0.12	0.31	0.44	0.70	0.20	0.63	0.95	1.56
Au	0.20	0.56	0.84	1.18	0.32	1.07	1.65	2.43(500)
Th	0.028	0.11	0.17	0.36	0.097	0.27	0.42	0.66
U	0.063	0.20	0.30	0.52	0.14	0.35	0.59	0.97

表 5-4 Ar^+ 对某些化合物靶材的溅射率[1]

靶材	Ar^+ 600eV	靶材	Ar^+ 600eV
Al_2O_3	0.18	Sb_2O_5	1.37
SiO_2	1.34	Ta_2O_5	0.15
TiO_2	0.96	CdS	1.2
V_2O_5	0.45	GaAs	0.9
Cr_2O_3	0.18		
Fe_2O_3	0.71	GaP	0.95
ZrO_2	0.32	GaSb	0.9
Nb^2O_5	0.24	InSb	0.55
In_2O_3	0.57	SiC	1.8
SnO_2	0.96	TaC	0.13
PbTe	1.4	Mo_2C	0.15

④ 轰击离子的入射角与溅射产额的关系

轰击离子的入射角是指离子入射方向与被溅射靶材表面法线之间的夹角，该角对溅射产额的影响，如图 5-6 所示。采用 Ar^+ 离子轰击 Al、Ti、Ag 等几种靶材，其相对溅射产额随 Ar^+ 离子入射方向不同而发生变化。先是呈现 $1/\cos\theta$ 的规律变化。也就是说轰击离子在倾斜入射时更有利于溅射产额的提高。但是，当入射角 θ 接近于 80°时，溅射产额会迅速下降。

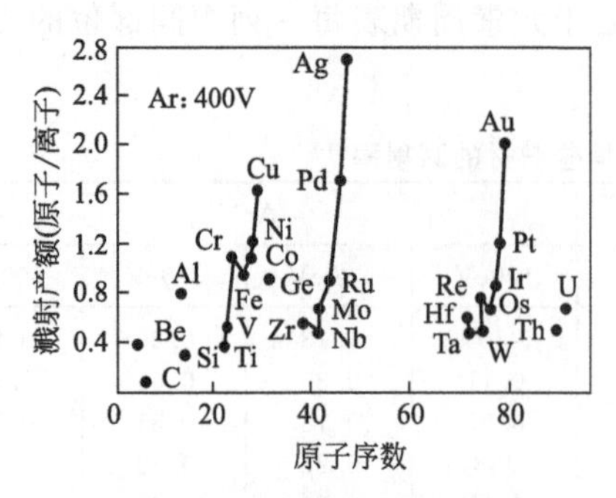

图 5-4 Ar^+ 离子轰击时溅射产额与不同靶材原子序数的关系

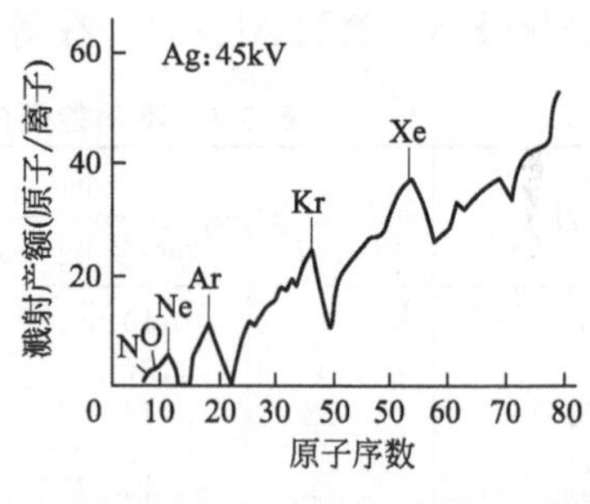

图 5-5 加速电压为 45kV 时几种不同入射离子对 Ag 靶进行轰击时溅射产额与离子原子序数的关系

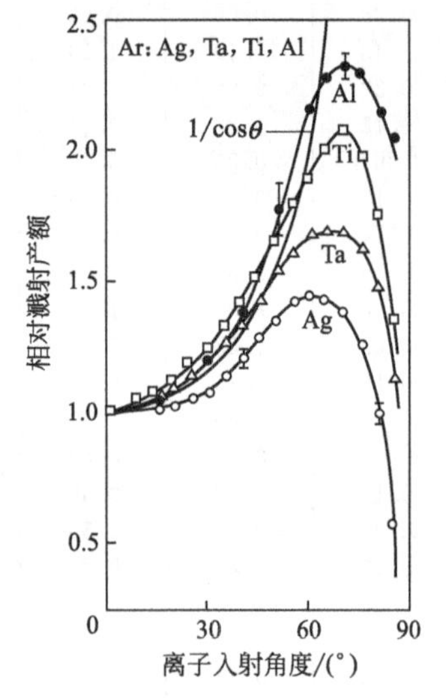

图 5-6 溅射产额随离子入射角度的变化

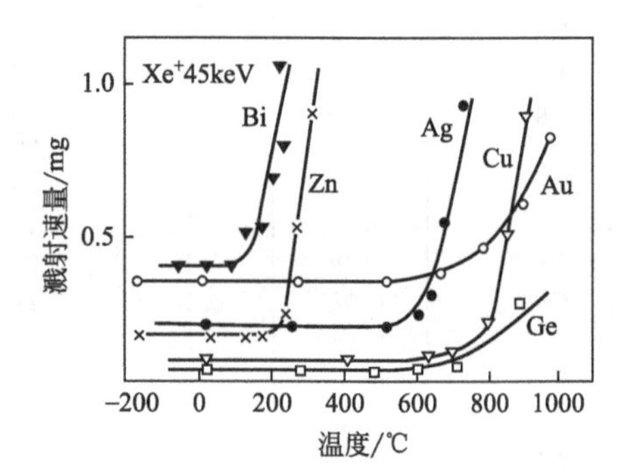

图 5-7 靶材温度与溅射产额的关系

⑤ 靶材温度对溅射产额的影响

采用 45keV 的 Xe^+ 离子轰击不同的靶材时，其溅射产额的变化规律如图 5-7 所示。从图中可以看出：在一定的温度范围内，靶材温度的变化对溅射产额的影响量不大。但是，当靶材温度升高到一定值以后，由于物质中原子间的键合力会发生弱化，致使靶材的阈值会有所减小。因此，在真空溅射镀膜中采取控制溅射功率的措施很必要。

5.2.2 靶材粒子向基体上的迁移过程

在靶材受离子轰击所溅出来的粒子中，除了正离子受逆向电场的作用不易向基体上迁移外，其他粒子均可迁移到基体上。由于溅射镀膜中所选用的工作气体压力大都在 $10\sim10^{-1}$ Pa，粒子的平均自由程约为 1～10cm。因此，靶与基体间的距离（称靶基距）应该与该值相等。否则，粒子在迁移过程中将发生过多的碰撞，不但会造成靶材原子能量的损失大，而且靶材也易于散失。

虽然靶材在向基体的迁移中会因碰撞而降低其能量。但是由于溅射出来的靶材原子远高于蒸发原子的能量。因此，沉积在基体上的原子能量通常比蒸发原子的能量要大几十倍到一百倍。这就是溅射涂层附着力好于蒸镀涂层附着力的原因。

5.2.3 靶材粒子在基体上的成膜过程

影响靶材粒子在基体上形成溅射膜的因素主要考虑如下几个问题。

(1) 沉积速率的选择问题

沉积速率是指从靶材上溅射出来的材料，在单位时间内沉积到基片上的厚度。该速率与溅射速率成正比。即有

$$Q=CI\eta \tag{5-3}$$

式中，Q 为沉积速率；C 为表征溅射装置特性的常数；I 为离子流；η 为溅射率。

上式表明：当溅射装置一定（即 C 为确定值），又选定了工作气体后，此时，要提高沉积速率的最好办法是提高离子流 I。但是，如前所述，在不增加电压的条件下增加 I 值就只有增高工作气体的压力。图 5-8 示出了气体压力与溅射率的关系曲线。由图可见，当压力增高到一定值时，溅射率开始明显下降。其原因是靶材粒子的背反射和散射增大，导致溅射率下降。事实上，在约 10Pa 的气压下，从阴极靶溅射出来的粒子只有 10%能够穿过阴极暗区。所以，从溅射率来考虑，采用气压的最佳值是比较合适的。当然，应当注意由于气压升高影响薄膜质量的问题。

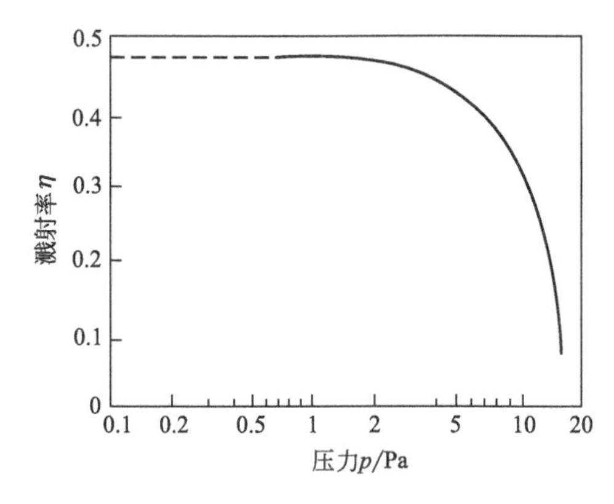

图 5-8 在 150eV 的氩离子轰击下，镍的溅射率与总压力的函数关系

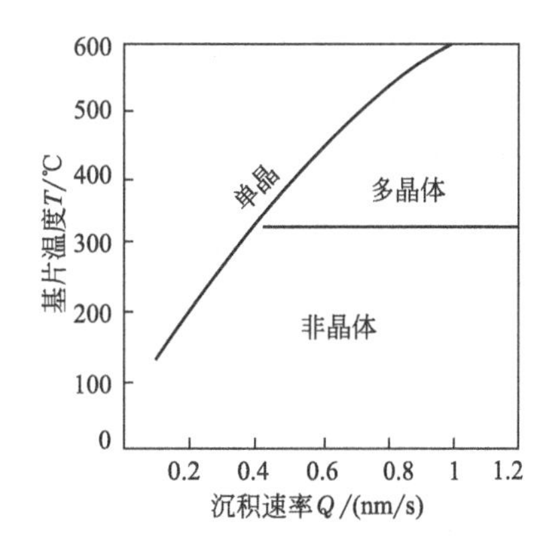

图 5-9 基片温度和沉积速率对单晶锗面上薄膜结构的影响

(2) 残余气体对沉积薄膜纯度的影响

为提高沉积薄膜的纯度，人们总是希望沉积到基片上的杂质越小越好。这里所说的杂质是专指真空室残余气体。其他杂质对薄膜纯度的影响本节暂不讨论。若真空室容积为 V，残余气体分压为 p_c，氩气分压为 p_{Ar}，送入真空室的残余气体量为 Q_c，氩气量为 Q_{Ar}，则有：

$$Q_c=p_cV \quad Q_{Ar}=p_{Ar}V$$

即：

$$p_c=p_{Ar}Q_c/Q_{Ar} \tag{5-4}$$

可见，欲降低残余气体压力 p_c，提高沉积薄膜的纯度，可通过提高本底真空度和氩气量来解决。为此，在提高真空系统抽气能力的同时，提高本底真空度和加大氩量是确保薄膜纯度必不可少的两项措施。就溅射镀膜装置而言，真空室本底真空度可在 $10^{-3}\sim10^{-4}$Pa 之间选择。

(3) 基片温度对膜层的生长及特性的影响

基片温度影响膜层的生长特性。例如，基片温度在 200～400℃的范围内，基片温度对钽膜特性影响不大；高温时对膜层结构则有影响（700℃以上为体心立方晶格，而以下为四方晶格）。图 5-9 示出了单晶锗基片上沉积锗膜时基片温度和沉积速率对膜结构的影响。

(4) 靶材纯度对膜层质量的影响

靶材中杂质和表面氧化物等不纯物质是污染薄膜的重要来源。制备高质量的薄膜，首先必须具备高纯度的靶材和清洁的靶表面；其次，在溅射沉积之前对靶进行预溅射，使靶表面净化处理。

(5) 溅射电压及基片电位对膜层质量的影响

溅射电压及基片电位（即接地、悬浮或偏压）对薄膜特性的影响严重。溅射电压不但影响沉积速率，而且还严重影响薄膜的结构。基片电位直接影响入射的电子流或离子流。如果基片接地处于阳极电位，则它们受到等同的电轰击。若基片悬浮，在辉光放电空间取得相对于地电位稍负的悬浮电位 V_f。而基片周围等离子体电位 V_g 高于基片（V_g+V_f），这将引起一定程度的电子和正离子的轰击，导致膜厚、成分或其他特性的变化。假如，基片有目的地施加偏压，使其按电的极性接收电子或离子，不仅可以净化基片，增强薄膜附着力，而且还可以改变薄膜的结晶结构。

(6) 污染对膜层质量的影响

① 真空室壁和室内构件表面所吸附的气体，如水蒸气和二氧化碳气等，由于辉光放电中受电子或离子的轰击而被解吸出来。为此，在溅射沉积前进行烘烤去气是必要的。

② 在溅射的工作气压下，由于扩散泵抽气能力低，返油现象比较严重。因此，在溅射装置的抽气系统上配置蜗轮分子泵、低温泵或节流阀是比较理想的。

③ 沉积前对基片进行彻底净化，尽可能保证基片不受污染或不带有颗粒状污染。

此外，由于溅射装置中存在着诸如电场、磁场（如磁控溅射）、气氛、靶材、基片温度及速度、几何结构等参数间的相互影响，并且综合地决定溅射薄膜的特性。因此，在不同的溅射装置上，或制备不同的薄膜时，应对溅射工艺参数进行试验选择为宜。

5.2.4 溅射薄膜的特点及溅射方式

(1) 溅射薄膜的特点

① 膜厚可控性和重复性好

镀制的膜层厚度是否可以控制在预定的数值上，称为膜厚可控性。所需要的膜层厚度可以多次重复性再现，称为膜厚重复性。由于真空溅射镀膜的放电电流和靶电流可以分别控制。因此，如式(4-3) 所示，通过控制靶电流可以控制膜厚。所以，溅射镀膜的膜厚可控性的重要性较好，能够可靠地镀制预定厚度的薄膜。并且，溅射镀膜可以在较大表面上获得厚度均匀的膜层。

② 薄膜与基片的附着力强

溅射原子能量比蒸发原子能量高 1～2 个数量级。高能量的溅射原子沉积在基片上进行的能量转换比蒸发原子高得多，产生较高的热量，增强了溅射原子与基片的附着力。并且，部分高能量的溅射原子产生不同程度的注入现象，在基片上形成一层溅射原子与基片原子相互溶合的伪扩散层。而且，在成膜过程中基片始终在等离子区中被清洗和激活，清除了附着力不强的溅射原子，净化且激活基片表面。因此，溅射薄膜与基片的附着力强。

③ 制备合金膜和化合物膜时靶材组分与沉积到基体上的膜材组分极为接近

在溅射合金靶材时，往往不同组分的金属元素，因其溅射率不同，会引起基体上薄膜材料的组分与靶材的组分不同。以溅射 Cu_3Au 靶为例，在溅射的初期，在 Cu 以组分比大的比例被溅射，使靶表面形成富 Au 层。但与蒸发镀膜相比，溅射法更容易制得接近合金组成比的薄膜。其原因是由于在溅射的初期，合金中溅射率高的元素优先溅射，即靶材中的一种金属被溅射得多，从而，导致靶表面的组分发生变化，引起这种金属的不足，而溅射率低的元素组分增加。因而，溅射率低的元素就溅射得多，可获得接近于原组分的合金薄膜。

对化合物材料的靶进行溅射，通常要考虑两个问题。因为化合物的溅射比单元素靶的溅射更复杂，轰击离子通过碰撞将动量传递给靶表面的原子和分子，转移的能量往往超过有几个电子伏的化学键能。因此，溅射化合物时会产生解离。这样首先要考虑的是溅射所获得薄膜材料，其组分是否与靶材的化学成分相同。其次是由于绝大多数的化合物属非导电材料。因此，不能采用直流溅射方式，而应采用高频溅射。

据报道，许多化合物利用溅射法成膜可获得与靶材相同组分的材料。它们有 ZnS、ZnSe、SiO_2、$Bi_{12}GO_{20}$(BGO)、$Bi_{12}P_bO_{19}$、$Bi_{12}WO_6$、$(In_2O_3)_{0.8}$ $(SnO_2)_{0.2}$（ITO 导电膜）、AIN、Si_3N_4、TiN、B_4C、SiC、GaAs、GaSb 等。在溅射 $Bi_4Ti_3O_{12}$ 靶材时，沉积的薄膜中产生了 Bi 的过剩。而在溅射 Al_2O_3、ZnO、ITO、$LiNbO_3$（LN）、$PbTiO_3$ 时，为保持化学计量比不变，需要加入适量的 O_2。在溅射 $K_3Li_2Nb_5O_{15}$（KLN）靶材时，薄膜中会产生 K、Li 成分的过剩。

④ 可制备与靶材不同的新的物质膜

如果溅射时通入反应性气体，使其与靶材发生化学反应，这样可以得到与靶材完全不同的新物质膜。例如，利用硅作为溅射靶，将氧气和氩气一起通入真空室，经过溅射就可以获得 SiO_2 绝缘膜。利用钛作为溅射靶，将氮气和氩气一起通入真空室，经过溅射就可以获得 TiN 仿金膜。

⑤ 膜层纯度高质量好

由于溅射法制膜装置中没有蒸发法制膜装置中的坩埚构件。所以，溅射膜层里不会混入坩埚加热器材料的成分。

溅射镀膜的缺点是成膜速度比蒸发镀膜低、基片温升高、易受杂质气体影响、装置结构较复杂。

(2) 溅射方式

溅射技术的成膜方式较多，见表 5-5，其中 1～3 是从电极结构上区分的，4 是制备绝缘的高频溅射，5 是为制备阴极物质的化合物膜而发明的反应性溅射，6～9 是为提高薄膜纯度而分别研制的偏压溅射、非对称交流溅射、吸附溅射和离子束溅射，10 是制备电导率低的化合物薄膜制备法。

表 5-5　各种溅射镀膜方法的原理、参数及示意图

序号	溅射方式	溅射电源	氩气压力/Pa	特　征	原　理　图
1	二极溅射	DC 1～7kV 0.15～1.5mA/cm^2 RF 0.3～10kW 1～10W/cm^2	约 1.3	构造简单，在大面积的基板上可以制取均匀的薄膜，放电电流随压力和电压的变化而变化	阴极(靶) DC1～7kV RF 基片 阳极 阴极和阳极基片也有采用同轴圆柱结构的
2	三极或四极溅射	DC 0～2kV RF 0～1kW	6×10^{-2}～1×10^{-1}	可实现低气压，低电压溅射，放电电流和轰击靶的离子能量可独立调节控制，可自动控制靶的电流。也可进行射频溅射	阳极 靶 基片 辅助阳极 阴极 DC50V DC 0～2kV RF

续表

序号	溅射方式	溅射电源	氩气压力/Pa	特征	原理图
3	磁控溅射（高速低温溅射）	0.2～1kV(高速低温) 3～30W/cm^2	10^{-2}～10^{-1}	在与靶表面平行的方向上施加磁场，利用电场和磁场相互垂直的磁控管原理，减少了电子对基板的袭击(降低基板温度)，使高速溅射成为可能	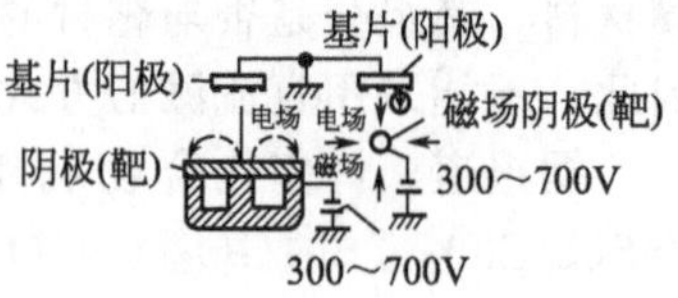 基片(阳极) 基片(阳极) 电场 电场 磁场 磁场阴极(靶) 阴极(靶) 300～700V 300～700V
4	射频溅射（RF溅射）	RF 0.3～10kW 0～2kV	1.3	开始是为了制取绝缘体，如石英、玻璃、Al_2O_3 的薄膜而研制的，也可溅射镀制金属膜	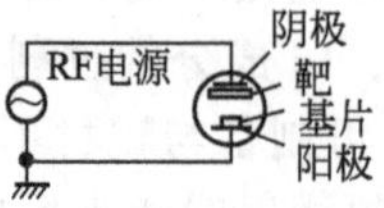 RF电源 阴极 靶 基片 阳极
5	反应溅射	DC 0.2～7kV RF 0.3～10kW	在Ar中混入适量的活性气体，例如 N_2、O_2 等分别制取TiN、Al_2O_3	制做阴极物质的化合物薄膜，例如，如果阴极(靶)是钛，可以制作TiN，TiC	从原理上讲，上述各种方案都可以进行反应溅射，当然1、9两种方案一般不用于反应溅射
6	偏压溅射	在基板上施加0～500V范围内的相对于阳极的正的或负的电位	1.3	在镀膜过程中同时清除基板上轻质量的带电粒子，从而能降低基板中杂质气体（例如，H_2O、N_2 等残留气体等）的含量	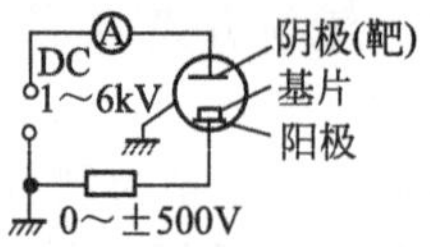 A DC 1～6kV 阴极(靶) 基片 阳极 0～±500V
7	非对称交流溅射	AC 1～5kV 0.1～2mA/cm^2	1.3	在振幅大的半周期内对靶进行溅射，在振幅小的半周期内对基板进行离子轰击，去除吸附的气体，从而获得高纯度的镀膜	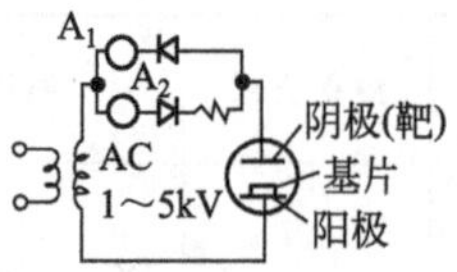 A_1 A_2 AC 1～5kV 阴极(靶) 基片 阳极
8	吸气溅射	DC 1～7kV 0.15～1.5mA/cm^2 RF 0.3～10kW 1～10W/cm^2	1.3	利用活性溅射粒子的吸气作用，除去杂质气体，能获得纯度高的薄膜	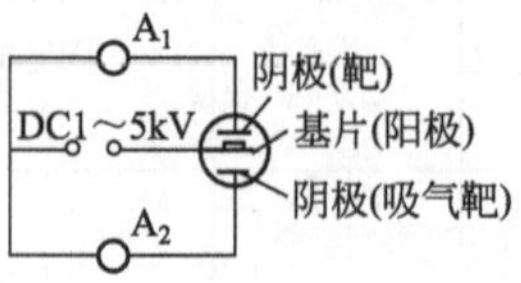 A_1 DC1～5kV 阴极(靶) 基片(阳极) 阴极(吸气靶) A_2
9	离子束溅射	引出电压0.5～2.5kV 离子束流10～50mA	离子源 10^{-2}～10^{2} 溅射室 10^{-3}	在高真空下，利用离子束溅射镀膜，是非等离子体状态下的成膜过程，靶接地电位也可	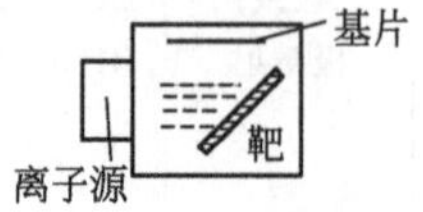 基片 靶 离子源

续表

序号	溅射方式	溅射电源	氩气压力/Pa	特　征	原 理 图
10	中频溅射	中频电源的频率多处于 10 ～ 150kHz 之间	10^{-2}～10^{-1}	两个并排安置、形状相同的磁控靶各自与电源的一极相连，并与整个真空室相绝缘。在溅射过程中，两个靶材交替地作为阴极和阳极，并在处于低电位的半周期内出现溅射	中频电源 磁控靶 − + 基片
11	对向靶溅射	DC 0.2～1 kV RF 3～30W/cm^2	10^{-2}～10^{-1}	两个靶对向放置，在垂直于靶的表面方向加上磁场，可以对磁性材料进行高速低温溅射	靶 基片 靶

5.2.5 直流溅射镀膜

直流溅射镀膜装置是由阴极和阳极所组成。因采用直流电源，在作为阴极的靶上施加负高压，故有阴极溅射之称。为了在气体辉光放电中使靶面上保持可以控制的负电压，靶材要求是导体，放电的工作气体通常为氩气。由于直流溅射镀膜的范围包括了二极、三极或四极以及直流偏压等多种类型，现仅以直流二极溅射为例，对其直流溅射的成膜原理和在溅射过程中所发生的各种复杂过程进行如下讨论。

(1) 直流二极溅射原理及溅射过程中的各种效应

来自于气体辉光放电，为阴极靶提供正离子轰击是阴极溅射最基本的工作条件。如第 2 章所述在气体异常辉光放电中，由于阴极暗区施加有几乎全部极间的电位差，当正离子以很高的速度轰击阴极靶时，从靶面上发射出来的二次电子进入阴极暗区，并且被加速。当二次电子被加速到一定进度具有一定的能量后，又被改称为一次电子。这时，再与气体原子碰撞产生正离子，借以维持放电的继续进行。随着碰撞次数增多，一次电子的能量逐渐被消耗，最终被阳极所吸收。而被正离子轰击所溅射出来的靶材粒子（主要是原子）最终不管它是否发生碰撞或者沉积到基片上成膜，或者由于碰撞它又重新返回到阴极的靶材表面上或部分的被散射。因此，二极溅射放电所形成的电回路是新气体放电产生的一次电子飞向阳极、正离子飞向阴极靶而形成的。而放电是靠正离子轰击阴极时所产生的二次电子经阴极暗区加速后去补充一次电子的消耗来维持的。其溅射装置如图 5-10 所示。溅射过程中所发生的各种复杂的过程及其所产生的效应如图 5-11 所示。可见二极溅射的成膜过程是通过以溅射效应为手段，电离效应为条件，并通过沉积效应而达到溅射膜的成膜目的。

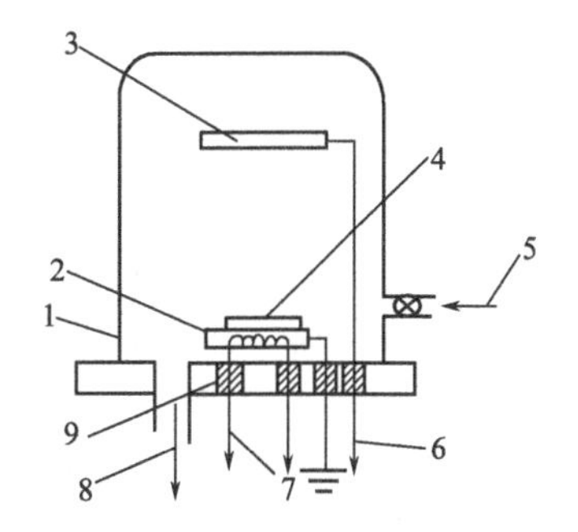

图 5-10　直流二极溅射装置

1—真空室；2—加热片；3—阴极（靶）；4—基片（阳极）；5—氩气入口；6—负高压电源；7—加热电源；8—真空系统；9—绝缘座

直流二极溅射的工作气体，通常选用氩气。由于氩气的工作压力与溅射速率及膜层的质量有着重要的影响。因此，作为二极溅射中重要溅射参数，氩气工作压力的选择就显得极为重要。当氩气的工作压力较低时，电子的平均自由程较长，电子在阳极上消失的概率很大，相

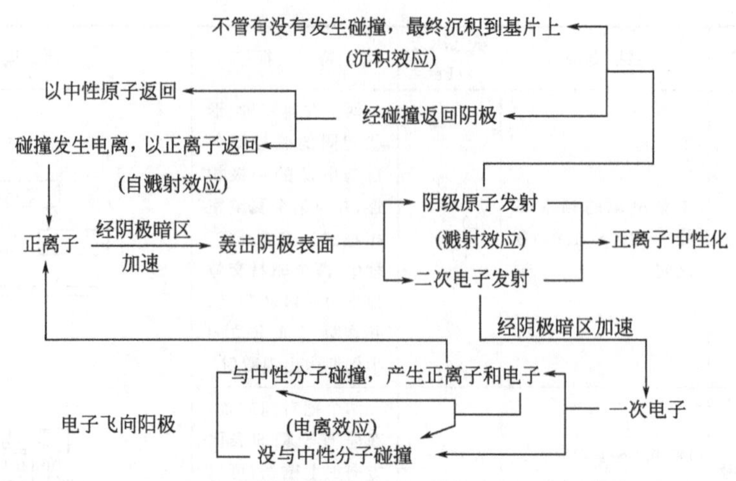

图 5-11　正离子溅射靶材的过程及所发生的各效应

对地减少了气体分子与电子的碰撞概率。同时，离子在阴极上的溅射所发射出来的二次电子又会因气体的压力低而相对减小。所有这些都会导致低压下溅射率的降低。而且作为二极溅射的另外两个参数，放电电流及放电电压与气体压力之间的关系也极为重要。因轰击阴极靶的离子最大能量取决于阴极电位（约等于放电电压）。因此，高电压一定时，放电电流与气体压力有如图 5-12 所示的关系。可见，在工作压力低于 1Pa 时，很难维持气体的自持放电过程。

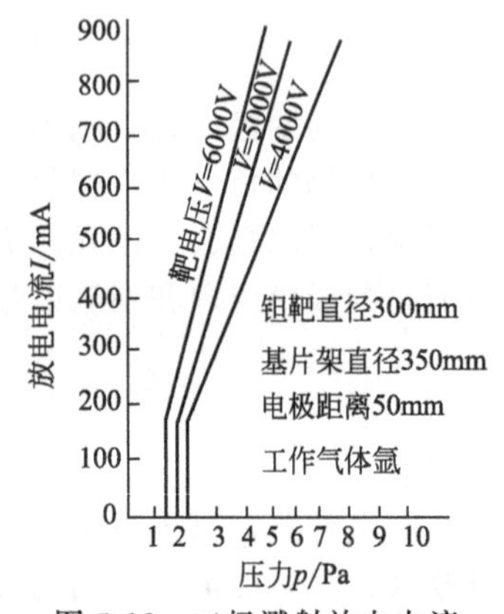

图 5-12　二极溅射放电电流的工作压力的关系

当气体压力过高时，由于溅射出来的靶材原子在飞向基片的过程中将会受到气体分子的多次碰撞而增加其散射的概率，甚至会导致部分散射原子返回靶材表面，使沉积到基片上去的靶材原子因而减少。从而降低了靶材沉积到基片上的概率。

由此可见，在直流溅射过程中随着工作气体的压力变化，其沉积速率将有一个最大值。如图 5-13 所示。

在一般情况下，沉积速率仅与溅射功率或溅射电流的平方成正比关系，而与靶材和基片之间的距离（靶基距）d 成反比关系[5]，即

$$R=k(p)\frac{VI}{d} \tag{5-5}$$

式中 $k(p)$ 是与气体的工作压力 p 有关的常数，式中表明为了提高沉积速率 R，在不影响气体放电的前提下，尽量使基片靠近阴极范围。但是，由于基片过于接近靶阴极时会出现放电流的急剧下降。因此，有关文献给出靶基距应大于极中及暗区的 3～4 倍为宜。

(2) 三极或四极溅射

为了克服二极溅射的气体工作压力较高，溅射镀膜参数不易独立控制和调节的缺点，在直流二极溅射基础上增加一个发射热电子的热阴极，即可构成三极溅射装置，如图 5-14 所示。由于热阴极发射热电子的能力较强。因此，可降低其放电的电压。这对于提高沉积速率、减少气体杂质的污染都是有利的。而且，在发射电子的过程中，可在轰击靶的同时电离它所穿越的气体，并且在加入磁场线圈后，在电磁场的作用下可使电离效果得到极大的增加，而且，在三极溅射等离子体的密度，可以通过改变电子发射电流和加速电压来控制，离

子对靶材的轰击能量可通过靶电压来控制。因此，解决了二极溅射中靶电压、靶电流及工作气体压力之间相互约束的矛盾问题。

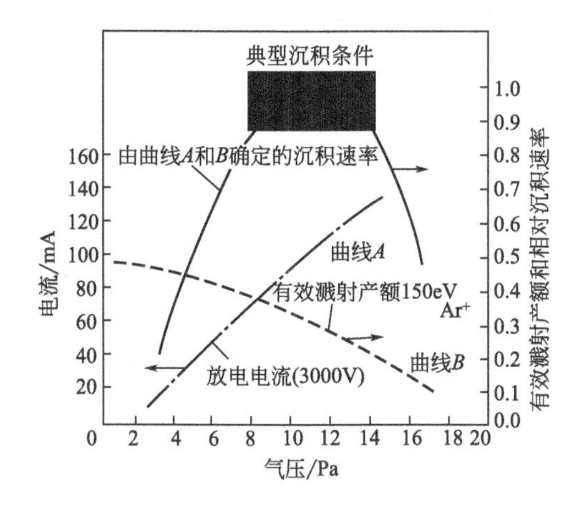

图 5-13 溅射沉积速率与工作气压间的关系

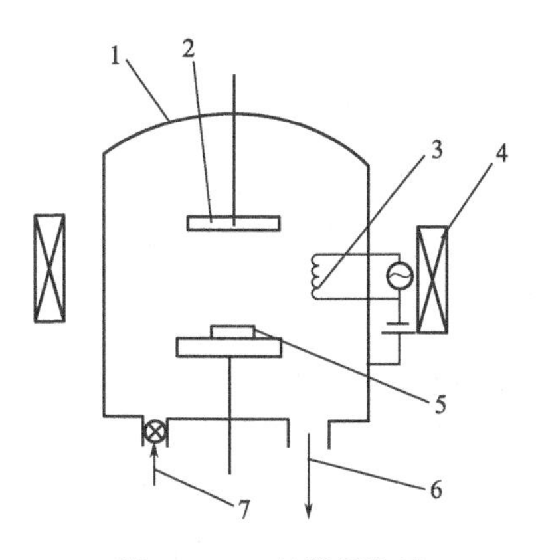

图 5-14 三极溅射装置

1—溅射真空室；2—阴极靶；3—热阴极；4—磁场线圈；5—基片；6—真空系统；7—工作气体

三极溅射的缺点，在于热阴极所发射的热电子流不稳定，而使放电电流不稳。而且，由于电子束的轴向离子密度不均会引起膜层的厚度不均。因此，在三极溅射的基础上再增加一个稳定的电极，即形成了四极溅射的装置。由于稳定性电极的作用，可使四极溅射中稳定放电的气体压力下降到 10^{-1}Pa 以下。

(3) 直流偏压溅射

图 5-15 所给出的直流偏压溅射与二极直流溅射的区别，在于在基片上施加了一个固定的直流负偏压。这时由于在薄膜的整个工艺过程中，基片表面始终处于一个负的电位而受到正离子的轰击，不但可以随时清除可能进入到薄膜表面上的气体及附着力较小的膜材粒子，而且，还可以在沉积工艺之前，对基片进行轰击清洗净化表面。因此，既提高了膜层的纯度又增强了膜基界面上的附着强度，还可以改变膜的结构。

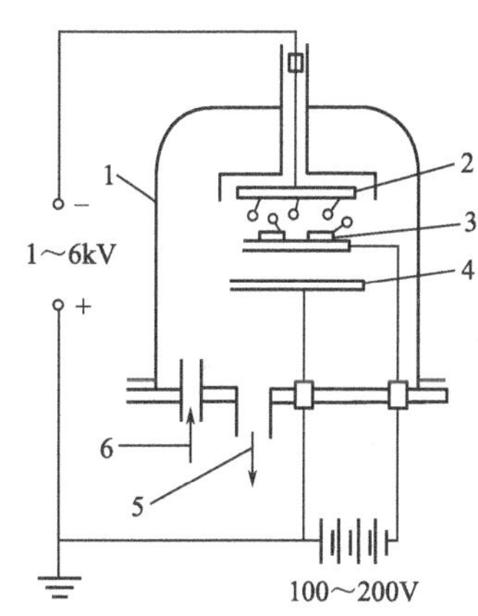

图 5-15 直流偏压溅射

1—溅射室；2—阴极；3—基片；4—阳极；5—接抽气系统；6—氩气入口

图 5-16 示出了钽膜电阻率与沉积过程中基片偏压的关系曲线。由图可知，偏压溅射薄膜的结构从零偏压区的 β 钽向体心立方晶钽变化，导致电阻率降低。

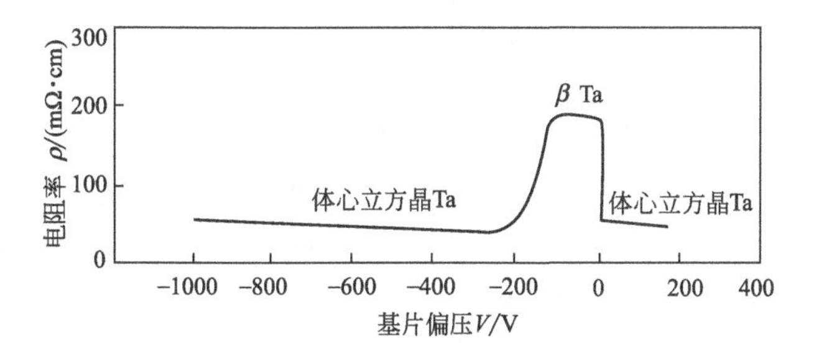

图 5-16 钽膜电阻率与基片偏压的关系曲线

由于基片偏压的存在，荷能粒子（一般指正离子）不断地轰击正在形成的薄膜表面。一方面提高了膜层的强度；另一方面降低了膜层的生成速度。如果偏压较大，甚至能产生少量非膜材离子（如氩离子）的掺杂现象。因此，为保证膜纯度，应当选择适当的偏压值。偏压溅射技术已有效地用于制造高纯度的合金膜上。

5.2.6 磁控溅射镀膜

一般的直流三极溅射镀膜相对蒸发镀膜而言存在着两大缺点：一是溅射的沉积速率低；二是溅射时所需气体工作压力高。否则，电子热运动的平均自由程太长，使放电现象难于维持。正是由于这两大缺点的综合效果，导致了气体分子对膜层的污染。因而，磁控溅射镀膜技术作为一种沉积速率高、工作气体压力低的新技术，以其强大的生命力而活跃在薄膜的制备工艺中。由于磁控溅射镀膜的这种特殊的优越性，来自于电子在正交电磁场中运动轨迹的增大。因此，在探讨磁控溅射原理之前，首先介绍电子气体在静止电磁场中的运动是十分必要的。

5.2.6.1 电子在静止电磁场中的运动[6]

电子在静止电磁场中的运动，可分为如图 5-17 中所示的六种情况分别给予介绍。

(1) 当均匀磁场为 B，电场 E 为零时，电子沿磁力线方向以速度为 v_1 飘移时，不会受磁场影响而是沿磁力线作回旋运动。其回旋频率 ω_e 和回旋半径 r_e 可由式(2-62) 求得：

$$\omega_e = eB/m_e = 1.76 \times 10^7 B \quad \text{rad/s} \tag{5-6}$$

$$r_e = \frac{m_e}{e}\frac{v_\perp}{B} = 3.37(W_\perp)^{1/2}/B \quad \text{cm} \tag{5-7}$$

式中，e、m_e、$v_\perp$ 分别为电子电荷、质量和垂直于磁力的速度；$W_\perp$ 为垂直于磁场方向的电子能量，eV；B 为均匀磁场的磁感应强度，$\times 10^4$ T。其电子运动螺旋线形状如图 5-17(a)所示。

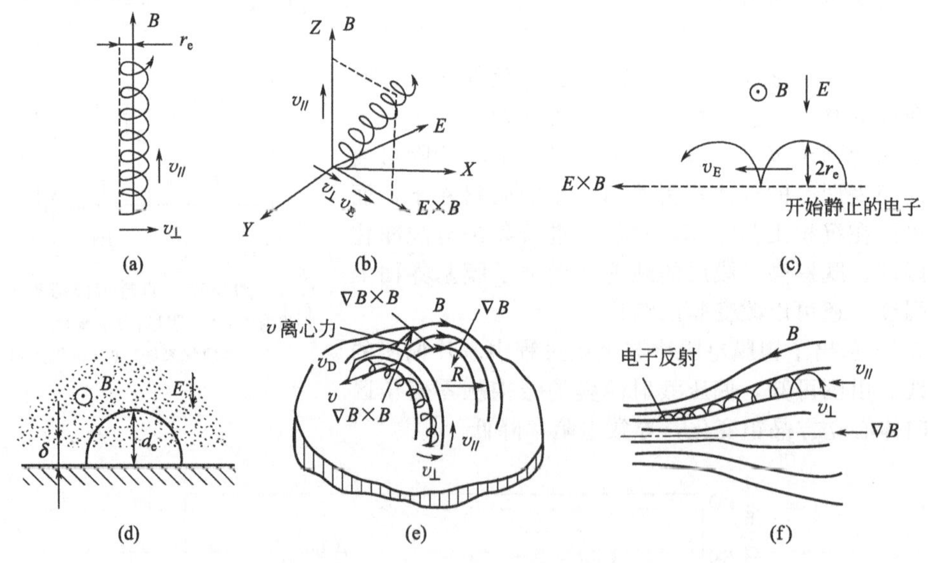

图 5-17 电子在静止电磁场中的运动

(2) 当 B 和 E 为均匀场，且 E 平行 B 时，电子被任意地加速，其螺距逐渐增大。当电场有垂直于 B 的分量 $E_\perp$ 时，电子沿着 $E \times B$ 方向飘移，并伴有沿运动方向的旋转，如图 5-17(b)所示。电子飘移速率为 v_E 为：

$$v_E = 10^8 E_\perp / B \quad \text{cm/s} \tag{5-8}$$

(3) 当 B 和 E 均匀且相互垂直时，一个由静止开始运动的电子轨迹为摆线，摆线形成半径（即旋轮半径）r_e 为：

$$r_e = \frac{mE}{eB^2} \quad (m) \tag{5-9}$$

其飘移速度可由式(5-8) 求得，如图 5-8(c) 所示。

(4) 实际上由阴极靶发射出来的电子大约有 5eV 的初始能量，而阴极暗区的电场也不是很均匀的。所以，电子的运动轨迹不是严格的摆线。总之，对于一个平面阴极，电子运动到转折点的距离 d_t，可以由式(5-7) 确定。其中 $W_\perp$ 为电子运动到转折点由电场获得的总能量。当 d_t 超过离子鞘层厚度 δ 时，$W_\perp$ 等于阴极位降，即近似等于放电电压。电子运动轨迹如图 5-17(d) 所示。对于圆柱状阴极，因其为径向电场和轴向磁场，电子围绕阴极柱面运动轨迹为余摆线，其电子运动转折点 d_t 为：

$$d_t = 3.37\frac{U^{1/2}}{B} + \left[\left(3.37\frac{U^{1/2}}{B}\right)^2 + R^2\right]^{1/2} - R \quad (cm) \tag{5-10}$$

式中，U 为放电电压，V；B 为磁感应强度，10^4 T；R 为阴极靶半径，cm。

(5) 在图 5-17(e) 所示的曲线形磁力线的磁场中，存在一个指向内的场强梯度∇B，且垂直于 B。因此，引起电子∇ B×B 的飘移，该飘移和由与有关的离心力引起的恒定的定向飘移联合为总飘移运动，其速度 v_D 可近似计算如下：

$$v_D \approx \left(v_{/\!/}^2 + \frac{1}{2}v_\perp^2\right)/\omega_e R \quad (cm/s) \tag{5-11}$$

式中，ω_e为电子回旋频率，由式(5-8) 计算；R 为曲线磁场半径，cm；$v_{/\!/}$ 和 $v_\perp$ 分别为电子平行和垂直磁场的速度。

(6) 在磁力线进入阴极区的范围内，存在一个平行于 B 的梯度∇B。由于电子在场强增加的方向上运动会增大 $v_\perp$，故能量守恒原理要求 $v_{/\!/}$ 减小，所以电子会受到反射，如图 5-17 (f) 所示。

5.2.6.2 磁控溅射镀膜的工作原理及正交电磁场的束流效应

真空室内残余的气体中，存在的少量初始电子 e。在电场 E 的作用下，加速飞向阳极基片的过程中与氩原子碰撞。若电子 e 具有足够的能量，即可电离出一个正离子 Ar^+ 和一个电子 e_1（称一次电子）。e_1 飞向基片，正离子 Ar^+ 在电场 E 作用下加速飞向并轰击阴极靶材使靶表面发生溅射。在溅射出来的粒子中，中性靶原子（或分子）飞向基片沉积到基片表面上制成薄膜，这就是磁控溅射镀膜的基本原理。而从靶材上溅射出来的被称作二次电子 e_2 在加速飞向基片的过程中，由于受洛伦兹力的作用，以图 5-17(c) 与 (e) 的摆线和螺旋线的复合运动形式在靶面上作圆周运动。该电子 e_2 的运动路程不仅很长，而且，被电磁场约束在靠靶面附近的等离子体区域之内。在该区域中电离出来的大量的正离子 Ar^+ 去轰击阴极靶材。从而，有效地提高了靶材沉积到基片上去沉积速率。随着碰撞次数的增多，二次电子 e_2 的能量逐渐降低。同时，逐渐远离靶表面而低能电子 e_1，将如图 5-18 中 e_3 那样沿着磁力线来回振荡，待其能量将耗尽时，在电场 E 的作用下最终沉积在基片上。由于此时基片所吸收的电子能量很低，因此，基片温升较低。在磁极轴线处的电场和磁场平行，电子 e_2 可直接飞向基片。但因此处离子密度低，电子密度很低，对基片温升作用不大。所以，磁控溅射镀膜技术具有沉积速率高和基片温升低的两大特点。在这一过程中所发生的各种复杂过程以及所产生的各种效应，除了由于正交电磁场产生的对电子的约束作用外，其他效应

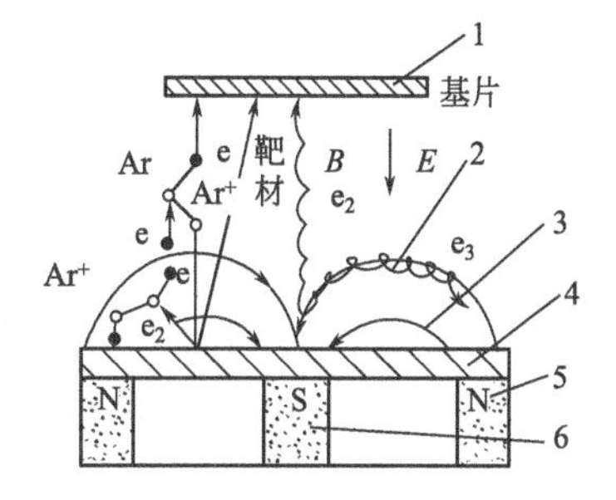

图 5-18 磁控溅射原理

1—基片；2—电子运动轨迹；3—磁线；4—阴极靶材；5—永磁体Ⅰ；6—永磁体Ⅱ

完全与二极溅射过程相同。这里不再赘述。

综上所述，磁控溅射镀膜的基本原理就是以磁场改变电子运动方向，以电磁场束缚和延长电子的运动轨迹，从而提高了电子对工作气体的电离概率和有效地利用了电子的能量。因此与直流溅射相比较，磁控溅射装置中的正交电磁场对电子的束缚效应是二者的根本区别。正因为该束缚效应，才使磁控溅射镀膜技术具有“低温”和“高速”的特点。

为了提高束缚效应，在磁控溅射装置中应当尽可能满足电磁场正交和利用磁力线及阴极靶封闭等离子体的两个重要条件。由于束缚效应的作用，磁控溅射的放电电压和气体压力都远远低于直流二极溅射，通常为500～600V和10^{-1}Pa。

5.2.6.3 *磁控溅射靶的类型及靶结构*

在磁控溅射装置中，各种类型的靶结构较多。例如，同轴圆柱形靶、圆形平面靶、S-枪靶、矩形平面靶、旋转式圆柱形靶以及非平衡磁控靶等。它们的结构如图5-19所示。其结构主要由水冷系统、阴极体、法兰、屏蔽罩、靶材、极靴（或轭铁）、永磁体、压紧螺母或压环、密封、绝缘及螺栓等连接件组成。其中，S-枪靶中设置了用于引弧的辅助阳极；旋转式圆柱形靶的阴极体具有旋转和密封结构，在旋转机构的拖动下，阴极体可绕轴转动，所以该靶材可绕轴旋转。

图5-19中的非平衡磁控溅射靶是为了对基片可进行适当的离子轰击而出现的一种特殊靶型，这种靶在结构上有意地将处于靶中心的磁体体积加大或减小，使其部分磁力线发散到距靶较远的基片上，借以对基片产生一定程度的离子轰击作用。

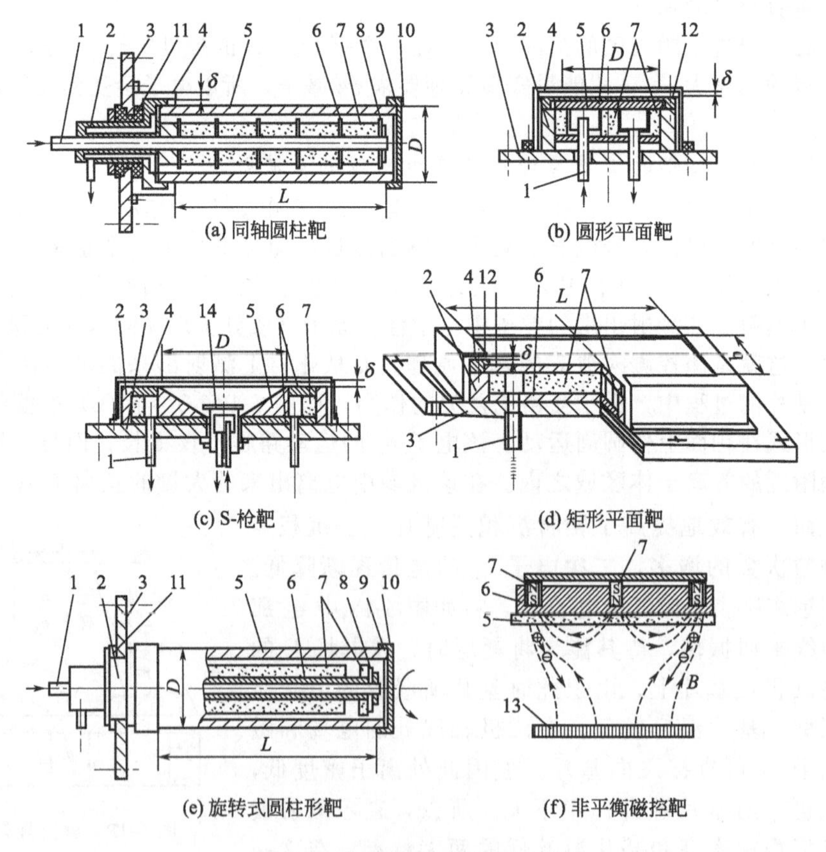

图5-19 各种磁控溅射靶的结构

1—冷却水管；2—阴极体；3—法兰；4—屏蔽罩；5—靶材；6—极靴（轭铁）；7—永磁体；8—螺母；9—密封圈；10—螺帽；11—绝缘（密封）；12—压环；13—基片；14—辅助阳极

为了防止非靶材零件发生溅射，溅射靶中设置了屏蔽罩，屏蔽罩与阴极体或靶体的间隙应小于此处电子的旋轮直径，因此可以防止在该处发生辉光放电。

5.2.6.4 同轴圆柱磁控溅射镀膜

(1) 同轴圆柱形靶的结构类型及特点

同轴圆柱形磁控溅射靶的初始型式如图 5-19(a) 所示，通常将靶垂直地放置在镀膜室内，靶接入 400～600V 的负电位，基片接地构成以靶为阴极、基片为阳极的放电场，筒内装有环状永磁体及导磁片，给靶面提供 0.04～0.06T 的磁场强度。其磁力线的形状如图5-20所示。在每个磁铁的单元对称表面上，磁力线平行于表面并与电场正交，被磁力线与靶表面的封闭空间就是对电子产生束缚效应的等离子区，在气体异常的辉光放电中，离子不断地轰击靶材的表面使靶材原子溅射出来沉积到置于靶表面外侧的基片上而形成溅射膜层。其圆柱形阴极与同轴阳极之间所发生的冷阴极放电时的电子迁移现象如图 5-21 所示。

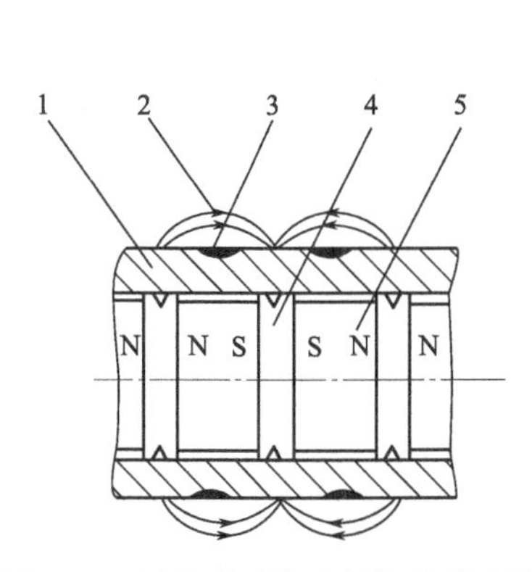

图 5-20 圆柱形磁控溅射靶的磁力线

1—靶材；2—磁力线；3—刻蚀区；4—导磁垫片；5—永久磁铁

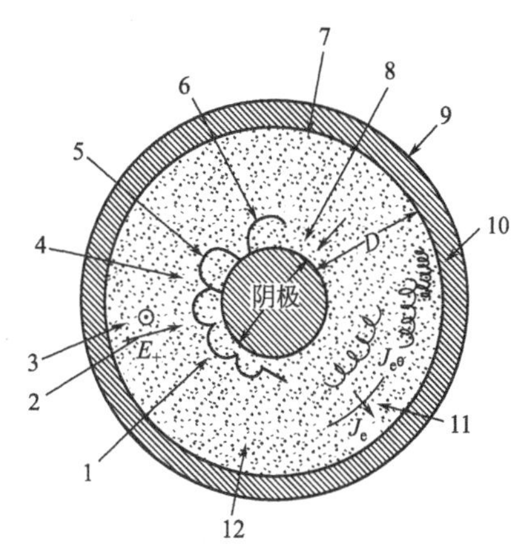

图 5-21 在圆柱形阴极与同轴阳极之间发生冷阴极放电时的电子迁移

1—一次电子；2—电场方向；3—磁场向上；4—负辉区；5—二次电子的动量交换；6—损失在阴极上的二次电子；7—阳极壳层；8—阴极暗区；9—阳极；10—低能电子；11—电子流密度；12—正光柱区

目前，由于这种靶在永磁体之间存在着刻蚀不均以及靶材利用率较低等缺点。因此，已逐渐被淘汰。图 5-22 是圆形柱状靶的一种新的型式[7]，它们磁极结构是用 4～8 个条形磁体

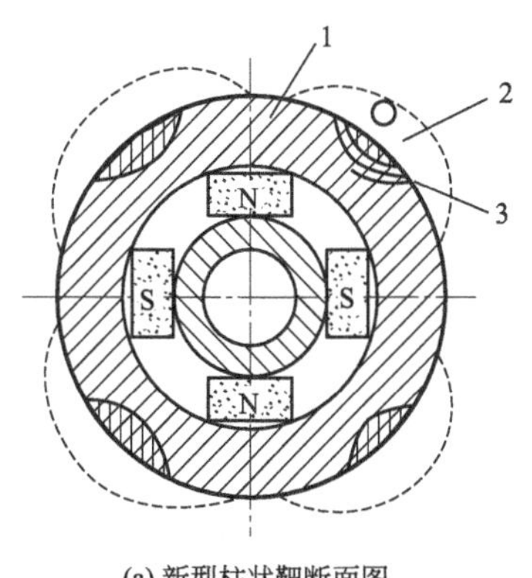

(a) 新型柱状靶断面图

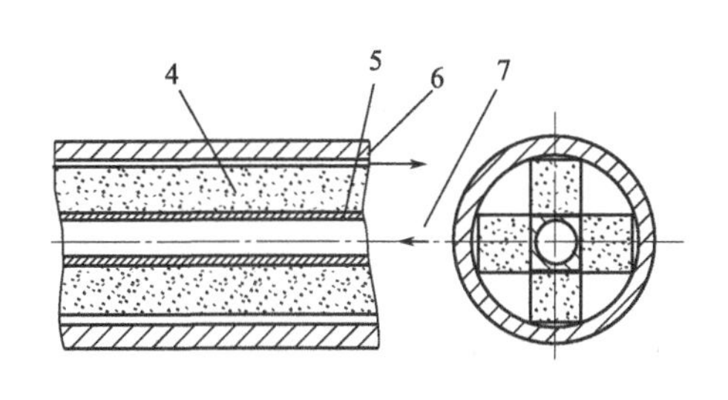

(b) 新型柱状靶的轴向剖视图

图 5-22 新型柱状靶

1—阴极靶材；2—等离子区；3—刻蚀区；4—条状磁体；5—水管；6—冷却水出口；7—冷却水入口

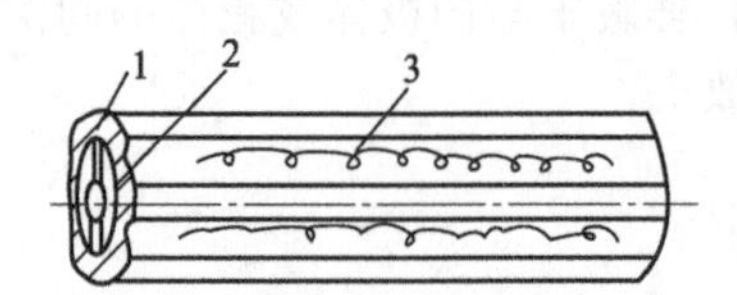

图 5-23 新型柱状靶的电子运动轨迹及其刻蚀沟道

1—阴极靶材；2—溅射沟道；3—电子运动轨迹

顺着轴周围平行排列，如图 5-22 所示。从图 5-23 所产生的溅射沟道可以看出：虽然它也是在阴极表面附近，在相互垂直的正交电子磁场作用空间中，电子受该场作漂移运动。但是，由于磁体排列形式与初始式的同轴圆柱靶完全不同。因此，其刻蚀区是一条与轴线相平行的长条状沟道。这种靶型不但有效地提高了靶材的利用率；同时，也改善了靶溅射的均匀性。

图 5-19(e) 是另一种圆柱旋转式的双面矩形磁控溅射靶。其磁场结构是用若干根长条矩形永磁沿靶轴线方向平行排列成六列。因而，可产生两个细长形跑道的新型溅射源。其性能基本上与矩形平面磁控源相同。而且，这种溅射源还可以通过某种旋转机构对靶材阳极筒或磁组件进行旋转，使筒形靶材产生匀速的旋转运动，就可以得到膜层均匀、靶材利用率高的一种新的磁控溅射源。

为了防止非靶材的溅射，而在靶上设置屏蔽罩，截获由非靶材零件发射出来的电子使之不产生辉光放电，以保证溅射膜的质量是十分必要的。其间隙 δ 的位置如图 5-19(a) 所示。δ 值的大小就圆柱靶型而言，可按 $\delta \leqslant d_t$ 来确定，d_t 为电子的运动转折点即由式(5-10)求得。

同轴圆柱形磁控溅射靶应用范围较广，特别是对于被镀工件为筒形内壁的薄膜沉积上更具有其独特的优点。

（2）同轴圆柱形磁控溅射镀膜室的类型

将圆柱靶置于镀膜室内的方式较多，可按其不同的工艺要求采取不同的配置方法，如图 5-24 所示。

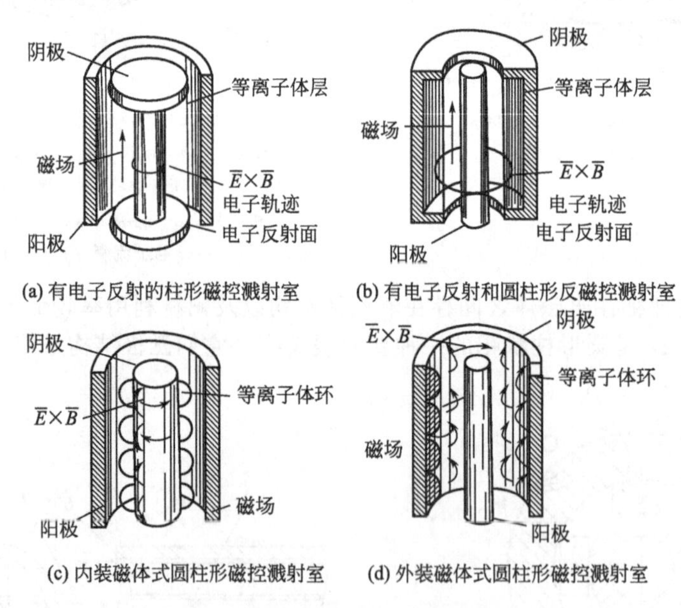

图 5-24 各种磁控溅射室的结构

（3）同轴圆柱形磁控溅射镀膜的参数选择

① 电流-电压特性

工作于磁控模式的放电服从 $I \propto V^n$ 关系。在此 n 为电子阱的特征指数，一般在 5～9 范围内。因此，在磁场强度合适时磁控模式的放电几乎处于恒定电压的工作状态。同轴圆柱形磁控溅射装置，工作在不同气压和磁场强度下 I-V 的特性示于图 5-25。可见，若磁场太弱，

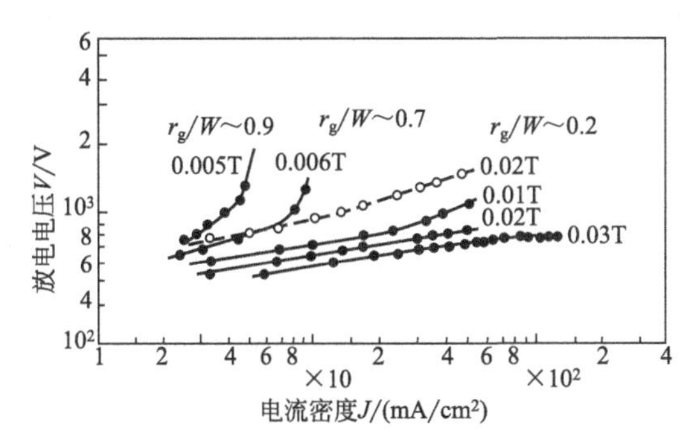

图 5-25 工作各种气压和磁场强度条件下的圆柱形磁控溅射靶的典型电流-电压特性铜阴极，氩气：—●—1Pa；—○— 0.5Pa

电压将会突然升高；在电压和磁场强度一定时，电流随气压增高而增大；在电压和气压一定时，电流随磁场强度的提高而增大。

② 功率效率

沉积速率与靶的功率密度之比，称为靶的功率效率。其含义是溅射功率贡献给沉积的份额。磁控溅射的功率效率 η，可由下式计算：

$$\eta=A/(P/S) \tag{5-12}$$

式中，A 为沉积速率，nm/min；P 为放电功率（即溅射功率），W；S 为靶面积，cm^2。

功率效率 η 与离子能量、气压及磁场强度之间的关系见图 5-26。可见，离子能量大于 600eV 以后再增加能量对功率效率已无贡献；气压在 $(3\sim7)\times10^{-1}$Pa 范围内，磁场强度在 0.02～0.04T 情况下功率效率最好。

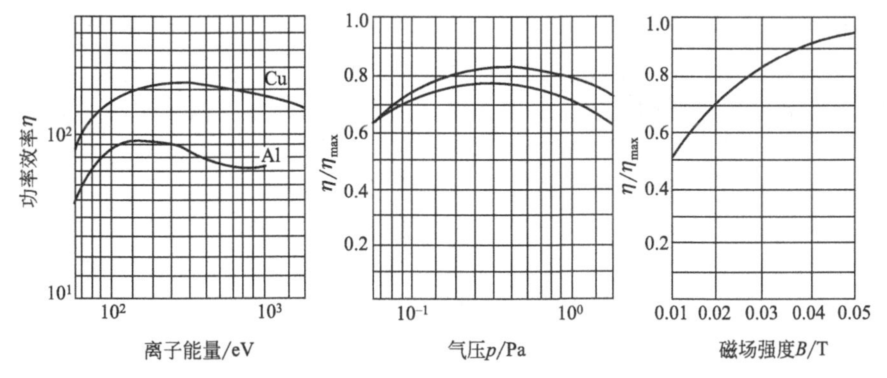

图 5-26 各种参数下功率效率特性

综上所述，同轴圆柱形磁控溅射镀膜的主要参数应当选择为：放电电压 $V=500\sim600$V，磁场强度 $B_{/\!/}=0.025\sim0.030$T，气压 $p=0.5$Pa，电流密度 $J=10\sim40$mA/cm^2。

(4) 同轴圆柱形磁控溅射靶的磁场计算

同轴圆柱形磁控溅射靶的磁场计算可采用等效电流法。所谓等效电流法，就是将永磁体的磁场等效成环形电流的磁场，以便通过数学计算，掌握磁场的分布规律的方法。等效的原则是使二者在永磁体的磁极端面处的磁感应强度值相等。

同轴圆柱形磁控靶中一个单元磁体的磁场，可以等效成图 5-27 的环形电流的磁场，并以下式计算空间点 P 处与靶面平行的磁感应强度 $B_{/\!/}$：

$$B_{/\!/}=K\sum_{i=1}^{n}\int_{0}^{2\pi}\frac{(R-Z\cos\theta)\mathrm{d}\theta}{[R^2+Z^2+(Y-A_i)^2-2RZ\cos\theta]^{3/2}} \tag{5-13}$$

式中，R 为永磁体外半径，cm；n 为环形电流个数，其值 $n \approx L/R+1$，这里 L 为永磁体的长度，cm；A_i 为环形电流的 Y 轴坐标，其值 $|A_i|=R(n-1)/4$；K 为常数，其值有下式：

$$K=C\frac{R^2B_m}{2\pi} \tag{5-14}$$

式中，C 为等效系数，其值 $C=0.4\sim0.6$；B_m 为永磁体磁极的磁感应强度，T；R 为永磁体外半径，cm。

将式(5-14) 代入式(5-13)，利用计算机可以方便地计算出 $B_{/\!/}$ 的数据。

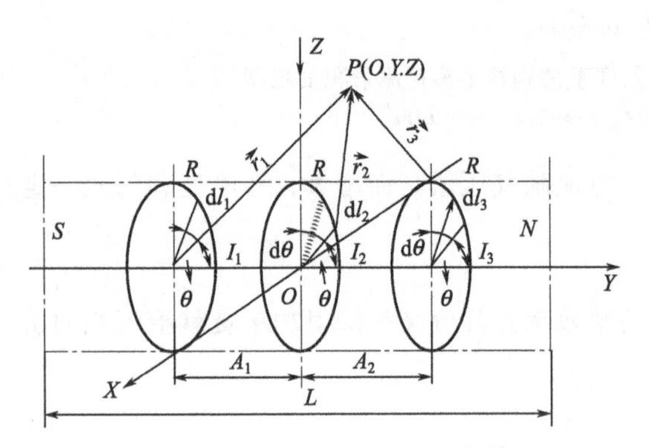

图 5-27 圆柱形靶等效电流磁场

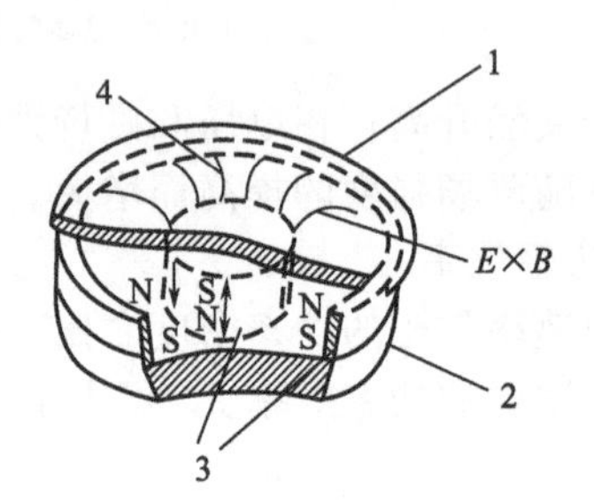

图 5-28 圆形平面磁控靶的磁力线

1—阴极；2—极靴；3—永久磁铁；4—磁力线

5.2.6.5 平面磁控溅射镀膜

(1) 平面磁控溅射靶的结构类型及其特点

平面磁控溅射镀膜的靶型如图 5-19(b)、(d) 所示。主要有两种靶型，即圆形平面靶和矩形平面靶。前者多用于实验研究上；后者适宜于工业生产。它们的溅射条件与同轴圆柱靶基本相同，一是正交电磁场的建立；二是等离子体区域的封闭。两种靶型的磁力线如图 5-28 所示。靶内的磁源有两种选择方法，即永磁体和电磁体。永磁体制作的永磁靶结构简单。如果选用钕铁硼永磁体价格又十分低廉；而且，磁场强度分布可以通过对永磁体的筛选来达到一定的要求。它的缺点是永磁体的磁场强度不易进行精细地调节；且易吸引铁磁性杂质造成“磁性污染”。若靶材为铁性物质会造成大部分磁力线短路形成磁屏蔽，而影响溅射率。因此，不适宜对铁磁性材料的溅射。电磁靶不但可以精细地调节磁场强度；而且，若再加入一个辅助磁场线圈，即可对水平磁场进行适当地扩展，从而使刻蚀靶材的均匀性及靶材的利用率得到一定的提高。图 5-29 就是一种采用电磁靶而制成的一种新型、具有区控作用的靶型结构[8]。它是将平面靶的靶面跑道磁场分成左右两个区段，并采用左右两个电磁铁来调节左右区段的靶面磁场，相等或形成不同程度的强弱对比。当左右区段分别安装 A、B 两种不同金属时，可通过调节左、右电磁铁的励磁电流，即可获得不同成分的 A 和 B 的两种合金膜。而且，可结合靶材的小块拼装；还可以

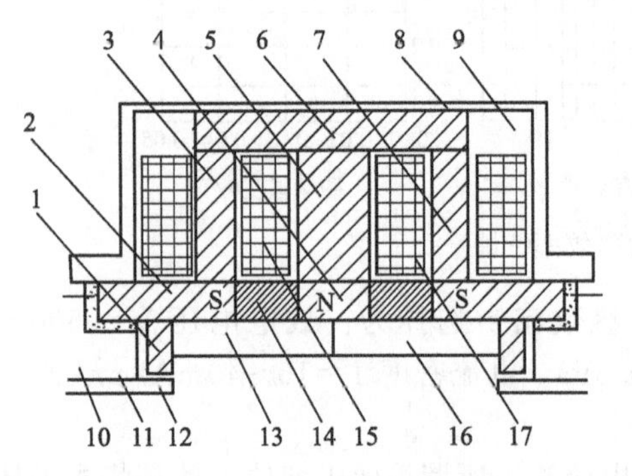

图 5-29 区控电磁靶的结构

1—延伸磁极；2—背板环；3—左铁芯；4—背板芯；5—中铁芯；6—导磁铁板；7—右铁芯；8—外壳；9—水冷通道；10—真空壳体；11—绝缘垫；12—阳极挡板；13—左靶板；14—铜环；15—左电磁线圈；16—右靶板；17—右电磁线圈

使合金膜的成分覆盖A与B之间的整个范围。

(2) 平面磁控溅射靶的磁路结构及永磁体的排列方法

磁控溅射的电磁场是由磁路结构和永久磁体的剩磁（或电磁线圈的安匝数）所决定的。最终表现为溅射靶表面的磁感应强度 B 的大小及分布。通常，圆形平面磁控溅射靶表面磁感应强度的平行分量 $B_{//}$ 为 0.02～0.5T，其较好值为 0.03T 左右。因此，无论磁路如何布置，磁体如何选材，都必须保证上述的 $B_{//}$ 要求。磁场 B 可以通过测试或计算掌握其大小及分布规律。有关两靶形的磁路结构及其永磁体的排列方法可参阅图 5-19(b) 及 (d) 或本章参考文献 [9]，这里不予详述。

(3) 矩形平面磁控靶阴极靶材的安装

矩型平面磁控靶用于大面积沉积薄膜的场合较多。它是将阴极靶材厚度均为 3～10mm 的板材组装到靶体上，不仅易于安装和卸载，而且，还保证它的良好冷却效果。这是因为在通常的溅射源中在阴极靶上的功率消耗较大，因此，在传递给阴极靶上的功率中，大约有 55%～70%，是由水冷却消耗的；因此，阴极靶结构的耗转能力决定了所能承受的最大功率；因此，在大功率大面积的溅射靶上，采用正确的且不易产生漏水的安装是十分重要的。其安装方法主要有两种：一是要用冷却效果好、不易泄漏的焊接结构；二是采用直接或间接冷却靶材的密封安装结构。若采用钎焊安装，把靶材焊接在水冷背板上时，所采用的低熔点焊料见表 5-6。选用安装的两种形式，如图 5-30 所示。这种易于拆卸的安装方法，有两种，即直接冷却安装法 [如图 5-30(a) 所示] 和间接冷却装置法 [如图 5-30(b) 所示]。但后者为了保持靶材的冷却效果，注意压板与水冷却背板的间隙的取值要大于 0.05mm。

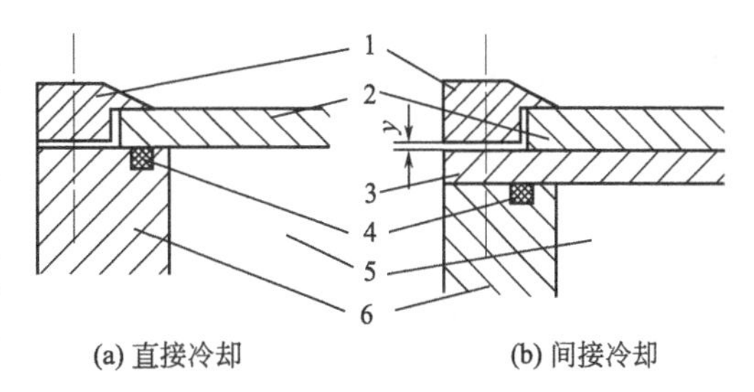

图 5-30 靶材冷却型式

1—压框；2—靶材；3—背板；4—密封圈；5—冷却水；6—阴极体

表 5-6 低熔点焊料

成分(质量分数)/%				温度/℃	
Bi	In	Pb	Sn	液态	固态
49	21	18	12	58	58
56	—	22	—	104	95
—	52	—	48	117	117
—	50	—	50	127	117
—	25	37.5	37.5	138	—
58	—	—	42	138	—
—	42	—	58	145	117
—	80	15(Ag5)	—	149	141
—	99(Cu1)	—	—	153	153
—	100	—	—	157	157
—	12	18	70	174	150
—	70	30	—	174	100
—	—	37	60	182	—
—	—	30	70	186	183
—	—	40	60	188	183
—	—	50	50	214	183
—	—	60	40	238	183

（4）平面磁控溅射的工作特性

① 电压、电流及气压的关系

各种气压下，矩形平面磁控溅射的电流-电压特性如图 5-31(a) 所示。在最佳的磁场强度和磁力线分布条件下，该特性曲线服从：

$$I=KV^n \tag{5-15}$$

式中，I 为阴极电流，A；V 为阴极电位，V；n 为大于 3/2 的等离子体内电子束缚效应系数，平面靶 $n=2\sim5.5$；K 为常数。

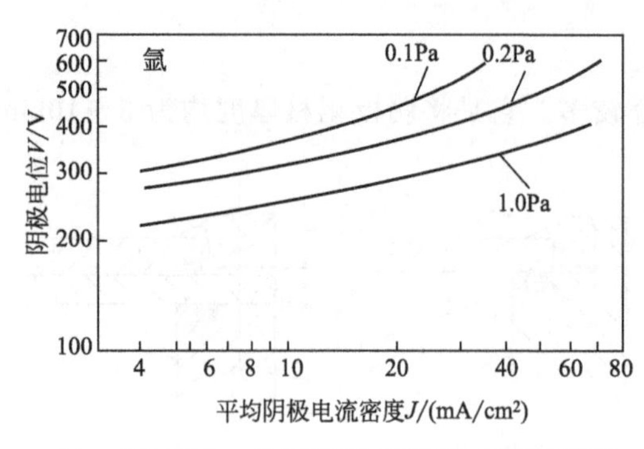

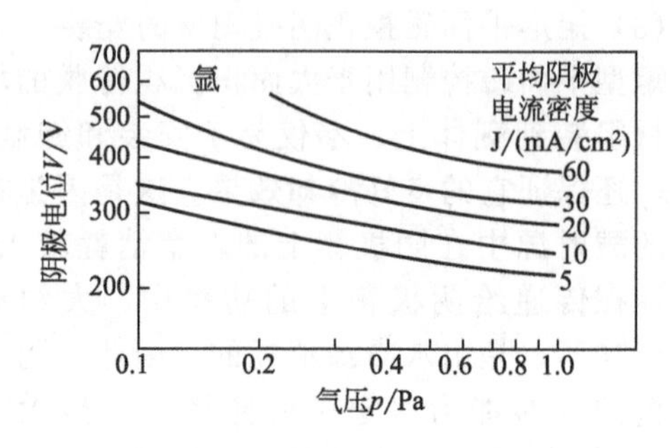

(a) 一各种气压下，矩形平面磁控阴极的电流-电压特性　(b) 一恒定的阴极平均电流密度数值下，阴极电压与气压的关系

图 5-31　电流、电压、气压关系

图 5-31(b) 示出了恒定的阴极电流条件下，阴极电压与气压的关系曲线。此时功率 P 为：

$$P=KV^{n+1} \tag{5-16}$$

式中参数 V、n、K 意义与式(5-16) 相同。

各种溅射方法的放电特性如图 5-32 所示。图中表明，平面磁控溅射的放电特性优于直流电的特性，这正是磁控放电产生对电子约束的结果。

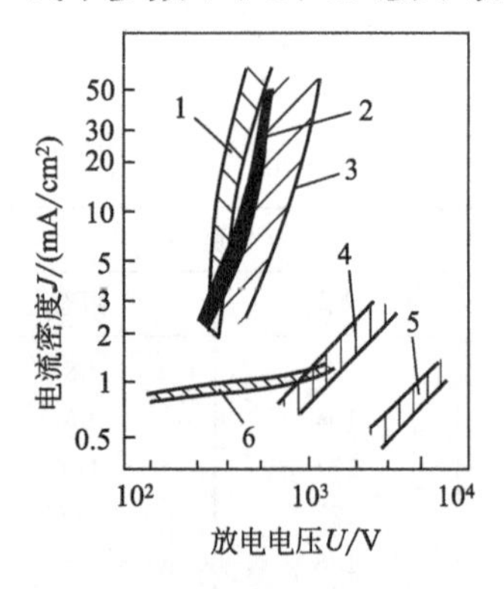

图 5-32　各种溅射方法的放电特性

注：S枪数据选自［1］。

1—圆柱磁控；2—S枪；3—平面磁控；4—RF二极；5—DC二极；6—DC四极

此外，还可以从图 5-31(b) 中看到，在恒定的电流密度条件下，随着气压的增高，放电等离子体中氩离子密度增大，使放电等离子体内阻下降。因而，导致放电电压的下降。

② 沉积速率及功率效率

沉积速率是表征成膜速度的参数。由于阴极靶的不均匀溅射（或称刻蚀）和基片的运动决定了薄膜沉积的不均匀性。因此，一般用单位时间沉积的平均膜厚来表征沉积速率，记为 q_t，单位为 nm/min。

沉积速率与溅射靶功率密度（W/cm²）的比值称为功率效率 η_p，其物理意义是溅射功率贡献给沉积速率的份额。功率效率是表征溅射装置效率的重要参数，其值可由下式计算：

$$\eta_p=\frac{q_r}{P/A} \tag{5-17}$$

式中，q_r 为沉积速率，nm/min；P 为溅射功率，W；A 为溅射靶的面积，cm²。

气体压力对平面磁控溅射沉积速率的影响如图 5-33(a) 所示，其相对沉积速率 q_r/η_{max} 有个最佳气压值，在该气压下相对沉积速率最大。这一现象也是磁控溅射的共同规律。

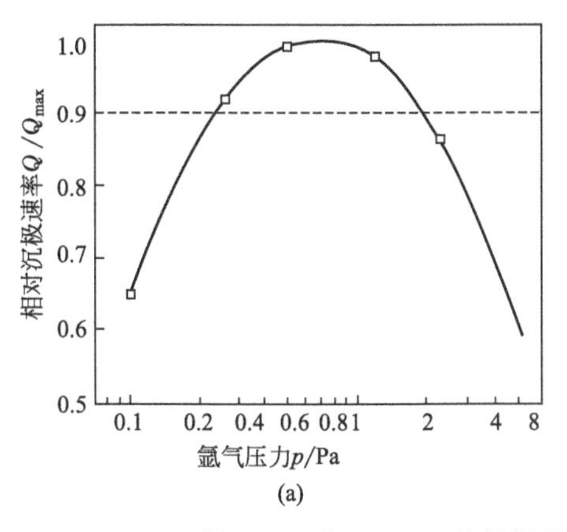

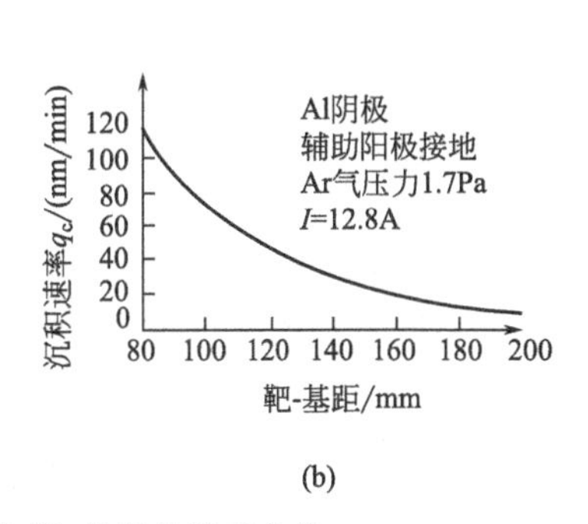

图 5-33 ϕ150mm S-枪的沉积速率与靶-基距的关系曲线

平面磁控溅射的工作条件为阴极电压 300～600V、电流密度 4～600mA/cm^2（见图 5-31）、氩气压力 0.13～1.3Pa、功率密度 1～36W/cm^2。

靶-基距对沉积速率的影响如图 5-33 所示，即随着靶-基距的增加沉积速率呈双曲线状下降。该规律可以用靶材粒子在迁移过程中的散射效应来解释。为了尽可能地提高沉积速率，在保证稳定放电的条件下尽量减小靶-基距，其最小值为 5～7cm。但是，由于靶-基距还影响膜厚均匀度（参阅 3.3 节）。因此应当统筹考虑沉积速率和膜厚均匀度的要求确定靶-基距。

磁控溅射的沉积速率与靶电流的关系如图 5-34 所示。在一定的氩气压力下，q_t 随靶电流 I 呈现 $q_t \propto I^m$ 的规律，其中 m 为大于 1 的指数。当氩气压力小于 1.33Pa 时，指数 $m=1\sim2$。

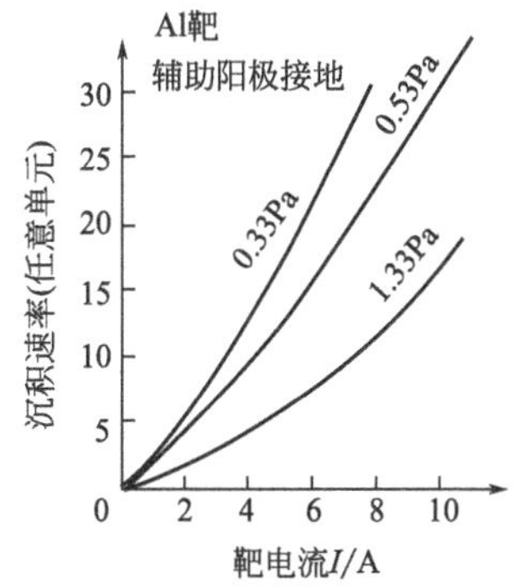

图 5-34 ϕ125mm S-枪的沉积速率与靶电流的关系曲线

最大功率密度是限制沉积速率的一个重要因素。在高于最大功率密度下工作时，靶材将发生开裂、升华或熔化现象。靶材在 1cm 厚度上温度梯度为 100℃条件下，计算的各种材料的最大功率密度值见表 5-7。

表 5-7 通过厚度 1cm 的阴极，温度梯度为 100℃时的功率密度 单位：W/cm^2

材料		功率密度	材料		功率密度
介质	玻璃 透明石英（熔融石英）大多数 硼硅酸盐，铝硅酸盐， 以及钠钙玻璃	2～4	金属	Ag	427
				Cu	398
				Au	315
	80∶20PbO-SiO_2	0.6		Al	237
	氧化物（多晶）	51		W	178
	BeO	30		Si	149
	Al_2O_3	8.7		Mo	138
	MgO			Cr	94
	氧化物（单晶）	7.7～8.3		Ni	91
	蓝宝石（Al_2O_3）	1.4～26		In	82
	石英（SiO_2）				
合金	In-Sn 50∶50	70		Fe	80
	Pb-Sn 60∶40	47		Ge	76
	Pb-Sn 50∶50	43		Pt	73
	不锈钢（300 系列）	13.4～15.5		Sn	67
导电化合物	二硅化钼	31		Ta	58
				Pb	35
	Ta、Ti 及 Zr 碳化物	21		Ti	22

在溅射靶尺寸、磁路及功率密度一定时，不同靶材的沉积速率也不同。对于非铁磁性材料，该不同是由于溅射率的差异而引起的，且有如下比例式：

$$\frac{X_a}{X_b}=\frac{\eta_a}{\eta_b} \tag{5-18}$$

式中 η_a、η_b 分别为两种材料的溅射率；X_a、X_b 分别为两种靶材的沉积速率或功率效率。

其机理是：沉积速率与溅射速率成正比，而溅射速率与溅射率成正比。表 5-8 给出了离子能量为 600eV 的常用靶材的溅射率和溅射速率[1]。

表 5-8 溅射率溅射速率

靶子材料	溅射率/(E_i=600eV)	溅射速率/(nm/min)	靶子材料	溅射率/(E_i=600eV)	溅射速率/(nm/min)
Ag	3.40	2660	Re	0.91	710
Al	1.24	970	Rh	1.46	1140
Au	2.43(500eV)	1900	Si	0.53	410
Co	1.36	1060	Ta	0.62	490
Cr	1.30	1020	Th	0.66	520
Cu	2.30	1800(实溅值)	Ti	0.58	450
Fe	1.26	990	U	0.97	760
Ge	1.22	950	W	0.62	490
Mo	0.93	730	Zr	0.75	590
Nb	0.65	510	Be	0.80	626
Ni	1.52	1190	V	0.75	590
Os	0.95	740	Ru	1.30	1020
Pd	2.39	1870	Hf	0.83	650
Pt	1.56	1220	Ir	1.17	920

(5) 矩形平面磁控溅射靶的磁场计算

① 带极靴的矩形平面磁控靶的等效磁路法

磁控溅射靶的磁场主要是指靶面上的最大平行磁场 $(B_{/\!/})_{max}$，该参数与所选用的磁体材料、磁体几何形状及其排列有关，并且可以采用等效磁路法计算。

如图 5-35 所示的矩形平面磁控靶表面上最大平行磁感应强度 $(B_{/\!/})_{max}$ 可由下式计算。

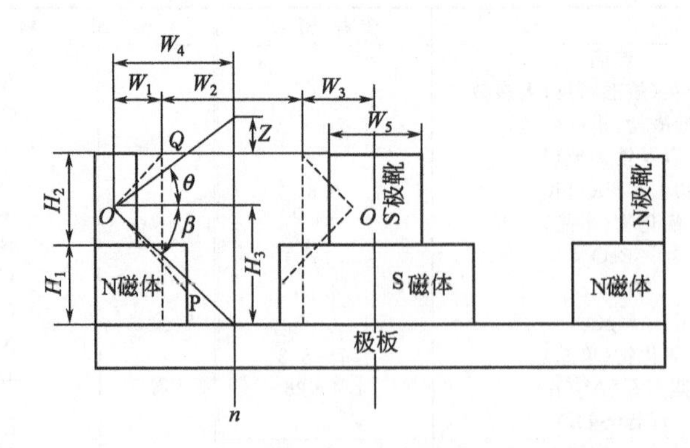

图 5-35 矩形平面磁控靶断面上的几何参数

$$(B_{/\!/})_{max}=\frac{FW_4}{2(W_4^2+Z^2)\ln\frac{W_4}{W_1}} \tag{5-19}$$

式中，Z 为靶材厚度，cm；W_1、W_4 为靶断面结构参数，cm。

由 N 磁体的中点 P 和平均宽度线（虚线）的顶点 Q 作 45°的斜线交于 O 点。用同样的方法确定 O'点。作 O-O'联线的垂直平分线 m-n，得：

$$F=\frac{B_r A_s H_1(2A_N+H_1P_2)}{(A_N+H_1+P_2)(A_S+H_1P_1)+A_S+H_1P_1} \tag{5-20}$$

式中，B_r 为磁体的剩余磁感应强度，T；A_S 为 S 磁体的断面积，cm^2；A_N 为 N 磁体的断面积，cm^2；H_1 为 N 磁体高度，cm。

$$P_1=\frac{1}{2}\left(L_s-W_s+\frac{\pi W_2}{\ln\dfrac{W_2+W_3}{W_3}}\right)\left[\frac{\dfrac{\pi}{4}-\beta}{\ln\dfrac{W_4}{W_1}}+\int_{-\beta}^{\frac{\pi}{4}}\frac{\mathrm{d}\theta}{\ln\left(\dfrac{H_3}{W_1}\cot\theta\right)}+\int_{\frac{\pi}{4}}^{\frac{\pi}{2}}\frac{\mathrm{d}\theta}{\ln\left(\dfrac{W_4}{W_1}\tan\theta\right)}\right] \tag{5-21}$$

$$P_2=\frac{L_N}{2\pi}\left(1+\ln\frac{H_1+2H_2}{H_1}\right) \tag{5-22}$$

式中，L_N 为 N 极靴外沿周长，cm；L_s 为极靴长度，cm；W_s 为极靴的宽度，cm；H_2 为极靴高度，cm；H_3 为 S 磁体高度，cm；W_1、W_2、W_3、W_4 及 θ、β 均为靶断面结构参数。

将式(5-19)、式(5-20) 代入式(5-18) 后，将 F 值作入式(5-17) 可得 $(B_{/\!/})_{max}$ 值。该值应达到所要求的数值（一般在 0.02～0.05T 范围内）。否则，要调整磁体与极靶的结构布局，直至合适为止。

② 不带极靴的矩形平面磁控靶的等效磁路法

不带极靴的矩形平面磁控靶的磁场计算采用如下的经验公式：

$$(B_{/\!/})_{max}=K\left(\frac{m}{Z+m-n}\right)^{2.6}(T) \tag{5-23}$$

式中，Z 为靶材厚度，mm。系数 K、m、n 的计算式如下：

$$K=0.105B_rH(100+H^2)^{-0.5}\left[1.5-0.5\left(\frac{L}{W}\right)^{-4}\right] \tag{5-24}$$

$$m=(0.18W+2.8)\left[1.5-0.5\left(\frac{L}{W}\right)^{-4}\right]\left[1-4\left(\frac{W_G}{W}\right)^6\right]+720\left(\frac{W_N-W_S}{W^2}\right) \tag{5-25}$$

$$n=\left[3.7(W-30)^{0.34}-0.2\left(\frac{W_N-W_S^2}{10}\right)\left(\frac{|W-90|}{10}\right)^{0.5}\right]\left[1-1.8\left(\frac{W_G}{W}\right)^3\right] \tag{5-26}$$

式中，B_r 为永磁体剩余磁感应强度，T；H 为永磁体的高度，mm；L 为靶的长度，mm；W 为靶的宽度，mm；W_N 为 N 磁体的宽度，mm；W_S 为 S 磁体的宽度，mm；W_G 为气隙的总宽度，mm。

图 5-36 示出了上述经验公式中的几何参数。该公式的适用范围：$H=15\sim20$mm，$W=40\sim120$mm；$W_G/W=0\sim0.7$；$W_S/W_N=0.5\sim2$；$Z=n\sim(n+0.4m)$。

在上述条件下计算值与实测值比较，相对误差不超过 15%。

当矩形靶的长宽比 $L/W\geqslant3$ 时，由式(5-22) 计算得 $(B_{/\!/})_{max}$值几乎与长宽比无关，这就说明端部效应可以忽略的条件为 $L/W\geqslant3$。

等效磁路法的计算公式是根据锶铁氧体的永磁体得出的。因此，该方法适用于锶铁氧体、钡铁氧体、铈钴铜和钐钴等高磁阻的永磁体；不能用于铝镍钴合金等低磁阻的永磁体计算。如果用低磁阻的永磁体时，可参阅本章参考文献 [2]，本节不再赘述。

5.2.6.6 S 枪磁控溅射镀膜

(1) S 枪的结构及其特点[10]

S 枪的结构如图 5-19(c)。它是由倒锥形阴极靶、水冷套、辅助阳极永磁体、极靴、可

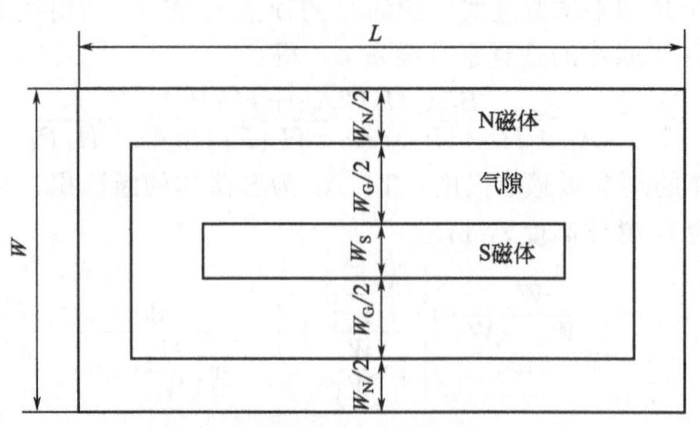

图 5-36 磁场经验公式中的几何参数

拆卸屏蔽环和接地屏蔽罩等构件组成。阴极靶接几百伏的负电位，镀膜室壁接地，辅助阳极接地或接几十伏的正电位，基片通过常接地（可以悬浮或偏压）。倒极锥磁体在阴极靶表面形成曲线形磁场，与电场构成正交电磁场。根据磁控溅射原理，电子在该电磁场中作如图 5-17 中（e）式飘移，在靶表面上环形区域中作摆线加螺旋线的复合运动，导至异常辉光放电。

辅助阳极能够吸收低能电子，减少电子对基片的轰击。水冷套与靶材之间设计成适当的间隙配合：当靶工作时，由于受热超过公差的保证，使其紧紧地与水冷套贴在一起，保证散热效果；当靶不工作时，二者之间保持一个间隙，以便能够方便地更换靶材。可拆卸屏蔽环能够防止非靶材构件的溅射，并且可以拆卸下来清除沉积其上的膜层。其余构件的作用与其他磁控靶的构件相同。

由于圆柱形和平面形两种磁控靶，其平行于靶面上水平磁场的磁力线分量区域较小，特别是随着溅射的进行，刻蚀区会变得越来越小，等离子逐渐被压缩到一个很窄小的有限空间之中，使刻蚀区呈现出“V”字形状态。既限制了它的溅射速率，也降低了靶材的利用率。S枪磁控靶就是为了克服这一缺点而设计的一种外型好的靶源。S枪的正交电磁场及其等离子体的分布如图 5-37 所示。为了使靶的表面尽可能地与磁力线的形状相似，把靶面做成倒圆锥形，使溅射最强的部位发生在靶的径向五分之四处，从而以不等厚的靶材来适应不均匀的刻蚀，结果提高了靶材的利用率。图 5-37 是这种结构枪的靶面，功率密度分布与靶溅射刻蚀情况。S枪的靶材利用率可达 50%以上；靶表面上的平均功率密度可达 30～50W/cm^2，甚至更高。如此高的功率密度，必须充分通水冷却，是非常重要的。

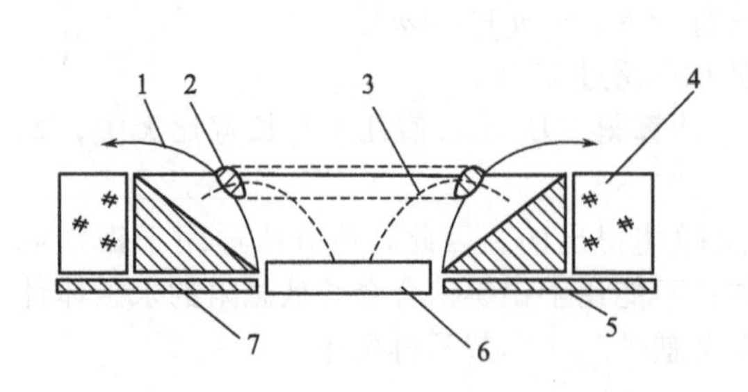

图 5-37 S枪溅射的正交电磁场及等离子体
1—磁力线；2—等离子体环；3—电力线；4—永磁体；
5—倒锥状阴极靶材；6—阳极；7—极靴板

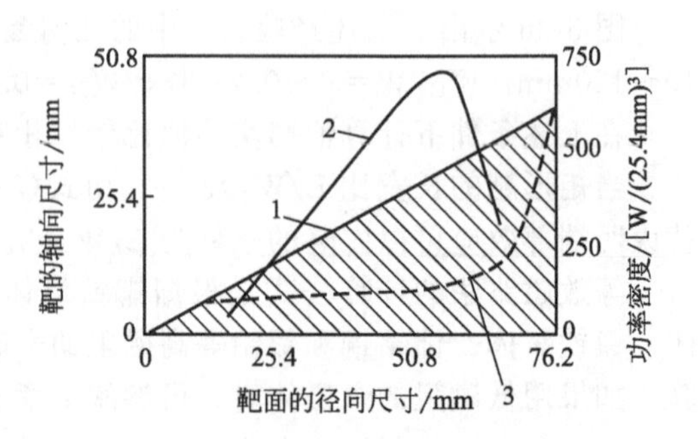

图 5-38 S枪靶面功率密度和靶面溅射状况
1—溅射前的靶面形状；2—功率密度分布；
3—溅射后的靶面形状

(2) S枪磁控溅射的工作特性

① 电流-电压特性

S枪的等离子体环如图5-38所示，该环的物理状态所决定的枪的溅射电流-电压特性如图5-39所示。其规律是在高的气体工作压力下，呈现出近似恒电压的 I-V 特性；在低气压下，随着气压降低，电压越来越随着电流的增大而增高。如此规律的原因是磁场和阴极靶形决定的等离子体环限制了放电电流。所以，气压下降导致电流下降。若想达到预定的电流，势必增加电压。

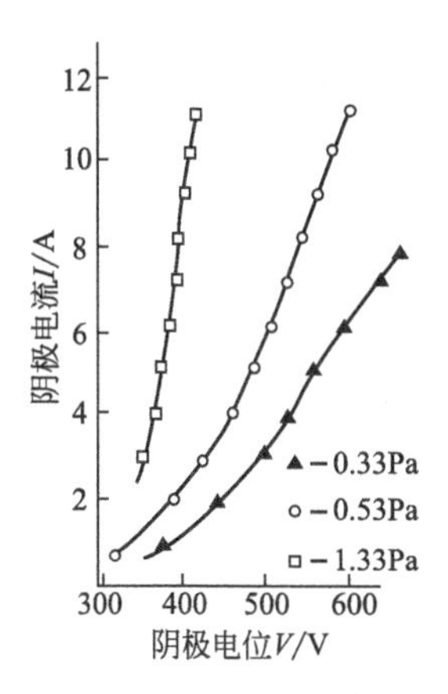

图5-39 12.5cm的S枪的电流与阴极电位的关系
阴极为Al，辅助阳极接地

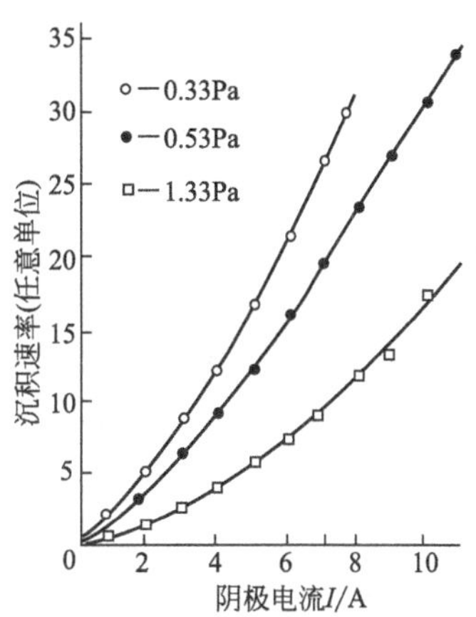

图5-40 12.5cm S枪的沉积速率与阴极电流的关系
Al阴极，辅助阳极接地，三种Ar气压为：
○—0.33Pa ●—0.53Pa □—1.33Pa

随着所用靶表面的刻蚀，靶表面附近的磁场会升高，从而提高了等离子体环对电子的束缚效应，所以能够保证该磁控溅射源在较低的气压下进行正常工作。

S枪源按 $I \propto V^n$ 规律工作，$n=6 \sim 7$。

② 沉积速率

S枪磁控溅射的沉积速率与阴极靶电流 I 的关系如图5-40所示。在一定的氩气压力下，R 随 I 增加而增加，呈现 $R \propto I^m$ 的规律。当氩气压力小于1.33Pa时，系数 $m=1 \sim 2$。

图5-41示出了沉积速率 R 随着氩气压力的增加而下降的特性。可见，随着气压的增加，靶原子散射加剧，因此导致沉积速率 R 下降。并且S枪磁控溅射应该采用恒功率工艺，以便保证稳定的沉积速率。

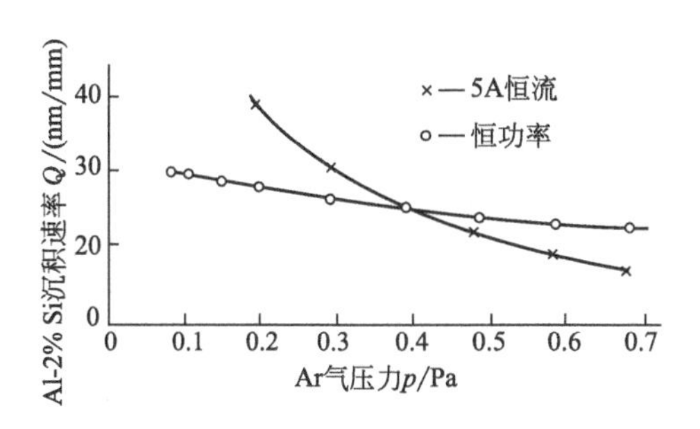

图5-41 12.5cm S枪的沉积速率与Ar气压力的关系

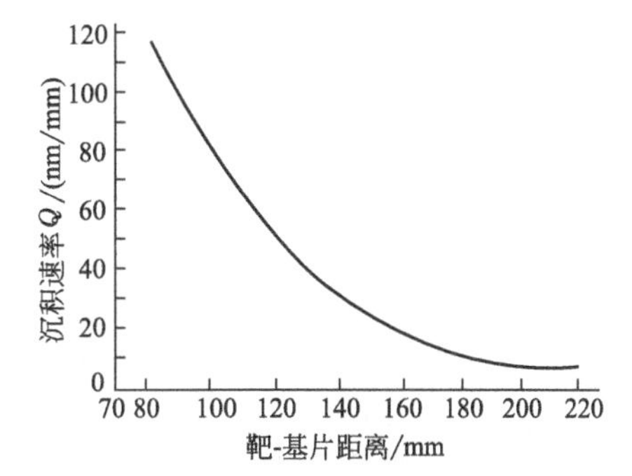

图5-42 ϕ15cm S枪的沉积速率与源-基距的关系
Al阴极，辅助阳极接地，Ar气压力1.7Pa，电流12.8A

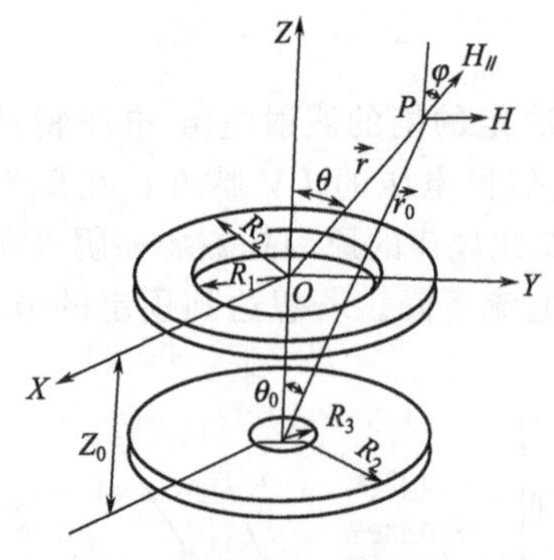

图 5-43 上下极靴的空间位置及尺寸

靶-基距对沉积速率的影响如图 5-42 所示。随着靶-基距的增加，沉积速率下降且下降幅度越来越小。所以，对于具体的 S 枪磁控溅射镀膜装置及其工艺，应当选取相应的靶-基距，以便满足沉积速率的要求。

③ S 枪的磁场计算

如果将 S 枪磁控靶的上、下极靴看成是两个环状永磁体，如图 5-43 所示。这时空间任意点的磁场强度可以认为是由上、下两个极靴所产生的磁场强度的矢量和。因此，空间任意点平行于靶面的磁场强度，即可看作是由两个极靴所产生的平行于靶面的磁场强度的代数和。

环状上极靴在空间任意点 P 所产生的平行磁场强度的计算式为：

$$H_{//上}=\sin(\theta+\varphi)\frac{\mu_0\delta_m}{2}\Big\{\Big[\left(\frac{r}{R_2}\right)\cos\theta-\frac{1}{8}\left(\frac{r}{R_2}\right)^3(3\cos2\theta+1)+\frac{3}{64}\left(\frac{r}{R_2}\right)^5(5\cos3\theta+3\cos\theta)\Big]$$
$$-\Big[\left(\frac{r}{R_1}\right)\cos\theta-\frac{1}{8}\left(\frac{r}{R_1}\right)^3(3\cos\theta+1)+\frac{3}{64}\left(\frac{r}{R_1}\right)^5(5\cos3\theta+3\cos\theta)\Big]\Big\}+\sin(\theta+\varphi)\frac{\mu_0\delta_m}{2r}$$
$$\Big\{R_2\Big[-\frac{1}{2}\left(\frac{r}{R_2}\right)^2\sin\theta+\frac{3}{16}\left(\frac{r}{R_2}\right)^4\sin2\theta-\frac{3}{128}\left(\frac{r}{R^2}\right)^6(5\sin3\theta+\sin\theta)\Big]$$
$$R_1\Big[-\frac{1}{2}\left(\frac{r}{R_1}\right)^2\sin\theta+\frac{3}{16}\left(\frac{r}{R_1}\right)^4\sin2\theta-\frac{3}{128}\left(\frac{r}{R_1}\right)^6(5\sin3\theta+\sin\theta)\Big]\Big\} \tag{5-27}$$

由于下极靴表面与上极靴表面距离为 Z_0，故下极靴所产生的平行磁场强度分别为：

$r_0<R_3$ 时

$$H'_{//下}=\sin(\theta+\varphi)\frac{r+Z_0\cos\theta}{r_0}\cdot\frac{\mu_0\delta_m}{2}\Big\{\Big[\left(\frac{r_0}{R_2}\right)-\left(\frac{r_0}{R_3}\right)\Big]\cos\theta_0-\frac{1}{8}\Big[\left(\frac{r_0}{R_2}\right)^3-\left(\frac{r_0}{R_3}\right)^3\Big]$$
$$(3\cos2\theta_0+1)+\frac{3}{64}\Big[\left(\frac{r_0}{R_2}\right)^5-\left(\frac{r_0}{R_3}\right)^5\Big](5\cos3\theta+3\cos\theta)\Big\}-\sin(\theta-\varphi)\frac{Z_0\sin\theta}{r_0^2r}\cdot$$
$$\frac{\mu_0\delta_m}{2}\Big\{R^2\Big[-\frac{1}{2}\left(\frac{r_0}{R_2}\right)^2\sin\theta_0+\frac{3}{16}\left(\frac{r_0}{R_2}\right)^4\sin2\theta_0-\frac{3}{128}\left(\frac{r_0}{R_2}\right)^6(5\sin3\theta_0+\sin\theta_0)\Big]$$
$$-R_3\Big[-\frac{1}{2}\left(\frac{r_0}{R_3}\right)^2\sin\theta_0+\frac{3}{16}\left(\frac{r_0}{R_3}\right)^4\sin2\theta_0-\frac{3}{128}\left(\frac{r_0}{R_3}\right)^6(5\sin3\theta_0+\sin\theta_0)\Big]\Big\} \tag{5-28}$$

$R_3<r_0<R_2$ 时

$$H_{//下}''=\sin(\theta+\varphi)\frac{r+Z_0\cos\theta}{r_0}\frac{\mu_0\delta_m}{2}\Big\{\Big[\left(\frac{r_0}{R_2}\right)\cos\theta_0-\frac{1}{8}\left(\frac{r_0}{R_2}\right)^3(3\cos2\theta+1)+\frac{3}{64}\left(\frac{r_0}{R_2}\right)^5$$
$$(5\cos3\theta_0+3\cos\theta_0)\Big]-\Big[1-\frac{1}{2}\left(\frac{R_3}{r_0}\right)^2\cos\theta_0+\frac{3}{32}\left(\frac{R_3}{r_0}\right)^4(3\cos2\theta_0+1)-\frac{5}{128}\left(\frac{R_3}{r_0}\right)^6$$
$$(5\cos3\theta_0+\cos\theta_0)\Big]\Big\}+\sin(\theta-\varphi)\frac{Z_0\sin\theta}{r_0^2r}\frac{\mu_0\delta_m}{2}\Big\{R_2\Big[-\frac{1}{2}\left(\frac{r_0}{R_2}\right)^2$$
$$\sin\theta_0+\frac{3}{16}\left(\frac{r_0}{R_2}\right)^4\sin2\theta_0-\frac{3}{128}\left(\frac{r_0}{R_2}\right)^6(5\sin3\theta_0+\sin\theta_0)\Big]-R_3\Big[-\frac{1}{2}\left(\frac{R_3}{r_0}\right)^2$$
$$\sin\theta_0+\frac{3}{16}\left(\frac{R_3}{r_0}\right)^4\sin2\theta_0-\frac{3}{128}\left(\frac{R_3}{r_0}\right)^6(5\sin3\theta_0+\sin\theta_0)\Big]\Big\} \tag{5-29}$$

式中，δ_m 为磁荷面密度；μ_0 为真空导磁率；其他符号如图 5-43 所示。

由于上述三个公式，即得空间任意点 P 平行于靶面的磁场强度：

当 $r_0<R_3$ 时：

$$H_{//}=H_{//上}+H'_{//下}$$

当 $R_3 < r_0 < R_2$ 时

$$H_{/\!/} = H_{/\!/上} + H''_{/\!/下}$$

按上述公式进行计算，即可得到磁控靶的平行磁场分布。由于极靴极存在各向异性的导磁性和上述诸计算只取级数展开式的前四项。因此，计算结果存在着一定误差。经实测证明，计算误差值在工程应用的允许范围内。所以，磁位积分法可用于 S 枪等磁控靶的磁场计算。

5.2.6.7 溅射镀膜设备中的水冷系统设计与计算

(1) 水冷系统的组成

各种类型的溅射镀膜装置都必须设置相应的水冷系统，以便保证其正常运转。溅射镀膜装置包括溅射靶、抽气机组水冷系统和真空室三个部分。其中真空水冷系统是否设置，根据镀膜工艺的最高温度而定。抽气机组水冷系统，因其各组件已具备，只要将冷却水通入并计算其流量即可。而且，真空室水冷系统的设计与计算完全可以参考溅射靶或其他真空应用设备（水冷真空炉）水冷系统。因此，这里仅就溅射靶水冷系统设计与计算进行如下介绍。

(2) 冷却水流速率的计算

各类型溅射靶，在辉光放电中因离子轰击都要发热。为保证溅射靶的正常工作温度，均应设置冷却系统。实践证明，水冷却是一种最通用的好方法。

为保证冷却水的流速和出口水温差在预定的范围内，要求溅射靶冷却水套应具有小流阻；溅射靶材和水冷背板（如果设置）的导热性能良好；其进水压力一般为 2×10^5 Pa 以上。

对于具体的溅射靶，可由其几何尺寸和材料，根据表 5-7 计算保证靶温度梯度为 100℃/cm 时的最大功率。根据该功率，由表 5-9 确定冷却水进口温差为 10℃时的水流流速。

例如，直径为 11.5cm 的圆形平面铝靶，由表 5-7 得温度梯度为 100℃/cm 的功率值为 24.6kW，由表 5-9 算出其限定进出口水温差为 30℃时的水流流速为 $11.5\times10^{-3}\,\mathrm{m^3/min}$。

表 5-9 与 ΔT=10℃ 对应的水流流速 单位：$10^{-3}\,\mathrm{m^3/min}$

耗散功率/kW	水流流速	耗散功率/kW	水流流速	耗散功率/kW	水流流速	耗散功率/kW	水流流速
2	2.8	15	21	8	11.2	30	42
4	5.6	20	28	10	14.0	40	56
6	8.4	25	35				

(3) 冷却水管内径的计算

如果已知冷却水流速度为 Q，则冷却水管内径 d 可由下式求得：

$$d \geqslant 0.146(Q/v)^{\frac{1}{2}} \tag{5-30}$$

式中，Q 为冷却水流速率，$\mathrm{m^3/min}$；v 为冷却水流速，一般取 v=1.5m/s。

若已知溅射靶功率，也可按下式计算冷却水管内径 d：

$$d \geqslant \left(\frac{4P}{\pi v \rho c \Delta T}\right)^{\frac{1}{2}} \tag{5-31}$$

式中，P 为溅射靶功率，W；v 为冷却水流速，一般取 v=1.5m/s；c 为水的比热容，其值 $c=4.2\times10^3\,\mathrm{J/(kg\cdot K)}$；$\rho$ 为水的密度，其值 $\rho=10^3\,\mathrm{kg/m^3}$；$\Delta T$ 为进出口水温差，℃。

(4) 冷却水管长度

为了防止漏电，冷却水的电导率应当尽量低。如果采用橡胶或聚四氟乙烯等绝缘水管，则只考虑管中水的电阻值是否合适。一般较纯净的水电阻率为 10kΩ·cm。在一定电压 V 和电流 I 条件下，如果允许冷却水漏电流为 1mA 以下，对于溅射镀膜装置的漏电损失仅为千分之几至万分之几，是很微小的。所以，溅射镀膜装置冷却水管的长度 L 可由下式计算：

$$L \geqslant V/1000 \tag{5-32}$$

式中，V 为溅射靶电压，V。

5.2.7 射频溅射镀膜

（1）射频溅射装置及工作原理

射频溅射镀是为了克服直流溅射镀膜，在轰击绝缘材料时靶表面上产生正离子减速电场，使后来的离子很难到达靶材表面产生溅射效应的这一缺点而推出来的一种成膜方法。其过程是通过第2章所叙述射频辉光放电来完成的。其装置如图5-44所示。它相当于把直流溅射中的直流电源由射频发生器、匹配网络和电源等几部分所组成的电路所代替。射频发生器的频率通常选用13.56MHz。这时当溅射靶处于上半周时，由于电子的迁移率很高，仅用很短的时间就可以飞向靶材，中和其表面上的正电荷，并且迅速积累大量电子。因此，使靶表面前沿因空间电荷效应显现负电位，导致正半周时也吸引离子轰击靶材。从而实现了在正负两半周中，均产生溅射。

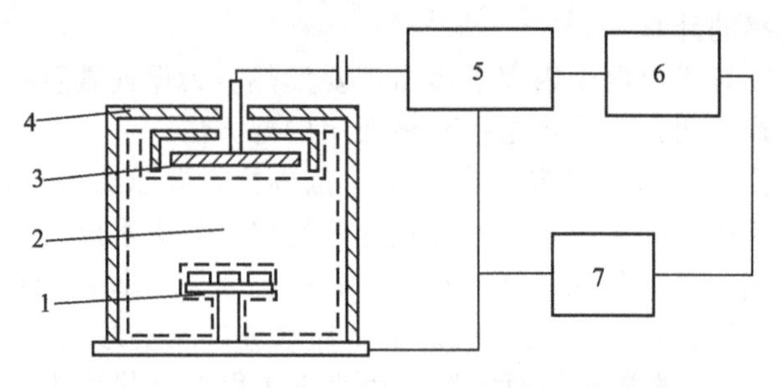

图5-44 射频溅射装置

1—基片架；2—等离子体；3—射频溅射靶；4—溅射室；
5—匹配网络；6—电源；7—射频发生器

射频溅射的机理和特性可以用射频辉光放电解释。在射频溅射装置中，由于等离子体内电子容易在射频电场中吸收能量并在电场中振荡。因此，电子与气体粒子碰撞并使之电离的概率很大，使得击穿电压和放电电压显著降低，其值只是直流溅射装置的十分之一左右。

射频溅射靶是通过电容耦合到射频电源上的，并且其面积远小于接地电极的面积。设靶面积与接地极面积之比为 R，则不同的 R 值的等离子体电位与靶总电位（总电位等于等离子体和靶体地电位之和）的关系，如图5-45所示。可见当溅射靶总电位为500～600V负电时，等离子约几十伏的正电位。不管基片是否接地，基片相对辉光放电时等离子体的电位永远为负值（V_s）。因此，基片始终有离子轰击，轰击程度与 V_s 有关。由于这种偏压溅射沉积，使其薄膜的质量较好。

根据需要，可由外部电源对基片施加偏置电压 V_b。该对地偏压 V_b 在辉光放电中起到了悬浮电位 V_f 的作用，而等离子体电位 V_p 仍然不变。因此，基片的总偏置电位为（V_b-V_p）。射频溅射辉光放电中等离子体电位（V_p）及总基片电位（V_b-V_p）与基片偏置电压（V_b）的关系，如图5-46所示。可见基片正偏值可以使等离子体电位 V_s 增高，导致离子轰击溅射室壁等接地表面的加剧。所以，除了用基片正偏置来轰击清洗接地构件外，应该避免使用正的偏置电压。

综上所述，不管是否由外部施加偏压，射频溅射中基片一般为负偏置（受离子轰击）。因此，基片也应该按溅射靶处理。而且在所有情况下，偏置可按着人们期望施加，从而可以控制基片所受轰击的程度。

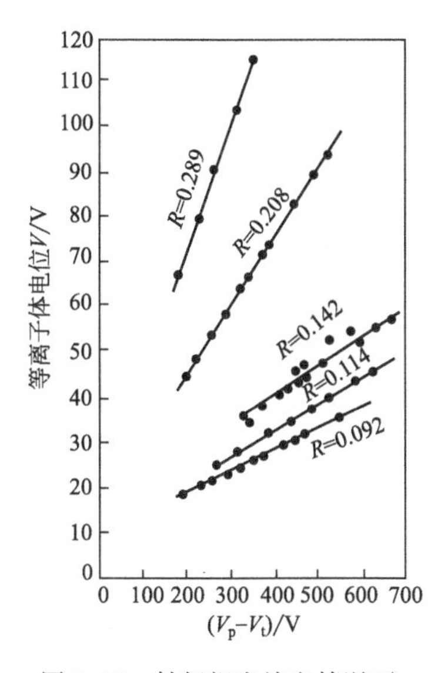

图 5-45 射频辉光放电情况下，各种比值 R 下的等离子体电位与靶上总电位的关系

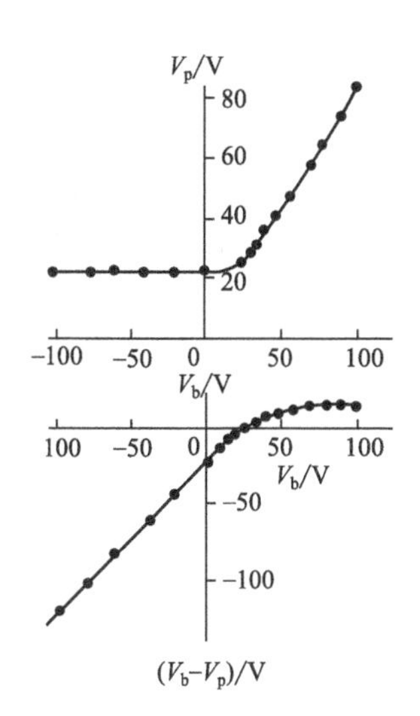

图 5-46 射频辉光放电中，等离子体电位（V_p）及总基片电位（V_b-V_p）与基片偏置电压 V_b 的关系

(2) 射频溅射方式及射频溅射靶的结构

射频溅射镀膜的方式主要有二极型、三极或多极型以及磁控射频溅射等三种型式，见表 5-10。

表 5-10 射频溅射的参数比较

溅射方式	靶 材	功率密度 /(W/cm^2)	功率效率 /$\left(\frac{mm}{min}\cdot\frac{cm^2}{W}\right)$	靶-基片距离 /cm
常规射频	Al_2O_3	1.2～2.4	5.0	3
射频平面磁控①	Al_2O_3	3～8	5.1	7
射频 S 枪	Al_2O_3	20～120	5.2	2.5
射频平面磁控	SiO_2	1～9	11.0	9
射频平面磁控②	SiO_2	26	9.3	4.8
射频 S 枪	SiO_2	<20	10.0	3.3

① 基片直线运动；
② 基片圆周运动。

常规射频溅射靶与射频磁控溅射靶的结构如图 5-47 所示。由于射频磁控溅射靶的等离子阻抗低，在外加射频电位较低时，也能够获得比较高的功率密度。例如，采用 $2W/cm^2$ 的功率密度，则射频磁控溅射靶的直流偏压只需 360V，而常规的射频溅射靶则必须加上 3600V 的电压。因此，射频磁控溅射靶的沉积速率要远高于常规射频靶的沉积速率。这一点从表 5-10 中可以清楚地看到。

(3) 射频溅射镀膜的特点及其应用

① 射频溅射镀膜的主要特点

a. 溅射速率高。如溅射 SiO_2 时，沉积速率可达 200nm/min。通常也可达 10～100nm/min。而且成膜的速率与高频功率成正比关系。

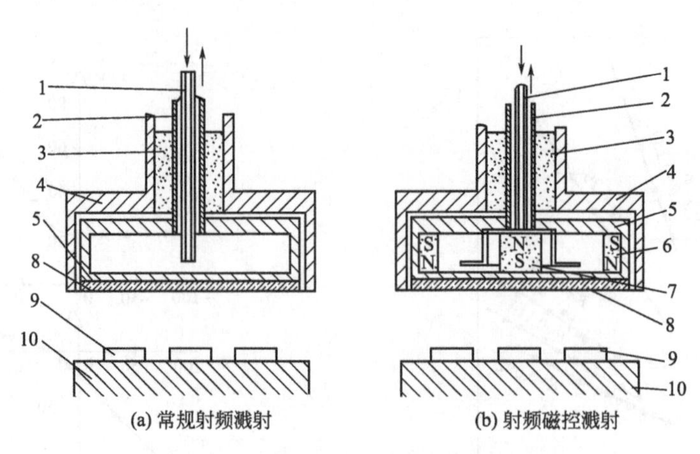

图 5-47 射频溅射电极的结构

1—进水管；2—出水管；3—绝缘子；4—接地屏蔽罩；5—射频电极；6—磁环；7—磁芯；8—靶材；9—基片；10—基片架

b. 膜与基体间的附着力大于真空蒸镀的膜层。这是由于向基体内入射的原子平均动能大约为 10eV。而且，处于等离子体中的基体会受到严格的溅射清洗致使膜层针孔少、纯度高、膜层致密。

c. 膜材适应性广泛，既可是金属也可以是非金属或化合物，几乎所有材料可制备成圆形板状，可长期使用。

d. 对基体形状要求不苛刻。基体表面不平或存在宽度在 1mm 以下的小狭缝也可溅射成膜。

② 射频溅射镀膜的应用

基于上述特点，目前射频溅射沉积的涂层应用比较广泛，特别是在集成电路及介质功能薄膜的制备上应用尤为广泛。例如，用射频溅射沉积的非导体和半导体材料，包括元素：半导体 Si 和 Ge；化合物材料 GsAs、GaSb、GaN、InSb、InN、AlN、CaSe、Cds、PbTe；高温半导体 SiC；铁电化合物 $B_{14}T_3O_{12}$；气化物体材料 In_2Os、SiO_2、Al_2O_3、Y_2O_3、TiO_2、ZiO_2、SnO_2、PtO、HfO_2、Bi_2O_2、ZnO_2、CdO、玻璃、塑料等。

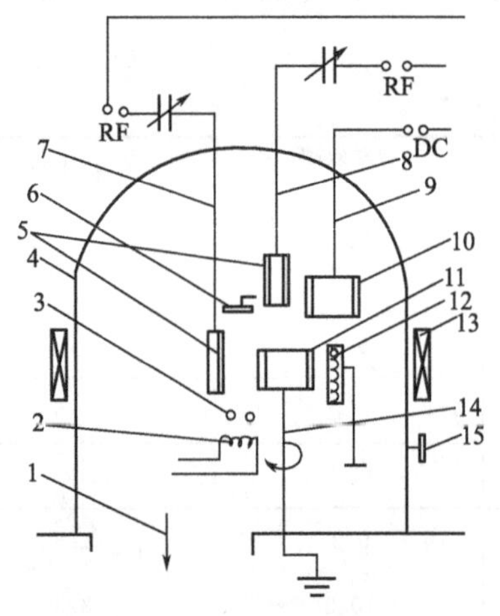

图 5-48 专用射频溅射装置

1—真空系统；2—热阴极灯丝；3—辅助阳极；4—真空室；5—靶材料；6—阳极；7—镀外圆的靶电极；8—镀内圆的靶电极；9—直流负高压轰击电极；10—轴承内圈（工件）；11—轴承外圈（工件）；12—工件烘烤加热器；13—磁场线圈；14—工件旋转架；15—调整溅射距离手轮

如果在镀膜室中放置几个靶，还可以在同一室内，不破坏真空一次性完成多层薄膜的制备。例如采用图 5-48 所示的专用电极射频装置，对轴承内、外环进行二硫化钼涂层的制备就是一例，该设备所采用的射频源频率为 11.36MHz，靶电压为 2～3kV，总功率为 12kW，工作范围的磁感应强度为 0.008T，真空室的极限真空度为 6.5×10^{-4} Pa。射频溅射镀膜的不足之处是设备复杂、运行费用高、沉积速率偏低。而且，其射频溅射功率利用效率低，大量功率转化成热量，从靶的冷却水中流失[10]。

5.2.8 反应溅射镀膜[11]

(1) 反应溅射镀膜的特点及其应用范围

在溅射镀膜工艺中，虽然可以采用化合物为靶材制备化合薄膜。但是，由于靶材被溅射后所生成的薄膜成分往往与靶材原来的成分有较大的偏离，故达不到原来所设计的要求。如果采用纯金属靶材，把所需要的活性气体（如制备氧化物薄膜时通入氧气）有意识地混合到工作（放电）气体中去，使之与靶材进行化学反应，从而生成可以得到控制其组分与特性的薄膜。人们通常称这种方法为“反应溅射法”。

如前所述，可以采用射频溅射，沉积介质薄膜和各种化合物薄膜。但是，为了制备“纯”的薄膜，必须先有“纯”的靶，高纯的氧化物、氮化物、碳化物或其他化合物的粉末。虽然并不难得，但要用这些粉末加工成一定形状的靶，就需要添加成型或烧结必须的添加剂，这就导致靶和所成膜的纯度大大降低。但是，在反应溅射中，由于可以采用高纯的金属和高纯的气体。因此，为制备高纯的薄膜提供了方便的条件。所以反应溅射近年来日益受到重视，并成为淀积各种功能化合物薄膜的一种主要方法。它已经在制造Ⅲ-Ⅴ族、Ⅱ-Ⅵ族和Ⅳ-Ⅳ族化合物、难熔半导体以及各种氧化物等方面得到了广泛的应用，如采用多晶 Si 靶和 CH_4/Ar 混合气体溅射淀积 SiC 薄膜、用 Ti 靶和 N_2/Ar 制备 TiN 硬质薄膜、用 Ta 靶和 O_2/Ar 制备 Ta_2O_3 介质薄膜、用 Fe 靶和 O_2/Ar 制备 γ-Fe_2O_3 磁记录薄膜、用 Al 靶和 N_2/Ar 制备 AlN 压电薄膜、用 Al 靶和 CO/Ar 制备 Al-C-O 选择性吸收薄膜以及用 Y-Ba-Cu 靶和 O_2/Ar 制备 $YBa_2Cu_3O_{7-x}$超导薄膜等等。

(2) 反应溅射镀膜的反应过程

对于反应溅射的成膜过程及其成膜机理，目前虽然研究得还不十分深入，特别是由于研究者的实验条件不同，有时结果会有很大的差异，但是，通常反应溅射过程分为三个部分加以叙述，还是比较实际的。

① 靶面反应

在靶面上金属与反应气体之间的反应是影响淀积膜的质量和成分的重要因素。因此，防止在靶面上建立起一层稳定的化合物层，是十分关键的问题。

例如，铝靶在 O_2/Ar 混合气体中溅射淀积 Al_2O_3 薄膜时，一旦靶面全部氧化，则在使用直流电源时，溅射将告停止。即使铝靶表面局部氧化，由于在 Al_2O_3 膜表面产生正电荷积累，一旦积累了过多的电荷，使氧化层中的电场强度超过击穿场强，氧化膜即会被击穿。由此，不但会造成击穿点上产生大电流密度的电流放电，使击穿点及其周围温度剧增，促使靶表面进一步氧化，而且还会使靶面上产生局部熔化。再加上击穿时高压蒸气的冲击，在靶面上形成小的凹坑。所有这些都影响成膜的均匀性。

若以 R_m 表示靶的溅射速率，R_c 表示靶面上化合物的生成速率，则靶面上化合物膜厚度的变化速率 dx/dt 可表示为：

$$\frac{dx}{dt}=R_c-R_m \tag{5-33}$$

只有当 $dx/dt<0$ 的情况下，靶面才能始终处于金属状态下。对于普通二极溅射，R_m 很小，特别是由于靶面形成化合物后的溅射系数一般均小于原来纯金属靶的溅射系数。因此，很难保持 $dx/dt<0$。所以采用二极溅射装置进行反应溅射沉积常常有较大的困难。磁控溅射的 R_m 至少大于二级溅射速率一个数量级，所以有可能满足 $dx/dt<0$ 的条件。此外，射频反应溅射用得也较普遍。

② 气相反应

在通常溅射所用的充气压力和靶与工件的距离的条件下，逸出靶面的原子在到达工件之前，将与反应气体分子及由等离子体放电形成的活性基团发生多次碰撞；再加上溅射粒子具有较高的能量。因而，有可能与反应气体在空间就生成化合物。

此外，气态化合物分子的数目还正比于化合物分子本身的稳定性。当金属与活性气体的结合能较强时，气态化合物分子的数目也大。

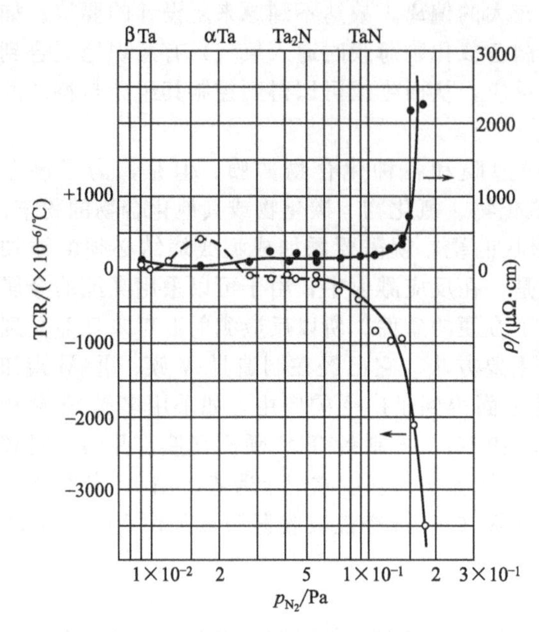

图 5-49　氮化钽薄膜的 TCR、ρ 膜结构与氮分压强 p_{N_2} 的关系曲线

③ 基片反应

保证在工件（基片）表面反应形成所需要的化合物的条件很复杂，至少应该：

a. 到达基片时的金属原子与反应气体分子的比例维持在一个合适的数值，以保证形成一定化学配比的化合物分子的需要；

b. 保持恰当的基片温度，因为金属原子或反应气体分子必须首先在基片上有足够大的黏着系数，而黏着系数受基片温度强烈影响。

(3) 工艺参数的选择

从上述反应溅射过程可以得出影响薄膜成分的工艺参数主要有：气体成分，特别是活性气体成分的分压力；基片温度；气体温度；溅射电压与溅射电流。不同的工艺参数可以得到成分、结构和特性迥然不同的薄膜。如图 5-49 是用 N_2/Ar 混合气体反应溅射 Ta 靶生成氮化钽薄膜的电阻率 ρ，电阻温度系数 TCR 以及薄膜的组成和晶相结构与氮分压力的关系。氮化钽薄膜是一种重要的薄膜电路材料。研究结果表明：随着氮分压力的增加，薄膜的结构依次由四方结构的 β-Ta 发展到体心立方结构的 α-Ta，再发展到六方结构的 Ta_2N，直到发展为四方结构的 TaN。薄膜的电阻率 ρ 随氮气压的增加而增加，TCR 值则随氮分压的增加由最初的正值变化为负值。

5.2.9 中频溅射与脉冲溅射镀膜[12]

5.2.9.1 中频电源孪生靶磁控溅射镀膜

(1) 直流反应磁控溅射镀膜工艺的弱点及其改进方法

由于直流磁控反应溅射镀膜能够精确地控制工艺参数和膜层特性，沉积速率高，易于实现大面积镀膜。因此，目前已经成为薄膜沉积技术中的重要方法之一，而活跃在真空镀膜的领域中。然而，由于这种镀膜工艺，不但存在着靶材利用率低，溅射产额有限，靶在反应溅射过程中非刻蚀区堆积着因气相反应而生成的绝缘层。并且，在其绝缘层表面上积累了大量的正电荷，最终会引起靶面电流放电，导致从靶面上喷射液滴。这不但可使正在生长着的薄膜产生严重的缺陷，而且还会随着电弧放电频率的进一步增长而使溅射过程难于进行。此外，在反应过程中由于磁控阴极的外部边缘以及周围的阳极都会被覆盖上绝缘层，使阳极的作用逐渐消失，等离子体阻抗不断增加。从而，可能造成工艺参数不稳定，成膜的重复性变坏等现象的出现。

为了解决这些问题，近年来虽然对磁控溅射镀膜工艺中常常采用的两种靶型，圆柱形和平面形磁控溅射靶进行了一些改进，如旋转形圆柱磁控靶可以使靶材利用率从普通形平面磁控靶的 25%提高到 80%。但是，并不是所有的溅射靶材都能够制成圆筒形管材或将靶材粘接到圆柱形管筒的表面上。所以，溅射材料仍然有较大的局限性。对平面形磁控靶也通过在靶下部增设磁极移动装置使靶材利用率得到一定的提高。但是，在适应大面积工业生产的要求上还是要有相当的距离。

中频电源供电的孪生靶就是在这种情况下发展起来的一种新的磁控溅射方法，即所谓的“Twin mag”。由于它的溅射工艺即使在沉积氧化物、氮化物时也能在长时间内获得较高的沉积速率和稳定的镀膜状态。因而，特别适宜于大面积镀膜工业化生产的需要。当前已经成为炙手可热的一种新的薄膜制备方法，而且，已经快速地得到了应用。

(2) 中频电源孪生靶磁控溅射装置及其特点[12]

中频电源孪生靶的装置结构如图 5-50 所示。中频电源二个输出端与孪生靶相连，二个磁控靶交替地互为阴极、阳极，即当其中有一个磁控靶处于负电位，作为溅射阴极时，另一个磁控靶就作为阳极。在这瞬间阴极产生的二次电子被加速到阳极，以中和在前一个半周积累在这个绝缘层表面的正电荷。

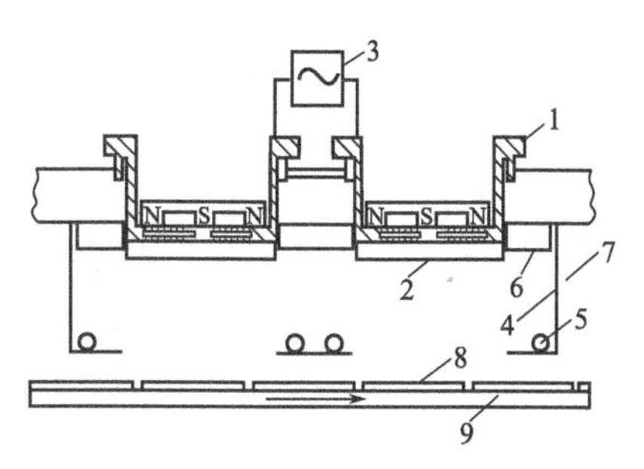

图 5-50 中频电源孪生靶的溅射装置
1—磁控阴极；2—靶；3—中频电源；4—屏蔽罩；5—充气系统；6—暗区屏蔽；7—真空室；8—基片；9—基片架

所以，尽管经过长期运行，在阴极边缘沉积了很厚的绝缘层。但是，由于溅射效应，这个靶的主要部分仍然具有良好的导电性能，阴极和阳极的作用始终十分明显。因此，等离子体的电导率与周围环境无关，放电非常稳定。

对于工业上的应用来说，所选用的中频电源的脉冲形状主要是正弦波和矩形波两种波形。一般情况下对于频率较高的电源，正弦波比较容易匹配，而且效率较高。当脉冲频率低于 10kHz 以下时不可能有效地抑制靶面的微弧放电，随着脉冲频率为 36kHz 时，靶面不再有可见的电弧斑点。当脉冲从 50～164kHz，几乎所有氧化物的沉积都可以保持长期的稳定性。一般脉冲频率根据不同靶材，其频率均在 40～80kHz 之间。

中频电源孪生磁控靶溅射与普通直流磁控溅射相比具有下列特点。

① 根据不同材料，它的沉积速率是直流溅射的 2～6 倍，见表 5-11。

② 用反应溅射法制备介质膜时，例如 SiO_2、TiO_2 等，不但沉积速率高，而且在靶的寿命期内，可实现长期稳定的运行（根据靶的厚度不同，可连续稳定运行 2 个星期以上）。

③ 用 Twin Mag 镀制的膜层，不但结构致密，而且表面光滑，它的机械和化学性能都得到了改善，特别对于小原子（例如钠）能起到很强的阻挡作用。

目前，采用中频正弦波电源 Twin Mag 溅射系统已经在大面积镀膜领域得到广泛应用。靶的长度可达 3750mm，电源的脉冲频率为 40kHz，功率为（60、90、120、150、200)kW。

表 5-11 给出了在磁控阴极尺寸为 3750mm 下用中频孪生靶溅射连续生产的孪生靶溅射的各种化合物薄膜的沉积速率。

表 5-11 中频孪生靶的沉积速率

材料	在基片速率为 1m/min 下的薄膜厚度/nm	磁控阴极为 3750mm 时 MF 功率/kW	沉积速率比 R_{MF}/R_{DC}
SiO_2	50	70	6
Si_3N_4	40	70	2
TiO_2	50	150	6
Ta_2O_5	100	60	2
SnO_2	100	50	2

注：R_{MF}为中频孪生靶磁控溅射沉积速率；R_{DC}为直流磁控溅射沉积速率。

表中表明：中频孪生靶的磁控溅射的沉积速率与直流磁控溅射相比较均有着明显的增大。可见这种靶的溅射效率很大。

(3) 一种新的改进型孪生靶的结构及其特点

与普通的中频电源孪生磁控靶相比，改进型孪生靶Ⅱ是将二者绝缘的阴极本身设计成相互倾斜的形式。而且，位置靠得近，如图 5-51 所示。同时，还在二个磁控阴极之间增加一个气体入口，使得整个靶面的气体分布均匀。靶的宽度亦从原来的 120mm 增加到 280mm。因此，靶材储存量是原来普通型孪生靶Ⅰ的二倍。这种较宽的阴极结构使得有可能进一步改进磁场分布，亦就是通过分流或者在靠近磁极附近设置强磁性软铁，使其在靶的表面形成一个平坦的磁力线，其结果密集的等离子体就比较宽。这样就可以获得较高的靶材利用率。试验表明这种改进型的孪生靶Ⅱ的靶材利用率与 DC 磁控靶和原来孪生靶相比可以从 25%提高到 37%。

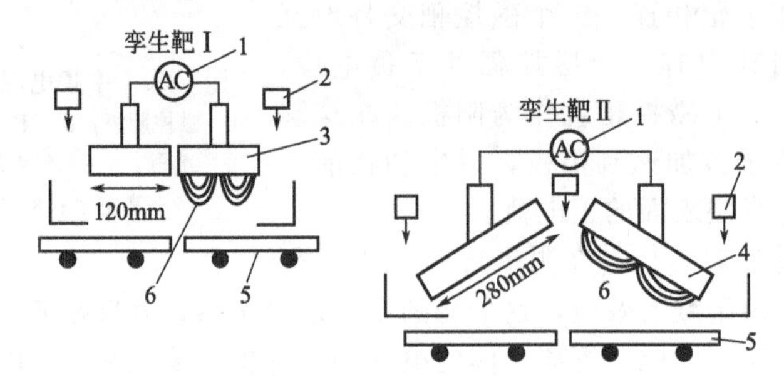

图 5-51 新型孪生靶与普通型孪生靶的基本结构比较

1—孪生靶电源；2—气体入口；3—普通型孪生靶阴极；
4—新型孪生靶阴极；5—基片；6—磁力线

表 5-12 给出了新型孪生靶Ⅱ与普通的孪生靶Ⅰ所得到沉积速率和靶材利用率的实验结果。

表 5-12 阴极长度为 3.75m 的 Twin-Mag Ⅰ和 Twin-Mag Ⅱ的沉积速率和靶材利用率的比较

材 料	Twin-Mag Ⅰ		Twin-Mag Ⅱ	
	动态沉积速率 /(nm/min)	靶材利用率 /%	动态沉积速率 /(nm/min)	靶材利用率 /%
TiO_2	30	23	37	35
Si_3N_4	40	26	75	37
SnO_2	80	25	140	33
SnO_2	45	24		

由于靶材储存量的增加和靶材利用率的提高，新改进的孪生靶的寿命是原来孪生靶的四倍。这对于大面积镀膜，特别是在玻璃上镀制 LowE 膜可以进一步降低成本，提高生产效率。

(4) 反应溅射的工艺控制

在反应溅射的工艺过程中，由于金属靶的表面被化合物所覆盖。因而，出现溅射速率与反应气体流量之间的迟滞现象，如图 5-52 所示。当金属靶面处于非常清洁的状态，随着反应气体流量的增加，最初的溅射速率略有减少，其数值与纯 Ar 状态差不多，即 M-A 段区域Ⅰ称金属模式。当反应气体流量增加到某一临界时，溅射速率突然下降，从 A 跌到 B′即 A-B′段区域Ⅱ称过渡模式。以后再进一步增加反应气体流量，溅射速率变化亦不大，而减少反应气体流量，溅射速率亦不会由 B′回升到 A，而是沿着 B′-B 缓慢上升，即B′-B段区域Ⅲ称反应模式。当反应气体流量小到某一值时，溅射速率才会突然上升到金属模式时的数值。这二条迟滞回线的趋势完全相同。这种迟滞现象，不但在DC反应溅射下存在，而且在MF供电的孪生靶反应溅射下亦是存在的。为了能够在高沉积速率下制备性能好的化合物薄膜，就要设法使溅射状态设定在迟滞回线的拐点A。但是工作点要稳定在A点是非常困难的。因为反应气体分压的任何波动都会导致溅射状态不是变为金属模式就是跌到反应模式。这就需要有一个快速闭环控制装置，使得靶面处于接近金属模式的溅射状态，而在基片上又能获得化学配比合适的化合物薄膜，并具有长期运行的工艺稳定性。

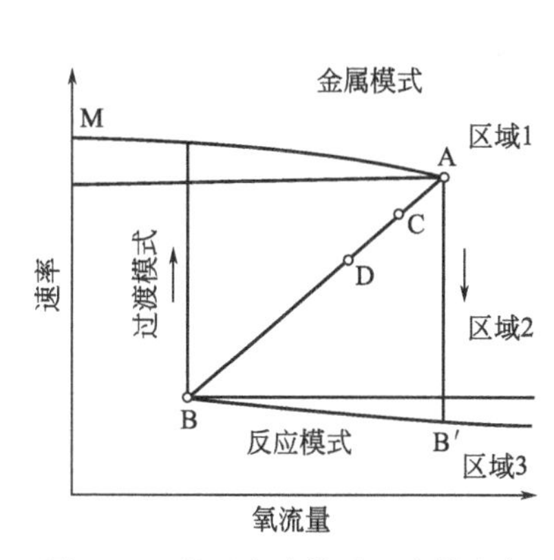

图5-52　在反应溅射过程中射速率与氧流量之间的迟滞回线

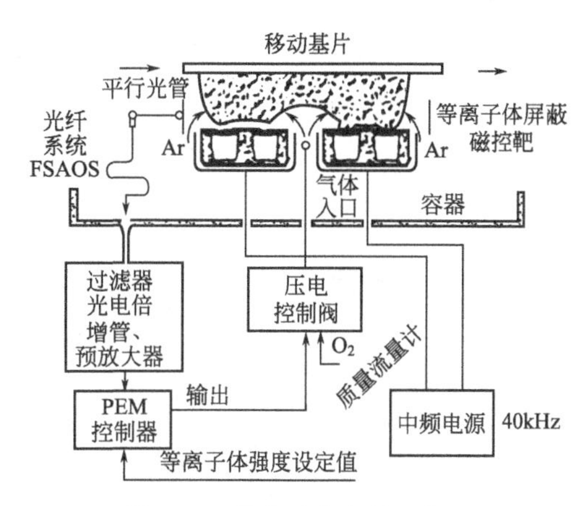

图5-53　等离子体发射监控法

① 等离子体发射光谱监控法（PEM）

在反应溅射过程中，来自放电等离子体的发射光谱的谱线位置，取决于靶材、气体成分和化合物的组成。根据这种放电等离子体发射谱线强度的变化就可以用来控制反射溅射的工艺过程。图5-53表示等离子体发射光谱监控法闭环控制示意图。等离子体的发射光谱通过溅射室内的平行光管、光纤系统传输到溅射室外的过滤器，再经过光电倍增管、预放大器输入到PEM控制器，并与强度设定点值相比较，然后输出信号到压电阀上，操纵压电阀的开启与关闭，控制输入到溅射室内反应气体的流量。由于靶的中毒非常快。所以，这个压电阀的反应速度必须与化学反应时间（约1ms）处于同一量级。采用上述PEM的闭环控制的方法，能够使用溅射状态维持的迟滞回线A-B段上的任意一个工作点。特别对于反应溅射沉积TiO_2、SnO_2和ITO薄膜，工艺稳定性得到了大大改善，而且沉积速率也得到了相应的提高。

② 靶电压监控法

在靶的功率固定不变的情况下，当反应溅射沉积介质膜时，其靶电压随着反应气体分压而发生明显变化。这是由于靶面上金属和反应物之间的二次发射系数差别造成的。于是就可以根据靶电压的变化来调节反应气体流量（见图5-54）。当靶电压高于设定值时，压电阀就开大以增加进入到溅射室内的反应气体流量。当靶电压低于设定值时，压电阀就关小以减少进入到溅射室内的反应气体流量。这种监控法十分可靠。它与等离

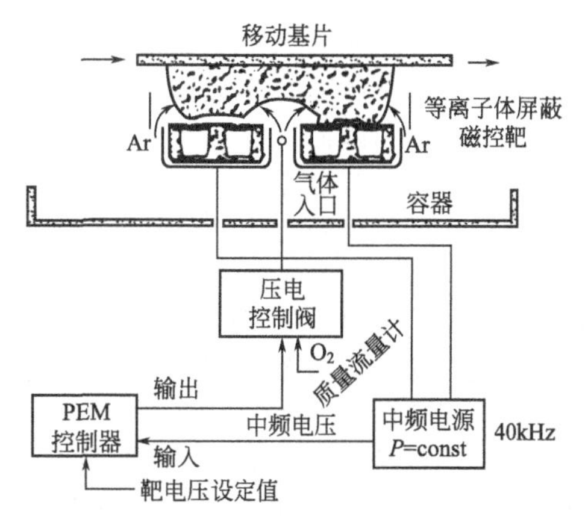

图5-54　靶电压监控法

子体发射光谱监控法相比，靶电压监控法比较容易亦比较便宜。试验表明，这种靶电压监控法对于反应溅射沉积 SiO_2、Al_2O_3 镀层来说是一个十分稳定的工艺控制方法。但是，这种靶电压监控法并不是适用所有场合，特别是当金属和反应物之间的二次发射系数差别很小时，就难以监控。

在反应溅射情况下，靶电压和反应气体流量之间的迟滞回线在不带闭环控制和带闭环控制的情况下亦截然不同，分别如 5-55 和图 5-56 所示。在不带闭环控制情况下，二个过渡区离开得很远。而且，金属模式到氧化模式的过渡非常快。事实上这种过渡只有几秒钟。所以，很难将靶电压稳定在过渡区的任意一点。而在闭环控制情况下，二个过渡区靠得很近。而且，从金属模式到氧化模式的过渡非常缓慢。这样就很容易维持靶电压在过渡区内任意一点。在充氧反应溅射时，当靶电压处于较高值，所得到的薄膜透过率很低，颜色呈暗棕色，薄膜成分是富金属。当靶电压处于较低值时，薄膜变成透明，这个薄膜就是化学配比合适的氧化物膜或者富氧膜。所以，就可以在闭环控制情况下通过控制靶电压来精确地控制薄膜的成分。

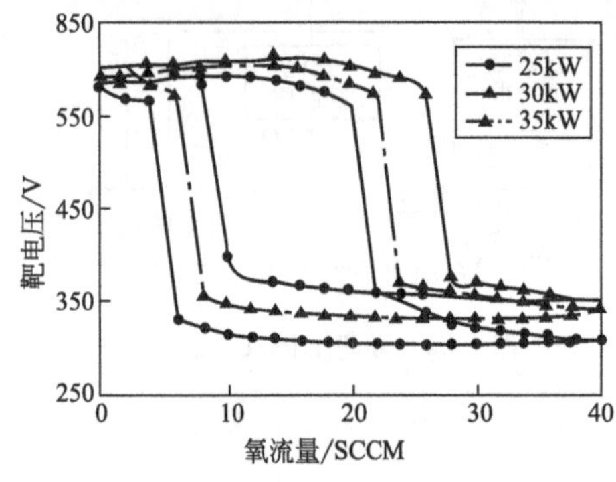

图 5-55 不带闭环控制下的迟滞回线

注：SCCM—standard cubic centimeter per minute。

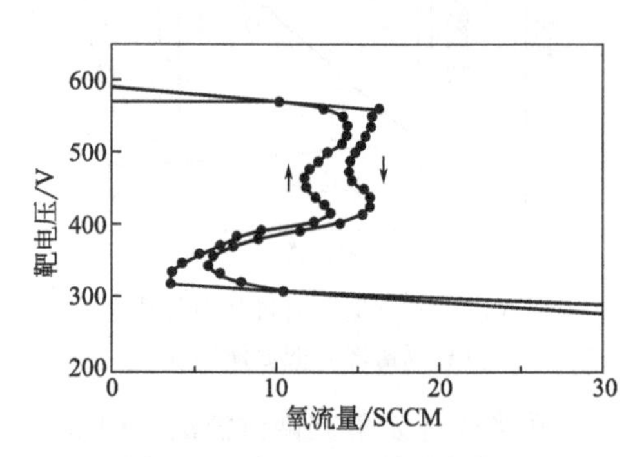

图 5-56 在 2.5kW 输出条件下带闭环控制的迟滞回线

5.2.9.2 脉冲反应溅射镀膜

(1) 脉冲溅射膜的特点及种类

直流磁控溅射的等离子体大都被约束在阴极靶面的附近。基体附近的等离子体密度是很低的，对于反应溅射成膜过程而言，这种密度稀薄的受激发的粒子满足不了工艺要求。但是，在脉冲溅射时，基体表面附近的等离子密度就比较高。而且，带电的粒子也具有较大的能量。这就为溅射涂层在低温下进行结晶提供了有利的条件。

采用孪生双靶的脉冲是把电源分别加到各自的靶上，如图 5-57 所示。这两个靶同时进行溅射。在单极脉冲的情况下，这种放电是周期性地被中断。这样就可以使覆盖在靶面上的绝缘层的正电荷降低到最低程度，从而有效地抑制了靶面的电弧放电。

双极脉冲是把电源的二个输出端连接到二个靶上，如图 5-58 所示。两个磁控靶交替地互为阴极、阳极。即当其中一个磁控靶处于负电位作为溅射阴极时，另一个磁控靶就作为阳极。在这瞬间阴极产生的二次电子被加速到阳极，以中和在前一个半周积累在这个绝缘层表面的正电荷。所以，尽管经过长期运行，在阴极周边沉积了很厚的绝缘层。但是，由于溅射效应，这个靶的刻蚀部位仍然具有良好的导电性能，阴极和阳极的作用始终十分明显。因此，等离子体的电导率与周围环境无关，放电非常稳定。

上述的两种类型都是采用孪生靶进行的。脉冲法也可以选用单一的磁控靶。如图 5-59 所示[10]，它是在靶材直流负电位的基础上周期性地向其提供一个正脉冲。在正电位脉冲期间，电子在电场的作用下向靶面运动，中和积累的正电荷，从而避免微观击穿，使介质层能在随后的负电位过程中被溅射。据报道，使用这种方法能使 Al_2O_3 膜由于打弧造成的缺陷减少 3～4 个量级[3]。

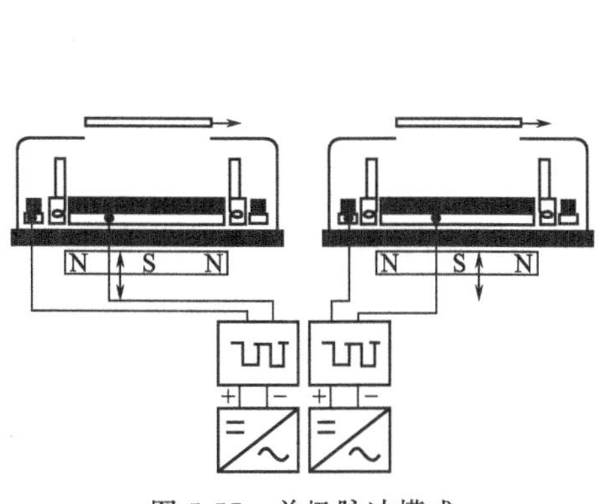

图 5-57 单极脉冲模式

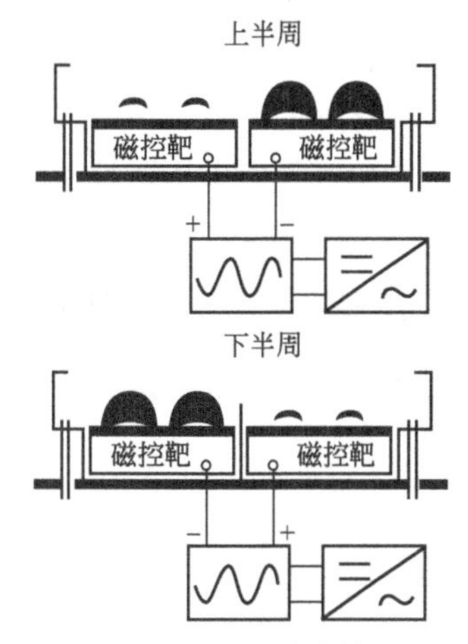

图 5-58 双极脉冲模式

调制脉冲频率一般为几十到上百千赫兹。频率的下限由介质层的击穿电压决定，它应保证在两次正脉冲之间的溅射期间内，表面积累电荷不会造成相应时间内形成的介质层击穿。例如，对 SiO_2 来说，一般频率应大于 10kHz。而且脉冲频率也不应选得太高，这是因为工作气体离子的动能将随频率的升高而下降，影响溅射速率。另外，如从脉冲的强度上看，由于电子的迁移率比 Ar^+ 要大得多，脉冲正电位大约只需负电位的 $\frac{1}{8}$～$\frac{1}{4}$ 即可。

这种电源比较简单，只需在直流电源和镀膜系统之间插入一个脉冲发生器，对原有的直流设备改变很少，并且，又可以达到较好防止了弧光放电的效果。

目前，日本真空的 AAK（Active Arc Killer）电源以及美国的 AE 公司生产的 SPACLE 等，都可以使打弧的频率降到每小时一次。

（2）脉冲放电的波形

在工业应用上所选用的脉冲电源的电压波形主要是正弦波和矩形波二种。一般来说，对于频率较高的电源，正弦波比较容易匹配，而且效率较高。当脉冲频率低于 10kHz 以下时不可能有效地抑制靶面的微弧放电。随着脉冲率为 36kHz 时，靶面不再有可见的电弧斑点；当脉冲频率从 50～164kHz，几乎所有氧化物的沉积都可以保持长期的稳定[12]。例如，采用双极脉冲磁控溅射制备 TiO_2 薄膜时，它的动态沉积速率可达 50nm/min，是普通直流反应溅射动态沉积速率（10nm/min）的 5 倍[13]。

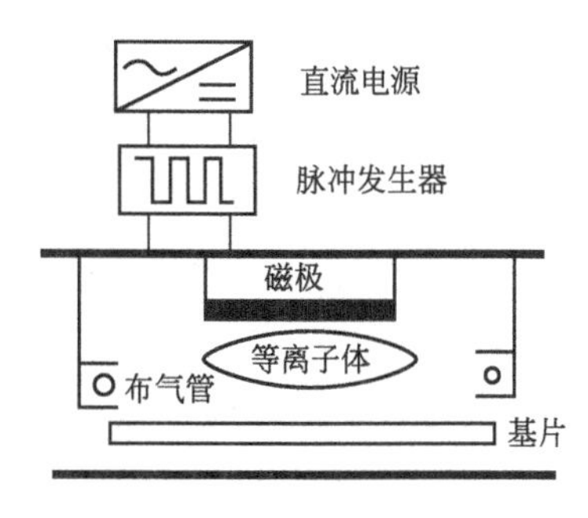

图 5-59 脉冲调制反应溅射系统原理图

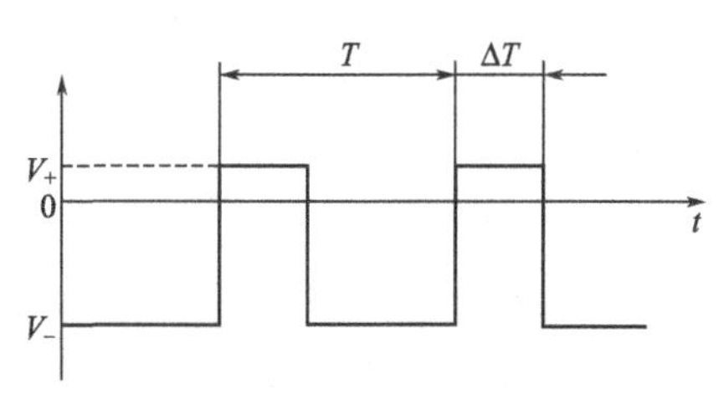

图 5-60 脉冲溅射电压的波形图

图 5-60 所示是脉冲电源电压的矩形波示意图，图中 T 为电压脉冲的周期，ΔT 为正脉冲的宽度，而 $T-\Delta T$ 为负脉冲的宽度，V_+ 和 V_- 分别为正、负脉冲的幅值。在负脉冲期间，靶材处于被溅射的状态。而在正脉冲期间，靶材表面的电荷将由于电子的迅速流入而得到释放。显然，为了保持高的溅射速率，同时也由于电子的运动速度，因而正脉冲的宽度可以远远小于负脉冲的宽度。一般多取为几个微秒。为了在较短的时间内释放掉靶材表面积累的电荷，需要正脉冲的电压幅值要适当地高。但也不能过高。实际采用的正脉冲的电压幅值多处于 50～100V 之间。

5.2.10 对向靶等离子体溅射镀膜[13]

对向靶等离子体型溅射源（Face Plasma Spatter）简称 FPS 溅射靶，它的工作原理如图 5-61 所示。将两个对向放置的阴极靶后侧施加可以调节磁场强度的 N 极、S 极，并使两磁极与靶面相垂直。作为阴极的基体置于与靶面相垂直的位置上，使其与磁场一起对等离子体进行约束。当二次电子飞出靶面后被垂直靶阴极暗区的电场所加速，电子在向阳极运动过程中受磁场的作用，作回旋运动。但是，由于两个靶上均有较高的负偏压使部分电子几乎沿直线运动。到对面靶的阴极区被减速，然后向相反的方向加速运动，再加上磁场的作用，二次电子又会被有效地封闭在两个靶阴极之间，从而形成一柱状的等离子体。这时由于电子被两个电极来回反射。从而，加长了电子的运动路程，增大了对工作气体的碰撞概率。因此，不但提高了两个靶间的气体离化程度，而且也增大了溅射靶材的工作气体的密度。从而提高了对向靶溅射的沉积速率。

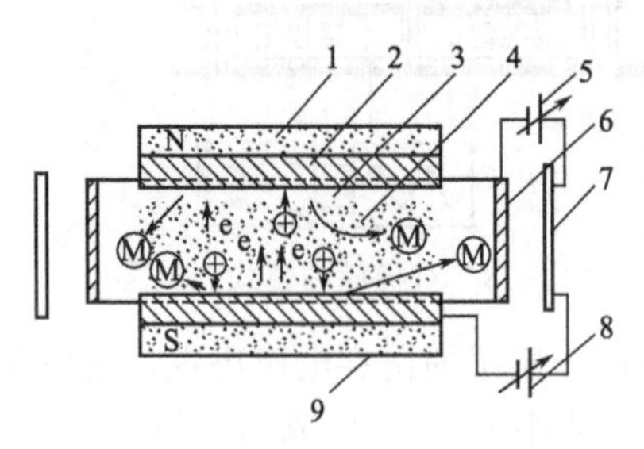

图 5-61 对靶等离子体溅射原理
1—N 极；2—对靶阴极；3—阴极暗区；4—等离子体区；5—基板偏压电源；6—基板；7—阳极（真空室）；8—靶电源；9—S 极

此外，对向靶溅射的基片温度较低。这是因为二次电子除了被磁场约束外，还会受到很强的静电反射作用。从而，把等离子体磁场的约束在两个对向靶面之间，致使高能电子不易对基片进行轰击。从而达到了低温溅射的目的。

对向靶溅射与前述的常规磁控溅射靶相比较，由于后者的磁场与靶表面平行易于造成磁力线在靶材内短路而失去“磁撞”作用。但是，前者垂直于靶面的磁场可以穿越靶材，在两个靶之间形成柱状形的磁封闭。因而，可用于对磁性靶材的溅射。

据有关资料报道[14]，采用掺 Al 的 ZnO 陶瓷矩形靶（含 Al 3%）制备 ZnO 薄膜，已经取得了令人满意的效果。其溅射沉积的工艺条件见表 5-13。

表 5-13 对向靶沉积 ZnO：Al 薄膜的工艺条件对比

序号	溅射时间/min	工作气体压强/Pa	基体温度/℃	工作气体流量/SCCM	工作电流/A	工作电压/V	膜层厚度/nm	沉积速率/(nm/s)	溅射方式
1	40	0.8	100	60	0.3	300	670	0.28	平面磁控靶
2	25	1	室温	30	0.4	280	990	0.66	对向靶溅射
3	25	2	室温	30	0.4	280	820	0.55	对向靶溅射

从表中不难看出，采用对向靶溅射沉积的 ZnO：Al 薄膜时，不但降低了基体温度缩短了溅射时间，而且也极大地提高了沉积速率。

在超硬涂层的制备中，对向靶磁控溅射也具有一定优势。采用这种方法所制备的涂层硬度高、附着力强、耐磨、耐蚀。如果更换不同靶材还可以制备出各种金属涂层、合金涂层以及各种反应物涂层，其应用领域较为广泛[15]。

5.2.11 偏压溅射镀膜

偏压溅射镀膜就是在通常溅射镀膜装置的基础上，将基体上的电位与接地阳极（真空室）的电位分开设置，在基体与等离子体之间按不同要求施加一个具有一定大小的偏置电压，借以吸引部分离子流向基体表面，并且通过改变入射到基体表面上的带电粒子数目和能量的手段来达到改变薄膜微观组织与性能为目的的一种薄膜的制备方法，其原理如图 5-62 所示[16]。由于这种方法与将在第 6 章中所讨论的溅射离子镀膜基本相同。因此，也称为偏压溅射离子镀。有关偏压对膜层内部结构的影响，带电粒子对膜层表面轰击后可提高原子在膜层表面上的扩散和参与化学反应的能力，提高膜的附着力以及可能诱发出来的膜的各种缺陷、抑制柱状晶的生长，细化膜的晶粒等问题，将在离子镀膜一章中加以论述。

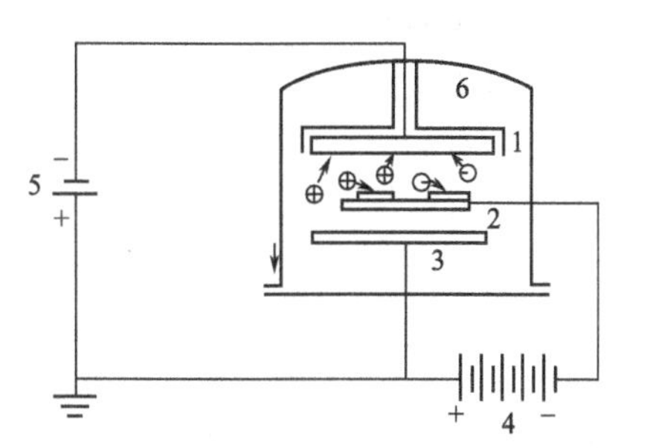

图 5-62 偏压溅射
1—靶子（阴极）；2—基板（工件）；3—阳极；4—工件负偏压 DC（−100～−500V）；5—靶电源；6—真空室

5.3 真空溅射镀膜设备

真空溅射镀膜设备又称真空溅射镀膜机，它的类型与种类颇多，其分类方法基本上与蒸发镀膜设备相同，这里不再赘述，现仅就其中较为典型的几种设备分别予以介绍。

5.3.1 间歇式真空溅射镀膜机[20]

太阳能作为天然能源的开发和利用是近年来引起人们高度重视的重要技术之一。采用磁控溅射镀膜技术制备太阳能集热管选择性复合吸收薄膜的设备如图 5-63 所示。设备的整体结构是由圆形卧式真空镀膜室和装入其中的两只具有不同靶材的圆柱形磁控溅射靶，以及放置太阳能集热管的工作架及其行星转动机构和真空系统、充气系统、冷却系统等构件所组成。

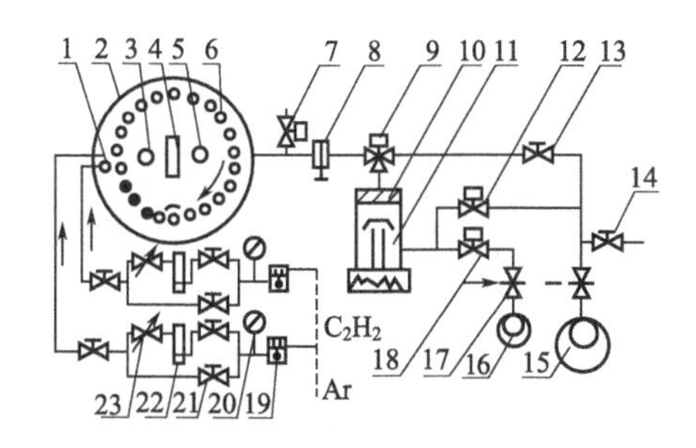

图 5-63 镀膜室、真空系统、充气系统
1—分流管；2—工作室；3—不锈钢靶；4—水冷挡板；5—铜靶；6—转架及工件；7—气动放气阀；8—可调挡板；9—主阀；10—冷阱；11—扩散泵；12—高真空阀；13—低真空阀；14—放气阀；15—机械泵；16—直联机械泵；17—电磁带放电真空阀；18—手动阀；19—定压阀；20—真空压力表；21—截止阀；22—流量计；23—针阀

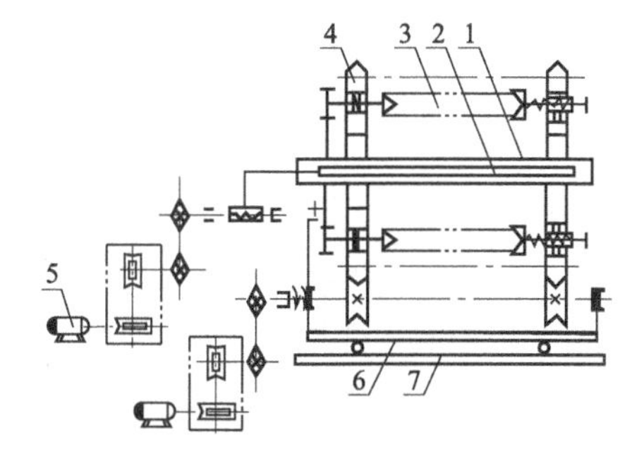

图 5-64 料架转动、磁极移动结构及传动
1—靶极；2—磁极；3—集热管；4—转架；5—直流电极；6—拖车；7—轨道

通过行星传动机构带动的工件架放置在镀膜室内轨道上，由直流电机拖动可实现无级调速，如图 5-64 所示。由于转架公转的同时可实现集热管筒的自转，从而有效地保证了膜层的均匀性。由于管夹采用了软质和强性材料专门夹持，既可避免损坏也易于装卸。

图 5-63 所给出的真空系统中配置了维持泵。因此，在装卸工作时，可通过维持泵来保持真空系统的正常运转，既减少了工时，也节约了能源。设置在镀膜与主阀之间的可调挡板阀，不但可以调节抽速的大小保持稳定的工作压力，也降低了工作气体的消耗和防止扩散泵的返油。在充气系统中所配置的高压阀和流量计可用以稳定和控制工作气体的流量。设备所制备的太阳能集热管涂层的多层膜系为玻璃对不锈钢。由于玻璃与钢的附着力低于与不锈钢的附着力。因此第一层不锈钢涂层是作为底膜而镀制的；第二层是纯铜膜，当第三层不锈钢涂层在沉积过程中，由于加入反应性气体乙炔，使其进行化学反应而生成的碳化物膜层，由于它的光学性能与集热效率均与其工艺条件有关，而且膜层性能将随着工作气体量的逐渐增加而提高，因此采用了逐级增加乙炔流量的工艺方法得到了良好的效果。其工艺参数见表 5-14。

表 5-14 太阳能集热管涂层的工艺参数

工艺条件 \ 涂层材料	不锈钢	钢	不锈钢碳化物
工作真空镀/Pa	$8\times10^{-1}\sim8\times10^{-2}$	$8\times10^{-1}\sim8\times10^{-2}$	$8\times10^{-1}\sim8\times10^{-2}$
氩气流量/(mL/min)	60～90	60～90	60～90
乙炔流量/(mL/min)	0	0	0
电流/A	25～30	25～30	25～30
电压/V	350～550	350～550	350～550
溅射时间/min	4	9	15

此外，如采用单一铝磁控溅射靶及氮气和乙炔气体等材料，经直流反应和非反应溅射后，在玻璃集热管上所得到 α-C：H/Al-N/Al 选择性的吸收涂层，也取得了很好的效果[22]。

5.3.2 半连续磁控溅射镀膜机

(1) 生产过程及镀镍原理

海绵镀镍作为满足电池生产的要求，近年来已经得到了一定的发展。采用磁控溅射法，生产连续带状泡沫镍的基本过程是通过图 5-65 所示的海绵传动系统实现的。它是将长度约百米以上的海绵卷绕并放置在放卷室中，通过放卷机构使海绵进入磁控溅射室。由于磁控溅射室即作为电离室以装入其内的镍板与电极，在高压和强电场作用下产生弧光放电，致使电极上的镍离子溅射到两极板之间海绵上，使海绵均匀地吸附镍离子而将其镀到卷动着的以聚酯海绵为骨架的材料上；并通过海绵的卷绕而到收卷室被卷绕后形成优质的电镀用基材。这时系统的工作区域基本上处于真空状态。其整体设备是由真空室、海绵卷绕传动系统、真空系统、电源系统、冷却系统以及测量系统等部分组成。为了保证海绵性能不被放电时的高温所破坏和防止海绵的断裂，为此，设置性能优越的海绵传动系统是十分重要的。

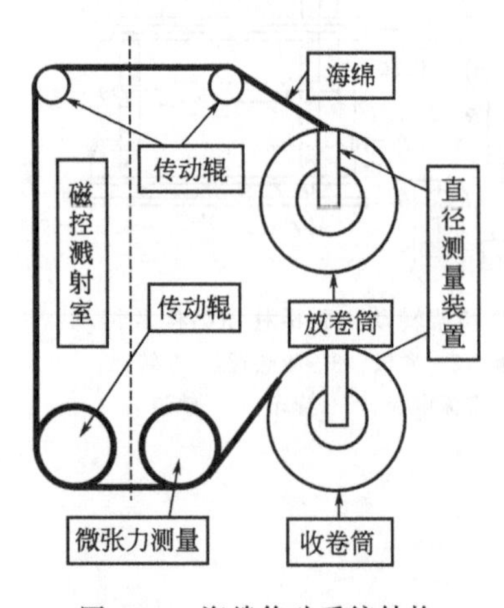

图 5-65 海绵传动系统结构

（2）海绵传动系统的特性要求及系统的组成

作为镀膜骨架材料——海绵泡沫镍的尺寸大小是由海绵的空隙尺寸决定的。为了保证泡沫镍空隙尺寸的质量，为此海绵在溅射过程中必须保持其空隙大小的一致性，即海绵不应产生变形。由于海绵被溅射后所生成的泡沫镍已由原来的柔性变体转化成涂层镍的网状体，当它受到拉伸或压缩后，超过镍的弹性变形范围以后，即会产生断裂表现出金属网格被破坏，泡沫镍不再连续。实验表明：要保证上述这一要求，海绵在溅射前后的拉伸或压缩所产生的变形量不应大于30%。否则，就会严重影响到生产出来的泡沫镍基材的质量。

经实验证明：被镀海绵在某一临界温度下受热时，随着温度的升高海绵的整体几何尺寸会缩小，对于卷绕的海绵其长度尺寸将会收缩而减小。当温度超过临界温度时，随着温度的升高海绵的长度尺寸将延长，而且影响较大，但没有固定的数据对应关系。由于磁控溅射室是一个电离室，内部物体受辐射可达到几百多度的温度，其具体数值依电流的大小和冷却状态而定。而在室内压力处于 $10\sim10^2$ Pa 的真空状态下，海绵上温度主要是通过热辐射产生的。而且，散热也是源于热辐射，受靶分布影响。因此，它的温度分布是不均匀的。测量海绵上的温度比较困难，利用温度补偿来消除尺寸的变化是不易实现的。但是，由于海绵自身所具有的良好的压缩和拉伸特性，当其拉伸量达到300%时仍然恢复原状，在厚度方向上压缩75%时同样也能恢复原状。而且，它还有很大的弹性。拉伸系数实例得到的：当每平方毫米受到1g的张力时，产生的变形约为200%；对于幅宽为1000mm，厚度为2mm的海绵，若有2%的拉伸，只需施加 $F=\Delta L/E\times S\times2\times1000/2=20$g 的拉力。

另外，当海绵所受的张力为负时，收卷时会发生折叠现象。张力为0时，收卷松弛，略有张力时，收卷才整齐美观，也才能保证收卷后的基材不会被压坏。同时，还发现，海绵卷原材料业已被拉伸，拉伸量约为百分之五。不同的批次数值不一样。

综上所述，要保证磁控溅射的产品质量，本卷绕海绵传动设备必须达到以下技术指数：①整个传动过程，对海绵施加的张力小于30g；②当海绵进入电离室后受温度的影响会产生伸长或收缩，传动装置要能依照长度进行调整，保证拉伸量小于3%；③收卷整齐，放卷平稳。

所以，磁控溅射工艺中的海绵传动系统，较常规的真空镀膜中的柔性材料等传动系统有着很大的区别，其技术难度也大得多。因此，必须采用微张力系统对其卷绕过程进行控制。这是海绵卷绕海绵设备的关键所在。

（3）微张力传动系统的结构及其工作过程的控制

海绵受其自身影响所测得的高度为5nm，其质量为1%。可见海绵虽然有微小的拉伸，但张力甚微。因此，海绵在卷绕过程中的传动只是一种微张力下的传动。根据这一特点，在设备上是通过采用基于恒定线速率的方法而组成的传动系统来完成的。其传动结构中各部件的功能是：

① 收卷和放卷伺服电机基于机构上的张力测量装置完成海绵的运动控制；

② 传动辊是一对同线速率的主动辊，传动辊伺服电机基于转速测量装置控制传动辊经给定线速度稳定运行；

③ 张力测量装置是在自设预调平衡以后完成张力微小变化测量的机构。

它的工作过程可按如下步骤进行。

① 开机　按PID调节方法启动放卷电机，快速达到额定线速度，再启动传动辊电机，达到额定线速度，此后，启动收卷，伺服电机以随动方式工作，保持张力为零。

② 运行　传动辊伺服电机按额定线速度运行，其余的以变带方式与其联动。而变速值可由放卷变直径数学模型和收卷变直径数学模型加上张力变化值联合解析求得。

③ 停机　收卷停机→传动辊停机→放卷机构停机，三电机间是平衡联动的。

反转时将以上过程逆向运行即可。

有关系统工作过程的微张力传动系统及其系统控制的数学模型，可参阅相关参考文献。这里不加叙述。

5.3.3 大面积连续式磁控溅射镀膜设备

大面积连续式磁控溅射镀膜设备（简称镀膜生产线）是随着近年来在玻璃基体上制备各种不同用途的涂层而发展起来的一种大型镀膜设备。根据膜层用途的不同所出现的各种生产线的种类较多。如建筑用镀膜玻璃生产线、汽车用镀膜玻璃生产线液晶显示（LCD）用的氧化铜锡透明导电镀层（ITO膜）生产线、减反射镀层（AR）生产线以及减反射防静电镀层（ARAC）生产线等等。但是这些生产线，除了在靶的选型及依据所镀涂层用途的不同而有所不同之外，其生产线的整体结构基本上相同的。因此，现以生产数量大，应用最为广泛大面积连续式建筑玻璃用磁控溅射生产线为例作如下介绍。

5.3.3.1 平面磁控溅射镀膜生产线整体结构的设计要求及组成[20]

（1）整体结构设计的要求

平面磁控溅射玻璃生产线同任何类型的生产线一样，对于溅射玻璃的产品的生产过程都要遵循：选片→进线→前期处理段→真空镀膜段→后期处理段→离线等生产流程要求。为了达到大面积平板玻璃表面镀膜流程要求，其整体结构设计采用串联积木组合式形成机械化，自动化封闭环节的生产线。如图5-66所示。该生产线构成可分三大功能段：即Ⅰ—前处理段；Ⅱ—真空镀膜段；Ⅲ—后处理段。在进行结构设计时，应满足如下设计要求。

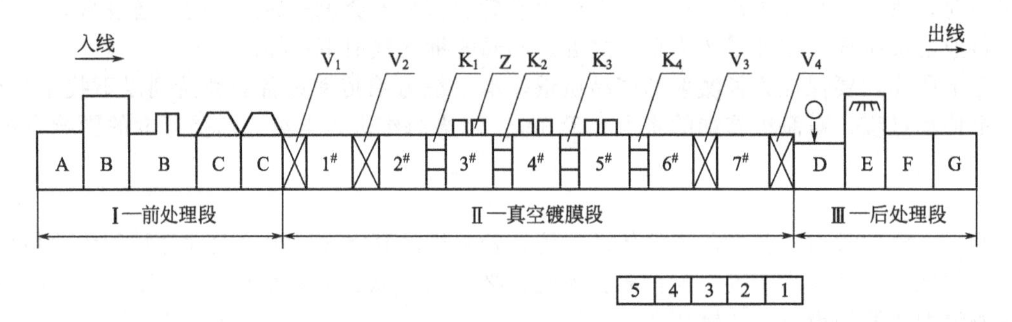

图5-66 典型的平面磁控溅射镀膜玻璃生产线

A—进线工作台；B—打霉机、玻璃洗涤机；C—防尘加热烘烤装置；D—膜层透射率检查台；$V_1 \sim V_2$—门式闸板阀；$K_1 \sim K_2$—隔离腔；Z—平面磁控溅射阴极；1#—预储室；2#—过渡室；3#—溅射室；4#—溅射室；5#—溅射室；6#—过渡室；7#—输出室；1～5—电气电控；E—膜层清洗后处理机；F、G—膜层物理外观检查台

① 对Ⅰ—前处理段应满足如下要求：

a. 具有足够的表面清洗能力；

b. 具有可控的基片加热温度场；

c. 对原片、发现疵病有在线筛选能力。

② 对Ⅱ—真空镀膜段满足如下要求：

a. 全段有较强的抽气能力，创造稳定的真空环境，有良好的气密性，充入介质气体的可控性，确保溅射真空室的磁控溅射阴极稳定工作；

b. 真空镀膜段两端的真空室的工作周期，即实现由真空到破坏真空，或从大气下抽真空，达到要求的真空度所经历的时间要短，故一般设计要遵循条件，一是真空室空间体积要小；二是配置的真空机组要大，确保限定的循环周期时间，即生产节拍（每片玻璃所用镀制时间）短；

c. 全段清洁处理方便。

③ 对Ⅲ—后处理段满足如下要求：

a. 具有在线检测玻璃镀膜后的光学性能的能力；

b. 提供物理外观表面检查能力。

④ 满足设定的产量要求。

⑤ 满足设定的产品品种要求，且具有一定开发膜层膜系潜在能力。

（2）整体结构的组成

典型的平面磁控溅射镀膜玻璃生产线如图 5-66 所示。从图中可知；该生产线从入线到出线，除了包括前处理段、真空镀膜段、后处理段外，还包括整机的电气电控部分。这三个“功能段”既是平面磁控溅射玻璃生产线组成的不可分割的部分，又有各自独立承担镀膜工艺中某一单个工序的功能。现以卧式结构将这些独立所具有的功能分别作一简述。

（3）前处理段主要构件

前处理段的主要构件包括进（出）线工作台、打霉机、洗涤机、防尘加热烘烤装置等。

① 进（出）线工作台

进线工作台或出线工作台是这类生产线始末两端进料或出产品的部位。它的主要任务是把待镀玻璃置于其上，便于将原片玻璃转入下道镀膜工序。出线工作台，通常其结构与进线工作台相同，但作用相反（前者为上片，后者为下片），便于离线搬运。这里简介三种类型的进（出）线工作台。

a. 翻转架式进、出线工作台

翻转架式进、出线工作台如图 5-67 所示。该种结构由普通型钢（槽钢、角钢）、铰链、手柄、球滚座等组成，是实现对待镀玻璃或镀膜后的玻璃的上线与离线的装置。它简单、造价低，便于操作。其安装、操作过程是：将工作台架固联地面，借助翻转架上的手柄，通过铰链叉座支承，由人工翻转（对地夹角 8°～10°），放置待镀原片玻璃后，再翻转至水平位置，不设动力拖动装置，而完全由人工借表面滚球推至下道工序的工作台上，实现上片。对出线工作台，其作用与进线工作台相反，由前道工序进入出线工作台上的镀完膜的玻璃，处于水平位置，离线或下片时由人工翻转成（8°～10°）倾斜位置后，再由人工搬运离线。

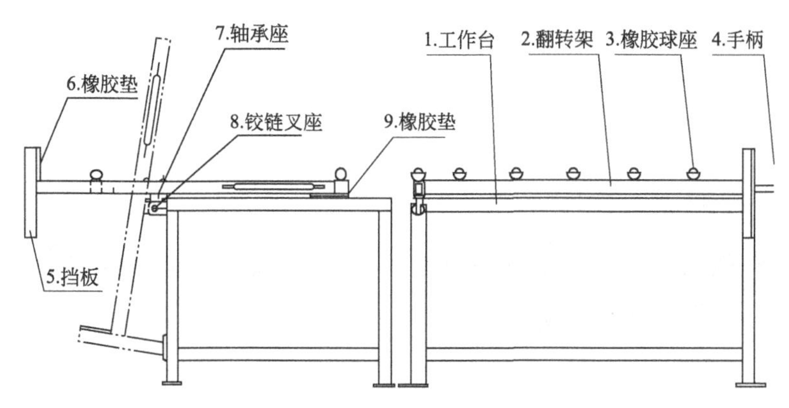

图 5-67 进线（或出线）工作台

b. 气垫式进、出线工作台

气垫式进、出线工作台如图 5-68 所示，其工作原理是：利用鼓风机的风压，在工作台面上通过小孔形成对玻璃底面产生气垫效应，使玻璃水平悬浮高度，风力托浮玻璃重量，实现人工搬转自如，完成输送（上片）任务。该装置对玻璃片只提供水平位置，没有翻转倾斜

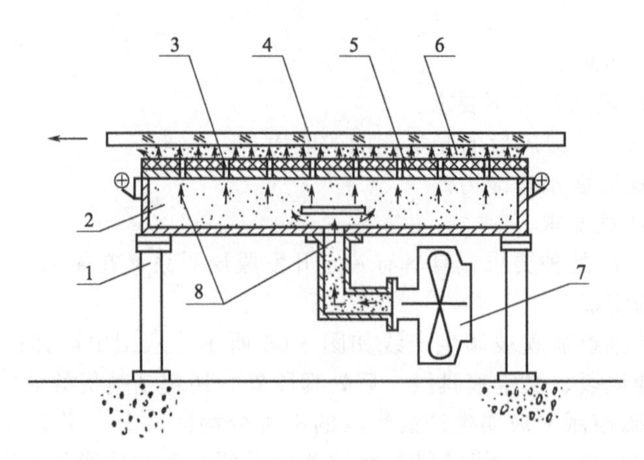

图 5-68 气垫式进、出线工作台

1—支承架；2—风箱；3—通风孔；4—玻璃片；5—毛毡垫；6—风压气垫；7—鼓风机；8—气流

位置，因此将玻璃片放置工作台上，或从工作台上取下来，均由人工翻转至一定角度完成搬运。在台面上操作，可随意位移玻璃，比前述的翻转架式结构要轻得多。但造价高于翻转架式结构。

c. 上下片机械手

上下片机械手如图 5-69 所示。实际上是两台机器，上片机械手设置在生产线的进线端，下片机械手设置在生产线的下线端或离线端。它主要用于 2m×3m 或 3m×6m 镀制大面积的大型生产线上做为搬运玻璃之用。图中（a）为多功能式，它能翻转、位移，取送玻璃：（b）为单功能式翻转取送玻璃。它一般要具有以下功能。

Ⅰ. 能完成从玻璃架上取下玻璃（或从工作台上取下玻璃）放置工作台上（或放置玻璃架上）转入下道工序。这些动作加上人工操作与之配合，实现自动化搬运。

Ⅱ. 有筛选能力，对不适宜镀膜的原片玻璃，或镀完后的玻璃又达不到质量标准以及上下片时，遇有破碎的玻璃应具有随时剔除能力。

Ⅲ. 可调性好，能满足生产线最小输送节拍要求，确保生产线的设计产量。

该装置造价高，解决了人工繁重的劳动，保证搬运玻璃的安全。

(a) 多功能上、下片机械手　　(b) 单功能上、下片机械手

图 5-69 上、下片机械手

② 打霉机

打霉机如图 5-70 所示，它属于生产线中前处理段的功能装置。对存放时间稍长（超过四周）的玻璃片，由于片与片间夹纸造成的“纸纹”、“印痕”及微小霉斑点等表面疵病有较好的去除效果。特别是当注入适量的氧化铁等研磨剂，效果更好。当然也有清洗去灰尘、去

油污（来自玻璃切割带油的玻璃刀）的作用。

平面磁控溅射镀膜玻璃生产线，对待镀的玻璃原片有着严格的要求，特别是对产出时间与准备上线镀膜的间隔时间一般要求不超过2～4周。但遇有夏季梅雨季节，这个限定时间更短。尤其是原片玻璃的化学成分易析碱性的非常容易在湿度较大的环境里发生霉斑，这是镀膜玻璃镀前所不能允许的。因此在生产线上配以打霉机是必要的。当遇有表面质量好的玻璃原片，该机有自我择除功能，可使原片顺利转入下道工序。

打霉机有卧式和立式结构，有与生产线连接在一起的，接受中央控制室电脑统一控制的组合方式；也有离线单独工作的方式。它的基本原理就是高速旋转的毛刷垂直玻璃表面（图5-70）。在有设定的预压力情况下，在毛刷中部通过旋转的空心轴，输入研磨液或洗涤剂，或清水对玻璃表面清洗。为全面洗涤玻璃，通常在沿玻璃前进方向的宽度上设置三道组合排列垂直玻璃表面的毛刷群，基本达到全面清洗的效果。

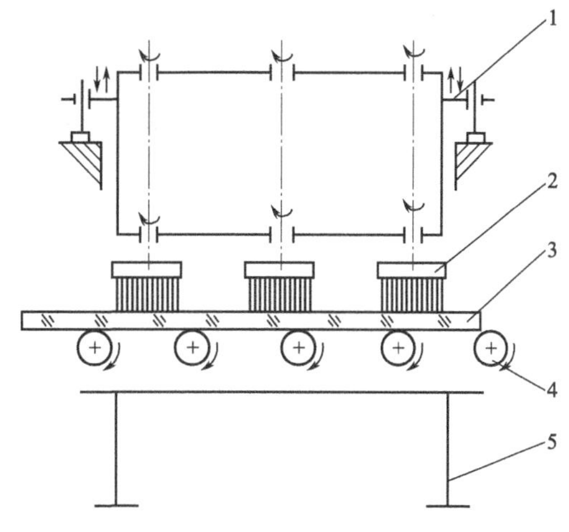

图 5-70　打霉机

1—毛刷可调架；2—毛刷；3—待镀玻璃原片；4—传送玻璃辊道；5—支承台架

③ 洗涤机

洗涤机［图 5-71(a)］的主要功能是去除玻璃表面上的灰尘和玻璃离线切割时，由于玻璃刀带油所造成的边缘和表面油污。其工作原理如图 5-71(b) 所示，这是借助机器内设置的高速旋转的毛刷强制清洗。其操作过程是将待镀的平板玻璃放置在水平的传递辊道上，经过进料段、清洗段、干燥段到达出料段。玻璃的输送速度可根据生产线设定的时间节拍，随意可调。干燥段的热风温度也可按需要调节达到吹干玻璃表面的要求。为实现干燥段的机械组合所体现的功能，理想的设计应如图 5-71 所示。图中两只“风刀”，倾角 10°～15°与玻璃运动方向相背。第一号“风刀”为冷风刀，高压鼓风机的风流吹向玻璃表面。高速去除由于洗涤造成的表面积水，当玻璃片继续前进时，第二号“风刀”为热风刀，借助高压鼓风机提供的气流，再通过加热器获得高温，从风刀口高速喷出，再度吹向玻璃表面清除残留水。当玻璃片继续前进时进入烘烤区，使玻璃表面存有的微量的水分迅速蒸发掉，达到最后烘干之目的。

该机输送速度连续可调范围较宽，能达到与整个生产线产量节拍相一致的要求。

④ 防尘加热烘烤装置

防尘加热烘烤装置如图 5-72 所示。它的主要功能是保护已清洗干净的待镀玻璃表面不再受到污染，特别是防止飘移的灰尘沉降到玻璃表面上。同时，还能为待镀玻璃片提供高效红外加热温度场，借以提高待镀玻璃片基体温度。上述这些技术措施，其目的就是防止镀后玻璃出现微小针孔，使玻璃片加热能提高膜层与玻璃间的牢固度。为此，需设置一个非真空的密闭空间，并实现下述要求。

a. 底部和周边封闭，在辊道间加设红外线灯管，提供连续可调的温度场，恒温控制可调范围 70～110℃，对玻璃原片加热速度在 2min 内即达到上述温度的设定值。

b. 上部设有两节，由铝合金框架与透明玻璃或镀膜热反射玻璃组成的防尘罩，使待镀玻璃清洗后的表面与外部空间隔离，解决飘移灰尘沉降于玻璃表面的问题。同时又能减少该空间内的红外线能量外逸到外部空间的损失，起到对该空间的保温作用。

(a) 洗涤机外形照片

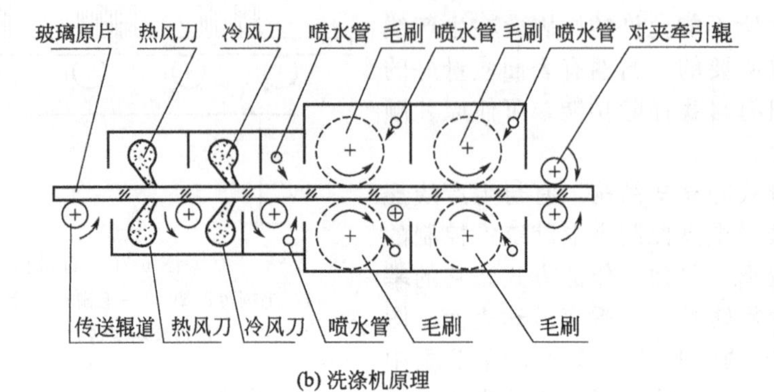

(b) 洗涤机原理

图 5-71 玻璃洗涤机

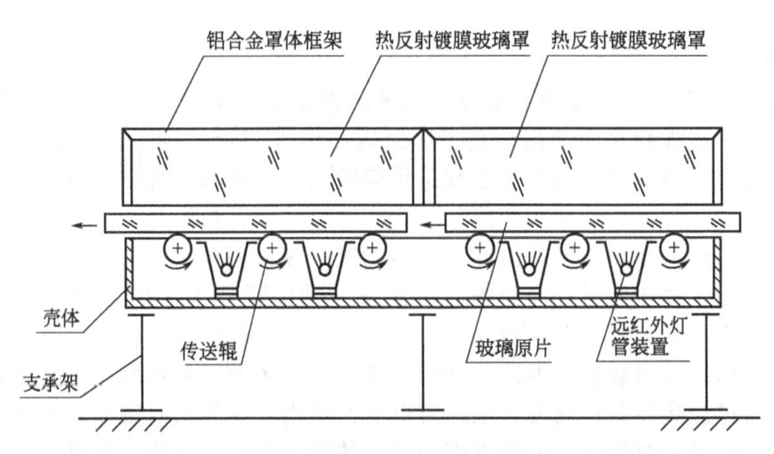

图 5-72 防尘加热烘烤装置

c. 国外的一些生产线，还增设加热鼓风装置，不停顿地向该空间内通入表压 0.01～0.02MPa 过滤清洁的大气，使被封闭的内部空间气体压力始终高于外界压力，解决了随气体对流进入该空间的灰尘再次降落在玻璃表面上问题。

d. 该装置设计长度一般为被镀玻璃长度的两倍（$L\geqslant 2l$）。上罩沿长度分为多节，备有起吊环，方便起吊。

e. 红外线灯管装置，按玻璃对红外线吸收的波长及对水分子吸收波长，两者兼顾来选择参数（通常取 $\lambda=2.7\mu m$ 或 $\lambda=5.5\mu m$）。

(4) 真空镀膜段主要部分

① 预储真空室

预储真空室如图 5-73 所示，是该类生产线真空镀膜段的第一个真空室。它的主要功能是把待镀的玻璃原片，从大气下接入真空室内。它的工作过程是：进线端 $1^{\#}$ 门式真空闸板阀，接到指令后立即开启，把接入的原片玻璃暂时停留在给定位置储存待镀；当进线端的

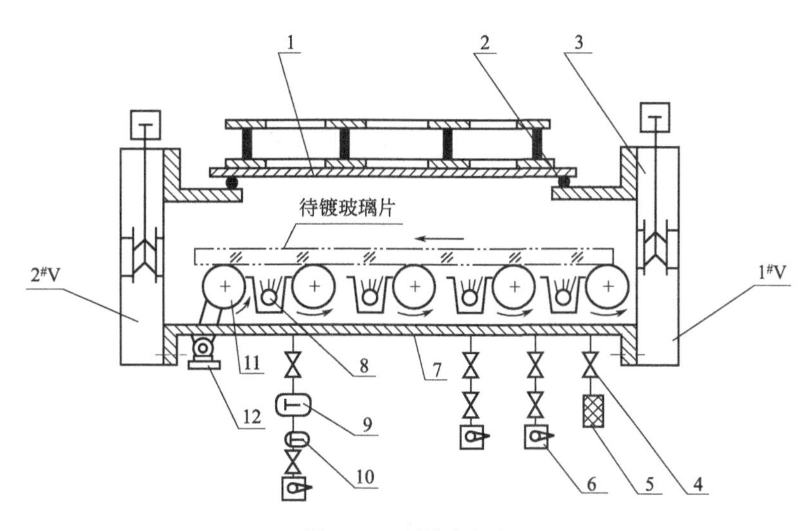

图 5-73 预储真空室

1—真空室上盖；2—密封圈；3—门式真空闸板阀；4—真空阀门；5—过滤器；
6—大型机械泵；7—真空室壳体；8—红外线灯管装置；9、10—罗茨真空泵；
11—传动辊道；12—传动系统

1# 门式真空闸板阀，接到玻璃原片到达指定工作后，传感器再发信号指令其关闭；真空机组立即对该室抽真空。当其真空度达设定值 6×10^{-2} Pa 时，2# 门式真空闸板阀开启，传动输送系统立即投入工作，将待镀的玻璃原片，输送至下一真空室，即过渡真空室；当玻璃原片达到过渡真空室工位后，2# 门式真空闸板阀接受指令立即关闭；这时设在预储真空室的真空放气阀立即动作开启，向真空室内充入大气破坏真空，准备迎接第二片玻璃进入该真空室完成下一个循环。在整个镀膜过程中，这种循环往复不停顿地进行着。每循环一个周期，即为该生产线的生产节拍，决定该生产线的产量。该室结构的特点是：卧式结构为剖分式，壳体下部与地固联，上盖可以随时按需要打开，方便维修。立式结构为隧道式，维修不如卧式方便。但无论哪种结构，其两端必须要设置门式真空闸板阀与其相连。根据该室承担任务的特点，通常在设计时应满足如下条件。

a. 全室采用普通钢结构，有足够刚度，其真空空间要尽量小，真空机组的配置要与设定的最经济时间（循环节拍时间）相一致。通常设定由大气下抽真空达到 6×10^{-2} Pa 所需要的时间在 60s 以内。

b. 准确反映玻璃到位状况，准确反映真空状态（最主要的原则是认定该室左右两端的压力与本室达到平衡）。取出两者的信号，由 PC 机指令阀门（门式真空闸板阀或真空放气阀）动作或开、或闭，完成接、送玻璃的一个循环。

c. 具有红外线的加热系统，其温度场可调控。

d. 有独立的传输送玻璃的系统，其速度按产量节拍要求，随时可调。

② 过渡真空室

过渡真空室如图 5-74 所示。在各类生产线中，有时配制的数量不同，除单端式生产线外，凡是双端生产线均配有两个室，分设在磁控溅射真空室两侧。

它的主要功能是把预储室的玻璃片，迅速移入该室，为预储真空室（或输出真空室）快速破坏真空创造条件。然后，它以镀膜工艺要求的输送速度，徐徐进入磁控溅射真空室，达到镀膜的目的。除上述功能外，还能避免来自随同储室或输出真空室频频破坏真空对磁控溅射真空室的冲击。由于预储真空室或输出真空室在转移玻璃片时，均要快速（5～12m/min）

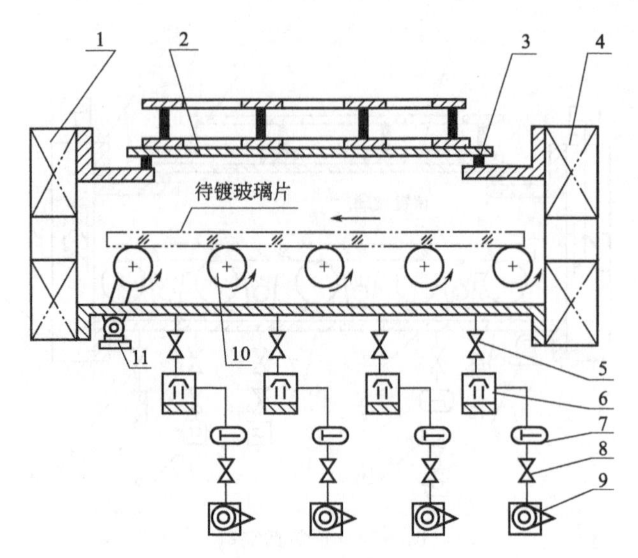

图 5-74 过渡真空室

1—真空隔离腔；2—真空室上盖；3—密封圈；4—门式真空闸板阀；5、8—真空阀；6—扩散泵；7—罗茨真空泵；9—机械泵；10—输送辊道；11—传动系统

而镀膜的速度比较慢，特别是在镀制反应膜与复合膜时，一般所需时间更长。故该室成为生产线中的一个“缓步台阶”，可实现该类生产线的“步进式”输送和“连续”镀膜的要求。

该室的结构特点与预储真空室相当，钢结构，强度条件相同。卧式也是剖分式结构，立式也是隧道式结构。考虑预储真空室和输出真空室与磁控溅射真空室间的压力梯度，需要稳定磁控溅射真空室的真空度，故通常要求过渡真空室的真空机组为抽速大的高真空机组（多以扩散泵为主泵，有的还要配以涡轮分子泵）获得高真空。在整个镀膜过程中，只有过渡真空室的真空度为最高，且要求越稳定越好。一般本底真空度要达到 $(1.3\sim2.7)\times10^{-3}$ Pa，起到充分保护磁控溅射真空室的真空度在 10^{-1} Pa 量级内，以实现工作稳定的要求。

③ 磁控溅射镀膜真空室

磁控溅射镀膜真空室是这类生产线中承担镀膜任务的核心装置，如图 5-75 所示。它的主要要求是：

a. 创造良好的安装磁控溅射阴极位置，提供良好的电场条件，维持稳定的辉光放电；

b. 创造磁控溅射阴极间有良好的隔离条件，设置隔离挡板；

c. 提供充足的充气源装置（可通入 Ar、O_2、N_2）达到均匀弥散，特别是沿磁控溅射阴极长度方向喷射的介质气体越均匀越好，保证膜质均匀；

d. 设有独立的变速范围较宽的传动输送玻璃系统，随意可调；

e. 壳体结构，卧式采用剖分式，立式采用隧道式，方便清洁卫生，普通钢结构要满足真空容器要求的强度刚度条件；

f. 备有观察、检测、发信号等装置。

④ 输出真空室

输出真空室是该生产线中真空镀膜段的最后一个真空室（图 5-76），它的主要工作过程与预储真空相反，它的作用是把已镀完的玻璃片从上一道工序的过渡真空室中快速移入该室，暂时储存于此，并关闭进玻璃片的这端门式真空闸板阀后，待达到完成对下端压力（外界压力）相对平衡时，开启出线方向端门式真空闸板阀，使被镀完的玻璃片由真空段转送到大气环境中进入下道工序。其结构特点与预储真空室相同。卧式结构为剖分式，壳体与地面

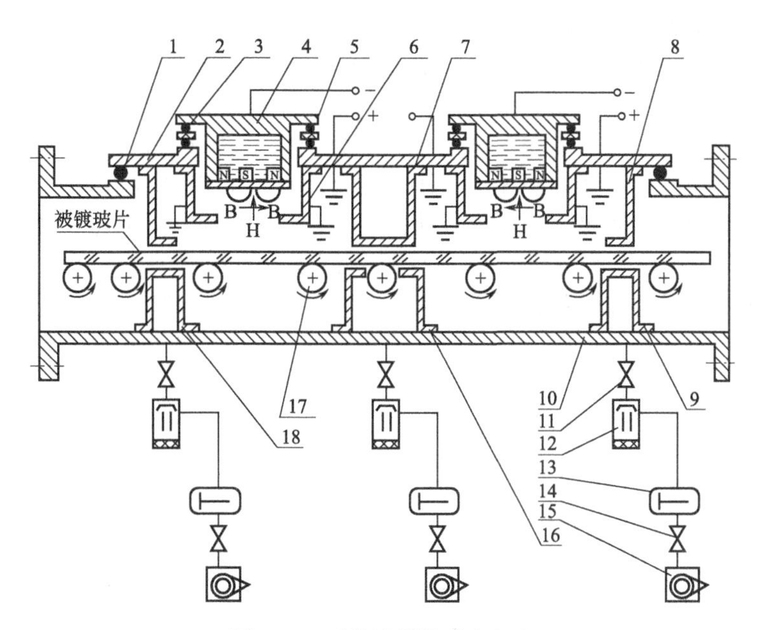

图 5-75 磁控溅射镀膜真空室

1、3—密封圈；2—溅射室上盖；4—平面磁控溅射阴极；5—绝缘件；6—电场导入板（阳极）；7～9、16、18—隔离挡板；10—溅射镀膜室壳体；11、14—真空阀门；12—扩散泵；13—罗茨真空泵；15—机械泵；17—输送辊道

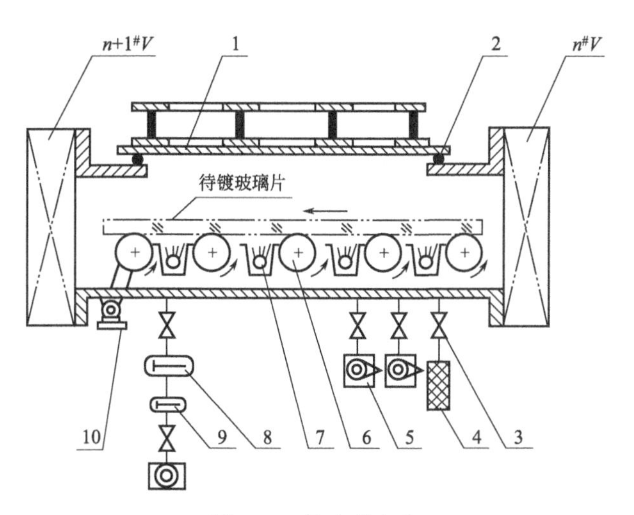

图 5-76 输出真空室

1—真空室上盖；2—密封圈；3—真空阀门；4—过滤器；5—输送辊道；6—机械泵；7—红外线灯管装置；8、9—罗茨真空泵；10—传动系统

固联，上盖可随时开启；立式结构为隧道式。侧面也设置维修人员进入的孔道。平时用盲板封闭。无论卧式或立式结构，其两端设置两台门式真空闸板阀。该类真空室的主要功能，应满足预储真空所有的设计条件。

⑤ 门式真空闸板阀

门式真空闸板阀（图 5-77）是实现这类生产线完成步进式输送玻璃，并保证在真空条件下连续镀制各种镀膜玻璃产品的重要元件或装置。它的主要功能与其他真空阀门一样，主要是隔断阀板两侧的空间，用它可完成把原片玻璃从大气下转入真空室内，又能把镀完的玻璃从真空室转出，进入大气环境里，借以达到确保全线中的两个过渡真空室及若干溅射真空室的真空度不被破坏，使若干只磁控溅射阴极始终于真空环境中，达到稳定工作的目的，以适应步进、连续式镀膜工艺要求。该类阀门有若干种结构，图 5-77 中，(a) 为外铰链翻转式，其特点是动力轴密封是在连接阀体的相邻装置上，翻转阀板占有空间较大；(b) 为斜封式，其特点是阀板倾斜压紧在阀体上，体积庞大；(c) 为双向压紧式，其特点是体积小，动作迅速。这类阀门均要满足下列要求：动作迅速，稳定可靠，要阀板两侧保证良好的气密封，其漏气率为 $1.3\times10^{-7}Pa\cdot m^3/s$；接受指令信号后要迅速动作，关闭或开启阀板，当完成动作后，可发信号，即保证在开闭完成后均有输出信号的功能；隔断的面积越小越好，一般其开口处为被镀玻璃厚度的 2 倍（如有特殊要求，开口的大小不受此限）。

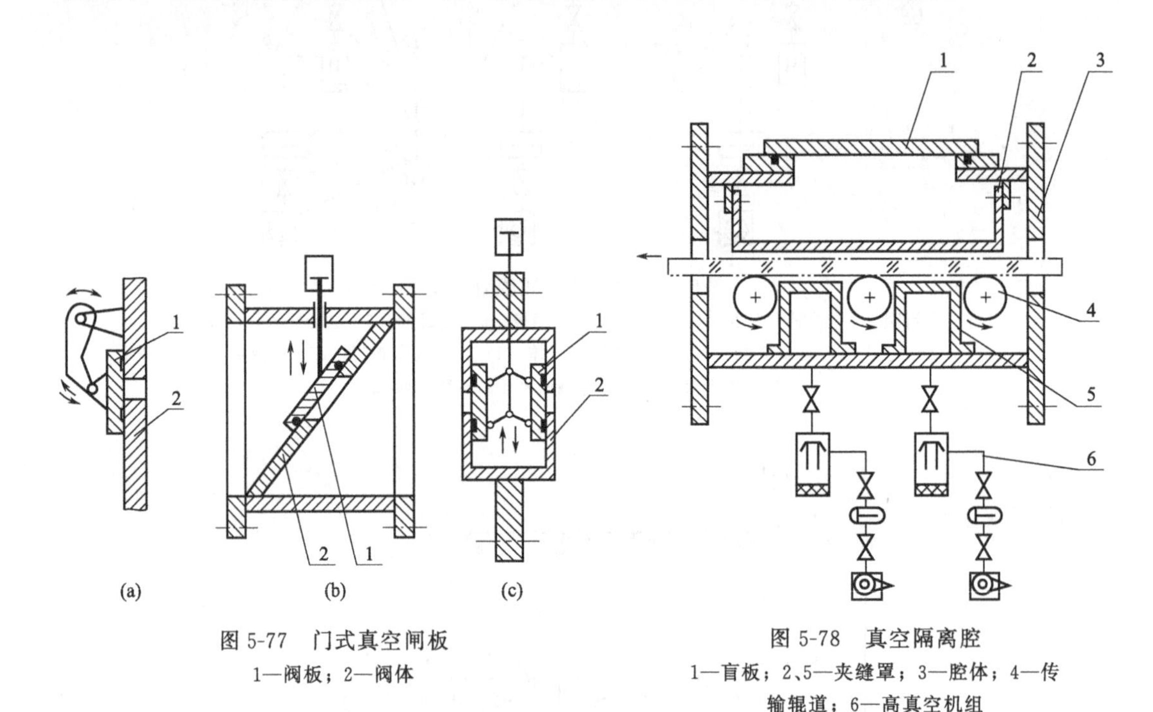

图 5-77 门式真空闸板

1—阀板；2—阀体

图 5-78 真空隔离腔

1—盲板；2、5—夹缝罩；3—腔体；4—传输辊道；6—高真空机组

目前，这类阀门可以设计成适用于玻璃尺寸为 1m×2m，1.5m×2m，2m×3m，3m×6m 等几种规格，可满足于卧式生产线和立式生产线对阀门的需要。

⑥ 真空隔离腔

真空隔离腔是确保溅射真空室稳定工作，防止相邻两空间交叉污染的重要装置，如图 5-78 所示。它可设置在溅射真空室与下一个溅射室之间，以及溅射室的两端。该装置均配以高真空机组，充分起到隔离相邻两真空室的作用。为保证溅射真空室的压强稳定，溅射阴极工作稳定，该装置两端引入“夹缝”结构模式，一般取被镀玻璃厚度的二倍可调。大型真空隔离腔内也要设置具有独立的驱动能力的动力传输辊道，用以保证与连接两侧真空室传动系统输送玻璃速度一致性。

真空隔离腔的腔体结构，均设计成矩形隧道式，但必须留有检修内部的工艺孔，保证维修方便。

(5) 后处理段主要构件

① 膜层透射率检测台

膜层透射率检测台，是实现镀膜玻璃在线检查的装置，如图 5-79 所示。它的前端与输出真空室连接，它的下端与膜层清洗台或直接与膜层物理外观检查台串接在一起。因与全线

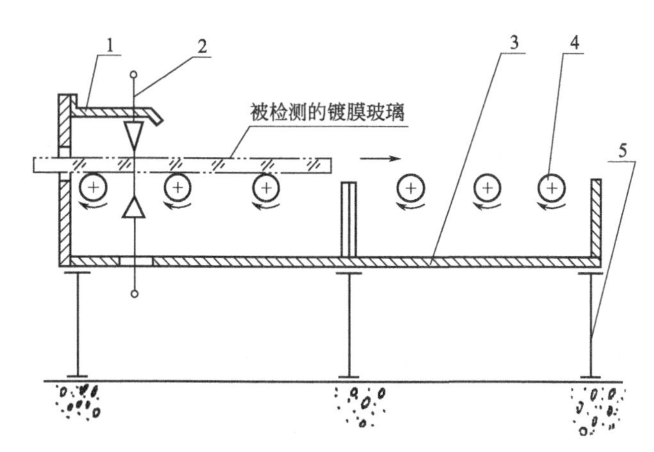

图 5-79 膜层透射率检测台

1—支承罩；2—光透射仪；3—检测台体；4—传输辊道；5—检测台脚

真空段最后一节真空室（输出真空室）相联，当镀完的玻璃离开真空室后，就可以直接通过该装置移入下个装置；因设有光透射率的在线检测，故当镀完膜的玻璃连续经过光透射仪，就可以实现对镀完膜的玻璃进行光透射率的在线检测。该项检测具有两点意义：a. 能准确掌握所镀的膜层与原设定的膜层透射率是否一致，发现差异立即调整靶极功率，或传送玻璃的速度（人工开环调整或闭环反馈自动调整），使之达到原设定的镀膜值（即所要求的光透射率）；b. 通过对每片玻璃镀后的连续检测，掌握每片镀膜玻璃的膜层均匀性，反射色泽度一致性以及控制生产同类膜层的重复性。

光透射仪，目前国内也有专业厂家生产，它的检测头，一般一台仪器只带一副（接收头发讯器），多被安装在被镀玻璃输送方向的中心线上。它所测定的数据，即可认定是全面积玻璃上的镀膜光透过率指标。特别是当溅射阴极有两只以上同时参与镀膜时，在一般情况下（人眼对透过率的分辨率低于所测值）认为更是均匀的，所以该装置不仅保证了镀膜玻璃质量，也是随时考核设备是否稳定工作的重要手段。

② 膜层清洗台

膜层清洗台（图 5-80）与膜层透射率检查台相连，它本身具有相当于玻璃洗涤机的功能。设置它的主要目的：a. 能及时清除镀完膜的玻璃表面上存有的散落灰尘、灰渣，为包装提供了卫生保护条件；b. 因为是强清洗，对未镀牢的膜层和膜层存在的其他缺陷有强制暴露的效果，达到产品质量检查、究查质量原因和对已镀完的玻璃分等筛选的目的。

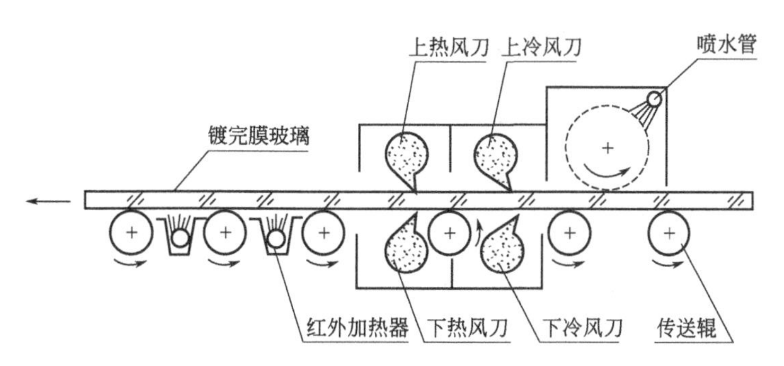

图 5-80 膜层清洗台工作原理

③ 膜层物理外观检查台

膜层物理外观检查台（图 5-81）与膜层清洗台相连，或直接与膜层透射率检测台连接，

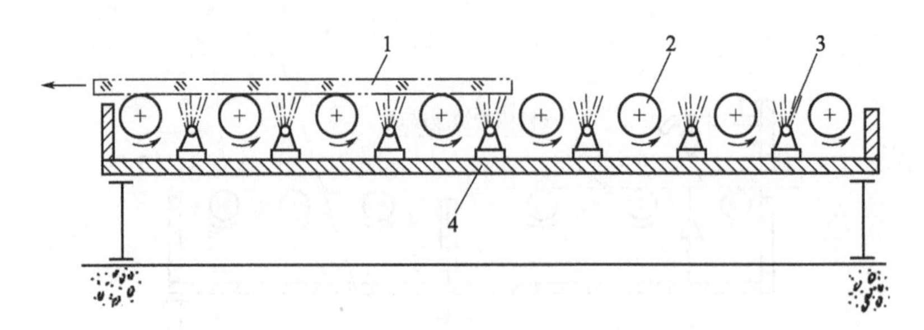

图 5-81 膜层物理外观检查台

1—被检镀膜玻璃；2—传送辊道；3—日光灯管；4—检查室壳体

它是完成镀膜玻璃在线检查的最后一道工序。由于它在传送玻璃的辊道间，设置了若干只日光灯管，具有足够的光照度。当镀完膜的玻璃被徐徐运送至检查台时，通过镀膜玻璃底面提供的光源，检查人员就可以观察到镀膜玻璃表面状况，能及时发现膜面有否缺陷。例如：膜层斑点或脱落情况、针孔大小及分布情况，还有某些划伤的现象等等，均可暴露在质量检查人员的眼前，检查人员可按镀膜标准，划定优劣品，随即贴上标签（可划一、二、三等或废品）。

通过这种检查，对维护生产线的正常生产具有重要意义：出现质量缺陷，即刻查找原因；废品、次品增多，对该操作班组人员的责任心是个直接的考核。这些意义无疑对产品质量创优、提高操作人员的素质和责任心都是重要的。

5.3.3.2 *磁控溅射镀膜玻璃生产线的自动控制技术*

（1）可编程序控制器——PC 机实现自动化

目前，这类生产线实现生产的自动控制均采用 PC 控制。如前所述，该类生产线，多是一个庞大系统。下面（图 5-82）介绍一个典型生产线的自动控制的实例。

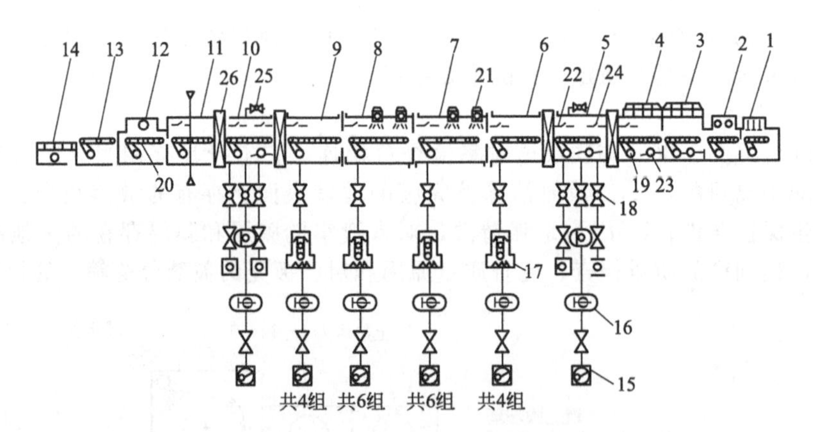

图 5-82 建筑玻璃真空镀膜生产线被控制的各装置示意图

1—打霉机；2—进线清洗机；3—防尘Ⅰ室；4—防尘Ⅱ室；5—预储室；6—过渡Ⅰ室；7—镀膜Ⅰ室；8—镀膜Ⅱ室；9—过渡Ⅱ室；10—输出室；11—膜厚检测室；12—出线清洗机；13—外观检查室；14—气垫；15—机械泵；16—罗茨泵；17—扩散泵；18—真空阀；19—拖动电机；20—辊道；21—靶极；22—行程开关；23—烘烤；24—真空继电器；25—放气阀；26—闸板阀

该类生产线中被控制的装置有：真空系统；磁控溅射靶极电源系统；输送玻璃的拖动系统；烘烤系统；前处理系统；后处理系统；上下片机械手搬运等组成的系统。若按生产工艺过程进行分类，可划分为 14～16 个单元。

采用PC控制方式，代替传统的继电器逻辑控制方式，不仅缩小了电控柜的体积，减少了维护难度，特别是在调试过程中，更可随意调入调出各功能，无须改变元器件和线路，省时省力，机动灵活。在正常生产运行中是可靠的。

这里以“S5-115U”PC机控制为例。它是由中央控制器及必要时加上一个或多个扩展单元组成。因为是插件式结构，扩展十分方便，它有四种CPU模板可供选择，模板上的中央处理器被设计成一台多处理器系统，它包括一个标准微处理器，这样就可以适应较复杂工艺过程的控制，实现产品质量的稳定化，花色品种的多样化的要求。

(2) 系统的组成及工作性能

系统（图5-83）由六个部分组成，每个部分所承担的工作任务，叙述如下。

① 真空系统　主要承担全生产线抽真空的任务。不同类型生产线，组成方式各异。

② 靶极电源系统　是提供平面磁控溅射阴极能量的主电源。

③ 传送系统　承担全线输送玻璃任务，这里选用了变频电机编组，控制元件——控制器，采用变频调速器，具有多种速度设定，从而拓宽镀膜工艺所需参数。

④ 烘烤系统　为保证膜层的牢固度，采用红外线加热玻璃表面，热电偶温控（日本SR43温控仪），固态继电器等元件构成烘烤系统，其测量范围宽，可以对某一点或某一范围的温度进行控制，具有PID自整定功能、精度高等优点。

⑤ 前处理系统　包括打霉机、进线清洗机给玻璃表面进行打霉、清洗，去离子化，为提高膜层质量创造条件。

⑥ 后处理系统　对膜层质量进一步检查确保质量。

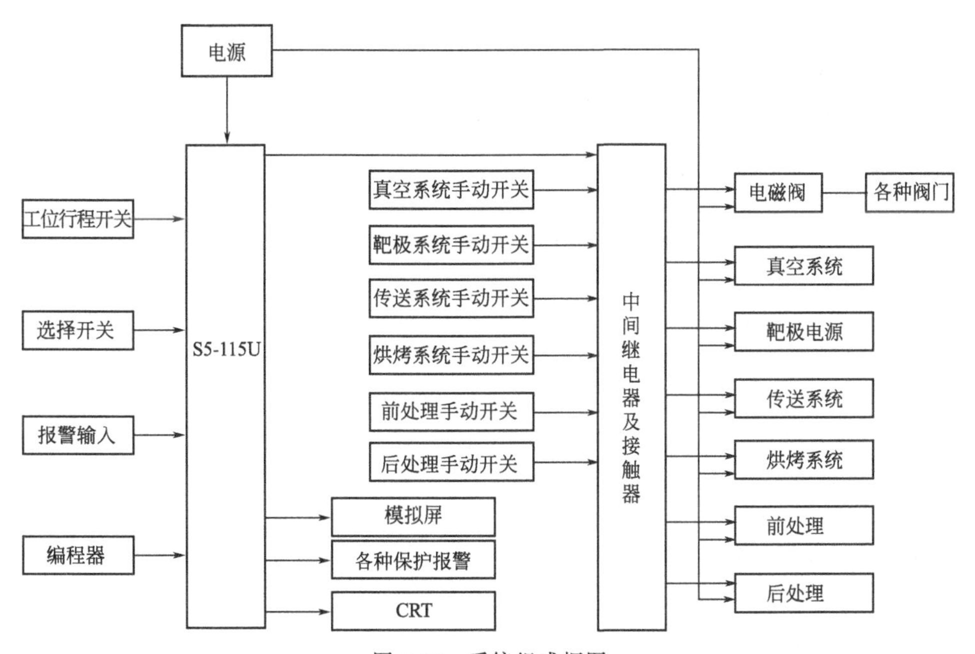

图5-83　系统组成框图

生产线整个系统具有如下性能：

① 整个系统由一台S5-115U可编程控制器控制；

② 该系统操作简单，可实现手动、半自动、全自动功能，且在自动运行时，在不影响全局的情况下可对个别部件出现的故障进行维修；

③ 各部分出现故障能自动发出音响及指示报警；

④ 能对生产流程实时显示，以监测整个运动过程；

⑤ 具有过载、过压短路及断水保护功能；

⑥ 采用 EPROM 芯片存储固化程序，抗干扰能力强；

⑦ 断电时有程序记忆功能；

⑧ 终端显示、记录、存储。

(3) 程序的编制

在 S5-115U 操作系统中的程序块中包括用户程序识别登记模块，模块注册登记模块，内存分配管理模块，用户调用模块、模板输入模块，模板输出模块，M_5 解释执行模块，通信处理模块等，这些模块间的联系通过调用和数据传送。S5-115U 使用 STEP5 语言进行编程。

STEP5 用户程序按功能分为组织程序块（OB）、程序块（PB）、功能模块（FB）、顺序块（SB）、数据块（DB）。

根据 STEP5 用户程序编写语言的特点，运用模块结构进行编写。即将整个控制过程按工艺流程分成若干份。每个部分编制对应某一功能程序，使每个程序都对应一个相应的控制对象。如真空系统、传送系统、靶极电源系统等。各个独立的程序块组成用户程序。在调试、修改逻辑功能时只需改变个别块或个别指令。这种方法给程序编制、调试带来了极大的方便（参看图 5-84，图 5-85）。

当一个控制功能在程序中频繁出现时（例如各工作的抽空机组，靶极电源的控制）采用功能块编写，可以给功能块赋以参数，每次调用功能块都可以规定不同的操作参数，简化了程序。

STEP5 语言有三种形式表示，梯型图（LAD）、控制系统流程图（CSF）、语句表（SFL）。

由于工艺流程较复杂、逻辑性强，使用与编制汇编语言相似的思维方法编程，以缩短编制过程。用语句表（STL）形式编制出逻辑关系明确，逻辑性强的程序。

在程序编制时，首先编制半自动程序，然后在半自动程序的基础上采取一些措施（如调用和跳传指令）形成全自动程序，最后调整程序，编制出带有手动、半自动、全自动程序。

为了保证抽空系统的要求和系统运行的可靠性，设置一些必要的互锁、联锁等保护措施，使控制愈加完善。

5.3.3.3 平面磁控溅射镀膜玻璃生产线安装和保养

(1) 生产线要求的安装条件

① 具有足够作业面积，一般在设备长度确定后，再延长 20～30m。

② 有起吊能力（5t 以上），有足够高度确保能将原片玻璃架从汽车上吊卸下来，或所装的成品从地面装到汽车上所需的厂房高度。

③ 电源

a. 3×380V±5%　50Hz。

b. 设备最大电负荷（kW）。

c. 附属设施用电负荷（kW）。

d. 统计各项电负荷，确定变电所容量。

④ 空压机站

该类生产线，因有相当部分采用气动拖动，故需压缩空气做动力源。因此需有压缩机站。该站的主要技术要求：

a. 最小/最大供气压力 0.5～0.7MP；

b. 杂质微粒≤5μm；

c. 微粒浓度≤5mg/m³；

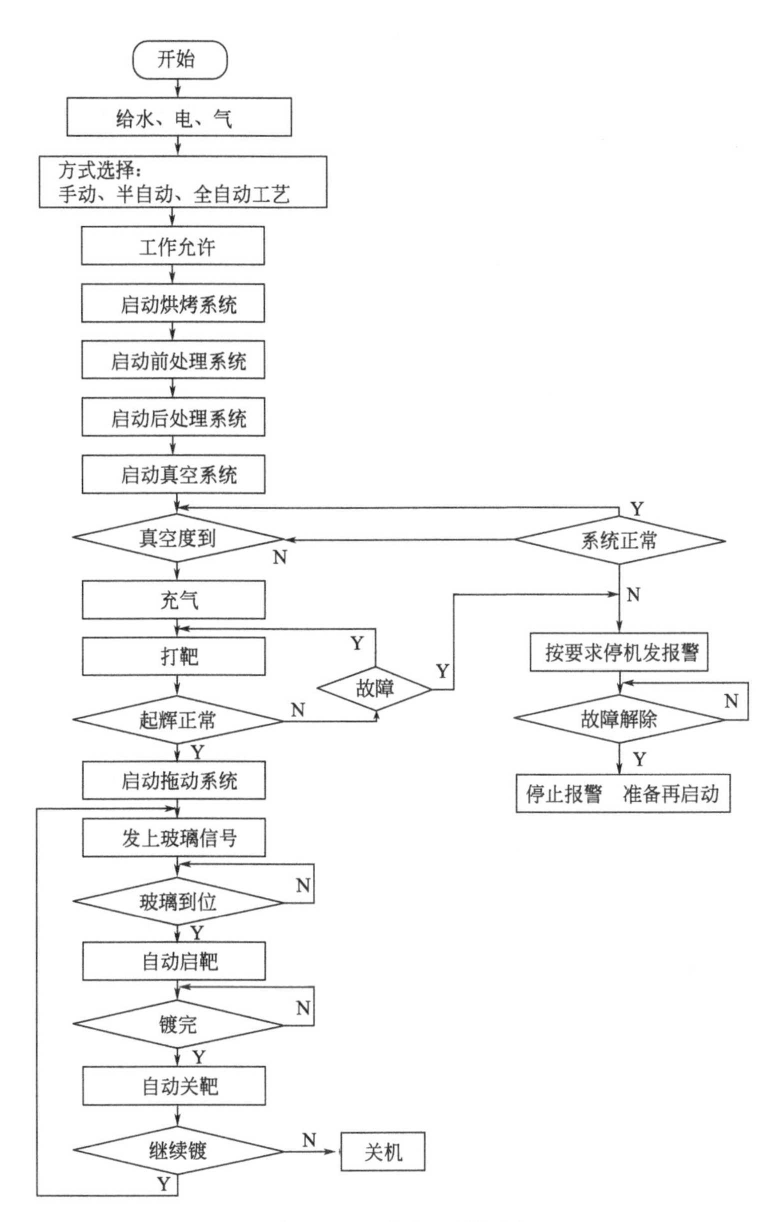

图 5-84 工艺流程总框图

d. 露点 2℃；

e. 油含量≤5×10^{-6}；

⑤ 冷却水

a. 确保供水压力≥0.3MPa；

b. 水量依设备统计数值而定（m^3/h）；

c. 入水温度 15～30℃。

d. 水质

Ⅰ. 硬度（$CaCO_3$ 含量 125.3mg/L）最大：7°dH；

Ⅱ. 酸碱度（pH 值）8～8.5；

Ⅲ. 不允许有磁性粒子；

Ⅳ. 备有水循环系统，依设备统计量为准。

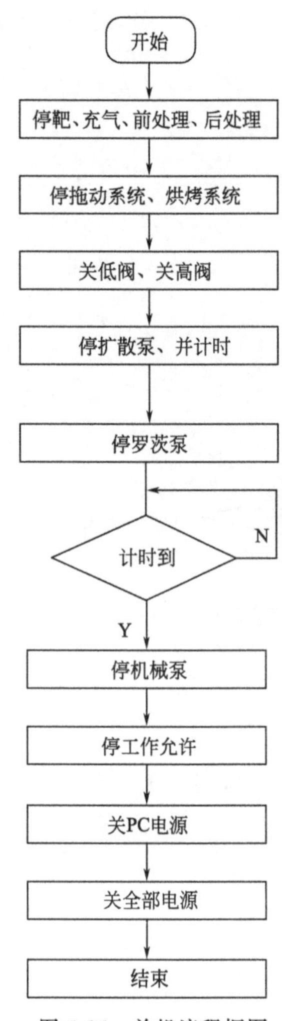

图 5-85 关机流程框图

⑥ 去离子水系统

a. 提出当地水质报告，为去离子水设备配置确定选择参数。

b. 去离子水产量以设备为准提出耗量值。

c. 去离子水水质

Ⅰ. 系统成品水电阻率≥$10^5\Omega\cdot cm$；

Ⅱ. 全部去除水中胶体。

⑦ 供给的介质气体源

氩气（Ar）最少 2 瓶
氧气（O_2）最少 2 瓶
氮气（N_2）最少 2 瓶
（以上）多备用亦可

⑧ 生产线环境要求

a. 环境温度 15～25℃；

b. 环境湿度相对湿度小于 75%；

c. 环境具有一定防尘措施。

(2) 生产线的安装调试

① 生产线安装前的准备工作

a. 检验地基基础是否符合生产线各装置的位置要求，尤其是带预留孔的孔位，孔深是否达标。

b. 对地基平面，由经纬仪测定出最高点，以此为准安装设备。其他装置低于设备水平面，加入楔铁固定。

c. 对预埋管路（水、电、气管）全部检验，清理管路污物，确保管路通畅。

② 安装调试

a. 以设备落在最高点上的设备基准平面为准，测量其水平度，连接其他各装置。

b. 机电合机，进行单机单功能试验，最后进入自动程序试验。

c. 真空度达标时间

Ⅰ. 预储真空室达标（10^5～6.7×10^{-2}Pa）60s

Ⅱ. 输出真空室达标（10^5～6.7×10^{-2}Pa）60s

Ⅲ. 过渡真空室，测试真空室（10^5～6.7×10^{-3}Pa）80～90min

d. 传送玻璃系统

Ⅰ. 原片玻璃进线后，经过Ⅰ—前处理段，Ⅱ—真空镀膜段和Ⅲ—后处理段至出线工作台，玻璃跑偏量与进线比较，±10mm 为合格。

Ⅱ. 各传动单元满足工艺节拍要求。

e. 其他按各装置功能检查认定合格。

f. 镀制玻璃达标，完成调试

Ⅰ. 设定膜透射率镀制；

Ⅱ. 设定节拍镀制；

Ⅲ. 取样检测，编制新工艺程序完成调试，进入试生产。

(3) 维修保养

① 真空系统的保养

a. 真空系统，包括扩散泵（有时配有涡轮分子泵）、罗茨泵、机械泵及连接控制气流走向的真空阀门等，使用一个阶段后，均会发生故障。较突出现象是抽气时间长，真空度下降。其规律性故障是：真空阀门有的漏气，甚至失效；泵油老化，扩散泵不工作；罗茨泵、机械泵发热，有杂音或噪声。及时检查维修，更换泵油或添加泵油。

b. 各传动装置的动密封要定期检漏，认定是否密封圈老化、失效，发现失效，立即更换。

c. 真空室经常开启的地方，盖、盲盖、规管座、测温座等，其静密封有因划伤，压入异物，甚至老化断裂，也是造成密封失效的重点部位。应及时检查、维修。

② 传动系统，定期注入润滑油。

③ 真空计要经常检查。定期送至专业计量部门校准，确保检测真实。

④ 光透射仪，测温热偶要定期校准。

(4) 镀膜产品质量与设备故障的相关性分析

镀膜玻璃产品经常出现质量问题，如镀后的玻璃在底面灯照时发现条形阴影，镀后膜层出现斑点或脱落，出现星点或针孔以及“手印”，膜层不牢等疵病，都是不允许的，必须查找原因，及时排除。

出现这类质量问题，与设备相关的因素有如下几个方面。

① 出现条形阴影是因磁控溅射阴极靶有弧光放电或玻璃进入镀膜区（靶极下面）时突然出现闪耀式放电，使被镀玻璃膜层失去连续均匀性，造成条形阴影。一般原因：靶极电极场条件不好；通入的气体不均、不稳；真空度不稳。

② 出现针孔的原因有：靶极上的沉积物脱落在玻璃表面上，或待镀时飘落在玻璃表面的灰尘等造成的，检查后应立即清理靶极及前道工序的真空室（预储真空室）的卫生；去离子水的水电阻率值下降低于10^3MΩ·cm；溅射室内其他小部位有瞬间弧光放电，及时清理卫生。

③ 出现“手印”、“纸印”，膜层不牢等原因：前处理洗涤效果不良好；原片储存期过长，发霉造成。

④ 镀后的玻璃表面出现严重色差的原因：膜透射仪显示不准确，造成同批量膜层几何厚度或光学厚度出现大误差，故反射颜色不一致；玻璃原片有色差。

参 考 文 献

[1] 李学丹编著．真空沉积技术．杭州：浙江大学出版社，1994.
[2] 张世伟编著．真空镀膜技术与设备．北京：化学工业出版社，2007.
[3] 钱振型主编．固体电子学中的等离子体技术．北京：电子工业出版社，1987.
[4] L Eckertova. Pngsics of Thin Films. Plenum Press and Sntl，1997.
[5] 唐伟忠著．薄膜材料制备原理、技术及应用．北京：冶金工业出版社，1998.
[6] [美] J. L沃森．薄膜加工工艺．刘光诒译．北京：机械工业出版社，1987.
[7] 陈雅等．真空，1994 (3)：30-32.
[8] 范玉殿等．真空材料与技术，1987 (7)．
[9] 李云奇主编．真空镀膜技术与设备．沈阳：东北大学出版社，1989.
[10] 侯晓波等．真空，1999 (6)：1-5.
[11] 陈后平主编．真空薄膜物理与技术．南京：东南大学出版社，1993.
[12] 姜燮昌．真空，2002 (3)：1-9.
[13] 王福浈主编．表面沉积技术．北京：机械工业出版社，1989.
[14] 薛玉明等．真空，2005 (4)：12-14.
[15] 张渐平等．真空，1991 (1)：21-31.
[16] 张刊著．离子镀及溅射材料．北京：国防工业出版社，1990.
[17] M J Thwaites等．真空，2005 (1)：43-45.
[18] 伶法本．真空，1985 (3)：4-7.
[19] 王德荣．真空，2001 (6)：24-35.
[20] 杨乃恒．幕墙玻璃真空镀膜技术．沈阳：东北大学出版社，1994.

第6章 真空离子镀膜

6.1 真空离子镀膜及其分类

真空离子镀膜（简称离子镀）是 1963 年美国的 Somdia 公司的 D. M. Mattox 所提出，20 世纪 70 年代得到快速发展的一种全新的表面处理技术。它是指在真空气氛中利用蒸发源或溅射靶使膜材蒸发或溅射，蒸发或溅射出来的一部分粒子在气体放电空间中电离成金属离子，这些粒子在电场的作用下沉积到基体上生成薄膜的一种过程。

目前，真空离子镀膜的种类很多[1]，通常根据膜材产生的离子来源将其分为两种类型：蒸发源型离子镀和溅射靶型离子镀。前者是通过膜材加热蒸发而产生金属蒸气，使其在气体放电等离子的空间中部分电离成金属蒸气和高能中性原子，通过电场的作用到达基体上生成薄膜；后者则是利用高能离子（如 Ar^{+}）对膜材表面进行轰击使其溅射出来的粒子通过气体放电的空间电离成离子或高能中性原子，达到基体表面上而生成薄膜。各种离子镀的类型如图 6-1 所示。

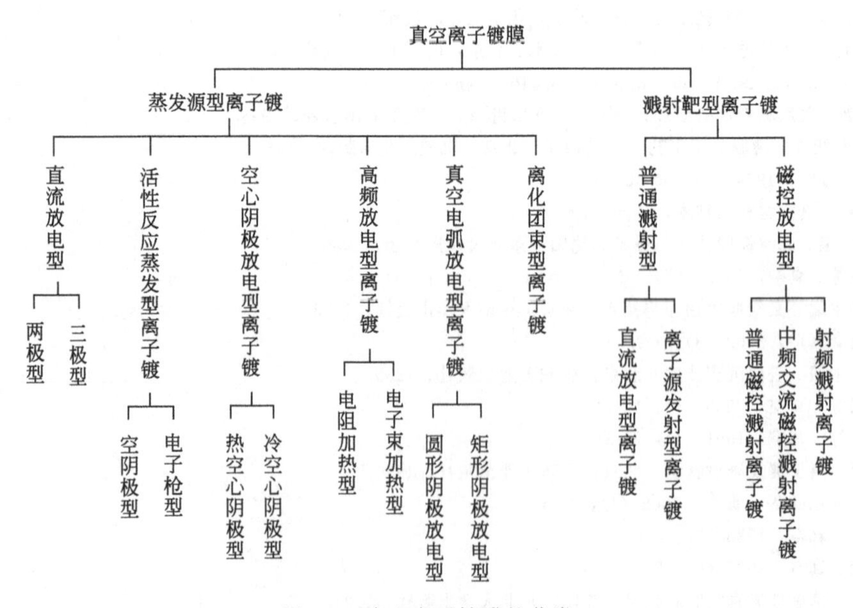

图 6-1 真空离子镀膜的分类

6.2 离子镀膜原理及其成膜条件

真空离子镀膜的原理如图 6-2 所示。首先将镀膜室压力抽到低于 10^{-3}Pa 以下，然后通入工作气体（Ar）使其压力升到 $10^{0}\sim10^{-1}$Pa，接入高压。由于作为阴极的蒸发源接地，基体接入可调节的负偏压，这时电源即可在蒸发源与基体间建立起低压气体放电的低温等离子区；电阻加热式蒸发源通电加热膜材后，从膜材表面上逸出来的中性原子，在向基体迁移的过程中通过等离子体时，部分原子由于与电子碰撞而电离成正离子；另一部分，则因与工作气体中的离子碰撞交换电荷后也可生成离子。这些离子在电场作用下被加速而射向接入负电位的基体后，即可生成薄膜。除此之外，还会由于电场的加速作用，这些已经被电离的离子在向基体加速运动的过程中，其能量再不断地增加。如果在到达基体之前又遇到电子或与工作气体中的原子或与蒸发源中逸出来的中性原子再行碰撞时，还可以进行电荷交换使其又变成具有较高能量的高能中性原子后，再沉积到基体上成膜。计算表明[2]在通常的离子镀条件下传递给基体上去的能量，由离子带的只在 10%；而 90%的能量是由高能中性粒子携带的。可见离子镀中的蒸气流是由小部分的高能离子和大部分的高能中性粒子所组成的。而这些离子与高能中性粒子的能量则是由基体上施加的负偏压的大小所决定的。例如，施加负偏压，为 3kV 的二极离子镀到达基片上的粒子能量的平均值大约为 10^{2}eV 数量级。可见离子镀的粒子能量与蒸发镀与溅射镀的粒子能量相比较要大得多。这就是离子镀膜的附着力远大于蒸发镀和溅射镀的重要原因之一。

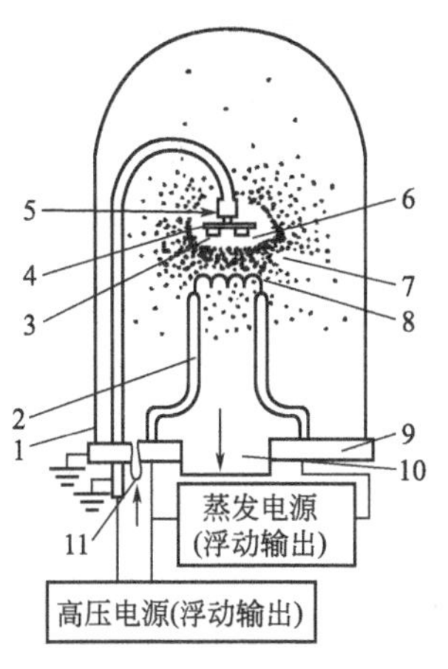

图 6-2　离子镀原理

1—真空室；2—绝缘引线；3—基体阴极；4—基本架；5—离压引线屏蔽；6—阴极暗区；7—辉光放电区；8—蒸发源；9—底座；10—真空系统抽气口；11—工作气体入口

在上述离子镀的薄膜生成过程中，由于原子和离子的沉积作用与离子轰击基体表面产生的反溅射所引起的剥离作用是同时存在的。因此，只有当沉积作用大于反溅射的剥离作用时，才能继续维持其薄膜的生成[3]。

如果只考虑蒸发原子沉积作用，则单位时间内入射到单位基片表面上的金属原子数 n 可用下式表示：

$$n=R_{V}\frac{10^{-4}\rho N_{A}}{60M}\quad 个/(cm^{2}\cdot s) \tag{6-1}$$

式中，R_V 为沉积原子在基体表面上的成膜速率，μm/(cm² · min)；ρ 为沉积膜材的密度，g/cm³；M 为沉积原子的摩尔质量，g/mol；N_A 为阿伏伽德罗常数，$N_A=6.022\times10^{23}mol^{-1}$。

对于 Ag(M=107.87g/mol，ρ=10.49g/cm³)，当蒸发速率为 1μm/(cm² · min) 时，$n=9.76\times10^{16}$个/(cm² · s)。

上式中并未考虑溅射剥离作用。如果考虑离子轰击的剥离效应，则应引入溅射率的概念。如果轰击基体正离子是 1 价时，测得离子流密度为 j_i，则每秒内轰击基体表面的离子数为 n_i 为：

$$n_{i}=\frac{10^{-3}j_{i}}{1.6\times10^{-19}}=6.3\times10^{15}j_{i}\ (cm^{-2}\cdot s^{-1}) \tag{6-2}$$

式中，1.6×10^{-19} 为 1 价正离子的电荷量，C；j_i 为入射离子形成的电流密度，

mA/cm^2。

一般的入射离子都具有反溅射剥离能力，则由式(6-1) 和式(6-2) 可知，在离子镀中，要想沉积成膜，必须使沉积效果大于溅射剥离效果，即离子镀的成膜条件为：

$$n > n_i \tag{6-3}$$

通常，n_i 中除了应包括有附加气体所产生的附加气体的离子数外，还应考虑入射离子的能量。因为，最终决定反溅射的概率，主要取决于离子的能量。

正常以离子能量 500eV 为界，将离子分为高能和低能。离子镀通常是采用低能离子轰击。离子能量一般低于 200eV，对提高沉积原子的迁移率和附着力，对表面弱吸附原子的解吸，改善膜的结构和性能有益。若离子能量过高，则会产生点缺陷，使膜层形成空隙和导致膜层应力增加。离子到达比是指轰击膜层的入射离子通量 ϕ_i 与沉积原子通量 ϕ_a 之比，即 $\frac{\phi_i}{\phi_a}$。

离子镀时，每个沉积原子由入射离子获得的能量（平均值），称为能量获取值 E_a (eV)[3]

$$E_a = \frac{\phi_i}{\phi_a} E_i \tag{6-4}$$

式中，E_i 为入射离子的能量，eV；$\frac{\phi_i}{\phi_a}$ 为离子到达比。

一般情况下，在 E_a 低于 1 eV 时，膜层的结构和性能没有任何变化，而 E_a 为 5～25eV 时膜层的结构和性能会发生显著变化。实验数据表明：在某些能量条件下，$n < n_i$ 也能成膜。由于反溅射的关系，离子到达比越高，则成膜速率越低。

6.3 离子镀膜过程中等离子体的作用及到达基体入射的粒子能量

气体放电的低温等离子体作为离子镀中提高沉积粒子（原子、原子团等）能量，增加沉积粒子的离化概率，从而促进膜生成和膜性能的物理和化学过程是离子镀膜技术中一项十分重要的举措。它的具体作用，大致有如下几个方面：①改变薄膜生长的动力学过程，促进膜的组织结构的变化；②等离子体可使膜材粒子与反应气体之间产生激活反应，从而增强化合物薄膜的形成过程；③包括离子化粒子在内的等离子体具有一定的能量，为激发沉积粒子达到较高的能量提供了必要的激活能。从而，为制备具有特殊功能的薄膜创造了条件。

从上述等离子体的作用上可以看出：要想制备出高质量的薄膜，控制好膜在生长过程中的微观结构，提高膜基界面上的附着力应尽量增加到达基体上去的离子通量和提高膜材粒子的能量。因此，在离子镀膜工艺创造膜材粒子在基体附近具有高的离化率，使到达基体上去的离子流密度至少要达到 $0.77mA/(cm^2 \cdot s)$。并且，保证膜材粒子的沉积作用大于它的反溅射剥离作用。这几个条件是十分必要的。

在通常的离子镀过程中，传递给基体上去的能量电离带给的只占 10%，而 90%的能量都是由高能中性粒子带给的[3]，大约占 90%。可见离子镀膜材蒸气流是由小部分高能离子和大部分高能中性原子所组成。而离子与高能中性粒子的能量来源则与基体上所施加的负偏压大小有关。

6.4 离子轰击在离子镀过程中产生的物理化学效应

在离子镀中离子参与了成膜的整个过程。由于基体上负偏压的加入，致使离子在镀膜前，首先对基体表面进行轰击；然后在镀膜初始阶段对膜基界面的轰击。在膜生成过程中能导致的各种物理、化学效应，概括起来主要有如下几个方面。

(1) 离子轰击基体表面所产生的各种效应[3]

① 离子溅射对基体表面产生清洗作用　这一作用不但清除基片表面上吸附污染层和氧化物；而且，如果轰击粒子能量高，化学活性大，还可以与基片发生化学反应。其产物大多是易挥发或易溅射的物质，极易在离子轰击时被清除掉。

② 产生表面缺陷　轰击离子传递给晶格原子的能量 E_t 决定于粒子的相对质量，其值为：

$$E_t=\frac{4M_iM_p}{(M_i+M_p)}E \tag{6-5}$$

式中，M_i 为入射粒子的质量；M_p 为基片原子的质量；E 为入射粒子的能量。

若入射粒子传递给基片原子的能量超过离位阈能（约 25eV），则晶格原子就会产生离位迁移到间隙位置中去，从而形成空位和间隙原子等缺陷。这些缺陷的凝聚会形成位错网络。尽管有缺陷的聚集，但在离子轰击的表面层区域仍然保留着极高的残余浓度的点缺陷。

③ 破坏表面结晶结构　如果离子轰击产生的缺陷是充分稳定的，则表面的晶体结构会被破坏，从而变成非晶态结构。同时，气体的掺入也会破坏表面结晶的结构。

④ 改变表面形貌　无论对晶态基体还是非晶态基体，离子的轰击作用都会使表面形貌发生很大的变化，使表面粗糙度增加。

⑤ 离子掺入　低能离子轰击会造成气体掺入到表面和沉积膜之中。不溶性气体的掺入能力决定于迁移率、捕集位置、温度以及沉积粒子的能量。通常非晶材料捕集气体的能力比晶体材料强。当然轰击加热作用也会引起捕集气体的释放。

⑥ 温度升高　轰击粒子能量的大部分变成表面热能。使基体表面产生温度升高，有易于轰击表面成分的扩散。

⑦ 表面成分发生变化　溅射及扩散作用会造成表面成分与整体材料成分的不同。表面区域的扩散会对成分产生明显的影响。高缺陷浓度和高温会增强扩散。点缺陷易于在表面富集。缺陷的流动会使溶质偏析并使较小的离子在表面富集。

(2) 离子轰击对膜、基界面过渡层的影响

当膜材原子开始沉积时，离子轰击对膜、基界面所产生的影响很大。主要有以下几个方面。

① 物理混合　因为高能离子注入，沉积原子的被溅射以及表面原子的反冲注入与级联碰撞现象，将引起近表面区膜/基界面的基片元素和膜材元素的非扩散型混合。这种混合效果将有利于在膜/基界面间形成“伪扩散层”，即膜/基界面间的过渡层。过渡层厚达几微米，其中甚至会出现新相。这对提高膜/基界面附着强度是十分有利的。

如直流二极型离子镀，银膜与铁基界面可形成 100nm 厚的“伪扩散层”。磁控溅射离子镀在铜基片上镀铝膜时可形成 $1\sim4\mu m$ 厚的“伪扩散层”，而且基片的负偏压越高，这种混合作用越大。

② 增强扩散　近表面区的高缺陷浓度和较高的温度会提高扩散率。由于表面是点缺陷，小离子有偏析表面的倾向，离子轰击有进一步强化表面偏析的作用，并会增强沉积和基片原子的相互扩散程度。

由于这种作用，离子镀还能使金属材料表面合金化。例如，利用磁控溅射离子镀技术在碳钢（Q235）基片上沉积镀膜时，当基体偏压为 $-1500V$ 时，薄膜中出现了 Al_3Fe_4 和 Al_5Fe_2 以及 AlFe 三个相。

③ 改善成核模式　原子凝结在基片表面上的特性是由它的表面的相互作用及它的表面上的迁移特性所决定的。如果凝结原子和基片表面之间没有很强的相互作用，原子将在表面

上扩散，直到它在高能位置上成核或被其他扩散原子碰撞为止。这种成核模式称非反应性成核。即使原来属于非反应性成核模式的情况，经离子轰击表面产生更多缺陷，增加了成核密度，从而，更有利于形成扩散-反应型成核模式。

④ 优先除掉松散结合的原子 表面原子的溅射决定于局部的结合状态。对表面的离子轰击更有可能溅射掉结合较松的原子。这种效果在形成反应扩散型的界面时更为明显。例如，通过溅射镀膜的方法在硅片表面上沉积铂。从而，可以获得纯净的铂-硅膜层。

（3）离子轰击在薄膜生长过程中对膜的影响

在通常情况下，由于沉积的薄膜材料和块装材料其性质和特性完全不同，其中包括小晶粒尺寸高缺陷浓度，较低的再结晶温度，屈服点较高的内应力，亚稳态结构，相组分以及化学成分上的非化学配比等诸多方面。因此，在离子镀中的正离子对膜层的轰击必将影响到它的形态结晶组分，物理性能等有关特性。总起来大致有：①离子轰击可消除柱状晶提高膜层一致性；②离子轰击可改变涂层生长的动力学过程，有利于化合物涂层的形成，在低温下，不但可以形成化合物，而且还可能出现新的亚稳相，从而，改变膜层的组织结构和性能；③离子轰击对膜层的内应力有较大影响，特别是残余应力为压应力时，有时还可以起到增强膜裂纹不易扩散的作用，因此比处于自由状态下的材料具有较强的抗破坏能力；④离子轰击可提高金属材料的疲劳寿命，因为在离子镀过程中高能粒子轰击基体时，既可使基体表面产生压应力，又可使基体表面合金化，从而，强化了基体的表面；⑤离子轰击可使膜材粒子产生较大的绕射作用，从而改善了表面涂层的覆盖度，这是因为蒸发的原子不断地受到工作气体的碰撞而引起的散射作用的结果。

6.5 离化率与中性粒子和离子的能量及膜层表面上的活化系数

6.5.1 离化率

等离子体中的离化率是指物质被电离的原子数占该物质全部被蒸发原子数的百分比。它是衡量离子镀特性，特别是反应离子镀特性的重要指标。离化率越大，则物质的活化程度也就越高。被蒸发原子和反应气体的离化程度对膜层附着力、硬度、耐热抗蚀、结晶结构等性质都有着直接的影响。

有关离化率，在真空镀膜技术中，一般考虑单组分。离化率可定义为：

$$\alpha=\frac{n_{\mathrm{i}}}{n_{\mathrm{a}}+n_{\mathrm{i}}}=\frac{n_{\mathrm{i}}}{n} \tag{6-6}$$

式中，n_{i} 为离子密度；n_{a} 为中性粒子密度；n 为等离子体云的密度。

6.5.2 中性粒子所带的能量

若中性粒子具有的能量为 W_{a}。它主要取决于加热蒸发的温度，其值为：

$$W_{\mathrm{a}}=n_{\mathrm{a}}E_{\mathrm{a}} \tag{6-7}$$

式中，n_{a} 为单位时间沉积到单位面积上的中性粒子数；E_{a} 为蒸发沉积粒子的动能，$E_{\mathrm{a}}=\frac{3}{2}kT_{\mathrm{a}}$；$k$ 为波尔兹曼常数，T_{a} 为蒸发物质的温度。

此外，中性粒子在放电空间飞行时，还会受到电子、工作气体离子和分子的碰撞，有能量交换，其能量值会有变化。

6.5.3 离子能量

轰击离子传递的能量 W_{i} 主要由阴极（基片）加速电压决定，其值为：

$$W_i = n_i E_i \tag{6-8}$$

式中，n_i 为单位时间对单位面积轰击的离子数；E_i 为离子的平均能量，$E_i \approx eU_i$；U_i 为沉积离子的平均加速电压。

6.5.4 膜层表面的能量活化系数

由于荷能离子的轰击，基片表面或膜层粒子能量增大和产生界面缺陷，使基片活化；而膜层也是在不间断活化的状态下凝聚生长。膜层表面能量活化可用能量活化系数 ε 度量，即：

$$\varepsilon = \frac{W_a + W_i}{W_a} = \frac{n_a E_a + n_i E_i}{n_a E_a} \tag{6-9}$$

式中，n_a、E_a 为单位时间、单位面积上所沉积的中性粒子数及其动能；n_i、E_i 为单位时间、单位面积上所轰击的离子数及其平均能量。

该系数是增加离子作用后的凝聚能与单纯蒸发时的凝聚能的比值。由于 $E_a = \frac{3}{2}kT_a$，$E_i = eU_i$，其中 k 为波尔兹曼常数；T_a 为中性粒子的热力学温度；e 为电子电荷量；U_i 为离子的加速电压。因此可得：

$$\varepsilon = \frac{eU_i}{\frac{3}{2}kT_a} \times \frac{n_i}{n_a} + 1 \tag{6-10}$$

式中，$\frac{n_i}{n_a}$为镀膜表面上沉积粒子的电离度，其与离化率 α 有关系式$\frac{n_i}{n_a} = \alpha(1-\alpha)$。由于 $n_a E_a$ 通常比 $n_i E_i$ 低得多，所以能量活化系数 ε 可近似用下式表达：

$$\varepsilon = 6 \times 10^3 \frac{U_i}{T_a} \times \frac{n_i}{n} \tag{6-11}$$

式中，T_a 为绝对温度，K；$\frac{n_i}{n}$为离子镀过程中的离化率。

由此可见，在离子镀过程中，由于基片负偏压（离子加速电压）U_i 的存在，即使离化率 α 很低，也会影响表面能量活化系数。假定蒸发源的膜材温度为 2000K，则其在电子束蒸发镀中蒸发原子平均能量约为 0.2eV，溅射镀产生的中性原子平均能量约为几个电子伏；而在离子镀中，入射离子能量取决于基片负偏压，典型能量为 50～5000eV。各种不同镀膜方法所能达到的表面能量活化系数 ε 值见表 6-1。由表中表明：在离子镀过程中，即使离化率较低也能提高 ε 值。可以通过改变 n_i/n 和 U_i，使值提高 2～3 个数量级。

表 6-1 不同镀膜技术的表面能量系数

镀膜技术	能量系数 ε	参数	
真空蒸发	1	蒸发粒子的能量 $E_V \approx 0.2eV$	
溅射	5～10	溅射粒子的能量 $E_s \approx 1～10eV$	
离子镀	能量系数 ε	离化率(n_i/n)/%	平均加速电压 U_i/V
	1.2	0.1	50
	3.5	1～0.01	50～5000
	25	10～0.1	50～5000
	250	10～1	500～5000
	2500	10	5000

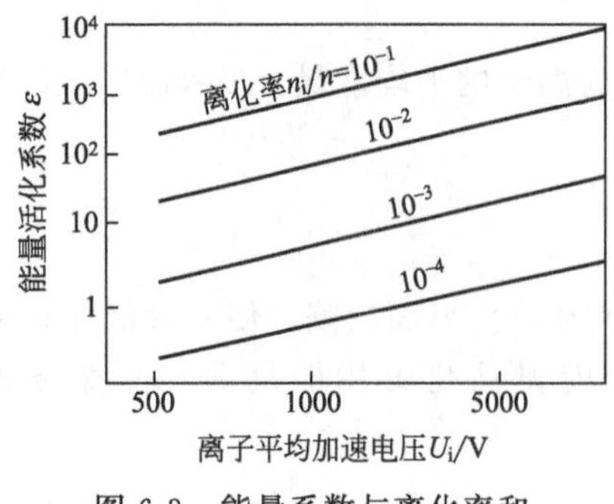

图 6-3 能量系数与离化率和加速电压的关系

图 6-3 是在蒸发温度 $T_a=1800K$ 时，能量活化系数 ε 与离化率 n_i/n 和 U_i 的关系。从图中可知，能量活化系数 ε 与加速电压的关系，在很大程度上受离化率的限制。因此，提高离化率非常重要。为了提高离子镀的能量活化系数，必须提高离子镀设备的离化率。离子镀技术的发展过程就是其离化率不断提高的过程。几种离子镀设备的离化率见表 6-2。从表中不难看出，电弧放电型离子镀设备的离化率是最高的。这就是目前电弧离子设备受人们关注的理由之一。

表 6-2 几种离子镀装置的离化率

离子镀装置	Mattox 二极型	射频激励型
离化率(n_i/n)/%	0.1～2	10
离子镀装置	空心阴极放电型	电弧放电型
离化率(n_i/n)/%	22～40	60～80

6.6 离子镀涂层的特点及其应用范围

离子镀与蒸发镀、溅射镀相比，最大特点是荷能离子一边轰击基体与膜层，一边进行沉积。荷能离子的轰击作用所产生一系列的效应，主要有如下几点。

① 膜/基结合力（附着力）强，膜层不易脱落。由于离子轰击基体产生的溅射作用，使基体受到清洗，激活及加热，既可去除基体表面吸附的气体和污染层，也可去除基体表面的氧化物。离子轰击时产生的加热和缺陷可引起基体的增强扩散效应。既提高了基体表面层组织结晶性能，也提供了合金相形成的条件。而且，较高能量的离子轰击，还可产生一定的离子注入和离子束混合效应。

② 离子镀由于产生良好的绕射性。在压力较高的情况下（≥1Pa）被电离的蒸气的离子或分子在它到达基体前的路程上将会遇到气体分子的多次碰撞。因此，可使膜材粒子散射在基体的周围。从而改善了膜层的覆盖性。而且，被电离的膜材粒子，还会在电场的作用下沉积在具有负电压基体表面的任意位置上。因此，这一点蒸发镀是无法达到的。

③ 镀层质量高。由于离子轰击可提高膜的致密度，改善膜的组织结构，使得膜层的均匀度好，镀层组织致密，针孔和气泡少。因此，提高了膜层质量。

④ 沉积速率高，成膜速度快，可制备 30μm 的厚膜。

⑤ 镀膜所适用的基体材料与膜材均比较广泛。适用于在金属或非金属表面上镀制金属、化合物、非金属材料的膜层。如在钢铁、有色金属、石英、陶瓷、塑料等各种材料的表面镀膜。由于等离子体的活性有利于降低化合物的合成温度，因此离子镀比较容易地镀制各种超硬化合物薄膜。

由于离子镀具有上述特点，所以其应用范围极为广泛。利用离子镀技术可以在金属、合金、导电材料甚至非导电材料（采用高频偏压）基体上进行镀膜。离子镀沉积的膜层可以是金属膜、多元合金膜、化合物膜；既可镀单一镀层，也可镀复合镀层；还可以镀梯度镀层和纳米多层镀层。采用不同的膜材，不同的反应气体以及不同的工艺方法和参数，可以获得表面强化的硬质耐磨镀层，致密且化学性质稳定的耐蚀镀层，固体润滑层，各种色泽的装饰镀层以及电子学、光学、能源科学等所需的特殊功能镀层。离子镀技术和离子镀的镀层产品已得到非常广泛的应用。表 6-3 给出了适用于不同基体材料上的离子镀膜及其用途。

表 6-3 离子镀膜的特点及用途

膜层类别	膜层材料	基体材料	膜层特性及应用
金属膜	Cr	型钢、软钢	抗磨损(机械零件)
	Al、Zn	钛合金、高碳钢、软钢	防腐蚀(飞机、船舶、汽车)
	Pt	钛合金	抗氧化、抗疲劳
	Ni	硬玻璃	抗磨损
	Au、Cu、Al	塑料	增加反射率、装饰
	P、Au	镍、镍铬铁合金	滑润
	Au、W、Ti、Ta	钢、不锈钢	耐热(排气管、汽车、飞机发动机)
	Ag、Au、Al、Pt	硅	电接触点、引线
合金	Al 青铜	中、高碳钢	滑润(高速转动件)
	Co-Cr-Al-Y	镍合金、高温合金	抗氧化
	不锈钢	塑料	装饰
非金属	B	钛	抗磨损
	C	硅、铁、铝、玻璃	防腐蚀
化合物	TiN	各种钢	防腐蚀、抗磨损(机械零件、工具)
	AlN	Mo	抗氧化
	CrN	Al	抗磨损
	Si_3N_4	Mo	抗氧化
	TiC	Mo	抗磨损(超硬工模具)

离子镀技术特别适用于沉积硬质薄膜。离子镀硬质耐磨镀层广泛应用于刀具、模具、抗磨零件，为它们镀上超硬抗磨损保护膜。常用膜系包括 TiN、ZrN、HfN、TiAlN、TiC、TiCN、CrN、Al_2O_3 等，此外，还有更坚硬的类金刚石（DLC），TiB_2 和碳氮（CN_x）膜。离子镀制备的主要硬质化合物膜层的性能见表 6-4。

表 6-4 离子镀的主要硬质化合物膜层的特性

膜层材料	膜层颜色	硬度 HV /N	耐温 /℃	电阻率 /(μΩ·cm)	传热系数 /[W/(m²·K)]	摩擦系数 (100℃)	层厚 /μm
TiN	金黄	2400±400	550±50	60±20	8800±1000	0.65～0.70	2～4
TiCN	红棕/灰	2800±400	450±50		8100±1400	0.40～0.50	2～4
CrN	银灰	2400±300	650±50	640	8100±2000	0.50～0.60	3～8
Cr_2N	深灰	3200±300	650±50				2～6
ZrN	亮金	2200±400	600±50	30±10		0.50～0.60	2～4
AlTiN	黑	2800±400	800±50	4000～7000	7000±400	0.55～0.65	2～4
AlN	蓝	1400±200	550±50				2～5
MnN	黑		650±50				2～4
WC	灰	2300±200	450±50				1～4
W-C:*H*	黑/蓝灰	900～1400	350±50		7600±1000	0.15～0.30	1～5
DLC		3000～4000				0.10～0.20	1～2
纳米多层 TiN/ AlN		4000					

被镀基体材质包括高速钢、模具钢、硬质合金、高级合金钢等。镀层厚度一般为 2.5～5μm。镀膜产品包括钻头、铣刀、齿轮刀具、拉刀、丝锥、剪刀、刮面刀片、铸模、注塑模、磁粉成型模、冲剪模以及汽车的耐磨件、医疗器械等。这些超硬镀层大大提高了工模具的抗磨损能力，延长了使用寿命（如 TiN 涂层麻花钻头，使用寿命可提高 3～10 倍），降低

了生产成本，提高了加工精度。

6.7 离子镀膜的参数

为了获得符合工艺要求的各种不同种类的优质离子镀涂层，必须使沉积的膜具有合适的成分、组织结构和膜/基界面上牢固的结合力。这可以通过上述的离子轰击效应对成膜过程的各相关环节的有利影响来加以实现。影响离子镀成膜的主要因素是到达基体上的各种粒子（包括膜材原子和离子、工作气体的原子和离子、反应气体的原子和离子）的能量、通量和各通量的比例。此外，还有基片的表面状态和温度。其实施的手段关键是调控粒子的等离子体浓度和能量以及基体的温升。由于不同的离子镀技术和设备产生和调控等离子体的机制有所不同。因此，仅就其共同影响成膜过程中的一些规律性参数，作简要的介绍。

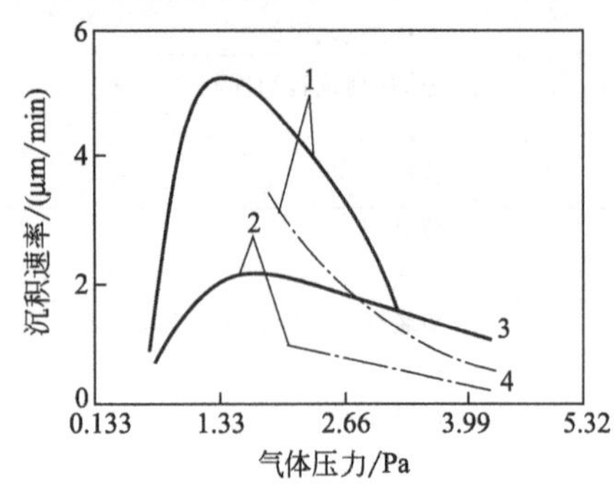

图 6-4 平板形基片电子束蒸发离子镀过程中沉积速率与 Ar 气压力之间的关系曲线

1—正对蒸发源的基片表面；2—背对蒸发源的基片表面；3—镀金膜，蒸发功率 7.2kW；4—镀不锈钢（304）膜

6.7.1 镀膜室的气体压力

对于普通离子镀而言，镀膜室的气体压力就是抽至本底之后充入的气体到工作气体的压力；对于反应离子镀，镀膜室的气体压力应根据工作气体放电和维持稳定放电的条件来决定，由于它对蒸发膜材粒子的碰撞电离至关重要。所以，镀膜室气体压力是建立等离子体，调控等离子体浓度和各种粒子离子到达基片的数量的重要参数之一。它不但会影响沉积速率，而且还会影响成膜的渗气量。另外，膜材粒子在飞越放电空间时还会受到气体粒子的散射作用。随着气体压力值增加，散射也将增加，这样既可提高沉积粒子的绕射性，使工件正反面的涂层趋于均匀，也有利于镀层的均匀性。当然，过大的散射会使沉积速率下降，如图 6-4 所示。该实验在蒸发功率 6kW，蒸距 140mm，工作电压 2000V 时随着气体压力的增加，沉积速率先增大，待达到最大值后，随之则会逐渐地减小，其中存在一个最佳的气压值。

6.7.2 反应气体的分压

在反应离子镀中，一般通入工作气体和反应气体的混合气体。比如，要沉积 TiN，除蒸发膜材 Ti 外，还会通入 Ar 与 Ti 的混合气体。以工作气体 Ar 稳定放电，以 N_2 与 Ti 进行反应生成 TiN。除控制 Ar+ N_2 总气体压力外，还应调节 Ar 与 N_2 的比例。在恒定压力控制时，只调节 N_2 的气压。在恒流量控制时，调节 Ar 和 N_2 的流量比例。由于 N_2 的分压（或流量）高低会影响合成反应产物的化学计量配比，它们可以生成 TiN、TiN_2、Ti_2N 或 Ti_xN_y，也会影响生成各种不同反应产物的比例，最终会影响膜的硬度和颜色。特别对反应离子镀合成 $TiAlC_xN_y$ 等多元化合物，反应气体涉及 N_2、O_2、CH_4 等，对它们的分压（流量）都必须进行精确的灵敏的调控。同时，还要配合合理的反应气体的均匀布气系统，才能获得良好的膜层效果。当然，对这些气体流量的供给和控制完全可以通过气体的质量流量计来完成。

6.7.3 蒸发源功率

蒸发源功率提高，则膜材蒸发速率增加。一般而言，膜的沉积速度也相应增加。蒸发源功率对蒸发速率的影响比较直接，但蒸发粒子达到基片之前在飞越放电空间时，既会受到空间气体粒子的碰撞、散射，空间电场的吸引和拒斥，又会在到达基片后受到反溅射作用，在成膜过程还会受到界面应力、膜生长应力、热应力等方面的影响。因此，蒸发源的功率对沉积速率的影响显然并不大明显。

蒸发源功率以最快速度可得到最好质量的沉积薄膜。所以，调控合适的蒸发功率工艺过程也是十分重要的。

由于它的阴极电弧源的功率过高时，易产生大而多的“液滴”，从而导致膜层表面粗糙，不光亮。因此，应适当的限制它的蒸发功率。但过低的蒸发功率和等离子体浓度，又会影响成膜的速率，甚至会影响膜层厚度的增长。这一点也应当给予适当的注意。

6.7.4 蒸发速率

在离子镀中，当蒸发速率增大时，沉积在基片上的未经散射的中性膜材原子数随之增大。并且，蒸发的膜材原子大都会沉积在面对蒸发源的基体表面上，因此，导致基体上膜厚的均匀度降低。所以，当离子镀的蒸发速率增大时，工作气体压力等工艺条件也应随之变化，以保证膜厚的均匀性。

6.7.5 蒸发源和基体间的距离

蒸发源和基体之间最佳距离，对不同类型离子镀装置是不同的。确定最佳蒸距，实际上是划定最佳镀膜区域问题。它既涉及最有效的等离子体区、蒸发源蒸发粒子浓度、几何分布，还涉及蒸发源的热辐射效应以及膜层的沉积速率和均匀性要求等等。

随着蒸发源与基体间距离的增加，由于膜材粒子在迁移过程中的碰撞概率增大，导致膜材粒子的离化率和散射率也有几分增大。因此，会提高基体上膜厚的均匀性。经验表明：平面靶磁控溅射离子镀的靶-基距为 70mm。平面圆靶阴极电弧离子镀的靶-基距在 150～200mm。在此区域内有较高的沉积速率和膜层品质。增加靶-基距可改善基体的正、背面膜层厚度的均匀性。但沉积速率会相应下降，离子能量也会受到损失。例如，从图 6-5 给出的空心阴极蒸发厚度比与蒸发源的基体间距离的关系曲线中可以看出：适当增加蒸距可提高离子镀膜均匀性。当蒸发距增加到一定时，基体正面与背面的膜厚之比甚至可达到 1，即两面具有同等厚度的涂层。

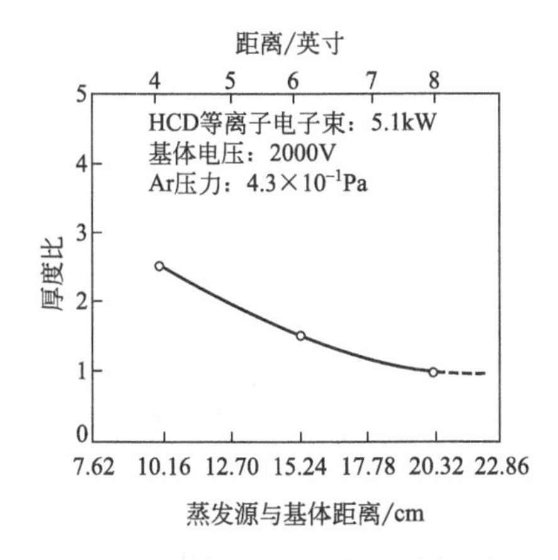

图 6-5 基体正、背面涂层厚度比与蒸发源和基体间距离的关系

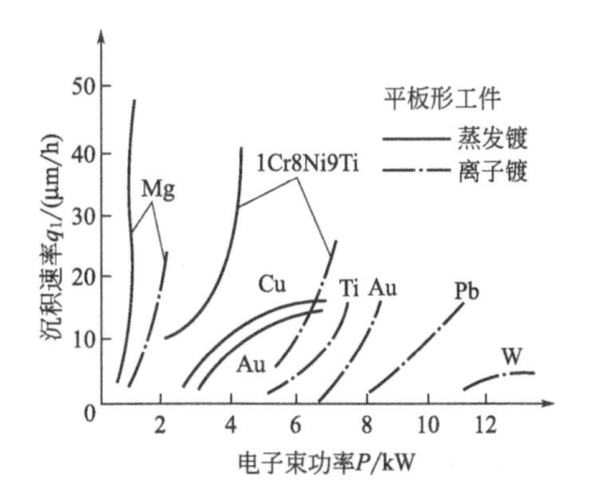

图 6-6 不同膜材的沉积速率与电子束（蒸发）功率的关系（膜材直径 ϕ25.4mm；电子束偏转角度 270°）

6.7.6 沉积速率

沉积速率与蒸发源功率、蒸距、气体压力、膜材种类及尺寸等许多因素有关。在电子束蒸发源的离子镀中，在蒸距和气体压力保持不变的情况下，电子束功率是影响沉积速率的主要因素。如图 6-6 给出了 e 型枪电子束离子镀时各种材料在不同电子束功率下的沉积速率。图中曲线是在蒸距为 165mm，气压为 1～4Pa 范围内测得的。由图可见：膜材不同，其电子束功率对沉积速率影响的程度亦不同。如镁，只要电子束功率稍有变化，就会引起沉积速率很大的变化。而钨的特性则相反，即使在很大的电子束功率下也只能获得很低的沉积速率。

电子束的加热功率由电子束的电压和放电电流决定。如果将电子束的电压恒定，则沉积速率可以通过放电电流来控制。

6.7.7 基体的负偏压

基体的负偏压促使膜材粒子电离并加速，赋予离子轰击基体的能量，膜材粒子在沉积的同时还具有轰击作用。负偏压增加，轰击能量加大，膜由粗大的柱状结构向细晶结构变化。细晶结构稳定、致密、沉积速率下降，甚至会因轰击造成大量的缺陷，损伤膜层。负偏压一般取－50～200V。高的基体偏压（＞600V）用于轰击清洁基体的表面，溅出附着在基体表面上的污染物、氧化物等，获得离子清洁的活性表面。

6.7.8 基体温度

在基体温度比较低时，沉积原子的表面迁移率小，核的数目有限，由核生长成为锥形微晶结构。这种结构不致密，在锥形微晶之间有宽约几十纳米的纵向气孔。结构中位错密度高，残余应力大。这种结构称为“葡萄状”结构。即图 2-39 的 1 区基体温度升高，沉积原子的表面迁移率增大，结构形貌开始转变到过渡区，即晶界微弱的紧密堆积的纤维状晶粒，然后转变为图 2-39 的 2 区；基体温度再升高，柱状晶的尺寸随凝聚温度升高而增大，结构呈现等轴晶形貌，即图 2-39 的 3 区。

对于纯金属和单相合金，是镀层组织结构 1 区转变到 2 区的转变温度，T_2 是从 2 区转变到 3 区的转变温度。金属的 T_1 是 $0.3T_m$，氧化物的 T_1 是 0.22～0.26 T_m，T_2 是 0.4～0.45 T_m（T_m 是镀层熔点，K）。

应指出：第一，镀层组织结构由一区转变到另一区的变化不是突然的，而是平缓的变化。因此，转变温度不是绝对的；第二，不能在各种沉积物中都找到其他各区。例如，在纯金属镀层中 1 区不占优势。但是，复杂的合金，化合物或高气压下得到的沉积物中却明显；而高熔点材料中很少见到 3 区。

基体温度低，属 1 区，膜层表面粗糙。当基体温度升高到 2 区和 3 区时，膜层的晶粒结构较小，膜表面光滑。1 区和 2 区的膜层密度低，晶粒疏松，耐蚀性差。为了得到良好的组织结构，可将基体温度高到 T_1 以上，或采用低气压的高偏压方法。

基体温度是影响离子镀膜层晶体组织结构的重要因素，不同的基体温度可以生长出晶粒形状、大小、结构完全不同的薄膜涂层。涂层表面的粗糙度也完全不同。在离子镀膜过程中，在其他条件保持不变的情况下，膜层组织结构随基体温度的变化模型如前述的图 2-39 所示，模型的讨论我们已经在第 2 章进行了讨论，这里不再重述。

在离子镀过程中，基体表面温度一般在室温至 450℃范围内。表面温度的高低，主要取决于要求得到何种膜层组织结构。因为离子轰击能量在基体表面进行能量交换，所以还要考虑在镀膜过程中离子轰击引起的温升，特别在轰击清洗阶段。因此，要考虑基体（工件）材料的热导率、热容量，特别是工件尖角薄刃受轰击的局部温升是否导致退火；还要考虑蒸发源的热辐射的影响。

基体温度、气体压力和功率密度对沉积薄膜结构的影响如图 6-7 所示[3]。图中表明：高放电功率密度和低气压可产生致密平整的薄膜结构；而高气压和低功率密度会产生粗糙的柱状晶体结构。

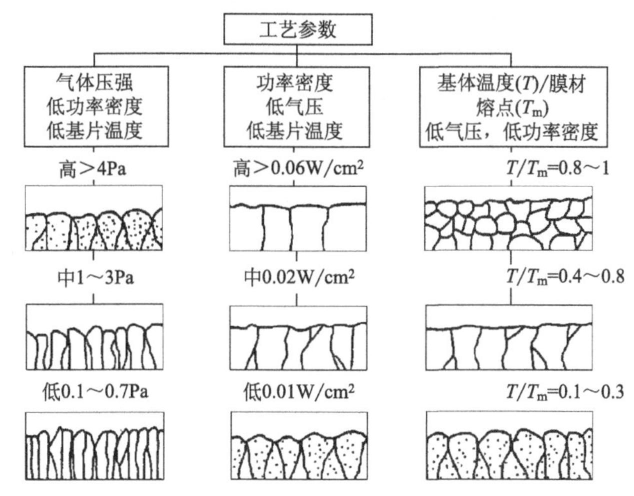

图 6-7 离子镀工艺参数与薄膜结构的关系

6.8 离子镀膜装置及常用的几种镀膜设备

6.8.1 直流二极、三极及多极型离子装置

直流二极、三极及多极型离子镀膜装置如图 6-2、图 6-8、图 6-9 所示。它们大都是选用电阻加热式或电子束加热式蒸发源。二极型离子镀装置的成膜过程是将真空室压力抽到 10^{-4} Pa 以后充入工作气体（Ar），使压力上升到 $10^{0}\sim10^{-1}$ Pa。在基体上施加 1～5kV 的负偏压。

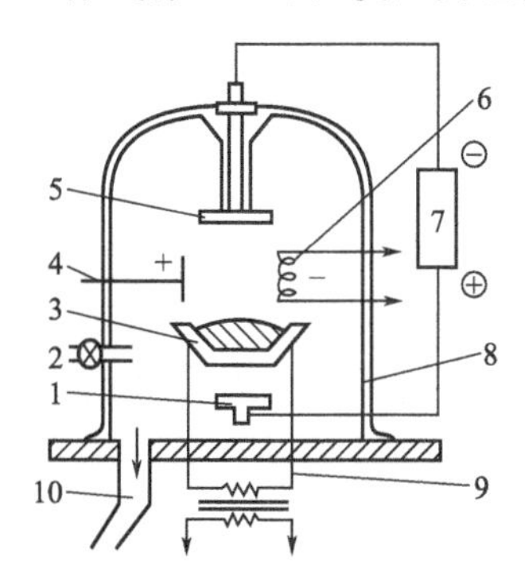

图 6-8 三极型离子镀装置

1—阳极；2—进气口；3—蒸发源；4—电子吸收极；5—基体；6—电子发射极；7—直流电源；8—真空室；9—蒸发电源；10—真空系统

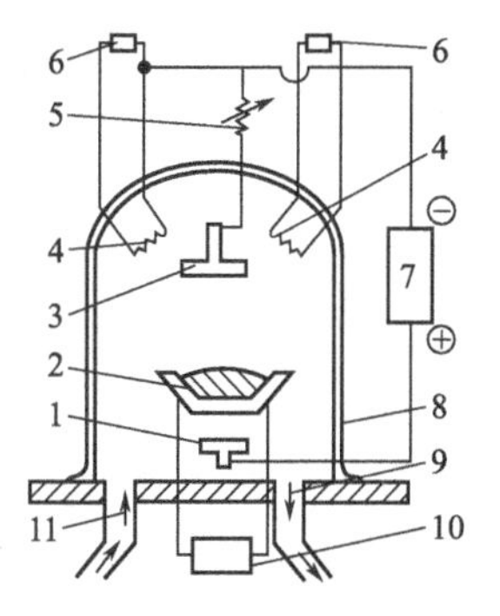

图 6-9 多阴极离子镀装置

1—阳极；2—蒸发源；3—基体；4—热电子发射阴极；5—可调电阻；6—灯丝电源；7—直流电源；8—真空室；9—真空系统；10—蒸发电源；11—进气口

由于真空室与蒸发源同时接地，既可满足气体放电的着火条件，又可在蒸发源与基体之间产生气体的辉光放电。这时因基体处于负电位。因此，在基体前可形成阴极位降区和负辉区；在蒸发源与基体间即形成了低温等离子体区。当从蒸发源蒸发出来的膜材粒子（主要是

原子）射向基体的迁移过程中与等离子体中的电子碰撞，使整个蒸气中的原子电离成离子。这些离子在通过阴极位降区时被加速后，其能量达 $10\sim10^3$ eV。当它们去轰击基体时只要达到前述的成膜条件，即可在基体表面上沉积成薄膜。

由于二极型离子镀装置所施加的负偏压很高、电场强度较大、离子高能中性原子的能量也很大，使得膜层具有很强的附着力，而且，由于工作气体的压力较高，粒子间的散射作用较大，因此绕射性好，可获得均匀的膜层。二极型离子镀的缺点是放电空间的电荷密度较小，阴极电流仅为 $0.25\sim0.4mA/cm^2$，故离化率很低，其量不超过 20%。而且，由于高压电场的作用轰击粒子的能量大，对生成的薄膜刻蚀反溅射的作用很强，基体温升很快、膜易于生成柱状结晶结构，使膜层表面粗糙，成膜速度缓慢。此外，还由于辉光放电电压与离子加速电压不能分别控制和调节，因此对镀膜的工艺参数控制较难。为了克服二极型离子镀的这些缺点，在所出现的多极型离子镀装置中增设了电子发射极和收集电子的阴极，经过低压电流通电加热灯丝，可发射百毫安至 10A 的电子流。并被电子收集极收集。收集极电压为 200V 以下。由于将低能电流引入等离子体区，而且发射的电子流与蒸发膜材的粒子流垂直流动。因而，增加了与蒸发膜粒子流发生碰撞电离的概率，提高了离化率。如果将图 6-2 中的电子收集极去掉，则为三极型离子镀装置。三极型离子镀装置的电子发射热阴极与室体或阳极构成发射电子流的流场。三极或四极型离子镀装置的热电子发射电流可达 10A，基体电流密度可提高 10～20 倍。

在图 6-9 的多极型离子镀装置中，基体作为柱阴极，在基体旁侧设置几个热电子发射极（即热阴极），利用其发射的热电子促使其他粒子（其中包括膜材粒子）电离。实际上是在热阴极与阳极间维持等离子体放电。因此，多极型离子镀具有主阴极与阳极间的着火电压低和放电状态可以控制的优点。除此之外，由于基体负偏压不高，既减少了高能粒子对基体的轰击效应，也克服了二极型装置基体温升高的缺点。而且，因为热阴极位于基体四周，改善了粒子绕射性，提高了膜层的均匀性。

多极型离子镀，也称为热电子增强型离子镀。实际上属于弧光放电产生等离子体。其特点是：

① 依靠热阴极灯丝电流和阳极电压的变化，可以独立控制放电条件，从而可有效地控制膜层的晶体结构、颜色和硬度等性能；

② 主阴极（基体）所加的维持辉光放电的电压较低，减少了能量过高的离子对基体的轰击作用，使基体温升得到控制；

③ 工作气压低于二极型离子镀，镀层光泽而致密。

多阴极型离子镀的工作气压只需 0.1Pa，基体放电电压只需 200V。多阴极离子镀的放电电流大，放电电流变化范围宽，基体放电电压不高，基体温升低，受离子轰击的损伤小。多阴极配置的基体周围，扩大了阴极区，改善了绕镀性。多阴极型的离化率可达 10%左右，可进行活性反应离子镀。直流多极型离子镀装置的缺点是电极较多、结构比较复杂。

6.8.2 活性反应离子镀装置

在离子镀过程中，将真空室中导入与金属蒸气起化学反应的气体，如 O_2、N_2、N_2H_2、CH_4 等代替 Ar 或掺入 Ar 中；并选用各种不同的放电方式，使金属蒸气和反应气体的原子、分子激活或离化以促使其化学反应；在基体上获得化合物膜层。这种镀膜方法称为活性反应离子镀法，简称 ARE（Activated Reactive Evaporation）法。

ARE 离子镀装置就是在基体与蒸发源之间增设了一个正数十伏左右的探测极，使其吸引空间电子。在探测与蒸发源之间形成放电等离子体。从而，使膜材蒸发加速离子化和活性化的过程；进一步完成所需的反应。基体的加热通过加热器来进行，并可用热电偶对基体进行准确的测温和控温。

典型的 ARE 装置如图 6-10 所示。这种装置的蒸发源通常采用 e 型枪。真空室结构分上下两室。上室为蒸镀室，下室为电子束源的热丝发射室，两室之间设有压差孔，电子枪发射的电子束经压差孔偏转聚焦在坩埚中心，使膜材加热蒸发，由于这种 e 型枪既可加热蒸发高熔点金属，又可为金属蒸气粒子提供电子。从而，为高熔点金属化合物膜的制备提供了良好的热源。

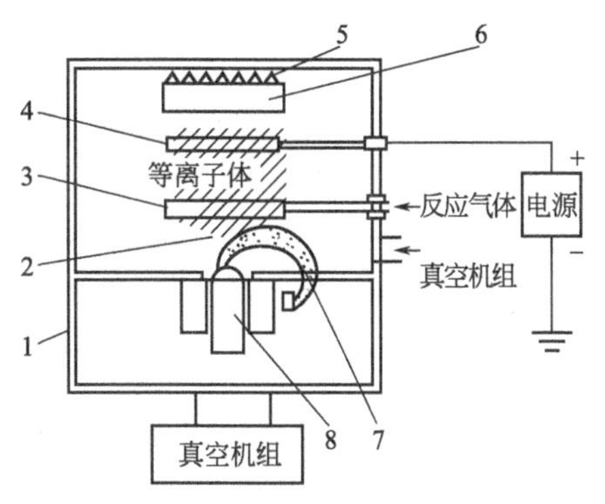

图 6-10 ARE 离子镀装置

1—真空室；2—膜材蒸发粒子流；3—散射环；4—探测极；5—烘烤装置；6—基体；7—电子束；8—坩埚

在坩埚与基体之间设有探测极和反应气体散射环。实用时两者可合二为一，称活化电极圈，通常施加 30～80V 正电压，最高可达 200V 左右。其值取决于导入气体的分压和探测极的位置以及电子枪的功率等。

ARE 的工艺过程，首先开始抽真空，同时对基体烘烤除气，使蒸发前的本底真空度维持在 6.67×10^{-3}Pa 或更高些。然后，通过充气阀向真空室充入 Ar 气，使工作压力达到 0.1～1Pa 后，接通基体电源，使基体带有 −3～−1kV 的负偏压，对基体表面进行离子溅射清洗，约 5～10min 后恢复本底真空度。这时，即可接通电子枪电源，对膜材进行熔化除气。而后，通过气阀充入反应性气体，使镀膜室压力达到 10^{-1}～10^{-2}Pa。这时电子枪室的真空度应维持在 10^{-2}Pa 以上。接通探测极电源，不断增高电压，直至真空室内能观察到稳定的辉光；或在探测极电源中能看到稳定的电流为止，即可打开挡板在基体上沉积化合物镀层。

选择不同的反应气体，可得到不同的化合物镀层。例如，碳化物镀层应充入 CH_4 或 C_2H_2；氮化物镀层应充入 N_2（应导入微量氢气或氨气以防膜材氮化）；氧化物镀层应充入氧气等。ARE 技术获得 TiC 和 TiN 镀层的反应过程为：

$$\text{Ti(蒸气)}+1/2\ C_2H_2\text{(气体)}\xrightarrow{\text{电离}}\text{TiC(沉积镀层)}+1/2H_2\text{(气体)}$$

$$\text{Ti(蒸气)}+N_2\text{(气体)}\xrightarrow{\text{电离}}2\text{TiN(沉积镀层)}$$

若要得到复合化合物镀层，可使用混合气体。要获得均匀的膜层，可以在不改变气体配比的情况下，适当充入定量的氩气增加其绕射性。从而，使膜层更加均匀。

各种离子镀装置均可以改装成活性反应离子镀装置。因此，活性反应离子镀的种类多。图 6-11 给出了各种活性反应离子镀原理的示意。

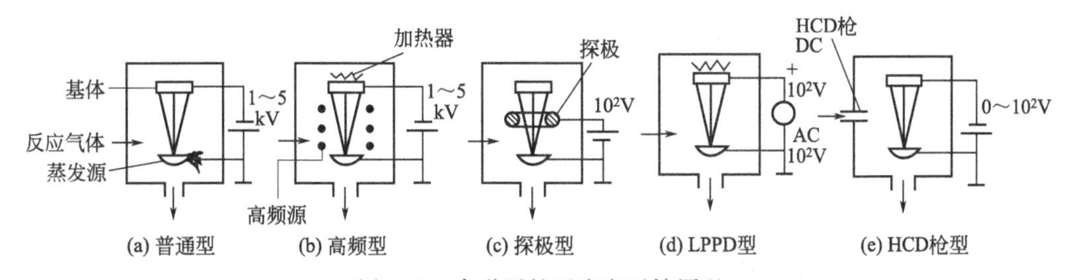

图 6-11 各种活性反应离子镀原理

图中低压等离子体沉积（Low Pressure Plasma Deposition）简称 LPPD 型，是 ARE 法的改进型，它不增设探极，而是直接把数十伏的直流正压或交流电压施加到基体上。基体仍采用加热器加热，温度也容易控制。ARE 活性反应离子镀的特点有如下几点。

① 基体加热温度低　与常规化学气相沉积（CVD）法相比，可在低温下获得良好的镀层，即使对要求附着强度很高的高速刀具、模具等超硬镀层，也只加热到 550℃左右即可。因此，很适宜加工精密零件的镀层，无需担心零件变形。甚至高熔点金属化合物，也可以在低的基体温度下进行合成和沉积。

② 可在任何基体上制备薄膜　这是离子镀的一大特性。离子镀不仅在金属上，而且在非金属（玻璃、塑料、陶瓷等）上均能制备性能良好的膜层，并可获得多种化合物膜。

③ 沉积速率高　ARE 的沉积速率至少比溅射沉积速率高一个量级。以沉积 TiC 为例：电子枪功率为 3kW。Ti 的蒸发速率为 0.66g/min，当 C_2H_2 的气体压力为 6.67×10^{-2}Pa 时，蒸距在 240～150mm 时，其沉积速率可达 3～12μm/min。因此，可制备厚膜。

④ 化合物的生成反应和沉积物的生长是分开的。而且，可分别独立控制。由于反应主要在探测极和蒸发源之间的等离子区内进行。因而，基体温度可调。

⑤ 清洁无公害　与化学镀相比，工艺中不使用有害物质，也无爆炸危险。

但是，ARE 法的缺点是加热膜材的电子束同时用来实现对膜材蒸气以及反应气体的离化。这对某些需要高质量的薄镀层来说，不能达到要求。为了克服这一缺点，可在 ARE 装置上附加一个电子发射极（增强极），使该电极发射的电子促进和增强膜材蒸气和反应气体的活性反应。这种强化 ARE 装置如图 6-12 所示。该发射极发射的低能电子，在受探测极吸引过程中，由于产生与膜材蒸气粒子以及反应性气体的碰撞电离，增强离化，因此可以对金属蒸发和等离子体的产生两个过程进行独立的控制，从而可实现低蒸发功率（例如 0.5kW 以下）、低蒸镀速率的活性反应蒸镀工艺。

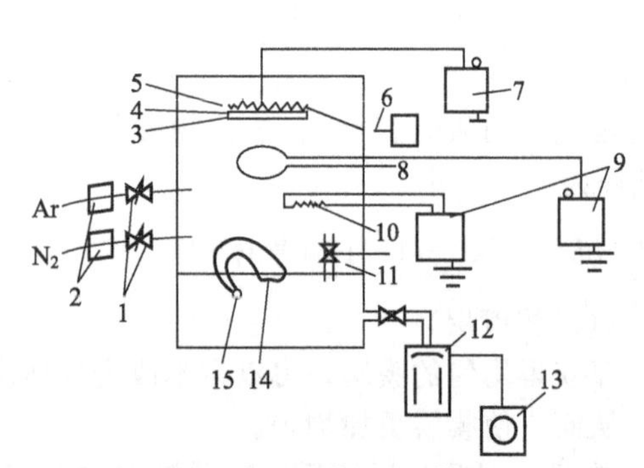

图 6-12　强化 ARE 装置

1—充气阀；2—流量计；3—基体；4—基体座；5—加热器；6—热电偶；7—直流电源；8—探测极；9—直流电源；10—强化电极；11—控制阀；12、13—抽气系统；14—坩埚（膜材）；15—电子束源

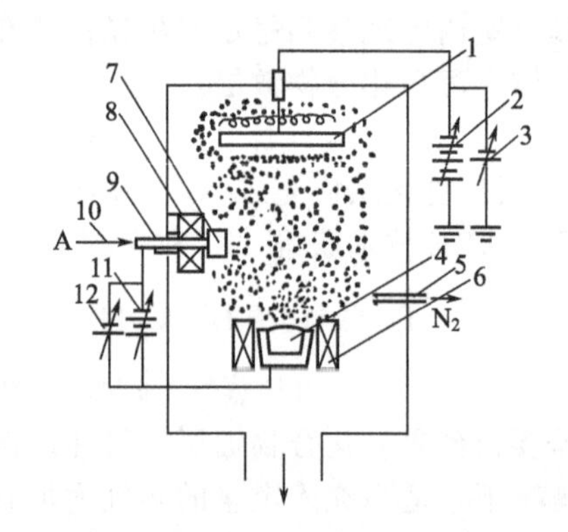

图 6-13　空心阴极离子镀装置

—基板；2—轰击负偏压电源；3—镀膜基极负偏压电源；—坩埚；5—反应进气系统；6—坩埚聚焦线圈；7—偏转磁场；8—第一聚焦线圈；9—钽管；10—氩气进气系统；11—引弧电源；12—主弧电源

6.8.3　空心阴极放电离子镀膜装置[4]

空心阴极放电离子镀（Hollow Cathode Discharge）装置是 1974 年根据空心阴极放电的原理而制成的一种离子镀膜装置。早期采用的离子镀装置如图 6-13 所示，它是用钽管制作空心阴极枪，将其安装在镀膜的侧壁上，蒸发源选用坩埚置于真空室底部，基体位于蒸发源正上方，钽管接入主弧电源的负极上，坩埚接入正阳极，电源电压为 0～100V；同时，在二极之间并联（串联）上点燃辉光放电的引弧电源，电源电压为 0～1000V，基

板接两路电源的负电极：一路是电压为 0～1kV 的预轰击净化电源；一路是镀膜过程中接通的电压为 0～200V 负偏压源。离子镀所用钽管内径 3～15mm，壁厚 1～2mm。钽管安装在水冷阴极座上。钽管开口端附近设有辅助引弧阳极。这时坩埚为引弧阳极。钽管开口端设聚焦线圈（第一聚焦线圈），使电子束聚束后经偏转磁场聚焦在坩埚上。坩埚四周的聚焦线圈控制电子束束斑大小，以调整功率密度。基板负偏压吸引金属离子和反应气离子。

空心阴极离子镀过程是首先将真空室抽至高真空，一般为 10^{-2}～10^{-3}Pa。然后，由钽管向真空室通入氩气，开启引弧电源。当钽管端部的气压达到辉光放电点燃条件时便产生辉光放电。而且，钽管内部也产生空心阴极辉光放电。管内氩气被电离后，氩离子在电场作用下加速向钽管壁运动，以很高能量轰击管壁，使钽管温度升高至 2000～2100℃以上。钽管发射热电子，形成等离子电子束向阳极（坩埚）运动。此时，放电特性由辉光放电转为弧光放电。放电电压由数百伏降低至几十伏，电流由毫安级突然增加至数十至数百安培。高密度的电子到达坩埚后，其动能转换为热能将膜材金属蒸发。

蒸发源空心阴极枪与 e 型枪产生的电子束相比：当蒸发功率为 5kW 时，e 型枪电子束的加速电压为 10kV，束流仅 0.5A。空心阴极枪发射的等离子电子束加速电压 40～60V，束流 83～125A。空心阴极枪发射的是高密度的低能电子束。金属蒸气原子在向基板的飞行过程中，与电子产生大量的各类非弹性碰撞。更由于电子能量为 50eV 左右，故金属的电离率比辉光放电型离子镀大得多，达 20%～40%。在放电空间存在大量的金属离子、氩离子、反应气分子离子、原子离子及更多数量的各种受激原子和长寿命亚稳原子。以上讲述了几种在离子镀技术中，入射到基板上的粒子浓度和能量，说明空心阴极离子镀中的离子和高能中性粒子的浓度较直流离子镀和射频离子镀中的离子和高能中性粒子的浓度较直流离子镀和射频离子镀的浓度高两个数量级。因此，空心阴极枪既是蒸发源，又是离化源，无需再加入探极、热阴极和高频感应圈等。这种镀膜技术适应于反应沉积氮化钛等超硬涂层，从 20 世纪 80 年代以来发展较快。但是这种初始式的空心阴极离子镀装置枪的结构比较复杂，目前基本上已很少采用。

为了简化空心阴极枪的结构，将钽管裸露放在坩埚上方，如图 6-14[5] 所示。缩短了阴阳极距离，易于点燃弧光放电，省去了辅助阳极、偏转线圈和一次聚焦线圈。但这种结构存在着钽管损耗大、使用寿命短、成本高等缺点。裸露的钽管放在坩埚上方，当产生弧光放电后，钽管温度达 2000～2100℃，这种可作为热辐射源的存在，对基体是十分重要的。而且，由于钽管是裸管，为使辉光点燃，钽管端部的气压应为 10^{2}～10^{3}Pa，即为引燃空心阴极弧光放电，整个真空室的气压都必须升高，弧光点燃后再减少通入的氩气流量，以达到最佳镀膜时的工作气压（0.5Pa 左右）。因此，膜层初始形成的膜层是在很低的真空度下形成的。晶核粗大，初始层薄膜中还裹含有气体，不致密。也会有杂质气体污染已净化的基板表面，影响膜层的附着力。为克服以上缺点而研制的结构简单的空心阴极枪如图 6-15 所示[6]。与图 6-13 的结构相比，枪的结构简单，与图 6-14 比，钽管不裸露。空心阴极枪水平放置。省去了辅助阳极、一次聚焦、偏转聚焦线圈。只设置了与真空室壁等电位的差压室。即将钽管放在差压室内，差压室与真空室之间有一气嘴孔，当氩气由钽管喷出后，首先进入差压室。设计差压室气阻孔尺寸，使钽管端部气压为 10^{2}～10^{3}Pa 左右。镀膜室气压仍可保持在 0.5Pa 左右。此时，再接通引弧电源，便可点燃气体，产生空心阴极辉光放电。然后，转为空心阴极弧光放电。产生的等离子电子束通过电场作用向坩埚方向运动。这种结构的空心阴极枪克服了以上几方面的不足。结构简单，除钽管、坩埚外，仅设一个差压室，钽管在差压室内，对基板热辐射小。在引燃空心阴极弧时，镀膜室仍然可以保持高真空状态，可直接在 0.5～5Pa 之间引弧，有利于得到质量好的涂层。

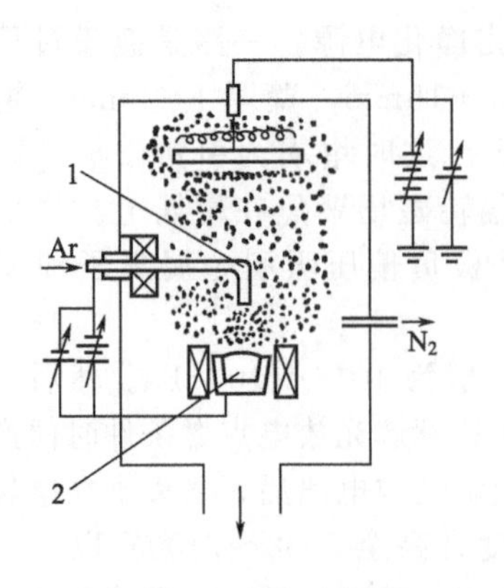

图 6-14 裸露形钽管
1—钽管；2—坩埚

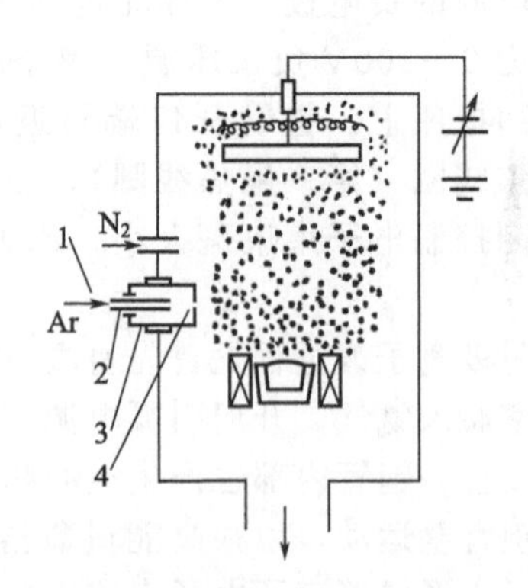

图 6-15 具有差压室结构的空心阴极枪结构
1—氩气进气系统；2—钽管；3—差压室；4—气阻孔

HCD 离子镀的特点，一是离化率高，高能中性粒子密度大：HCD 电子枪产生的等离子体电子束，既是膜材汽化的热源，又是蒸气粒子的离子源。其束流具有数百安，几十电子伏能量，比其他离子镀方法高 100 倍。因此，HCD 的离化率可达 20%～40%，离子密度可达 $(1\sim9)\times10^{15}$ 离子/(cm^2 · s)，比其他离子镀高 1～2 个数量级。在沉积过程中，还产生大量的高能中性粒子，其数量比其他离子镀高 2～3 个数量级。这是由于放电气体和蒸气粒子在通过空心阴极产生的等离子区时，与离子发生了共振型电荷交换碰撞，使每个粒子平均可带有几电子伏至几十电子伏的能量。由于大量离子和高能中性粒子的轰击，即使基体偏压比较低，也能起到良好的溅射清洗效果。同时，高荷能粒子轰击也促进了基-膜原子间的结合和扩散，以及膜层原子的扩散迁移。因而，提高了膜层的附着力和致密度，可获得高质量的金属、合金或化合物镀层。

二是绕镀性好。由于 HCD 离子镀工作气压在 0.133～1.33Pa，蒸发原子受气体分子的散射效应大。同时，金属原子的离化率高，大量金属离子受基板负电位的吸引作用。因此，具有较好的绕镀性。

此外，HCD 电子枪采用低电压、大电流作业，操作安全、简易、易推广。

6.8.4 射频放电离子镀装置

射频放电离子镀装置如图 6-16 所示。这种离子镀的蒸发源采用电阻加热或电子束加热。蒸发源与基体间距为 20cm，在两者中间设置高频感应线圈。感应线圈一般为 7 匝且直径 3mm 的铜丝绕成，高 7cm。射频频率为 13.56MHz，射频功率一般为 0.5～2kW。基体接 0～2500V的负偏压，放电工作压力约为 $10^{-3}\sim10^{-1}$ Pa，只有直流二极型的 1%。

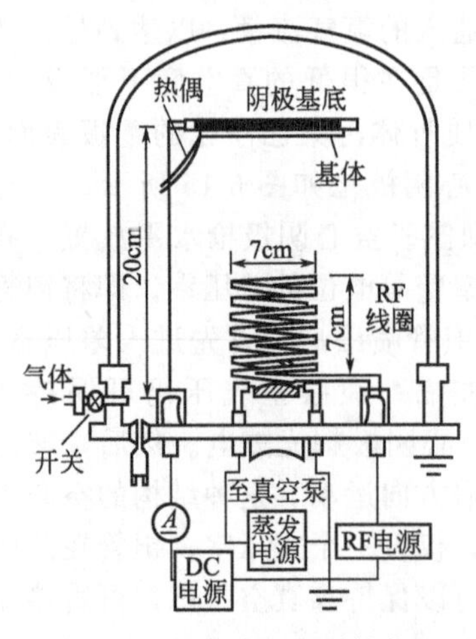

图 6-16 射频放电离子镀装置

镀膜室内分成三个区域，即：①以蒸发源为中心的蒸发区；②以感应线圈为中心的离化区；③以基体为中心的离子加速区和离子到达区。通过分别调节蒸发源功率，感应线圈的射频激励功率，基体偏压等，可以对三个区域进行独立的控制，从而有效地控制沉积过程，改善了镀层的特性。

射频离子镀除了可以制备高质量的金属薄膜外，还能镀制化合物薄膜和合金薄膜。镀化合物薄膜采用活性反应法。在反应离子镀合成化合物薄膜和用多蒸发源配制合金膜时，精确调节蒸发源功率，控制物料的蒸发速率是十分重要的。

在感应线圈射频激励区中，电子在高频电场作用下做振荡运动，延长了电子到达阳极的路径，增加了电子与反应气体及金属蒸气碰撞的概率，这样可提高放电电流密度。正是由于高频电场的作用，使着火气体压强降低到 10^{-3}～10^{-1}Pa，即可在高真空中进行高频放电。因而，以电子束为加热蒸发源的射频离子镀，不必设置差压板。

射频离子镀的特点如下。①蒸发、离化和加速三种过程可分别独立控制。离化是靠射频激励，而不是靠加速直流电场激励，基体周围并不产生阴极暗区。②由于射频离子镀在 10^{-3}～10^{-1}Pa 高真空环境下也可稳定放电工作，离化率高，可达 5%～15%，提高了沉积粒子总能量，改善了镀层的致密度和结晶的结构。因此，制备的镀层表面缺陷及针孔少，膜层质量均匀致密、纯度高、质量好。尤其对制备氧化膜、氮化膜等化合物膜十分有利。③基体温升低，操作方便，易于控制。

射频离子镀的不足之处是：①由于在高真空下镀膜，沉积粒子受气体粒子的碰撞散射较小，绕镀性差；②射频辐射对人体有伤害，必须注意采用合适的电源与负载的耦合匹配网络，同时要有良好的接地，防止射频泄漏。另外，要有良好的射频屏蔽，减少或防止射频电源对测量仪表的干扰。

6.8.5 磁控溅射离子镀膜装置

(1) 磁控溅射离子镀膜的特点及基体的电连接方法

磁控溅射离子镀实际上与第 5 章叙述的偏压溅射法基本相同，只不过就是将偏压溅射的溅射靶改用磁控溅射靶，并且在基体上施加几十伏到几百伏的负偏值电压，从而增强了它的放电强度，提高了粒子到达基片表面上的能量，促进了靶材粒子与基材粒子间的混合作用的一种新的成膜技术。

这种方法与真空蒸发镀膜采用电阻或电子束蒸发源相比较，具有如下特点。

① 蒸发空间大，若采用圆柱形磁控溅射，则蒸发空间是圆柱体；而坩埚蒸发源其蒸发空间则是圆锥体。这样工作尺寸受限制，镀膜厚度不易均匀。

② 磁控溅射靶寿命很长，不需经常更换；而电阻式蒸发源寿命短，要经常更换，影响生产率。

③ 磁控溅射靶的形状可以是圆柱形或平板形，其尺寸不受限制，非常适合大尺寸基体进行大批量生产的需求，而且易于实现连续自动化生产。

在磁控溅射离子镀中，工件可以通过三种连接电的方式：接地、悬浮和偏置。镀膜机壳一般都接地并规定为零电位。工件接地就连接机壳。工件相对等离子体的电位约负几伏。悬浮在等离子体中，工件与等离子体之间靶层电位降达数十伏。工件受到数十伏的离子轰击足以产生多种有益的效应。偏置是在工件上加上数十至数百伏的负偏压，负偏压为零时即接地。

以上三种电连接方式，工件相对于等离子体都处于负电位，其负电位值从接地的几伏到悬浮的数十伏乃至偏置的数十伏到数百伏。由此可见，在磁控溅射过程中，无论工件如何与电连接，工件都会受到能量不等的离子的轰击。

(2) 磁控溅射离子镀的工作原理

磁控溅射离子镀的工作原理如图 6-17 所示。真空室抽至本底真空 5×10^{-3}Pa 后，通入氩气维持在 $1.33\times(10^{-2}$～$10^{-1})$Pa。在辅助阳极和阴极磁控靶之间加 400～1000V 的直流电压，产生低气压体辉光放电。氩气离子在电场作用下轰击磁控靶溅射出靶材原子。靶材原子在飞越放电空间部分，带电靶材离子在基片负偏压（0～3000V）的加速作用下与高能中

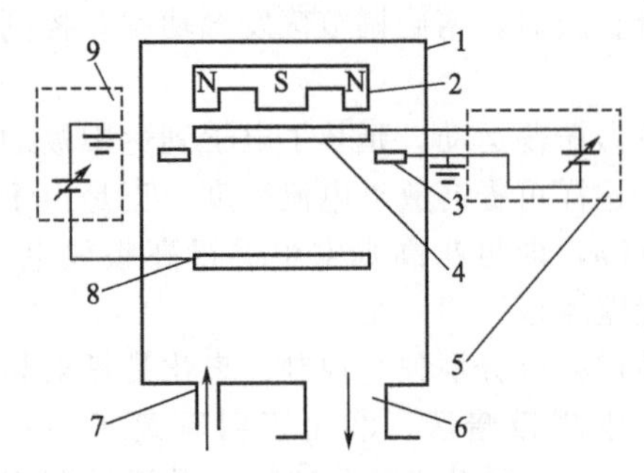

图 6-17 磁控溅射离子镀装置

1—真空室；2—永久磁铁；3—磁控阳极；4—磁控靶材；5—磁控电源；6—真空系统；7—Ar气离化系统；8—基体；9—离子镀供电系统

性原子一起在工件上沉积成膜。

磁控溅射离子镀（MSIP）是把磁控溅射和离子镀结合起来的技术。在同一个装置内，既实现了氩离子对磁控靶（镀料）的稳定溅射，又实现了高能靶材（镀料）离子在基片负偏压作用下到达基片进行轰击、溅射、注入及沉积过程。

磁溅射离子镀可以在膜/基界面上形成明显的混合界面，提高了附着强度。可以使膜材和基材形成金属间化合物和固溶体，实现材料表面合金化；甚至出现新的结构。磁控溅射离子镀可能消除膜层柱状晶，生成均匀的颗粒状晶结构。

(3) 磁控溅射偏置基片的伏安特性

磁控溅射离子镀的成膜质量与到达基片上的离子通量和离子能量有关。离子必须具有合适的能量，它决定于在放电空间中电离碰撞能量交换以及离子加速的偏压值。离子还要有足够的到达基片的数量，即离子到达比。在离子镀中实用工艺参数，就是工件的偏置电压（偏压）和偏置电流密度（偏流密度）。偏流密度 J_s (mA/cm^2) 与离子通量成正比，即：

$$J_s = 10^3 e\Phi_i \tag{6-12}$$

式中，Φ_i 为入射离子通量，离子数/(cm^2 · s)；e 为电子电荷，$e=1.6\times10^{-19}$C。

磁控溅射偏置基片的伏安特性可分两类，如图 6-18 所示。

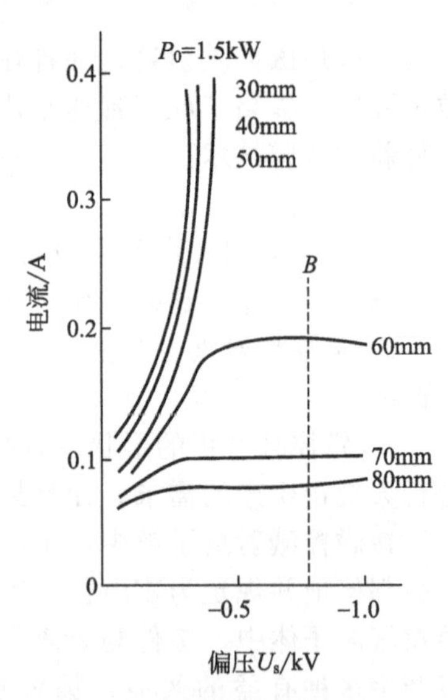

图 6-18 磁控溅射偏基片的伏安特性曲线[3]

第一类为恒流特性。这时靶-基距较大，基片位于距靶面较远的弱等离子区内。其特点是，最初偏流是随负偏压而上升，当负偏压上升到一定程度以后，偏流基本上饱和，处于恒流状态。这时偏流为受离子扩散限制的离子流（即离子扩散电流）。

第二类为恒压特性。这时靶-基距较小，基片位于靶面附近的强等离子区内，偏流为受正电荷空间分布限制的离子电流（即空间电荷限制离子电流）。其特点是，偏流始终随负偏压的上升而上升。当负偏压上升到一定程度，例如 200V 以后，处于恒压状态。

对于磁控溅射离子镀，要求偏压和偏流可独立调节，且要求偏流稳定。这些都只有在恒流工作状态下才能实现。对于本试验条件，工件适于旋转在距靶面 60～80mm。对于不同的靶结构，不同的靶功率，不同的基片大小，不同的镀膜室结构而言，产生恒流状态的偏置基片伏安特性是不同的。

要使沉积速率达到实用要求，必须使偏流既独立可调，又有较大的密度。

(4) 提高偏流密度的方法

提高偏流密度，实质上是提高基片附近的等离子体密度，目前有以下几种方法。

① 对靶磁控溅射离子镀，图 6-19 为对靶磁控溅射离子镀的示意图，它是由两个普通的磁控溅射阴极相对呈镜像放置。即两者的永磁体以同一极性相对对峙，两个阴极的强等离子体相互重叠的区域是工件的镀膜区。镜像对靶的距离为 120～200mm。相距太远会

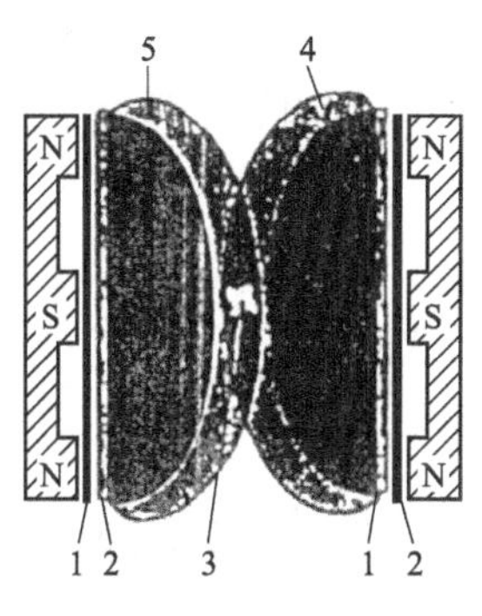

图 6-19 镜像对靶布置
1—阴极；2—靶；3—被镀工件；4—冷镀等离子体；5—热镀等离子体

降低等离子密度，等离子体密度不均匀，这对反应离子镀极为不利。

② 添加电弧电子源，图 6-20(a) 为热丝电弧放电增强型磁控溅射，其原理与三极溅射阴极相似。图 6-20(b) 为空心阴极电弧放电增强型磁控溅射阴极。

③ 对电子进行磁场约束和静电反射。图 6-20(c) 所示的溅射阴极，利用同处于负电位的两个靶面相互反射电子，磁场的作用是将电子约束在两个靶面之间。在溅射阴极的阴极暗区和负辉区中，磁力线与电子力是平行的，不存在由正交磁场引起的 $\overline{E}\times\overline{B}$ 漂移。电子绕磁力线螺旋前进，一旦接近靶面即被静电反射，于是在两个靶面之间振荡，从而将其能量充分用于电离。这种阴极实质上是采用静电反射提高等离子密度的二极溅射阴极，并非磁控溅射阴极。

图 6-20(d) 是对靶阴极的另一类型，它与上述平面对靶阴极的差别，在于采用环形靶材替换其中一个平面靶材。

④ 非平衡磁控溅射阴极，如图 6-20(e) 所示，为Ⅱ型非平衡磁控阴极，其磁力线将等离子体引向基体，可以满足溅射离子镀的要求。其缺点是径向均匀性较差。

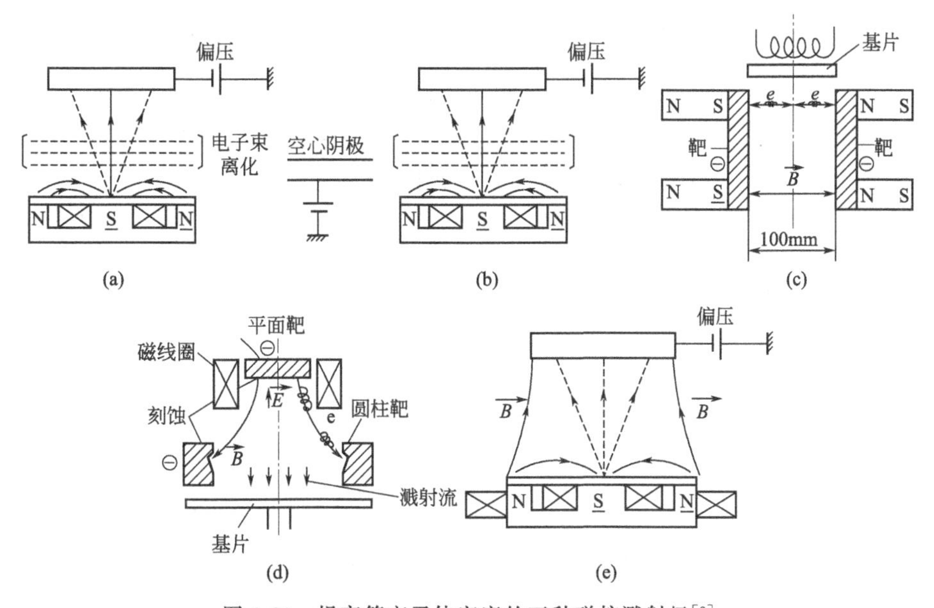

图 6-20 提高等离子体密度的五种磁控溅射极[3]

采用非平衡磁控阴极同时对电子进行磁场约束和静电反射，这是磁控溅射离子镀技术中，赖以提高等离子体密度的基本措施。

6.8.6 真空阴极电弧离子镀膜装置

真空阴极电弧离子镀，简称真空电弧镀（Vacuum Arc Plating）。如采用两个或两个以上真空电弧阴极蒸发源（简称电弧源）时，则称为多弧离子镀或多弧镀。它是把真空弧光放电用于蒸发源的一种真空离子镀膜技术。它与空心阴极放电的热电子电弧不同，它的电弧形式是在冷阴极表面上形成阴极电弧斑点。在斑点局部产生爆发性等离子体，从而发射出电子和离子同时会放出熔融的阴极靶材粒子而应用到离子镀膜中去的一种成膜方法。

6.8.6.1 多弧离子镀的成膜过程及特点

真空阴极电弧离子镀的成膜过程如图 6-21 所示[7]。它是利用真空冷阴极弧光放电的原理，即制成的电弧蒸发源，简称电弧源，将其安装在接入正电极的镀膜室四周或顶部上。阴极靶作为蒸发器将其放置在水冷座上，与电源负电极相连接，电源电压为 0～220V 可调，电流为 20～100A 之间，放置在基片架上的基体接 50～1000V 负偏压，将镀膜室本底真空度抽到 10^{-3} Pa 以上，充入工作气体，使其压力升高到 10^{-2}～10^{-1} Pa 之后，用引弧触发电极将阴极触发短路。在触发电极离开阴极表面的瞬间，引发电弧放电，从而使在阴极前产生大量的金属蒸气，阴极附近气压增高，气体平均自由程缩小，形成正离子在阴极表面堆积成双鞘层。因此，可自动地维持场致发射型的弧光放电。在切断触发极电路后，阴极和镀膜室之间仍可自持弧光放电场致发射的多微小的弧光斑点在阴极靶面上迅速徘徊。如第 2 章所述，阴极弧光辉点内的电流密度可达 10^5～10^7 A/cm²、电压约为 20V 左右，可使其阴极材料蒸发而形成定向运动，其能量可达 10～100eV，离化率可达 70%～90%的粒子束流喷射到基体上以后，足以在基体表面上形成附着力很强的薄膜。

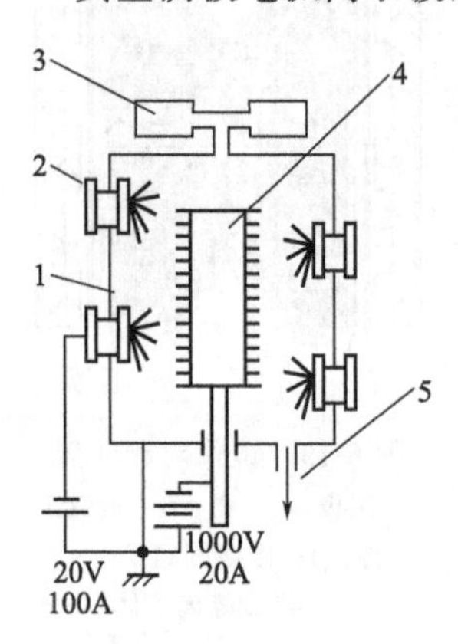

图 6-21 真空多弧室镀膜的原理

1—真空室；2—电弧蒸发源；3—气体输入口；4—基片架；5—真空系统抽气口

多弧电子镀的特点是离化率、沉积速率、入射粒子能量以及膜的附着力都很高，蒸发源是固体阴极靶，没有熔池靶面上直接产生等离子体，可任意放置。从而，为真空室的有效利用提供了方便的条件。工作电流大、电压低、运作安全，电弧源本身既是蒸发源，又是离化源，结构比较简单。而且，使用范围广泛，既可制备金属膜、合金膜，也可通过反应镀膜制备化合物膜。它的主要缺点是沉积过程中易于从靶表面上喷射出来金属液滴，使膜粗糙度增大，而影响膜的质量。

6.8.6.2 电弧蒸发源

(1) 电弧蒸发源的基本结构及其刻蚀表面形状的选择

电弧蒸发源的结构型式较多，但是最常用的基本结构是圆柱形平面电弧源，如图 6-22

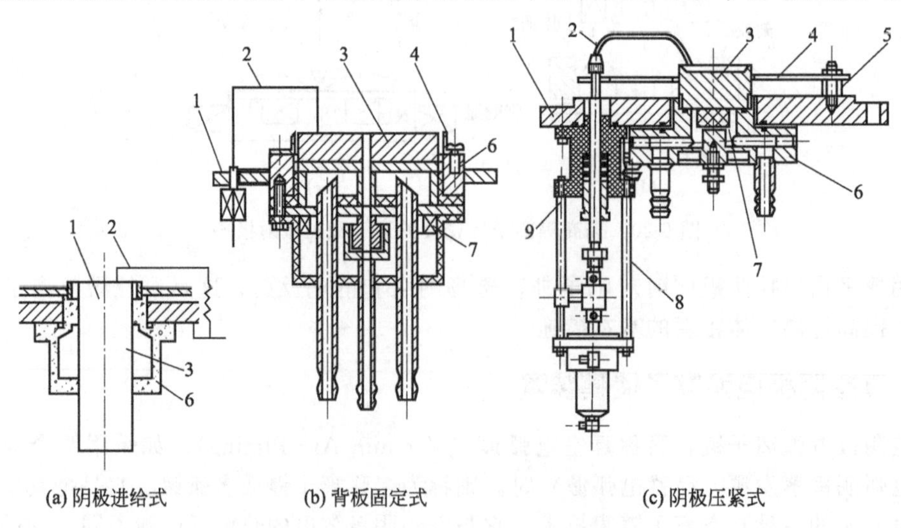

图 6-22 电弧蒸发源的几种结构[8]

1—固定法兰；2—引弧电极；3—阴极靶材；4—屏蔽罩；5—支撑套；6—水冷座；7—永磁体；8—气动装置；9—真空动密封组件

所示。图中（a）的结构比较简单，而且阴极靶可以进给。但是，靶移动的动密封处易产生漏水问题；而且，只能对圆柱面进行冷却，冷却效果又不理想。图中（b）在冷却方式上采用了带有背板的固定式结构。它虽然克服了由于靶移动而易漏水的缺点。但是，使靶的冷却效果更加变坏。这对减少滴液的产生，提高靶的功率是不利的。图中（c）完全克服了上述几种靶型存在的缺点。这种靶型结构的特点是易于拆卸、无背板、冷却水可直接冷却靶体，磁场大小可任意调节。此外，这种结构在引弧电极驱动方式上也与上述二种采用电动引弧式不同。这种气动式引弧结构可使汽缸具有足够大的动力的行程。因此，可有效地防止产生引弧器与靶喷射表面的粘接或与喷射表面接触不良等现象。因此，选择这种靶型，只要镀膜工艺参数选择正确，膜层的质量即可得到保证。

此外，电弧源阴极靶刻蚀表面的加工形状对弧源工作性能也有一定的影响。图 6-23 给出了电弧源阴极刻蚀表面的几种加工形状。

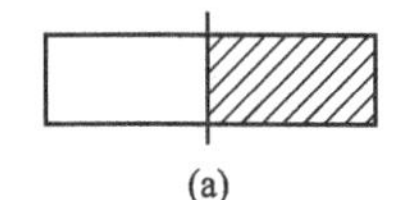

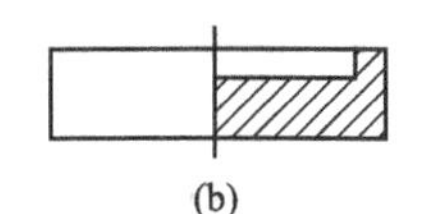

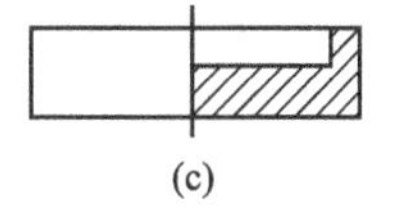

图 6-23　电弧靶阴极表面加工形状

图中（a）与（b）虽然加工容易，但是弧斑在刻蚀表面上运动时易于跑弧，靶材利用率也较低。图中（c）是靶表面常用的加工形状。电弧源中外加磁场的位置与磁场强度的大小，对阴极辉点运动及靶刻蚀面的形状有较大的影响。这是由于放电电弧实际上是由电子束即为同向的平行电流，故其受相互斥力面散焦，如图 6-24 所示。因此，阴极辉点大都集中在靶材表面外环部位的概率较大。所以，电弧源表面刻蚀不均匀，常常呈现中央凸起状，如图中虚线所示。当阴极辉点发生在靶材外缘的挡圈斜面上时，其电流 I_3 受斜面径向推力作用，使辉点向中心转移。从而，提高了稳弧性和靶材刻蚀均匀度。

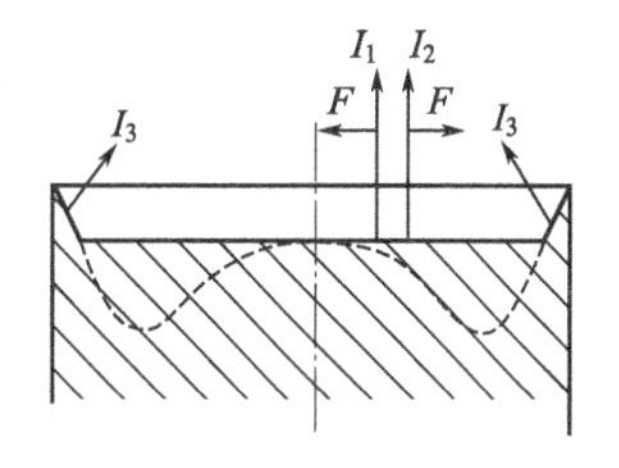

图 6-24　电弧源电流受力

实践证明，阴极辉点在靶材表面上的迁移速度可达 150m/s，并且多在靶材外环部位迁移。因此，在靶材表面建立适度的法向磁场可迫使阴极辉点产生径向运动。如果靶材边缘处的法向磁场较强。其对阴极辉点的聚焦作用会更明显。这种增加磁场控制功能的电弧蒸发源，称为可控电弧蒸发源。读者可参阅本章参考文献［9］，这里不再介绍。

（2）电弧蒸发源的类型[3]

电弧蒸发源除了图 6-25 所示的圆柱形平面电弧源以外，还有多种类型用于不同要求的离子镀膜工艺。

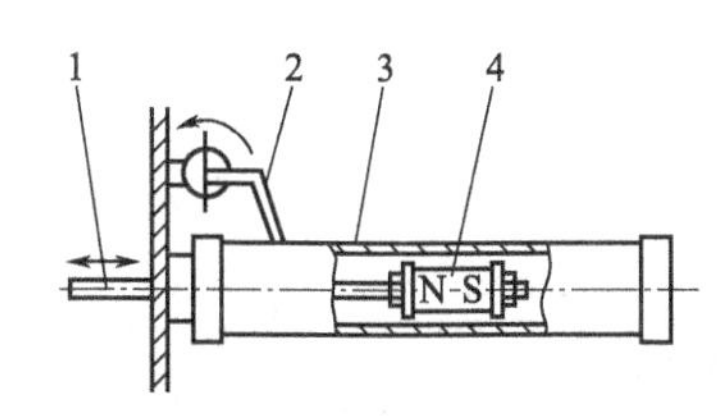

图 6-25　圆柱形电弧源结构

1—磁场拖动机构；2—引弧电源；3—柱靶源体；4—磁体

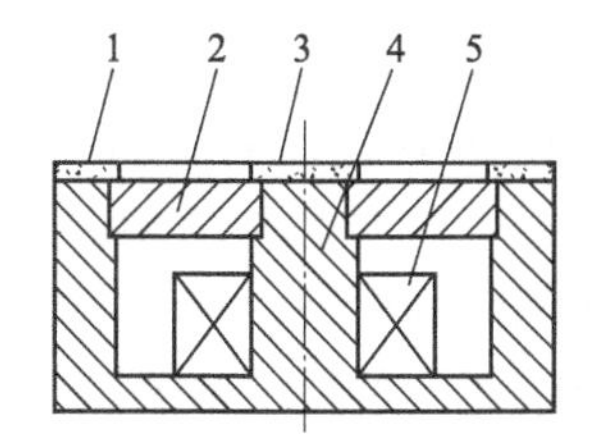

图 6-26　环形平面电弧源结构

1—压环；2—靶材；3—压板；4—铁芯；5—线圈

① 环形平面电弧源

图 6-26 是环形平面电弧蒸发源的结构。由于这种源采用线圈的励磁电流在铁芯中产生

的磁场来实现弧光放电的稳弧及控制阴极辉点的运动。因此，这种蒸发源在环形平面靶材表面上会产生旋转运动，其特征是：与靶材表面平行磁场增加时，可提高辉点旋转速率，并且，稳定在接近靶材外缘的环带上转动；随着电弧电流的增加，辉点旋转速率亦增加；电弧电压与平行磁场成比例地增加；在较强磁场和提高主弧电流时，阴极辉点发生分裂。当主弧电流≥150A 时，众多辉点轨迹覆盖整个靶材表面。

② 矩形平面蒸发源

矩形平面电弧蒸发源是多辉点同时放电的电弧源。它的靶材面积和电弧电流较大，为了稳定电弧放电，采用磁场控制阴极辉点的运动是必要的。矩形平面电弧镀蒸发源的结构如图 6-27 所示。

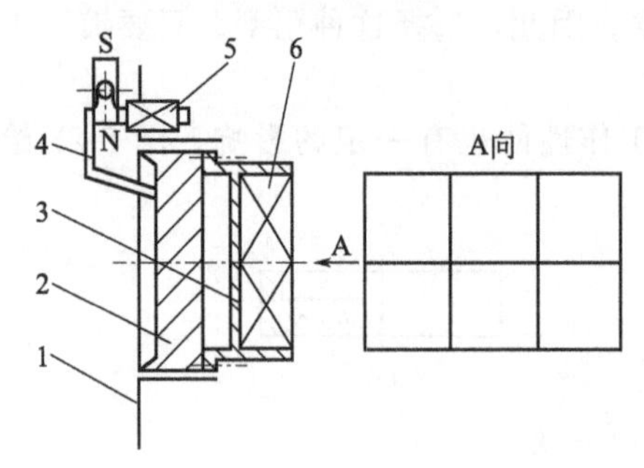

图 6-27 矩形平面电弧源结构

1—屏蔽罩；2—靶材；3—水冷座；4—引弧极；5—引弧极线圈；6—永磁体或电磁线圈

矩形平面电弧蒸发源的引弧极通常采用电磁线圈驱动，使其与靶材接触并立即切断电流，用复位弹簧使引弧极与靶材脱离而引发电弧。

采用数个磁场线圈，利用其线圈电流的相位差使靶材表面磁场强度构成一个封闭的循环，以利用阴极辉点在整个靶材表面上迁移。这样可以保证靶材的均匀刻蚀。

③ 圆柱形电弧蒸发源

圆柱形电弧蒸发源与常规圆柱形磁控溅射靶的区别仅为磁场具有轴向往复运动和增加一个引弧电极。

如果将圆柱形电弧源视为无限长的电圆柱体，且不考虑空间电荷效应，则其电位分布为：

$$U=U_b-\frac{Q}{2\pi\varepsilon_0}\ln\frac{r}{R_b} \tag{6-13}$$

式中，U_b 为电弧源柱面电位，一般 $U_b=-20V$；Q 为电弧源柱面上的电荷量；R_b 为电弧源柱面半径；ε_0 为真空介电系数；r 为空间距轴线的半径。

磁场拖动机构使磁场往复运动，这样使阴极辉点在绕柱面高速旋转的同时随磁场沿柱面往复运动。只要磁场移动速度均匀，则电弧源柱面的刻蚀就是均匀的。

适当提高磁场强度可使阴极辉点运动速率加大。但是，过强的磁场会使引弧困难。对于直径为 60～70mm 的圆柱形电弧源。最佳柱表面平行磁感应强度为 $(50\sim60)\times10^{-4}$ T。磁铁柱面中心部位的磁感应强度的最佳值约为 20mT。

④ 旋转式圆柱形电弧蒸发源

图 6-28 是在旋转式圆柱形磁控溅射靶上增加一个引弧电极，这时阴极辉点将沿着靶材的柱面进行轴向运动。由于靶材可沿轴或进行轴向运动，而且靶材又以轴线为中心进行旋转，所以，阴极辉点将在整个靶材表面上运动，从而导致了靶材的均匀刻蚀。如果采用永磁体系统旋转，而靶材沿靶材表面作螺旋线状运动，也可导致靶材均匀刻蚀。

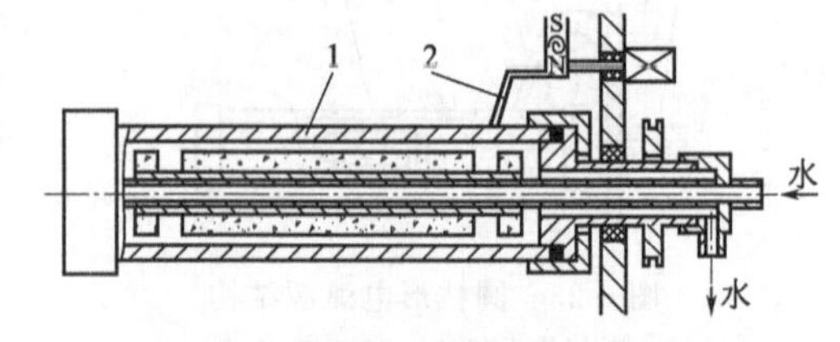

图 6-28 旋转式圆柱形电弧靶结构

1—旋转式圆柱磁控溅射靶；2—引弧机构

(3) 电弧蒸发源的工作参数[1]

① 电弧蒸发源的主要工艺参数

电弧蒸发源的主要工艺参数是源的功率，即放电电压和电流。功率由被镀件的具体要求确定。常用功率可在 1.2～2kW 之间选择。维持放电电压的范围为 15～50V，取值大小与阴极材料有关，对 Ti 大约 20V 左右。此外，电弧蒸发源的工作真空度的范围为 6.67×10^{-1}～

6.67×10^{-3}Pa。

② 电弧蒸发源的弧柱直径

若设弧柱为一等直径的圆柱体，可按经验公式确定弧柱直径 d：

$$d=0.27\sqrt{I}\ \text{(cm)} \tag{6-14}$$

式中，I 为电弧电流，A。

③ 弧光辉点在阴极表面上的移动速度

弧光辉点在阴极表面上的移动速度 v_s 可按下式求得：

$$v_s=2\delta(I/j\cdot\pi)^{-\frac{1}{2}}\ \text{(m/s)} \tag{6-15}$$

式中，δ 为热扩散率，$\delta=w/k$，其中 k 为单位体积内的热容量，对 Ti 来说 $k=46.9\text{cal/cm}^3$；j 为辉点的电流密度，对 Ti 而言 $j=0.04\text{cal/(cm}\cdot\text{s}\cdot℃)$；$I$ 为电弧的电流，A。

④ 阴极厚度

阴极厚度取决于阴极材料与阴极上所通过电弧电流的大小。当阴极蒸发材料的热传导性能越好或电弧电流越小时，其厚度可选择大些，反之应选小些。推荐的阴极厚度可在阴极直径的 20%～25%范围内取值。

⑤ 阴极背面冷却水的流量

由于电弧引烧后，其稳定性与阴极蒸发表面的温度有关，温度越低越稳定，而且，还会减少液滴的数量。因此，应对阴极采取强制的冷却措施。通常采用水冷，为保证冷却部分具有良好的导电性和导热性，为此，在设计时可选用紫铜材料。其冷却水的容积流量 V 可按下式计算：

$$V=860N/c(t_2-t_1)\ (\text{m}^3/\text{h}) \tag{6-16}$$

式中，N 为由冷却水带走的损失功率，kW，其值可按弧源功率的 50%计算；c 为水的容积比热容，对水 20℃时，$c=1000\text{kcal/(m}^3\cdot℃)$；$t_1$ 与 t_2 分别为冷却水入口及出口的温度，℃。

⑥ 屏蔽罩的设计

由于阴极弧光辉点以很高的速度做无规则的运动，而经常跑向阴极发射表面以外部位。这一现象在初始放电阶段更容易产生，在发射表面上由于存在氧化物等其他杂质，而诱发了放电过程的不稳定，从而导致了杂质气体的产生，因此，限制和控制阴极辉点的运动则成为杂质气体产生的问题的关键。

如图 6-22 所示，在阴极非发射表面周围设置屏蔽罩 4，可以起到约束阴极辉点不脱离阴极发射表面的作用。可选用高温绝缘材料或类似纯铁等导磁材料制成，其壁厚一般为 2～3mm，与阴极保持的间隙约 1～3mm。

⑦ 磁场的作用与选值范围

在电弧蒸发源中设置磁场不但可以改善源的性能，可使电弧等离子体加速运动，增加阴极发射电子和离子的数量，提高束流的密度和定向性，减少熔滴的含量，这就相应地提高了蒸发速率和膜层的质量，而且还可以使带电粒子在磁场中运动时能绕着磁力线旋转。这样由阴极表面中发射出来的粒子好像被磁场捕捉住一样。因此，这种磁场对阴极表面发射的粒子束流又起到一定的约束作用，借以达到了稳弧的目的，磁场强度的大小应可调，其范围大约在 10^{-2}T 量级中取值。

⑧ 工件架的设计要求与形式选择

工件架在刀具涂层离子镀设备的设计中应考虑的问题是温度场、电场与等离子体的分布；旋转机构的稳定性和夹具更换的灵活性以及可镀空间的利用性等。近年来国内外多采用立式工件架和自加热方式。这是因为立式工件架相对横式工件架来说，前者承重能力大，装卡工件也比较灵活和可靠。自加热方式，不但使镀膜室简单，而且又可缩短工件的加热和冷却时间。因此，在刀具涂层离子镀设备中采用立式自加热工件是适宜的。

⑨ 引弧电极的驱动方式

引弧形式可以采用高压脉冲式，也可采用机械触发式。高压脉冲式是在阴极附近设置的电极上加一个高压脉冲通过气体放电进行引弧。但这种方式目前采用得较少。常用的机械触发式引弧是靠引弧电极与阴极表面瞬间的接触与拉开来实现。驱动引弧电极进行直线往复运动的装置，既可采用电磁启动，也可采用气动启动。为了尽量减少启动时所产生的接触电阻，引弧电极表面的接触压力应具有一定值。

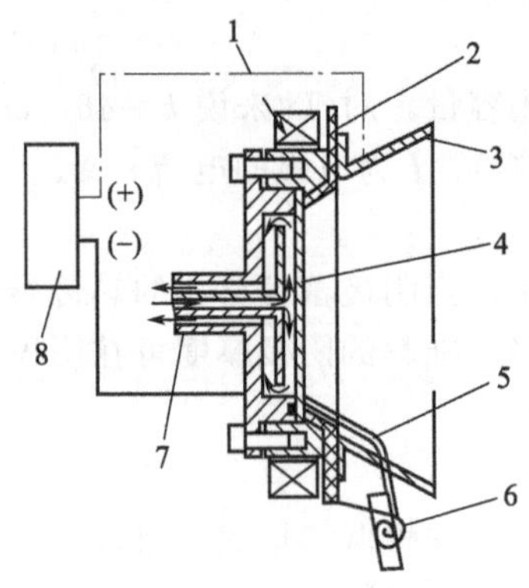

图 6-29 强制冷却的电弧离子镀蒸发源

1—磁场线圈；2—绝缘套；3—阳极；4—阴极；5—引弧电极；6—电磁弹簧复位机构；7—水冷；8—直流电源

(4) 稳定阴极放电的几点措施

在多弧离子镀膜工艺中，稳定阴极靶面弧光的放电过程，防止杂质气体对蒸镀室的污染、消除从阴极发射表面飞溅出来的微小团粒（熔滴）对获得高质量的膜层十分重要。

以高速做无规则运动的阴极放电辉点，常因此而跑向阴极发射表面以外的部位。这一现象尤其易发生在初始放电过程的不稳定性，导致杂质气体的产生。为了限制和控制阴极弧点的运动，可采取以下几点措施。

① 在阴极非发射表面周围设置屏蔽罩，借以约束阴极辉点不脱离阴极发射表面的作用。一般可选用高温绝缘材料或类似纯铁等导磁材料制成，其壁厚约 2～3mm，与阴极保持间隙约 1～3mm。这种方法简易可行。但在弧光放电过程中，在阴极附近的局部区域，气体平均自由程会明显下降，使电弧仍有可能进入屏蔽件内而造成熄弧，甚至损坏阴极。

② 在阴极系统外设置一个磁场线圈，如图 6-29 所示。带电粒子在磁场中运动时一般总是绕着磁力线旋转，好像被磁场捕捉住一样。因此，这种磁场线圈产生的磁场对阴极表面反射的粒子束流起约束作用，达到稳弧的目的。

③ 限弧环的稳弧作用。图 6-30 是采用限弧环的一种结构。它可以较好地维持弧光放电的稳定性。限弧环材料的二次电子发射系数和表面能均应比蒸发阴极材料低。这样，电弧一旦跑向环的表面，由于它具有低的二次电子发射系数值，会使电弧迅速返回发射表面。即使工作过程中环表面沉积了某些蒸发材料，由于它具有低的表面能也会很快被电弧蒸发，保持了环的原有功能。图 6-31 为采用限弧环情况下，不同靶材的多弧离子蒸发源所得到的蒸发阴极的腐蚀图形，图中（a）为外导磁材料，（b）为导磁材料的刻蚀情况。

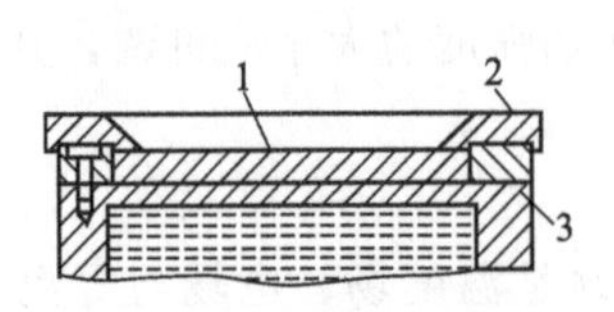

图 6-30 一种限弧环的结构

1—阴极蒸发表面；2—限弧环；3—阴极体

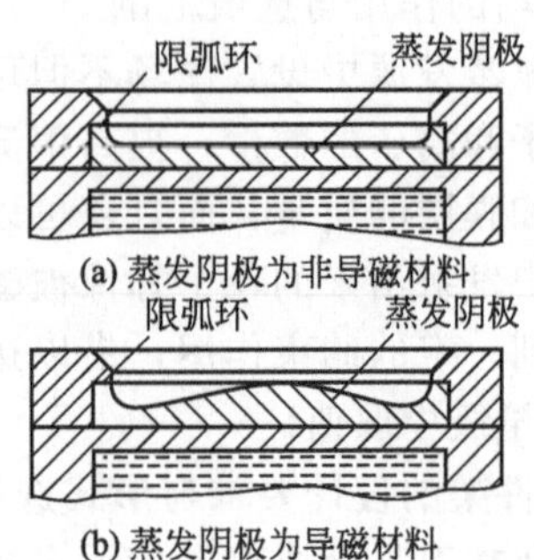

图 6-31 采用限弧环后蒸发阴极的腐蚀图形

(5) 宏观颗粒的抑制与消除方法

如前所述，阴极电弧不可避免地会发射出颗粒，最终影响镀层的外观和性能。为了解决这一问题，可采取下述两种措施。

① 从阴极电弧发射颗粒的机制入手减少甚至消除颗粒的发射

a. 降低弧电流。可减弱电弧的放电，缩小弧斑区数目，即缩小微熔池面积，可以减少微滴的发射。但同时也降低了蒸发速率和沉积速率。一般国产阴极电弧源设计正常工作弧流为 50～60A，但发射的微滴较多。目前，国外大多生产弧流在 30A 以下较稳定运行的弧源，使微滴现象有所改善。

b. 加强阴极冷却效果。阴极弧源有两种冷却方式，即直接和间接冷却阴极靶体。后者水是冷却铜靶座，靶座连接阴极靶体，冷却效果差些，但安全可靠，不会漏水。前者冷却水直接冷却靶体，冷却效果较好，但一定要有可靠的水密封。加强冷却阴极，就是为了使弧斑区热量尽快导走，缩小熔池面积，从而减少液滴发射。

c. 增大反应气体分压。实验证明：提高氮分压，有明显细化和减少颗粒的效果。其机制还不清楚，有人认为氮分压高时，在弧斑区附近靶面上易生成氮化物沉积，氮化物熔点高，可缩小灼坑尺寸，抑制液滴生成；也有人认为在微熔池上方高气压会影响液滴的发射生成条件和分布。不过，沉积 TiN 时，氮分压是影响膜的相构成和膜的颜色的重要参数，不能任意调节。否则会顾此失彼。

d. 加快阴极弧斑的运动速度。驱动斑点快速运动使其在某点的停留时间缩短，从而降低局部高温加热的影响，减小熔池面积，降低微滴的发射。一般采用磁场控制弧斑运动，可在阴极靶后面装置一磁块，利用平行靶面的磁场分量与弧斑作用，推动弧斑在靶面旋转运动，磁场越强，旋转越快。沉积 TiN，此法可减少微滴，但不会全部消除微滴。若对熔点低的金属阴极使用此法，则效果不佳。

e. 脉冲弧放电。阴极电弧源连接弧脉冲电源，那么阴极弧放电为非连续的，时有时无。有人认为这是利用脉冲式弧放电来限定弧斑的寿命，从而减少微滴。不过，实际看到的弧脉冲频率是低频的，只有零至几百赫。此频率的周期远比已测定的弧斑寿命长。看来，这似乎用间歇放电让阴极得到更有效的冷却来解释减少微滴更趋于合理。

② 从阴极等离子流束中把颗粒分离出来

a. 利用高速旋转电弧靶的离心作用消除电弧蒸发的微滴。当靶速高达 4200r/min 时，TiN 薄膜表面微粒所占面积为 0.075%。

b. 遮挡屏蔽，在阴极弧源与基片中间摆放挡板，利用从弧源飞出的微滴受挡板屏蔽不能到达基片的作用减少液滴。而离子流束则可通过偏压的作用绕射在基体上。这种方法比较简单，但必须以牺牲沉积速度为代价。遮挡板的设计和摆放，应当以阴极电弧源发射微滴角分布为依据，既要有效挡住微滴，又要尽量少牺牲沉积速率。这一点应予以注意。

c. 采用弯曲型磁过滤管方法彻底消除微滴的方案。图 6-32 是磁过滤弧源的一种典型装置。它包括一个电弧阴极，阴极磁场线圈及一套磁过滤装置。从阴极表面发射的等离子体经磁偏转管进入镀膜室。而微粒由于是电中性或者荷质比较小，因而不能偏转而被滤掉。用磁过滤管电弧源可获得低能高离化度等离子束，并可以完全消除微滴。当然，要损失相当比例的沉积速率。

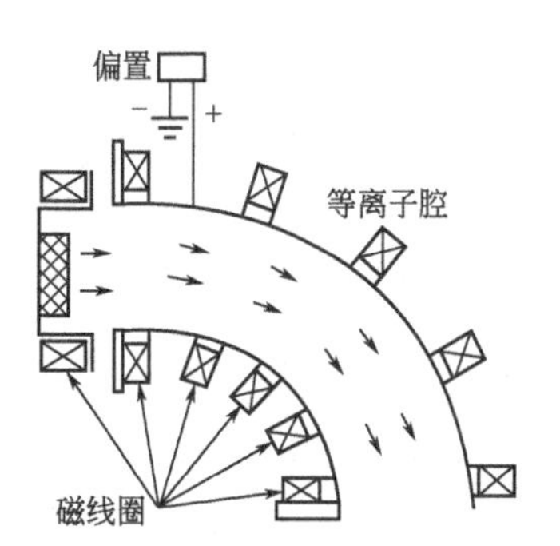

图 6-32 弯管磁过滤装置

(6) 负偏压对膜沉积过程的影响

① 直流偏压对沉积膜的影响

真空阴极电弧离子镀一般配置直流负偏压电源较多。它的正极大都接在镀膜室壳上，其阴极连接在基片上。其负电压从0～1000V可调，构成对阴极电弧源和电弧放电等离子体负电位。正是带负偏压基片在等离子体中，基片表面附近的等离子鞘层对膜材离子实施加速，补给和调节离子能量，提高了离子对基片和膜层的轰击效应，增强了膜层的附着力和致密性，改善膜层结构和性能。

实际应用的电弧离子镀的直流偏压电源，一般应具有较宽的可调负电位范围。它既要在较低的负电位（－300～－50V）进行镀膜；又要在较高负电位（－1000～－600V）对工件进行轰击清洗。同时，直流偏压电源应具有较好的化解镀膜与离子轰击时的"闪弧"功能。一种可行的技术方案是把将大弧的电荷积累分解成多个基片表面的能承受的"小弧"释放。这样就能保证不会因闪弧而使工件报废，确保膜层的质量。

② 鞘端效应与狭缝屏蔽对沉积膜的影响

在镀膜实际操作中，工件面积有限，鞘端效应不可忽视。被镀工件往往不是规则形状，将它们放在等离子体中并施加负偏压后，在工件的边沿、凸出部位等曲率半径小的部位也会形成与它们形状相似的离子鞘，与工件的曲率半径大的工件部位比较而言，前者单位面积对应的离子鞘表面相对要大些。而且，这些部位场强较大。因而，这些部位更容易获得离子流。在工件的小孔、狭缝开口处的离子鞘产生屏蔽效应，离子很难进入小孔和狭缝内。

(7) 脉冲负偏压对沉积膜的影响

负偏压在离子镀中有举足轻重的作用。借助直流偏压诱发离子和调节离子能量，去轰击基体表面，基体的温度与直流偏压值有强烈的依赖关系。往往基体材料有一温度允许高限，而最大允许偏压值也取决于工艺条件。在许多镀膜生产中，－300～－50V的偏压不一定能提供足够的离子能量对表面进行有效的轰击。于是，在直流负偏压基础上叠加一个脉冲负偏压技术应运而生。

叠加脉冲偏压最大特点是基体温度与施加的脉冲偏压值可分开控制。在镀膜时，脉冲偏压多调节在5%～10%范围。这意味着是一种非连续的低能离子脉冲式轰击。在脉冲截止时，即是常规的直流偏压镀膜工艺有足够时间进行材料表面和内部的热均衡。在脉冲进行轰击时，由于时间很短，仅仅对基片温度有小小的提升。所以，可以在预定的基体温度下施加或高或低的脉冲偏压，即在工艺参数和工艺控制中多了一个自由度。因此，叠加脉冲负偏压赋予离子较高的能量，高能离子辅助镀膜可提高表面吸附原子的迁移率，增加表面缺陷密度，提高成核速度，使表面有更多的杂质原子解吸，从而促进了表面原子位移。图6-33表示用离子轰击沉积膜时基体表面的基本过程。这些效应的结果不但可降低基体镀膜温度，有效控制工件温升，增加了膜的致密度；而且，还可以改善膜/基界面的结合力，抑制了柱状膜的生长，改善织构，降低膜的残余应力，提高其硬度；提高了基体附近的等离子体密度和减少微滴；以及在脉冲电场作用下的高能离子击碎镀层上的大颗粒。从而，改善了膜层的表面形貌。可见，加入叠加脉冲偏压的效果对提高膜层的质量是十分明显的。

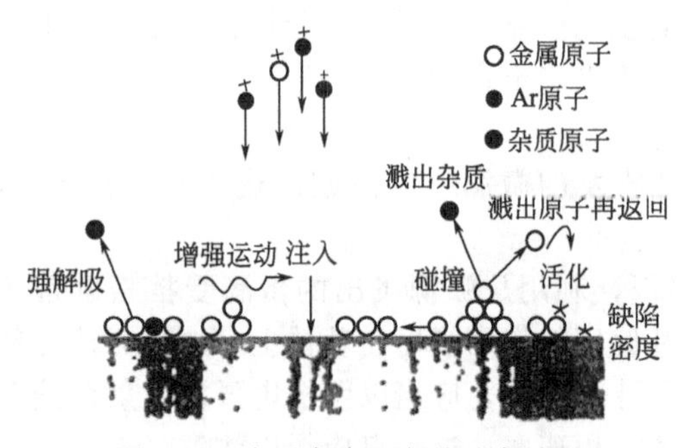

图6-33 离子轰击沉积的基本过程

6.8.7 冷电弧阴极离子镀膜装置[10]

冷电弧阴极离子镀装置是利用场致发射为主的冷弧阴极放电原理而制成的一种离子镀装置，如图6-34所示。它是将水冷的空腔冷电弧阴极枪放置在真空室顶部，坩埚置于底部，基板放置在四周。空腔水冷阴极结构图如图6-35所示。水冷电弧阴极腔体由导热性能好的无氧铜制作。腔体的直径为 45mm 、高 55mm，发射面积 $77cm^2$。一般应满足腔体高大于或等于半径，才能使等离子体进入空腔，引起空腔效应的激发。自加热衬套用耐高温材料钼管制造。自加热衬套和水冷空腔阴极之间用氮化硼绝缘。氩气首先通入水冷空腔阴极中，使腔内气压升高，与镀膜室约为 0.5Pa 的气压形成压差。这种结构既可以保证水冷空腔内维持电弧放电所需的气压，也可以保证沉积氮化钛所需的较低气压。水冷空腔阴极的位置是任意安放的，可以设置在真空室顶部，也可以设置在侧面，水平位置安装。靠电场作用电弧也可聚集在坩埚中心。

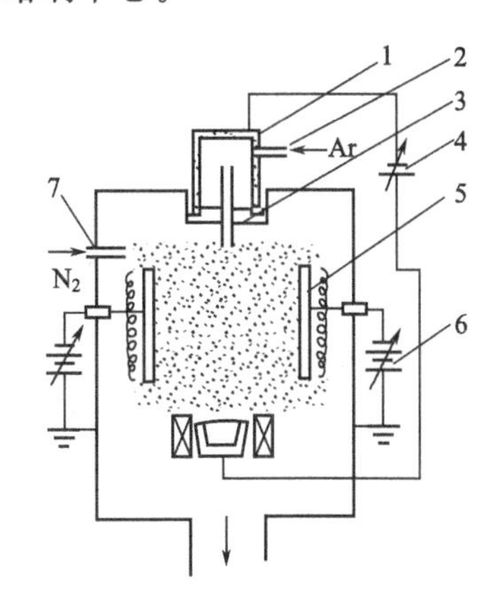

图 6-34 冷电弧阴极离子镀膜机装置

1—水冷空腔阴极；2—氩气进气系统；3—自加热衬套；4—引弧电源和主弧电源；5—基板；6—基板负偏压电源；7—反应气进气系统

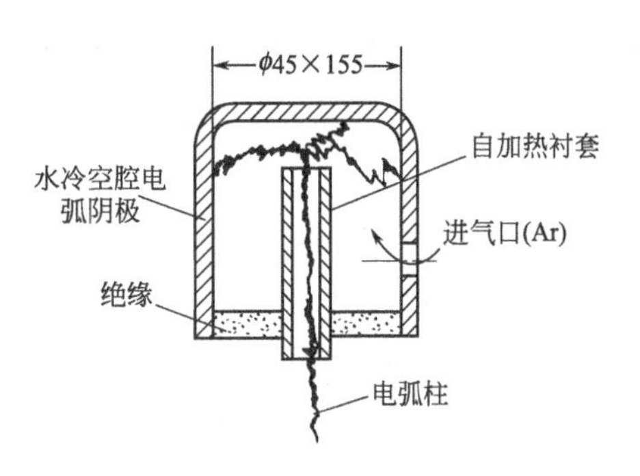

图 6-35 离子镀长寿命冷弧阴极 B

冷阴极所采用的电源与空心阴极相同。首先需用引弧电源使空腔内产生辉光放电。然后，转成弧光放电。低气压冷电弧阴极是以场致发射为主的冷阴极。冷阴极启动快，电流密度很高，约为 $10^5 \sim 10^7 A/cm^2$。以场致电子发射为主要机制的电弧放电，电弧由高速徘徊的、不稳定的、沿阴极表面高速运动的许多小弧斑组成。因此，阴极表面绝大部分处于水冷状态，每个小弧斑内瞬时能量和质量密度很高。同时，产生金属蒸气。在空腔内由于气体压力很高，自由程很短，电子与阴极物质的蒸气分子发生碰撞电离的概率很大，形成高密度、高电离度的等离子体。由于自由程短，形成的双电层更窄，电场强度更大，更易产生场致发射。总之，冷电弧场致发射的全部过程是借助于弧斑的自调制作用进行的。弧光放电电压 50V 左右，弧光电流 100～200A。其伏安特性的如图 6-36 所示。这里应当重点介绍它的自加热衬套。它对冷阴极的工作起重要作用，主要有如下几点。

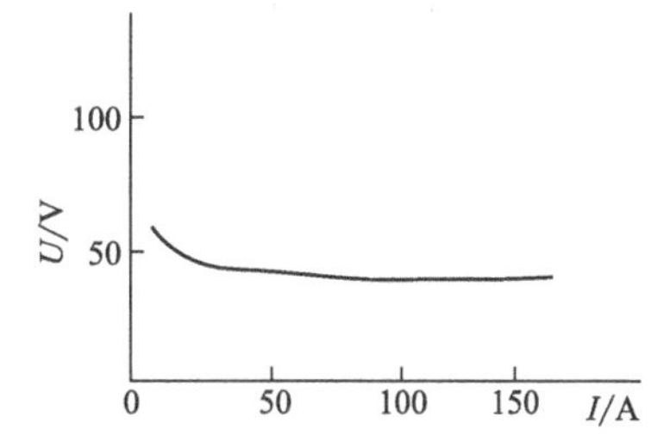

图 6-36 离子镀冷弧阴极伏安特性

① 维持空腔阴极和离子镀膜室的差压。使阴极内腔能在较高的气压——大于 10^{-1}Pa 条件下稳定维持弧光放电；使腔外能保持最佳的镀膜气压——0.5Pa 左右。衬套的直径和长度是气体流量和两端所需压力差的函数。

② 加强阴极内腔的空心阴极放电效应，有利于电弧稳定运行。

③ 限制弧斑徘徊范围，使阴极斑不致跑出腔外。

④ 加强阴极的自恢复作用，提高阴极寿命。衬套被管内电弧柱所释放的焦耳热所加热，并主要以热辐射方式把热量辐射给阴极壁。根据热平衡计算，可以把衬套的温度控制在阴极

材料的熔点以上。由阴极斑蒸发或溅射出的阴极材料蒸气原子，在遇到被加热了的衬套时，就不会在其上沉积，而被衬套再蒸发反射回阴极腔，并沉积到阴极斑之外的冷阴极表面上去。这样既防止了蒸气跑出阴极腔，减少对正柱区的污染，又增加了阴极的自恢复能力，提高了使用寿命。衬套外径是工作电流的函数。

⑤ 对放电正柱区产生压缩和约束作用。冷电弧阴极在放电过程中产生的电子束，通过自加热衬套向坩埚加速，也形成高密度的低能电子束。与热空心阴极发射的等离子电子束相同，也是离子镀膜所需的蒸发源和离化源。但它不消耗昂贵的钽管。只要合理设计阴极空腔和自加热衬套及有效的绝缘件结构，这是一个有发展前途的离子镀源。

冷电弧阴极离子镀的操作过程和空心阴极离子镀相同。这里不再重述。

6.8.8 热阴极强流电弧离子镀装置

热阴极强流电弧离子镀装置是一种一源多用的、具有独具一格特点的离子镀装置，其结构如图 6-37 所示[1]。

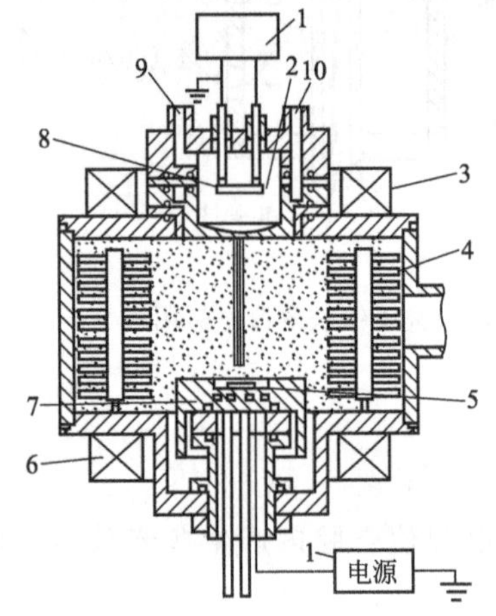

图 6-37 热阴极强流电弧离子镀装置
1—热灯丝电源；2—离化室；3—上聚焦线圈；4—基体；5—蒸发源；6—下聚焦线圈；7—阳极（坩埚）；8—灯丝；9—氩气进气口；10—冷却水

这种由列支敦的巴尔蔡斯公司发明的镀膜装置由低压电弧放电室和镀膜室两部分所组成。热灯丝电源安装在离子镀室的顶部。热阴极用钽丝制成，通电加热至发射热电子，是外热式热电子发射极。当低压电弧放电室通入氩气时，热电子与氩气分子碰撞，发生弧光放电，在放电室内产生高密度的等离子体。在放电室的下部设有一气阻孔与离子镀膜室相通，放电室与镀膜室形成气压差，在热阴极与镀膜室下部的辅助阳极（或坩埚）之间施加电压，热阴极接负极，辅助阳极（或坩埚）接正极。这时，放电室内的等离子体中的电子被阳极吸引，从枪室下部的气阻孔引出，射向阳极（坩埚）。在沉积室空间形成稳定的、高密度的低能电子束。它起着蒸发源和离化源的作用。

沉积室外上下设置一个聚焦线圈，磁场强度约为 0.2T。上聚焦线圈的作用是使束孔处电子聚束；下聚焦线圈的作用是对电子束聚集借以增强电子束功率密度。从而，达到提高蒸发速率的目的。轴向磁场还有利于电子沿沉积室做圆周运动，从而提高了带电粒子与金属蒸气粒子、反应气体分子间的碰撞概率。

这种技术的特点是一弧多用。热灯丝等离子枪既是蒸发源，又是基体的加热源、轰击净化源和膜材粒子的离化源。在镀膜时，首先将沉积室抽真空至 1×10^{-3}Pa，后向等离子枪内充入氩气。此时基体接电源正极，电压为 50V。接通热灯丝，电子发射使氩气离化成等离子体，产生等离子体电子束。受基体吸引加速并轰击基体，使基体加热至 350℃。再将基体电源切断，加到辅助阳极上。基体接 −200V 偏压。放电在辅助阳极和阴极之间进行，基体吸引 Ar^+，被 Ar^+ 溅射净化。然后，再将辅助阳极电源切断，再加到坩埚上。此时，电子束被聚焦磁场汇聚到坩埚上，轰击加热镀料使之蒸发。若通入反应气体，则与镀料蒸气粒子一起被高密度的电子束碰撞电离或激发。此时，基体仍加 100～200V 负偏压，故金属离子或反应气体离子被吸引到基体上，使基体继续升温，并沉积膜材和反应气体反应的化合物镀层。

该技术的特点是在放电室真空（约 1Pa 左右）起弧，对镀膜室污染小。由于高浓度电子束的轰击清洗和电子碰撞离化效应好，故 TiN 的镀层质量非常好。我国在 20 世纪 80 年代曾对用空心阴极离子镀、电弧离子镀、热阴极强流电弧离子镀镀制的麻花钻镀层做过评比。结果表明：用热阴极强流电弧离子镀镀制的麻花钻头使用寿命最长。该技术用于工具镀层质量最具有优势。采用多坩埚可镀合金膜和多层膜。但它的缺点是可镀区域相对较小，均匀可镀区更小。现有的标准设备只有 350mm 高的均镀区，用于装饰镀生产不太适宜。但是，国外将这类设备改进后已用于高档表件沉积 TiN 的离子工艺之中。但这种设备的缺点是设备比较复杂、操作过于繁琐，而且沉积速率也较低。

参 考 文 献

[1] 李云奇主编．真空镀膜技术与设备．沈阳：东北工学院出版社，1989.

[2] Takagi T. Thin Solid Films. 1982，92（1）.

[3] 徐成海主编．真空工程技术．北京：化学工业出版社，2006.

[4] 王福贞编著．表面沉积技术．北京：机械工业出版社，1989.

[5] 高桥夏木．金属表面技术，1984，35（1）：16-24.

[6] 郭远纪等．新工艺技术，1987（3）.

[7] 高汉三等．真空，1989（2）：48.

[8] 李云奇等．真空，1996（3）：27-31.

[9] 金石等．真空，1991（1）：9-15.

[10] 王殿儒等．真空，1982（5）：40-48.

[11] 金达义等．刀具研究，1986（1）：13.

第 7 章

离子束沉积与离子束辅助沉积

7.1 离子束沉积技术

7.1.1 离子束沉积原理及特点

离子束沉积技术是在离子束技术基础上发展起来的一种新的成膜技术。它的基本原理就是利用被离子源离化了的粒子作为镀膜材料在比较低的基片温度下，以较低的能量达到基片表面上生成薄膜的一种新的成膜技术。

当离子束照射基片或沉积到基片上的薄膜表面时，由于入射离子能量的不同可以产生沉积、溅射或注入等效应。因此，要求在离子沉积过程中，入射到基片上去的离子能量必须小于薄膜的自溅射产额等于 1 的能量。

图 7-1 给出了 Al、Cr、Cu、Au、Ag 的自溅射产额 μ 与入射粒子能量的关系曲线[1]。图中表明：当 $\mu=1$ 时，入射离子能量越低，溅射效应就越小，薄膜的生长速度就越快。但是，当离子能量小于某一个值时，低能离子的沉积速率反而会降低。由于该能量与入射离子的种类及基片材料的性质有关，一般为几个电子伏到几十个电子伏。因此对于离子束沉积而言，选用的离子束能量大都在几到几百伏的电子伏能量。但是，如果要想在这样低的离子束能量下从离子源中得到高的束流密度，从而得到高的成膜速度是比较困难的。为此，大都采用在高电位下，首先从离子源中引出离子束。然后，将引出的离子束聚焦；再经过离子的质量分离和偏转以后，进入减速系统，把离子束减速为低能离子，使其入射到基片表面上沉积成薄膜[2]。

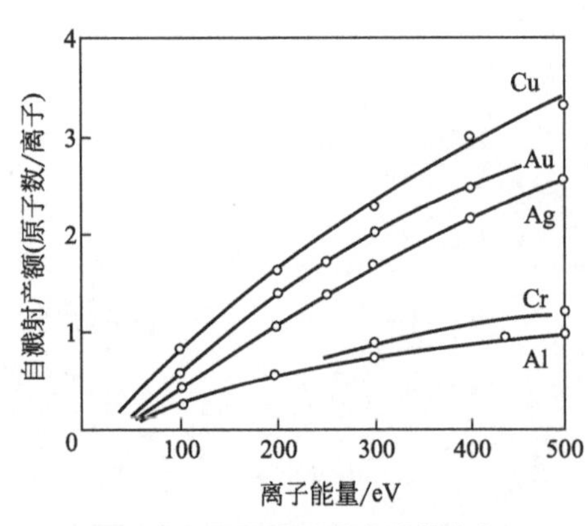

图 7-1 几种材料的自溅射产额与离子能量的关系

由于在离子束中，离子能量与离子镀膜相比较能量较高，为此，入射可以引起基片原子的溅射及离位等缺陷。这些缺陷可以作为晶体生长所必需的晶核。而且，还可以随着离子的轰击促进表面原子的迁移扩散。这与传统薄膜沉积相比较，在相同的基片温度下，离子束沉积薄膜会容易实现晶体生长，特别是在同簇离子束沉积中，沉积离子更易于在基片成膜层表面上移动。离子束沉积的不足是束流尺寸较小，难以制备大面积涂层。而且，由于离子束流的直进性，导致很难在表面形状复杂的基体上成膜。

7.1.2 直接引出式离子束沉积技术

直接引出式离子束沉积，由于对沉积的膜材粒子并不进行分离，而是利用 Ar 气引发的低压等离子体放电以及放电中所产生的膜材粒子和 Ar^+ 同时被引出离子束源，而后，在施加负偏压的基片上生成薄膜。因此，也称为非质量分离式离子束沉积技术。其沉积装置如图 7-2 所示。该装置是利用碳离子制备类金刚石薄膜的一种设备。离子源是用来发生碳离子的，在结构上阳极和阴极的主要部分都是用碳制成的。把氩引入到放电室中，加入外磁场，在低压条件下使其发生等离子体放电。依靠离子对电极的溅射作用，产生碳离子。碳离子和等离子体中的氩同时被引入到沉积室中，由于基片上负偏压的作用，故即可将这些离子加速并沉积到基片上生成薄膜。

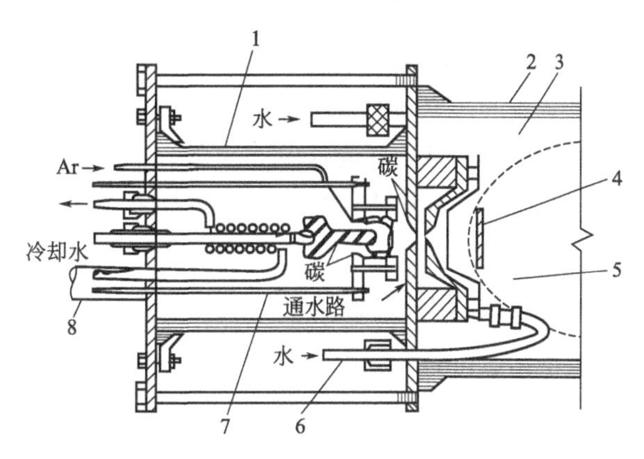

图 7-2 直接引出方式的离子束沉积装置

1—ϕ100mm 玻璃管；2—ϕ150mm 玻璃管；3—沉积室；4—硅片；5—外加磁场；6—聚四氟乙烯管；7—涤纶套；8—真空系统

实验表明，用能量为 50～100eV 的碳离子，在 Si、NaCl、KCl、Ni 等基片上，在室温照射下，可制备出透明的、机械硬度高、化学性能稳定的薄膜。这种膜的电阻率可达 $10^{12}\Omega \cdot cm$，折射率大约为 2，且不溶于无机酸和有机酸，用电子衍射和 X 射线衍射确认为单晶膜。采用这种方法所制备的碳膜的性质与金刚石膜相类似。

7.1.3 质量分离式离子束沉积技术

质量分离式离子束沉积与直接引出式离子束沉积的区别，首先在于从离子源引出的离子束需要通过质量分析器选择出所需要的特定离子。然后，将分离出来的离子照射到基片上，从而可得到纯度很高的涂层。其装置如图 7-3 所示。它是由离子源、质量分析器和超高真空

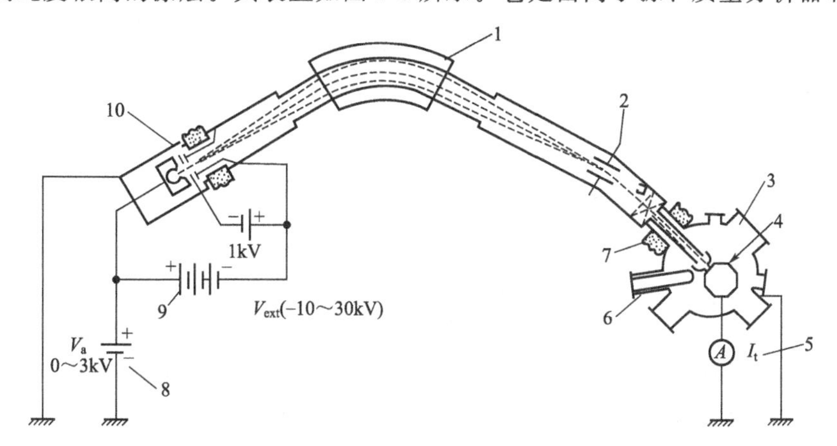

图 7-3 质量分离方式的离子束沉积装置

1—质量分离用偏转磁铁；2—偏转板；3—沉积室；4—硅基片；5—离子电流；6—四极滤质器；7—绝缘子；8—离子加速电源；9—引出电源；10—离子源

系统镀膜室等几大部分所组成。基片和镀膜室接地为零电位。这时照射到基片上去的沉积离子的动能可由离子源上所施加的0～3000eV的正电位来决定。此外，为了从离子源中引出来的离子流，还可以在质量分析器和离子束的输运管道上施加上－10～－30kV的负高压。

为了制取高纯度薄膜，应尽可能减少沉积室中残余气体在基片上的附着量，即应尽量提高沉积室的本底真空度。从抽气系统而言，最好采用多个真空泵进行差压排气。例如，离子源部分利用油扩散泵抽气；质量分离部分采用涡轮分子泵；沉积室部分采用离子泵排气，以保证在1×10^{-6}Pa的真空度下进行离子沉积。

离子束沉积采用的离子源，通常要求用金属离子直接作膜材离子。这类离子是由电极与熔融金属之间的低压弧光放电产生的。离子能量为100eV左右，镀膜速率受离子源提供离子速率的限制，远低于工业生产中采用的蒸镀和磁控溅射，主要适用于实验研究和新型薄膜材料的研制。

7.1.4 离化团束沉积技术

离化团束沉积（ICB）技术与物理气相沉积技术中与单个原子或离子的蒸发、溅射、电离等过程形成薄膜的方式有所不同，它是利用具有一定能量的离化原子团束实现薄膜沉积的。只要每个集团中有一个原子被离化，则该团即带正电。因此，可在负电位的作用下，被加速而带有较大的动能后再沉积到基片上，即或是没有被离化的中性团束也具有一定的能量。其动量的大小由喷射出来的速度有关。

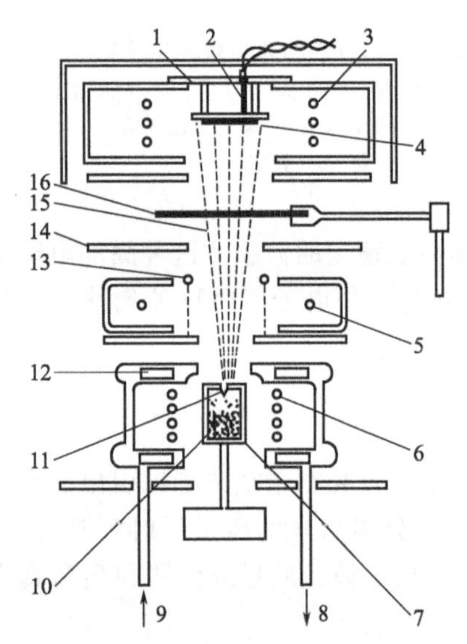

图7-4 离化团束沉积装置

1—基片支架；2—热电偶；3—加热器；4—基片；5—离化用热灯丝；6—坩埚加热器；7—坩埚；8—冷却水出口；9—冷却水进口；10—蒸镀物质；11—喷射口；12—水冷屏蔽装置；13—离化所用电子的引出栅极；14—加速电极；15—簇团离子及中性粒子团束；16—挡板

图7-4是离化团束沉积装置的示意图。装置中所设置的离化原子团的产生部分是其独特之点。它是采用蒸发方式，先将被沉积的镀膜材料通过坩埚加热器进行加热，使其以较高的密度进行蒸发。由于采用带有较小喷射口的坩埚来实现对膜材的蒸发。因此，被蒸发的膜材可在坩埚内形成1～100Pa左右的高压蒸气，从坩埚喷射口以黏滞流形式高速喷出。因坩埚口很小，而且，坩埚外部镀膜室的压力只有10^{-5}Pa左右。因此，在膜材蒸气喷出的过程中，处于绝热条件下而发生膨胀而生成许多稳定的原子团。这些原子团在与装置中所放置的离化部分所产生的电子相互碰撞后，就会使原子团带上负电荷。而且，由于离化后的原子团质量较大，原子团间的排斥作用较小。因此，这些离化了的原子团在数千伏电场加速的作用下到达基片表面上，不但会造成基片局部温度升高，增加原子在表面上的扩散能力，创造活化形核位置，而且使各个薄膜核心连成一片，创造了良好的成膜条件，促进基片表面发生化学反应，提高沉积速率，并且由于高能量原子团的轰击，还会促使基片表面上处于十分清洁的状态，产生一定的浇注作用。这就是离化团束沉积膜具有附着力好、易于抑制柱状晶生长、控制薄膜结构，实现低温沉积，甚至可实现单晶外延等一系列特点的原因所在[3]。

此外，由于离化团离子的电荷/质量比小，即使进行高速沉积也不会造成空间粒子的排斥作用或膜层表面的电荷积累效应。通过各自独立地调节蒸发速率、电离效率、加带电压等，可以在1～100eV的范围内对每个沉积原子的平均能量进行调节，从而有可能对薄膜沉积的基本过程进行控制，得到所需要特性的膜层，是一种具有实用意义的薄膜制备技术。

目前，这一技术不但可以在金属、半导体以及绝缘物质上沉积各种不同的蒸发物质。而且还可以制取各种不同的金属、化合物、半导体等薄膜，也可采用多坩埚蒸发源共沉积法，直接制取复合膜和化合物薄膜，并且膜层性能可以控制。

7.1.5 等离子体浸没式沉积技术

等离子体浸没式沉积（Plasma immersion ion deposition，PIID）薄膜技术是近年来发展起来的一种成膜技术[4]。这种技术与离子镀膜相似，其装置如图7-5所示。它的工作原理是将被镀的基体浸没在均匀的低压等离子体中，并且在基体上施以频率为数百赫兹、数千伏的高压负脉冲。由于低压等离子体的电离度较高，而且其离子的平均自由程较长，因此在高压负脉冲的作用下基体外表处的等离子鞘层中的离子将被迅速加速，并在获得相应的能量之后沉积到基体的表面上成膜。

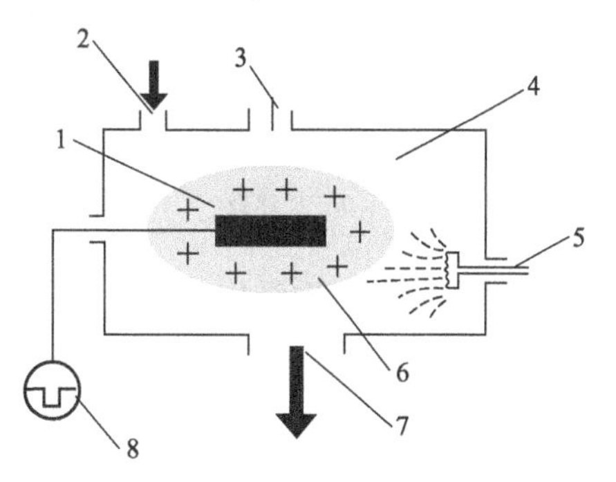

图7-5 等离子体浸没式离子沉积装置
1—基体；2—气体输入口；3—辉光放电电极；4—等离子体；5—热丝阴极；6—等离子体鞘层；7—真空系统抽气口；8—高压脉冲电源

这种沉积技术的突出特点是它克服了通常的物理气相沉积中的膜沉积具有很强的方向性限制的问题，因而特别适宜在表面形状复杂的工件上制备薄膜。当被镀工件浸没在等离体中以后，其外表面将被导电性很强的等离子体所包围，二者之间是充斥了离子的等离子体鞘层，在高压负脉冲的作用下等离子鞘层中的离子将从被镀件处的各个方向上加速而射向其表面最后沉积成薄膜。

等离子体浸没式离子沉积技术所采用的等离子体，可通过上述各种气体放电的方法获得。图7-5给出的装置是先用发射电子能力较强的热丝阴极维持气体的直流放电。然后在低气压下产生均匀的大面积的等离子体，如电容或电感耦合式的射频辉光放电等离子体、微波激励辉光放电等离子体、磁控溅射辉光放电等离子体、真空阴极电弧放电等离子体等都可以被用于等离子体浸没式离子沉积。在这其中热丝阴极辅助等离子体、射频等离子体、微波等离子体等三种方法可以用于产生O_2、CH_4、N_2、金属卤化物、金属羟基化合物等气体的等离子体。而磁控溅射、真空阴极电弧等离子体等方法则可被用于生产各种固态物质蒸气等离子体。

为减少气体分子对入射离子的散射，保证入射到基体表面上去的离子具有所需的能量，通常应将工作系统的真空室抽到10^{-1}Pa以上。

等离子浸没式沉积技术，除了上述特别适合于对大型复杂外形零件的镀膜外，还可以完成多组元件的同时沉积。该技术不但沉积离子的能量较高，膜的沉积温度较低，可提高膜层的致密性和附着力，而且也易于实现对薄膜成分的控制。但它的不足之点在于它所能够沉积的薄膜有限，膜层的种类具有很大的局限性。这是因为能够被同时用于等离子体的产生和沉积薄膜的气体种类较少所致。

7.1.6 气固两用离子束沉积技术

利用气固两用离子束源可以进行气体元素、固体元素或气固体元素进行混合离子束沉

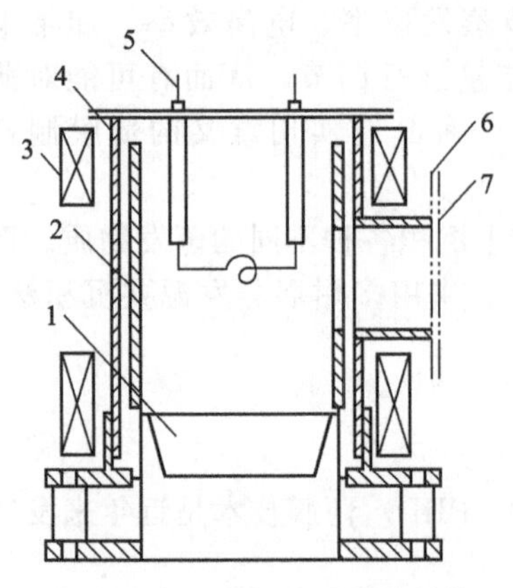

图 7-6 气固两用离子束源结构
1—坩埚；2—阳极筒；3—磁场线圈；
4—放电室体；5—灯丝阴极；
6—栅极；7—加速极

积。其离子束源的结构如图 7-6 所示[5]。它是由放电室体、灯丝阴极、阳极筒、坩埚、磁场线圈和引出系统（包括栅极及加速极）组成。其放电分布由两部分组成：第一部分放电是在阳极筒与灯丝阴极之间进行；第二部分放电在正极坩埚与灯丝阴极之间进行。前者采用工作气体的等离子体放电，加热放电室体，防止膜材等蒸气在其表面上的凝结。后者，在磁场线圈的磁场作用下聚集成束，轰击坩埚内的膜材使其蒸发。膜材蒸气在放电区内被离化，其离子被引出系统引出，沉积在基片上成膜。当坩埚温度足够高和膜材蒸气压高于 10^{-1} Pa 时，无需工作气体也可以维持放电。根据需要调节两个放电过程和坩埚温度，可以分别由离子束源引出气体离子、金属离子和非金属离子或同时引出气体和固体元素离子。因此，该离子束源可以实现气固两用离子束沉积。

图中引出系统是由栅极和加速极组成的多孔双栅结构，也可以采用三栅结构，栅孔按六角形排列。栅间距可调，以便调节引出效率。

7.2 离子束辅助沉积技术

离子束辅助沉积（IAD）技术，又称离子束增强沉积（IBED）技术。它是将离子注入及薄膜沉积两种技术相互结合融为一体的一种材料改性技术。其实质就是在成膜过程中采用离子束对基体和膜层同时进行轰击。既保留了离子注入工艺的特点，又可实现在基体上制备出与基体材料完全不同薄膜的一种新技术。近年来用离子束辅助沉积所获得的一系列的硬质、光学单晶、类金刚石和超导等涂层，对改善材料表面的机械性能、电磁性能、光学性能以及抗化学腐蚀与增强等方面均取得了令人瞩目的成果。

7.2.1 离子束辅助沉积过程的机理

离子束辅助沉积的各种过程如图 7-7 所示。它是离子注入过程中物理及化学效应同时作用的过程。其物理效应包括碰撞、能量沉积、迁移、增强扩散、成核、再结晶、溅射等；化学效应包括化学激活、新的化学键的形成等诸多方面。因为其沉积过程是在 10^{-4}～10^{-2} Pa 的高真空条件下进行的，因此粒子的平均自由程大于离子源（或蒸发源）与基片之间的距离。在工艺过程中基本上无气相反应。在沉积原子（0.15 或 1～20eV）与高能离子（10～10^5 eV）同时到达基片表面时，离子与中性气体分子与沉积原子发生电荷交换而中和。沉积原子经离子轰击获得能量，从而提高了原子的迁移率，导致不同的晶体生长和晶体结构。离子轰击的另一表面作用是释放能量，即与电子发生非弹性碰撞，而与原子发生弹性碰撞，原子可被撞出原有的点阵位置。在入射离子束方向和其他方向上发生材料转移，即产生

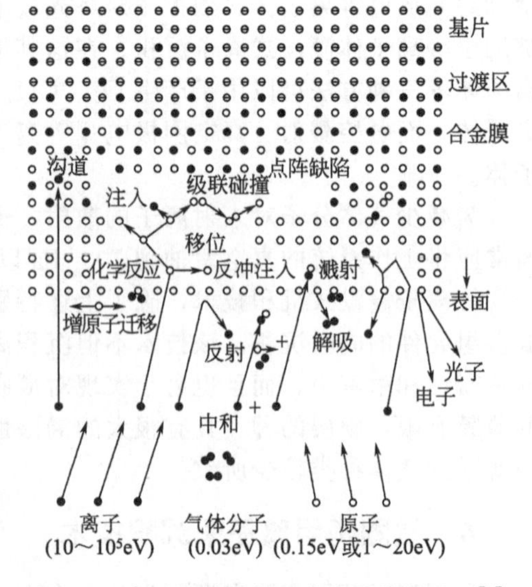

图 7-7 离子束辅助沉积的各种微观过程[6]

离子注入、反冲注入和溅射过程。其中某些能量较高的撞击原子又会产生二次碰撞，即级联碰撞。

这种碰撞必将导致沿离子入射方向剧烈的原子运动，形成膜原子与基体原子的界面过渡区。而且，过渡区内的膜原子与基体原子的浓度是逐渐过渡的，级联碰撞的结果，不但可以完成离子对膜层原子的能量传递，增加膜原子的迁移能及化学激活能有利于调节两相的原子点阵排列。而且，这种级联碰撞也会发生在远离离子入射的方向上。当近表面碰撞能量足够高时，将会有原子从表面原子区中被逐出，而形成的反溅射不但会降低膜的生长速率，而且还会因组成元素的溅射产额不同使膜成分引起改变。此外，由于高能的离子束轰击还会引起辐照损伤，产生点缺陷、间隙缺陷和缺陷集团束。而且，当入射离子生长薄膜的点阵面注入时，还会产生沟道效应。离子通过电子激活释放出能量，而不会发生原子碰撞引起的辐射损伤。由此可见，膜生成的最终面貌，应当取决于相互间制约的多种矛盾中的主要方面。因此，在离子束辅助沉积工艺中，注意选择离子的能量、离子与沉积粒子间的到达比，离子、膜层、沉积基体间的组合，沉积速率，充入气体，靶材温度等工艺条件十分重要。

7.2.2 离子束辅助沉积的方式及其能量选择范围[7]

离子束辅助沉积的方式主要有两种，一是动态混合式；二是静态混合式。前者是指膜在生长过程中始终伴随着一定的能量和束流的离子轰击而成膜的。后者则是预先在基体表面上沉积一层小于几个纳米厚度的膜层，然后再进行动态的离子轰击，并且可如此重复多次而生长成膜层。

离子束辅助沉积薄膜中所选用的离子束能量多在 30eV 到 100keV 之间。选用的能量范围大小取决于合成薄膜的应用种类。例如，制备腐蚀防护、抗机械磨损、装饰用涂层等薄膜则应选用较高的轰击能量。实验表明，如选用 20～40keV 能量的离子束轰击时，对基体材料和膜本身的损伤都不会影响其性能和使用。在制备光学和电子器件薄膜时，则应选择较低能量的离子束辅助沉积，这不但能减少光吸附和避免电激活缺陷的形成，而且也有利于形成膜的稳态结构。研究表明，选用低于 500eV 的离子能量就可以获得性能优异的薄膜。

7.2.3 离子束辅助沉积技术的特点

① 离子束辅助沉积技术的最大特点是膜与基体间的附着力强，膜层十分牢固。实验表明：离子束辅助沉积的附着力比热蒸镀的附着力提高了几倍到几百倍，其原因主要是由于离子轰击对表面所产生的清洗作用，使膜基界面上形成梯度界面结构或称混合过渡层，以及减少膜的应力所致。

② 离子束辅助沉积可改善膜的机械性能、延长疲劳寿命，非常适合制备氧化物、碳化物、立方 BN、TiB_2 以及类金刚石涂层等。例如在 1Cr18Ni9Ti 耐热钢上采用离子束辅助沉积技术生长 200nm 的 Si_3N_4 薄膜时，不仅可以抑制材料表面疲劳裂纹的萌生，而且可以明显地降低疲劳裂纹的扩散速率，对延长其寿命有着良好的作用。

③ 离子束辅助沉积可改变膜的应力性质及其结晶结构的变化。例如，制备 Cr 膜时用 11.5keV 的 Xe^+ 或 Ar^+ 轰击基体表面时，发现调节基体的温度、轰击离子的能量、离子与原子的到达比等参数，可使应力从拉伸应力改变为压缩应力，对膜的晶体结构也会产生变化。例如，在一定离子与原子到达比率之下，离子束辅助沉积比热蒸镀沉积的膜层具有更好的择优取向性。

④ 离子束辅助沉积可增强膜的耐腐蚀能力和抗氧化能力。由于离子束辅助沉积的膜层

致密，膜基界面结构的改善或者由于形成非晶态致使颗粒间的晶界得到消失，从而有利于增强材料的耐腐蚀性能和抵制高温的氧化作用。

⑤ 离子束辅助沉积可以改变膜的电磁学特性和提高光学薄膜的性能。

⑥ 离子辅助沉积由于可以精确和独立的调节原子沉积和离子注入的相关参数，并且可以在较低的轰击能量下连续生成几微米且组分相一致的涂层，因此，在室温下生长各种薄膜，可避免在高温下处理时，对材料或精密零件的不利影响。

7.2.4 离子束辅助沉积装置

7.2.4.1 蒸发加热式离子束辅助沉积装置

电子束加热蒸发膜材与离子束辅助轰击基体和膜层的离子束辅助沉积装置如图 7-8 所示[7]。在装置中所选用的四坩埚式 e 型枪的结构如图 3-4 所示。电子束加速到 10keV 轰击坩埚内的膜材，即可蒸发（或升华）形成可喷射的粒子流。支撑基体的工作台分别与蒸发源和离子源呈 45°倾角；并且，可进行旋转换位。从离子束源中引出的离子束流能量在 20～100keV 范围内可调。其最大束流可达 6mA，沉积速率为 0.1nm/s，工作压力为 6.5×10^{-5} Pa。在该装置上用氙离子辅助沉积合成氮化钛薄膜与 PVD 和 CVD 方法相比较，氙离子辅助沉积的 TiN 合成膜的优点是附着力强、硬度高，而且是在常温下处理。

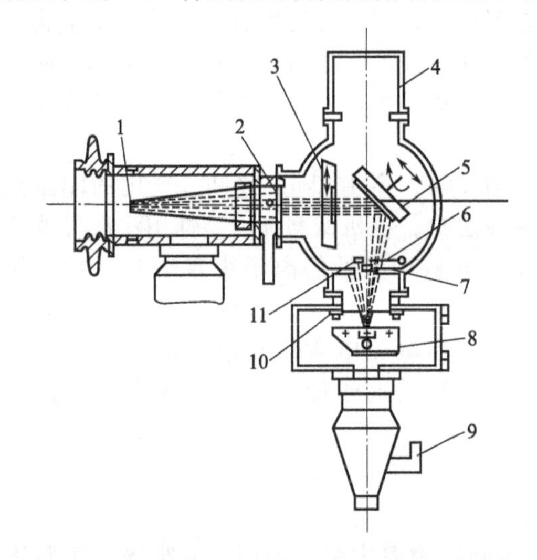

图 7-8 Z-200 离子束辅助沉积装置

1—离子源；2—离子束光栅；3—束剖面监测器；4—冷凝泵；5—工作台；6—蒸发流孔板；7—门闸；8—电子束蒸发源；9—分子泵；10—热屏蔽；11—晶体传感器

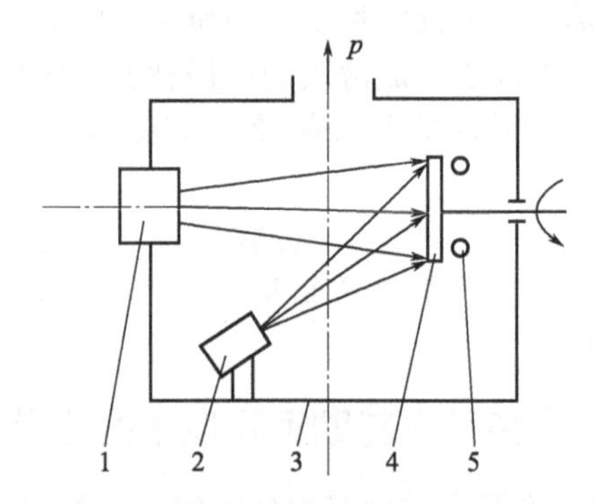

图 7-9 蒸发镀的离子束辅助沉积设备

1—离子束源；2—蒸发源；3—室体；4—旋转片架；5—加热装置

图 7-9 是采用考夫曼双栅离子源与电阻丝加热式蒸发源相结合的离子束辅助沉积的另一种装置。以氩气为工作气体，用电阻加热石英管中的膜材，使其蒸发。在沉积过程中蒸发的膜材粒子与氩离子束同时轰击并沉积在基体或膜层上。离子束能量为 10^2eV。随着离子束能量与密度的提高，使膜层性能可以得到显著的改善。不同工况下 Ge 基体上沉积 ZnS 膜层的耐蚀实验结果见表 7-1 和表 7-2。

表 7-1 120℃ Ge 基片上 ZnS 膜耐磨损试验

工　况	热蒸发	150eV,100μA/cm² 离子束轰击	300eV,100μA/cm² 离子束轰击
耐磨损转数	200	1500	4500

表 7-2 Ge基片上ZnS膜耐腐蚀试验（起皱或脱落时间）

工　况	0.5%HCl	0.5%NaOH	0.5%NaCl	自来水
蒸发，基片室温	1min	10min	2min	15min
蒸发，基片 120℃	20min	10h	1h	48h
300eV，100μA/cm^2 离子束基片室温	20h	72h	24h	200h
300eV，100μA/cm^2 离子束基片 120℃	24h	72h	24h	200h

7.2.4.2 离子束溅射辅助沉积装置

(1) 宽离子束溅射辅助沉积装置

利用在溅射镀膜中的溅射靶，通过中能量离子源对靶材进行溅射的同时，采用低能量离子源对基片进行轰击而组成的宽束离子束沉积装置如图 7-10 所示。

这种离子束溅射与离子轰击结合的装置共有三个考夫曼离子源从圆形多孔网栅中引出的离子束具有圆形截面，分别用作溅射、中能和低能离子轰击。基能量分别为 2keV、5～100keV 和 0.4～1keV。中能离子束在靶台平面上的直径为 4200mm，最大束流密度为 60μA/cm^2。低能束斑在靶台平面呈椭圆形，束流＜120μA/cm^2。水冷靶台的直径为 350mm，可绕台轴旋转和倾斜。工作压力为 6.5×10^{-4} Pa。薄膜的沉积速率在 3～20nm/min。在溅射靶座上可安装三种材料。该装置因工作室较大，可处理较大的部件和数量较多的小部件。

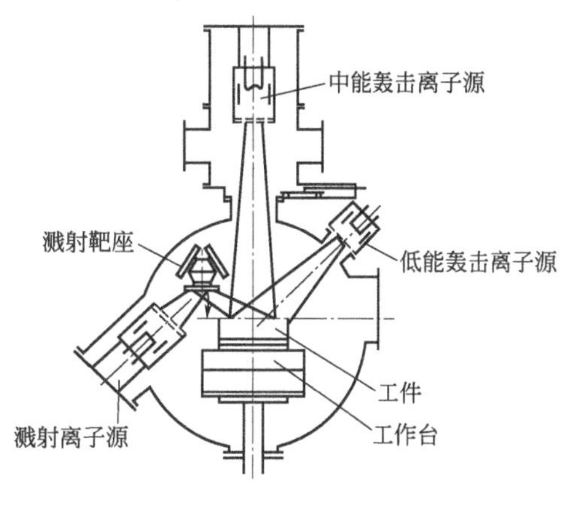

图 7-10 宽束离子束混合装置

(2) 多功能离子束辅助沉积装置

多功能离子束辅助沉积装置如图 7-11 所示[6]。在该装置中设置三台离子源：①中能宽束轰击离子源 1，离子能量为 2～50keV，离子束流 0～30mA；②低能量大均匀区轰击离子源 8，离子能量 100～750eV，离子束流 0～80mA；③可变聚的溅射离子源 7，离子能量为 1000～2000 eV 和 2000～4000eV，离子束流为 0～180 mA。该装置具有轰击离子能量范围广，覆盖面大的特点，可获得从 50～750eV 到 2～50keV 能量的辅助沉积所需的离子束流。整机结构简单，造价低廉、运行安全、可靠。

(3) 新型离子束沉积装置[9]

新型离子束沉积装置的整体结构如图 7-12 所示。这种具有金属离子注入、离子增强沉积、磁控溅射沉积等多种功能于一体的新型设备，是由金属离子源、气体离子源、辐照离子源、磁控溅射靶、四工位水冷靶、旋转式工件架以及真空系统、水冷系统等构件所组成。其中离子注入源采用了金属真空电弧原理，通过高电位加速后可将金属离子注入到工件的表面上，引出金属原子的电压为 80kV，脉冲束流强度为 500mA，束流面积为 300mm^2，脉冲宽为 250ns，脉冲频率为 6Hz、12Hz、25Hz、50Hz；气体注入源采用了双空心阴极放电原理产生气体离子。气体离子引出电压为 20kV，束流强度为 10mA，束流面积为 300mm^2。可以用氩气、氮气、氧气等工作气体，当产生氧离子时需用氩气和氧气的混合气体，工作室真空度不低于 8×10^{-3}～4×10^{-3} Pa；离子溅射源是由热丝空心阴极、放电室、抑制电极、引出电极等组成。引出电压最高为 4kV，氩离子束流为 80mA，束流直径为 ϕ60mm，氩气的工作压力为 2×10^{-3}～5×10^{-3} Pa；低能辅助离子源为热阴极离子源，工作气体为氮和氩，其特点是低能量大电流引出，可长时间运行。由于低能离子源的辐照，故可以显著地改善离子体的成膜质量。该源由空心阴极、放电室、抑制电极及引出电极所组成。引出电压最高为 2 kV，氩的离子束流为 80 mA，束流直径为 100mm，氩气工作压力为 $4\times10^{-3}\sim8\times10^{-3}$ Pa。磁控溅射系统是由可调磁控溅射靶和直流电源所组成，靶与基体间的距离可调节，采用了高强磁性材料，可对磁性材料进行溅射沉积。例如：Fe、Co、Ni 及其金属材料，靶直径为 150mm，溅射电源工作电压为直流 0～800V，靶材采用水冷。

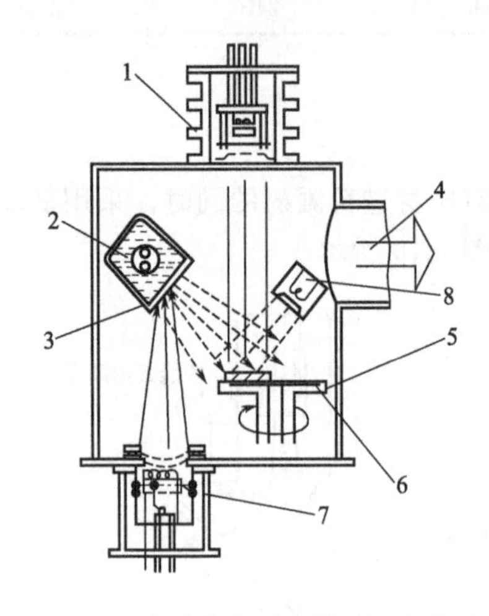

图 7-11 多功能离子束辅助沉积装置
1—轰击离子源；2—四工位靶；3—靶材；4—真空系统；5—样品台；6—样品；7—溅射离子源；8—低能离子源

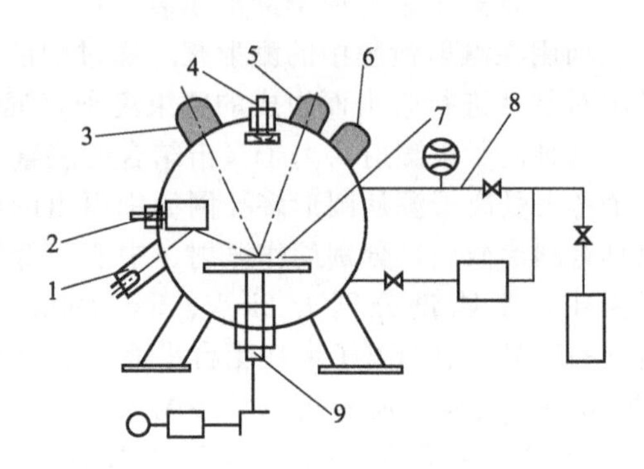

图 7-12 多功能离子束增强设备结构
1—溅射离子源；2—四工位水冷靶；3—金属离子源；4—磁控溅射靶；5—气体离子源；6—辐照离子源；7—基体；8—真空系统；9—工件架及旋转机构

在该装置上制备的耐磨多元合金膜系 TiN、(TiMo) N、(TiCr) N、(TiNi) N 等均具有良好的抗磨损性。纳米合金 MoS_2 固体润滑膜的增强沉积可制备 Ag-MoS_2 固体润滑膜等系列。Ag-MoS_2 膜和 (TiMo) N-MoS_2 膜的使用寿命比溅射镀膜的 MoS_2 膜提高了 20 倍。金刚石表面金属化技术等用这种增强工艺制备 Cu/AuInC 金属涂层和 Ti/Ni/AuIn 涂层等等都取得了良好的效果。

(4) 等离子束溅射[10]

① 等离子束溅射原理及其装置的组成

选用高利用率等离子体溅射源 (High Target Utilization Plasma Sputtering) 溅射技术 (简称 HITUS 技术) 进行溅射所制备的涂层与磁控溅射涂层相比较，由于该溅射源取消了靶材背面的永磁体，因此可以实现对靶材表面全面积的均匀刻蚀，从而可将靶材的利用率从常规磁控靶材的 50%提高到 80%～90%。其工作原理如图 7-13 所示。实际上这种溅射系统就是利用由射频功率所产生的等离子体源、等离子体集束线圈、偏压电源等构件所组成的一个完整的溅射镀膜系统。该等离子束在电场作用下，被引向靶的表面上形成高密度的等离子体溅射。同时，使靶连接在 DC/RF 的偏压电源上，从而实现高效可控的等离子体溅射。这种装置的特点是等离子体发生器与镀膜室相分离，从而易于实现溅射工艺参数宽，应用范围可控调节。而这种宽的可控性调节就可为特定应用所提出来的工艺参数进行最优良的设计[11]。

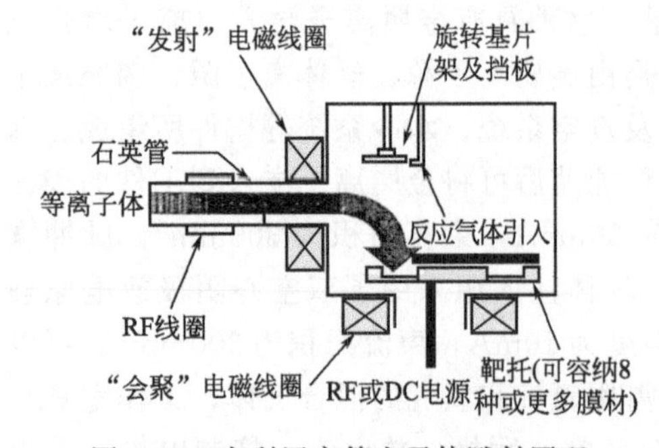

图 7-13 高利用率等离子体溅射原理

② 高效等离子束源

高效等离子体源是这种溅射的关键部分。它是由独立供气系统和石英晶体腔体，外部有耦合射频功率的感应线圈，感应线圈有冷却水冷却，射频电源采用频率为13.56MHz的激励频率而组成的。在压力为3×10^{-1}Pa时，这种等离子体的离子密度为$10^{13}\sim10^{14}/cm^3$[5]。当放电管中的等离子体被引出时，上述等离子体中的离子密度将降低为静止状态时的1/3。在放电管靠近真空室的一端，有一个等离子体引出线圈，此线圈产生的电磁场对等离子体进行集束控制。在真空室外侧与等离子体束轴线成直角的方向上装配有溅射等离子体束的汇聚线圈。溅射靶材处在此汇聚线圈以内的真空室内侧，靶材通过电极与外界相连。也可以设计成多种靶材的旋转靶结构。靶材做成电悬浮结构，连接的加速偏压为直流0～－1000V。

③ 高效等离子束溅射的特性及其应用特点

图7-14给出了几种不同材料距靶面不同距离情况下其靶功率密度与沉积速率的关系曲线，图7-15为靶电流与靶偏压的关系曲线。

图中表明，改变等离子体源的激励功率可以改变靶电流，即改变靶功率，从而改变沉积速率。在等离子体源激励功率保持不变时，通过改变靶偏压（尽管在偏压超过100V后出现了靶电流饱和)，也可以改变靶功率，从而改变沉积速率。

正是这种靶电流的饱和现象，为不同的镀膜工艺提供了更广泛的选择空间。例如，在半导体镀膜中，二次电子的轰击容易引起器件损坏。在HITUS系统上，可以降低靶偏压，减小二次电子的轰击。但同时通过提高等离子体源和激励功率，同样可以保持不变的靶功率，即保持不变的沉积速率。

在另外的应用中，可能还有正相反的要求，要求基片在成膜的同时利用二次电子反溅射效用。此时可以减小等离子体激励功率，减小靶电流；同时提高靶偏压，保持恒定沉积速率。但增强二次电子对基片的轰击效用，从而达到反溅射的目的。

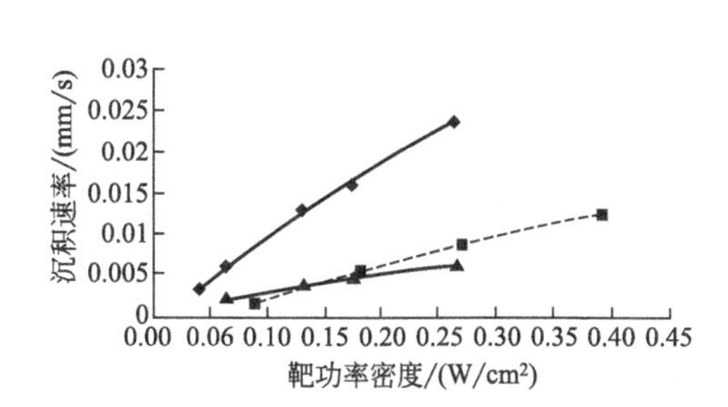

图7-14 靶表面功率密度与沉积速率关系曲线

—◆—铁磁性材料合金 距靶面距离280mm

—▲—铁磁性材料合金 距靶面距离460mm

—■—铬 距靶面距离280mm

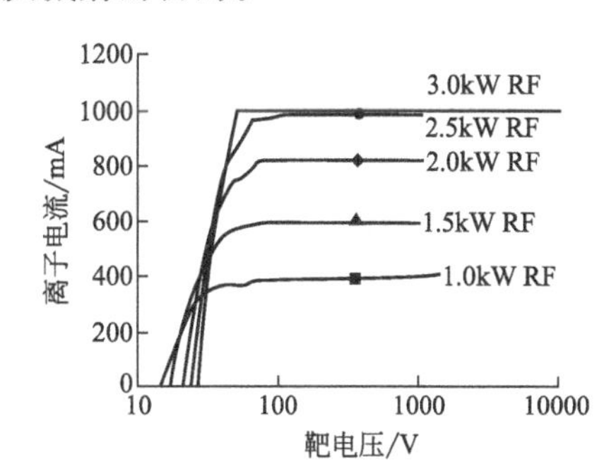

图7-15 靶电流-靶偏压关系曲线

④ 高效等离子体溅射镀膜的应用领域

a. 应用HITUS技术制成的镀膜设备已经在光学薄膜制备的各种工艺中，从高效率(1nm/s)、低成本（S/W）的多晶硅太阳能电池板薄膜到要求多层工艺的光学滤波器薄膜均得到了应用。

b. 在多成分的薄膜制备上，常用电子束蒸发镀存在着重复性较差，薄膜的微结构并不理想等缺点；而利用HITUS技术制备这种多成分合金薄膜层是比较容易的，不管这种属金属-非金属系，还是金属-金属系，而且还可以制备包括带有磁性材料的膜层。

c. 这种技术的另一个优点还在于它可以直接通过反应溅射工艺，利用反应气体直接生成等离子体，可以更有效地提高反应溅射的成膜质量。这是离子辅助或磁控溅射很难做到的。HITUS系统甚至可以用高氧化性的气体，如O_2、Cl等作为工艺气体，而不会对系统或等离子体源产生影响。

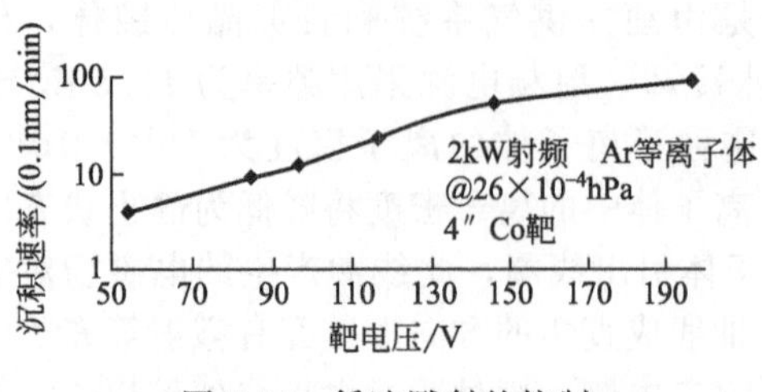

图 7-16 低速溅射的控制

d. 用于极低溅射速率的镀膜：HITUS系统有非常宽的调节特性，溅射速率从几纳米每秒到一般的几百 Å/min。但有些场合，要求稳定的溅射速率越低越好。HITUS系统同样可以满足这种要求。图 7-16 为溅射速率与偏压的调节曲线。可以看出，在几十 Å/min 的溅射速率时，同样有很稳定的放电特性。

7.2.5 微波电子回旋等离子体增强溅射沉积装置

采用溅射靶通过微波激励的电子回旋共振（Electron Cyclotron Resonance，ECR）等离子体增强溅射沉积方法，制备金属氮化物薄膜是近十几年来出现的一种新的成膜技术。这种被称为电子回旋共振等离子体离子源的结构及其产生离子体的过程，将在第 8 章中予以介绍。

图 7-17 是采用电子回旋共振等离子体离子源所制成微波 ECR 等离子增强溅射沉积设备示意图。它是将磁控溅射靶安装在工作室的下方，可以使工件旋转的工件架置于等离子体引出口和溅射靶的中间对工件架施加直流负偏压或脉冲负偏压；当工件表面上沉积一定厚度的靶材金属薄膜以后，旋转工件架使基片朝向反应气体形成的 ECR 离子束，在一定的偏压作用下反应气体离子轰击所形成的薄膜，即可生成金属化合物涂层。

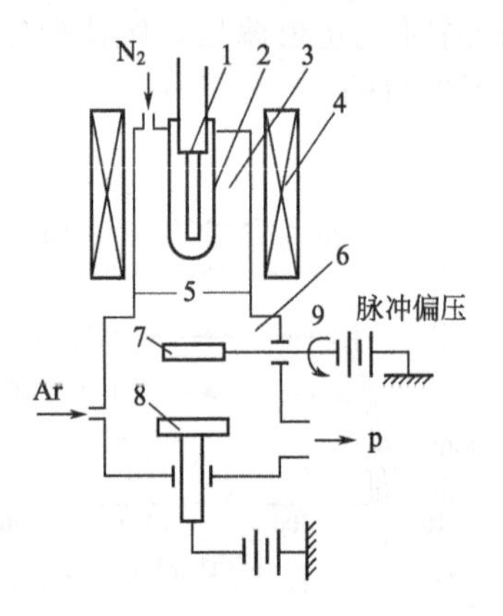

图 7-17 微波 ECR 等离子体增强溅射沉积装置

1—微波天线；2—石英罩；3—等离子体放电室；4—磁场线圈；5—等离子体引出口；6—工作室；7—基片石；8—磁控溅射靶；9—旋转机构；p—接真空系统

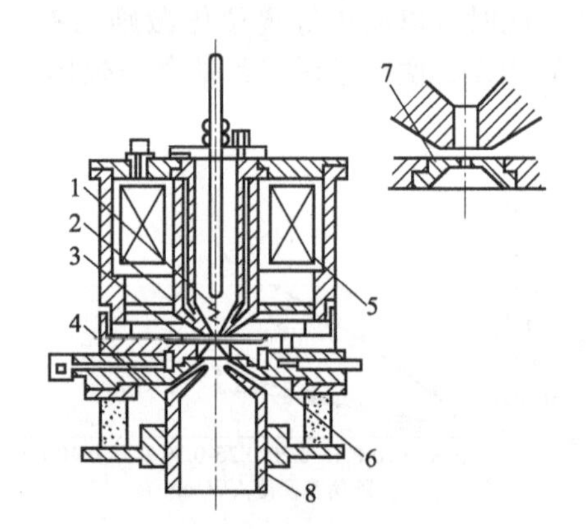

图 7-18 双等离子型离子源结构

1—灯丝；2—中间电极；3—阳极；4—阴极；5—磁场线圈；6—膨胀杯；7—阳极嵌件；8—引出电极

微波 ECR 等离子体溅射沉积制备氮化物薄膜，不但沉积温度低，薄膜化学计量成分准确、沉积速率大、膜附着力强、离子密度在压力一定的条件下可随微功率的增加而增加等一系列特点。而且，由于 ECR 装置本身就是一个方向和能量可控的离子源。因此，采用这种方法对形状复杂的工件进行沉积，即可得到膜层覆盖性良好的涂层[4]。

7.2.6 离子源

用于离子束沉积装置中的离子源与离子注入技术中采用的离子源完全相同，只不过是人射到工件上去的粒子动能小于离子注入到工件上去的动能而已。目前，常用于离子束沉积技术中的离子源，主要有如下三种形式。

(1) 双等离子体离子源

双等离子体离子源是指采用电场和磁场两种方法来收缩阴极和阳极之间弧光放电等离子体的一种离子源。其结构如图 7-18 所示。它是由热阴极灯丝、中间电极、阳极、磁场线圈膨胀环、阳极嵌件等构件所组成。离子源中的阴极和阳极之间通常的放电电流为几个安培，中间电极的电位处于阴极电位和阳极电位之间，引出电极施加的电压是离子的加速电压，离子束截面上的束流密度一般接近于高斯分布。

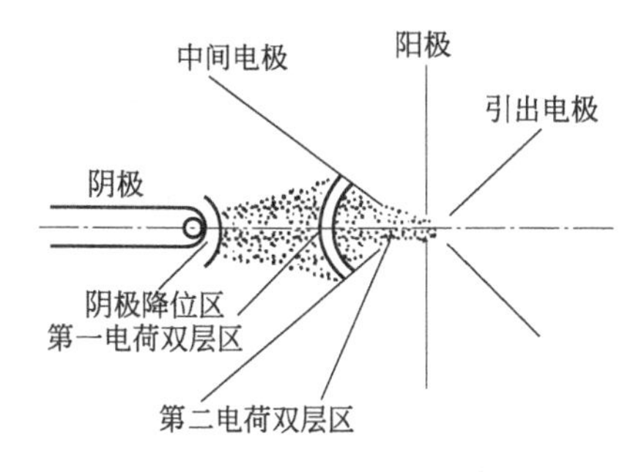

图 7-19 双等源的放电模型

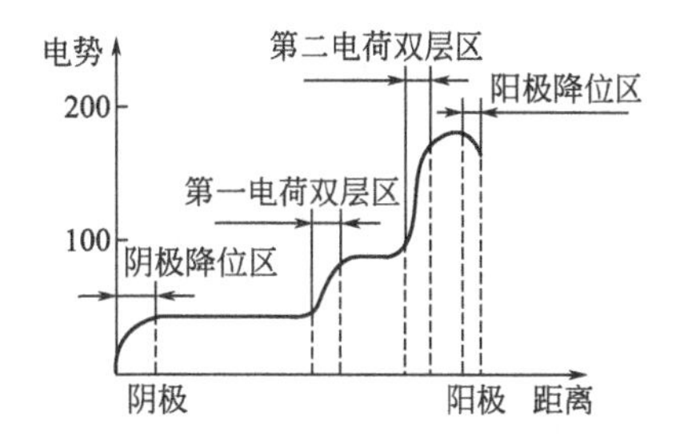

图 7-20 双等源的电势分布

双离子源的工作过程是将所需种类的气体原子或固体物质经过汽化以后的原子通入到放电室中，使放电室内的气体压力维持在 1Pa 左右；电子从热灯丝阴极发射出来，在放电起弧电源电场的加速作用下获得一定的能量之后与气体原子间发生碰撞引起气体原子的激发和电离，从而发生气体弧放电。其放电模型如图 7-19 所示。它的电势分布如图 7-20 所示。从阴极发射出来的电子先经过阴极暗区，由于阴极和中间极之间的电压，使电子大部分降在这个区域。电子通过阴极降压区加速后开始与原子碰撞形成等离子体，在靠近阴极区域经过加速的电子分布比较分散，能量也较低，因此在这个区域内的等离子体密度较低。由于等离子体内的电场强度随着电室的半径减少而增加，使得电子在中间电极孔内又获得能量，在孔内产生了高密度的等离子体，并由中间电极孔向中间电极内扩散。于是在中间电极孔的入口处形成了一个所谓的"等离子体泡"如图 7-21 所示。由于"等离子体泡"内活跃的电子向密度较低的等离子区扩散，使等离子区的分界处形成一个双电荷层。靠"等离子泡"的一侧是正电荷层，另一层是负电荷层。把它叫做第一电荷双层（如图 7-21）。电荷双层对来自阴极的电子起到了加速和聚集的作用，强化了这一区域的电离，实现了对等离子体的第一次压缩。被第一电荷双层聚成一束的电子流，通过中间电极孔进入阳极区域。在这区域内由于中间电极和磁感应线圈形成了非均匀磁场，也因强磁场的压缩，使得阳极孔形成高密度的等离子体。这一区域的等离子体密度比"等离子体泡"更强。所以，在这里又形成一个电荷双层，把它叫做第二电荷双层。阳极和中间极间的电压，主要降落在这一电荷双层上，第二电荷双层对电子再次起到加速作用。这一区域对离子体的压缩叫做第二次压缩。由于存在两次压缩，所以双等离子体离子源的电离效率很高。

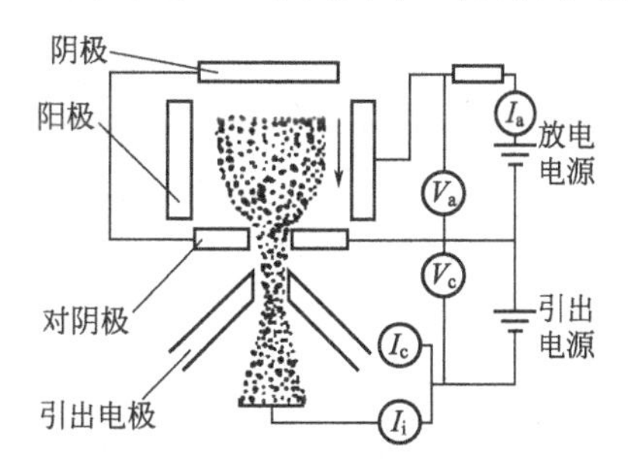

图 7-21 冷阴极潘宁源工作原理

双等离子体离子源的特点是发散度较低、强度高、引出束流大（大于几十毫安），电荷效率也很高。

(2) 考夫曼离子源[4]

考夫曼(Kaufman)离子源的结构如图 7-22 所示。它是一种可以被用来产生宽束强离子流的离子源。其核心部分包括一个装有加热阴极的放电室和装置在放电室外的多孔的离子加速栅极。通过放电室的气体与阴极发射出的热电子发生相互碰撞,在放电室的两极之间形成放电等离子体。这时,气体分子将被大量离化,离化所形成的离子又被加速栅极引出并加速。轴向磁场的存在延长了电子的飞行距离,因而提高了电子的离化效率。由于离子电荷间存在着相互排斥作用,致使离子束产生发散角。因此,常在栅极的外侧设置一可发射电子的热丝装置,用来中和离子束所携带的电荷。这时,离子源提供的是已经被中和了的高能离子束。因此,它可以被用来对导电性不佳的绝缘靶材进行溅射。

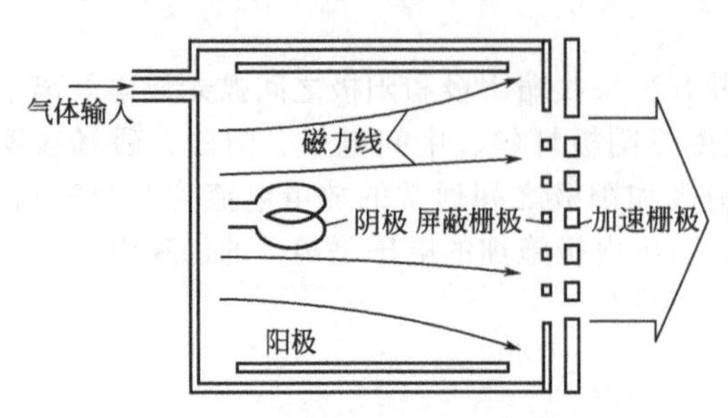

图 7-22 考夫曼离子源的结构

考夫曼离子源的优点是可以提供高强度(约每平方厘米几个毫安,相当于每秒几个原子层的沉积速率)、能量可变、能量一致性好、方向发散角度小的离子束,并且,这一切又均是在很低的本底真空度中取得的。薄膜沉积室的气体压力一般低于 10^{-2} Pa。因而,可以减少残余气体分子对离子束的散射以及对于薄膜的污染。

(3) 霍尔效应离子源[4]

霍尔(Hall)效应离子源也是一种以热阴极发射电子引发气体放电离子源。但与考夫曼离子源不同,它没有用以改善离子束方向性的栅极板。

霍尔效应离子源有很多不同的形式。图 7-23 是一种终端霍尔效应(end-Hall,EH)离子源的结构示意图。在这种离子源中,环状的阳极被设置在离子源的后部,而阴极则是被加热至炽热的金属丝。由阳极围住的空间构成离子源的电离室。在离子源的后部装置有永久磁体或电磁线圈,以产生沿轴线方向并逐渐发散的磁场,其作用是要对电子流产生一定的约束作用。

霍尔效应离子源工作在辉光放电模式下。气体分子从离子源的后部进入电离室,与由阴极发出、沿磁力线方向飞向阳极的电子发生碰撞,从而在电离室中发生电离而形成等离子体。电离形成的正离子受到电场的加速作用飞到阴极,其速度矢量一般包含两个分量:一个是直接指向阴极的分量,另一个是指向离子源的分量。后者使离子穿过轴线,但又会不断地被轴线附近的电子流所产生的电场反射回轴线。因此,霍尔效应离子源产生的是一束具有一定发散角度的离子。

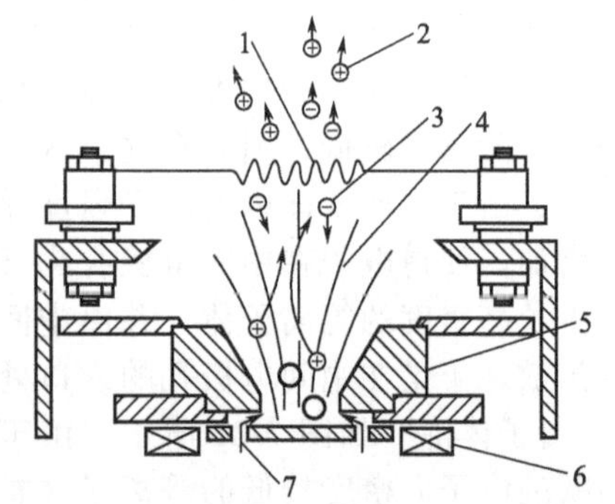

图 7-23 霍尔效应离子源的结构

1—热丝阴极;2—离子束;3—电子;4—磁力线;5—阳极;6—磁场线圈;7—进气口

霍尔效应离子源具有结构简单、工作可靠的优点,特别适用于输出较大束流强度的低能离子束。它的不足之处是离子束具有一定的能量分布和角度发散的问题。同时,由于这种直接与沉积室相连,而作为阴极的热丝又被装置在离子源的外部。因此,它的工作状态会受到薄膜制备系统气体压力的限制,尤其是会受到反应气体(如 O_2)的影响。

参 考 文 献

[1] Hayward W. H. , et al. J Appl Phys，1969 (40)：2911.
[2] 陈国平主编．薄膜物理与技术．南京：东南大学出版社，1993.
[3] 李云奇主编．真空镀膜技术与设备．沈阳：东北大学出版社，1989.
[4] 唐伟忠著．薄膜材料制备原理、技术及应用．第二版．北京：国防工业出版社，2003.
[5] 冯玉材．真空科学与技术．北京：化学工业出版社，1996：445-448.
[6] 徐成海主编．真空工程技术．北京：化学工业出版社，2006.
[7] 柳襄怀．薄膜科学与技术．南京：1991 (4)，20-29.
[8] 黄良甫．真空科学与技术，1992 (1)：26-31.
[9] 李国卿．真空，1998 (6)：40-42.
[10] M J Thwaites 等．真空，2005 (1)：43-45.
[11] Thwaites M J. High density plasmas USA Patent 646387315，2002.
[12] 陈国平．真空科学与技术，1995 (5)：310-316.
[13] 雷明凯．真空科学与技术，1996 (4)：29.
[14] 王洋．真空，1994 (6)：19-23.

第8章 化学气相沉积

8.1 概述

化学气相沉积（Chemical Vapor Deposition）技术，简称 CVD 技术。它是利用加热、等离子体增强、光辅助等手段在常压或低压条件下使气态物质通过化学反应在基体表面上制成固态薄膜的一种成膜技术。一般把反应物是气体而生成物之一是固体的反应，称为 CVD 反应。利用 CVD 反应所制备的涂层种类较多，特别是在半导体工艺中用途广泛。例如在半导体领域，原料的精制、高质量半导体单晶膜的制备、多晶膜非晶膜的生长，可以说从电子器件到集成电路的制作等无一不与 CVD 技术有关。此外，在材料表面处理上更是受到人们青睐。例如机械、反应堆、宇航、医用以及化工设备用等各种材料都可以按照它们的不同要求，采用 CVD 成膜方法制备出具有防腐抗蚀、耐热、耐磨、表面强化等功能性涂层。

8.2 CVD 技术中的各类成膜方法及特点

依据在 CVD 工艺过程中参与反应气体压力的大小，反应程度的高低以及采用的化学手段的不同，可将所运用各种不同类型的 CVD 成膜方法分成不同类别，见表 8-1。

表 8-1 各种 CVD 方法

CVD 方法分类	沉积速率/(μm/min)	温度范围/℃	实 例
常压高温 CVD 法(NPCVD 法)	500～1500	600～1200	$SiCl_4/H_2$
常压低温 CVD 法	约 100	200～500	$SiCl_4/O_2$
低压高温 CVD 法(LPCVD 法)	约 10	600～700	SiH_4(26.6Pa)
低压低温 CVD 法(LPCVD 法)	—	—	450 以下
等离子体增强 CVD 法(PEVCD 法)	8～150	约 500	$TiCl_4/H_2 \cdot N_2$
金属有机化合物 VCD 法(MOCVD 法)	20～60	500～600	$(CH_3)_3Ga/(C_2H_5)Sb$
光辅助 CVD 法(PhotoniCVD 法)	约 120	—	WF_4/H_2

CVD 技术一般来说，具有如下一些特点[2]：①设备的工艺操作都较简单、灵活性较强，能制备出配比各异的单一或复合膜层和合金膜层；②CVD 法的适用性较广泛，可制备各种金属或金属膜涂层；③因沉积速率可高达每分钟几微米到数百微米，因此生产效率高；④与

PVD法相比较绕射性好，非常适宜涂覆形状复杂的基体，如槽沟、涂孔甚至盲孔结构均可镀制成膜；⑤涂层致密性好，由于成膜过程温度较高，膜基界面上的附着力很强，故膜层十分牢固；⑥承受放射线辐射后的损伤较低，能与MOS集成电路工艺相融合。

CVD技术的不足，一是沉积温度高可达800～1100℃。在这样高的温度下工件易于变形，特别是对于那些不耐高温变化的高精度尺寸的工件，对其用途会受到一定的限制；二是由于参与沉积的反应物质及反应后的气体大都具有易燃、易爆、有毒或是有一定腐蚀性，因此必须采取一定的防护措施。

8.3 CVD技术的成膜条件及其反应类型

8.3.1 CVD反应的条件

(1) 在沉积温度下先驱反应物必须具有足够高的气压，以保证能以适当的速度被引入到反应室。假如先驱反应物在室温下全部为气体状态，这时就可以用简单的沉积装置来满足成膜的要求。反之若先驱反应物在室温下挥发性很少，就必须通过加热使其挥发，而且一般还要采用运载气体把先驱反应物带入反应室，这样从反应源到反应室的管道也必须进行加热。否则，反应气体很容易在输送管道中凝结下来。

(2) 反应生成物，除了用于沉积物质为固态薄膜外，其他反应物质都必须是挥发性的气体，以便易于被抽气系统排除到反应室以外。

(3) 沉积薄膜物质的蒸气压应当足够低，以保证在反应的全过程中沉积的固态物质能够在一定温度的基体上形成薄膜。而且基体材料在沉积温度下也必须具有足够低的蒸气压。

8.3.2 CVD技术的反应类型

在CVD薄膜工艺中通常包括三个过程，即产生挥发性运载化合物，将挥发性运载化合物输送到沉积区，发生化学反应生成固态的涂层。其主要的类型有如下七种。

(1) 热分解反应型

热分解反应是基于某些元素的氢化物，羟基化合物和有机金属化合物可以呈现气态存在，也可在适当条件下在基体表面上发生热分解反应及涂层的沉淀。例如SiH_4热分解沉积多晶Si和非晶Si的反应就是一个很典型的实例。其反应式如下：

$$SiH_{4(气)} \xrightarrow{800\sim1000℃} Si_{(固)} + 2H_{2(气)} \tag{8-1}$$

再例如，镍的提纯制取技术所使用的羟基镍热分解中生成的金属镍，也是一个典型的实例。

$$Ni(CO)_{4(气)} \xrightarrow{180℃} Ni_{(固)} + 4CO_{(气)} \tag{8-2}$$

(2) 歧化反应型[2]

歧化反应型是基于在气相中存在两种氧化状态的元素时，利用它们的变价关系来实现某物质的沉积反应，从而生成薄膜的一种成膜方法。其反应式如下：

$$2GeI_{2(气)} \xrightarrow{300\sim600℃} Ge_{(固)} + GeI_{4(气)} \tag{8-3}$$

这时上式中GeI_2和GeI_4中的Ge分别以+2价和+4价的形式存在，而当温度上升时，则有利于GeI_2的形成。因此，可依据这一特性通过对反应室温度的调节来实现Ge的转移和沉积，这就是歧化反应的实质。

(3) 还原反应型[3]

某些元素的卤化物、羟基化合物、卤氧化物等虽然也可以以气态形式存在，但都是有一定的稳定性。因而，需采用适当的还原剂才能置换这些元素，使其还原。例如，利用 H_2 还原 $SiCl_2$ 就是外延法制备单晶硅薄膜的实例。

$$SiCl_4 + 2H_2 \xrightarrow{1200℃} Si_{(固)} + 4HCl_{(气)} \tag{8-4}$$

此外，选用六氟化物制备难熔金属 W、Mo 薄膜，其反应式为：

$$WF_{6(气)} + 3H_{2(气)} \xrightarrow{700℃} W_{(固)} + 6HF_{(气)} \tag{8-5}$$

显然，所用还原剂 H_2 是最容易得到的。而且，某些基体材料也同时可作还原剂条件用。例如：

$$WF_{6(气)} + 3/2Si_{(气)} \xrightarrow{700℃} W_{(固)} + 3/2SiF_{4(气)} \tag{8-6}$$

（4）氧化反应型

氧化反应与还原反应正好相反。这种利用氧化剂制备 SiO_2 薄膜的一种反应型是：

$$SiH_{4(气)} + O_{2(气)} \xrightarrow{450℃} SiO_{2(固)} + 2H_{2(气)} \tag{8-7}$$

另外，还可以利用 H_2 制备 SiO_2 薄膜即：

$$SiCl_{4(气)} + 2H_{2(气)} \xrightarrow{1500℃} SiO_{2(固)} + 4HCl_{(气)} \tag{8-8}$$

（5）置换反应型

置换反应成膜所需的先驱反应物只要是以气态形式存在时，并且有较好反应活性，就可以利用 CVD 法，将相应的元素通过置换反应方式沉积并形成化合物薄膜。例如，各种碳、氮、硼化合物的沉积。其反应式如下：

$$SiCl_{4(气)} + CH_{4(气)} \xrightarrow{1400℃} SiC_{(固)} + 4HCl_{(气)} \tag{8-9}$$

$$3SiCl_2H_{2(气)} + 4NH_{4(气)} \xrightarrow{750℃} Si_3N_{4(固)} + 6HCl_{(气)} \tag{8-10}$$

可见，这些碳化物、氮化物薄膜都是通过置换反应而生成的。如果在先驱物质为单质的情况下，可以先将相应的元素转化为气态化合物。然后，再使后者与别处的化合物发生反应，从而实现化合物薄膜的制备。其反应式如下：

$$AsCl_{3(气)} + GaCl_{(气)} + 2H_{2(气)} \xrightarrow{750℃} GaAs_{(固)} + 4HCl_{(气)} \tag{8-11}$$

这时，可先使 HCl 气体与 Ga 蒸气反应生成 GaCl。然后，使后者与 $AsCl_3$ 发生反应而沉积出 GaAs 薄膜。

（6）气相输运型

气相输运型是利用升华温度较低的物质，在其升华和冷凝过程中实现薄膜沉积的一种方法。如利用：$CdTe_{(气)}$ 生成 $Cd_{(气)}$ 与 $Te_{(气)}$ 时，其反应式如下：

$$2CdTe_{(气)} \xrightleftharpoons{T_1、T_2} 2Cd_{(气)} + Te_{(气)} \tag{8-12}$$

当温度较高处于温度 T_1 时 CdTe 发生升华；当被气体夹带输运到处于温度较低的 T_2 基体上时，即产生冷凝作用，从而使其沉积在基体表面上形成薄膜。可见气相输运的实质就是利用物质的升华现象而实现成膜的一种技术。虽然这一技术并没有发生化学反应的过程。但是，由于它所采用的设备以及物质的运输过程和它的热力学和动力学分析等方面均与 CVD 十分相似。因此，人们常常把它放到 CVD 方法中加以讨论。

（7）金属有机化合物反应型[3]

金属有机化合物反应（称 MoCVD）是在降低 CVD 法的沉积温度而产生的。例如，先用 $2Al(CO_3H_7)$ 后为先驱反应物在制备 Al_2O_3 薄膜时，则为：

$$2Al(CO_3H_7)_{(气)} \rightleftharpoons Al_2O_{3(固)} + 6C_3H_{6(气)} + 3H_2O_{(气)} \tag{8-13}$$

通过上述各种反应类型的介绍，不难看出：CVD 技术中的成膜方法，不仅可以选择不同类型的反应方式，制备出所需的膜层，而且，即使沉积同一类型涂层，也可以用不同的先驱物和不同的沉积条件来达到所需求的涂层。

图 8-1 所给出的氮化物是涂层通过各种不同的反应类型所得到的氮化物涂层，就是一个很好的示例[4]。

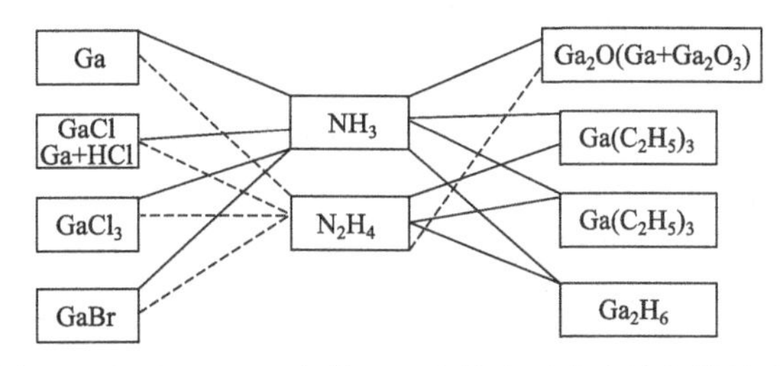

图 8-1 沉积 GaN 反应体系（虚线表示尚未见文献报导）

反应示例：

$$GaCl_{(气)}+NH_{3(气)}\xrightleftharpoons[Ar]{1000\sim1050℃}GaN_{(固)}+HCl_{(气)}+H_{2(气)} \quad (8\text{-}14)$$

$$Ga(CH_3)_{3(气)}+NH_{3(气)}\xrightleftharpoons[(H_2)]{约\ 650℃}GaN_{(固)}+3CH_{4(气)} \quad (8\text{-}15)$$

$$Ga_2H_{6(气)}+N_2H_{4(气)}\xrightleftharpoons[(H_2)]{}2GaN_{(固)}+5H_{2(气)} \quad (8\text{-}16)$$

8.4 化学气相沉积用先驱反应物质的选择[4]

当气相沉积涂层先定以后，首要的问题是选择先驱反应物质，即膜层的原料（简称源物质）和设置原料区反应。现就几种常用的源物质作如下介绍。

（1）气态源物质

气态源是指那些在室温下为气态的反应物质。这种气态源物质对于气相沉积过程，因为它们的流量调节方便，又不必控制其温度。为此这就使沉积系统大为简化。如果所有源物质都为气体，则沉积系统只要一个温区就够了；而且反应物的浓度可从零开始调至任意大小。这对于控制沉积层组成，特别是复合涂层是十分有利的。

（2）液态源物质

用液态物质作为源物质向沉积区提供气态组成，可分两种情况：一种是该液体的蒸气压，即使在相当高的温度下也很低，这就必须用一种气态反应剂与之反应，形成气态物质导入沉积区。另一种是液态源物质在室温或稍高一点的温度下，有较高的蒸气压，例如 $AsCl_3$、PCl_3、$SiCl_4$、$TiCl_4$、H_2O 等，这时可用载气（如氢、氮、氩）流过液体表面或在液体内部鼓泡。然后，携带这种物质的饱和蒸气进入反应系统。气流携带该物质的量，可由该液体在不同温度下的饱和蒸气压数据或饱和蒸气压随温度变化的曲线，定量地估计单位时间内导入系统内的蒸气量 n：

$$n=R_TF/RT \quad (mol/min) \quad (8\text{-}17)$$

式中，R_T 为液体饱和蒸气压，以大气压表示；F 为载流气体流速，L/min；T 为绝对温度；R 为气体常数。

按照反应体系对气体浓度的要求，将源区域控制在适当温度。一般情况下，因蒸气压与温度呈指数关系，故源区温度控制对保持气相组分的稳定极为重要。此外，还应注意两个问题：一是文献中蒸气压数据的测定条件与实际使用条件往往不一定相同。因此，不根据具体条件使用这些数据会引起较大的误差；另外载带情况往往与载气流速和鼓泡装置的几何形状有关。因此，为了准确控制气相组成，最好通过实验测定不同温度和不同载气流速下的携带量曲线。

有时，为了掺杂可以将液态的掺杂剂加到液态源中。例如用 S_2Cl_2 或 SCl_2 等易挥发液体，按一定比例与 $AsCl_3$ 混合，以氢气携带到反应室内进行 CaAs 的掺硫外延生长。这两种化合物蒸气压与 $AsCl_3$ 不同，所以这种 $AsCl_3$ 溶液使用一段时间后，其中掺杂剂必然会出现浓缩或变淡等现象，这时就要做必要的调整。

(3) 固态源物质

如果在没有适当气态或液态源的情况下，就只能采用固体为原料。有些元素或其化合物因在不高的温度下（数百度）均具有可观的蒸气压，例如 $TaCl_5$、$NbCl_5$、$ZrCl_4$ 等，因而就可用载气将其携带进入系统，进行沉积生长。因为固体物质的蒸气压随温度变化，一般都十分灵敏（呈指数关系），因而源区温度必须严格控制。这就使设备复杂化，其供气量的调节也很麻烦。

一般的情况可通过一定的气体与之发生气-固或气-液反应，形成适当的气态组分向沉积区输运，例如第Ⅲ族元素 Al、Ga、In、Tl 等就往往采用这种形式。用 HCl 气体和金属 Ga 反应形成气态组分 GaCl，并以 GaCl 形式向沉积区输运，就是一个典型的例子。

$$Ga + HCl \longrightarrow GaCl + 1/2H_2 \tag{8-18}$$

8.5 影响 CVD 沉积薄膜质量的因素[1]

在 CVD 技术中沉积温度，进入反应室混合气体的总流量及总压力，混合气体中各气相成分的分压力和它们之间的相对比例，沉积时间，基片的性质、形状和在反应室中的位置等都是影响 CVD 沉积膜的质量因素。而这些因素之间既互有联系、又互相影响。

8.5.1 沉积温度对膜质量的影响

不同的沉积温度不但使膜的沉积速率不同，而且在不同温度下同一反应体系，沉积薄膜可以是单晶、多晶或非晶，甚至很难发生沉积。图 8-2 是以 H_2 为携带气体，以 SH_4 和 HCl 为 1∶1 的混合气体为反应气体，在硅单晶基片上外延硅时沉积温度、生长速率和沉积层结构的关系[5]。从中可知，因沉积温度愈低，反应生成的 Si 原子在基片表面的扩散和迁移愈困难，它们来不及排列到正常格点上，从而会造成大量的缺陷。或者说，温度愈高，能够使得在外延层中不产生缺陷，生长速率也愈高。又例如，在氯化铝水解沉积氧化铝反应中，其反应式如下：

$$2AlCl_3 + 3CO_2 + 3H_2 \rightleftharpoons Al_2O_3 + 3CO + 6HCl \tag{8-19}$$

若沉积温度低于 100℃，则反应不完全，所得的沉积物，除包括 γ-Al_2O_3 以外，还有在反应过程中生成的一些中间产物。它们都很不稳定，和基体结合也不牢固。当温度高于 1150℃

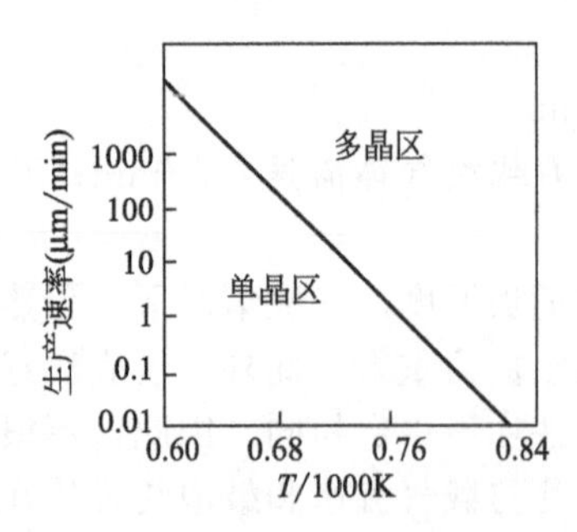

图 8-2 外延硅时的沉积温度、生长速率和沉积层结构的关系

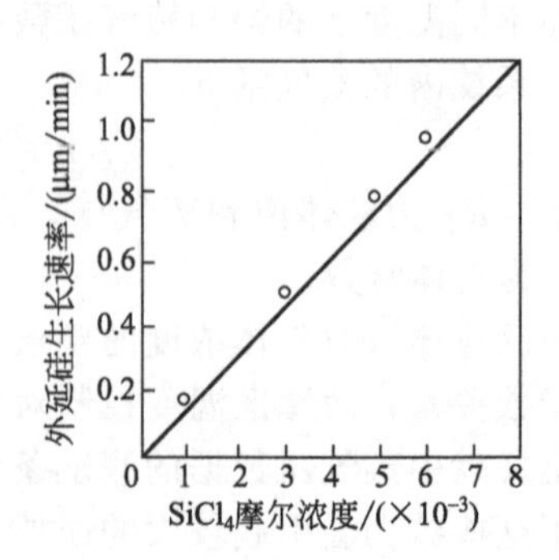

图 8-3 $SiCl_4/H_2$ 系统中外延膜的生长速率与 $SiCl_4$ 浓度的关系

时，沉积物为 α-Al_2O_3。温度愈高，沉积速率愈高，薄膜的结晶排列也逐步由杂乱转变为整齐规则。假如选用蓝宝石或红宝石作基体，当沉积温度超过 1500～1550℃时，能在基体上外延生长得到氧化铝单晶薄膜[6]。

8.5.2 反应气体浓度及相互间的比例对膜质量的影响

由质量转移控制的沉积速率主要取决于反应气体的浓度和总的气流速率。例如：在 $SiCl_4/H_2$ 系统中，当 $SiCl_4$ 浓度较小（摩尔分数小于 0.01%）时，外延 Si 的生长速率与 $SiCl_4$ 浓度之间呈简单的直线关系，如图 8-3 所示。

一般来说，反应气体分压力过大，会由于表面反应和成核过快而损害结构的完整性，或不可能得到单晶薄膜的沉积。分压力过低则成核密度太小，也不容易得到均匀的薄膜。

在沉积化合物薄膜时，各反应气体分压力之间的比例直接决定着薄膜的化学计量比。例如：用三氯化硼和氨反应沉积氮化硼薄膜，其反应式为：

$$BCl_3 + NH_3 \rightleftharpoons BN + 3HCl \tag{8-20}$$

在理论上 NH_3 与 BCl_3 的流量比应等于 1，但是在实际上发现：在 1200℃沉积温度下，当 $NH_3/BCl_3 < 2$ 时，沉积速率很低；当 $NH_3/BCl_3 > 4$，则反应生成物中又会出现 NH_4Cl 这类中间物。

8.5.3 基片对膜质量的影响

（1）基片材料对膜质量的影响

由于沉积薄膜材料与不同的基片材料之间的亲和力不同和热膨胀系数的差异，因此会影响薄膜在基片上的附着牢固度。在外延沉积薄膜时，则由于基片与薄膜的晶格类型和晶格常数差别，有时根本得不到单晶膜。

（2）基片的晶面取向和表面状态的影响

直接影响生成物的原子在基片表面上的成核和生长。

（3）基片位置的影响

无论是采用卧式还是立式反应装置，因为基片的形状和它在反应室中位置的选择不仅影响到基片温度的均匀性，而且还影响到气流模型；同时两者都会影响到膜的均匀性。所以基片位置的选择是重要的。从图 8-4 中可以看出：当反应气流垂直于沉积基片表面进入反应室时［图 8-4(a) 和 (b)］，若进气喷口的形状和尺寸不当，将使膜层呈现出凸和凹的形状，特别是在沉积面积很大的情况下，膜厚的不均匀更为严重。因此要正确地选择进气喷口气孔

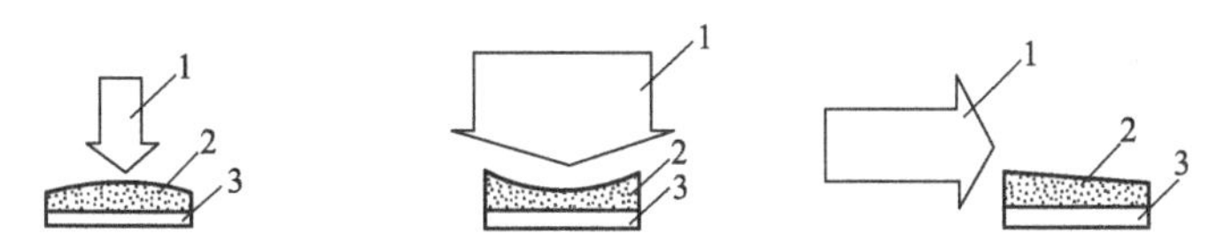

(a) 窄进气口垂直于基片表面　(b) 宽进气口垂直于基片表面　(c) 宽进气口平行于基片表面

图 8-4　气体流动方式与沉积层厚度均匀性的关系

1—反应气体；2—沉积层；3—基体

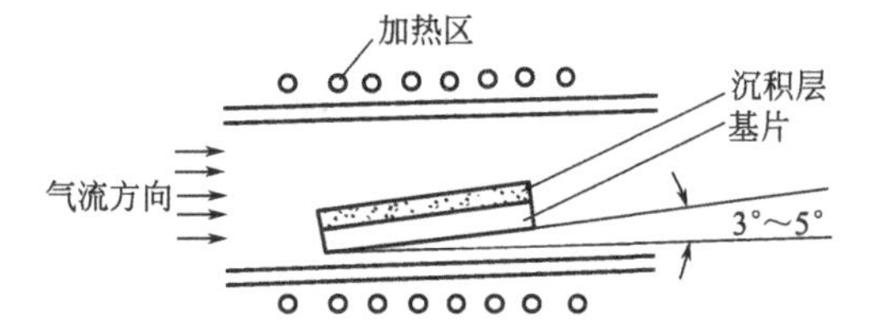

图 8-5　基片相对于气流方向倾斜

和反应室的几何形状和尺寸，调整进气口和出气口的位置，工作架采用旋转式或行星转动式转动装置，以求得到均匀的薄膜。又如图 8-5 所示，在此装置中对于反应气流平行于基片表面进入反应室的情况，应使基片相对于气流有一定的倾斜角，或减小下游方向反应装置的横断面，增大下游部位的气流速度，以补偿下流部位，由于反应剂的不足而引起的薄膜厚度的变化不均，也是一项重要的措施。

8.6 常压化学气相沉积技术与装置

8.6.1 常压 CVD 技术的一般原理[4]

常压化学气相沉积（NPCVD）技术是目前比较普遍应用的一种薄膜沉积方法。

目前，由于采用 CVD 技术制备涂层的种类较多，因此在选择较为适宜的反应类型前最好是通过物理化学的一些常规知识，进行一些热力学方面的分析，找出它的反应的沉积方向，进行反应的条件以及平衡状态下能够达到的最大值或转换速率是十分必要的。例如：选用下列反应式：

$$A_{(气)} \rightleftharpoons D_{(固)} + C_{(气)} \tag{8-21}$$

当沉积 D 时，则式(8-22) 中反应的平衡常数 K_p 的对数值 $\lg K_p$，应是较大的正值，但是若想使 D 溶解后进入气相，即处于原料区中，这时 $\lg K_p$ 又应具有较大的负值，$\lg K_p$ 与通常的热力学数据表上所给出的 $\Delta G^{\ominus}$ 与 $\Delta S^{\ominus}$ 有下述关系式：

$$\lg K_p = -\frac{\Delta G^{\ominus}}{2.303RT} = -\frac{\Delta H^{\ominus}}{2.303RT} + \frac{\Delta S^{\ominus}}{2.303R} \tag{8-22}$$

式中，$\Delta G^{\ominus}$ 为标准状态下反应自由能的变化；$\Delta H^{\ominus}$ 与 $\Delta S^{\ominus}$ 为标准状态下，反应的焓和熵的变化；$K_p = \frac{p_C a_D}{p_A}$，$a_D$ 是固体活度（沉积物为纯物质时，一般为 1），p_A 和 p_C 分别为气体物质 A 和 C 的分压。

在 CVD 技术中，通常希望输入的气体物质 A，能大部分转变成固体涂层 D。若上述反应发生在密闭体系中，通入 1 个标准大气压（1atm）的 A，而且需要 99%的 A 转成 C 加 D。这时达到平衡时，应是 0.01atmA 和 0.99atm 的 C。A 的转换效率达 99%，需要 $\lg K_p$ 值应为：

$$\lg K_p = \lg \frac{p_C}{p_A} = \lg\left(\frac{0.99}{0.01}\right) \approx 2 \tag{8-23}$$

当 $\lg K_p$ 继续增大时，但转换的百分数增加得并不多。表 8-2 为输入 1atmA，增加 A 的转换百分数所需要的 $\lg K_p$ 值。

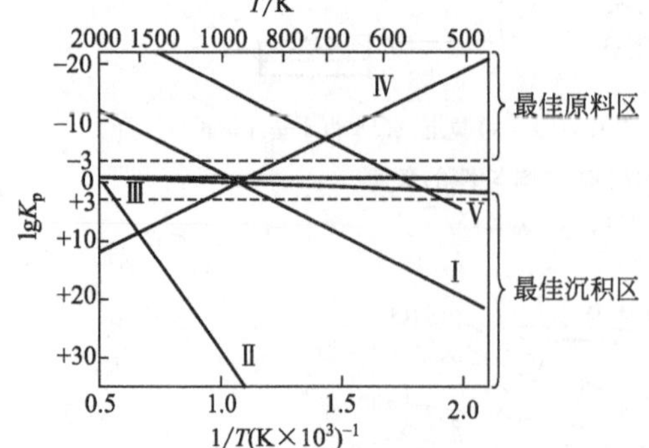

图 8-6 假设的反应Ⅰ～Ⅴ的 $\lg K_p$ 对 $1/T$ 的曲线

从图 8-6 中可看出，当 $\lg K_p$ 值位于 +1 和 +4 之间，A 基本上完全转换成 C 和 D。

对于不同的反应，用 $\lg K_p$ 对 $1/T$ 作图，从 $\lg K_p$ 与 $\Delta H^{\ominus}$ 和 $\Delta S^{\ominus}$ 的关系式可以看出：直线的斜率为 $-\Delta H^{\ominus}/2.303R$，截距为 $\Delta S^{\ominus}/2.303R$。图 8-6 表示假设的反应Ⅰ～Ⅴ的 $\lg K_p$ 对 $1/T$ 的曲线，可以用它来表示如何根据 $\lg K_p$ 值，来选择传输-沉积反应。从图中可以看出，最佳的原料区条件应该是高于上虚线部位，因为此处 $\lg K_p \leqslant -3$，而沉积区应在低于下虚线的部位，此处的 $\lg K_p \geqslant +3$。反应Ⅰ是一个理想的从热到冷的或放热的传输-沉积反应，其 $-\Delta H^{\ominus}=-88\mathrm{kcal}$，原料区的温度应控制在 950～1100K 范围内，而沉积反应控制在 750～850K。反应Ⅱ具有较大的斜率（$\Delta H^{\ominus}=-176\mathrm{kcal}$）。$\lg K_p$ 一直到 2000K 左右还没有通过原料的范围。这个反应由于温度太高而不宜使用，因为选择容器有困难。反应Ⅲ的斜率又太小了（$\Delta H^{\ominus}=-6\mathrm{kcal}$）。但还可以采用反应Ⅳ。它是一个很好的传输反应，其原料区和沉积区的温度正好与反应Ⅰ相反。它是一个从冷到热的传输反应，即沉积区的温度高于原料区。反应Ⅳ的沉积过程是吸热的（$\Delta H^{\ominus}=+88\mathrm{kcal}$）。反应Ⅴ和Ⅰ的 $\Delta H^{\ominus}$ 相等，它所处的原料区和沉积区温度较低。在这种情况下，不是得不到满意的沉积层，就是反应速率太慢。原因也可能由于温度低，传输物之一的蒸气压很低，所以它可能冷凝下来，妨碍反应的进行。

表 8-2　反应 $A_{(气)} \rightleftharpoons C_{(气)} + D_{(固)}$ 的转换百分数与平衡常数的关系

转换/%	K_p	$\lg K_p$	转换/%	K_p	$\lg K_p$
10	0.111	−0.95	99.9	10^3	3
90	9	0.95	99.99	10^4	4
99	10^2	2			

8.6.2 常压的 CVD 装置

在常压的 CVD 装置中，常采用两种结构方式：一种是开管（流道）式；另一种是闭管（封闭）式。前者具有沉积工艺参数易于控制、重复性好、适宜批量生产的特点，由于反应过程中反应气体连续地流过反应室，生长沉积薄膜的副产物可连同未曾反应的气体及载气一并被排除反应室。后者反应始终在密闭的反应室中进行，因此，具有沉积工艺参数易于控制、重复性好等特点，可有效减少外界气氛对膜的污染，而且反应物转化率较高。其不适之处是压力、温度等参数控制要求严格，而且批量生产也很困难。

(1) 开管式 CVD 反应装置

开管式 CVD 反应器装置中最常用的类型如图 8-7 所示。这类反应装置一般是在一个大气压下操作，装、卸料方便。通常是由气体净化系统、气体测量和控制部分、反应器、尾气处理系统、抽空系统等组成。

这类装置在室温下，原料不一定都是气体。若用液体原料，需加热产生蒸气，由载流气体携带入炉。若用固体原料，加热升华后产生的蒸气由载流气体带入反应室。这些反应物在进入沉积区之前，一般不希望它们之间相互反应。因此，在低温下会互相反应的物质，在进入沉积区之前应隔开。图 8-7 是开口体系 CVD 装置，根据原料特性的不同分成的四种类型。前两种类型是反应器壁和原料区均不加热，即所谓的冷壁反应器，沉积区一般用感应加热。这类反应器适合的场合反应物在室温下是气体或者具有较高的蒸气压的场合。后两种类型的原料区和反应器壁是加热的，反应器壁加热是为了防止反应物冷凝。

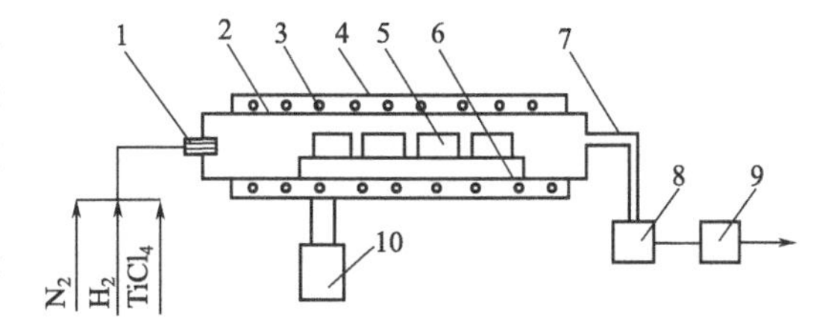

图 8-7　开口体系 CVD 设备
1—进气系统；2—反应器；3—加热炉丝；4—加热炉体；5—工件；6—工件卡具；7—排气管；8—机械泵；9—尾气处理系统；10—加热炉电源测温仪表

开口式 CVD 反应的工艺特点是能连续地供气及排气。物料的运输一般是先靠外加不参与反应的惰性气体来实现的。由于至少有一种反应产物可以连续地从反应区排出，这就使反应总是处于非平衡状态，而有利于形成沉积层。在大多数情况下，为了便于废气从系统中排出，其操作大多采用一个大气压或稍高于一个大气压下。但也可在真空下以脉冲的形式连续供气及不断地抽出副产物，这种系统有利于沉积层的均匀性。

(2) 闭管式 CVD 装置

闭管式 CVD 反应首先是把一定量的反应物和工件分别放在反应装置两端，管内抽空后充入一定的传输剂，然后熔封；接着再将反应装置置于双温区炉内，使反应装置内形成一定温度梯度。由于温度梯度造成负自由能变化是传输反应的推动力，所以物料从封管的一端传到另一端并沉积下来。在理想情况下，闭管反应装置中所进行的反应，其平衡常数值应接近于 1。

Ⅱ～Ⅵ族化合物单晶生长多采用闭管系统。图 8-8 是制备 ZnSe 单晶的工艺过程。图中 (a) 是装管封管示意图，(b) 为炉温分布和晶体生长图。反应管是一个锥形石英管，其锥形端连接一根实心棒，另一端放置高纯度的 ZnSe 原料，盛碘瓶用液氮冷却。烘烤反应管加热到 200℃左右压力到 10^1 Pa 左右。并同时抽真空（约 10^1 Pa），在虚线 1 处以氢氧焰熔封。随后除去液氮冷阱。待碘升华进入反应管后，并使碘的浓度在合适的范围内，再在虚线 2 处熔断。然后，将反应管置于温度梯度炉的适当位置上（用石英棒调节），使 ZnSe 料处于高温区，$T_2 \approx 850 \sim 860$℃；锥端（生长端）位于较低的温度区，$T_1 = T_2 - \Delta T$，$\Delta T = 13.5$℃，生长端温度梯度约 2.5℃/cm。在精确控制的温度范围内（±0.5℃）进行 ZnSe 单晶生长，其反应如下：

$$ZnSe_{(固)} + I_{2(气)} \underset{T_1}{\overset{T_2}{\rightleftharpoons}} ZnI_{2(气)} + \frac{1}{2}Se_{2(气)} \quad (8\text{-}24)$$

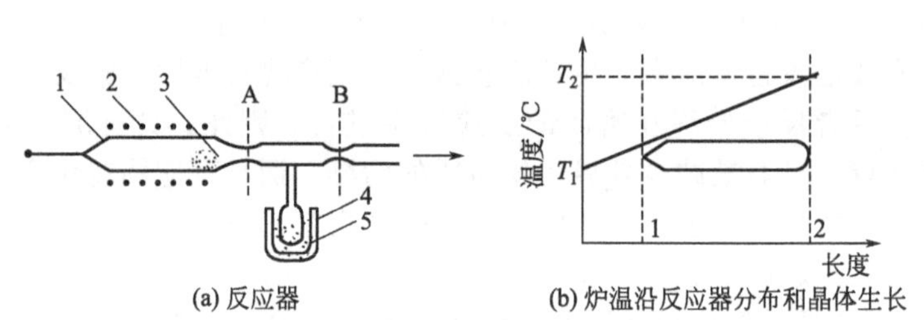

图 8-8 密闭体系 CVD 设备

A、B—熔断处；1—反应管；2—电炉丝；3—ZnSe 原料；4—碘；5—液氮

在 ZnSe 原料区（T_2）反应向右进行。ZnSe 进入气相，形成的 ZnI_2 和 Se_2 气体运动到生长端，在较低温度下（T_1）发生逆反应，重新形成 ZnSe 的单晶体。

8.7 低压化学气相沉积（LPCVD）

8.7.1 LPCVD 的原理及特点

LPCVD 低压化学气相沉积（Low Pressure Chemical Vapor Deposition）薄膜的原理与常压 CVD 基本相同。它是在产量、薄厚分布等方面均衡考虑的基础上，在常压 CVD 基础上加以改进的一种成膜技术。与常压 CVD 相比较，只是在工艺过程中反应温度较低，工作气体压力在 $10 \sim 10^3$ Pa 范围。LPCVD 的特点是：①低压力下的反应环境有助于加速反应气体向基体的扩散，由于气体扩散系统反比于气体的质量输运，因此当压强减少到 10～50Pa 时，扩散系数会增加 10^3 倍，从而加快了气体的质量输送，增强了沉积过程的速率，提高了生产效率；②载体气体的用量少、反应室中基本上为反应源气体；③膜层质量好、薄厚均匀、晶粒结构致密，与 NPVCD 薄膜相比几乎不存在氧化物夹杂；④产量高、产品重复性生产性能好，适宜大规模工业性生产的需求。

8.7.2 LPCVD 装置的组成

LPCVD 装置如图 8-9 所示，主要由反应室、加热装置、气体供给及其测量与控制系统、真空系统等部分组成。

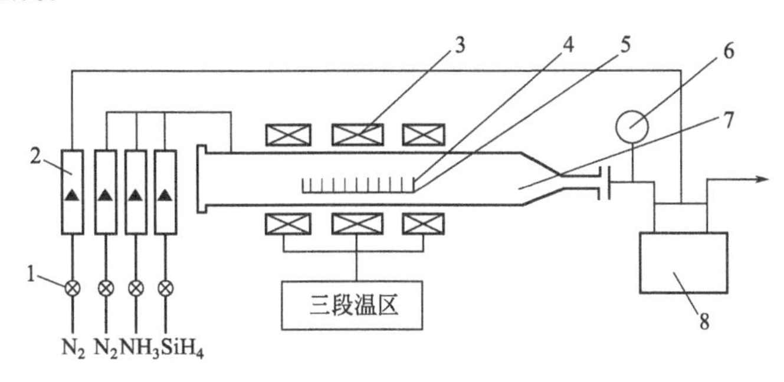

图 8-9 LPVCD 装置

1—微调针阀；2—流量计；3—可控加热炉；4—硅片；5—石英钟；6—真空计；7—反应室；8—真空泵

反应室通常用圆形石英管经特殊加工而制成，并通过电阻炉加热，温度可控，并要求有恒定的温度梯度。这是因为在沉积过程中随着硅烷（SiH_4）的逐渐分解，其浓度会越来越小，使入口端沉积速率大于出口端的沉积速率。为了使排列的硅片能够均匀地沉积而采取的措施。由于在相同条件下沉积速率正比于硅烷的浓度，因此为了保证各基片沉积膜的均匀性，可以通过提高出口端的温度来弥补；由于浓度逐渐减小对沉积速率所产生的影响，因此把炉内的温度分成几段，温度梯度值可根据工艺条件来选择，这样合适的温度就会得到片间均匀性良好的涂层。

气路供给及其测量与控制系统是用来向反应室提供所需要的气体而设置的。控制与测量主要是控制气体的流量，它由微调阀和流量计组成。常用的流量计有浮子流量计和质量流量计两种。多采用后者。微调阀是用来调节反应气体的流量和反应室的压力而设置的。

装置中的真空系统由于真空度不高，处于低真空状态。因此，多选用极限真空度约为 0.5～1Pa 的机械真空泵，并满足装置对真空抽速的要求即可。但应当注意的是装置必须具有严格的密封性。否则，系统漏气既会影响沉积膜的质量，又易于产生硅烷的燃烧，不能保证生产的安全性。

8.7.3 LPCVD 制备涂层的实例

在 LPCVD 工艺中，目前制备的各种涂层较多。例如，选用硅烷制备多晶硅、氮化硅、二氧化硅、三氧化二铝等。现以图 8-10 为例对低压下化学气相沉积三氧化二铝薄膜的工艺过程，做一简要的介绍。

LPCVD 沉积 Al_2O_3 涂层的工艺程序是将事先准备好的硬质合金刀片置于石英反应炉中的工件架上，通入 H_2 并通过感应加热对工件升温；同时，开启真空系统使炉内压力逐渐减小。当温度升高到 1000～1100℃时通入 CO_2 和 $AlCl_3$，调正负压调节阀，使石英炉内保持 932Pa 左右的压力，经过 30～40min 后，停止 CO_2 和 $AlCl_3$ 的供给量；并且，在 H_2 保护气氛下降温。当炉温降到室温时全部工艺过程结束。表 8-3 给出了几种 LPCVD 典型工艺的几种实例，供读者参考。

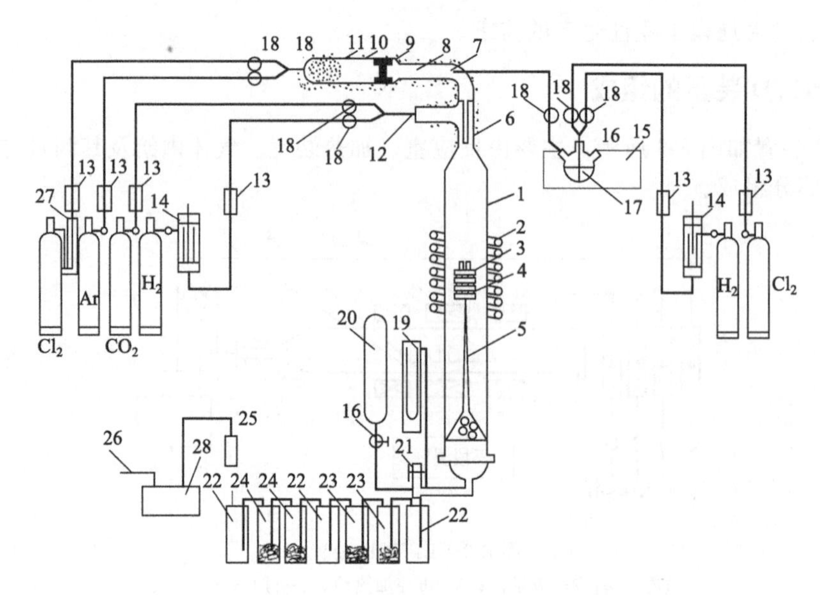

图 8-10 LPCVD 沉积 Al_2O_3 工艺

1—石英反应炉；2—感应圈；3—试样；4—试样支架；5—底托；6—混合气体喷嘴；7—$TiCl_4$ 进口处；8—管路加热器；9—$AlCl_3$ 筛板；10—氯化反应室；11—铝屑；12—H_2 和 CO_2 进口；13—气体流量计；14—H_2 净化器；15—恒温水浴；16—蒸发瓶；17—$TiCl_4$；18—二通阀门；19—负压计；20—供水瓶；21—负压调节阀；22—缓冲瓶；23—浓碱液；24—机械泵油；25—除尘器；26—排气管；27—氯气流量计；28—真空泵

表 8-3 几种 LPCVD 的典型工艺

薄 膜	反应气体	温度/℃	真空度/Pa	沉积速率/(nm/min)	备 注
多晶硅	100%SiH_4 230%SiH_4 5%SiH_4	610～640 640～647 641～649	40～134 <134	10 20 10	对 SiH_4，流量灵敏，高沉积速率
Si_3N_4	SiH_2Cl_2-NH_3 SiH_4-NH_3	750～757 900～918 815～840	67～134	4 8 3	对片距灵敏
SiO_2	SiH_2Cl_2-N_2O SiH_4-N_2O	903～914 860	<134	12 5	低沉积速率
SiO_2	$SiH_4/CO_2/O_2$	450～460	<134	12～18	对片距极灵敏
Al_2O_3	H_2/ $CO_2/AlCl_3$	1000～1100	<930	20～50	高沉积速率

8.8 等离子体增强化学气相沉积（PECVD）

在 LPCVD 过程进行的同时，再利用辉光放电等离子体对沉积过程施加影响，借以增强反应物质的化学活性，促进气体间的相互反应，从而在较低的温度下在基片上生长薄膜的技术，称为等离子体增强化学气相沉积技术，简称 PECVD 技术。

8.8.1 PECVD 的成膜过程及特点

PECVD 的成膜装置如图 8-11 所示。首先将基体置于低气压辉光放电的阴极上；然后，通入适当气体。在一定的温度下，利用化学反应和离子轰击相结合的过程，在工件表面获得涂层。其中包括一般化学气相沉积技术，再加上辉光放电的强化作用。

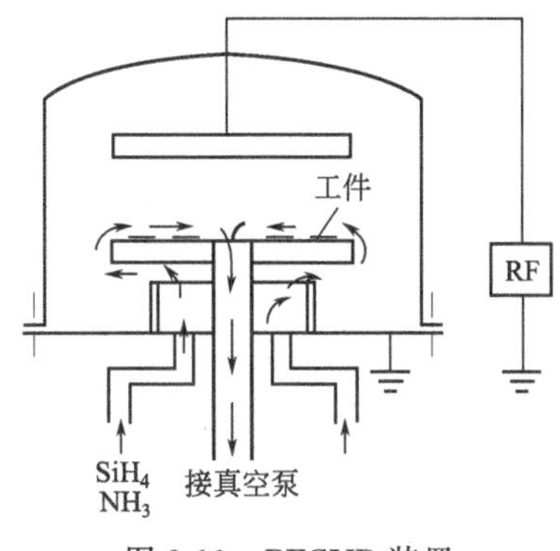

图 8-11 PECVD 装置

辉光放电是典型的自激放电现象。这一放电最主要的特征是从阴极附近到克鲁克斯暗区的一小段中场强很大。在阴极辉光区中会发生比较剧烈的气体电离。同时发生阴极溅射，为沉积薄膜提供了清洁而活性高的表面。由于整个工件表面被辉光层均匀覆盖，使工件能均匀地加热。阴极的热能主要靠辉光放电中激发的中性粒子与阴极碰撞所提供。此外，一小部分离子的轰击也是阴极能量的来源。由于辉光放电的存在，使反应气氛得到活化，其中基本的活性粒子是离子和原子团，它们通过气相中电子-分子碰撞所产生，或通过固体表面离子、电子、光子的碰撞所产生。因此，整个沉积过程与只有热激活的过程有显著不同。以上这些作用在提高涂层结合力、降低沉积温度、加快反应速度诸方面都创造了有利的条件。

如果采用 $TiCl_4$、H_2、N_2 混合气体，在辉光放电条件下沉积氮化钛，其沉积过程反应方程式是：

$$2TiCl_4 + H_2 = 2TiCl_3 + 2HCl \tag{8-25}$$

$$2TiCl_3 + N_2 + 3H_2 = 2TiN + 6HCl \tag{8-26}$$

除上述热化学反应外，还存在着极其复杂的等离子体化学反应。用于激发 CVD 的等离子体有射频等离子体、直流等离子体、脉冲等离子体和微波等离子体。它们分别由射频、直流高压、脉冲或微波激发稀薄气体进行辉光放电得到。表 8-4 给出了等离子体增强化学气相沉积中等离子体的各种激发方式及应用。

表 8-4 PECVD 中等离子体的各种激发方式及应用

激发方式	工艺参数	特　点	工艺装置
射频等离子体激发 CVD	以制取 TiN 为例。沉积温度：300℃。反应气体流量：$TiCl_4$ 为 0.08L/h；N_2 为 2.5L/h。 沉积速率：1～3μm/h	与普通 CVD 相比，可降低沉积温度。TiC 可降低 550℃；TiN 与 $TiCN_{1-x}$ 可降低 300℃。 沉积速度较高，600℃下 TiN 的沉积速度是普通 CVD 的两倍	图为用射频等离子体激发 CVD 制备 TiN、TiC、$TiCN_{1-x}$ 涂层工艺装置示意图。 1—反应气体进口；2—玻璃罩；3—屏蔽罩；4—主电极支架；5—圆盘不锈钢电极；6—射频线圈；7—橡皮密封；8—铝环；9—铝底板；10—热电偶引入管
直流等离子体激发 CVD	以制取 TiC 为例。沉积温度：500～600℃。直流电压：4000V。反应压力：10～10^{-1} Pa。C_2H_2 : $TiCl_4$ = 0～0.3(体积比)。 电流密度：16～49A/m²。沉积速率：2～5μm/h	膜层厚度均匀，与基体的附着性良好。与普通 CVD 相比，也可降低沉积温度	图为直流等离子体激发 CVD 制备 TiC 涂层工艺装置简图，1—Ar＋5% H_2 入口；2—流量计；3—$TiCl_4$；4—乙炔入口；5—等离子体；6—基体；7—负高压；8—到抽气系统

续表

激发方式	工艺参数	特点	工艺装置
用射频和直流等离子体同时激发的 CVD	以制取 SiC 为例。沉积温度：室温至 600℃。负高压：1～1.5kV。射频功率：100～500W(13.56MHz)。反应压力(低压区)：$1.9\times10^{-1}\sim-1\times10^{-2}$Pa。$CH_4$∶$SiH_4$＝4∶6	膜层的沉积速度随反应压力和射频功率的提高而增加；膜层的硬度随阴极电压的提高而增加	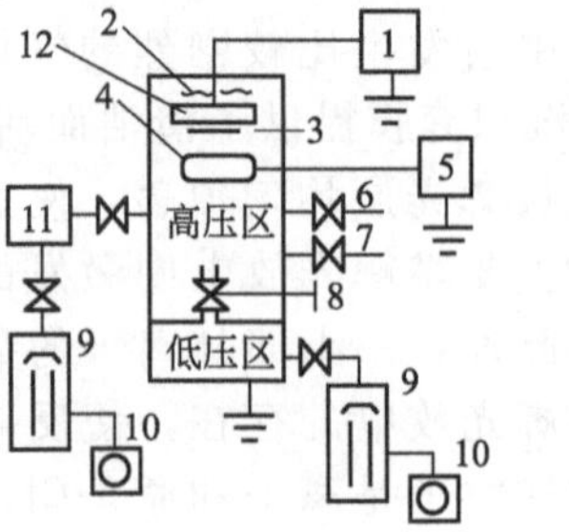 图为射频和直流等离子体同时激发 CVD 制备 SiC 工艺装置简图。 1—负高压；2—辐射加热器；3—热电偶；4—射频线圈；5—射频电源；6—Ar 气进口；7—SiH_4＋CH_4 进口；8—压力控制阀；9—油扩散泵；10—机械泵；11—质谱仪；12—基体

PECVD 和 LPCVD 比较有如下优点：①PECVD 生成膜温度低，对基体影响小，从而可以避免高温成膜造成的膜层晶粒粗大以及膜层与基体生成脆相等缺陷；②PECVD 在较低的压力下进行，由于反应物中分子、原子、等离子粒团与电子之间的碰撞、散射、电离等作用既提高了膜厚及成分的均匀性，也使膜层针孔减小，组织致密，内应力小，不易产生微裂纹；③等离子体对基片及膜层表面具有清洗作用，提高了膜层对基片的附着强度；④扩大了化学气相沉积的应用范围，特别是提供了在不同的基体上制备各种金属膜、非晶态无机物膜、有机聚合膜的可能性。

因此，PECVD 和 LPCVD 相比具有沉积速率高和沉积温度低的特点，可以减小薄膜应力。例如 Si_3N_4 膜沉积时膜厚只能小于 20nm，否则便会发生龟裂。而半导体工业需要较厚的 Si_3N_4 膜作为纯化层。如将 Si_3N_4 膜作为多层布线和器件表面保护，则要求膜厚大于 600nm。高温 Si_3N_4 膜还存在选择性腐蚀问题，使其应用受到限制。PECVD 用于沉积低温（＜300℃）的 Si_3N_4 和 SiO_2 膜，能比较好地解决上述存在的问题，对提高器件可靠性、稳定性和发展大规模集成电路多层布线工艺提供了良好的成膜途径。

8.8.2 PECVD 装置

PECVD 除了表 8-4 按不同的等离子体激发方式所给出的各种工艺装置外，如果按激发电力的输入方式，还可以分为外部感应耦合式和内部感应耦合式两种。若以作业的生产方式来划分，则有周期生产式和半连续与连续生产式三种。现以外部感应耦合连续生产式和内部感应耦合连续生产式为例，简要作如下介绍。

(1) 外部感应耦合连续生产式 PECVD 装置

外部感应耦合连续生产式 PECVD 装置如图 8-12 所示。装置是由装料室、沉积室和卸料室等三个部分组成。

基片从装料室送到沉积室中，基体通道及沉积室分别由四组真空泵进行抽真空后预加热。加热后的基片依次送到按一定间隔排列的反应装置中。每个反应装置反应气体均从顶部冲入，废气在各自下方的排气口排出。采用 13.56MHz 的射频电源激发等离子体。该装置可通过对工艺过程的控制进行自动化生产。

在沉积室的下部有一个被加热的传送带，将基片从一个反应器输送到另一个反应器，基片在每个反应器停留的时间内进行气相沉积，通过全部反应器后达到所需要的膜厚。沉积好的基片由沉积室送入到卸料室，待温度降到一定程度后取出。

使用 SiH_4/N_2 反应气体，当用 1.5% 的 SiH_4，反应压力几百帕时，该类装置可能获得

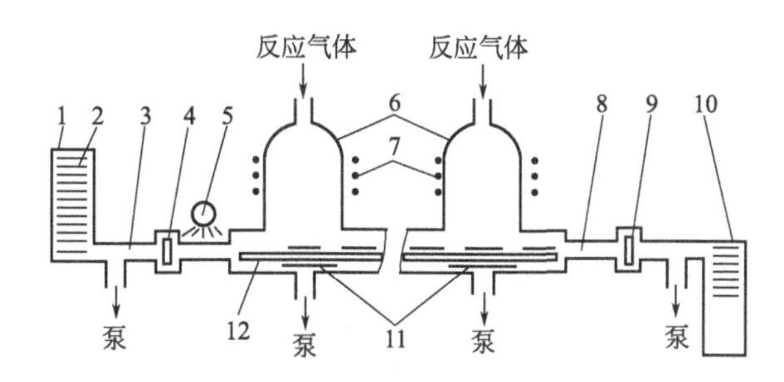

图 8-12　外部感应耦合连续式 PECVD 装置

1—装料室；2—基体；3—基体通道；4—装料室闸阀；5—基体预加热；6—石英反应器；7—RF 线圈；8—过滤区；9—卸料室闸阀；10—卸料室；11—加热器；12—输运机构

约 100nm/min 的沉积速率。这种装置的优点是反应器中的功率集中，使用低浓度的 SiH_4 气体就能获得较高的沉积速率。

(2) 内部感应耦合连续式 PECVD 装置

为了保证膜层质量和膜厚均匀度，提高生产率，必须设法扩大反应气体均匀分布的范围和提高基片的连续输送能力，因此人们开发了具有方形电极的内部感应耦合连续式装置，其结构如图 8-13 所示。这种装置采用“一盘接一盘”的连续沉积方式，由中心处理系统和其他辅助系统组成。

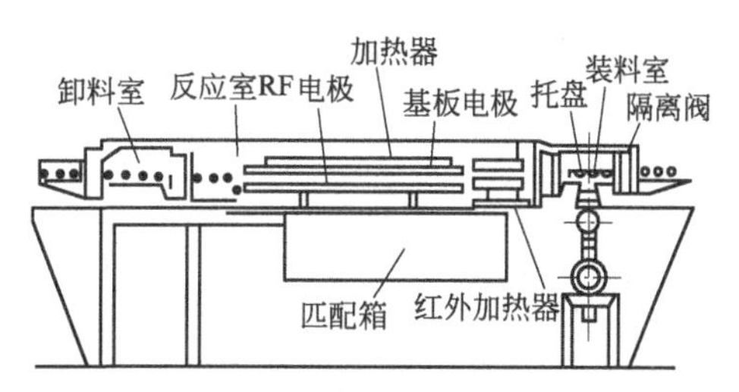

图 8-13　内部感应耦合连续式 PECVD 装置

中心处理系统由装料室、反应室和卸料室组成。反应室又分为加热区和反应区，加热区中备有可加热到 400℃ 的红外线加热器。反应区中安装了长方形（如 360mm×1200 mm）的基片台电极和高频电极。反应室能保持成膜的放电状态，最大为 ϕ100mm 的基片正面向下均布在托盘中。每次托盘依次从装料室送入反应室预热后在反应区连续移动，同时进行沉积。装料室、卸料室、反应室分别有各自的抽气系统。在反应区，反应气体供气方向与基片运动方向垂直，利用 13.56MHz、2kW 的功率激发等离子体。在 25Pa 的压力下系统的排气能力为 10SCCM。

随着 RF 功率的增加，沉积速率增大。使用 4% 的 SiH_4/N_2，在 2kW 和 25Pa 时的沉积速率约为 23nm/min，添加 NH_3 时可达 30nm/min。

(3) 电子回旋共振 PECVD 装置[4]

电子回旋共振（ECR）PECVD 装置是选用频率为 2.45GHz 的微波产生等离子体的成膜方法。微波能量由波导耦合进入反应室后，使通过其中的反应气体放电击穿而产生等离子体。如图 8-14 所示。

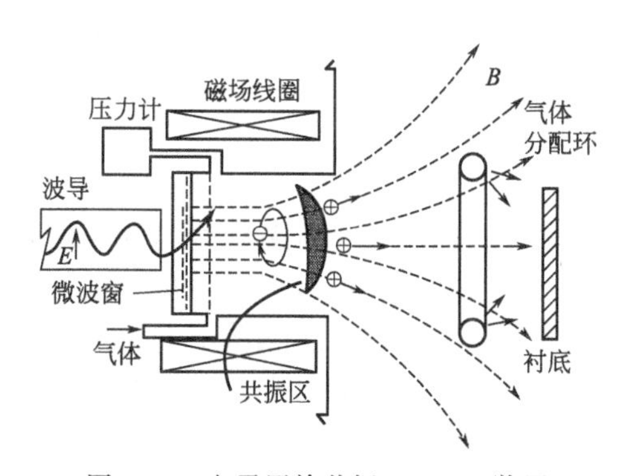

图 8-14　电子回旋共振 PECVD 装置

为了促进等离子体中电子从微波场中吸收能量，在装置中设置了磁场线圈借以产生与微波电场相垂直的磁场电子，在微波场和磁场的共同作用下发生回旋共振现象。即它在沉积气流方向运动的同时，还会按着共振的频率产生回旋运动，电子在作回旋运动的同时，将与气体分子不断地碰撞和能量交换，使气体产生电离。电子回旋共振的频率 ω_m 与磁感强度 B 之间应满足下列条件：

$$\omega_{\mathrm{m}}=\frac{qB}{m} \tag{8-27}$$

式中，q和m分别为电子的电量和质量。为了满足这一共振条件，需要调整等离子体出口处电子共振区的磁感应强度$B=8.75\times10^{-2}\mathrm{T}$。在共振区内，电子满足回旋共振条件，从而可以有效地吸收微波的能量，使等离子体中电子的密度达到每立方厘米10^{12}个电子的高水平。在等离子体的下游输入其他反应气体，就是在下面将要介绍的微波PECVD技术。

ECR方法需要在较低的压力下工作，以使得电子在碰撞的间隔时间里从回旋运动中获得足够的能量。因此，ECR方法所使用的真空度较高，大约为$10^{-3}\sim10^{-1}\mathrm{Pa}$。在这样低的压力下，气体的电离度已接近100%，可以把它认为是一种新的离子源。因此，这种等离子体，具有极高的反应活性，从而使ECR法所沉积的薄膜机制已不同于一般的PECVD法的中性基团机制而成为一种离子束辅助的沉积机制。离子束本身既是波沉积的活性基团又携带一定的能量。这就是电子回旋共振PECVD法的独特之处。

8.8.3 PECVD薄膜的工艺实例

采用PECVD工艺沉积TiN薄膜的装置如图8-15所示，装置中反应室为钟罩形，内径ϕ450mm，高550mm，直流电源最高输出电压5kV，最大电流1A。负极与基片相接，正极与反应室壁共同接地。基片为低碳钢，尺寸为100mm×24mm×3mm，悬挂在负极的下面。反应气体为N_2、H_2和$TiCl_4$。高纯度的氮气中含水量少于12mg/kg，含氧量少于8mg/kg；工业氢经脱水，其露点在-60℃以下，含氧量少于1mg/kg；$TiCl_4$试剂中$TiCl_4$含量高于99%。这时就可以把清洗后的基片送入反应室，真空抽至150～2Pa后，通入N_2和H_2通过8Pa及2300V左右的高压轰击清洗20min，即可将N_2和H_2的比例、流量及电压调节到要求的数值。然后，通入由水浴温度控制的$TiCl_4$，使它们之间的比例保持在$N_2:H_2:TiCl_4=1:1:0.2$。当反应达到预定的时间以后停止通入的各种气体，在经过适当的冷却以后即可放出。

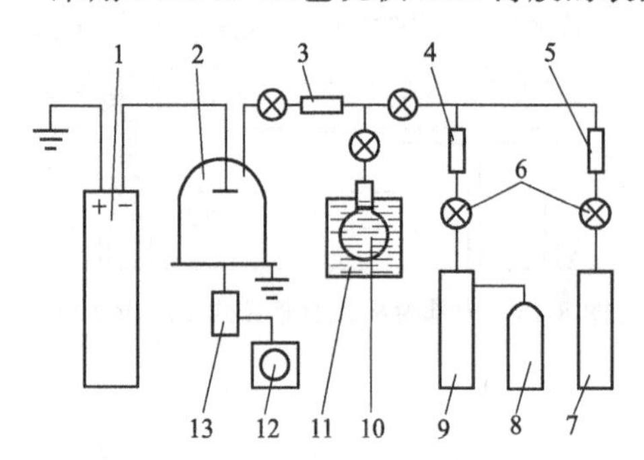

图8-15 PECVD法沉积TiN装置
1—电源；2—反应室；3—气体混合器；4—氢气流量计；5—氮气流量计；6—针阀；7—氮气瓶；8—氢气瓶；9—氢气纯化器；10—$TiCl_4$瓶；11—恒温水浴；12—机械泵；13—冷阱

PECVD法沉积的典型工艺参数：气压为133Pa时通入N_2、H_2的总流量为0.12L/min；沉积时电压为1000V，电流为60～90mA，基片温度为430℃左右。当气压为25Pa时，N_2、H_2总流量为0.02L/min，电压为2250～2500V，电流为60～70mA，基片温度为520℃左右。沉积温度可由所要求的硬度值HRC，按下式估算：

$$T=870-12\times\mathrm{HRC}\quad(℃) \tag{8-28}$$

各参数间的关系如下。

① 沉积时气压的影响。膜的硬度与气压关系不大，沉积速率在一定范围内与气压成正比，膜层结构受气压的影响较大。25Pa的膜层表面有大量瘤状物，肉眼观察时呈现绒毛状的漫反射外观，膜的抛光断面有大量微孔。133Pa的膜外观，膜的外观平滑光亮，只有少量瘤状物，抛光断面基本上看不到微孔。当气压低于10Pa时，很容易出现粉末状TiN堆积的膜层，且极易脱落。

② 膜厚与沉积时间的关系。膜厚与沉积时间呈线性增长关系。

③ 沉积速率与 $TiCl_4$ 含量的关系。在气压为 133Pa，N_2 ∶ H_2 = 1 ∶ 1 的条件下，当 $TiCl_4$ 的含量在 6%～14%（摩尔比）范围内沉积速率与 $TiCl_4$ 含量呈线性增长关系。

④ 电压、电流对沉积速率的影响。在气压为 133Pa，N_2 ∶ H_2 = 1 ∶ 1，$TiCl_4$ 含量为 14%时，将电压、电流由原来的 1000V、85mA 升到 1250V、170mA，相应的温度也由 430℃升至 630℃的条件下，膜沉积速率由 8μm/h 降到 2.4μm/h。相反，当电压、电流降到 750V、40mA 时，则得到一种黑色膜，其沉积速率为 6μm/h。

⑤ N_2、H_2 比例的影响。在 133Pa 压力和 $TiCl_4$ 含量为 11%的条件下，不同的 N_2 ∶ H_2 值所得到的膜层见表 8-5。由表可见，当只加入 N_2 和 $TiCl_4$ 时，沉积半小时后不但没有 TiN 膜，基片反而被蚀去 2μm 厚度。这是因为 Cl 原子或离子的腐蚀作用，因此必须加入 H_2，而且 N_2 ∶ H_2 = 1 ∶ 1 时最好。

表 8-5 不同 N_2、H_2 比值的膜层

N_2 ∶ H_2	硬度 /(N/mm)[①]	膜颜色	沉积速率[②]	N_2 ∶ H_2	硬度 /(N/mm)[①]	膜颜色	沉积速率[②]
1 ∶ 1	23971±3018	黄偏紫	6.6	2 ∶ 1	15131±2401	紫	5.0
1 ∶ 2	11309±911	金黄	5.6	1 ∶ 0			无膜基片蚀去 2μm 厚

① 显微硬度载荷 20g；
② 用称量法测定。

PECVD 法的一些典型应用示例见表 8-6。

表 8-6 PECVD 法的一些典型应用

应　用	膜成分	气体原料	优　点
绝缘及纯化膜	SiO_2 SiN_x D-PSG SiO_xN_y	SiH_4+N_2O $SiCH_4+O_2$ $Si(OC_2H_5)_4$ $SiH_4+(SiH_2Cl_2)+NH_3$ $SiH_4+PH_3+O_2$ $SiH_4+NO+NH_3$ SiH_4+N_2O	温度低，可以避免 CVD 普遍由水蒸气造成的多孔，也可以避免 Na 等杂质的渗入，这些渗入物在吸湿后溶解，会引起 Al 线等的腐蚀 D-PSG 膜可以在更低的温度下生成
非晶硅太阳能电池电子感光照相静电复印	α-Si	$SiH_4(SiH_4Cl_2)+B_2H_6$ (PH_3)或采用混合气体：$SiH_4+SiF_4+Si_2H_6$	基板材料不必要求用单晶，使用高频气体等离子体，只要变换掺杂介质气体就能方便地制取 P-N 结；低温(200～400℃)大面积制取薄膜
等离子集合	有机化合物		不必要完全破坏有机单体，选择能生成原子团的条件就能聚合成有机化合物，能获得用一般方法得不到的非晶态聚合等
耐磨抗蚀膜	TiC TiN TiC_xN_{1-x}	$TiCl_4+CH_4$ $TiCl_4+N_2$ $TiCl_4+CH_4+N_2$	成膜温度低，膜层均匀光滑，膜层和基体附着性好，沉积速度高
其他应用薄膜	SiC Si,Ge Al_2O_3 GeO_2 B_2O_3 TiO_2 SnO_2 BN P_3N_5	 $SiH_4+C_2H_2$ SiH_4+CH_4(或 CF_4) SiH_4,GeH_4 $Al_2O_3+O_2$ (烷基或烷氧化合物) $B_2H_5+NH_3$ $P+N_2$	成膜温度低，可调节膜成分和性能，膜层均匀光滑，表面质量好

8.9 金属有机化合物化学气相沉积（MOCVD）

金属有机化合物化学气相沉积法（Metal Organic Chemial Vapor Deposition，简称MOCVD）是利用金属有机物作为膜材原料的一种化学气相沉积技术。通常选用的金属是烷基或芳基衍生物、烃基衍生物、乙酰丙酮基化物、羰基化物、茂基化物等作为源材料。

用于制备金属膜和氧化物膜的金属有机化合物的热态能与氧化作用，几乎所有的Ⅲ-Ⅴ、Ⅱ-Ⅵ族化合物半导材料都是可行的。例如：用三甲基或三乙基的Ⅲ族元素化合物和$\overline{\text{V}}$族元素的氢化物反应制备Ⅲ-Ⅴ族化合物薄膜，用二甲基或二乙基的金属化合物与Ⅵ元素的氢化物制备Ⅱ-Ⅵ族化合物等[1]。

利用MOCVD法所进行的各种反应示例如下：

$$(CH_3)_3Ga + AsH \xrightarrow{630\sim675℃} GaAs + 3CH_4 \tag{8-29}$$

$$(CH_3)Cd + H_2S \xrightarrow{475} CdS + 2CH_4 \tag{8-30}$$

$$(C_2H_5)_2Zn + TO_2 \xrightarrow{250\sim500℃} ZnO + 4CO_2 + 5H_2O \tag{8-31}$$

$$x(C_2H_5)_3Ga + (1-x)(C_2H_5)_3In + yAsH_3 + (1-y)PH_3 \xrightarrow{600\sim700℃} Ga_xIn_{(1-x)}As_yP_{(1-y)} + 3C_2H_6 \tag{8-32}$$

金属有机化合物化学气相沉积过程既可在常压气氛下，也可在低压气氛下进行。低压装置的压力通常为（1～5）×10^{4}Pa，结构型式可分为立式和卧式两种。

如图8-16所示，其中装置的核心部分反应室包括如下四个系统：①气体处理系统，包括源材料气体（如烷基、氢化合物等）阀口、管道以及气体控制装置构件；②进行热分解与沉积的反应室，两种基片在反应室中不同放置的形式如图8-17所示；③加热与温度控制系统；④低真空抽气系统及尾气排放系统。

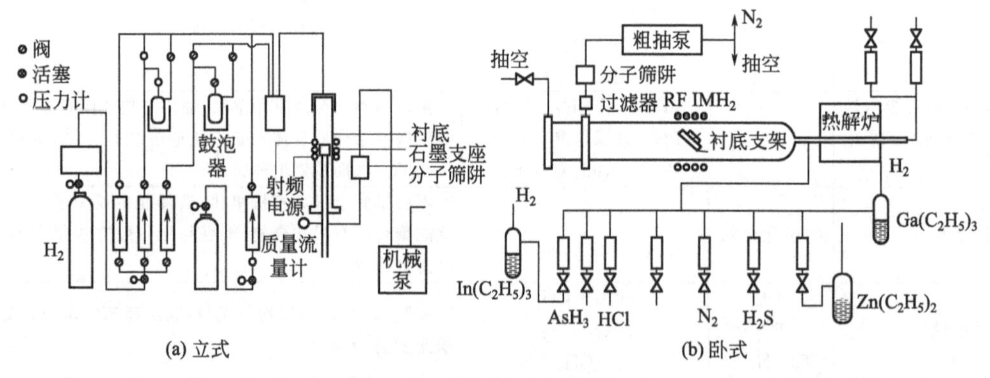

图8-16 低压MOCVD装置

MOCVD装置主要的特点是反应温度低，如ZnSe的MOCVD仅为约350℃。它不仅改善了薄膜的纯度，减少了空位密度和自补偿（提高光电子器件的发光效率），而且由于它反应势垒低，还可以通过稀释载体的办法来控制沉积速率。同时，也可通过降低压力的方法，对沉积速率进行调节，从而达到制备的纳米胶单晶膜和超晶格材料的目的。

它的不足之处是：大多数金属有机化合物有毒、易燃，必须采取严格操作和防护及储存等各项措施；此外，由于反应温度低，在气相中易生长微粒并夹杂在薄膜之中，从而影响膜结构的完整性。

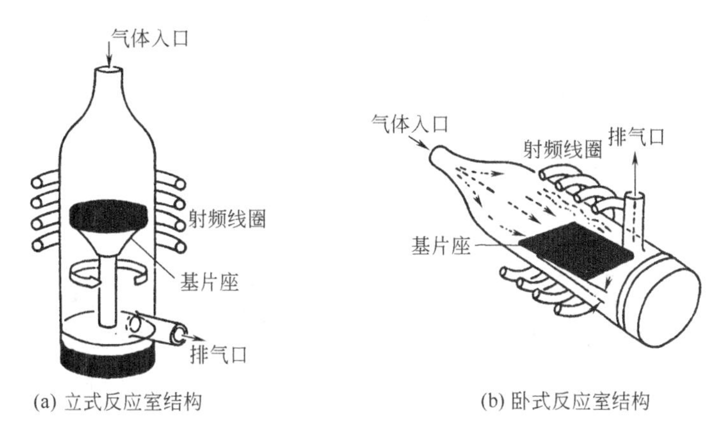

(a) 立式反应室结构　　(b) 卧式反应室结构

图 8-17　立式与卧式反应室结构

8.10 光辅助化学气相沉积（PHCVD）

光辅助化学气相沉积是利用光能使气相分解，借以增加反应气体的化学活性，促进气体之间的化学反应的一种化学气相沉积技术，可称为 PHCVD。

PHCVD 原理就是应满足在薄膜沉积的过程中，要有一定激活能量才能使反应物发生化学反应的条件。由光能提供激活能时，只有能被反应物吸收的辐射才能导致光化学反应（光化学第一定律)。例如：SiH_4 和 NH_3 只吸收波长 $\lambda<220nm$ 的紫外光，故可利用紫外激光或石英水银光源。但若用石英水银灯，$\lambda<200nm$ 的紫外光可被石英吸收。因而，只能利用的光波长范围在 200～220nm，其使用范围比较窄。为克服这一困难，人们利用光激活技术，如用汞蒸气作激活剂。汞谱线中的强共振线只发生在 $\lambda=253.7nm$，此时几乎所有能量均被化学反应系统中汞蒸气所吸收。汞吸收紫外能量，就会从单重基态（$s_0^{\frac{1}{2}}$）激发到三重激发态（$p^{\frac{3}{2}}$)。受激而未电离的汞原子通过与反应物在系统中碰撞传递能量，产生自由基引起链式反应。

根据光能对反应的作用不同，PHCVD 法可分为光解过程和热解过程两大类。

(1) 光解过程

所谓的“光解过程”就是反应源气体分子在吸收了光能后化学键断裂，由此产生的激发态原子或活性集团在基片表面（即气-固界面）上发生反应，形成固态薄膜。

由于多数分子的键能为几个电子伏特（例如：多数有机化合物的碳原子与金属原子的键能为 3eV，H_2 的 H—H 键能力 4.2 eV，NO_2 的 NO—O 键能为 3.12 eV，SiH_4 的 Si—H 的键能为 3eV)，因此，通常采用光子能量大于 3.3eV 紫外光来激发光解过程。许多化合物，例如烷基或羰基金属化合物的吸收峰恰好落在近紫外波段，因此可用做光解反应的反应剂。

非相干光的普通紫外光源（如高压汞灯或低压汞灯）和紫外激光源可以作为光解过程的光源。

(2) 热解过程

当采用波长为 9～11μm 的连续或脉冲 CO_2 激光束直接照射反应气体或基片表面时，在功率密度不太大的条件下，由于红外光子能量低不足以引起反应气体的分子键断裂，只能激发分子的振动态使其活化，温度升高。受激分子再通过相互碰撞或与被激光加热的基片的相互作用，就可能产生热分解，从而在基片上沉积成薄膜。这种成膜过程称为热解过程。

PHCVD装置如图8-18所示。在光束垂直入射基片装置中，由于光束通道上的气体都可能发生反应，一部分反应生成物可能沉积在器壁等非基体表面上，因此降低沉积速率。但是，在采用聚束良好的激光束时，可有效地提高沉积速率。在光束平行基片入射型装置中，由于光束与基体距离很近（一般为0.3mm），沿光束通道上的大部分反应生成物能够扩散到基体上成膜，因此沉积速率高，适应于大面积基体的成膜。

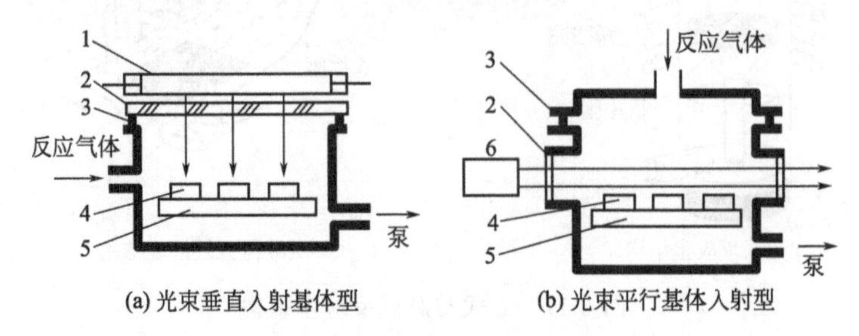

图8-18 PHCVD装置示意图

1—低压汞灯；2—石英窗；3—密封圈；4—基体；5—基体架；6—激光源

目前，因为在激光化学气相沉积中可以利用激光的单色性、可选择性地光化学反应，降低沉积膜的温度，防止或减小基体的变形，以及来自基体的掺杂。所以在PHCVD法中采用激光束源较多。此外，激光束不但聚束性好，能量密度高可达$10^5 W/cm^2$，可实现微区沉积，而且，激光束还具有良好的空间分布率和二维可控性，可对集成电路进行局部的修补或掺杂。如配用计算机控制，可以沉积完整的薄膜图形使直接制作规模集成电路成为可能。激光束CVD的主要缺点是装置过于复杂、价格昂贵，尤其在沉积大面积薄膜时还需要配置光扫描装置。

参 考 文 献

[1] 陈国平主编．薄膜物理与技术．南京：东南大学出版社，1993.
[2] 李学丹．真空沉积技术．杭州：浙江大学出版社，1994.
[3] 唐伟忠著．薄膜材料制备原理、技术及应用．北京：冶金工业出版社，1998.
[4] 王福贞等编著．表面沉积技术．北京：机械工业出版社，1989.
[5] 夏海良等编．半导体器件制造工艺．上海：上海科学技术出版社，1986.
[6] Wong P, et al., Proc. 2nd Int. onCVD p803, 1970.

第 9 章 薄膜的测量与监控

9.1 概述

随着薄膜材料应用范围和多样化需求的不断扩大，不同工业领域对薄膜材料特性要求各有所异。例如：早期发展起来的光学薄膜主要是针对膜层的厚度、膜厚分布的均匀性和它的光学性能等方面提出了严格的要求。但是，近年来由于各种不同科学领域，特别是在电子技术领域中，人们对膜层的结构、成分甚至它的界面性质等方面都提出了相应的要求；而且，在适应这些要求的同时，相继出现了多种表征薄膜结构和成分的手段，从而为深入分析和掌握薄膜材料的特性和进一步扩大其应用领域创造极为有利的条件。可以断言，如果没有这些先进表征薄膜结构和成分的各种手段，各种新型薄膜的制备是难以实现的。

9.2 薄膜厚度的测量

薄膜的厚度是影响膜性能及其用途的关键参数之一。由于薄膜的宏观性能与它的微观结构，除了与薄膜材料本身及厚度有关外，还与膜在制备过程中的工艺参数，例如膜的沉积速率、基片温度、沉积气体的压力和成分以及成膜后的各种条件等参数有关。因此，为了制备出合乎工艺要求特性的薄膜，对膜的厚度和沉积速率进行测量和监控十分必要。

由于薄膜沉积在基片表面上并不是十分理想的平整表面，其平整程度与膜厚的尺寸相比较，薄膜表面上的不同位置会有不同的厚度。因此，在这里所叙述的所谓“膜厚”，它应当是一个统计的概念[1]。而且，由于几乎所有的薄膜性能均与膜厚有关，因此利用这些与膜性能有关的因素，实现对膜厚度的测量是方便的。

由于采用不同的方法对膜厚度测量时所得到的膜厚测量数值均有所不同，因此可根据膜厚度的物理属性将其分为形状膜厚、质量膜厚和物性膜厚三种情况，分别予以讨论。

① 以 t_T 表示的形状膜厚。它是最接近于直观形式的膜厚。它是指测试位置的薄膜截面几何平均厚度。因此 t_T 只与表面形状有关，而与膜的内部状态无关。

② 以 t_m 表示的质量膜厚。它等于薄膜材料处于块状材料密度时的厚度。显然这一定义不能反映出膜层内部的空隙和缺陷。因此，通常质量膜厚小于形状膜厚。

③ 物理膜厚 t_p 则是依据膜厚性质测得的膜厚。因此，决定 t_p 值的只是膜层的特性，而与膜层的内部及表面结构均无直接关系。通常 $t_T>t_m>t_p$。

从上述的讨论中，显然可以得到薄膜厚度在概念上不具有十分的准确性。主要是在实际的应用中，人们通常总是选择那些能够正确反映薄膜使用状态的测试和监控方法。因此，需要通过实验研究不同测试和监控方法对膜厚测量带来的偏差。

此外，在薄膜制备过程中，利用具有可以连续反映出薄膜厚度的测量方法，通过对沉积时间间隔的测量，就可以用来对膜沉积速率进行测量和监控，也是比较方便的一种方法。表9-1给出薄膜厚度的测量及监控的一些方法[2]。

表 9-1 薄膜厚度的测量方法

方法		测量范围及精度		测量原理	实时测量及监控
形状膜厚	触针法	0.5nm～10μm	0.5nm	触针位移	无
	多光束干涉法	10^0～10^2nm	1nm	光束干涉条纹	无
	断面观察法	—	0.1μm	显微镜	无
质量膜厚	称量法	—	<10nm	分析天平	无
	石英晶体振荡法	0.2～0.5nm/s	2%	膜厚仪	可
	电子碰撞发射光谱法	0.1nm/s～1μm/s	12%	—	可
	原子吸收光谱法	0.1～10^5nm	—	ARM仪	可
	背散射法	—	5%	—	无
	电离离子检测法	—	—	电离规	可
物性膜厚	电阻法	0.1～10μm		电桥	可(膜厚)
	电容法	30μm	不高	电容器	—
	涡流法	—	—	—	—
	椭圆偏振法	1nm	—	椭偏仪,计算机	可(膜厚)
	光电极值法	—	5%～10%	—	可
	光吸收法	—	—	—	—

9.2.1 薄膜厚度的光学测量法[3]

由于光学干涉法对透明和不透明的两种薄膜均可进行膜厚测量，它不仅使用方便，而且测量精度较高。因此，它是一种比较常用的膜厚测量方法。

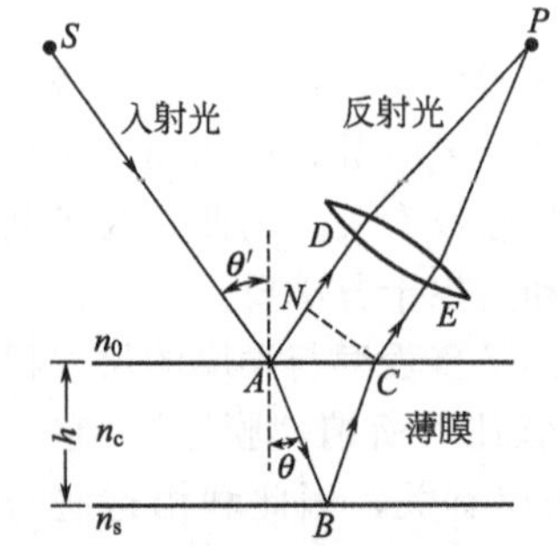

图 9-1 单色光下薄膜的干涉条件

若厚度为 h、折射率为 n_e 的薄膜，在波长为 λ 的单色光照射下形成干涉条件如图 9-1 所示。这时从平行单色光源 S 射到薄膜表面上某一点 A 的光束将有一部分被界面所反射；而另一部在折射后进入膜层中。这时射入到膜层中的光束将在膜与基体界面上的 B 点，再次发生反射和折射。为简单起见，可先假设在第二个界面上全部被反射回来并到达薄膜表面上的 C 点。在该点处光束又会发生反射和折射。显然若想在 P 点观察到光的干涉极大，其条件是直接反射回来的光束与折射后又反射回来的光束之间的过程差为光波的整数倍。经过运算这一条件可用下式表示：

$$n_e(AB+BC)-AN=2n_e h\cos\theta=N\lambda \tag{9-1}$$

式中，N 为任意正整数；AB、BC 和 AN 为光束经过的路径长度，它们乘以相应材料的折射率即为相应的光程；θ 为薄膜内的折射角，它与入射角 θ' 之间满足折射定律：

$$\sin\theta'=n_e\sin\theta \tag{9-2}$$

式中，已设空气的折射率等于 1。与此相应，观察到干涉极小的条件是式(9-1) 所示的光程差等于 $(N+1/2)\lambda$。

但是在实际运用时式(9-1)还要考虑光在不同物质界面上反射时的相位移动。即在正入射（$\theta'=0°$）的情况下，光在反射回光疏物质中时，光的相位移动等于 π，即相当于光程要移动半个波长；光在反射回光密物质中时，其相位不变。而透射光在两种情况下均不发生相位变化。

(1) 不透明薄膜厚度的光干涉法测量

① 等厚干涉（TET）法的薄膜厚度测量

如果在薄膜沉积时或在沉积后利用在待测薄膜上制备出的台阶和反射层，即可通过等厚干涉或等色干涉的方法方便地测量出台阶的高度，从而达到测出薄膜厚度的目的。

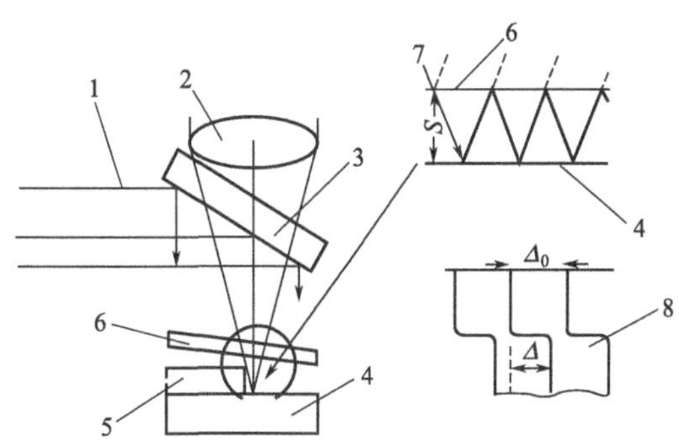

(a) 测量薄膜厚度装置 (b) 光干涉原理及干涉条纹的移动

图 9-2 等厚干涉法测量薄膜厚度的装置和光的干涉原理
1—单色光；2—显微镜物镜；3—分光镜；4—基片；5—被测的薄膜厚度；6—参考玻璃片；7—入射光束；8—干涉条件

等厚干涉法的测量装置如图 9-2 所示。首先，在薄膜的台阶上下均匀地沉积一层高反射率的金属层，例如 Al 或 Ag；然后，在薄膜上覆盖上一块半反射半透射的平板玻璃片。在单色光的照射下，玻璃片和薄膜之间光的反射将导致干涉现象的出现。由式(9-1)可知，出现光的干涉极大的条件为薄膜或基片与玻璃片之间的距离 S 所引起的光程差为光波长 λ 的整数倍，即：

$$2S+\frac{\lambda}{2\pi}\delta=N\lambda \tag{9-3}$$

式中，δ 为光的玻璃片和薄膜表面发生两次反射时造成的相位移动；N 为任意正整数。由于从玻璃片表面的反射和从薄膜表面的反射均为向空气中的反射，因而两次反射造成的相位移动之和等于 2π，即光干涉形成极大的条件为：

$$S=\frac{1}{2}(N-1)\lambda \tag{9-4}$$

由于玻璃与薄膜表面之间一般总不会是完全平行的，因而即使在薄膜表面不存在台阶的情况下，玻璃片与薄膜间光的反射也将导致干涉条纹的出现。由式(9-4)可知，在玻璃片和薄膜的间距 S 增加 $\Delta S=\frac{\lambda}{2}$ 时，将出现一条对应的干涉条纹。设此类干涉条纹的间隔为 Δ_0。则可从图 9-2(b)中看出薄膜上形成的厚度台阶也会引起光程差 S 的改变，因而它会使得显微镜中观察到的光的干涉条纹发生移动。因此，当条纹移动 Δ 距离时，所对应的台阶高度应为：

$$h=\frac{\Delta\lambda}{\Delta_0 2} \tag{9-5}$$

因此，用光学显微镜测量出 Δ_0 和 Δ，就可以计算出台阶的高度，也即测出了薄膜的厚度。

如果在薄膜上沉积金属层可以显著提高薄膜表面对光的反射率，那么将大大提高干涉条纹的敏锐程度和等厚干涉法的测量精度。例如：在使用波长 $\lambda=564$nm 的单色光的情况下，将薄膜表面光的反射率提高到 90%左右时，就可将薄膜厚度的测量精度提高到 1～3nm 的水平。

② 等色干涉（FECO）法的薄膜厚度测量

等色干涉法的实验装置与上述的等厚干涉法基本相同。只是由于等色干涉法是使用非单色光源照射薄膜表面，因而不会观察到等厚干涉条纹的出现。但是，在利用光谱仪的情况下，可以记录到一系列满足干涉极大条件的光波波长 λ。与式(9-3) 时的情况相同，由光谱仪检测到相邻两次干涉极大的条件为：

$$2S=N\lambda_1=(N+1)\lambda_2 \tag{9-6}$$

式中，S 仍为玻璃片与薄膜间距；λ_1、λ_2是非单色光中引起干涉极大的光波波长；N 是相应干涉的级数。与此同时，在薄膜台阶上下，形成 N 级干涉条纹的波长也不相同，其波长差 $\Delta\lambda$ 满足：

$$2h=2(S+h)-2S=N\Delta\lambda \tag{9-7}$$

这样，若由测量得出的 $\Delta\lambda$ 和 N，即可求出台阶高度 h。将式(9-6)、式(9-7) 两式相结合得到：

$$h=\frac{\Delta\lambda}{\lambda_1-\lambda_2}\frac{\lambda_2}{2} \tag{9-8}$$

可见式(9-8) 与式(9-5) 具有相似的形式。只不过这里采用了光源谱测量，而不是用电子显微镜观察玻璃片。薄膜间距 S 引起的相邻两个干涉在极大条件下的光波 λ_1、λ_2 以及台阶 h 引起的波长差 $\Delta\lambda$，并以此来推算出薄膜台阶的高度。因此，这种方法所测得的薄膜厚度，其分辨率高于等厚干涉法的分辨率，甚至可以达到小于 1nm 的水平。

(2) 透明薄膜厚度的光干涉法测量

透明薄膜的厚度采用上述的等厚干涉法进行测量，需要在薄膜表面制备一个台阶，并沉积上一层金属反射膜。但是由于透明薄膜的上下表面本身就可以引起光的干涉，因而可以直接用于薄膜的厚度测量而不必预先制备台阶。应当注意的是透明薄膜的上下界面属于不同材料之间的界面，为此在光程差计算中需要分别考虑不同界面造成的相位移动。

若薄膜与基片均是透明的，它们的折射率分别为 n_1 和 n_2 时的情况下，这时由于薄膜对垂直入射的单色光的反射率，随着薄膜的光学厚度 n_1h 的变化而发生振荡。如图 9-3 中针对 n_1 不同，而 $n_2=1.5$（相当于玻璃）时的情况所画出的曲线那样。对于 $n_1>n_2$ 情况，反射极大的位置出现在：

$$h=\frac{(2m+1)\lambda}{4n_1} \tag{9-9}$$

式中，λ 为单色光的波长；m 为任意非负的整数。在两个干涉极之间是相应的干涉极小。对于 $n_1<n_2$ 情况，反射极大的条件变为：

$$h=\frac{(m+1)\lambda}{2n_1} \tag{9-10}$$

利用上述原理实现对于薄膜厚度的测量，可通过对光强振荡关系的具体测量方法进行设计来实现。其方法可利用单光入射和利用非单色光入射进行。

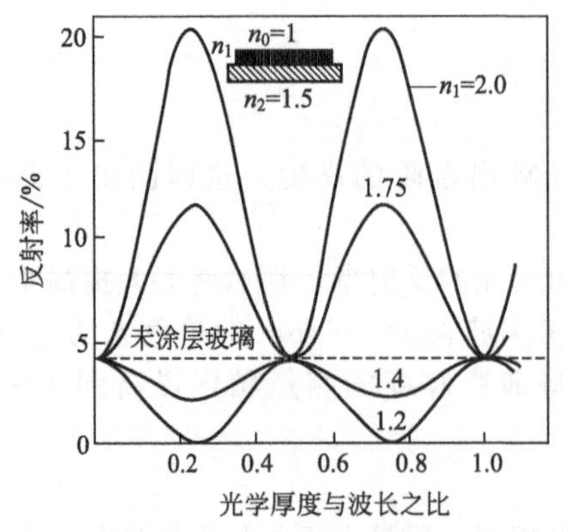

图 9-3 透明膜对垂直入射的单色光的反射率随着薄膜的光学厚度 n_1h 的变化曲线（设 $n_2=1.5$）

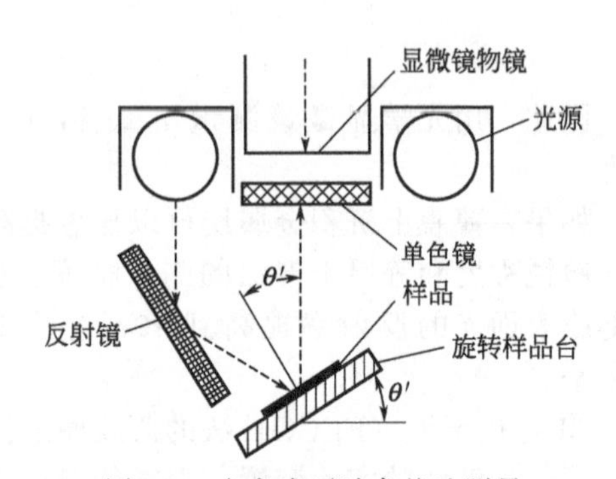

图 9-4 变角度干涉条纹法测量透明薄膜厚度的装置

① 利用单光入射通过改变入射及反射角度的办法来满足干涉条件的方法，这种方法称为变角度干涉（VAMT）法，其装置如图 9-4 所示。在蒸镀基片连续变化的过程中，在光学显微镜下可以观察到干涉极大和极小的交替出现。例如，依据式(9-1) 可以得出当基片不透明，又具有一定的反射率时，光的干涉条件为：

$$h=\frac{N\lambda}{2n_1\cos\theta} \tag{9-11}$$

式中，θ 仍为薄膜内的折射角，它与光的入射角 θ' 之间满足式(9-2)；N 为干涉的级数。干涉极大的条件相应于 $N=1$，2，3 等，而干涉极小则相应于 $N=1/2$，3/2，5/2 等。这样，由干涉极值出现的角度 θ' 和已知的 n_1，可以拟合求出 N 和薄膜厚度 h。

该法的缺点是预先要知道波长 λ 时薄膜的折射率 n_1。否则，就需要先由一个假设的折射率出发，并由测量得到的一系列干涉极值时的入射角 $\theta'(\theta)$ 去拟合它。

② 利用非单色入射。当利用非单色光入射薄膜表面时，在固定光的入射角度的情况下，用光谱仪分析光的干涉波长 λ。这种方法称为等角度反射干涉（CARIS）法。在这一方法中，干涉极大或极小的出现的条件仍然为式(9-2)，不过这时除 θ 不变外 N 与 λ 均在变化。其表达式为：

$$h=\frac{N_1\lambda_1}{2n_1\cos\theta}=\frac{N_2\lambda_2}{2n_1\cos\theta} \tag{9-12}$$

式中，N_1 和 N_2 为两个极值的条纹级数；λ_1 和 λ_2 是相应的波长。

由此式中消去 N_1、N_2 之后得到：

$$h=-\frac{\Delta N\lambda_1\lambda_2}{2n_1(\lambda_1-\lambda_2)\cos\theta} \tag{9-13}$$

式中，ΔN 为两个干涉极值的级数差；θ 为薄膜内的折射率。利用该种方法的前提条件也是薄膜的折射率 n_1 为已知，而且应不随波长 λ 变化。

应用类似于图 9-4 的装置，可以实现透明薄膜厚度的动态监测。这时，利用波长 λ 已知的单色光入射的薄膜表面，并由光接收器测量反射回来的干涉光强度。由于在薄膜沉积的过程中，薄膜的厚度在连续不断地变化，因而在其他条件都固定不变的条件下，将可以观测到反射光强度出现周期性的变化。由式(9-13) 知，每一次光强的变化对应于薄膜厚度的变化为：

$$\Delta h=\frac{\lambda}{2n_1\cos\theta} \tag{9-14}$$

由此即可进一步推算薄膜的生长速度和薄膜的厚度。

(3) 薄膜厚度的椭圆偏振测量法[2]

膜厚的椭圆偏振测量法是依据椭圆偏振光在薄膜表面反射时会改变偏振状态的现象，来确定薄膜光学常数及厚度的一种光学测试方法。

从图 9-5 可知，若一束平行光以 φ_0 角度入射到膜层上，设空气-薄膜界面处反射系数为 r_{1p}、r_{1s}，薄膜-基片界面处反射系数为 r_{1p}、r_{2s}，则可分别表示为：

$$r_{1p}=\frac{n_1\cos\varphi_0-n_0\cos\varphi_1}{n_1\cos\varphi_0+n_0\cos\varphi_1}$$

$$r_{1s}=\frac{n_0\cos\varphi_0-n_1\cos\varphi_1}{n_0\cos\varphi_0+n_1\cos\varphi_1}$$

$$r_{2p}=\frac{n_2\cos\varphi_1-n_1\cos\varphi_2}{n_2\cos\varphi_1+n_1\cos\varphi_2}$$

$$r_{2s}=\frac{n_1\cos\varphi_1-n_2\cos\varphi_2}{n_1\cos\varphi_1+n_2\cos\varphi_2}$$

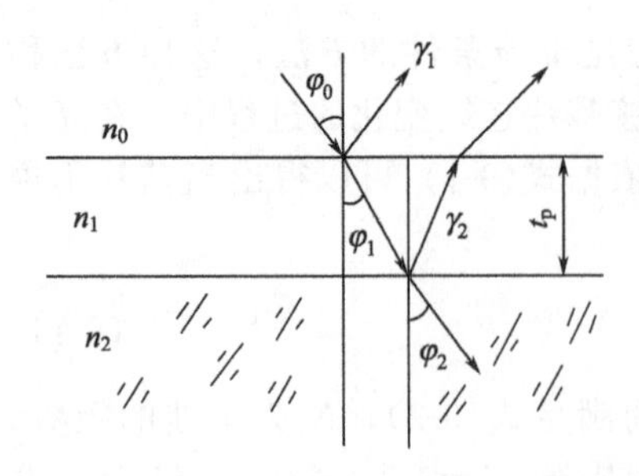

图 9-5 薄膜的干涉效应

式中，n_0、n_1 和 n_2 分别为空气、薄膜和基片的折射率；φ_0 为入射角；φ_1 和 φ_2 分别为薄膜和基片中的折射角；脚码 p 和 s 分别表示平行和垂直入射的分量（即光波分量，简称 p 波和 s 波）。

由折射定律可知：

$$n_0\sin\varphi_0=n_1\sin\varphi_1=n_2\sin\varphi_2$$

任意两相邻反射光的相位差 δ 为：

$$\delta=\frac{2\pi n_1 t_p\cos\varphi_1}{\lambda} \tag{9-15}$$

式中，t_p 为膜厚；λ 为入射光波长；n_1 为薄膜折射率；φ_1 为空气-薄膜界面处折射角。

由多光束干涉原理，可证明该系统的总反射率应为：

$$\begin{cases}R_p\exp(i\Delta_p)=\dfrac{r_{1p}+r_{2p}\exp(-2\delta_i)}{1+r_{1p}r_{2p}\exp(-2\delta_i)}\\ R_s\exp(i\Delta_s)=\dfrac{r_{1s}+r_{2s}\exp(-2\delta_i)}{1+r_{1s}r_{2s}\exp(-2\delta_i)}\end{cases} \tag{9-16}$$

式中 Δ_p 和 Δ_s 分别为平行和垂直入射面光波分量的反射波与入射波的相位差，即 $\Delta_p=(\theta_p)_{反}-(\theta_p)_{入}$，$\Delta_s=(\theta_s)_{反}-(\theta_s)_{入}$，$R_p=(A_p)_{反}/(A_p)_{入}$，$R_s=(A_s)_{反}/(A_s)_{入}$，其中 $(A_p)_{反}$、$(A_s)_{反}$ 分别为反射光 p 波和 s 波的振幅；$(A_p)_{入}$、$(A_s)_{入}$ 分别为入射光 p 波和 s 波的振幅。

一般来讲，R_p 和 R_s 为复数，故有：

$$\frac{R_p}{R_s}=\frac{|R_p|e^{i\Delta_p}}{|R_s|e^{i\Delta_s}}=\left|\frac{(A_p)_{反}/(A_p)_{入}}{(A_s)_{反}/(A_s)_{入}}\right|\cdot\exp\{i[(\theta_p)_{反}-(\theta_p)_{入}-(\theta_s)_{反}+(\theta_s)_{入}]\} \tag{9-17}$$

若定义：

$$\tan\psi=\frac{\left|\dfrac{A_p}{A_s}\right|_{反}}{\left|\dfrac{A_p}{A_s}\right|_{入}} \tag{9-18}$$

$$\Delta=\Delta_p-\Delta_s=(\theta_p-\theta_s)_{反}-(\theta_p-\theta_s)_{入} \tag{9-19}$$

则由式(9-16)～式(9-19)，可得：

$$\frac{R_p}{R_s}=\tan\psi\cdot e^{i\Delta}=\frac{r_{1p}+r_{2p}\exp(-2\delta_i)}{1-r_{1p}r_{2p}\exp(-2\delta_i)}\cdot\frac{1+r_{1s}r_{2s}\exp(-2\delta_i)}{r_{1s}+r_{2s}\exp(-2\delta_i)} \tag{9-20}$$

此式即称为椭圆偏振方程，它所描述函数式为：

$$R_p/R_s=f(n_0,n_1,n_2,\varphi_0,\lambda,t_p)$$

表示了薄膜物性膜厚 t_p，折射率 n 及光偏振状态变化（即 ψ、Δ）之间的关系。利用电子计算机完成运算。一般预先设定 n_0、n_2、φ_0 和 λ 值，再用计算机编制各种（n_1，δ）或（n_1，t_p）和（ψ，Δ）的数据表，通过薄膜样品的（ψ，Δ）值的测量，即可以从数据表中查出对应的 n_1、δ 和 t_p 值。

椭圆偏振法可用于测量透明、半透明薄膜和金属膜的膜厚及光学常数，检验膜层的均匀性，鉴别膜层组分。它是一种精度较高的测试方法，常用测厚范围为 1～300nm，最小可测膜厚为 1nm。该方法属于非破坏性测量，可以在沉积过程中进行实时自动控制和监测。

（4）薄膜厚度的振动狭缝测量法

薄膜厚度的振动狭缝测量法又称为波长调制法，其原理如图 9-6 所示。由于这种装置在单色仪出口处设置了一个由音频信号发生器拖动的振动狭缝，其振动频率可根据具体情况选定。这样进入光电倍增管的光信号是反射率或透射率对波长的导数，提高了膜厚控制精度。为了提高测试装置的可靠性，可用直流放大器和选频放大器，同时放大光电倍增管输出的直流信号和基频信号。当沉积薄膜光学膜厚达到 1/4 波长时，直流信号出现极值，基频信号为零，二者配合，便可得到精确的读数。振动狭缝法的控制精度较高，可达 0.5%。

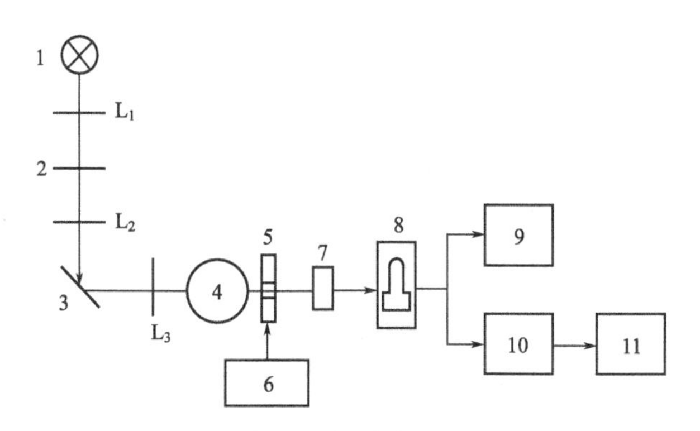

图 9-6 振动狭缝法

1—光源；2—试样；3—反射镜；4—单色仪；5—振动狭缝；6—音频发生器；7—补偿器；8—光电倍增管；9—直流放大器；10—选频放大器；11—慢扫描示波器；L_1～L_3 聚焦透镜

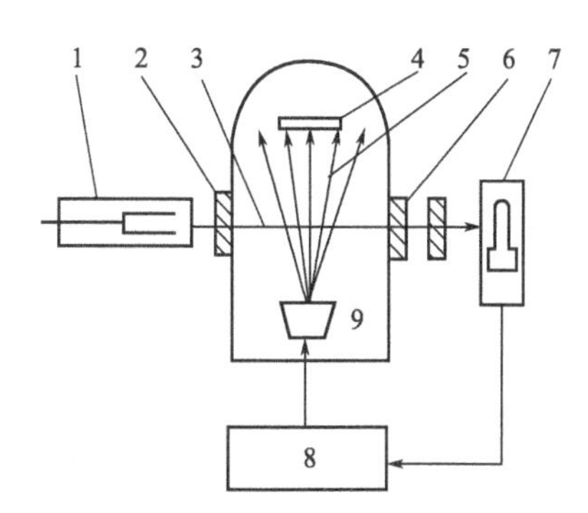

图 9-7 原子吸收光谱法原理图

1—空心阴极灯；2、6—窗口；3—光束；4—基片；5—膜材粒子流；7—光电倍增管；8—控制器；9—蒸发源

(5) 薄膜厚度的原子吸收光谱测量法

利用元素的气态自由原子具有吸收同种原子所发射的光谱的特性，来测量薄膜沉积速率的方法称为原子吸收光谱法。图 9-7 给了原子吸收光谱法的测量原理。空心阴极灯光源发射的光束在穿越气态原子空间时被吸收一部分，未被吸收的光束最后照射在光电倍增管上并转变为电信号输出。在光源光强一定的条件下，光电倍增管的输出信号与气态原子空间的原子密度成反比。因此，其输出信号可以表征沉积速率。如果加上时间参量，即可表征薄膜厚度。

原子吸收光谱法不仅可以实时测量薄膜的厚度和沉积速率，而且还可以利用其输出信号反馈控制蒸发源的工作参数；还可以对膜厚和沉积速率进行实时自动控制。

9.2.2 薄膜厚度的电学测量法

(1) 薄膜厚度的电阻法测量[4]

电阻法测量膜厚适用于金属导电膜。金属导电膜的阻值与薄膜厚度有关。当绝缘的基片（如玻璃）上尚未镀膜时，基电阻很大。当开始镀上膜层时，电阻值将随着膜层厚度的增大而减小。因此，只要在沉积过程中测量膜层的电阻值，并用以控制镀膜的生产工序，就可以制备出所需厚度的薄膜。

这种方法的结构，是将薄膜构成惠斯顿电桥的一个桥臂，其对边桥臂是一可调电阻，其他两桥臂是已知阻值的固定电阻，如图 9-8 所示。惠斯顿电桥平衡的条件是相对边桥臂电阻值的乘积相等。所以，当固定电阻一定后，电桥的平衡就取决于可调电阻和薄膜的阻值。利用高增益的晶体管直流放大器（常温时补偿）对电桥的不平衡指出读数。当电桥经过平衡点时，放大器的输出便控制电磁继电器，电磁继电器控制挡板驱动机构，从而实现了对挡板的控制。因此，改变可调电阻值即可改变制备薄膜的厚度。

监控控制器电阻膜的电负载应尽可能小，以便防止影响薄膜晶体生长和在膜生长过程中

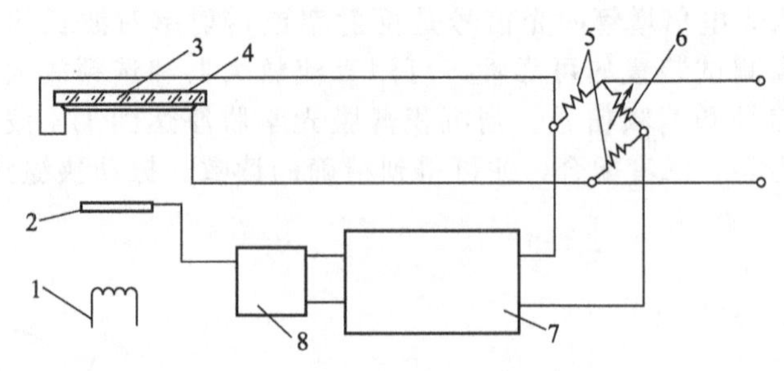

图 9-8 电阻监控制器的原理

1—蒸发源；2—挡板；3—基片；4—膜电阻；5—固定电阻；6—可调电阻；7—直流放大器；8—挡板驱动

产生失控退火效应。所以，施加在薄膜电阻上的电压应较低，并用灵敏度高的指示器检查电阻值的变化。

电阻温度系统（尤其是纯电阻）对该法的影响很大，所以最好将监控器的桥臂电阻放在恒温器中，以便获得重复性较好的表征薄膜厚度的电阻值。

（2）薄膜厚度的石英晶体监控与测量

用测量带有质量负载的石英晶体振荡的谐振频率的改变，来确定沉积薄膜质量的方法称为石英晶体监控法。

作为石英晶体监控与测量装置中的测量元件石英晶体振荡片是通过切割而制成的，图 9-9 给出了石英晶体的理想自然面及其三个晶体轴和一些特殊切割的示意，其中与薄膜监控有关的主要因素是切割角度大小的选择。

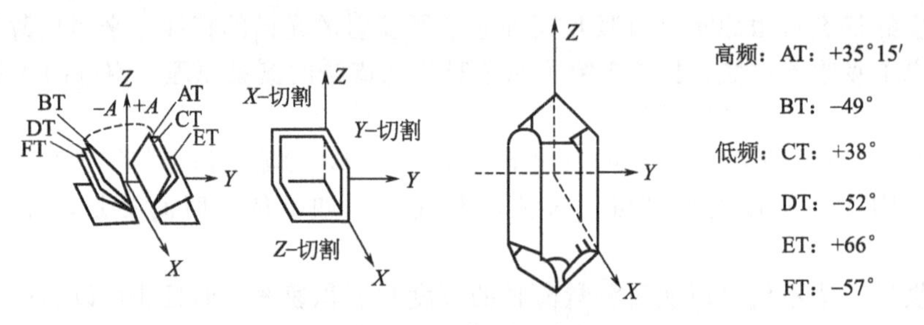

图 9-9 一般晶体切割的方向性

频率温度系数与切割角度的关系如图 9-10 所示。由图可见，AT 切割的晶体在较宽的温度范围内，频率温度系数较小，性能较稳定，因此，多采用 AT 切割的晶体。

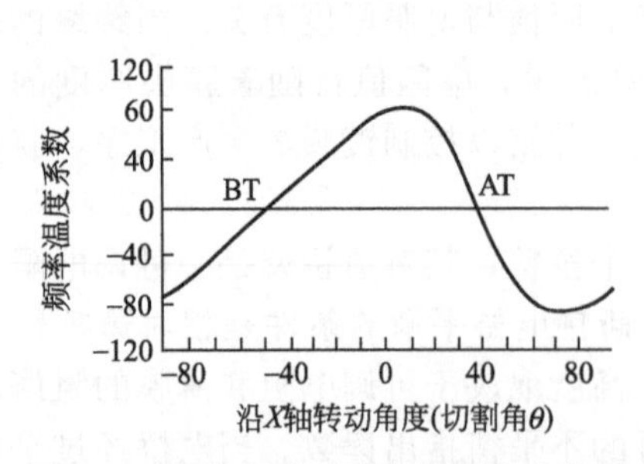

图 9-10 频率温度系数与切割角的关系

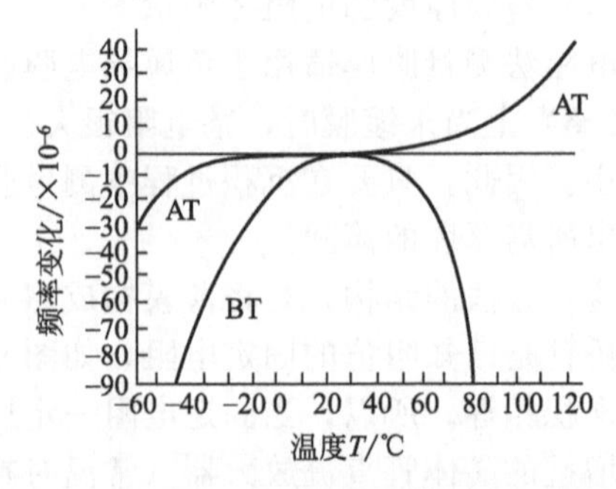

图 9-11 AT 和 BT 切割的晶体频率温度效应

AT 及 BT 切割的晶体频率温度效应，如图 9-11 所示。可见，在一定的温度范围内，AT 切割晶体较 BT 切割晶体频率变化较小。这也是采用 AT 切割的原因。

选用切割角为 35°10′的 AT 型晶体，其谐振频率 f 可表示为：

$$f=\frac{n}{2t}\left(\frac{C}{\rho}\right)^{\frac{1}{2}} \tag{9-21}$$

式中，n 为谐波数（$n=1$，3，5，…）；t 为晶体厚度；C 为切变弹性系数；ρ 为晶体密度。

可见，晶体的谐振频率 f 与 t、C、ρ 有关。此外，晶体温度、温度梯度、激发电场和静电压等外界因素也会影响谐振频率 f 的变化。

对于基波而言，式(9-21) 可简化为：

$$f=\frac{N}{t} \tag{9-22}$$

式中，N 为常数，其值 $N=(C/\rho)^{\frac{1}{2}}/2$；$t$ 为晶体的厚度。

对于 AT 切割，$N=1670\mathrm{kHz}\cdot\mathrm{mm}$。

由于石英晶体固有的频率取决于石英片的切割类型、几何尺寸和质量，而且，当沉积在石英片上的物质密度及沉积面积不变时，石英晶体的质量与沉积物质的厚度呈线性关系。因此，可以通过改变沉积薄膜的厚度来改变石英晶体固有的振荡频率。此方法将石英晶体片作为传感元件对薄膜的厚度进行测量和监控，就是这种方法的基本原理。

在一定条件下，由于膜厚的变化量与固有频率的变化量，也近似地呈线性关系，因此利用这一特性可以方便进行蒸镀薄膜膜厚的测量与监控。

对式(9-22) 求导，则得：

$$\mathrm{d}f=\frac{N}{t_2}\mathrm{d}t \tag{9-23}$$

若在蒸镀时晶体上接收到沉积物质的厚度为 Δd，并将其转变为成相应的晶体厚度的增量 Δt，则有：

$$\Delta t=\frac{\rho_{\mathrm{m}}}{\rho}\Delta d \tag{9-24}$$

式中，ρ_{m} 为沉积物质的密度；ρ 为石英晶体的密度，$\rho=2.65\mathrm{g/cm^3}$。

将式(9-24) 代入式(9-23)，得：

$$\Delta f=-\frac{N\rho_{\mathrm{m}}}{\rho}\Delta d \tag{9-25}$$

将式(9-22) 代入，则得：

$$\Delta f=-\frac{\rho_{\mathrm{m}}f^2}{\rho N}\Delta d \tag{9-26}$$

令 $S_{\mathrm{m}}=-\frac{\rho_{\mathrm{m}}f^2}{\rho N}$ 则有 (9-27)

$$\Delta f=S_{\mathrm{m}}\Delta d \tag{9-28}$$

式中，S_{m} 为变换灵敏度。

ρ 与 N 均为常数，这里 $\Delta f \ll f$，故 f 亦可近似看成常数，所以只要知道沉积物质的密度 ρ_{m}，就可以求出变换灵敏度 S_{m}。

例如：7MHz 的 AT 切割的石英晶体上蒸镀铝膜时，$\rho_{\mathrm{m}}=2.7\mathrm{g/cm^3}$，由式(9-27) 得 $S_{\mathrm{m}}\approx 30\mathrm{Hz/nm}$。

从式(9-28) 中不难看出，只要传感元件的石英晶体上沉积厚度为 Δd 的沉积物时，晶体的频率就有 Δf 的变化量。

由于传感元件和被镀工件的位置并不相同，因此应用下式修正晶体上的薄膜厚度：

$$\Delta d=K\Delta d' \tag{9-29}$$

式中，Δd 为被镀工件上的膜厚；K 为修正系数。

当工件与传感元件位置相同时 $K=1$，即工件与传感元件晶体上的膜厚相等；当工件比传感元件距离蒸发源较远时，$K>1$，即晶体上膜厚比工件上的膜厚大，反之，$K<1$。

为了增加晶体片的使用次数以减少去除晶体片上沉积物的麻烦，可在传感元件前放置一个开有扇形孔的转动挡板，这时也会影响修正系数 K 值。对于一台具体的镀膜设备而言，传感元件与工件的位置固定后，即可通过实验找出 K 的近似值，其精度取决于实验次数和测试仪表。

该式表示晶体频率与工件上膜厚的变化关系，也就是石英晶体膜厚监控仪的原理表达式。

此外，K 值除了主要取决于工件与传感元件的位置和转动挡板结构外，还与蒸发条件（蒸发源面积）有关。若蒸发条件改变了，其修正系数 K 值需要重新测定。

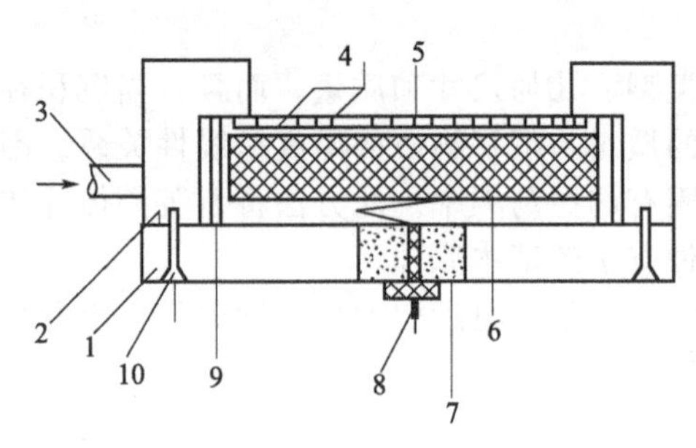

图 9-12 石英晶体监控装置中的探头结构[5]

1—支座；2—探头体；3—冷却水；4—金膜引出电极；5—石英晶体振荡片；6—晶体片压板；7—绝缘环；8—电极接线柱；9—绝缘环；10—螺钉

作为石英晶体膜厚监控装置中测量与监控的传感元件，其结构如图 9-12 所示[5]。安装在探头中的石英晶体振荡片，通常在它的两个表面上镀以金膜作为引出电极。并且在探头中应通入冷却水，借以消除蒸镀薄膜时，因蒸发源的辐射热使晶体片温度上升和蒸气流在晶体片上凝结成膜时所释放出来的热量对测量所造成的影响。这两种因素从原则上来说是无法消除的，因此只能用冷却的办法来减少晶体的温升。

如果利用石英晶体片对溅射膜层进行测量与监控时，为了消除易于产生的电噪声，并且由于带电粒子轰击等原因，也会使温度上升。因此，把探头放在放电空间以外，且应对探头和引线作良好的电屏蔽是十分重要的。

此外，还可以采用如图 9-13 所示的在探头前设置永久磁场，使其产生高达 10^3Gs 以上的平行于晶体表面的磁场，以便使带电粒子在到达晶体表面之前，就进行方向偏转，借以消除这种带电的粒子对测量的影响。

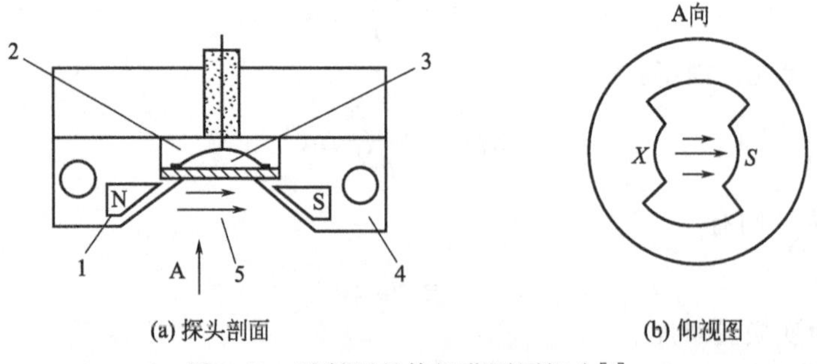

(a) 探头剖面　　(b) 仰视图

图 9-13 溅射用晶体振荡测厚探头[6]

1—永磁体；2—弹簧；3—晶体片；4—水冷套；5—磁力线方向

石英晶体监控与测量法是目前应用最广泛的薄膜厚度监测方法之一。在大多数的情况下，这种方法主要是被用来测量沉积速度。将其与电子技术相结合，不仅可以实现沉积速度、厚度的监测，还可以反过来控制物质蒸发或溅射的速率，从而实现对于薄膜沉积过程的自动控制。

(3) 薄膜厚度的电离离子检测法[5]

电离离子检测法是将蒸镀材料蒸气电离，通过测量离子流大小来测薄膜沉积速率的一种方法。由于该离子流与蒸气粒子的密度成正比，再假设撞击基板上的所有的或占一定比例的蒸气粒子在其表面上凝聚，于是就可根据离子流的大小计算出或与其他方法进行比较后，即可得出沉积速率值。根据时间的测量，还可以换算出某一时刻的厚度值。这种方法适用于真空蒸发镀膜的实时监控。

最为简单的方式是将一个热阴极电离真空计置于蒸镀材料的蒸气流中，这时从热阴极发射出来的电子被电位相对于阴极为正的栅极加速，在飞行过程中与蒸气流分子发生碰撞并使电离。而离子则由一个相对于阴极为负电位的收集极所收集，再将收集离子电流转换成沉积速率。所以这种方法也称为“电离真空规法”。应当指出：测量一定要在残余气体分子密度远小于蒸气分子密度下进行。否则，气体分子也将被电离并由收集极收集其离子。于是离子流将不仅是由蒸气分子离子流组成，而且还包括与沉积速率无关的残余气体分子的离子流。从而造成测量的误差。

如果残余气体分子密度不远小于蒸气分子密度，则必须设法使两类离子流区分开来。目前常采用以下三种方法。①使用一只同样结构的电离真空规，将它放置在镀膜室中蒸气流不通过的位置上。因此，该电离规测量的仅仅是残余气体分子产生的离子流。于是，两个电离规的读数之差，便可给出了蒸发粒子数目的量值。②使用一振动挡板或旋转挡板来调制蒸气流，使离子电流具有两个分量：一个是残余气体粒子数目的量值；另一个是由待测蒸气流产生的调制分量。后者经选频放大后可作为沉积速率的度量。③采用适当的电磁场，将离子按质荷比（m/e）分开，分别测量蒸气和气体产生的离子流。这实质上就是真空质谱计的结构[7]。

制作这种真空规时，必须考虑能将电极加热，以防被测材料凝聚在其上，这对具有电绝缘性的介质膜的蒸镀尤为重要。否则，至少要允许规管能进行定期清洗。

电离离子检测法所用仪器可直接利用电离真空计，因而十分简便；它还特别适用于蒸发式超高真空镀膜系统，配以适当的反馈电路通过调节蒸发源的加热功率还可维持恒定的沉积速率[12]。但这种方法测量到的数值一般是相对数据，且随蒸发材料、电极电位等不同而有所差异，因而必须与其他测厚法进行对比，校准后才能得到读数。

（4）薄膜厚度的触针法测量

镶有金刚石或宝石的触针利用一枚（曲率半径约为 0.1～10μm，质量约 1～30mg），并在样品表面上移动，则由于样品表面高低不平，触针将作垂直于表面的上下跳跃运动，利用电学中的差动变压器、阻抗、压电元件等方法将该触针的位移转变为电信号，并经放大增幅后，即可直接进行读数或由记录仪画出薄膜表面轮廓曲线。该读数或曲线台阶表征的位移即为样品薄膜的形状膜厚。这种测量膜厚的方法称为触针法。

差动变压器式触针法测量膜厚的工作原理如图 9-14 所示。W_1 和 W_2 是两只电磁性能完全相同的线圈，对称的放置在激磁线圈 W_a 的两侧。当与触针连接在一起的铁芯处于中心位置时，因线圈 W_1 和 W_2 中感应出同相位且同幅值的电压，所以输出电压为零。当铁芯偏出中心位置时，则将有输出电压，其大小与触针位移成正比。

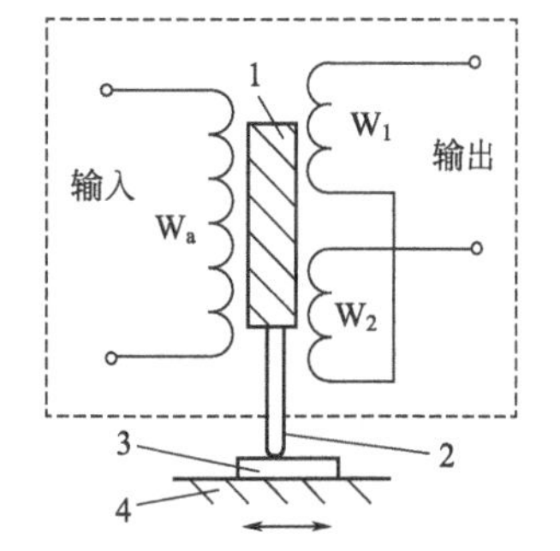

图 9-14 触针法测膜厚的原理
1—铁芯；2—触针；3—薄膜；4—基片

触针法不但具有可以直接显示薄膜几何厚度及其表面的不平度的特点，而且测量精度高，在精确测量时精度可达到 0.5nm，通常也能达到 2nm。因此，常用触针法校验其他膜厚测量法的测量结果。

触针法的主要缺点是不适用于软性薄膜的测量。因为测量时触针上要加一定的负载，所以容易损伤薄膜表面，而且测量误差较大。

此外，这种方法既要求基片或样品台平整，否则其表面起伏造成的“噪声”会引入较大的测量误差，又要求事先制备好带有台阶的薄膜样品，以便测量时选择基片作为参考的基准平面。而且它只能测量制备好的薄膜的厚度，不能用于制备过程中膜厚的实时监控和沉积速率的测量。

9.2.3 薄膜厚度的机械测量法

(1) 薄膜断面观察法

薄膜断面观察法是将薄膜和基片切断或以一定方式进行研磨，使其露出断面，再用显微镜放大观察测量，从而求得膜厚值，即形状膜厚 t_T。

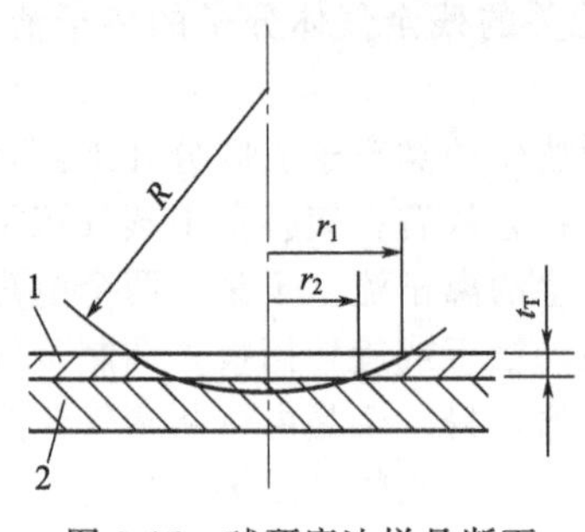

图 9-15 球研磨法样品断面
1—薄膜；2—基片

为了露出薄膜断面，可以采用垂直劈开膜面法、角度研磨法、圆柱体研磨法和球面研磨法等。图 9-15 示出了球面研磨法样品的断面图。将样品牢固地固定在载物台上，用坚硬的球轴承（其半径约为 5～10mm）在样品上高速旋转；同时采用氧化铝或金刚石微粉的悬浊液研磨样品。从正上方观察研磨部位，可以看到膜的上缘和薄膜与基片的界面部位形成两个同心圆。设外圆、内圆及球轴承的半径分别为 r_1、r_2 和 R，则薄膜的形状膜厚 t_T 为：

$$t_T=\sqrt{R^2-r_1^2}-\sqrt{R^2-r_2^2} \tag{9-30}$$

球面研磨法简单易行，测定结果可靠，其测量精度可达 0.1μm。但是，对于软性和熔点较低的薄膜，由于在研磨时可能烧灼研磨面及与基片连接的界面，故精度下降。

(2) 称量法

根据测得的薄膜质量 m、面积 A 及膜材块材密度 ρ，可由下式计算被测薄膜的质量膜厚 t_m，这就是测量膜厚的称量法。

$$t_m=\frac{m}{A\rho} \tag{9-31}$$

由于薄膜质量较轻，需用高灵敏度的分析天平或真空天平称量。分析天平用于已制备好的薄膜质量称量，其感量可达 10^{-5}g。真空天平可用于制备过程中薄膜质量的称量。其感量一般不低于 10^{-7}～10^{-8}g，并且可以实现膜厚和沉积速率的实时测量和监控。

图 9-16 示出了扭力真空天平的工作原理。由直径约为 40μm 的石英丝作为扭转丝，它在水平方向上与石英质的细横梁焊接在一起，横梁一端装有永久磁铁、其上方设置一圆筒型线圈；在横梁的另一端用石英丝挂着一块测量膜厚的监控基片，成膜的膜材粒子垂直地沉积于基片上。首先，调节线圈电流使扭转丝的扭转为零；然后，当有膜材粒子沉积于基片时，可利用固定的扭转线上的镜子将扭转丝的扭转信号放大读取数据。真空天平测厚法，在测量时要严格防振，且应注意监控基片与实际基片的材料，温度参数的差异对膜厚值的影响。

(3) 薄膜厚度的空气测微仪测量

空气测微仪是高精度的微型流量计，其结构如图 9-17 所示。各构件的功能是：调节调整器 6 可以向空气测微仪输入恒定流量的空气；调节倍率调整 4 即调节空气的分流比，以便适应流量计 5 的测量范围。浮子流量计 5 可指示出流经其中的微量空气流的量值。该量值与流经喷嘴 1 的气流量有关，喷嘴 1 的直径约为 1～2mm，与试件 2 之间的间隙为 δ，由于 δ 的大小影响由喷嘴 1 流出的气流量，因此，该空气测微仪流量计所指的气流量表征间隙值，就是薄膜的厚度。

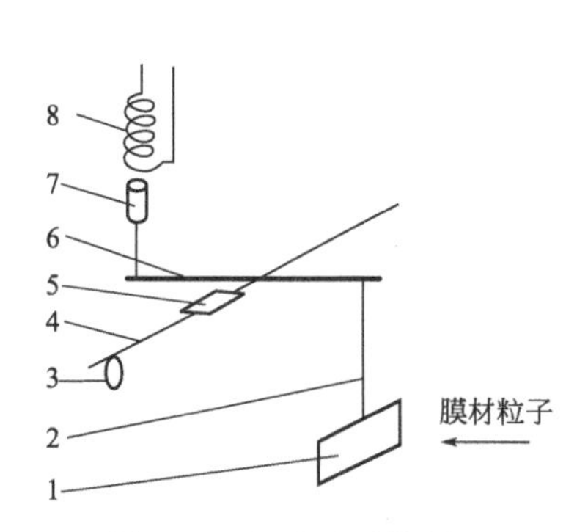

图 9-16 扭力天平的原理

1—基片；2—悬挂丝；3—弹簧；4—扭转丝；5—镜子；6—横梁；7—磁铁；8—线圈

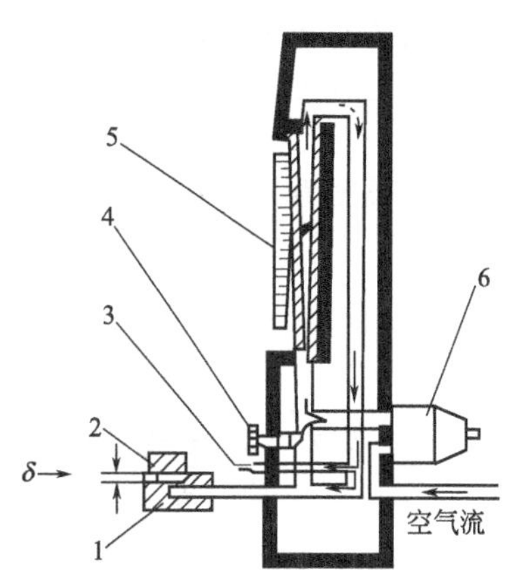

图 9-17 空气测微仪

1—喷嘴；2—试件；3—零位调整；4—倍率调整；5—流量计；6—调整器

9.3 薄膜应力的测量

薄膜的应力测量通常是通过应力作用使薄膜产生应变，借助对薄膜应变测量的方法，计算出薄膜的应力。目前常采用的方法是基片变形法与衍射法。

9.3.1 基片变形法

(1) 基片变形法中的应力计算

薄膜应力的理论计算可以通过弹性力学理论的计算方法求出应力的数值来求得。理论推导表明：在薄膜与基片结合后的复合体中，因应力存在产生一定程度的弯曲变形，其弯曲变形的曲率半径与应力值 σ 存在如下关系式：

$$\sigma=\frac{E_s t_s^2}{6(1-v_s)t_f}\left(1+\frac{3E_f}{E_s}\cdot\frac{t_f}{t_s}\right)\left(\frac{1}{r}-\frac{1}{r_0}\right) \tag{9-32}$$

式中，E_s、E_f 为基片与薄膜的杨式弹性模量；v_s 为基片的泊松比；t_s、t_f 为基片与薄膜的厚度；r_0、r 为基片在镀膜前与镀膜变形后的曲率半径。

在通常情况下由于薄膜厚度 t_f 远远小于基片厚度，因此 σ 可近似表示为：

$$\sigma\approx\frac{E_s t_s^2}{6(1-v_s)}\left(\frac{1}{r}-\frac{1}{r_0}\right) \tag{9-33}$$

可见，只要求得基片曲率半径的值，即可求得 σ。

(2) 测量基片变形的几种方法

① 圆片法

这种方法是采用在镀膜前具有十分平整（即 $r_0\rightarrow\infty$）的圆形基片，当它沉积薄膜之后由于薄膜应力的作用，使圆片变形成碗状，如果把这种碗形看成是球体的一部分，若球体半径为 r，则依式(9-33) 可知：

$$\sigma\approx\frac{E_s t_s^2}{6(1-v_s)t_f}\cdot\frac{1}{r} \tag{9-34}$$

这时可采用光干涉法，测出 r 值后即可求出 σ 值。这种方法虽然比较简单，但是测试的精度较低。

② 悬臂梁法

采用一长条形薄基片，使其一端固定，然后在其上面沉积薄膜。当基片由于受到薄膜应力σ作用而发生如图9-18所示的弯曲时，就可以根据所测得的基片自由端的位移量δ来求出σ的值。

假设基片长度为L，由此可得：

$$r=\frac{L^2}{2\delta} \tag{9-35}$$

$$\sigma=\frac{E_s t_s^2}{3(1-v_s)L^2 t_f}\cdot\delta \tag{9-36}$$

薄膜应力一般在10^8Pa数量级。若$E_s=10^{11}$Pa，$v_s=0.5$，$L=1$cm，$t=100$nm，则由式(9-33)可见，在基片厚度$d=0.1$mm的情况下，δ仅为10^{-3}mm。测量这么小的位移量，有一定难度。采用显微镜直接观测基片自由端的位移δ，虽然方法简便，但精度不高。

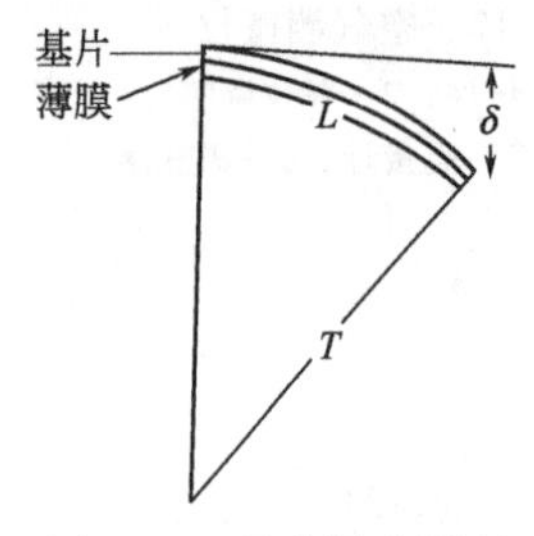

图9-18 悬臂梁法原理

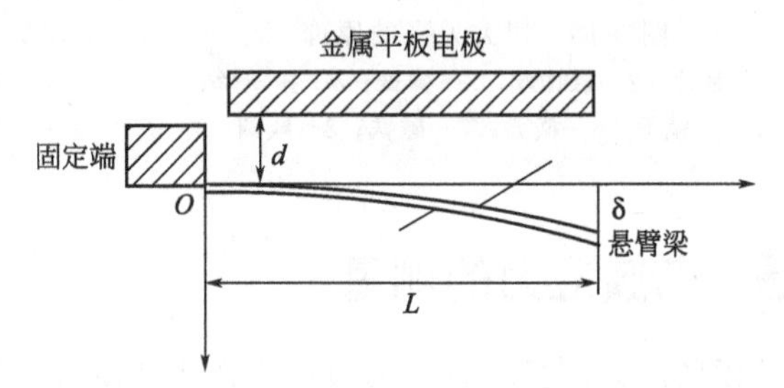

图9-19 悬臂梁-电容法测量自由端位移量的原理图

采用电容法测定悬臂梁自由端的位移δ，可以得到较高的测试精度，图9-19是其原理图。在一端固定的导电基片的对面设置一个金属电极，两者之间构成一个电容器，当基片发生弯曲时，电容量跟着发生变化。测出电容量的变化值，再通过近似计算，即可求出δ值。测试的灵敏度取决于电容表的分辨率。此外，也与基片的几何参数（长、宽、厚）有关。还与电极间的初始间距的大小有关。基片越厚，间距愈大，测试灵敏度愈低。悬臂梁-电容法的优点是可以在薄膜沉积过程中实时观察和测定薄膜的应力。

③ 简支梁法

此法原理和悬臂梁法相同，只是长条形薄基片的两端由刀刃支持。测量中央部位的位移δ，就可由下式计算出应力σ：

$$\sigma=\frac{E_s t_s^2}{3(1-v_s)L^2 t_f}\cdot\left(1-\frac{E_f t_f}{E_s t_s}\right) \tag{9-37}$$

式中E_f是薄膜的杨氏模量，其余符号含义与式(9-33)相同，通常$t_f \ll t_s$，经过计算，上式可改写为：

$$\sigma=\frac{E_s t_s}{6(1-v_s)t_f}\cdot\frac{1}{r} \tag{9-38}$$

式中，r是在薄膜应力作用下弯曲的基片的曲率半径。

9.3.2 衍射法[8]

对于具有一定厚度的晶体薄膜，当它的晶格常数受应力作用而发生畸变时，测出其晶格的畸变量，经计算后就可以求出晶态薄膜的应力。由于这种方法是采用X射线衍射或电子衍射两种方法进行测量的，故称为衍射法。如预测没有发生畸变的晶面之间的间距为d_0，在沿该晶面方向的内应力σ的作用下，其面间距改变为d。这时对平行于薄膜表面的应力应为：

$$\sigma=\frac{E_s}{2v_f}\cdot\frac{d_0-d}{d_0} \tag{9-39}$$

对于与薄膜表面相垂直的应力应为：

$$\sigma=\frac{E_{\mathrm{f}}}{2v_{\mathrm{f}}}\cdot\frac{d_0-d}{d_0} \tag{9-40}$$

式中，E_{s} 和 V_{f} 分别为薄膜的杨氏模量和泊松比。而面间距 d 可通过 X 射线衍射法或电子衍射法测出。由于采用 X 射线衍射测量晶格常数精度较高，因此，衍射法测量的薄膜应力精确度也较高。其不足之处是除了它只限于对晶体薄膜而不能对非晶态薄膜进行测量外，对薄膜厚度小于 10nm 时的晶态薄膜也会因 X 射线衍射得不到十分清晰的图谱而受到使用限制。

9.4 薄膜的附着力测量

因决定膜层附着力（即附着强度）大小的因素较多，故要准确测定膜的附着力较为困难，这不但因为膜基界面本身的复杂性和不均匀性使同一薄膜元件膜层的不同部位的附着力相差较大；而且还会因为在测量膜基界面处在膜与基体分离时不一定发生在界面上或是发生在界面上，但是它的破坏形式也不一定是薄膜的完整剥落。

目前，薄膜附着力的测量方法较多，但归纳起来可分为黏结法和非黏结法两类。前者是把一施力物体用黏结剂黏结在待测薄膜表面，在此物体上施加一定的力，测出使薄膜剥离开来的力；后者是直接在薄膜上施加力，使薄膜剥离。黏结法使用方便，但只能测试薄膜附着力小于黏结剂强度和黏结剂与薄膜间黏结力的薄膜元件。非黏结法一般均适用于测试较高的附着力，但给出的测试结果与附着力的物理含义之间有着一定的差距。此外，由于影响薄膜附着力的因素十分复杂，因此，对同一薄膜使用不同的测量方法。测出的附着力值也会有很大的差别。现仅就具有代表性的几种方法加以介绍。

9.4.1 胶带剥离法[1]

胶带剥离法是先把一定宽度的透明胶带贴在待测的薄膜表面上。然后沿着几乎与膜平面平行的方向加上力并牵引胶带的另一端，直到将薄膜剥离为止后，再观察膜是否残留在胶带上。从此来粗略估计膜附着力的大小。这种方法虽然比较简单，但不能做到定量测量。为了克服这一缺点，可采用图 9-20 所示的方法，即测量薄膜开始剥离时的牵引力。例如：用预先校正好的小弹簧秤来进行测量即可。

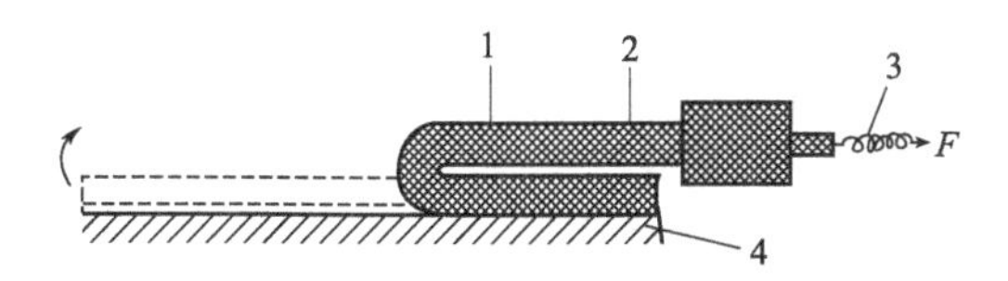

图 9-20 胶带剥离法测量附着力示意图

1—薄膜；2—胶带；3—弹簧秤；4—基片

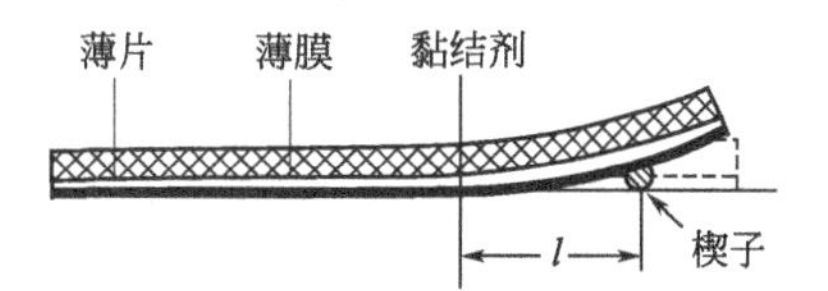

图 9-21 用拉剥法（使用薄片）测量附着力示意图

这种测量方法的不足之处是胶带黏结力较小，不能用于测量附着力较大的膜层。因此，在测量附着力较大的膜层时，可选用强力附着剂，如环氧树脂等黏着剂，即可把稍硬的高分子材料薄片（如聚乙烯对苯二酸树脂薄片）粘在薄膜上。如图 9-21 所示，用小刀将薄片的一头切开，塞入圆柱形楔子，测量出薄膜被剥离的距离 l 就可以了。这时可以断定 l 值大，则附着力小。如果 l 值小则附着力大。只要知道黏结剂和被粘薄片的弹性，则在理论上可根据 l 值计算出膜的附着强度。

9.4.2 拉倒法

采用把力矩加到薄膜与基片脱离的方法称为拉倒法。其装置如图 9-22 所示。

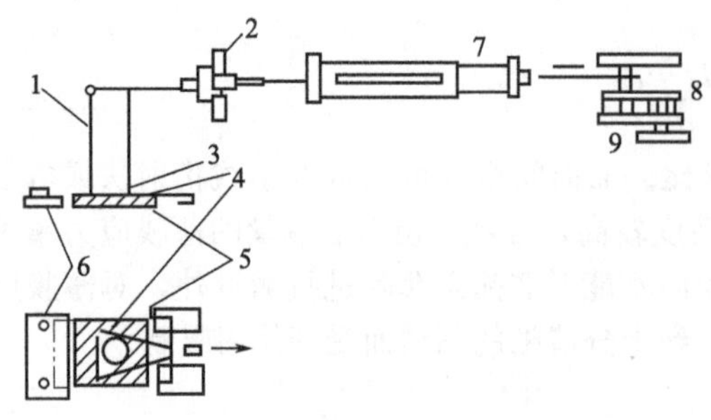

图 9-22 附着强度测定的实验装置

1—圆柱形拉杆；2—制动器；3—环氧胶；4—薄膜；5—基片；6—支架；7—弹簧天平；8—滚筒；9—调节器

测定装置的结构是由以下部分组成：①试验材料支架台；②在蒸镀膜表面上加入力矩而进行引剥的金属棒（以下把该棒称为拉杆）；③拉引圆柱形拉杆的牵引片；④拉牵引片测定附着力的弹簧秤；⑤拉引弹簧秤的传动装置。

圆柱形拉杆是由一个不锈钢的圆形棒，使其一面与蒸镀膜相胶接。胶接面不需要进行车床加工以外的特殊加工。在使用之前，应在三氯乙烯及乙醇中进行超声波清洗。

蒸镀膜的表面与圆柱拉杆的胶接，首先要在蒸镀终止后，经过一小时把试料取出真空室之外。然后原封不动地在空气中放置 12h。完全硬化以后，在被胶接的圆柱拉杆上持上拉伸片，并在试料台上固定，通过弹簧秤，启动传动装置加入载荷。从基片经过圆柱杆在蒸镀膜脱落时，测定弹簧秤的指示值来求得附着力。这时，附着力可由下式决定：

$$\sigma=[4/(\pi r^3)]hF \tag{9-41}$$

式中，h 为圆柱拉杆高度；r 为圆柱拉杆半径；F 为脱落时的拉伸力。

蒸镀膜几乎完全按圆柱形拉杆的形状而脱落。

9.4.3 拉张法

拉张法测量附着力如图 9-23 所示。首先在薄膜的表面上粘接上一块平滑而坚硬的圆板，再将基片固定住；然后在与圆板相垂直的方向上施加一个拉力。只要测出使薄膜从基片上剥离开时的力的大小值，就可以表示出薄膜附着力大小的方法，此法称为拉张法。实际上在测出的力中，除了从基片上剥离薄膜所需的力之外，还包括拉裂圆板边缘处薄膜所需的力。后者在薄膜厚度较厚和圆板的尺寸较小时，往往是不能忽略的。

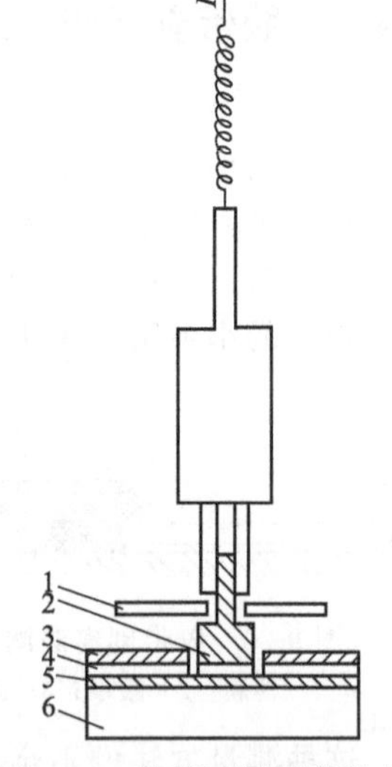

图 9-23 拉张法测量附着力

1—挡板；2—测试头；3—圆板；4—黏结剂；5—薄膜；6—基片

拉张法测得的是最直观、最易理解的附着力。但是，使用这种方法时应注意两点：①要选用杨氏模量大的黏结剂黏结圆板和薄膜，而且黏结强度要大于薄膜附着力，通常环氧树脂系列黏结剂能满足此要求；②测试时所加的外力应与界面完全垂直，外力稍微偏离垂直方向就会产生力矩，从而使薄膜与基体之间的某一位置首先拉开，并不断龟裂下去，在这种情况下测得的表观附着力要小，一般认为可有 10%左右的误差。

9.4.4 划痕法

划痕法是目前最为常用的一种测试薄膜附着力的方法。它是用一个具有曲率半径为十至数百微米的半球形端面的金刚石测量压头在薄膜表面上滑动，并在压头上逐渐施加压力（载荷）。当载荷达到一定值时，薄膜开始破裂。这一载荷称为临界载荷 L_0，压头在薄膜表面上滑动过程中留下的沟痕称为划痕。根据压痕处应力状态的分析，即可由临界载荷求出附着力。

图 9-24 表示了由测量压头造成薄膜变形和力之间的关系。膜的剪切应力 F 在图中的 Q 点处达到最大。逐渐增加载荷 L。当 $L=L_0$ 时，Q 点处的剪切应力达到某一个临界值 F_c，薄膜

就在 Q 点处开始破裂。此时移动测量压头，压头下面的薄膜从基片上脱落下来形成一道沟痕。因此 F_c 的大小可以用来判定薄膜附着力的强弱。由图 9-24 可知：

$$F=H\tan\theta \tag{9-42}$$

H 为基片在 Q 点处给予压头的反作用力，其值可以和基片的布氏硬度大致相同。

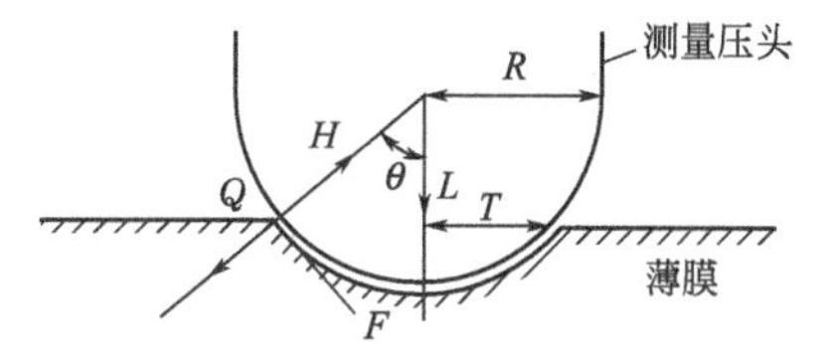

图 9-24 划痕边缘的力分布

$$H=\frac{L}{\pi r^2}\approx\frac{L}{2\pi Rh} \tag{9-43}$$

式中，r 为压头与薄膜接触面的圆周半径；R 为金刚石压头的球面半径；h 为划痕的深度。

$$\tan\theta=\frac{r}{\sqrt{R^2-r^2}} \tag{9-44}$$

一般情况下，$r \ll R$，故 $\tan\theta=\frac{r}{R}$

当 $L=L_c$ 时，$F=F_c$

$$F_c=\frac{L_c}{\pi r^2}\cdot\frac{r}{R}=\sqrt{\frac{L_c}{\pi r^2}\times\frac{L_c}{\pi R^2}}=\sqrt{\frac{HL_c}{\pi R^2}} \tag{9-45}$$

当薄膜的硬度 H 未知时，可以根据划痕的宽度 $b=2r$，并考虑到上述理论分析模型的假设因素，加入一个系数 K，则：

$$F_c=K\times\frac{L_c}{\pi rR}\approx K\times\frac{2L_c}{\pi rb} \tag{9-46}$$

其中 K 是与薄膜厚度，基体硬度等因素有关的量，一般 $K=0.2\sim1.0$。

划痕法使用方便，特别是在硬质膜与基体间结合力的测试中使用十分广泛。但是 L_c 值不仅取决于被测定的薄膜-基片系统（上面提到的 K）；而且，还取决于加载率和划痕速度。因此，仅能半定量地评价薄膜与基片间的附着力。

我国研制成功的 BF-1 型薄膜附着强度测定仪，可对各种薄膜进行划痕法的附着力测定。该设备原理如图9-25所示。测定仪采用金刚石压头通过加载法作用于样品上，样品由无级调速的电机拖动。用定时装置控制不同的行程。在加载杆上有应变片，用以测定划痕时的摩擦力和摩擦系数。并用摩擦力突变的方法，作为膜破坏的判据。

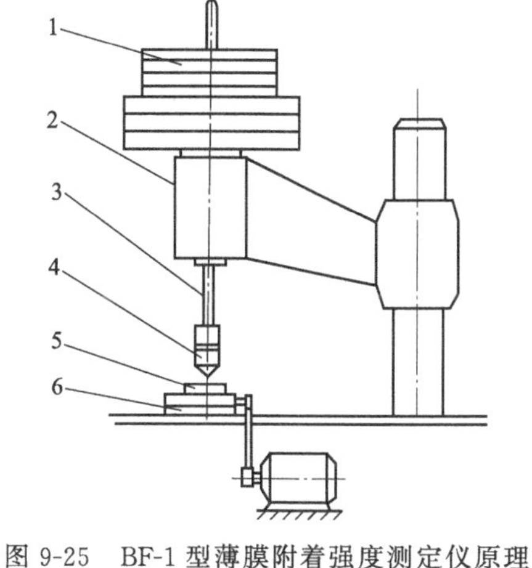

图 9-25 BF-1 型薄膜附着强度测定仪原理
1—砝码；2—支架；3—应变片；4—金刚石压头；5—被测试件；6—试件支架

9.5 薄膜的硬度测量[8]

通常硬度是指某一物体抵抗另一物体（压头）压入而引起表层塑性变形的能力。它是材料多种力学性能的综合表征。薄膜的硬度对于薄膜的应用，特别是对于硬质薄膜的应用是一个十分重要的特性参数。

薄膜的硬度取决于薄膜的成分、结构和沉积工艺等许多因素，例如，图 9-26 给出了氮化钛硬质膜的显微硬度与沉积时的氮分压力关系和图 9-27（Ti，Al）N 膜的硬度与（Ti，Al）N 中 AlN 含量的关系就是明显的例证。

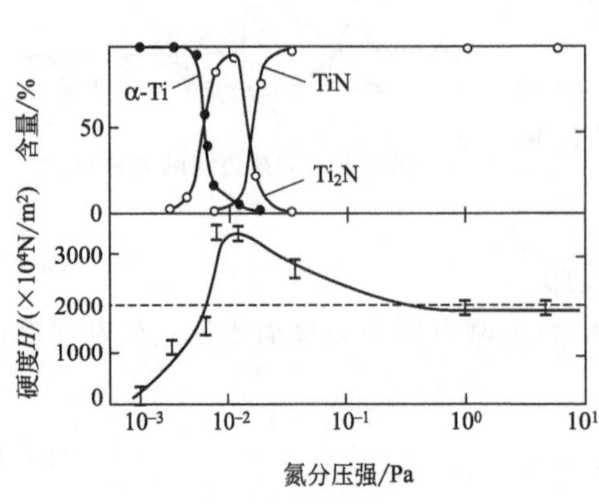

图 9-26 氮化钛薄膜的相成分和显微硬度与氮化压强的关系

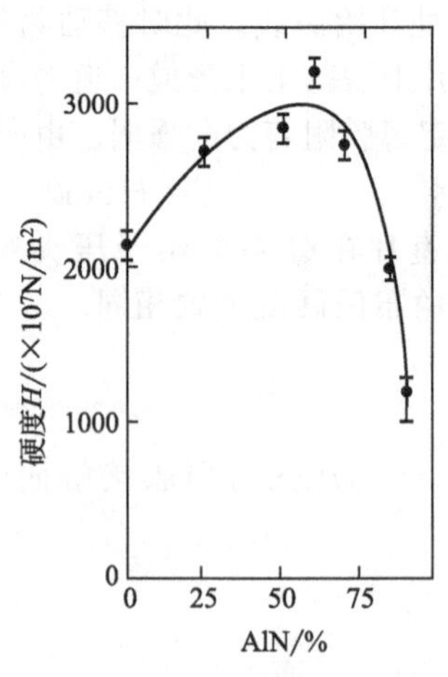

图 9-27 (Ti，Al) N 膜的硬度与 AlN 含量的关系

测量材料硬度的方法很多，但是由于薄膜的厚度尺寸很小，不能压陷出大的压痕，因此采用特别小的载荷来进行压陷硬度试验，用专用的显微硬度计进行测量。通常使压头材料为金刚石的微型维氏（Vickers）或努氏（Knoop）压头，相应测得薄膜的维氏或努氏显微硬度值。

9.5.1 维氏硬度

维氏硬度压头是一块金刚石磨成的正方形角锥体，其相对两面的夹角 θ 均为 136°，如图 9-28(a) 所示。

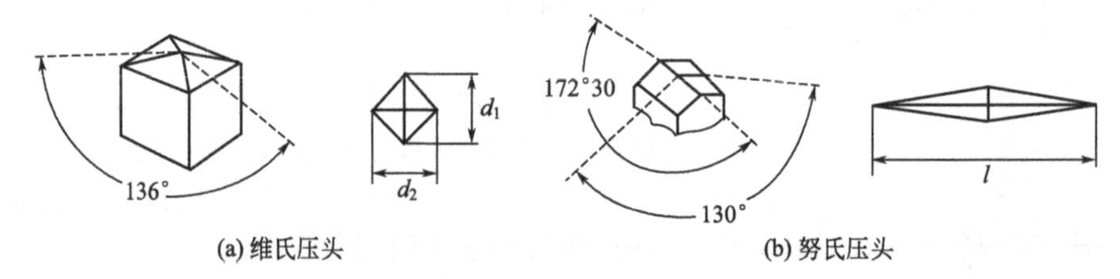

图 9-28 硬度试验用的压头与压痕示意图

维氏硬度值 HV 用施加于压头上的载荷 P(N) 除以压痕表面积来表示：

$$\mathrm{HV}=\frac{2P\sin\dfrac{\theta}{2}}{d^2}=18173.1\frac{P}{d^2}\ (\mathrm{N/mm^2})$$

式中，d 是压痕对角线长度的平均值，μm；$d=\frac{1}{2}(d_1+d_2)$。

9.5.2 努氏硬度

努氏硬度压头也是一个角锥体，如图 9-27(b) 所示，它能产生一个长短对角线长度比近似为 7∶1 的菱形压痕。这种角锥体纵向夹角为 172°30′，横向夹角为 130°。

努氏硬度值 KN 用施加于压头上的载荷 P(N) 除以压痕的投影面积 A(mm^2) 来表示：

$$\mathrm{KN}=\frac{P}{A}=\frac{P}{Cl^2}=139444\frac{P}{l^2}\ (\mathrm{N/mm^2}) \tag{9-47}$$

式中 $A=Cl^2$，l 为压痕长对角线的长度；$C=0.07028$，它是一个与压痕投影面积和长对角线长度的平方有关的压头常数。

维氏压头的压痕深度约为对角线长度的五分之一，努氏压头的压痕深度约为其长对角线长度的三十分之一。在同一试样上，分别用维氏压头和努氏压头在相同的载荷下进行硬度测量，则努氏压头压痕长对角线长度是维氏压头的 2.8 倍，努氏压头的压痕深度是维氏压头的 45%。所以用努氏压头测量薄膜的硬度值更合适，精度也较高。

常用的显微硬度计采用的测试载荷大多为 9.8×10^{-2}～9.8N。有的采用更小的（9.8×10^{-4}～9.8×10^{-3}N）的载荷。压痕测量用的显微镜放大倍数 400～600 倍，表 9-2 给出了努氏和维氏显微硬度的压痕尺寸值。

表 9-2 努氏和维氏显微镜硬度的压痕尺寸值

测定法	载荷/(9.8×10^{-3}N)	硬度/($9.8N/mm^2$) 500 压痕尺寸/μm l	500 h	1000 l	1000 h	2000 l	2000 h
努氏	10	16.8	0.55	11.9	0.39	8.4	0.27
	50	37.7	1.24	26.6	0.87	18.8	0.62
	100	53.3	1.75	37.9	1.24	26.6	0.87
	500	119.2	3.91	84.3	2.76	59.6	1.95
	1000	168.5	5.52	119.2	3.91	84.8	2.76
维氏	10	6.1	1.23	4.3	0.87	3.0	0.61
	50	13.6	2.75	9.6	1.94	6.8	1.37
	100	19.3	3.90	13.6	2.75	9.6	1.94
	500	43.1	8.71	30.4	6.14	21.5	4.34
	1000	60.9	12.3	43.1	8.71	30.4	6.44

基体材料的硬度对薄膜硬度的测试结果有一定的影响，特别是在薄膜较薄的情况下。为了准确测定薄膜硬度值，一般采用尽可能小的测试负荷，使压痕深度 h 小于或远小于薄膜的厚度 t，通常要求控制 h/t 在 0.07～0.2 之间。图 9-29 给出了不锈钢基体上离子镀 TiC 薄膜的维氏显微硬度与膜厚的关系曲线。由图可见，随着膜厚的增加，压痕尺寸变小，测得的薄膜硬度值增加，即基体的影响逐渐减弱。在薄膜厚度为 5～7μm 时，测得的硬度值几乎保持不变，其值达到 36260～37240N/mm²。测量载荷为 $50\times9.8\times10^{-3}$N 和 $25\times9.8\times10^{-3}$N 时，计算可得压痕深度分别为 1.1μm 和 0.78μm。由此可见：测量膜硬度的膜厚下限至少应为压痕深度的五倍以上。

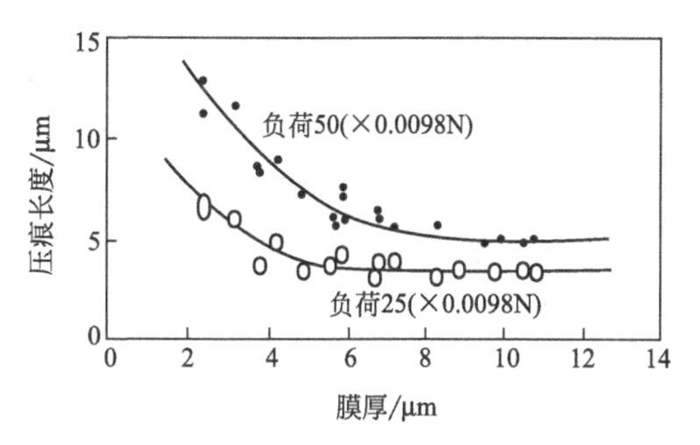

图 9-29 TiC 膜层的压痕长度与膜厚间的关系

9.6 薄膜的光谱特性测量[8]

薄膜光谱特性常采用分光光度计进行测量，分光光度计种类较多，有紫外可见及红外等。按光的波段划分的，也有按光路的形成分为单光和双光路两种。如果按分光计的自动化程度又分为点测和自动记录两种形式。但是无论哪种类型的分光计都是由光源、分光系统、光度计和探测记录系统所组成。

目前，最常采用的大都是属于双光路扫描测量和自动记录式分光计。它的测量原理如图 9-30 所示。双光路是通过被测件的一束测量光束 I 和不通过被测件的参考光束 I_0 所组成。

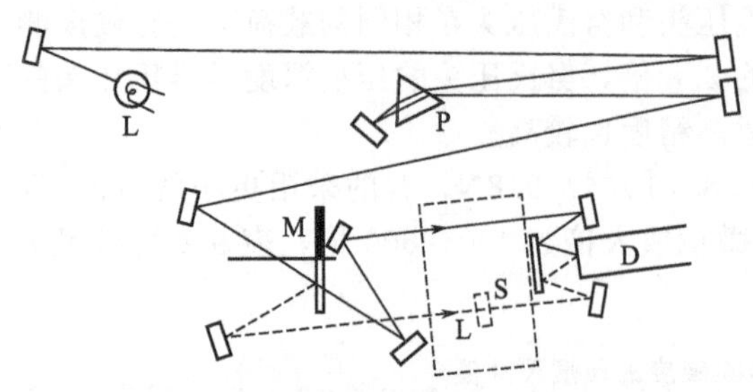

图 9-30 透射率的双光路扫描测试原理

L—光源；P—棱镜；M—调制板；S—样品；D—检测器

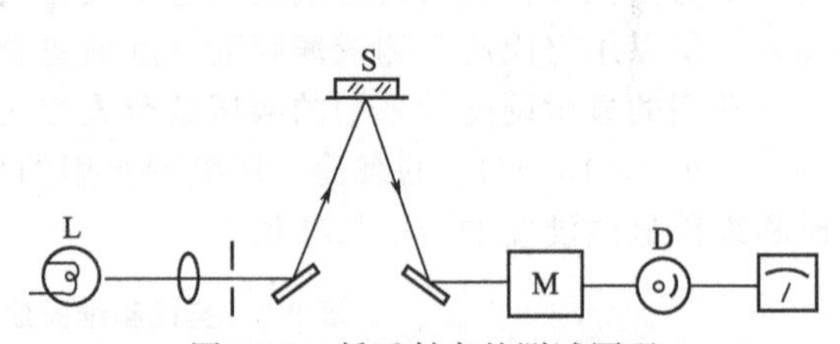

图 9-31 低反射率的测试原理

L—光源；S—样品；M—调制板；D—检测器

通过调制板的作用可使这两种光束分别交错地进入单色仪并由接收器转换成相同形式的电信号；再经检波将参考电信号和测量电信号分别进行放大比较，得到透射率；再按着单色仪的出射波长进行扫描，直接记录下透射率随波长变化而得到的透射分光曲线，即可完成光谱的测试。

有关低反射率的测量原理比较简单，只要分别测出反射光的光强 I_r 和入射光的光强 I_0，就可以得到反射率 R（$R=I_r/I_0$）。其测量原理如图 9-31 所示，它的测量过程，先是将已知反射率为 R 的标准样品放置在样品架上，使光强为 I_0 的入射光经过标准样品反射后测得的光强为 I_1，则 $I_1=R_1I_0$；然后再换上测试样品测得的光强 I_2，同样 $I_2=R_2I_0$。由此即可得到被测样品的反射率 R_2：

$$R_2=(I_2/I_1)R_1 \tag{9-48}$$

把上述测试原理移植到分光光度计内，就能测量样品的反射率分光曲线。这种测量的精度决定于标准样品的反射率 R_1 值的稳定性。由于标准样品受气氛环境和存放时间的影响，致使 R_1 值产生漂移。假若漂移量为 ΔR_1，则被测样品的反射率 $R_2=(I_2/I_1)R_1+(I_2/I_1)\Delta R_1$。当被测样品的反射率 R_2 较高，即 I_3 较大时，由 ΔR_1 引入的 R_2 的测量误差也较大。所以，用这种方法来测量高反射率的样品是不适宜的。因此，高反射率的测量常采用多反射法或同时能测量透、反射率的差动法。

利用分光光度计测量透射率来近似地确定反射率也是常常采用的方法，但薄膜必须是非吸收或弱吸收，才能满足 $R=1-T$。对于吸收薄膜或激光腔用的高反射膜就不能适用。

参 考 文 献

[1] [日] 金原粲著．薄膜的基础技术．杨希光译．北京：科学出版社，1982.
[2] 张世伟编著．真空镀膜技术与设备．北京：化学工业出版社，2007.
[3] 唐伟忠著．薄膜材料制备原理、技术及应用．北京：冶金工业出版社，1998.
[4] 李云奇主编．真空镀膜技术与设备．沈阳：东北工学院出版社，1989.
[5] 李学丹等编著．真空沉积技术．杭州：浙江大学出版社，1994.
[6] C Lu. U S Patent No3 732778，1973.
[7] A Y cho，J. R. Progress in Solid State Chemistry，10，157.
[8] 陈国平主编．薄膜物理与技术．南京：东南大学出版社，1993.

第10章 薄膜性能分析

10.1 概述

薄膜的性能取决于它的形貌、结构及其组成等三个重要因素。为了观察和研究薄膜的形貌、结构和组成，必须了解和掌握薄膜的工艺-结构-性能间的关系，借以提高薄膜制备的工艺水平。这对保证膜的质量是十分重要的。

所谓薄膜的形貌观察就是指它的表面光洁度、凸凹状况、有无裂纹、结晶状态（单晶、多晶或非晶）及已知晶态和组成后，通过对薄膜结构的分析、了解元素间的化学结合态。例如：钽与氮可结合成 TaN 或 Ta_2N，钽与氧可结合成 TaO 或 Ta_2O_5。薄膜的组成分析主要包括两个方面：一方面是指组成薄膜材料所包括的元素种类，这些元素既可以是组成薄膜材料的单质或化合物元素，也可以是混入到膜层中的杂质；另一方面是表示各元素间结合成什么样的化合物。因此对薄膜组成的分析，实质上就是对薄膜进行成分分析和化学结合态的分析[1]。

目前，用以表征薄膜形貌、结构及组成的测量方法，除了部分采用放大倍数较小（最大也只有 1500 倍）的光学显微镜外，绝大部分是靠三束（电子、离子、光子）作用于薄膜表面所产生的各种效应而引发出来的各种信息资料来实现的。

三束作用于固体表面上所获取的各种信息资料，见表 10-1[2]。表中表明：一种方法常常可以得到多种信息。例如采用 AES 法即可以进行薄膜微观表面及 $<1\mu m$ 纵向元素的分析和结构缺陷，又可以进行价态结合能的分析。

表 10-1 三束作用于固体上所获取的资料

激发源	信号源	分析技术(仪器)	所得资料及其特点
电子	背射、二次、吸收电子	扫描电子显微镜(SEM)	表面及断口显微组织形貌观测
	透射、散射电子透射、背射	透射电子显微镜(TEM)	微区显微组织形貌、相结构以及结晶学特性分析
	散射电子	高能电子衍射(HEED)	晶体结构及晶体学特性分析
	背射电子	低能电子衍射(LEED)	表面(二维)结晶学特性分析
	俄歇电子	俄歇电子能谱(AES)	微区表面及 $<1\mu m$ 纵向元素分析、价态、结合能分析
	透射电子	电子能量损失谱(EELS)	微区、微量、轻元素分析
	特征 X 射线	电子探针 X 射线显微分析(EPMA)	元素微区及纵向分布分析
	特征 X 射线	X 射线能谱分析(EDS)	元素微区及纵向分布分析

续表

激发源	信号源	分析技术(仪器)	所得资料及其特点
离子	二次离子	二次离子质谱分析(SIMS)	元素微区及纵向分布分析
	二次离子	离子探针显微分析(IMA)	元素微区及纵向分布分析
紫外线(光子)	光电子	紫外光电子能谱(UPS)	表面电子能态、元素分析
X射线(光子)	光电子	X射线光电子能谱(XPS)	表面元素分析、表面电子态
	二次X射线	X射线荧光光谱分析(XFSA)	元素分析
	相干散射X射线	X射线衍射结构分析(XDCA)	单相及多相晶体结构分析

因此，在实际应用中应当充分利用每一种信息，提高仪器的利用效率。除外，为了得到可靠的分析结果或者使分析更加全面，采用多种组合的办法，将多种方法组合到同一装置中，也是一种可行的方法。例如在分析电镜上配上能谱，能量损失谱和能量束衍射装置。在多功能表面分析仪器组合成俄歇能谱、光电子能谱、低能电子衍射和二次离子质谱等多种方法的组合运用，就可以取得单一方法无法取得的效果。

10.2 电子作用于固体表面上所产生的各种效应

电子作用于固体表面上所产生的各种效应如图 10-1 所示[3]。当具有一定能量的电子入射到固体表面时可使固体中的原子核及核的外层电子发生弹性和非弹性的散射过程，使固体产生图示各种效应[2]。

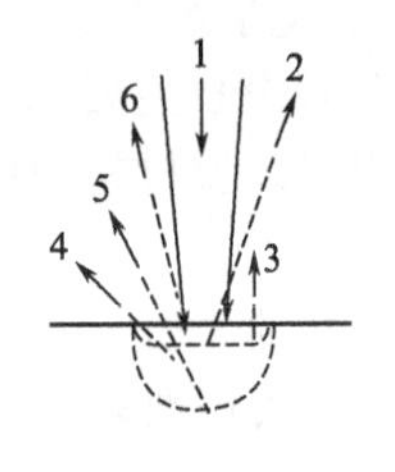

(a) 电子

1—一次(入射)电子；2—反向散射电子；3—二次电子(俄歇电子)；4—荧光；5—X射线；6—离子

(b) 离子

1—一次(入射)离子；2—反向散射离子；3—反射离子；4—二次离子、中性原子；5—二次电子；6—荧光；7—X射线

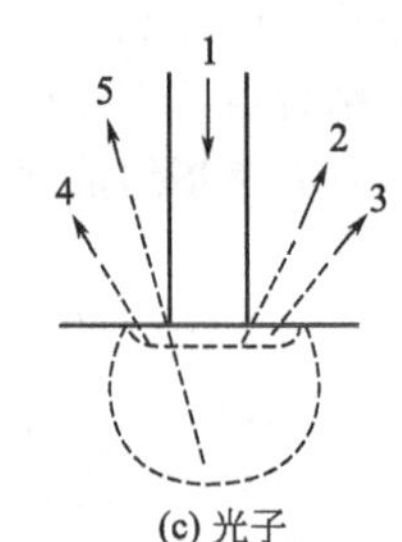

(c) 光子

1—入射电磁波(X射线、紫外线)；2—光电子；3—二次电子(俄歇电子)；4—紫外光；5—X射线

图 10-1 电子、离子、光子（X 射线、紫外线）和固体表面相互作用示意图

10.2.1 背散射电子

背散射电子是指入射电子射到固体表面后，被固体表面原子反射回来的一部分入射的电子，其中包括两种反射情况：一种是只经过一次散射后就逸出固体表面，而另一种则是经过多次散射后才反射出来的电子。通常把前者称为弹性背散射电子，后者称为非弹性背散射电子。图 10-2 给出了背散射电子数目与电子能量的关系图线，图中表明，在三个不同的区域中，Ⅰ区电子数目的高峰值出现在对应能量值为 E_0（约为 2000eV 以上）处，其值几乎等于入射电子的能量。这是入射电子受原子核库仑力的作用只改变电子的入射方向而不损失能量的大角度弹性散射，故称其为弹性背散射电子，但是，在该峰值的低能侧所出现的几个小峰值，它们的能量比 E_0 约小于 10～20eV。这是属于遭受到特征能量损失的部分背反射电子。非弹性反射电子如图 10-2 所示，它处于Ⅱ区域之中。通常是指经过多次非弹性碰撞后，才反射出固体表面的电子。

所谓非弹性背散电子通常是指入射电子与原子核外层电子产生非弹性碰撞，并且是经过多次的非弹性碰撞以后才反射出固体表面的电子。由于每个电子碰撞次数的不同，非弹性碰撞的机制也有所不同，故能量损失也有所不同，因此在图 10-2 中显示出一个很宽的能量区域。

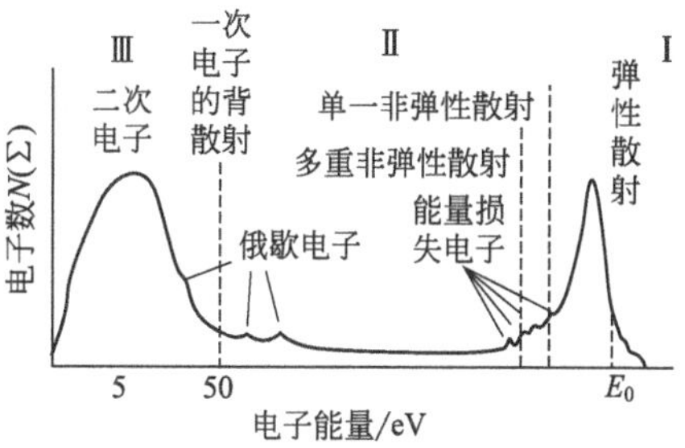

图 10-2 背散射电子能谱示意图[4]

10.2.2 二次电子

二次电子分布在图 10-2 的Ⅲ区域中。Ⅲ区是在单电子激发过程中，当被入射固体中的原子核以外的电子，从入射的电子中获得大于它的结合能（即临界电离激发能）的能量后，可离开原子而变成了自由电子。如果这种散射过程发生在比较接近于试样的表面层时，那些能量尚大于材料逸出功的自由电子就可能从试样中逸出。通常把这种被入射电子轰击出来的原子核外层的电子称为二次电子。二次电子既可以是价电子，也可以是原子的内层电子。但是，其中大部分来源于价电子。由于价电子所具有的能量较小（通常小于 50eV），因此它只能从固体表面在其厚度小于 10nm 以内被激发出来。这样二次电子对固体表面非常敏感。显然这时显示固体材料的微观表面结构是十分有利的。而且，由于这样极薄的表面层区域内入射电子，还没有经过多次碰撞散射即产生二次电子的Ⅰ区内基本上是处于入射电子照射到的部位。所以，二次电子的成像具有较高的空间分辨率。这就是扫描电子显微镜中作为成像的理论依据。

10.2.3 吸收电子和透射电子

吸收电子是入射到固体表面后，经过多次碰撞使其能量耗尽，从而被材料所吸收的电子，如果在吸收电子前材料是中性的，则吸收电子后带负电呈现出阴性；如果被测的固体材料具有足够的厚度，这时背散射电子及二次电子和吸收电子之和应等于入射电子在扫描电子显微镜中利用吸收电子流的信号成像，即可得到吸收电子像；而且与二次电子信号的成像是互补的，即明与暗恰好相反。若被测量的材料较薄，其厚度远比入射电子的有效穿透深度小得多时，将会有相当数量的入射电子穿透被测材料；而且，这些电子只是由直径很小的高能入射电子束射到被测的固体微区处产生的。因此，利用这一信号的强度仅取决于试样微区的厚度、成分、晶体结构和位向等因素，所以就可以作为分析被测固体、结构状态的手段，实现对固体的性能的测试。

10.2.4 俄歇电子

俄歇电子是指入射的电子在激发固体表面原子的内层电子时，使原子处于激发态或电离态；由于原子的激发态或电离态均有要恢复到低能态的趋势，在退激放出的方式中就会有一种被释放出来的电子，这就是俄歇电子。俄歇电子的放出过程如图 10-3 所示。若 K 能级中的一个电子被入射的电子所击，使该原子处于电离态。这时在外层为 L_1 能级上的一个电子就会跃迁到内层空间。同时，会将多余的能量传给另一个外 L_1 能级的电子上，使其脱离原子而逸出，这个电子就是俄歇电子。可见产生一个俄歇电子涉及原子中的三个能级。因此，每一个俄歇电子都有它自身的特征、能量和名称。例如：图 10-3 中的俄歇电子就称为 KL_1L_2 俄歇电子，它的特征能量即可近似表达为：

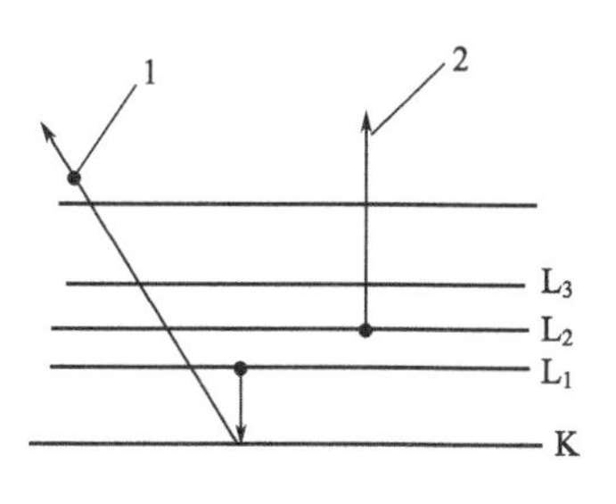

图 10-3 俄歇电子的产生过程
1—二次电子；2—俄歇电子

$$E_{KL_1L_2}=E_K+E_{L_1}+E_{L_2} \tag{10-1}$$

式中 E_K、E_{L_1}、E_{L_2} 分别为原子的 K、L_1、L_2 能级上的束缚能。由于俄歇电子逸出后原子中存在两个空位。因此，严格讲，此时各能级的束缚能已经不同于没有产生空位时的束缚能，因此式(10-1) 所给出的特征能量值也应当予以修正。

利用检测俄歇电子能量特征而制作的俄歇电子能谱仪是分析材料表面成分的一种极为有用的装置。

10.2.5 特征 X 射线

特征 X 射线是指受激原子以另一种被称为 X 射线而释放能量的一种过程，如当某一外层电子跃迁到内层空位时，其多余的能量以 X 射线的形式辐射出来，所以辐射出来的 X 射线具有特征的波长，称特征 X 射线。因不同特质所产生的 X 射线波长不同，因此即可依据特征 X 射线的波长和能量来确定不同被测固体所含有的元素成分。这就是电子微区分析的基本物理基础。

10.2.6 阴极荧光

阴极荧光是指某些物质，在高能电子束轰击下所产生出来的可见光。这种具有一定能量的离子束轰击固体表面所产生的各种效应，主要有称为阴极荧光的可见光。它是由于表层原子中价电子跃迁时释放能量的一种表现形式。能量较小，波长处于可见光范围。如果晶体内存有杂质原子，在禁带中形成局部能级，它与导带或价带间的能量差很小，这些局部能级的电子激发和跃迁也会伴随着释放出来可见光，所以荧光的波长不但与基体物质有关，而且也与其杂质有关。因此可以利用阴极荧光确定基体中的杂质，也可以用来研究晶体的缺陷。

10.2.7 电子束感生电流

当高能电子轰击固体表面时，可能在其中产生许多电子的空穴对，这种电子的空穴对(即自由电子与正离子）会很快复合成原子。但是，对于半导体工件复合时间较长。如果在工件上附加一个电场，电子和空穴就会运动产生电流，这就是电子束感生电流。如果工件内某一处存在位错或其他晶体缺陷，就会促使电子空穴复合，结果使感生电流减小。因此，可以利用电子束感生电流的变化来研究晶体的缺陷。

目前，利用电子作用于固体表面所产生的各种效应而制成的各种微观分析仪器所提供的各种信息及其分析的内容见表 10-2。

表 10-2 各种微观分析仪器及其所获信息分析内容

分析仪器名称	所获信息	分析内容
电子探针、扫描电子显微镜	背散射电子	背散射电流
低能电子衍射仪	弹性被散射电子	衍射图或衍射谱
电子探针、扫描电子显微镜	二次电子	电子探针、扫描电子显微镜
吸收电子	吸收电子	电子探针、扫描电子显微镜
透射电子	金相和衍射像	透射电子显微镜、透射扫描电子显微镜
俄歇电子	俄歇电子能谱	俄歇谱仪、扫描电子显微镜
特征 X 射线	X 射线发射谱和衍射谱	电子探针、扫描电子显微镜透射电子显微镜
阴极荧光	阴极光谱	电子探针、扫描电子显微镜

10.3 离子作用于固体表面所产生的效应

10.3.1 一次离子的表面散射

一次离子的表面散射是指选用一千到几千电子伏的低能离子入射到固体表面上时，将有一定数量的一次离子通过与固体表面上的原子发生弹性碰撞后而被反向弹回的离子，通常称为反射离子。由于反射离子具有取决于固体表面的原子种类的特征能量，因此可通过检测这些离子的能量，对固体表面进行单原子层的元素分析。这种方法通常称为离子散射能谱法。

10.3.2 反向散射离子

选用具有1～2MeV的高能惰性气体的离子（如He离子）轰击固体表面时，大部分He^{+}将与固体内部的原子相碰撞而进行反射。这些被反向弹性散射的一次离子能量将取决于与之碰撞原子的种类及其离表面的深度。因此，通过测检这种反向散射离子的能量，就可以对半导体等纯物质中的微量元素进行一定深度的纵向非破坏性的分析。

10.3.3 正负二次电子

在电子探针及离子质谱分析中，经常采用O^{+}或O_2^{+}作为初级离子，如果将这些初级离子加上几千到两万电子伏的高压生成高能离子束照射固体表面时，其中大部分初级离子将把它的动能传递给被分析的试样原子，使轰击区域的浓度小于10nm的表层内原子受到剧烈的搅动而变为高度浓集的等离子体，其中部分离子会被电子中和。但是，也会有相当一部分具有较高能量的离子（包括部分中性原子），即通常所谓的“溅射过程”而逸出固体表面。这就是由一次离子轰击到固体表面上所产生的试样物质的正、负二次离子的荷质比（e/m）及其产额（$S^{\pm}$）。它与被分析试样的元素种类及其数量、位置等因素有关。因此，如果将这些二次离子引入质谱仪，经过记录其荷质比（e/m）及其强度，就可以对试样中所含元素的表面分析、体内微量和纵向浓度分布等进行分析。

10.4 光子作用于固体表面所产生的效应

当选用不同的能量（波长）的光子束（电磁波）照射固体表面时，所产生的效应，如图10-1(c) 所示。可对波长较短的和波长较长的X射线作如下描述。

10.4.1 波长较短的X射线

应用波长较短的X射线，例如选用原子序数大于20的金属元素靶所发射的特征X射线，其波长约为5～25nm，照射到固体表面上，可产生两种主要信息。一种是产生波长与入射线相同的，并且有确定反射角和反射强度的“相干散射X射线”（称衍射X射线）。其衍射线束的衍射角及衍射强度将取决于被照射固体的晶体结构特征。因此，可通过检测这种X射线的衍射谱来确定被分析固体的一系列晶体学特征。在实用中这种仪器称为“X射线衍射仪”；另一种是产生与入射线波长不同，但取决于被分析物质元素种类，并具有一定波长的“二次特征（荧光）X射线”。因此，可通过检测这种射线的波长及其强度对被测固体进行定性和定量的元素分析。通常把这种实用的仪器称为“X射线荧光谱分析仪”。

10.4.2 波长较长的X射线

应用波长较长的X射线或波长更长的紫外线照射固体表面时，例如选用原子序数小于20的Al、Mg等元素为靶的特征X射线照射固体表面时，将会从固体表面上发射出一系列具有不同能量的光电子，其能量将随不同元素及其所对应的不同能级而异，形成具有一定特征的“光电子能谱”。检测和分析这些发射的光电子能谱，就可以获得有关电子的束缚能，物质内部原子的结合状态和电荷分布等电子状态的资料。从而就可以对被测固体进行元素的分析及电子结合能的测定。在实际应用中，如用软X射线作为激发源时，则称为“X射线光电能谱仪”。假如用紫外线作为激发源时，则称为“紫外光电子能谱仪”。

10.5 薄膜形貌观察与结构分析

薄膜的形貌观察与结构分析，采用的装置较多。在研究所涉及的尺寸范围，主要包括宏观和微观的形貌及膜的显微组织等三个层次问题。针对这几个尺寸范围所选用的不同观察与分析手段，主要采用了以下的一些装置。

10.5.1 光学显微镜[5]

光学显微镜作为一种普通的观察薄膜形貌的手段，因其价格低廉、操作方便、能迅速获得观察结果，故至今它还是一种常用的观察薄膜形貌的装置。

光学显微镜的放大倍数约在10～1500倍范围内，并且在现代光学显微镜中常常配置一些附加装置，例如偏振光、高温载物台、加载装置等构件，从而在一定程度上扩大了它的应用范围。但是由于它分辨率较低，大约只等于它的所选用光线的波长；可见光波长的下限约为250nm，因此光学显微镜的分辨率下限也只能是如此。这对于观察薄膜的形貌细节显然满足不了要求；而且，由于它影深较小，也不适用于对薄膜断口的观察，即或是对于抛光的磨片而言，也只能使用到1500倍。正是由于它使用上的这些局限性，从而限制了它的使用效果。

10.5.2 扫描电子显微镜[1]

(1) 扫描电子显微镜是目前观察薄膜形貌进行薄膜结构分析的直接手段之一。因为这种方法，既可以像光学金相显微镜那样可以提供清晰直观的形貌图像；同时又具有分辨率高、观察影深长；并且还可以采用不同图像信息形式给出定量或半定量的表面成分分析的结果。因而是常用的一种观察薄膜形貌和分析薄膜结构的有效的工具，被广泛加以应用。

扫描电子显微镜的工作原理如图10-4所示。由电子枪发射出来的经过聚焦的电子束，在被测试样上进行扫描激发试样表面使其产生各种信号，其强度可随被测试样的表面特征而变化，这样就可以随着表面不同特征的变化，按顺序、成比例地被转换成视频信号，从而检测出其中某种信号并经过视频放大和信号处理，用来同步的调制阴极射线管（CRT）的电子束强度后，就可以在荧光屏上得到能反映出试样表面各种特征的扫描图像来。

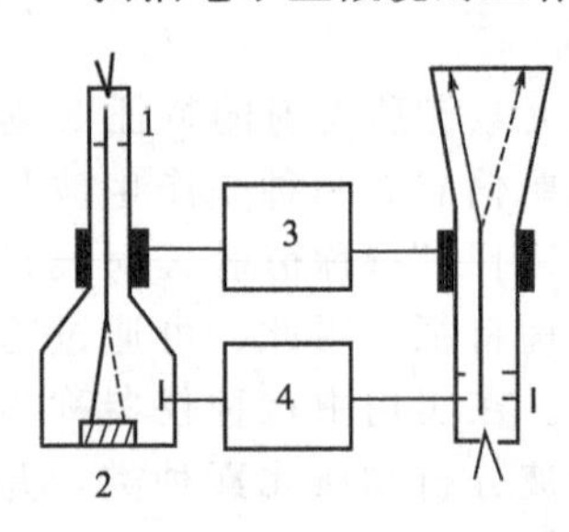

图10-4 扫描电镜工作原理
1—电子枪；2—试样；3—扫描发生器；4—视频放大器

扫描电子显微镜的分辨率可达到5nm，放大倍数可在20～100000倍之间。连续调节其中最常用的倍数范围在1000～2000倍，高时可达20000倍，其中影深的测量是光学显微镜的300倍，因此通过扫描电子显微镜观察所得到的薄膜形貌，即使是表面十分粗糙的膜层，也可以得到十分清晰的图像。

(2) 扫描电子显微镜的结构及其工作过程

扫描电子显微镜的结构如图 10-5 所示。由热灯丝发射出来的电子在阳极电压的加速下获得一定的能量后被加速。加速电子在进入由两组同轴磁场构成的透镜组中被聚焦成直径只有 5nm 左右的电子束，装置在透镜下面的磁场扫描线圈对这束电子施加一个不断变化的偏转力，从而使它按一定的规律扫描被观察的试样表面的特定区域。

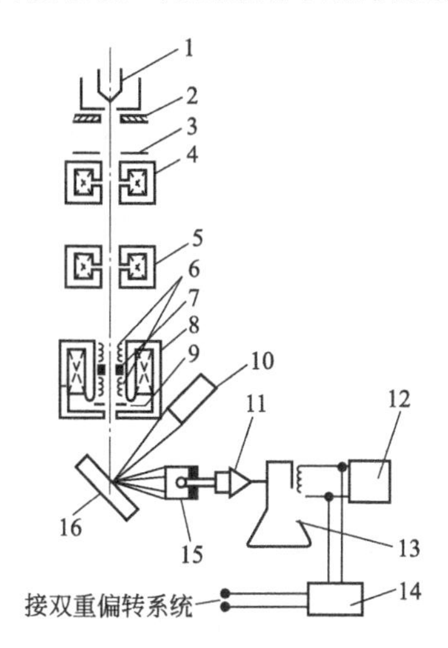

图 10-5 扫描电子显微镜的结构

1—阴极；2—阳极；3—光栏Ⅰ；4—第一滤光计；5—第二滤光计；6—双重偏转线圈；7—消像散器；8—物镜；9—光栏Ⅱ；10—X 射线探测器（WDS 或 EDS）；11—光电倍增管及放大器；12—扫描驱动电路；13—荧光屏；14—放大倍数控制系统；15—二次电子探测器；16—被测工件

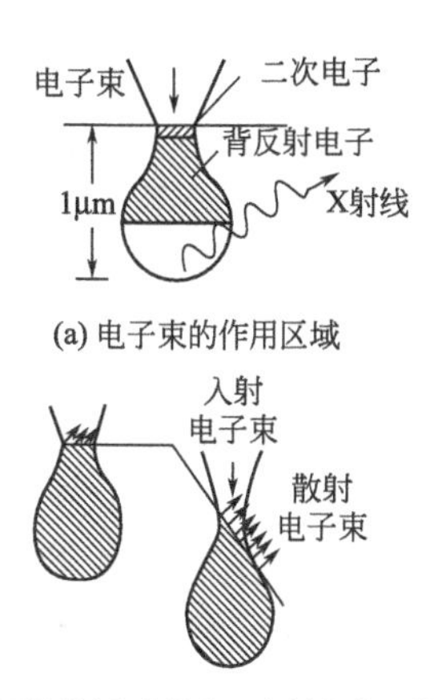

图 10-6 扫描电子显微镜电子束与试样表面相互作用

30keV 左右能量的电子束在入射到试样表面之后，将与试样表面层的原子发生各种相互作用，其作用区域如图 10-6 所示。在上述相互作用中，有些入射电子被直接反射了回来；而另一部分电子将能量传递给试样表层的原子。而这些原子在获得能量后将发射出各种能量的电子，其背散电子的能量分布如图 10-2 所示。同时，上述过程还会引起表面原子发出特定能量的光子。将这一系列信号分别接收处理之后，即可得到试样表层的各种信息。

(3) 扫描电子显微镜的两种工作模式

① 二次电子像

扫描电子显微镜的主要工作模式之一就是二次电子模式。如图 10-6(b) 所示，二次电子是入射电子从试样表层激发出来的能量最低的一部分电子。二次电子低能量的特点表明：这部分电子是来自试样表面最外层的几层原子。

用被光电倍增管接收下来的二次电子信号，通常被用于调制荧光屏的扫描亮度。由于试样表面的起伏变化将造成二次电子发射的数量及角度分布的变化，如图 10-6(b) 所表现的那样。因此，通过保持屏幕扫描与试样表面电子束扫描的同步，即可使屏幕图像重现试样的表面形貌。而屏幕上图像的大小与实际试样上的扫描面积大小之比，即是扫描电子显微镜放大倍数。

在扫描电子显微镜中，由于二次电子来自试样的最表层，如图 10-6(a) 所给出的那样入射电子与试样的作用范围，就等于电子束直径。因而扫描电子显微镜的二次电子像具有各种

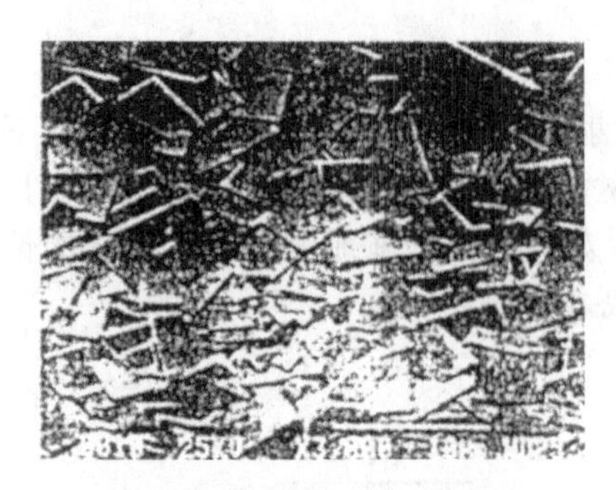

图 10-7 (100) 结构的多晶金刚石薄膜断面组织图

观察方式中分辨率最高的方式。其最佳分辨率可以达到5nm左右。同时，二次电子像信号的产生与接收方式决定了这一观察方式的影深很大；因而几乎任何形状的试样都可以被直接观察，而不需要经过抛光处理。但是，为了防止试样上产生电荷积累而影响观察，需要试样具有一定的导电能力。对于导电性较差的试样，则可以采取涂一层导电性较好的C或Au膜的方法来提高试样表面的导电能力。

图 10-7 给出了（100）结构的多晶金刚石膜断面组织的图像。图中表明了利用扫描电子显微镜所观察到的在金刚石薄膜中各种晶粒只是在垂直于薄膜方向上形成了结构。而在薄膜表面内的各方向上晶粒的取向所呈现的图样依然是混乱的。

② 背散射电子像

扫描电子显微镜的另一种工作模式是背散射电子所形成的背散射电子像，如图 10-2 所示。因为除了二次电子外，试样表面还会将相当一部分的入射电子反射回来。这部分被试样表面直接反射回来的电子，具有与入射电子相近的高能量，故称为背反射电子。由此可以通过接收背反射电子的信号，并用其调制荧光屏亮度而形成的表面形貌，称为背反射电子像。

由于原子对于入射电子的反射能力随着原子序数 Z 的增大而缓慢提高。因此，对于表面化学成分存在显著差别的不同区域来讲，其平均原子序数的差别将造成背反射电子信号强度的变化。即试样表面上原子序数大的区域将与图像中背反射电子信号强的区域相对应。因此，背反射电子像可以用来分辨表面成分的宏观差别。

由于能量较高的电子可以穿透较厚的试样，因而参看图 10-6(a) 之后就可以理解，背反射电子像的分辨率将低于二次电子像的分辨率。

此外，扫描电子显微镜除了可以提供试样的二次电子和背反射电子形貌像以外，还可以产生一些其他的信号，例如电子在某一晶体平面发生相互作用时会被晶面所衍射产生通道效应。原子中的电子会在受到激发以后，从高能态回落到低能态；同时发出特定能量的 X 射线或俄歇电子等。接收并分析这些信号，可以获得另外一些有关试样表层结构及成分的有用信息。元素的特征 X 射线及俄歇电子能谱在分析薄膜成分方面有着广泛的应用。这一部分内容将在薄膜成分分析中予以讨论。

10.5.3 透射电子显微镜

透射电子显微镜与扫描电子显微镜在其结构上相比较，既有相同的地方，又有自己的特点。首先是电子束一般不再采取扫描方式对试样的一定区域进行扫描；而是固定地照射在试样中很小的一个区域上；其次是透射电子显微镜的工作方式是使被加速的电子束穿过厚度很薄的试样，并在这一过程中与试样中的原子点阵发生相互的作用。从而，产生各种形式的有关薄膜结构和成分的信息。

由于晶体点阵对电子具有很大的散射能力，而且这种散射能力会随着试样原子序数的增加而提高。因而，透射电子显微镜所用的试样需要减薄到很薄的厚度。例如，对于 Si 晶体来说，在 100kV 电子加速电压的条件下，比较适宜的试样厚度应在 0.6μm 以下。这就是透射电子显微镜的另一个特点。

透射电子显微镜的结构主要由电子光学系统、电源及其控制系统和真空系统等几大部分组成。图 10-8(a) 是其装置的核心部分电子光学系统的示意图，与图 10-8(b) 的透射光学显微镜的光学系统相比较十分相似。它的基本工作过程是从电子枪热阴极中发射出来的电子在阳极加速电压（约 50～200kV）作用下，高速穿越阳极孔被聚焦镜汇集成很细的电子束照射试样上，这时透过试样的电子束再经物镜聚焦放大在其像平面上形成一幅可以反映试样微观组织特征的高分辨率的透射电子像（即影像模式）或者是在物镜的背焦面上形成一幅反应试样晶体结构（即衍射模式）的电子衍射图像；然后，再经过中间镜和投影镜进一步放大投射到荧光屏上（还可通过在此处设置的照相装置成像），因此在荧光屏上就可以获得一幅肉眼可见的具有一定衬度高放大倍数的电子显微图像或电子衍射图像。

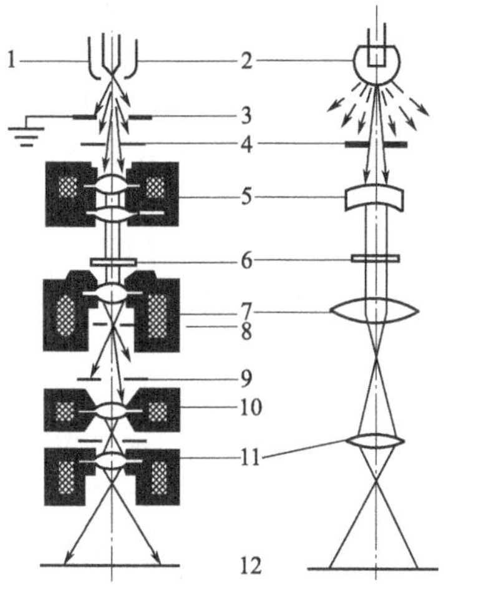

(a) 透射电子显微镜　(b) 透射光学显微镜

图 10-8　透射显微镜构造原理和光路[6]

1—接负高压；2—照明源；3—阳极；4—光栏；5—聚光镜；6—样品；7—物镜；8—物镜光栏；9—选区光栏；10—中间镜；11—投影镜；12—荧光屏或照相底片

有关上述的透射电子像或电子衍射像的工作模式可参阅本章参考文献［5］，这里不作介绍。

10.5.4　X 射线衍射仪[7]

类似于光线的 X 射线属于电磁波的一种，因此 X 射线和固体表面作用时，可以产生衍射现象。其衍射原理如图 10-9 所示。

当一束特定波长的 X 射线束与晶体学平面发生相互作用时，会发生 X 射线衍射。布拉格公式所给出的衍射现象，所能发生的条件是：

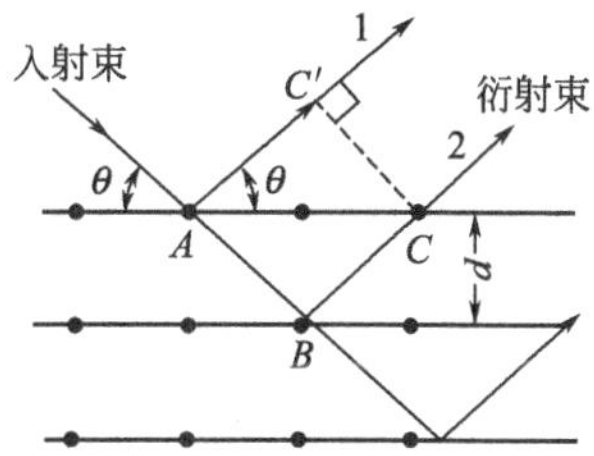

$$n\lambda = 2d\sin\theta \qquad (10\text{-}2)$$

式中，λ 为入射 X 射线的波长；d 为晶格原子的距离；θ 为入射的 X 射线与其晶面的夹角；n 为任意自然常数（$n=1, 2, 3\cdots$）。

图 10-9　X 射线在晶体学平面上的衍射原理

上式表明：当晶面与 X 射线之间满足上述几何关系时，X 射线的衍射强度将相互加强。因此，采取收集入射和衍射 X 射线的角度信息及强度分布的方法，可以获得晶体点阵类型、点阵常数、晶体取向、缺陷和应力等一系列有关的材料结构信息。

X 射线衍射仪的核心部分测角仪的结构如图 10-10 所示[8]。X 射线衍射仪在使用中应注意的问题有以下两个。

① 由于 X 射线对物质的穿透力很强，因此对试样的薄膜要求应有一定的厚度，否则不

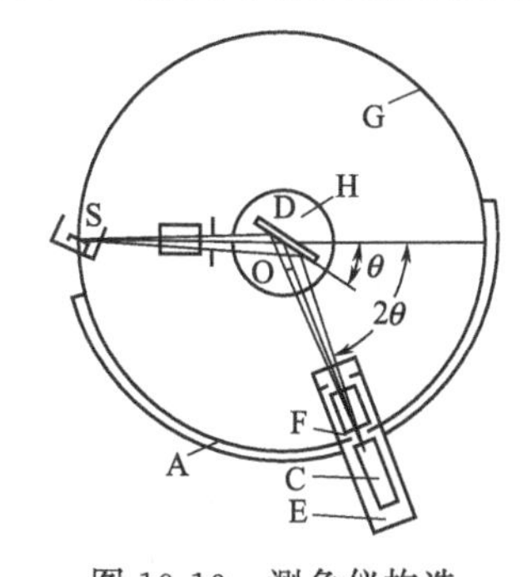

图 10-10　测角仪构造

A—固定架；G—测角仪圆；S—Y 射线源；D—试样；H—试样台；F—接收狭缝；C—计量管；E—支架

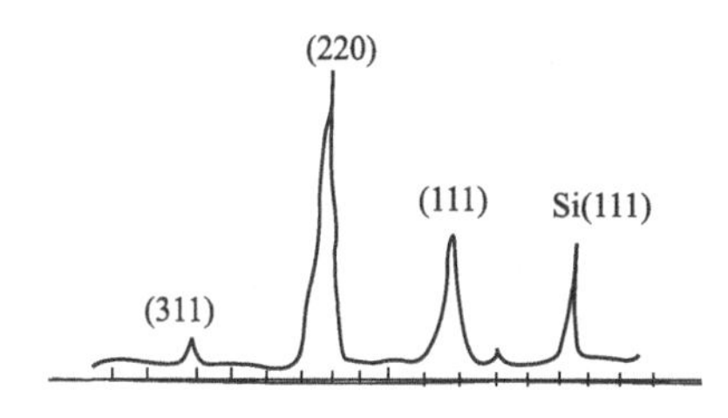

图 10-11　金刚石薄膜的 X 射线衍射图

易于获得薄膜晶体的衍射峰或峰值太弱，而基体材料反而会出现较强的峰值。

② 由于薄膜被衍射的强度较低，最好采用高强度X射线源。如选用转靶X射线源或同步辐射源，以便提高相应的衍射信号强度；也可以采用延长衍射时间或采用掠角技术，即将X射线以近于与薄膜试样表面平行的方向入射到薄膜表面上，结果就会极大地增加参与衍射的试样原子数。

X射线衍射分析的应用实例如图10-11所示。它是用甲烷和氢作为原料气体，经热丝CVD法在硅基体上沉积金刚石薄膜后，通过X射线衍射分析所得到的结果[9]。

衍射图中所呈现的（111）、（220）和（311）的衍射峰其位置及由此而计算的晶面间距值与天然金刚石的参数基本上是一致的。

图10-12是在MgO(100)单晶基片上采用射线方法制备的$Fe_{1-x}Ni_x$/Cu多层金属薄膜的三种X射线衍射图[7]。图中（a）是较小的角度范围内测得的超晶格的衍射曲线，其中以不同周期出现的衍射峰分别对应了由薄膜厚度以及超晶格周期引起的X射线干涉效果；图10-12(b)中是在超晶格薄膜法向测得的（200）晶面的布拉格衍射峰，在主峰两侧出现的卫星峰产生于超晶格周期（约6nm）与晶面周期（约0.18nm）共同作用产生的干涉效果；图10-12(c)中采用上述的掠角X射线衍射法所测得的超晶格与MgO基片（200）布拉格衍射在试样平面分布情况。在图10-12(a)、图10-12(c)的测量中，由于入射的X射线与薄膜平面接近平行，因而可以获得很高的衍射强度。而图10-12(b)的测量是在入射角比较大的情况下得到的，因而衍射强度很低，需要相应延长测量的时间。

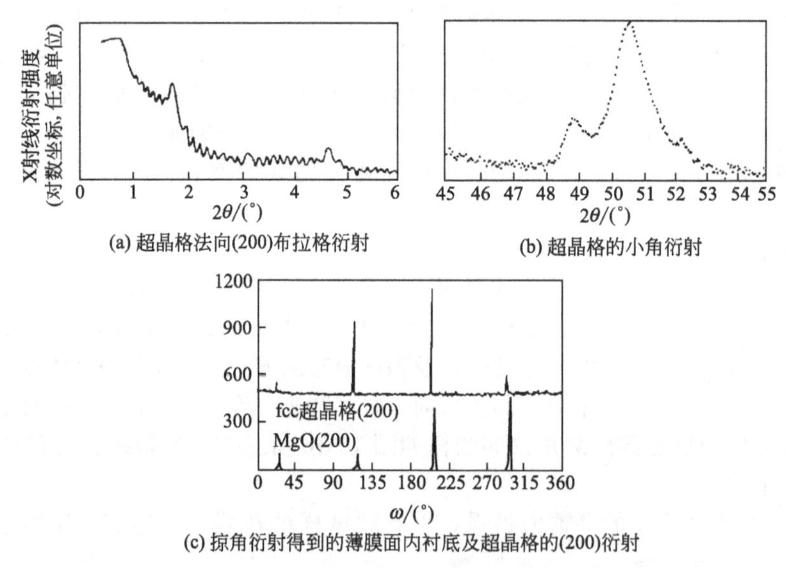

(a) 超晶格法向(200)布拉格衍射

(b) 超晶格的小角衍射

(c) 掠角衍射得到的薄膜面内衬底及超晶格的(200)衍射

图10-12 MgO(100)基片上$Fe_{1-x}Ni_x$/Cu超晶格的X射线衍射图[7]

10.5.5 低能电子衍射和反射式高能电子衍射[7]

低能电子衍射（LEED）和反射式高能电子衍射（RHEED）是一种对薄膜表面结构敏感的实时结构表征方法。两种方法的衍射图如图10-13所示。为了实现薄膜表面的研究防止可能造成的污染干涉，在两种测量装置中采用超高真空系统进行抽真空是十分必要的。

从式(10-2)可以看出：在对薄膜表面进行研究时，既可采用波长较长的电子束，也可以采用波长远小于晶体点阵原子面间距的电子束。前者对应的电子束入射角和衍射角都比较大，而且由于这时的电子能量较低，因而电子束对基体表面的穿透深度较小；而后者对应的电子入射角和衍射均比较小，因而穿透深度就只能限于薄膜的表层上。从量子力学的原理中可知其电子波长 λ 与电子的加速电压 V 之间所应满足的关系式为：

$$\lambda=\frac{h}{\sqrt{2mqV}} \tag{10-3}$$

式中，h 为普朗克常数；m、q 为电子的质量和电量。

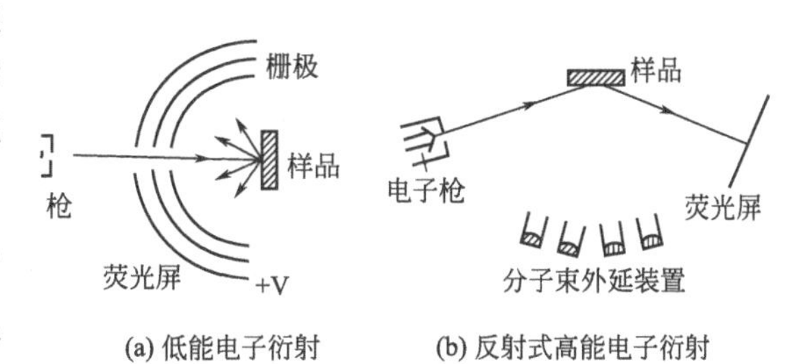

图 10-13　LEED、RHEED 方法示意图

当式(10-3) 中加速电压为 10～1000eV 时，将其用于衍射装置中即可制成低能电子束衍射装置。如将加速电压提高到 5～100keV 时，就可以制成高能电子束衍射装置。

在低能电子束衍射装置中，具有 10～1000eV 能量的低能电子从薄膜的法线方向入射到薄膜表面，其穿透深度只有零点几个纳米的数量级。这相当于低能电子只能感受到晶体的二维周期场的存在，电子束被二维的晶体周期场所衍射，并向空间的各个方向射出。考虑图 10-13 中波长为 λ 的电子束垂直入射到间距为 d 的一维原子链上时的衍射情况。由于周期排列的原子产生相干衍射波的条件即为式(10-2) 所给出的条件，因而对应一定的衍射角 θ，一维原子链产生的衍射为围绕着原子链的两个锥面；而不同的 n 又给出了一对对不同的衍射锥面。显然，推广到二维原子面的情况，对应的衍射方向将是两组一维衍射锥面的交线。

如果在上述衍射方向上用荧光屏接收这些电子束，就可以获得表面二维点阵的衍射图，从而推断薄膜表面的原子周期排列情况。由上述分析中可知低能电子衍射技术是研究表面原子周期结构的有效手段。图10-14是 Si (100) 表面的低能电子衍射图。其中图 10-14(a) 对应了清洁表面（这时，表面 Si 原子的排列将不同于基体材料中的情况，即发生了重构）的衍射图；而图10-14(b)则是对应于 Si 表面吸附 H 之后的情况。

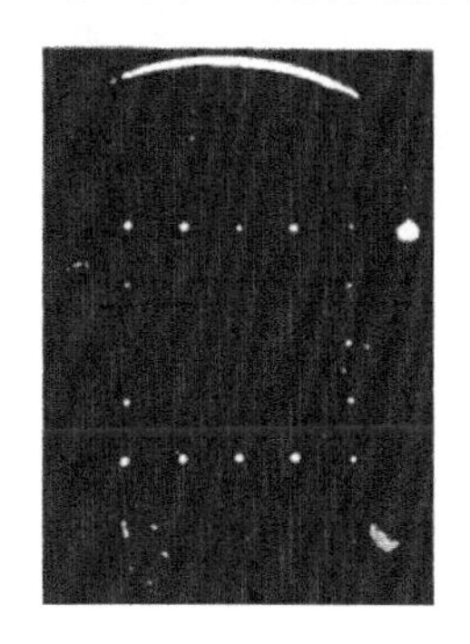

(a) 清洁表面重构后的衍射图

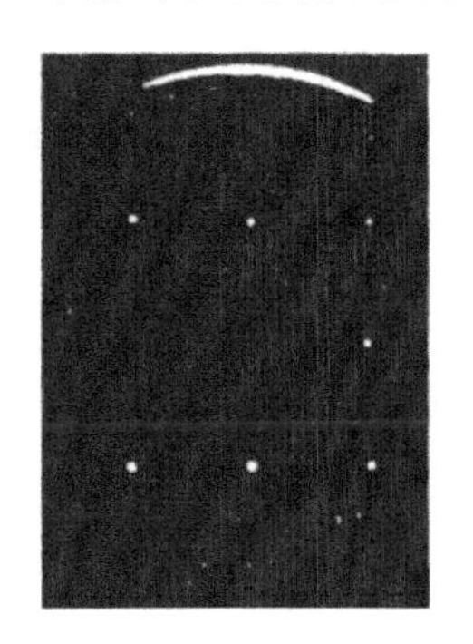

(b) 表面吸附H之后的衍射图

图 10-14　Si(100) 表面的低能电子衍射图

在高能电子衍射装置中是将具有 5～100keV 能量的高能电子束以掠射的角度入射在薄膜表面。这一方法的优点是由于电子束是掠角入射的，因而衍射装置与其他设备之间在空间位置方面较少干扰。与透射电子显微镜的相同。高能电子束对应了很小的衍射角，即衍射电子束将以近似平行于入射方向的角度射出。

用反射式高能电子衍射方法可以很方便地观察到薄膜生长的各种模式。如图 10-15 所示，在薄膜呈层状生长模式时，电子衍射感受到的只是薄膜表面的二维点阵，因而其衍射图

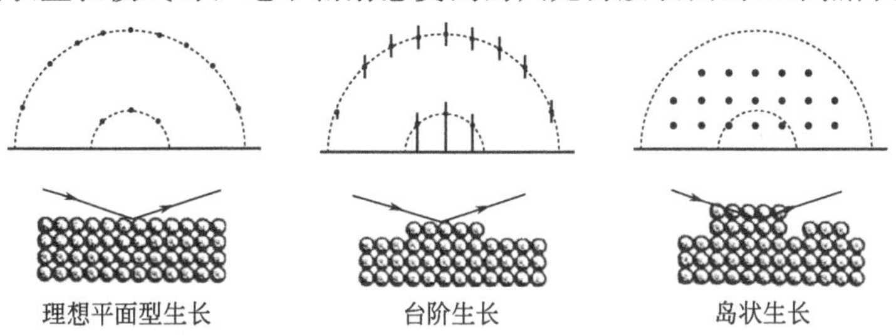

图 10-15　不同薄膜生长模式对应的高能电子衍射

应是分布在几个同心圆上的衍射斑点，即在低能电子衍射中讨论过的那样。衍射斑点的拉长是因为在薄膜表面出现了生长台阶的缘故。在岛状生长模式的情况下，电子束将穿透薄膜表面岛状晶体的三维点阵，其衍射图将像透射电子显微镜中的电子衍射一样，呈现出三维点阵的衍射图特征。

10.5.6 扫描探针显微镜

(1) 扫描探针的工作原理[7]

利用尺寸极小的显微探针，在极为接近试样表面的情况下，通过探测物质表面某种物理效应随探测距离的变化，获得原子尺度的表面结构或其他方面的信息装置，称为扫描探针。其工作原理如图 10-16 所示。装置中最重要的部件是以压电陶瓷材料制成的微驱动器。它可以在 x、y、z 三个方向上控制显微探针的位置。与激光测量技术相结合，可以将显微探针定位精度提高到小于 0.1nm 的极高水平。在工作时，显微探针在试样的表面上逐点扫描，并将获取的信息显示为直观的三维图像。这些信息可以是试样表面的高度，也可以是表面电子的密度、磁场、电势、温度等各种与试样表面结构相关的信息。

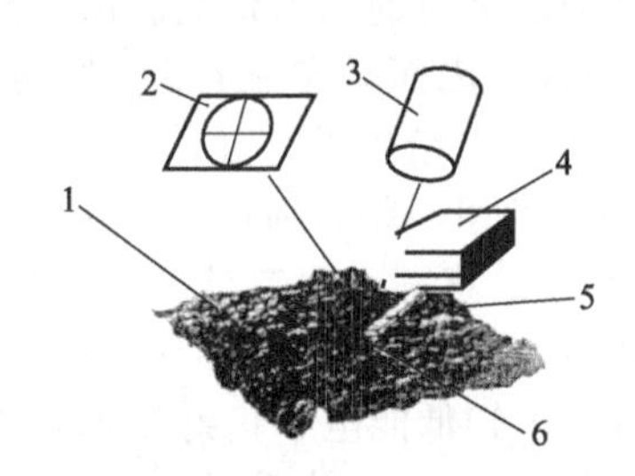

图 10-16 扫描探针显微镜

1—试样；2—光传感器；3—激光器；4—压电陶瓷三维驱动装置；5—试样；6—探针

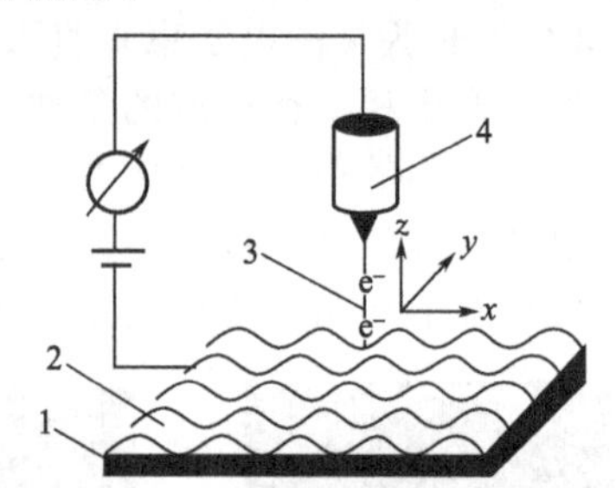

图 10-17 扫描隧道显微镜的原理

1—试样；2—试样的微观形貌；3—隧道电流；4—探针

(2) 扫描探针显微镜常用的两种类型

扫描探针显微镜近年来发展较快，现仅以实用的扫描隧道显微镜和原子力显微镜两种类型为例作一介绍。

① 扫描隧道显微镜

扫描隧道显微镜的工作原理是测量穿越于试样表面与显微探针之间隧道电流的大小，如图 10-17 所示。当直径约为 0.1～10μm 的探针与试样表面相距 1nm 左右的距离时，试样与探针间的隧道电流将随着两者间距离的减小而迅速增加。因此利用隧道电流作为反馈信号，不但可以获得试样的表面形貌特征的信息，而且也可以获得极高的分辨率。目前，在高度和水平两个方向上所获得的分辨率可分别为 0.002nm 和 0.2nm。而且由于穿过探针的隧道电流的大小直接与试样表面的电子态密度有关，因此扫描隧道显微镜所测量的并不单纯是试样的表面形貌，实际上应当是试样表面上的电子密度的分布。

应当注意的是扫描隧道显微镜所观测的试样应当是导体或半导体，这是因为非导体并不具备通过隧道电流的条件的缘故。

此外，为了反映薄膜表面的真实状态，要求扫描隧道显微镜在高真空条件下工作也是其重要的工作条件之一。

② 原子力显微镜

原子力显微镜的工作原理是利用物质原子间所产生的作用力来实现显微观测的。

如第 2 章中所述的当原子间的距离减小到一定程度以后，原子间的作用力将迅速上升。因此，由显微探针受力的大小就可以直接换算出试样表面的高度，从而获得试样表面形貌的信息。

原子力显微镜的工作方式有如下两种。一种是探针与试样表面相接触。这种工作方式可使探针直接地感受到表面原子与探针间的排斥力，由于工作时探针与试样表面十分接近，因此探针所感受到的排斥力很强可达 10^{-7}～10^{-6}N。因此，这时的分析能力可处于很高的工作状态；另一种是探针与试样表面并不接触。这时探针是以一定的频率在距试样表面约为5～6nm 的距离上振动。因此，它所感受的力是表面与探针间的引力，其力的大小值只有 10^{-12}N 左右。它与上述探针与试样表面相接触的方式相比较，虽然分辨率较低，但是，非接触式的工作方式由于探针不接触试样表面，因此对试样硬度较低的表面不但不会造成损坏，而且也不易引起试样的污染。

当探针与试样处于上下振动的点击式状态时，其振幅约为 100nm 左右。在每次振动中使探针与试样表面撞击一次。由于这种将上述两种结合的工作方式不但可以达到与接触模式相近的分辨能力，而且由于探针处于不断的振动之中，因而可以避免接触式时试样表面原子对探针所产生的拖曳力的影响。

此外，原子力显微镜与扫描隧道显微镜相比较，并不要求被检试样具有导电性。

10.6 薄膜组成分析

薄膜组成分析应包括膜层表面和膜层深度两个方面，其基本工作原理大多是首先在高真空或超高真空环境中利用电子、离子、原子、光子或分子等各种粒子作为探测源，使其入射到被测的试样表面上；然后，利用从固体试样中释放出来的电子、离子、光子或者从入射到固体试样表面上粒子能量所受到的损失中获得相关的信息资料来实现的。由于这些信息均具有材料的特征，因此以材料特征为手段进行薄膜组成的分析。其方法较多，现仅就目前最常采用的几种装置作如下简介。

10.6.1 俄歇电子能谱仪[7]

俄歇电子能谱仪（Auger Electron Spectrometer）简称 AES。它是利用原子中俄歇电子的能谱对试样进行分析的一种装置。由于原子内的电子是按壳层（轨道）分布的。如用加速到几千乃至几万伏的电子去轰击原子，则原子的内层电子，例如图 10-18 所给出的 K 层的电子接收能量而跃离原子。此时外层（如 L 层）的电子跃迁到 K 层，同时，把多余的能量传给其他的 L 层电子，把它发射出去的多余的能量有时也成为电磁波——特征 X 射线而发出。把它称为 KLL 跃迁。发射出来的电子称为 KLL 俄歇电子。由于俄歇电子能谱反映固体中原

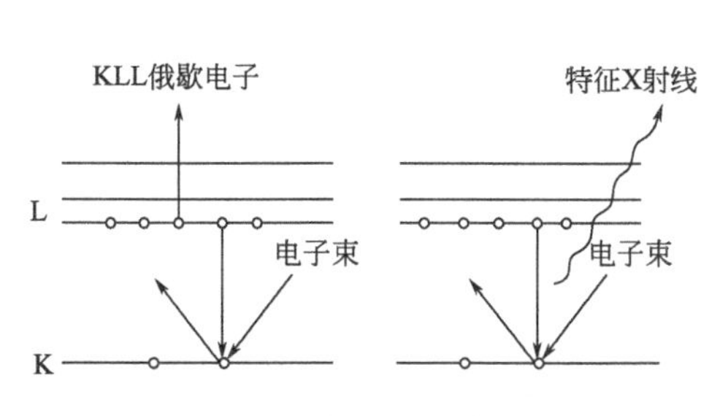

图 10-18 俄歇电子与特征 X 射线产生示意图

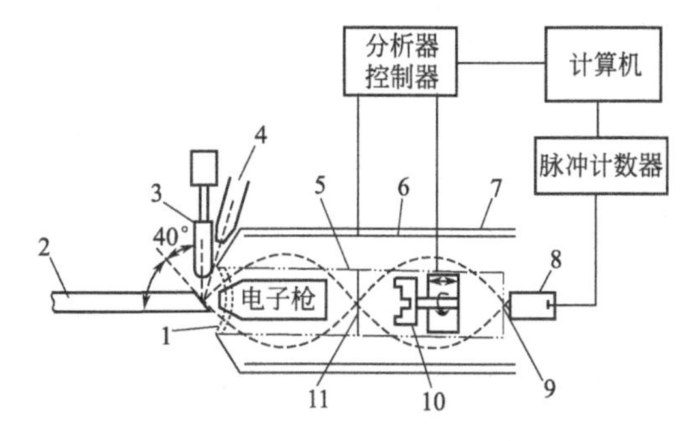

图 10-19 俄歇电子能谱仪结构

1—阻挡栅极；2—试样杆；3—X 射线源；4—离子枪；5—内圆桶；6—外圆桶；7—磁屏蔽；8—光电倍增管；9—第二光栏；10—角度分析光栏；11—第一光栏

子的固有能级，所以根据这种能谱可确定固体的元素（同样，测定特征 X 射线的波长与强度也可确定固体中的元素，这就是 X 射线微量分析）。显然，不限于 KLL 俄歇电子，其他尚有 LMM、MNN 等的俄歇电子。对于某一元素来说，它们均有固定的值。

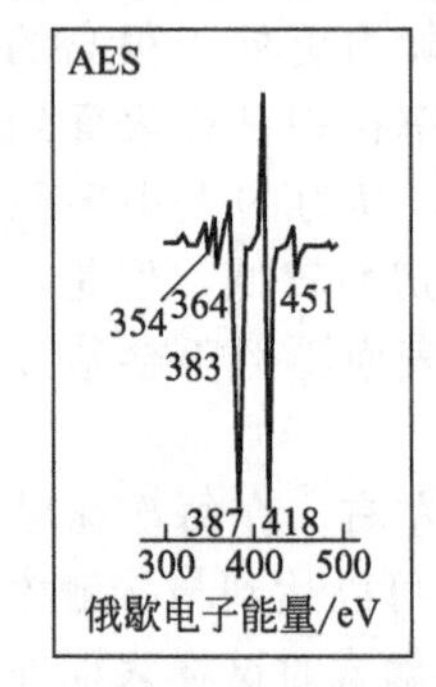

图 10-20 Ti 元素的俄歇电子光谱

俄歇电子谱仪主要由电子枪、同心圆筒形能量分析器、光电倍增管以及超高真空系统等部分所组成。其典型结构如图 10-19 所示。为了使试样表面免受污染，应使其工作压力不低于 10^{-8} Pa，这是非常重要的。

当一次电子入射到试样上，从试样表面上逸出的俄歇电子经过同心圆管形的电子能量分析器按电子的动能大小进行分离后，将能量过高和过低的电子通过改变金属筒上的电压加以控制，只允许能量在 ΔE 范围内的电子通过。这样即可以实现对整个电子能量区域内的扫描。从图 10-20 中可以看出俄歇电子是来自试样中二次电子的很小的一部分，因此必须将这部分俄歇电子从其他造成测量背底的电子中分离开来。在实际的测量中采用了将获得的电子能量分布曲线进行一次微分的方法，即可得到如图 10-21 所示的是 Ti 的电子密度 dN/dE 为其电子能量 E 间的关系曲线，并且把该曲线的最低点设置为俄歇电子的能量。

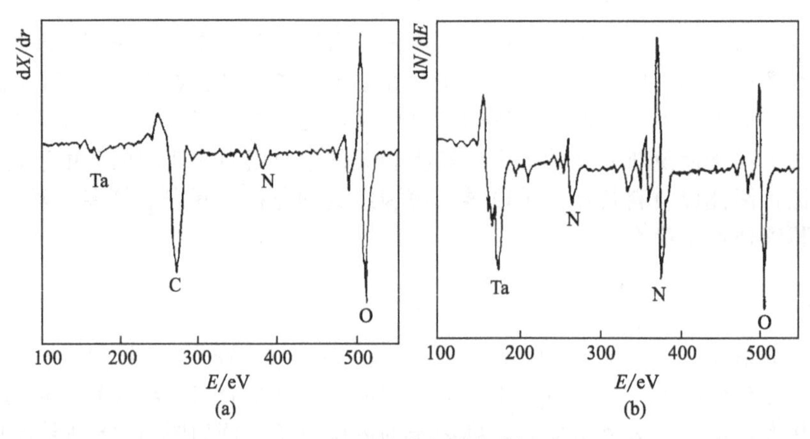

图 10-21 俄歇电子能谱图

目前，俄歇电子能谱仪的分析深度只有几个纳米，因此只能进行表面分析。图 10-22 是利用俄歇电子对直流二极溅射法，在 Ar、N_2 混合气体（N_2 少量）中，采用 Ta 靶对溅射在玻璃或陶瓷基片上的薄膜所进行的 AES 分析。图中（a）是未经过氩离子刻蚀的图谱；（b）为经过氩气离子刻蚀的图谱。图 10-21 表明：未刻蚀前由于表面受到污染，使 C 峰显示出明显的降低；但是，刻蚀后的 Ta 和 N 却有明显的增加；而 O 峰在刻蚀前后并没有发生多大的变化，这可能是因为氧被薄膜内所吸收的缘故，或以光电子能谱中所看到的由于氧没有化学位移，而 N_2 和 Ta 则有明显的化学位移，故可认为氧是以单质形态而存在的，但是 N_2 和 Ta 则是以化合物形态存在的结果。

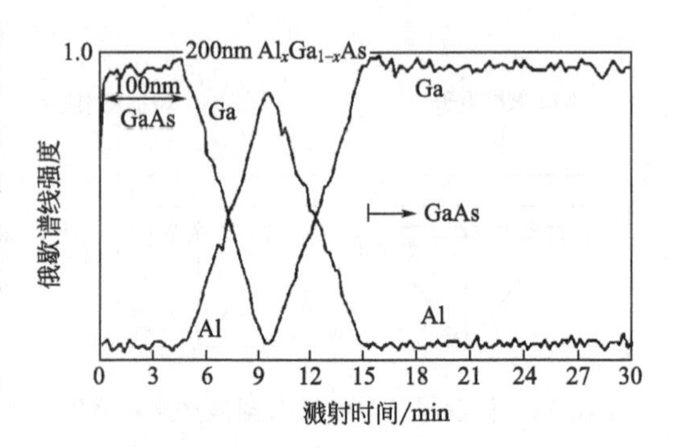

图 10-22 GaAs/Al$_x$Ga$_{1-x}$As/GaAs 薄膜结构的俄歇电子成分深度分布

为了对薄膜深度进行成分分析，可采用离子枪对试样表面进行溅射的同时探测分析俄歇电子的能量分布，进而获得试样的成分谱图。

图 10-22 是利用俄歇电子对 $GaAs/Al_xGa_{1-x}As/GaAs$ 薄膜结构成分深度分布所得到的对 Ga、Al 两种元素的深度分布结果。图中可以看到薄膜中间部分具有 Al/Ga 元素比呈现出先升后降的三角形分布。

同时，采用电子束聚焦扫描的方法，俄歇电子能谱仪也可以工作在扫描电子显微镜状态。用这种方法可以得到二次电子提供的表面形貌，也可以得到俄歇电子提供的特定元素的分布图像。

10.6.2 二次离子质谱分析仪[7]

二次离子质谱分析仪（Secondry ion mass spectrometer）简称 SIMS，是质谱分析的一种。它是利用电离后原子或原子基团质量不同的特点分辨其化学构成的一种方法。因此，被质谱分析的固态物质必须事先采取特定的手段，将其离化成可供分析的离子状态。提供这种条件的方法是通过离子源对被测试的表面进行离子轰击。由于在轰击过程中除溅射出来的大量中性原子外，还将有少量的正负离子。但是，进入到仪器质量分析系统中的只是那些可以受到电场和磁场作用的二次电子。可是进入到二次离子质谱仪分析的关键问题是提高离子的产额。实验表明：入射离子的种类对二次离子的溅射产额影响很大，例如：相对于清洁的金属表面的正离子产额而言，氧化表面的正离子产额要高出十倍以上。因此，在利用正离子分析固体表面成分时，多采用 O_2^- 束作为溅射源，而在采用负离子对表面进行分析时，则采用 Cs^+ 作为溅射源。

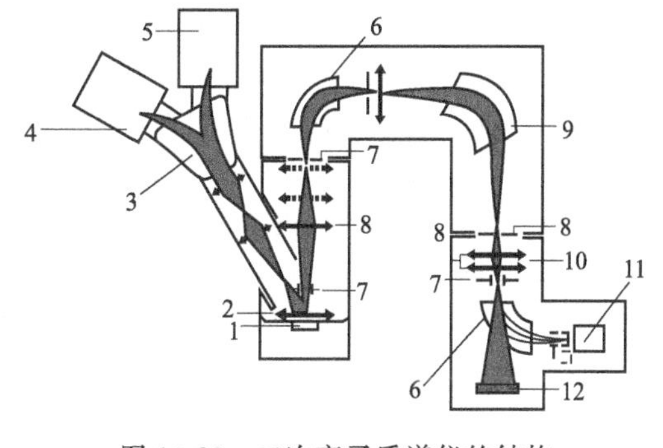

图 10-23 二次离子质谱仪的结构

1—试样；2—透镜；3—质谱分析器；4—Ar、O_2 离子源；5—Cs 离子源；6—静电能量分析器；7—狭缝；8—光学系统；9—质量分离电磁体；10—投影系统；11—光电倍增器；12—荧光屏

二次离子质谱分析仪的结构如图 10-23 所示。装置中设置的 Ar^+、O_2^- 及 Cs^+ 等三种离子源的能量大约为 2～15keV。离子轰击试样后所产生的二次离子或离子团首先被引入离子能量分析器，通过能量分析器的离子，再经过质量分析系统。其工作过程是带有电荷 q、速度为 v、质量数为 M 的离子或离子团在磁感应强度为 B 的磁场中的旋转半径 r 等于：

$$r=\frac{Mv}{qB} \tag{10-4}$$

因而，只有满足上述条件的离子或离子团才能通过半径确定的磁偏转系统，并被装在仪器后部的探测器检出。

利用二次离子质谱，不仅可以进行静态的表面成分分析，而且也可以进行成分的动态深度分析。前者要求离子的表面溅射速率要低一些，以保证在一次分析中试样的表面状态变化不大；而后者应采用较大的离子溅射速率，以便于在溅射进行的同时分析溅射离子的质量，从而得出成分随溅射时间或溅射深度的变化曲线。

二次离子质谱的信号也可以被用来产生被研究试样的成分图像。其具体工作方式可以分为扫描型和投影型两种形式。扫描型二次离子质谱的工作方式与扫描电子显微镜相近。它使溅射点在试样上不断扫描，用产生出来的二次离子信号调制荧光屏的亮度，从而得到某元素的面分布图像。显然，这种工作方式的图像分辨率取决于离子束的扫描点直径；而投影式二次离子质谱是将整个试样表面发出的二次离子信号按照一定的质量数检出，然后像透射电子显微镜那样，让其通过成像系统直接投影为元素的面分布像。这一方法的分辨率取决于二次离子成像系统的性能。

二次离子质谱仪不但具有极高的检出极限，可以检测出的元素相对含量甚至可以达到10^{-6}的低水平；而且溅射出来的离子逸出深度只有1nm左右；因此，它作为分析固体表面成分的一种手段是十分有效的。这种装置的缺点是谱的分析比较复杂。因为在被分析的谱线中包括着各种质量数的谱线，它不仅来自于各种元素的不同组合；而且还来自它们的各种同位素的组合，因此相同或相近的质量数可能对应了不同的原子团。

10.6.3 卢瑟福背散射分析仪[7]

卢瑟福背散射分析技术，简称RBS，它是利用具有较高能量且质量又较小的离子在物质碰撞过程中发生的被称为卢瑟福的散射原理对薄膜成分进行分析的一种技术。

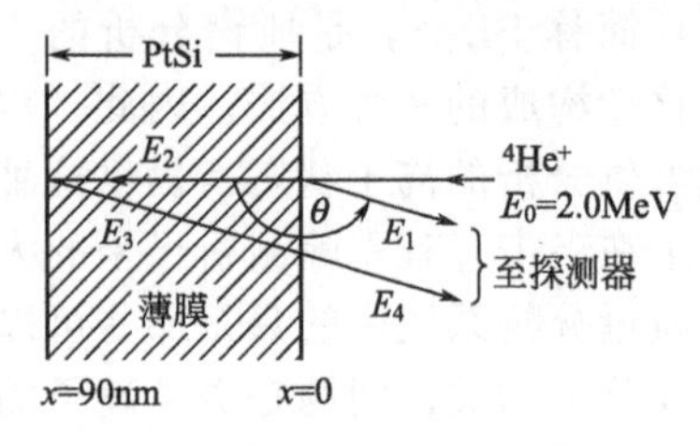

图10-24 卢瑟福散射的模型

如果采用质量较轻的一束He^+，将其能量加速到E_0=2MeV以后射向如图10-24所示的薄膜表面上，由于质量很小，能量很高的离子对物质具有一定的穿透能力，并且不易于使物质本身产生溅射。这时这种高能离子与物质之间即可产生两种相互不同情况的作用：一种是高能离子在远离原子核的地方，通过并且不断地激发原子周围的电子方式来消耗其自身的能量。由于这种激发过程十分频繁，在离子本身每一次碰撞所损失的能量相对而言较小。因而，这种离子能量消耗过程几乎可以认为是连续的。而另一种则是当离子的运动轨迹接近于物质的原子核时，它与原子核之间将发生经典的弹性碰撞过程。由经典的电动力学中可知，入射的离子与原子核之间所发生的库仑排斥力将会使入射的离子能量和动量发生变化；而且，这一过程又与原子的电子态或键合态无关。

首先考虑一下的是散射发生在薄膜表面上的情况。如图10-24所示，设入射的离子质量为M_0，参与散射的原子片在薄膜表面，其质量为M时，离子在背散射后将具有能量E；并且，其运动轨迹方面将与原来的轨迹方向偏离了θ角度。这时依据能量与动量的守恒条件要求，则有：

$$\frac{E}{E_0}=K=\frac{(\sqrt{M_2-M_0^2\sin^2\theta}+M_0\cos\theta)^2}{(M_0+M)^2} \tag{10-5}$$

式中，K为运动学参数。

若M_0、E_0和θ固定时，则可通过测量被散射回来的离子能量E求出参与散射的表面原子的质量M_0。

例如在θ=170°的情况下，与上述条件对应的Pt和Si原子的K值分别为：

$$K(\text{Pt})=0.922 \quad K(\text{Si})=0.565$$

因此，入射的离子在被表面的Pt和Si原子散射后，在θ=170°的方向上，将可以接收到能量分别等于1.844MeV和1.130MeV的He^+。

对于发生在薄膜内部的卢瑟福散射而言，上述关系也是成立的。但是，由于入射离子在通过物质时发生了连续的能量耗散；因而，弹性碰撞发生时的离子能量已有所降低。同时，经过散射的离子要再次通过物质体内，又要损失一部分能量。因此，薄膜中某一元素引起的卢瑟福背散射能量谱对应于一定的能量区间。例如，图10-25所示的PtSi薄膜所成的卢瑟福背散射能量谱形成过程的示意图，其中的E_1

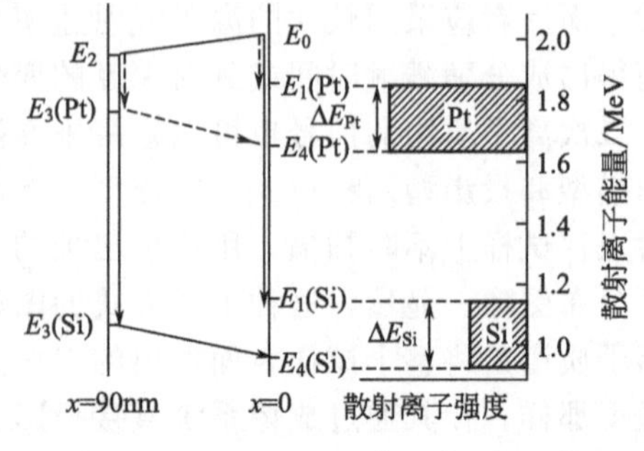

图10-25 PtSi薄膜卢瑟福背散射能量谱的形成

(Pt) 和 E_1(Si) 分别对应了薄膜表面的 Pt 和 Si 原子引起的散射，而 E_4(Pt) 和 E_4(Si) 对应了薄膜最深处的 Pt 和 Si 原子的散射。因此，薄膜的卢瑟福散射谱将有两个能量区间，它们各自与一个元素的散射相对应；同时，每个元素的散射又造成散射离子的能量分布，其中最高能量与表面原子相对应，最低能量与最内部的原子相对应。由这种测量结果，就可以确定元素的种类、浓度及其分布。

卢瑟福背散射分析装置的结构如图 10-26 所示。装置的核心部分是一台高能离子加速器，由离子源所产生的各种（^{4}He，^{12}C，^{14}N 等）离子通过加速聚焦，质量筛选后入射到试样上，散射回来的离子经 Si 探测器转换为电压脉冲，再经过多道分析器记数之后就可以得到卢瑟福背散谱。

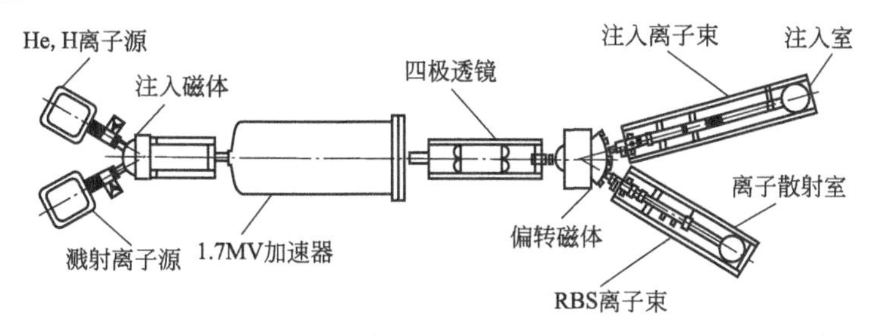

图 10-26 卢瑟福背散装置示意图

图 10-27 是对 Si 基片上 90nm 厚度的 PtSi 薄膜所测得的卢瑟福背散射谱。如果将该图谱与图 10-25 相对比，可以看出两者是比较相似的。

卢瑟福背散射方法用于薄膜的化学成分分析，不但准确可靠，而且其物理图像也比较简单。对其所测结果的解释也并不需要作很多的假设，其优点是显而易见的。

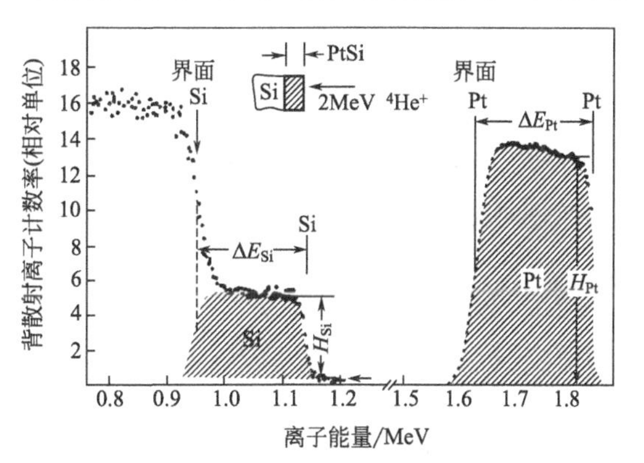

图 10-27 Si 衬底上 90nm 厚度的 PtSi 薄膜对应的卢瑟福背散射谱

10.6.4 X 射线光电子能谱仪[1]

X 射线光电子谱（X-ray Photo-electron-Spectroscopy）简称为 XPS 或称为化学分析用电子能谱（Electron Spectroscopy for Chemical Analysis，简称 ESCA）。它是利用能量较低的 X 射线源作为激发源，通过分析试样发射出来的具有特征能量的电子实现试样的化学成分的分析。

被 X 射线激发出来的光电子所具有的能量 E 可用下式表示：

$$E=h\nu+E_B \tag{10-6}$$

式中，ν 为 X 射线的入射频率；E_B 为被激发出来的电子原来的能级。

若入射的 X 射线波长为固定值时，只要测量出来的光电子的能量 E，就可以获得试样中元素的含量及其分布状态。

图 10-28 是 X 射线光电子能谱仪的示意图。它是由 X 射线光源发生器、能量分析器、电子倍增器、记录仪以及高真空系统等部分所组成。

当能量分析器加上一定电压后，只能使具有一定能量的电子通过，再由电子倍增器收集。如果改变能量分析器上的电压使其连续地扫描，就会依次收集到不同动能的电子。于是就会在记录仪上得到数目为 $N(E)$ 与其动能的变化关系曲线，即 X 射线的光电子能谱。一般在这种谱仪中都会直接将电子动能坐标转化为结合能坐标。

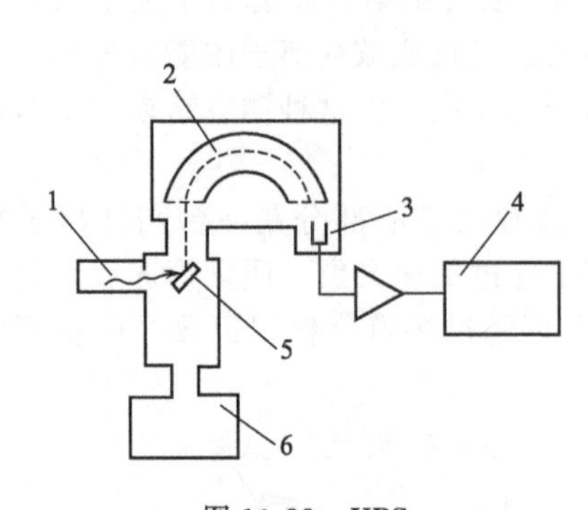

图 10-28 XPS

1—X 射线光源；2—能量分析器；3—电子信增器；
4—记录仪；5—试样；6—真空系统

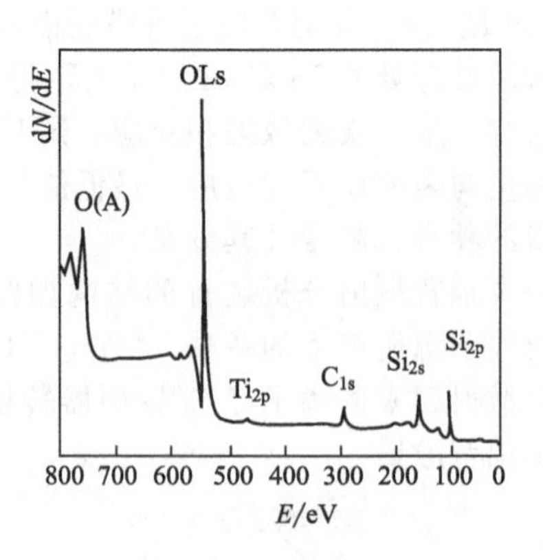

图 10-29 X 光电子能谱

图 10-29 给出了利用有机金属溶液浸渍法在玻璃基体制备 SiO_2 薄膜的光电子能谱图。图中 O（A）是氧的俄歇电子，C 则是由于表面受到污染引起的。Ti 是混入其中的杂质。而图谱中的谱峰位置即表示了原子特定能级。

由此可见，从该能谱中不但可以从其谱峰的位置上定性分析出 SiO_2 薄膜表面上的原子，定量或半定量地从谱峰的强度图谱上确定出元素的相对含量，而且也可以由谱峰的化学位移中确定出元素的化学价态。因为原子各能级的结合能是随原子与原子的结合的不同，而有微小的约有十分之几到几个电子伏的差异。此即为其化学的位移。如果一个原子与另一个电负性强的原子结合成为正离子，则它的 E_B 值就会变大；如果与电负性弱的原子结合成为负离子，则 E_B 值就会变小。这就是 XPS 图上引起峰位向左或向右移动的原因。

通过对图 10-29 中的 Si_{2p} 峰作出的谱图测得的化学位移值与 SiO_2 中的 Si_{2p} 的化学位移相符合，因此可以断言：全图谱中 O 原子和 Si 原子就是结合成 SiO_2 的化合物。

图 10-30 是采用磁控溅射法对基体为玻璃、膜系为 ITO-SiO_2-玻璃的试样所进行的原始表面的 XPS 分析[9]。图中表明，在原始表面上 Sn 有部分氧化成 SnO_2（Sn_{3d} 峰位），其余为 SnO（Sn_{3a} 峰位），比例为 1∶3，占表面原子数分数分别为 2.2% 和 7.0%。In 为三价氧化态，In_2O_3 原子数分别为 60%。

通过采用 XPS 深度剖析所使用的离子枪对均质 ITO 膜进行预定时间刻蚀，采用台阶仪对刻蚀进行深度测量，从而获得离子枪刻蚀时间与刻蚀深度的对应关系。

图 10-31 是上述 ITO 薄膜的 XPS 深度剖面图。从图中可以看出，表面 C 污染较为严重。原子数分数为 27.9%。在表层 0～2nm（相当于时间 0～30s）开始时 C 含量较高，In、Sn 和 O 含量相对较低，随着深度的增加 C 逐渐减少，In、Sn、O 含量逐渐增高。

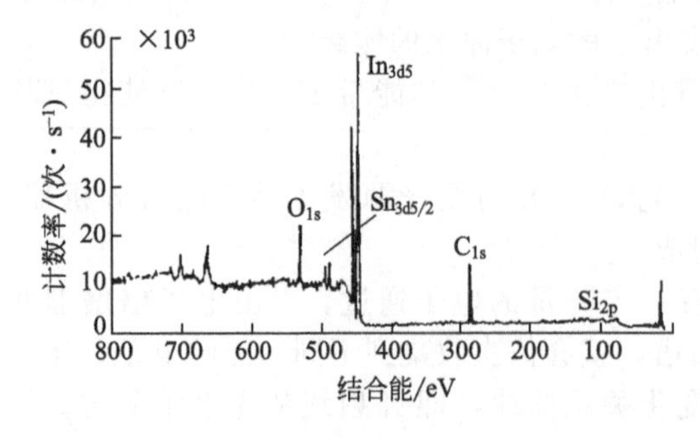

图 10-30 原始表面 XPS 谱图

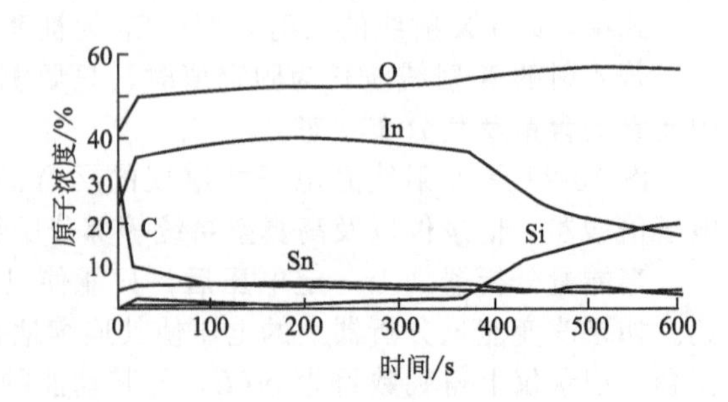

图 10-31 XPS 深度剖面图

在深度为 2.0～24.7nm（相当于时间 20～350s）的范围为氧化铟锡薄膜区。C 含量由 27.9%（原子数分数）降至 5.0%，并基本保持不变；在深度为 24.7nm 处出现了 Si 的特征峰，说明已接近 ITO-SiO_2 界面。

当选取膜层深度为 16.0nm（200s 左右）时，经过对各种元素的特征峰值谱分析，表明含有的物质为 In_2O_3、SnO_2 和 C。利用因子分析法进行定量计算，结果如表 10-3 和表 10-4 所示。

由表 10-4 可以求得：In_2O_3 ∶ SnO_2 = 9 ∶ 1.03 或者 In_2O_3 ∶ SnO_2 = 9 ∶ 0.98。

深度剖面的第 3 个区域，即 24.7～35.0nm 区域，则为 ITO 与 SiO_2 的界面区域。其界面厚度约为 10.0nm；Si_{2p}峰出现并且逐渐增大，以 Si-O 并稳态（Si ∶ O 原子含量为 1 ∶ 1）和 In-Si-O 结合的类硅酸盐化合物（In ∶ Si ∶ O 为 1 ∶ 2 ∶ 3）形式存在。

表 10-3　16.0nm 深度元素含量

元素	In	Sn	O	C
含量(原子数分数)/%	39.0	5.0	52.0	4.0

表 10-4　16.0nm 深度的成分含量

成分	In_2O_3	SnO_2	C
含量(质量分数)/%	88.8	10.3	0.9

参考文献

[1] 王福贞等编著．表面沉积技术．北京：机械工业出版社，1989.

[2] 陈宝清主编．离子镀及溅射技术．北京：国防工业出版社，1990.

第11章

真空镀膜技术中的清洁处理

11.1 概述

真空镀膜技术中的清洁处理（亦称真空卫生）一般涉及真空镀膜设备的结构材料、装填材料、真空零部件的清洁处理和真空镀膜设备的环境要求及真空镀膜工艺过程中基片的清洁处理问题。这些问题既是独立的，也是互相联系的。首先，在真空镀设备的研制过程中，只有严格地清洁处理好各个零部件后，才能保证该设备的性能稳定。只有先进的真空镀膜设备才能生产出合格的镀膜产品；其次是先进的真空镀膜设备必须安装在符合镀膜真空工艺的环境要求的实验场所，才能保证镀膜生产工艺的进行；最后，在镀膜生产工艺中，基片表面洁净直接决定了镀膜前处理工艺过程及对基片进行清洗处理的配方，因此它决定了是否能生产出合格的镀膜产品。由此可知，真空镀膜技术中的清洁处理是十分重要的。必须引起广大真空镀膜科技人员高度重视。

11.2 真空镀膜设备的清洁处理

11.2.1 真空镀膜设备污染物的来源及清洁处理

真空镀膜设备由许多不同的零件组成，它们都是经过各种机械加工完成的，例如车、铣、刨、磨、镗、焊接等。这样，零件表面不可避免地会沾上许多加工油脂、汗痕、抛光膏、焊剂、金属屑、油垢等污染物。这些污染物在真空中易挥发，影响真空镀膜设备的极限压力和性能稳定性。此外，污染物在大气压下吸附了大量的气体，在真空环境中，这些气体也要被释放出来，构成了限制真空镀膜设备极限压力的因素。为此，零件组装前必须清除掉污染物。

此外，真空镀膜设备在使用过程中，零件还会受到污染。这种污染与使用条件及真空泵有关。例如：真空镀膜机的内壁会被蒸镀材料污染；真空镀膜设备真空抽气机组的机械泵油更是污染源，设备长期工作后会使设备内部形成明显的油膜。这些污染同样会影响设备的性能，应注意随时清除。特别是超高真空多靶磁控＋离子束联合溅射设备，其极限压力为6.6×10^{-4}Pa，所配备的真空抽气组为超高真空系统。在超高真空系统中，清洁处理更为重要。良好的清洁处理工艺，可以使材料放气率降低几个数量级。例如：不锈钢长期暴露于大气后，不进行任何处理，抽气1h后的出气率为2.7×10^{-1}Pa・L/(s・m^2)，清除油污后抽气 4h，可降到 1.3×10^{-3}Pa·L/(s·m^2)。在 250℃下烘烤 15h，出气率进一步降到 1.3×10^{-6}Pa·L/(s·m^2)。好的清洁处理工艺，可以提高设备的极限压力。

超高真空系统真空室材料多为不锈钢，对不锈钢的清洗极为重要。清洗是为了减少不锈钢表面物理吸附和化学吸附的气体。不清洁的不锈钢表面利用二次离子谱仪和俄歇谱仪观察，主要污染是碳和它的化合物，属于有机物。因此，利用各种化学溶剂除去表面有机物、碳化物是常用的方法。表 11-1、表 11-2 比较了几种清洗方法及不锈钢经各种处理后的典型放气率。

表 11-1 对不锈钢种种清洗方法的比较

清 洗 方 法	抽气 48h 后的放气率/[Pa·L/(s·cm^2)]
表面机械抛光、用三氯化乙烯蒸气除油	4×10^{-9}
仅仅电抛光	3.3×10^{-9}
在空气中烘烤到 500℃，用蒸馏水清洗（烘烤能使有机物分解蒸发，能使表面的杂质氧化，所以烘烤也为一种清洗方法）	1.3×10^{-9}
用化学酸洗去氧化膜	8×10^{-9}

表 11-2 不锈钢在各种处理后的典型放气率

处 理 方 法	抽气 48h 后的放气率/[Pa·L/(s·cm^2)]
长期暴露大气，不进行任何处理，抽气 1h	2.6×10^{-5}
除油清洗，不烘烤，抽气 4h	1.3×10^{-7}
除油清洗，250℃烘烤，同时抽气 15h	10^{-10}
真空炉 1000℃烘烤 3h，真空度为 2.6×10^{-4}Pa	10^{-12}

11.2.2 真空镀膜设备真空系统的清洗处理

(1) 油扩散泵真空系统的污染与防治

油扩散泵真空系统是使用最广泛的真空系统，其获得真空度范围为 $1.3\times10^{-3}\sim1.3\times10^{-5}$Pa。油扩散泵真空系统构成的各类真空镀膜设备，常见的故障是真空度抽不上去或真空度抽不到原来的极限压力水平。真空度抽不上去的原因需要仔细分析，可能是活动密封处松动、焊缝漏气、真空泵或真空阀门等元件损坏等原因所导致。此外，真空室内壁的油蒸气污染，真空工艺过程各种污染物的污染也可能是主要原因。防止的方法是：①定期清洗真空室；②定期对油封机械真空泵和油金属扩散泵进行清洗。

① 油封机械泵的清洗

对油封机械泵，将泵拆开后可按下面方法进行清洗。

a. 先用废汽油清洗，再用汽油清洗，最后用航空汽油清洗。

b. 用棉布或绸布蘸少量甲醇或丙酮逐一擦洗零件表面。不要用棉纱，以免棉丝留在零件表面上。

c. 如果有锈或毛刺，用细油石或金相砂纸轻轻地擦，注意不要损伤零件表面。

d. 应将油路通孔、油槽、气体通道内部的污垢底清除干净，并用压缩空气将油路吹通吹干。油路中不要留下清洗用的汽油、甲醇、丙酮等残余物。

e. 清洗后的零件用绸布擦净，并用热风吹干后放在储柜中，以免落上灰尘。

清洗无明显故障的油封机械泵，一般不需要将泵拆开，只需从放油孔放出旧油及脏物。然后再从进气口注入新油，用手慢慢地将泵转动几圈后，再把油放出。这样，重复一二次，最后注入新油。

② 金属油扩散泵的清洗

对金属油扩散泵的清洗，可按下列步骤进行：

a. 将泵芯取出并拆开。用干净棉纱擦去各部位的泵油。

b. 用棉纱或绸布擦去泵内壁上的泵油。

c. 用酒精、丙酮，或用加热到 60～70℃的氢氧化钠水溶液直接清洗泵体内壁表面和泵芯。

d. 用吹风机的热风吹干。

③ 真空室的清洗

对真空室进行清洗时须注意的是，在打开真空室之间要关闭好位于油扩散泵与真空室之间的真空阀门，以免污染物落到扩散泵内。真空室内壁的颗粒状污染物可用纱布或绸布擦掉。表面锈痕、氧化层可用细砂纸轻轻磨掉。表面的油污先用干净汽油、酒精、丙酮或甲醇进行擦洗；最后用绸布擦表面，直至不见灰痕为止。

(2) 超高真空系统的烘烤与清洗

由溅射离子泵和钛升华泵组成的真空系统是目前获得清洁超高真空的主要抽气手段，能获得低于 1.3×10^{-3}Pa 的压力。中小型真空镀膜设备真空系统以溅射离子泵做主泵，大型真空系统以钛升华泵做主泵。超高真空系统要求真空室内壁相当干净，零件表面粗糙度要求高，材料放气量要小。真空室零件要进行严格的清洁处理，不要用手接触零件表面。真空室的漏率也要严加控制。除此以外，还要对真空室进行烘烤，烘烤温度一般为 200～250℃，烘烤时间为 10～12h（或者加热到 350～400℃）。

国产溅射离子泵启动压力为 6.7×10^{-1}Pa 左右。压力再高，启动不了。溅射离子泵装配后，第一次启动比较麻烦。为了加速启动，最好卸下磁铁，将泵烘烤。烘烤温度为 400～500℃，烘烤时间 24～30h。使泵彻底除气后，就容易启动。在烘烤过程中，用预抽泵不断抽走烘烤时放出来的气体。溅射离子泵使用一段时间后，可能出现不易启动或极限压力下降的现象。若不是漏气造成的，那就可能是泵受到大气中水蒸气或机械泵油蒸气作用所造成的。这时采取烘烤措施便能使泵恢复原来的性能。若污染严重，性能恢复不了，需将泵卸开，对泵内零部件进行彻底清洗。

11.3 真空镀膜设备的环境要求

由于真空镀膜设备要在真空条件下工作，因此该设备要满足真空对环境的要求。我国制定的各类真空镀膜设备的行业标准（包括真空镀膜设备通用技术条件、真空离子镀膜设备、真空溅射镀膜设备、真空蒸发镀膜设备）都对环境要求作了明确规定。只有满足了真空镀膜设备对环境的要求，才能使该设备正常运转，加上正确的镀膜工艺，方能生产出合格的镀膜产品。

真空对环境的要求，一般包括真空设备对所处实验室（或车间）的温度、空气中的微粒等周围环境的要求，和对处于真空状态或真空中的零件或表面的要求两个方面。这两个方面是有密切联系的。周围环境的好坏直接影响真空设备的正常使用；而真空设备的真空室或装入里面的零件是否清洗，又直接影响设备的性能。如果空气中含有大量的水蒸气和灰尘，在真空室没有经过清洗的情况下，用油封机械泵去抽气，要达到预期的真空度是很难的。众所周知，油封式机械泵不适宜抽除对金属有腐蚀性、对真空油起化学反应的以及含有颗粒尘埃的气体。水蒸气为可凝性气体，当泵大量抽除可凝性气体时，对泵油的污染会更加严重，结果使泵的极限真空下降，破坏了泵的抽气性能。

工业环境中的粉尘是以粉状体、烟雾体、粉尘来区分的。粉状体是粉末或固体颗粒的集合或分散状态的物质。所谓粉末是指微小的固体颗粒的集合，而颗粒是指能够一个一个计数的微小物质。烟雾体是以固体或液体的微小颗粒呈浮状态存在于气体中的物质体系。物质无论是固体或液体，凡是呈颗粒状态均可统称为尘粒。以尘粒直径的大小来确定空气清洁度的标准，从而制订出洁净室的等级。不仅适合于有洁净要求的工业部门，也适合于真空对洁净环境的要求。

真空镀膜设备正常工作条件是：

① 环境温度　10～30℃；

② 相对湿度　不大于70%；

③ 冷却水进水温度　不高于25℃；

④ 冷却水质　城市自来水或质量相当的水；

⑤ 供电电压　380V，三相50Hz或220V，单相50Hz（由所用电器需要而定），电压波动范围342～399V或198～231V，频率波动范围49～51Hz；

⑥ 设备所需的压缩空气、液氮、冷热水等压力、温度、消耗量均应在产品使用说明书的写明；

⑦ 设备周围环境整洁、空气清洁，不应有可引起电器及其他金属件表面腐蚀或引起金属间导电的尘埃或气体存在。

此外，真空镀膜设备所在的实验室或车间应保持清洁卫生。地面为水磨石或木质涂漆地面、无尘埃。为防止机械泵工作时排出的气体对实验室环境的污染，可采用在泵的排气口上面装设排气管道（金属、橡胶管）的办法，将气体排出室外。

11.4 真空镀膜工艺对环境的要求

11.4.1 真空镀膜工艺对环境的基本要求

清除镀膜室内的灰尘，设置清洁度高的工作间，保持室内高度清洁是真空镀膜工艺对环境的基本要求。空气湿度大的地区，除镀前要对基片、真空室内各部件认真清洗外，还要进行真空烘烤除气。要防止油脂带入真空室内；注意降低油扩散泵返油，对加热功率高的油扩散泵必须采取挡油措施。

对经过清洗处理的清洁表面，不能在大气环境中存放，要用封闭容器或保洁柜储存，以减小灰尘的沾污。用刚氧化的铝容器储存玻璃衬底，可使烃类化合物蒸气的吸附减至最小。因为这些容器优先吸附烃类化合物。对于高度不稳定的、对水蒸气敏感的表面，一般应储存在真空干燥箱中。

11.4.2 基片表面污染物来源及清洁处理

在真空镀膜工艺中，基片表面的洁净度直接影响着镀层的牢固度。基片表面的污染来源主要有：①零件在加工、传输、包装过程中及放置时所黏附的各种粉尘；②零件加工、储运过程中黏附的润滑油、抛光膏及油脂、汗渍等污物；③零件表面在潮湿空气中生成的氧化膜；④零件表面吸收和吸附气体。这些污染物基本上均可采用去油或化学清洗方法将其去掉。

真空镀膜工艺衬底（基片）表面的清洁处理很重要。基片进入镀膜前均应进行认真的镀前清洁处理，达到工件去油、去污和脱水的目的。

实验室及工业上常用的基片清洗方法见表11-3。几种常见的镀前处理工艺过程及配方见表11-4。

表 11-3 基片的各种清洗方法

清洗方法	清洗目的	清洗手段	清洗过程
洗涤剂清洗法	去除油脂污物	采用纯水、洗涤剂、乙醇等溶液	在沸腾的洗涤剂中将基片浸泡10min后用纯水充分冲洗，再在乙醇中浸泡，然后烘干。也可用洗涤剂将纱布浸透后对基片进行充分的擦洗后烘干
化学药剂和溶剂清洗法	去除油脂污物	在丙酮溶液或强碱溶液或铬酸和硫酸混合液中浸泡	在采用上述方法去除油污之后进行化学清洗，然后进行水洗、淡氨水中和、去离子水洗、去水、烘干等
擦洗清洗法	去除附着性强的各种污物	对有化学作用的可选用中性洗涤剂对基片进行擦洗	边喷射纯水和中性洗洗剂，边用旋转的刷子对基片进行擦洗，然后用纯水冲洗，再用干燥空气或氮气脱水烘干
超声波清洗法	去除附着性强的各种污物	采用纯水、中性洗涤剂、异丙醇液体、甲基睾酮等洗涤介质	本法作为擦洗清洗后的后处理工艺清除油脂污物，其过程是先用中性洗涤剂进行擦洗，然后用纯水超声波清洗15min，之后纯水冲洗。再用异丙醇超声波清洗15min，之后异丙醇清洗。最后用纯水超声波清洗后纯水冲洗。然后经氮气吹风机吹干
离子轰击清洗法	去除表面污物和吸附物	采用离子轰击	基片置于10～1000Pa的真空室中，施加0.5～1kV高压产生低能量的辉光放电后，使加速的正离子轰击基片表面
烘烤清洗法	去除水分子	采用加热使基片升温	在高真空中将基片加热到300℃后，去除基片上残余的清洗液及水分。也可在大气下加热到300～500℃高温，加热时间为30～60min
蒸气清洗法	去除油脂等烃类化合物	采用甲基睾丸丙酮、异丙烯、三氯乙烯等蒸气	先进行擦洗清洗或超声波清洗后再用此法。其过程是将基片放在沸腾的甲基睾丸丙酮、异丙烯或三氯乙烯蒸气中使附着的油脂溶解
紫外线和臭氧清洗法	去除动物脂等有机物	采用紫外线和臭氧的物理化学作用	本法是作为上述各种方法的后处理工艺来使用，其过程是将基片放置在低压紫外线辐照器和臭氧发生器下面用紫外线和臭氧照射几十秒。紫外线强度距在基片5mm处为1.6mW・cm^{-2}，臭氧发生器距基片约为6cm

表 11-4 几种常用的镀前处理工艺过程及配方

镀前处理	清洗目的	工艺过程和配方	备注
有机溶剂去油	去油	三氯乙烯、三氯三氟乙烷、二氯二氟乙烷、汽油、丙酮、四氯化碳溶剂等溶液。去油规程是：汽油擦去零件表面油脂，溶液缸内浸洗3～10min，放入三氯乙烯槽中超声波去油5～10min。	三氯乙烯去油效果最好，但毒性大，用时应注意通风
汽油、丙酮联合去油	去油	先对零件表面用浸泡汽油的棉纱擦洗，或在汽油内超声波清洗15～50min，用汽油除油后再用丙酮除油，方法如上	
碱溶液化学去油	利用浮化作用去掉金属表面上的矿物油	可在海鸥洗净剂与水配比为1∶10的溶液中煮沸10～15min或超声波振动20～30min去油	
乳化去油	去除金属上黏附的润滑油	配方：O.P乳化剂：5～8g/L 水玻璃：50～60g/L 105号洗涤剂：5～10g/L 焦磷酸钠：3～15g/L 将焦磷酸钠放入油槽搅拌均匀，按规定量放入O.P乳化剂、水玻璃和105号洗涤剂，不断搅拌，注入适量水，保持温度30℃左右即可	

续表

镀前处理	清洗目的	工艺过程和配方	备注
电化学去油(即电解去油)	去油	以待去油零件为一个电极(常用阴极)加上直流电压,电解液为 10%~20% 的 NaOH 的纯碱,温度为 30~80℃	
金属零件去污	去除零件表面的氧化物、毛刺、疏松结构	用一定流速的氧化镁细粉和水的混合物向金属零件表面喷射,也可在滚筒内加磨料(如金刚细砂、木屑、棉籽皮等)进行抛磨	
金属零件化学清洗	去掉零件表面氧化物、氧化膜和各种污物	一般是先按上法去油再在化学清洗液中浸洗,用自来水冲洗 5~15min,再浸入 2%~5% 的氨水中中和,再用自来水冲洗后去离子水浸洗两次,最后用无水乙醇浸泡脱水,再用 80~100℃干燥箱烘干或热风吹干	工业上应用时可用氟里昂代替无水乙醇
刀具镀 TiN 的镀前处理	去油、去污、清除表面疏松组织及毛刺、脱水等	三氯乙烯浸泡 3min 去油,带有蒸汽的三氯乙烯浸泡和蒸汽浴 3min,50℃碱性金属清洗剂超声波清洗 3min,25℃去离子水浸泡,可用流动水冲洗及超声波处理,氟里昂 113 浸泡 3min,并附以手动喷枪射 F113。处理过程应在良好通风的系统中进行	

11.5 镀件表面处理的基本方法

(1) 溶剂去油

零件所黏附的油脂分为矿物油、动植物油两大类。矿物油可用有机溶剂去除；动植物油可用碱溶液化学去除。但实际上两类油脂经常同时存在，所以在清洗时往往需要先后采用数种不同的溶剂。

① 碱液去油

当零件浸入碱液时，由于碱液与油脂的化学作用可使动植物油（即可皂化油脂）转化为脂肪酸盐类（皂化作用），这些盐类能溶解于水，从而能使零件除去油脂。以氢氧化钠为例，反应方程式如下：

$$(C_{17}H_{35}COO)_3C_3H_5 + NaOH = C_3H_5(OH)_3 + 3C_{17}H_{35}COONa$$

硬脂酸酯　　氢氧化钠　　甘油　　硬脂酸钠（肥皂）

矿物油与氢氧化钠不起反应，但在一定的条件下（例如在碱溶液中加入少量的肥皂）可使油膜遭到破坏，形成很小的油滴，悬浮在溶液中（即乳化作用），达到部分去油的目的。

常用的碱液有氢氧化钠（NaOH）、氢氧化钾（KOH）（浓度 50～100g/L）、碳酸钠（Na_2CO_3）及碳酸钾（K_2CO_3）（浓度 100～150g/L）。去油时加热到 70～80℃，可加速去油过程。此外，也可用碳酸钠（Na_2CO_3）、磷酸钠（Na_3PO_4）、硅酸钠（Na_2SiO_4）及氰化钠（NaCN）的混合物溶液进行去油。

金属零件从去油溶液中取出后，应立即在温水中彻底清洗，然后再用冷水清洗。若金属表面不被水湿润（有水滴）即表示油污尚未除尽，应再次进行处理。

目前已普遍采用合成洗涤剂去油（如海鸥洗净剂）。用合成洗涤剂与水以 1∶9 比例配成溶液，将待去油零件放入沸腾溶液中，煮 10～15min（或用超声波振动 20～30min），可获得良好的去油效果。

② 有机溶剂去油

有机溶剂能够溶解矿物油和动植物油，通常可与碱液去油配合使用。常用有机溶剂有三氯乙烯（C_2HCl_3）、四氯化碳（CCl_4）、丙酮（C_3H_6O）、汽油、乙醚等。

三氯乙烯不燃烧，比汽油安全，它能很好地溶解矿物油、石蜡、树脂、橡胶等。其缺点是加热时（125℃以上）容易分解出氯化氢、氯气和一氧化碳等有毒气体。此外，三氯乙烯不能直接用火焰加热，如与火焰接触会分解出非常有毒的光气（$COCl_2$）；光照亦会加速分解，因此，储放三氯乙烯时要采用暗色玻璃瓶；湿空气、酸和铝与三氯乙烯接触时也能促使三氯乙烯分解，因此零件上若有酸性物质时应经过中和，而沾水零件必须烘干后再用三氯乙烯清洗。铝零件和碱金属、碱土金属零件不能用三氯乙烯清洗。零件用三氯乙烯清洗后可在去离子水中清洗。最后用无水乙醇脱水，再用温度为70～80℃的烘箱烘干。

四氯化碳几乎不溶解于乙醇及其他有机溶剂。有毒。

丙酮是易燃的有机熔剂，使用时需注意安全。它的去油能力较强，能和水及乙醇以任意比例混合。零件经丙酮去油后，应再用无水乙醇浸洗，然后烘干。

汽油易燃烧，使用时必须注意安全。它可用来清洗不耐碱的零件，如铝等。通常使用的汽油为含杂质少的航空汽油。

甲醇可以和水以及其他溶剂很好地混合，它的沸点低，易挥发，所以零件清洗后可用它来进行二次清洗、脱水和加速干燥。

乙醇可与水及其他溶剂很好地混合，用于零件的二次清洗、脱水和加速干燥。通常使用无水乙醇。

乙醚能很好地溶解油脂和其他有机化合物。它的沸点很低，极易挥发，但难溶于水，其蒸气进入机械泵后很难被抽走。

水是各种无机物和其他物质的良好溶剂。由于自来水中含有较多的氯离子，所以一般均用加热后的自来水进行清洗。当要求较高时，可采用蒸馏水或去离子水。通常用流动的热水清洗电镀后和用酸碱腐蚀后的零件。

（2）酸、碱浸蚀处理

去油后进行浸蚀处理，目的是去除金属表面的氧化物。经过热处理的零件，油污已不存在，可直接进行浸蚀处理，以去除退火后的氧化层。

浸蚀处理一般在酸性溶液中进行。大多数金属的氧化物以及金属本身都能与适当浓度的酸溶液起化学反应。氧化物与酸反应生成盐和水，金属与酸作用生成盐和氢气。氢气的一部分被金属表面吸附后，会使某些金属变脆。为了避免金属变脆和过度腐蚀，可在浸蚀液中加入缓蚀剂，并适当控制浸蚀溶液的浓度及温度。过高的浓度和温度都会加速浸蚀作用。

某些金属则适宜用碱性溶液进行浸蚀。

（3）电化学清洗及抛光

① 电化学清洗

将待清洗的金属零件放在某种溶液中，并将零件接在电源的正极或负极，另外再用某一材料制作成的极板接电源的另一极，调节电源电压，获得一定电流密度，达到去油和去除金属表面氧化层的目的。

电解去油的效率比化学去油高好几倍。如果用碱液作为电解液，可用交流或直流作为电源，但交流的电解去油速率不如直流快。电解去油的原理是：电解时在电极上产生剧烈的气泡（在阴极上产生氢气，阳极上产生氧气），零件上附着的油脂薄层因受机械力的冲击而破坏，同时油脂和碱液起皂化和碱液起皂化和乳化作用，加速了去油过程。

电解用的电源电压通常为2～12V，极间距离为5～15cm。

当零件上有深坑时电解去油效果不好，此时应用碱性去油法配合使用，并且最好在电解去油前先碱液去油。另外，在阴极去油时（零件接阴极），阴极产生的氢气能渗入某些金属内部使金属变脆，对于这样的金属只能用阳极去油。

电解去油所用碱液配方和碱液去油相同。常用配方及电解规范为：

烧碱（NaOH） 60g/L
纯碱（Na_2CO_3） 20g/L
氰化钠（NaCN） 20g/L
水玻璃（Na_2SiO_3） 8g/L
温度 25℃
电压（零件接阴极，用不锈钢作阳极） 6～10V
电流密度 40～80mA/cm^2
时间 1～2min

电解浸蚀和电解去油的工艺是一样的。和一般浸蚀方法相比，电解浸蚀对某些金属的浸蚀作用更为有效，并能缩短浸蚀时间，减少溶液消耗，得到化学浸蚀所不易收到的效果。

电解浸蚀也分阴极浸蚀和阳极浸蚀两种。阴极浸蚀容易渗氢发脆，因此常用阳极浸蚀，但阳极浸蚀容易使零件浸蚀得不均匀。

阳极浸蚀是把金属零件接阳极，阴极采用铅、钢或铁。电解时在阳极产生氧气，由于受氧气气泡的机械冲击，而把氧化物剥离。

阴极浸蚀则将零件接至阴极，用铅、铅锑合金或硅铁作为阳极，电解时阴极受氢气泡的机械冲击而去除氧化层，同时氢气还将氧化物还原，起到去除氧化层的作用。

② 电化学抛光

电化学抛光法的电解液与电解浸蚀液不同，抛光时，待抛光金属零件作为阳极，阴极通常用紫铜、铅、钢等金属制成，其面积为阳极 5 倍以上，阴、阳极距离 50～120mm。在抛光过程中零件损耗极少，而金属表面却变得均匀，因而可得到理想的光洁表面。

电抛光前零件的表面粗糙度以 $Ra1.6$～$Ra0.8$ 为宜，并需彻底去油。电解液配方及抛光规范为：

正磷酸（H_3PO_4） 60%（质量百分比）
硫酸（H_2SO_4） 15%
铬酐（CrO_3） 6%
去离子水 14%
电流密度 0.2～0.5A/cm^2
工作温度 75℃左右
电压 6～12V
时间 5～10min

不同金属材料的电抛光规范见表 11-5。

表 11-5 不同金属材料的电抛光规范

材　　料	电流密度/(A/cm^2)	时间/min	抛光液温度/℃
不锈钢(小件)	0.2～0.3	2～5	室温～50
不锈钢(大件)	0.2～0.3	2～5	80～90
钼	0.2～0.3	2～5	室温～50
镍	0.2～0.3	2～5	室温～50
康铜	0.2～0.3	2～5	室温～50
可伐	0.2～0.3	2～5	室温～50

电抛光后，将零件放入 2%～5%氨水内中和 15～20s，再用水清洗，无水乙醇脱水，烘干。

(4) 超声波清洗

超声波清洗的原理是利用它所造成的介质“空隙现象”，即由超声波的振动引起清洗介质疏密的变化而达到清洗目的。振动使介质时而稀疏形成瞬时的空隙，时而闭合，闭合时产生的瞬时冲击压力可大到几个大气压，这个强大的冲击能破坏物体表面的油膜，使之和污染物一起脱离物体表面被冲落到溶液中。

超声波清洗可以去掉零件上孔内部的污染物，这是一般清洗方法所无法实现的。超声波清洗的溶液可以用水或其他溶剂，若用三氯乙烯会有更好的去油效果。常用工作频率为4～10MHz。

11.6 真空镀膜常用材料的清洗方法

(1) 不锈钢的清洗

① 配方

a. 盐酸（HCl）5.5份，硝酸（HNO_3）2份，水2.5份（按质量计），再加2%～3%的尿素，温度70℃。

b. 氢氟酸（HF）1.5份，硝酸（HNO_3）1份，水7.5份（按质量计），温度50℃。

② 清洗过程（以先后为序）

去油，浸入配方a或b的溶液中，自来水冲洗，2%～5%氨水中和，自来水冲洗，无水乙醇脱水，烘干。

(2) 玻璃件清洗

① 配方

重铬酸钾（$K_2Cr_2O_7$）饱和溶液35mL［也可用铬酐（Cr_2O_3）代替］，硫酸1mL。

② 清洗过程（以先后为序）

甲苯去油，丙酮清洗（也可用汽油去油、清洗），在温度为70℃的20%氢氧化钠中浸泡24h，洗液加热到60～70℃浸泡24h，自来水冲洗，去离子水冲洗、烘干（70～80℃）。

(3) 陶瓷件清洗

清洗过程（以先后为序）：用去污粉、肥皂水刷洗（也可用超声波清洗），在10%氢氧化钠溶液中煮20min，自来水冲洗，再用去离子水煮15min（1～2次），烘干（一般允许用酸洗、酸煮，不用三氯乙烯去油，以避免留下导电层，若有金属痕迹、锈斑等，可用棉球浸5%盐酸擦净）。

(4) 钨的清洗

① 钨丝与细钨杆清洗法（钼丝、钨钼合金丝同此法）

三氯乙烯去油3～10min（两次），取出后烘干，20%氢氧化钠（NaOH）溶液中煮15～20min（使石墨层脱落），自来水洗，2%～5%氨水中和，自来水洗，去离子水煮两次（每次10～15min），无水乙醇脱水，烘干。

② 钨杆（粗）电解清洗（钼的电解清洗和此法相同）

将零件放入20%氢氧化钠（NaOH）溶液中，以石墨和零件作电极，用交流电源电解清洗30s左右（溶液可重复使用），再用热水冲洗，去离子水清洗，烘干。

③ 钨零件的弱浸蚀

将亚硝酸钠（$NaNO_2$）熔化于铁坩埚中，然后将零件放在硝酸钠熔融体中迅速浸蚀（时间不超过1s），急速在沸水、流水及无水乙醇中轮流清洗并烘干。

④ 钨零件强浸蚀

a. 配方。铁氰化钾［$K_3Fe(CN)$］6.15g，氢氧化钠（NaOH）1000g，去离子水1000mL。

b. 方法。将零件浸入温度为70℃溶液中（时间0.5～2h），经热水冲洗后迅速在50%的盐酸溶液和热水中冲洗并烘干。

(5) 钼的清洗

① 钼的清洗及电解清洗

钼丝与细钼杆的清洗以及粗钼杆、钼板的电解清洗可分别参照钨零件的清洗。

② 钼的弱浸蚀(亦适用于钽及铌)

将氢氧化钾(KOH)9份、亚硝酸钠($NaNO_2$)1份(按质量计)熔化于铁坩埚中,然后将零件放在其熔融体中迅速浸蚀(时间小于1s),再急速在沸水、流水及无水乙醇中轮流清洗并烘干。

③ 钼的强浸蚀(此法可用于镍)

a. 配方。硫酸(H_2SO_4)100份、硝酸(HNO_3)20份(按容量计)。

b. 清洗过程(以先后为序)。去油,在80℃酸洗液中浸蚀,自来水冲洗,2%~5%氨水中和,无水乙醇脱水,烘干。

④ 清洗钼的其他方法

a. 清洗液配方。铁氰化钾[$K_3Fe(CN)$] 150g,氢氧化钠(NaOH)25g,去离子水500mL。

b. 清洗过程(以先后为序)。零件去油,放入温度为80~90℃的清洗液中(时间2~5min),自来水冲洗,在铬酸液(可伐的清洗)中浸3~5s,自来水冲洗,2%~5%氨水中和,自来水冲洗,去离子水冲洗,无水乙醇脱水,烘干。

(6) 铜及其合金的清洗

① 弱浸蚀

a. 配方。氯化钠(NaCl)15g,亚硝酸钠($NaNO_2$)20g,硝酸(HNO_3)1000mL,硫酸(H_2SO_4)1000mL,去离子水2000mL。

b. 清洗过程(以先后为序)。零件去油后在溶液中浸蚀(温度25℃,时间1~5s),自来水冲洗,无水乙醇脱水,烘干。

② 强浸蚀

a. 配方。硝酸(HNO_3)1份,硫酸(H_2SO_4)2份,水7份(按容量计)。

b. 清洗过程(以先后为序)。去油,温度为25℃溶液中浸蚀(时间2~4h),自来水冲洗,无水乙醇脱水,烘干。

浸入55%蚁酸(HCOOH)溶液中,温度25℃,时间2~4h,自来水冲洗,无水乙醇脱水,烘干。

③ 无氧铜零件化学抛光

a. 抛光液酸方。硝酸(HNO_3)200mL,醋酸(CH_3COOH)500mL,磷酸(H_3PO_4)550mL,硫脲0.2~0.3g。

b. 酸洗配方。硫酸(H_2SO_4)50mL,硫酸亚铁($FeSO_4$)饱和溶液950mL(此配方仅去除氧化铜,对铜则不起作用)。

c. 化学抛光过程(以先后为序)。去油,浸入60~70℃酸洗液,时间3~5min(若表面无氧化层可不进行酸洗),自来水冲洗,无水乙醇脱水,烘干,浸入40~60℃抛光液,时间10~30s,自来水冲洗,2%~5%氨水中和,去离子水洗,无水乙醇脱水,烘干。

(7) 镍的清洗

① 配方(强侵蚀)

a. 硝酸(HNO_3)5份,硫酸(H_2SO_4)5份(按容量计)。

b. 硝酸(HNO_3)290mL,硫酸(H_2SO_4)150mL,水60mL。

② 清洗过程(以先后为序)

去油,在配方a或b的溶液中清洗(温度20~30℃,时间5s),自来水冲洗,2%~5%

氨水中和，去离子水洗两次，无水乙醇脱水，烘干。

(8) 真空橡皮去硫

在 20%氢氧化钠溶液中煮 1h，自来水冲洗，去离子水冲洗，烘干。

11.7 真空镀膜设备型号编制方法、试验方法

鉴于我国真空镀膜技术不断发展，各类不同型号的真空镀膜设备层出不穷。其设备的名称编制相对比较混乱；性能参数的测定及试验方法不太统一，为此，本书将现行的国家行业标准选编如下，仅供全国真空镀膜设备研制开发与使用的广大科技人员、工程技术人员使用参考。

11.7.1 真空设备型号编制方法（JB/T 7673—1995）

真空镀膜机（以下简称镀膜机）

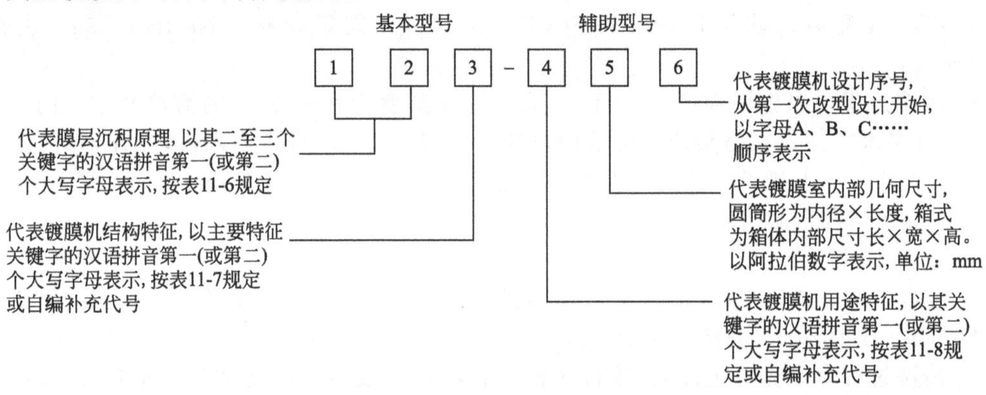

表 11-6 基本型号编制

设备按膜层沉积原理的分类			代号	关键字意义及拼音字母
蒸发		电阻加热蒸发	ZZ	蒸—zheng，阻—zu
		电子束加热蒸发	ZS	蒸—zheng，束—shu
		高频感应加热蒸发	ZG	蒸—zheng，感—gan
		激光束加热蒸发	ZJ	蒸—zheng，激—ji
		兼有电阻蒸发源及电子束蒸发源	ZZS	
溅射	直流溅射	直流溅射	J	溅—jian，
		直流磁控溅射	JC	溅—jian，磁—ci
		直流反应性溅射	JF	溅—jian，反—fan
		直流吸附溅射	JX	溅—jian，吸—xi
		直流偏压溅射	JP	溅—jian，偏—pian
	高频溅射	高频溅射	JG	溅—jian，高—gao
		高频磁控溅射	JGC	溅—jian，高—gao，磁—ci
		高频反应性溅射	JGF	溅—jian，高—gao，反—fan
		高频吸附溅射	JGX	溅—jian，高—gao，吸—xi
		高频偏压溅射	JGP	溅—jian，高—gao，偏—pian
离子沉积		电阻蒸发离子镀膜	LZ	离—li，阻—zu
		电子束蒸发离子镀膜	LS	离—li，束—shu
		高频感应蒸发离子镀膜	LG	离—li，感—gan
		空心阴极离子镀膜	LK	离—li，空—kong
		溅射离子镀膜	LJ	离—li，溅—jian
		多弧阴极离子镀膜	LD	离—li，多—duo
		簇团离子镀膜	LC	离—li，簇—cu

续表

设备按膜层沉积原理的分类		代号	关键字意义及拼音字母
化学气相沉积	低压化学气相沉积	HD	化—hua,低—di
	等离子化学气相沉积	HL	化—hua,离—li
	光化学气相沉积	HG	化—hua,光—guang
复合式	兼有蒸发源及溅射源	FZJ	复—fu,蒸—zheng,溅—jian
	兼有不同原理沉积源	F□□①	复—fu,□□意义见注

① 分别表示几种不同沉积原理关键字汉语拼音的第一（或第二）个字母（印刷体大写）

表 11-7 镀膜机结构特征以字母表示

结构特征	代 号	关键字意义及拼音字母	结构特征	代 号	关键字意义及拼音字母
平面溅射	P	平—ping	连续式	L	连—lian
同轴溅射	T	同—tong	半连续式	B	半—ban
倒锥式溅射	A	倒—dao	多室式	D	多—duo
卧式	W	卧—wo	箱式	X	箱—xiang

注：对二极、三极或四极溅射的镀膜设备，以相应的阿拉伯数字表示，标记于型号的首位

表 11-8 镀膜机用途特征以字母表示

用途特征	代 号	关键字意义及拼音字母	用途特征	代 号	关键字意义及拼音字母
塑料镀膜	S	塑—su	晶体镀膜	T	体—ti
制镜镀膜	J	膜—jing	电阻镀膜	Z	阻—zu
硒鼓镀膜	G	鼓—gu	电容镀膜	R	容—rong
刀具镀膜	D	刀—dao	光学镀膜	U	光—guang
装饰镀膜	H	饰—shi	电气元件镀膜	Y	元—yuan

11.7.2 真空镀膜设备通用技术条件（摘自 GB/T 11164—99）

本标准适用于压力在 $10^{-4}\sim10^{-3}$ Pa 范围内蒸发类、溅射类、离子镀类真空镀膜设备（以下简称设备）。

（1）设备主要技术参数

设备的主要技术参数见表 11-9。

表 11-9 真空镀膜设备技术参数

项目	参数名称		参数数值	
1	镀膜室尺寸分档/mm		320＊、500＊、600＊、700＊、800＊、900＊、1000＊、1200＊、1250＊、1400＊、1600＊、1800＊、2000＊	
2	真空指标	分档	A	B
		极限压力/Pa	$\leqslant5\times10^{-4}$	$\leqslant5\times10^{-3}$
		抽气时间/min	$\leqslant20(10^{-5}\text{Pa}\sim5\times10^{-3}\text{Pa})$	$\leqslant10(10^{-5}\text{Pa}\sim7\times10^{-2}\text{Pa})$
3	沉积源指标	沉积源型式、尺寸、数量及最大耗电功率	根据设计要求	
4	工件架指标	工件架尺寸及转动方式 工件烘烤方式及烘烤温度		
5	离子轰击,工件偏压功率			
6	膜厚监控方式及控制精度			
7	设备控制方式			
8	设备最大耗电量			

注：1. 所列镀膜室的几何尺寸，对圆柱式室体为圆柱内径；对箱式室体为箱体内宽度，带＊号尺寸优先选用，其他尺寸和其他结构形式的设备可由制造厂参照上述尺寸决定，专用设备由用户与制造厂另订协议。

2. 本尺寸分档作为推荐值，不作考核。

(2) 极限压力的测定

① 试验条件

a. 镀膜室内为空载(即不安放被镀件);

b. 真空测量规管应装于镀膜室壁上或最靠近镀膜室的管道上;

c. 所用真空计应为设备本身的配套者,并应在有效期内;

d. 允许在抽气过程中用设备本身配有的加热轰击装置对镀膜室进行除气;

e. 对具有中搁板、上卷绕室和镀膜室的卷绕镀膜设备,应在两室同时抽气时对镀膜室的压力进行测试。

② 测试方法

在对镀膜室连续抽气24h之内,测定其压力的最低值,定为该设备的极限压力。当压力变化值在0.5h内不超过5%时,取测量表读数量最高值为极限压力值,且镀膜室内各旋转密封部位处于运动状态。

(3) 抽气时间的测定

a. 试验条件。同极限压力测定的试验条件之a、b、c、d。

b. 测试方法。设备在连续抽气条件下,在镀膜室内达到极限压力之后,打开镀膜室15min,再关闭镀膜室对其再度抽气至表11-9中所规定的压力值所需的时间,定为该设备的抽气时间。

(4) 升压率测定

① 试验条件

同极限压力测定。

② 测试方法

设备在连续抽气24h之内使镀膜室内达到稳定的最低力之后,关闭与镀膜室连接的真空阀,待镀膜室压力上升至 p_1 (1Pa) 时,开始计时,经1h后记 p_2,然后按下式计算升压率:

$$R=\frac{p_2-p_1}{t} \tag{11-1}$$

式中,R 为镀膜室的升压率,Pa/h;p_1 为镀膜室的起始压力,Pa;p_2 为镀膜室的终止压力,Pa;t 为压力由升至的时间,h。

参 考 文 献

[1] 谈治信.真空技术中的清洗处理(一).真空与低温,1992(3):169-173.
[2] 谈治信.真空技术中的清洁处理(二).真空与低温,1992(4):215-234.
[3] 达道安.真空设计手册.第3版.北京:国防工业出版社,2006.